DIE STERNE

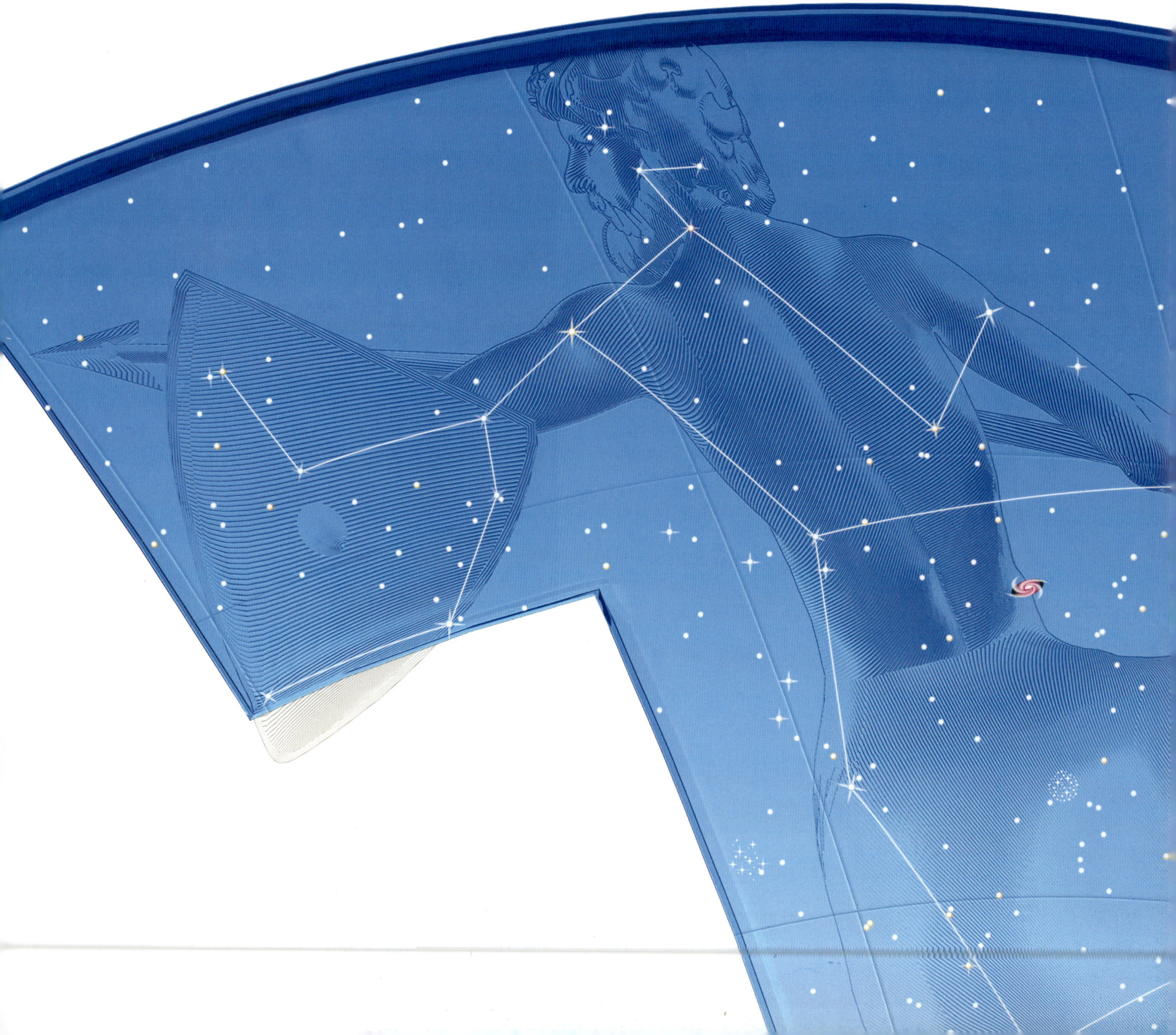

DIE STERNE

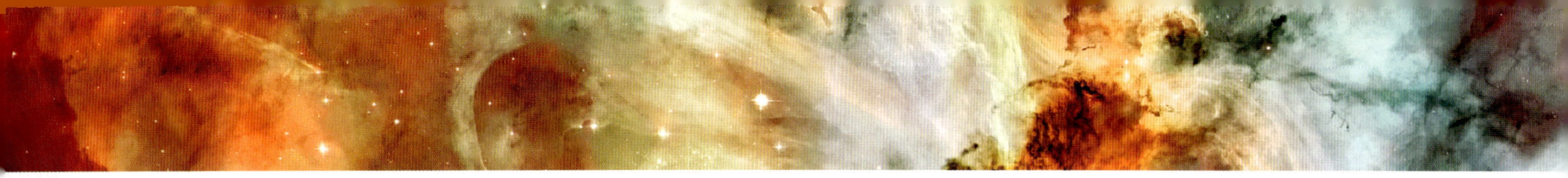

DK Penguin Random House

DK London
Lektorat Jonathan Metcalf, Liz Wheeler, Angeles Gavira, Miezan van Zyl, Martyn Page, Cathy Meeus, Steve Setford, Scarlett O'Hara
Gestaltung und Bildredaktion Karen Self, Michael Duffy, Ina Stradins, Katherine Raj, Jon Durbin, Alex Lloyd, Steve Woosnam-Savage, Liz Moore
Herstellung Luca Frassinetti, Gillian Reid, Mary Slater
Illustrationen Peter Bull, Edwood Burns, Mark Garlick, Phil Gamble

Für die deutsche Ausgabe:
Programmleitung Monika Schlitzer
Redaktionsleitung Caren Hummel
Projektbetreuung Sabine Pröschel
Herstellungsleitung Dorothee Whittaker
Herstellungskoordination Ksenia Lebedeva
Herstellung Verena Marquart
Covergestaltung Verena Marquart

Titel der englischen Originalausgabe:
THE STARS

Übersetzung Martin Kliche
Lektorat Dr. Barbara Welzel

ISBN 978-3-8310-3290-7

Druck und Bindung RR Donnelley, China

Besuchen Sie uns im Internet
www.dorlingkindersley.de

INHALT

Einleitung
Maggie Aderin-Pocock, MBE (Mitglied des britischen Verdienstordens), ist eine Astrowissenschaftlerin, Honorarmitarbeiterin am University College London und Moderatorin der BBC-Fernsehserie *The Sky at Night*.

Beraterin
Jacqueline Mitton ist Autorin, Koautorin und Herausgeberin von ungefähr 30 Büchern über den Weltraum und Astronomie. Außerdem hat sie viele andere Autoren beraten. Sie studierte an der Universität Oxford Physik und promovierte an der Universität in Cambridge.

Autoren
Robert Dinwiddie ist auf Lehrbücher und illustrierte Nachschlagewerke zu wissenschaftlichen Themen spezialisiert. Zu seinen Interessensgebieten zählen Geowissenschaften, Astronomie, Kosmologie und die Geschichte der Wissenschaften.

David W. Hughes ist emeritierter Professor der Astronomie an der Universität von Sheffield. Er hat über 200 Artikel über Planetoiden, Kometen, Meteoriten und Meteore veröffentlicht und für die europäische, britische und schwedische Raumfahrtagentur gearbeitet. Der Planetoid David Hughes ist nach ihm benannt.

Geraint Jones ist Astronom, Dozent und Autor zur planetarischen Forschung. Er leitet die Planetary Science Group am Mullard Space Science Laboratory an der UCL London.

Ian Ridpath ist Autor von *Kompakt & Visuell – Astronomie* bei Dorling Kindersley und Herausgeber des *Oxford Dictionary of Astronomy*. Er wurde von der Astronomical Society of the Pacific für herausragende Beiträge zum öffentlichen Verständnis und der Würdigung der Astronomie ausgezeichnet.

Carole Stott ist Astronomin und Autorin und hat mehr als 30 Bücher zu Astronomie und Weltraum verfasst. Sie leitete früher die Astronomie am Royal Observatory in Greenwich, London.

Giles Sparrow ist Autor und Herausgeber und auf Astronomie und Weltraumwissenschaft spezialisiert. Er ist Mitglied der Royal Astronomical Society.

◁ Diese **Aufnahme des Hubble-Weltraumteleskops** zeigt heiße blaue und kältere gelbe Sterne des **Kugelsternhaufens M15**. Dieser gehört zu den ältesten uns bekannten Sternhaufen und ist etwa 12 Mrd. Jahre alt. M15 liegt 35 000 Lichtjahre von der Erde entfernt im Sternbild Pegasus.

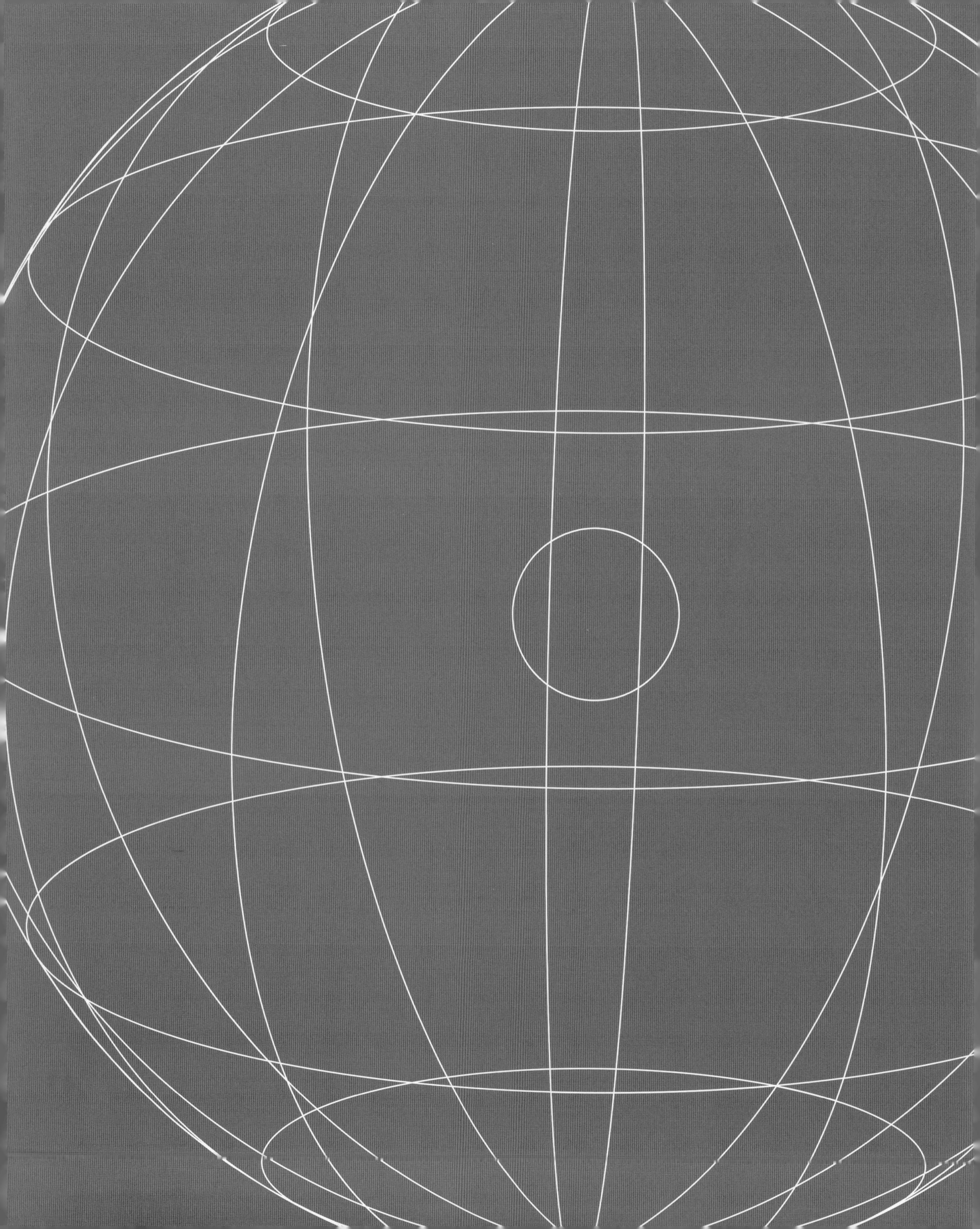

DEN KOSMOS
VERSTEHEN

Das Universum entstand vor 13,8 Milliarden Jahren in einem gewaltigen Urknall. Da sich jedoch noch keine Licht erzeugenden Objekte gebildet hatten, war es zunächst völlig dunkel. Nach wenigen hundert Millionen Jahren verschmolz dann Materie zu Klumpen, die sich erwärmten. Bald darauf war das Universum ins Licht der ersten Sterne getaucht. Bis heute sind vor allem Sterne am Nachthimmel zu sehen.

AUS DER **DUNKELHEIT**

Diese winzigen Lichtpunkte unterscheiden sich zwar scheinbar nur durch ihre Helligkeit, doch letztlich differieren sie in ihrer Größe und Farbe erheblich. Einige werden irgendwann explodieren und seltsame Phenomäne wie Pulsare und Schwarze Löcher bilden. Heute wissen wir, dass viele Sterne wie die Sonne von Planeten begleitet werden, auf denen bei einigen Leben existieren könnte. Zu der Zeit, als die ersten Sterne leuchteten, bildeten sich auch die ersten Galaxien: Sternhaufen verschmolzen zu kleinen Galaxien, aus denen wiederum größere entstanden. All jene Sterne, die wir mit dem bloßen Auge sehen können, gehören zur Milchstraße, einer Hunderttausende Lichtjahre großen Galaxie. Aber sie ist nur eine von vielen Milliarden. Nach und nach entschlüsseln Astronomen mithilfe immer leistungsstärkerer Teleskope und anderer Instrumente die Geheimnisse der Galaxien und erfahren mehr über die Natur mysteriöser Phenomäne – wie die der Dunklen Materie, die die Galaxien zu umgeben scheint.

◁ **Geburtsstätte von Sternen**
Die glühende Ansammlung von Sternen oberhalb der Bildmitte dieser Aufnahme des Hubble-Weltraumteleskops ist ein dichter, junger Sternhaufen in etwa 20 000 Lichtjahren Entfernung namens Westerlund 2. Er liegt in Gum 29, einem weiten Nebel (Wolke aus Gas und Staub), und enthält einige der heißesten, hellsten Sterne, die wir kennen. Deren Oberflächentemperatur beträgt mehr als 37 000 °C.

DER KOSMOS

Das Universum oder der Kosmos umfasst alles, was existiert - sämtliche Materie, Energie, Zeit und Raum. Seine Ausmaße sind unvorstellbar groß. Zudem ist jedes Teil des Universums ein Teil von etwas Größerem.

Das Universum ist hierarchisch strukturiert. Die Erde ist Teil des Sonnensystems, das wiederum in der Milchstraße oder Galaxis liegt, die Mitglied eines Galaxienhaufens ist, der Lokalen Gruppe. Die Lokale Gruppe ihrerseits ist nur ein Teil einer größeren Struktur, des Virgo-Superhaufens. Astronomen haben erst vor Kurzem einen riesigen Raum identifziert, den sie Laniakea (hawaiianisch: unmessbarer Himmel) nennen. In diesem Raum liegen der Virgo-Superhaufen und weitere Superhaufen. Interessanterweise bewegen sich alle Galaxien in Laniakea auf ein Gebiet in dessen Zentrum zu, das Großer Attraktor genannt wird.

△ **Laniakea-Superhaufen**
In dieser Darstellung von Laniakea (gelb) zeigen weiße Linien die Bewegung der Galaxien zum Zentrum an. Die geschätzte Position der Milchstraße zeigt der rote Punkt. Laniakea ist ungefähr 500 Mio. Lichtjahre groß. Der Superhaufen ist vermutlich von ähnlichen Gebieten umgeben (blau).

Licht als Maßstab

Da sich im Universum nichts schneller ausbreitet als Licht, benutzen Astronomen Licht als Messgröße für die gigantischen Entfernungen im All. Aber auch ein Lichtjahr - die Distanz, die Licht in einem Jahr zurücklegt, also etwa 9,5 Bio. km - sind nichts gegen die riesigen Strukturen im Universum. Nur ein Bruchteil des gesamten Kosmos ist sichtbar: der Teil, dessen Licht uns seit dem Urknall erreichte. Das wahre Ausmaß des Kosmos ist jedoch noch unbekannt - und könnte unendlich sein.

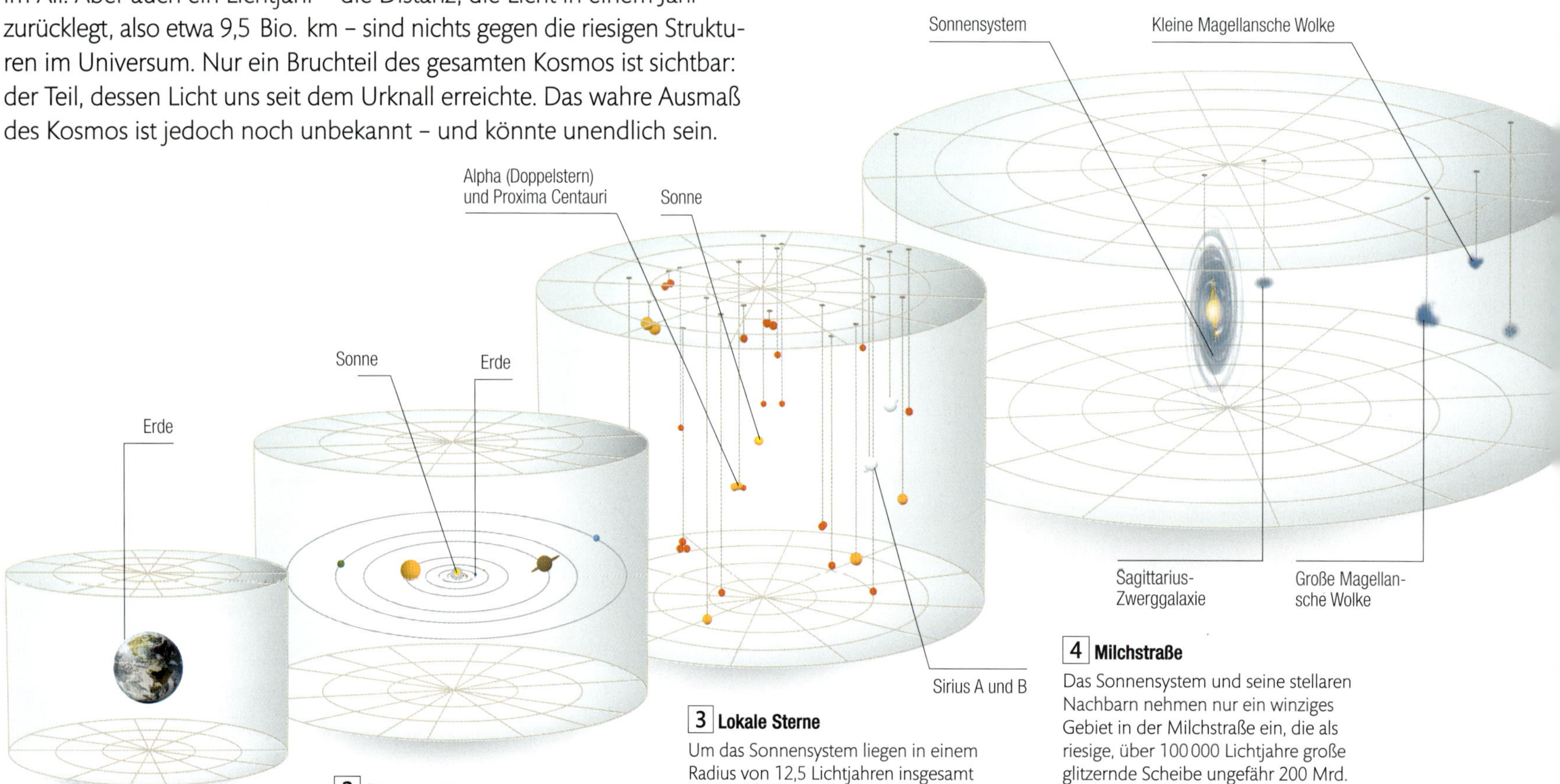

1 Erde
Dieser Planet ist eine kleine Gesteinskugel, die im leeren Raum kreist. Sein nächster Nachbar ist der Mond. Dieser ist durchschnittlich etwas mehr als eine Sekunde Lichtgeschwindigkeit von uns entfernt, sodass man den Abstand zur Erde als eine Lichtsekunde bezeichnen kann.

2 Sonnensystem
Die Erde ist Teil des Sonnensystems. Dazu zählen unser lokaler Stern, die Sonne, und alle Objekte, die um sie kreisen. Der äußerste Planet Neptun ist etwa 4,5 Lichtstunden entfernt, aber es gehören auch Kometen zum Sonnensystem, die bis zu 1,6 Lichtjahre entfernt sind.

3 Lokale Sterne
Um das Sonnensystem liegen in einem Radius von 12,5 Lichtjahren insgesamt 32 Sterne, von denen einige Mehrfachsternsysteme bilden. Zu ihnen gehören dunkle Rote Zwerge, die für das bloße Auge unsichtbar sind, und blendend gelbe oder weiße, sonnenähnliche Sterne. Einige von ihnen besitzen vermutlich eigene Planeten.

4 Milchstraße
Das Sonnensystem und seine stellaren Nachbarn nehmen nur ein winziges Gebiet in der Milchstraße ein, die als riesige, über 100 000 Lichtjahre große glitzernde Scheibe ungefähr 200 Mrd. Sterne sowie enorme Wolken aus Gas und Staub enthält. In ihrem Zentrum sitzt ein supermassives Schwarzes Loch. Um sie herum kreisen mehrere kleinere Satellitengalaxien.

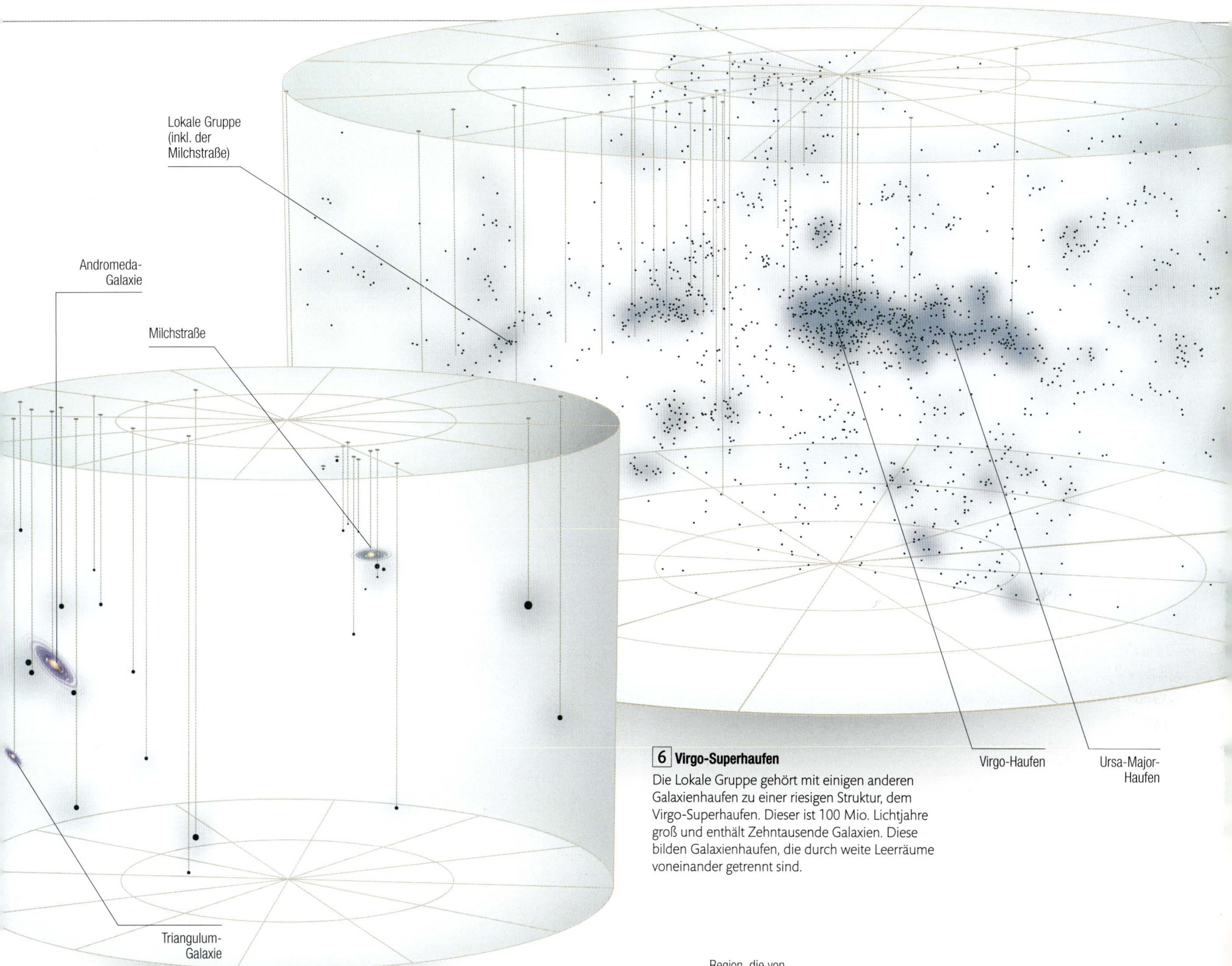

6 Virgo-Superhaufen
Die Lokale Gruppe gehört mit einigen anderen Galaxienhaufen zu einer riesigen Struktur, dem Virgo-Superhaufen. Dieser ist 100 Mio. Lichtjahre groß und enthält Zehntausende Galaxien. Diese bilden Galaxienhaufen, die durch weite Leerräume voneinander getrennt sind.

5 Lokale Gruppe
Die Lokale Gruppe ist ein Galaxienhaufen, der von der Milchstraße, der Andromeda-Galaxie (die der Milchstraße am nächsten gelegene große Spiralgalaxie), der Triangulum-Spiralgalaxie und mehr als 50 kleineren Galaxien gebildet wird. Zusammen besetzen sie einen Raum, der etwa 10 Mio. Lichtjahre groß ist.

Licht von den entferntesten uns bekannten Galaxien brauchte über **13 Mrd. Jahre** – fast von **Beginn des Universums** an – zur Erde.

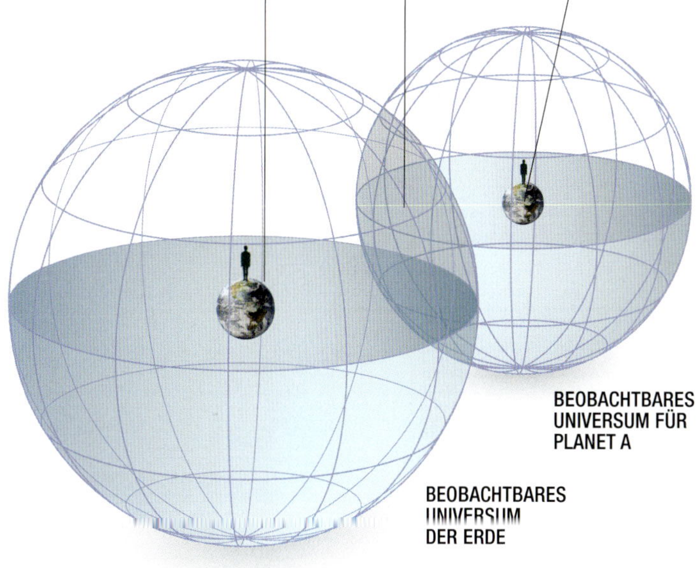

◁ **Das beobachtbare Universum**
Obwohl das Universum keine Ränder besitzt und unendlich groß sein kann, ist der sichtbare Teil begrenzt. Das beobachtbare Universum ist der Raum, aus dem Licht während der 13,8 Mrd. Jahre seit dem Urknall genug Zeit hatte, die Erde zu erreichen. Es entspricht einer Kugel mit einem Durchmesser von etwa 93 Mrd. Lichtjahren – mit der Erde in ihrem Zentrum. Die Bewohner eines Planeten A außerhalb des von der Erde aus beobachtbaren Universums würden ein anderes beobachtbares Universum kennen als wir – wobei sich beide Universen überlappen können.

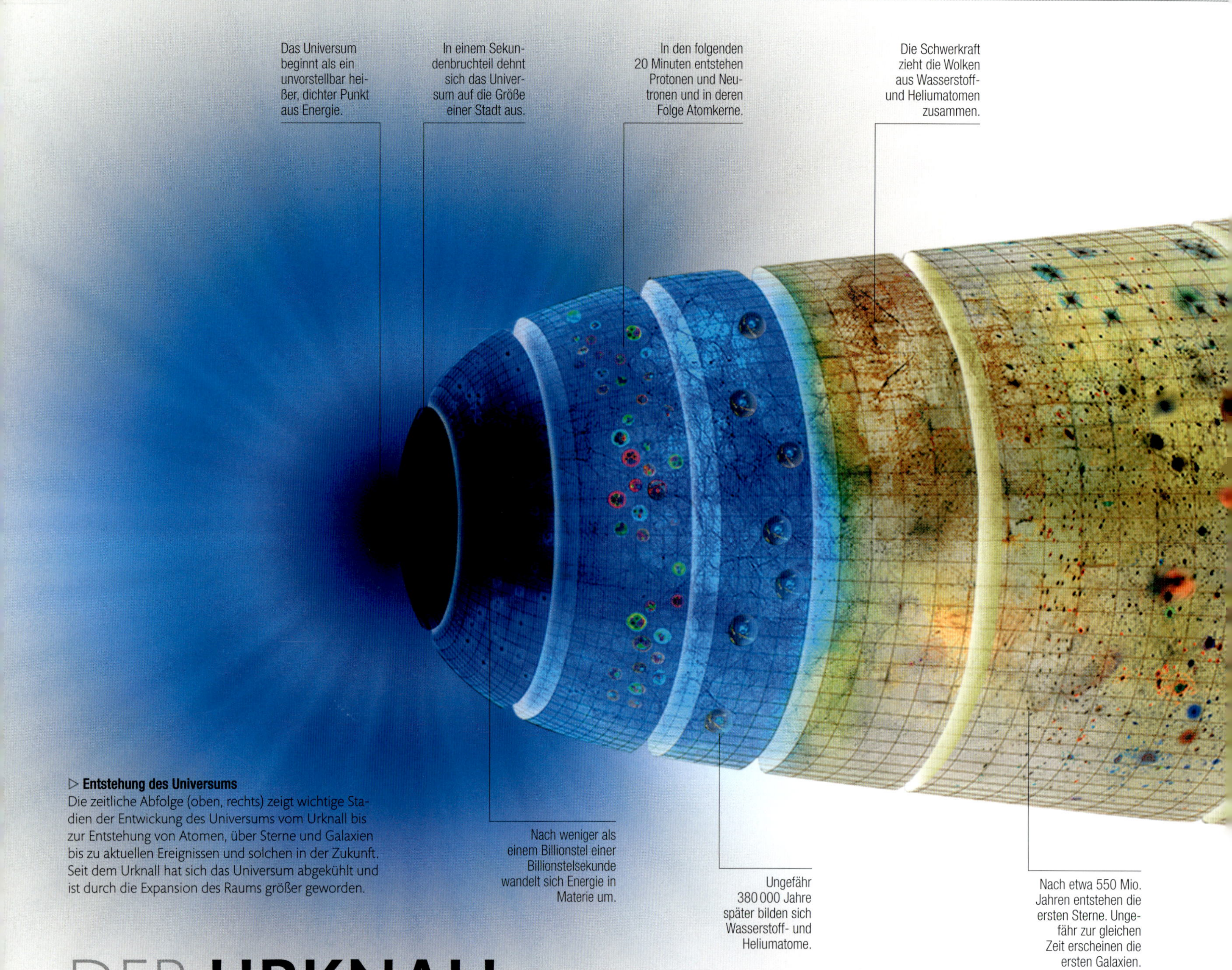

▷ **Entstehung des Universums**
Die zeitliche Abfolge (oben, rechts) zeigt wichtige Stadien der Entwickung des Universums vom Urknall bis zur Entstehung von Atomen, über Sterne und Galaxien bis zu aktuellen Ereignissen und solchen in der Zukunft. Seit dem Urknall hat sich das Universum abgekühlt und ist durch die Expansion des Raums größer geworden.

DER **URKNALL**

Vor ungefähr 13,8 Milliarden Jahren markierte ein dramatisches Ereignis den Beginn von Raum und Zeit. Plötzlich entstand aus dem Nichts – als winziger Punkt aus reiner Energie – das Universum.

Innerhalb eines Moments, den man heute den Urknall nennt, expandierte das Universum Aberbillionen Mal und wurde immer größer, während es sich gleichzeitig von seinem erstaunlich heißen Zustand abkühlte. In den ersten Sekundenbruchteilen bildete sich aufgrund der immensen Energie eine riesige »Suppe« aus winzigen, miteinander in Wechselwirkung stehenden Teilchen. Einige von ihnen verschmolzen zu Atomkernen – den Bausteinen aller Materie des heutigen Universums. Zehntausende Jahre später bildeten sich die Atome, und nach weiteren Hunderten Millionen Jahren entstanden die ersten Sterne und Galaxien.

◁ **Den Urknall untersuchen**
Mit dem Teilchenbeschleuniger Large Hadron Collider versuchen Forscher am Europäischen Zentrum für Kernforschung (CERN), die Bedingungen herzustellen, die auf den Urknall folgten. Sie lassen in dem Collider energiereiche Teilchen zusammenstoßen, um anschließend die entstandenen Nebenprodukte zu untersuchen.

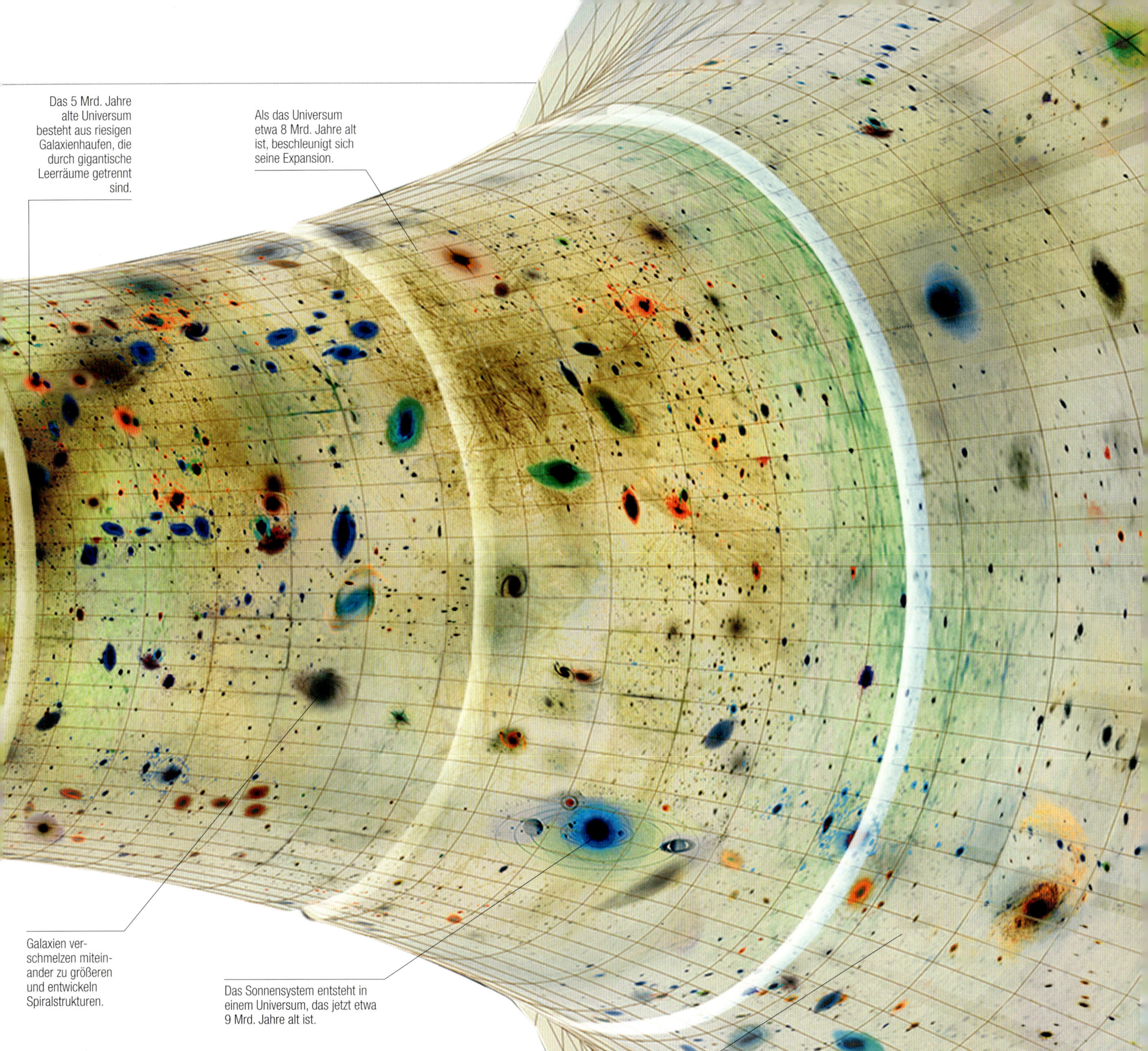

△ **Entwicklung der Galaxien**
Ein tiefer Blick ins All ist gleichzeitig ein Blick in die Vergangenheit. Diese Aufnahme des Hubble-Weltraumteleskops zeigt Galaxien, die in unterschiedlichen Entfernungen liegen und somit verschiedene Entwicklungsstadien des Universums repräsentieren. Die entferntesten und ältesten Galaxien erscheinen als verschwommene Punkte.

DIE NATUR DES UNIVERSUMS

Kosmologie – die Lehre über das Universum – ist ein Fachgebiet der Astronomie, die Antworten auf fundamentale Fragen über Größe, Alter und Aufbau des Universums sucht.

Philosophen und Astronomen setzen sich seit Jahrtausenden, wenn auch mit unterschiedlichen Erfolgen, mit solchen Fragen auseinander. Eine der dringendsten Fragen – ob das Ausmaß des Universums endlich oder unendlich ist – kann allerdings immer noch nicht sicher beantwortet werden (obwohl ein unendliches Universum wahrscheinlicher erscheint). Andere fundamentale Aspekte zur Natur des Universums sind hingegen bekannt. Dazu zählen, wie und wann das Universum entstand, ob es ein Zentrum oder Ränder besitzt und ob es mehr als nur unsere Galaxie umfasst.

Moderne Darstellung des Hiranyagarbha

UM 1500–1200 V. CHR.

Kosmisches Ei
Die Schrift *Rigveda* der Hindu enthält eine Hymne, in der das Universum aus einem kosmischen goldenen Ei oder Schoß entstand, dem Hiranyagarbha. Als es zerbrach, entstanden die Erde, der Himmel (Weltraum) und die Unterwelten.

4. Jahrhundert V. CHR.

Geozentrisches Universum von Aristoteles
Der griechische Philosoph Aristoteles postulierte, dass das Universum endliche Ausmaße hat, die Zeit in ihm unendlich ist und dass in seinem Zentrum die Erde steht. Er entwirft ein komplexes System mit 55 Kugeln, wobei die äußerste den Rand des Universums bildet.

Georges Lemaître

Albert Einstein

1915

Allgemeine Relativitätstheorie
Einstein veröffentlicht die Allgemeine Relativitätstheorie, die bislang beste darüber, wie sich Schwerkraft im kosmischen Maßstab auswirkt. Er postuliert, dass konzentrierte Masse die Raumzeit krümmt. Anhand von Gleichungen definiert er verschiedene mögliche Universen.

1920ER-JAHRE

Expandierendes Universum
Der amerikanische Astronom Edwin Hubble zeigt, dass weitere Galaxien existieren und dass sich entfernte Galaxien mit einem Tempo von uns entfernen, das proportional zu ihrer Distanz ist. Daraus folgern Astronomen, dass sich das gesamte Universum ausdehnt.

1931

Urzeitliches Atom
Der belgische Astronom und Priester Georges Lemaître stellt seine »Hypothese des urzeitlichen Atoms« vor. Gemäß dieser hat sich das Universum aus einem extrem heißen, dichten Zustand ausgedehnt. Sein Modell bietet auch eine Lösung für das Olberssche Paradoxon.

Arno Penzias (links) und Robert Wilson (rechts)

1948

Die ersten Elemente
Der russisch-amerikanische Physiker George Gamow und andere arbeiten heraus, wie kurz nach dem sehr heißen, dichten Beginn des Universums – aus lediglich den ersten subatomaren Teilchen (Protonen und Neutronen) – die Kerne der verschiedenen leichten Elemente entstanden sein können.

1949

Hoyle prägt den Begriff »Urknall«
Der britische Astronom Fred Hoyle prägt den Begriff »Urknall« für Theorien, die beschreiben, dass das Universum zu einem bestimmten Zeitpunkt aus einem heißen, dichten Zustand entstand. Obwohl Hoyle eine andere Theorie bevorzugte, blieb der Begriff erhalten.

1965

Kosmische Hintergrundstrahlung
Arno Penzias und Robert Wilson, Astronomen an den Bell-Laboren in New Jersey, entdecken die kosmische Hintergrundstrahlung – eine schwache Strahlung, die aus allen Richtungen des Alls kommen. Sie erkennen, dass sie die Reststrahlung des Urknalls ist

Aristarchos von Samos

Giordano Bruno

3. Jahrhundert v. Chr.

Heliozentrisches Universum
Der griechische Astronom Aristarchos von Samos schlägt vor, dass die Sonne im Mittelpunkt des Universums steht und die Erde um diese kreist. Aristarchos vermutet auch, dass Sterne ähnliche Körper wie die Sonne sind, aber viel weiter entfernt.

1543

Ein überzeugendes Modell
Das Buch *De revolutionibus orbium coelestium* des polnischen Astronomen Nikolaus Kopernikus wird veröffentlicht. Es enthält detaillierte und überzeugende mathematische Modelle des Universums, in dem die Sonne den Mittelpunkt bildet.

1584

Unendliche Vielfalt der Sterne
Der italienische Philosoph und Mathematiker Giordano Bruno behauptet, dass die Sonne unter der Vielzahl von Sternen ein relativ unbedeutender Stern ist. Weil das Universum unendlich ist, folgert er zudem, dass es auch kein Zentrum oder ein bestimmtes Objekt in seiner Mitte besitzt.

Skizzenhafte Darstellung der Whirlpool-Galaxie

1610

Argument gegen das unendliche Universum
Der deutsche Astronom Johannes Kepler behauptet, dass jede Theorie eines statischen, unendlichen und ewigen Universums falsch ist, da in einem solchen Universum in jeder Richtung ein Stern existieren und der Nachthimmel hell sein müsste. Diese Behauptung wird später als das Olberssche Paradoxon bekannt.

1755

Objekte existieren fern der Milchstraße
Der deutsche Philosoph Immanuel Kant vermutet, dass einige diffuse Objekte am Nachthimmel Galaxien jenseits der Milchstraße sind – und deutet damit an, dass das Universum viel mehr und deutlich größere Galaxien als die Milchstraße enthält.

1905

Raum-Zeit-Kontinuum
Nach der Speziellen Relativitätstheorie des Physikers Albert Einstein bilden Raum und Zeit ein Kontinuum, die Raumzeit. Eine Annahme seiner Theorie ist, dass kein Ort etwas Besonderes ist – weshalb das Universum kein Zentrum und keinen Rand hat.

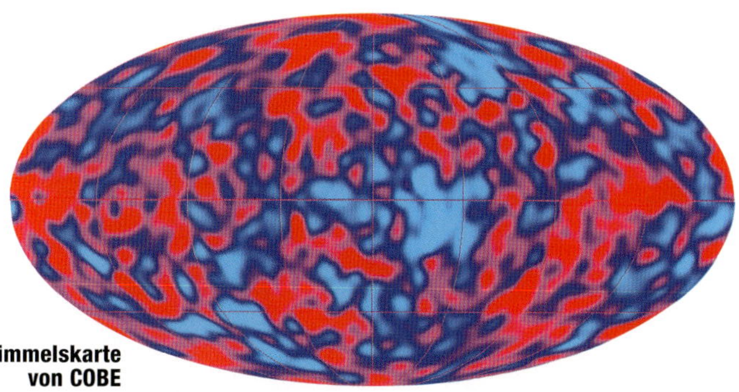

Himmelskarte von COBE

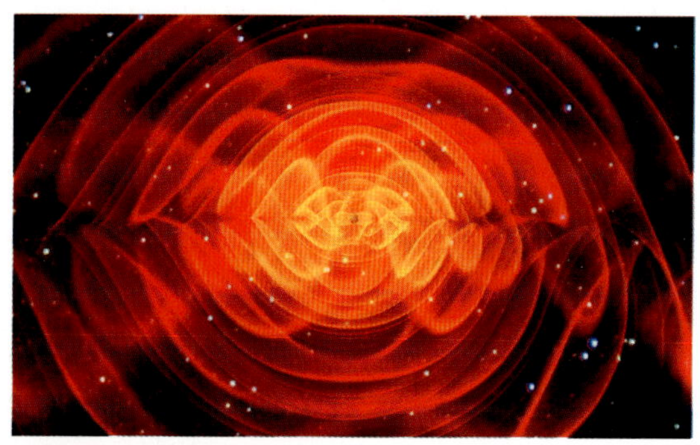

Computersimulation von Gravitationswellen

1980

Urknallinflationstheorie
Der amerikanische Physiker Alan Guth und Kollegen vermuten, dass das Universum in einer extrem frühen Phase nach dem Urknall unfassbar schnell expandierte. Diese Theorie kann die großmaßstäbliche Struktur des Kosmos erklären.

1992

Variationen in der Hintergrundstrahlung
Messungen des Satelliten COBE (Cosmic Background Explorer) zeigen winzige Variationen in der Hintergrundstrahlung. Sie zeichnen ein Bild aus der Wiege des Universums, als es winzig klein und erst 380 000 Jahre alt war.

1999–2001

Existenz der Dunklen Energie
Präzise Messungen der kosmischen Hintergrundstrahlung und verschiedene Geschwindigkeiten von unterschiedlich weit entfernten Galaxien beweisen die Existenz der Dunklen Energie, die die Expansion zu beschleunigen scheint.

2016

Nachweis der Gavitationswellen
Physiker in den USA kündigen an, dass sie Gravitationswellen nachgewiesen haben. Die Existenz dieser Wellen unterstützt die Urknallinflationstheorie und ist eine weitere Bestätigung von Einsteins Allgemeiner Relativitätstheorie.

HIMMELSOBJEKTE

Im Weltraum existiert eine Vielfalt unterschiedlichster Objekte: von kosmischen Strahlen – geladenen subatomaren Teilchen, die mit hoher Geschwindigkeit herumschwirren – bis zu riesigen, majestätischen Galaxienhaufen.

Da sie ihr eigenes Licht emittieren, sind Sterne die mit Abstand meisten Objekte, die man am Nachthimmel sehen kann. Viele andere beobachtbare Merkmale bestehen vorwiegend aus Sternen (Galaxien und Sternhaufen) oder sind sichtbar, weil sie Sternlicht reflektieren (Planeten, Monde und Kometen). Außerdem sind dort draußen viele extrem dunkle oder völlig dunkle Objekte wie Braune Zwerge und Schwarze Löcher, die man jedoch nur extrem schwer oder so gut wie gar nicht entdecken kann.

△ **Kometen**
Kometen sind Brocken aus Eis und Gestein, die im Außenbereich des Sonnensystems kreisen. Nur wenige nähern sich – teils regelmäßig – der Sonne. Dann verdampfen gefrorene Substanzen des Kometen zu einer glühenden Koma (Kopf) und langen Schweifen.

△ **Sterne**
Ein Stern ist eine extrem heiße Kugel aus Gas, die Energie durch Kernfusion von Wasserstoff (und manchmal anderen Elementen) erzeugt. Alle der Sonne benachbarten Sterne gehören zur Milchstraße, die als milchiges Band am Nachthimmel erscheint (oben).

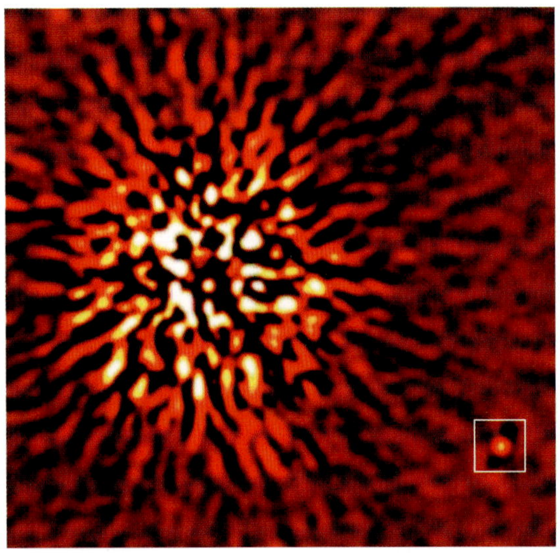

△ **Braune Zwerge**
Braune Zwerge sind »Fast-Sterne«. Sie sind massiver als viele Planeten, aber noch nicht massiv genug, um Kernfusionen aufrechtzuerhalten. Das Bild zeigt das dunkle Glühen eines Braunen Zwergs (Kasten), der um einen sonnenähnlichen Stern kreist.

Nebel
Nebel sind Wolken aus Gas und Staub in den riesigen Räumen zwischen den Sternen. Viele beherbergen Sternentstehungsgebiete. Bei einigen Nebeln regt Licht heißer, junger Sterne Gasatome im Nebel an, die dann selbst Licht in verschiedenen Farben abgeben, wie etwa der Carinanebel (Bildmitte). Auf der südlichen Hemisphäre ist er ein bekanntes Merkmal, das man mit bloßem Auge sehen kann.

△ **Sternhaufen**
Ein Sternhaufen ist eine große Ansammlung von Sternen, die durch Schwerkraft aneinander gebunden sind. In der Milchstraße wurden mehrere Tausend Haufen entdeckt. Sie gehören zu den Kugelsternhaufen (oben) und den Offenen Sternhaufen.

△ **Sternüberreste**
Wenn Riesensterne untergehen, entstehen diverse Reste. Dazu zählt immer ein kompakter Überrest des ursprünglichen Sternenkerns. Das geisterhafte Objekt (oben) besteht aus Gas und Staubresten eines Sterns, der in einer Supernova explodierte.

△ **Planeten**
Ein Planet ist ein nahezu kugelförmiges Objekt, das um einen Stern kreist. Er kann erdartig oder gasförmig sein und erzeugt keine Energie. Das Bild zeigt den Mars in unserem Sonnensystem.

△ **Monde**
Ein Mond ist ein natürlicher Satellit eines Planeten oder eines anderen Körpers. Im Sonnensystem wurden Hunderte Monde entdeckt, wie der Saturnsatellit Mimas (oben).

◁ **Galaxien**
Eine Ansammlung aus Sternen, Gas, Staub, Nebel, Sternüberresten, Planeten und kleineren Körpern nennt man eine Galaxie. Sie werden in vier Klassen unterteilt – Spiral-, Balkenspiral-, elliptische und irreguläre Galaxien. Das Beispiel (links) zeigt die Spiralgalaxie NGC 908, in der mit enorm hoher Geschwindigkeit viele neue Sterne entstehen.

△ **Galaxienhaufen**
Galaxien bilden auch Haufen, die sich selbst zu wiederum noch größeren verbinden, den Superhaufen. Der Galaxienhaufen Abell 2744 besteht aus Hunderten Galaxien. Der gesamte Haufen befindet sich in einem riesigen Meer aus geheimnisvollem, unsichtbarem Material, der Dunklen Materie (s. S. 74/75).

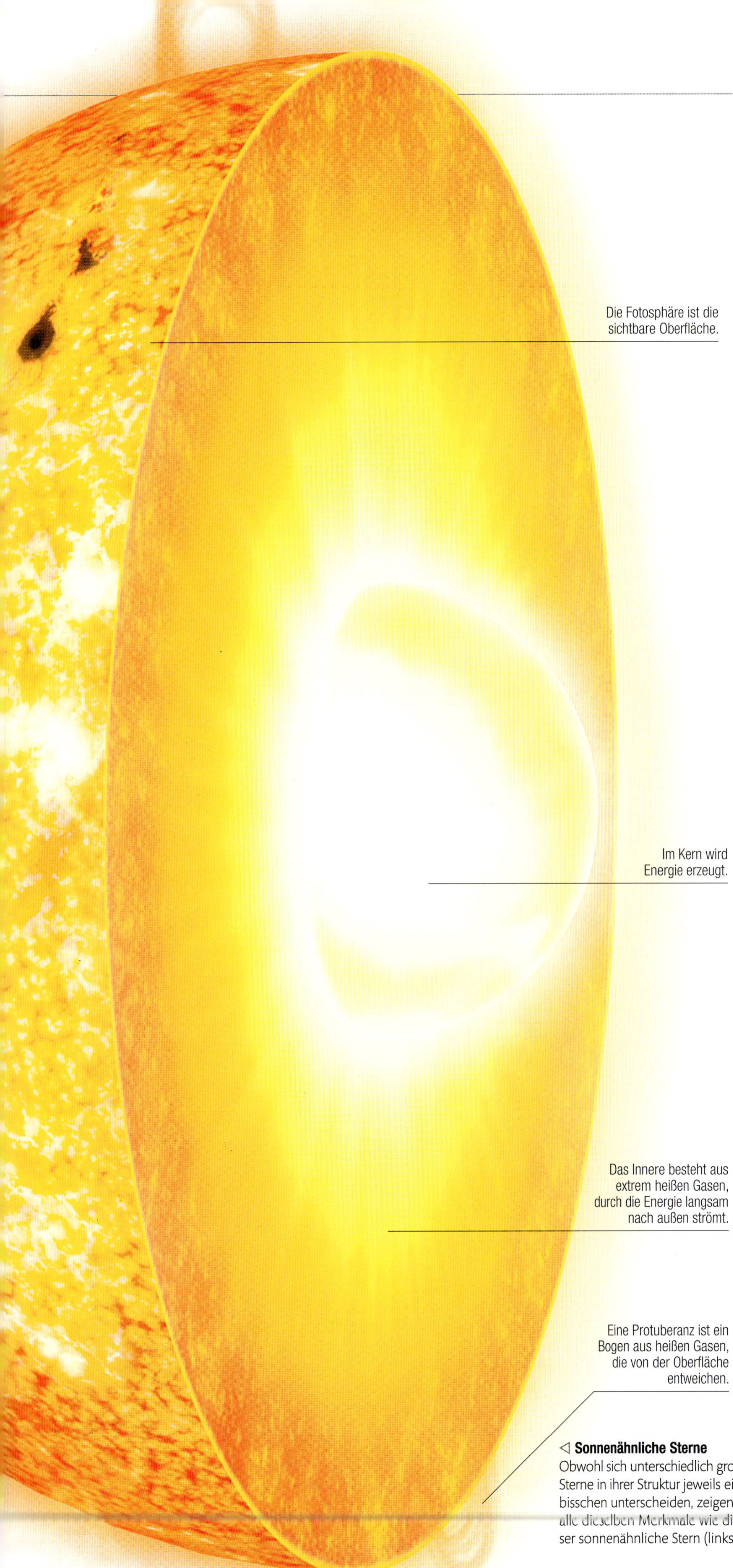

◁ **Sonnenähnliche Sterne**
Obwohl sich unterschiedlich große Sterne in ihrer Struktur jeweils ein bisschen unterscheiden, zeigen alle dieselben Merkmale wie dieser sonnenähnliche Stern (links).

WAS IST EIN **STERN?**

Ein Stern ist eine enorme Kugel aus extrem heißen Gasen, die in ihrem Kern Energie erzeugt und diese an ihrer Oberfläche als Strahlung freisetzt.

Alle von der Erde aus sichtbaren Sterne gehören zur Milchstraße. Obwohl sie nach kosmischen Maßstäben lokale Sterne sind, ist der Abstand zu ihnen tatsächlich unglaublich groß – zum nächsten Stern sind es fast 40 Bio. km, und die meisten anderen sind noch weiter entfernt. Zur Milchstraße gehören mehr als 200 Mrd. Sterne, von denen etwa 10 000 mit bloßem Auge sichtbar sind.

Sternerscheinungen und Variationen

Sterne erscheinen am Nachthimmel als winzige Lichtpunkte. Einige leuchten heller, aber mit bloßem Auge erkennt man kaum farbliche Unterschiede, weil alle eher weißlich erscheinen. Tatsächlich unterscheiden sich Sterne enorm. Sie haben unterschiedliche Größen und Temperaturen, leuchten in verschiedenen Farben, sind unterschiedlich alt und haben eigene Lebensläufe. Viele dieser Eigenschaften sind miteinander verbunden, wie etwa Oberflächentemperatur und Farbe: Ein Stern mit einer relativ niedrigen Oberflächentemperatur glüht rot, während heißere (mit steigender Temperatur) orange, gelb, weiß oder blau leuchten.

SPEKTRALKLASSEN DER STERNE

Klasse	Scheinbare Farbe	Mittlere Oberflächentemperatur	Beispiel
O	Blau	über 30 000 °C	Zeta Puppis, auch Naos (Puppis)
B	Tiefes bläuliches Weiß	20 000 °C	Rigel (Orion)
A	Blasses bläuliches Weiß	8500 °C	Sirius A (Canis Major)
F	Weiß	6500 °C	Procyon A (Canis Minor)
G	Gelb-Weiß	5300 °C	die Sonne
K	Orange	4000 °C	Aldebaran (Taurus)
M	Rot	3000 °C	Beteigeuze (Orion)

△ **Spektralklassen der Sterne**
Das Lichtspektrum eines Sterns überträgt viele Informationen über ihn. Durch Untersuchungen ihres Spektrums lassen sich Sterne in Spektralklassen einteilen, von denen die wichtigsten hier aufgelistet sind.

Sternklassifikation

Sterne werden nach unterschiedlichen Gesichtspunkten klassifiziert. Nach dem von Astronomen bevorzugten System werden sie in sieben Hauptklassen (O bis M) eingeteilt, also nach den Wellenlängen des Lichts, das sie abstrahlen. Ein Spektrum eines Sterns enthält Informationen zu seiner Farbe, Temperatur, Zusammensetzung und anderen Eigenschaften. Um in der Vielfalt der Sterne ein grundlegendes Muster zu erkennen, trugen 1911 und 1913 der dänische Astronom Ejnar Hertzsprung und der amerikanische Astronom Henry Norris Russell unabhängig voneinander Hunderte von Sternen gemäß ihrer Spektralklasse und ihrer Leuchtkraft (verbunden mit ihrer Helligkeit) in einem Diagramm auf. Dabei kam etwas Interessantes heraus: Die meisten Sterne liegen auf einer Diagonalen, der Hauptreihe, und verbringen dort den größten Teil ihres Lebens. Riesensterne – die kurz vor ihrem Lebensende stehen – und ausgebrannte Riesen, die Weißen Zwerge, füllen andere Teile des Diagramms.

▽ **Das Hertzsprung-Russell-Diagramm**
Die Diagonale in diesem Diagramm ist die Hauptreihe – eine Reihe stabiler Sterne von den kühlen Roten Zwergen bis zu heißeren, größeren, bläulichen Sternen. Sterne, die die Hauptreihe verlassen haben und später zu leuchtenden Riesen wurden, liegen in anderen Bereichen.

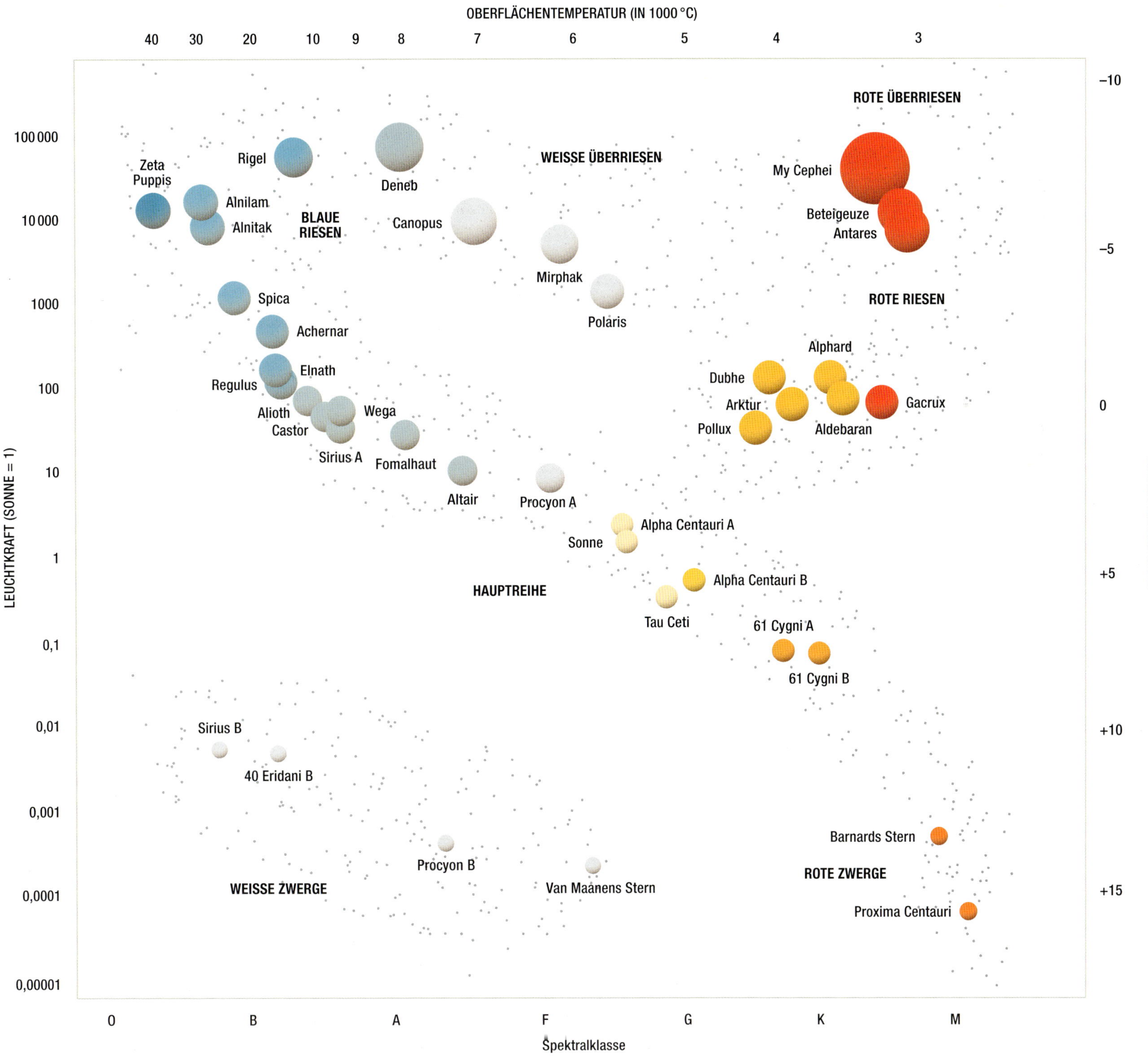

HELLIGKEIT UND ENTFERNUNG

Sterne unterscheiden sich enorm, sowohl in ihrer Helligkeit als auch hinsichtlich ihres Abstands zur Erde – obwohl alle, abgesehen von der Sonne, extrem weit entfernt sind. Wie hell ein Stern leuchtet, hängt nämlich nur zum Teil von seiner Entfernung zur Erde ab.

Weil Sterne so weit entfernt sind, sind sie nur schwer zu erforschen. Die meisten Informationen über einen Stern liefern sein Licht und andere von ihm ausgehende Strahlungen, doch der Abstand zu den uns nächsten Sternen lässt sich aus den minimalen Positionsverschiebungen im Laufe eines Jahres berechnen.

Helligkeit

Die Helligkeit eines Sterns wird auf zwei Arten beschrieben. Die scheinbare Helligkeit gibt an, wie hell ein Stern von der Erde aus betrachtet erscheint. Die absolute Helligkeit drückt aus, wie hell er aus einer bestimmten Entfernung aussieht – sie ist ein besserer Indikator seiner wahren Helligkeit. Auf beiden Skalen bedeutet eine Zunahme von +1 eine geringere und eine Abnahme um −1 eine größere Helligkeit. Sterne der scheinbaren Helligkeit +6 oder +5 sind für das bloße Auge noch sichtbar. Sehr helle Sterne weisen hingegen den Wert +1 bis 0 auf, und die vier hellsten Sterne besitzen sogar negative Werte. Die absolute Helligkeit beginnt bei +20 für einige sehr dunkle Rote Zwerge und endet um −8 für die hellsten Überriesen. Die absolute Helligkeit wird mit der sichtbaren Leuchtkraft gemessen. Sie entspricht der Energiemenge des sichtbaren Lichts, die ein Stern pro Zeiteinheit abgibt. Die Leuchtkraft wird häufig relativ zur Sonne angegeben.

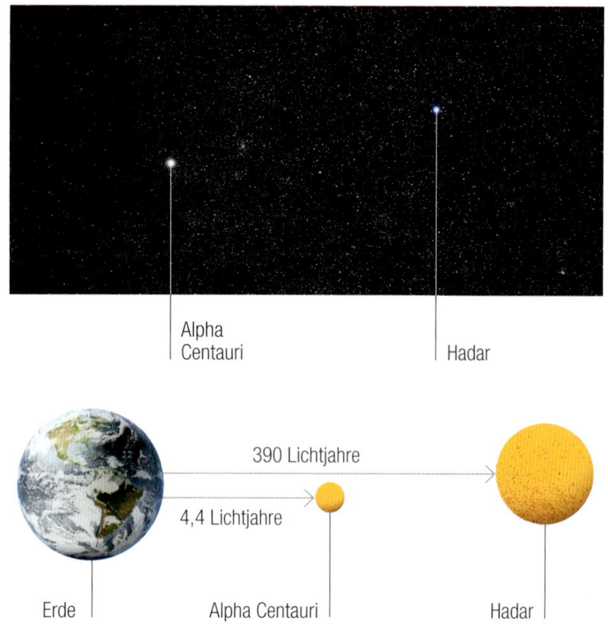

△ **Scheinbare Helligkeit**
Die beiden hellsten Sterne in der Aufnahme (oben) – Alpha Centauri (links) und Hadar (rechts) – erscheinen ungefähr gleich hell oder haben etwa die gleiche scheinbare Helligkeit. Doch Hadar ist viel heller, weil er eine größere absolute Helligkeit aufweist. Alpha Centauri erscheint nur deshalb so hell wie Hadar, weil er 90-mal näher zur Erde liegt.

▽ **Vergleich der Helligkeiten**
In der Tabelle werden die scheinbare und absolute Helligkeit sowie die Leuchtkraft von elf Sternen inklusive der Sonne verglichen. Die Liste umfasst relativ nahe Sterne wie den Roten Zwerg Proxima Centauri, aber auch entfernte wie den fantastisch leuchtstarken Überriesen Rigel.

HELLIGKEIT UND LEUCHTKRAFT AUSGESUCHTER STERNE

Stern (Sternbild)	**Entfernung zur Erde**	**Scheinbare Helligkeit**	**Absolute Helligkeit**	**Sichtbare Leuchtkraft** (Sonne = 1)
Die Sonne	149 600 000 km	−26,74	4,83	1
Sirius A (Canis Major)	8,6 Lichtjahre	−1,47	1,42	23
Alpha Centauri A (Centaurus)	4,4 Lichtjahre	0,01	4,38	1,5
Wega (Lyra)	25 Lichtjahre	0,03	0,58	50
Rigel (Orion)	780–940 Lichtjahre	0,13	−7,92	125 000
Hadar (Centaurus)	370–410 Lichtjahre	0,61	−4,53	5500
Antares (Scorpius)	550–620 Lichtjahre	0,96	−5,28	11 000
Polaris (Ursa Minor)	325–425 Lichtjahre	1,98	−3,6	2400
Megrez (Ursa Major)	58 Lichtjahre	3,3	1,33	25
My Cephei (Cepheus)	1200–9000 Lichtjahre	4,08	−7,63	96 000
Proxima Centauri (Centaurus)	4,2 Lichtjahre	11,05	15,6	0,00005

△ **Proxima Centauri**
Die Aufnahme zeigt den Roten Zwerg Proxima Centauri. Mit 4,2 Lichtjahren Abstand ist er nach der Sonne der erdnächste Stern. Obwohl er in dieser Aufnahme des Hubble-Weltraumteleskops hell erscheint, ist er ein dunkler Stern mit einer absoluten Helligkeit der Größenklasse +15,6 und einer Leuchtkraft, die nur einen Bruchteil derer der Sonne beträgt.

Entfernung

Außer der Sonne sind alle Sterne so weit entfernt, dass eine besondere Längeneinheit notwendig ist. Diese Einheit ist das Lichtjahr und entspricht der Strecke, die Licht in einem Jahr zurücklegt bzw. ungefähr 9,5 Bio. km. Die 100 hellsten Sterne am Nachthimmel sind zwischen 4,4 und ungefähr 2500 Lichtjahre entfernt. Die Entfernungen zu den Sternen kann man auf unterschiedliche Weise messen. Für relativ nahe Sterne wird dazu die Parallaxe genutzt (rechts). Für entferntere Sterne werden komplexere, indirekte Methoden angewandt. Da diese Methoden jedoch nicht so genau sind, sind die Entfernungen zu vielen Sternen, auch zu einigen der hellsten, nur annähernd bekannt.

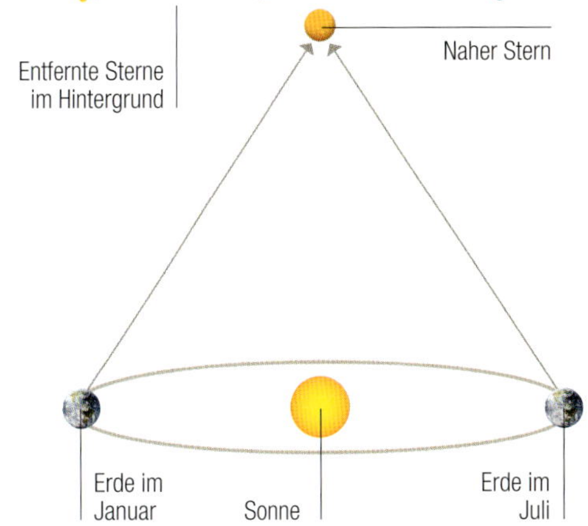

◁ **Parallaxe**
Beobachtet man einen nahen Stern von der Erde aus zu unterschiedlichen Jahreszeiten, also wenn sich die Erde auf gegenüberliegenden Punkten ihrer Umlaufbahn um die Sonne befindet, scheint sich der nahe Stern hinsichtlich der Sterne im Hintergrund ein wenig zu bewegen. Diese Verschiebung dient als Basis zur Berechnung der Entfernung des nahen Sterns

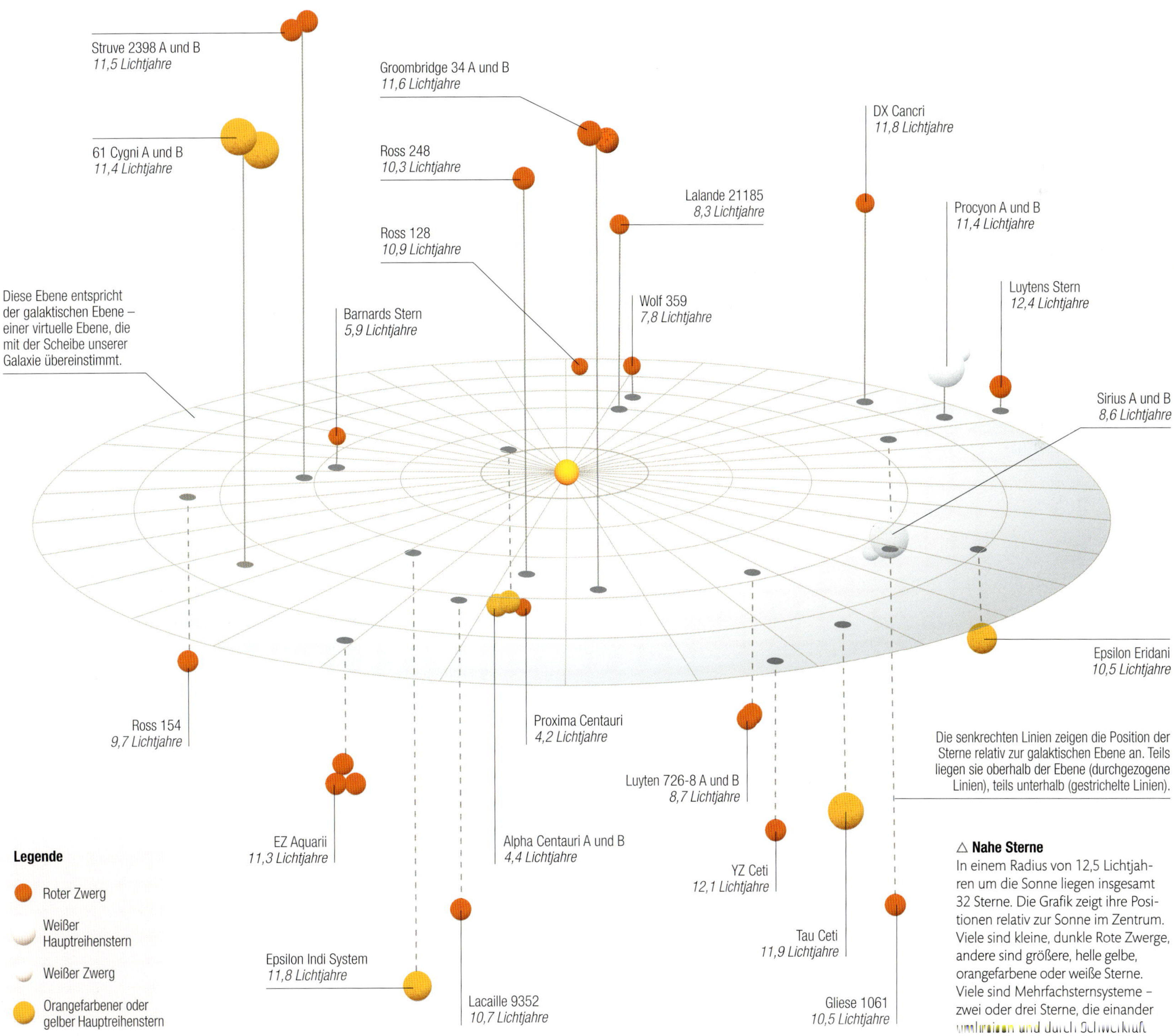

△ **Nahe Sterne**
In einem Radius von 12,5 Lichtjahren um die Sonne liegen insgesamt 32 Sterne. Die Grafik zeigt ihre Positionen relativ zur Sonne im Zentrum. Viele sind kleine, dunkle Rote Zwerge, andere sind größere, helle gelbe, orangefarbene oder weiße Sterne. Viele sind Mehrfachsternsysteme – zwei oder drei Sterne, die einander umkreisen und durch Schwerkraft aneinander gebunden sind.

Ein Klumpen mit Material eines Neutronensterns, so groß wie ein **Tennisball,** würde so viel wiegen wie das **40-Fache** der Erdbevölkerung.

△ **Große Sterne**
Riesen, Überriesen und Hyperriesen sind sehr viel größer und heller als Hauptreihensterne mit der gleichen Oberflächentemperatur. Blaue Sterne sind dabei etwas kleiner als ihre roten Nachbarn. Sie leuchten aber genauso hell, weil ihre Oberflächentemperaturen höher sind als die der roten Sterne.

GRÖSSE DER **STERNE**

Obwohl alle wie winzige Lichtpunkte am Himmel erscheinen, sind die Größenunterschiede zwischen Sternen enorm. Manche sind so groß, dass die Sonne gegen sie klein wirkt. Andere sind dagegen kleiner als einige Planeten des Sonnensystems.

Die keinsten Sterne sind winzige, sehr dichte Neutronensterne, die nach einem Kollaps eines Riesen entstanden sind. Diese Sterne haben einen Durchmesser von nur 25 km. Die meisten Sterne der Milchstraße sind Zwerge, einige haben nur ein Tausendstel des Sonnenvolumens. Die größten Sterne, Über- und Hyperriesen, können hingegen ein Volumen haben, das das der Sonne um das Achtmilliardenfache übersteigt. Sterne werden nach ihrer Farbe, Größe und Helligkeit in Kategorien unterteilt. Die Kombination aus Farbe und Helligkeit weist auf die Größe hin. Ein heller blauer Stern ist beispielsweise kleiner als ein genauso heller roter Stern, weil der blaue Stern heißer ist als der rote Stern und eine kleinere Oberfläche braucht, um so hell zu leuchten wie der kühlere rote Stern.

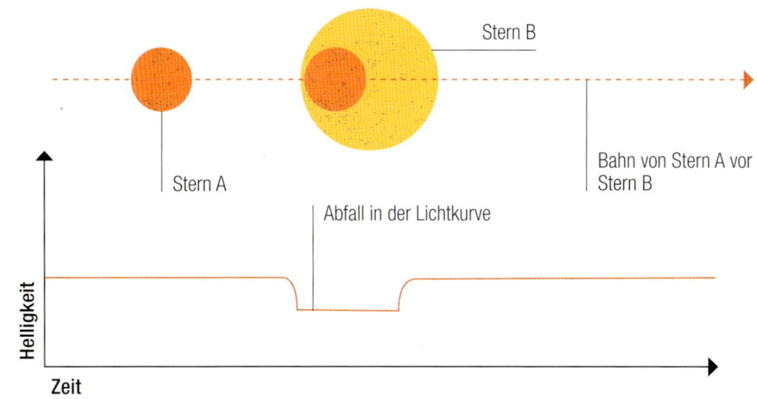

△ **Größenmessung**
Durch Untersuchung der Lichtkurve während einer Bedeckung bei Bedeckungsveränderlichen (s. S. 43) kann man bestimmen, wie viel Zeit ein Stern für die Passage vor dem anderen benötigt. Diese Zeit liefert Informationen zur Berechnung der Durchmesser der Sterne.

ORANGEFARBENER RIESE
Pollux
Die orangene Farbe von Pollux zeigt an, dass seine Oberflächentemperatur niedriger ist als die der Sonne.

BLAUER RIESE
Bellatrix
Bellatrix ist etwa 20 Mio. Jahre alt. Sein Durchmesser ist sechsmal so groß wie der der Sonne.

GELBER ZWERG
Die Sonne
Sterne dieser Kategorie sind Hauptreihensterne und ähnlich groß wie die Sonne.

ROTER RIESE
Aldebaran
Aldebaran ist ein irregulärer Veränderlicher. Er verändert von Zeit zu Zeit seine Größe, weil das Gleichgewicht zwischen Schwerkraft (nach innen) und Strahlungsdruck (nach außen) gestört ist.

▷ **Normaler Stern**
Die Milchstraße besteht aus mindestens 200 Mrd. Sternen, von denen sich 90 Prozent in einem stabilen Stadium (Hauptreihe) befinden. Die Sonne ist ein Hauptreihenstern und als Gelber Zwerg kategorisiert. Sie hat einen Durchmesser von 1,39 Mio. km. Wenn sie ihren Wasserstoffvorrat verbraucht hat, schwillt sie zu einem Roten Riesen an. Später stößt sie ihre äußeren Hüllen ab und wird zu einem Weißen Zwerg.

▷ **Zwerge**
Die meisten Sterne sind Zwerge. Zu dieser Gruppe kleiner, dunkler Sterne gehören Sterne, die etwa so groß wie die Sonne sind, sowie viele kleinere Rote und Weiße Zwerge – winzige Überreste von Riesen, die ihre äußeren Hüllen abgestoßen haben. Braune Zwerge sind Körper, deren Masse nicht ausreicht, um eine Kernfusion zu starten. Daher bezeichnet man sie auch als misslungene Sterne.

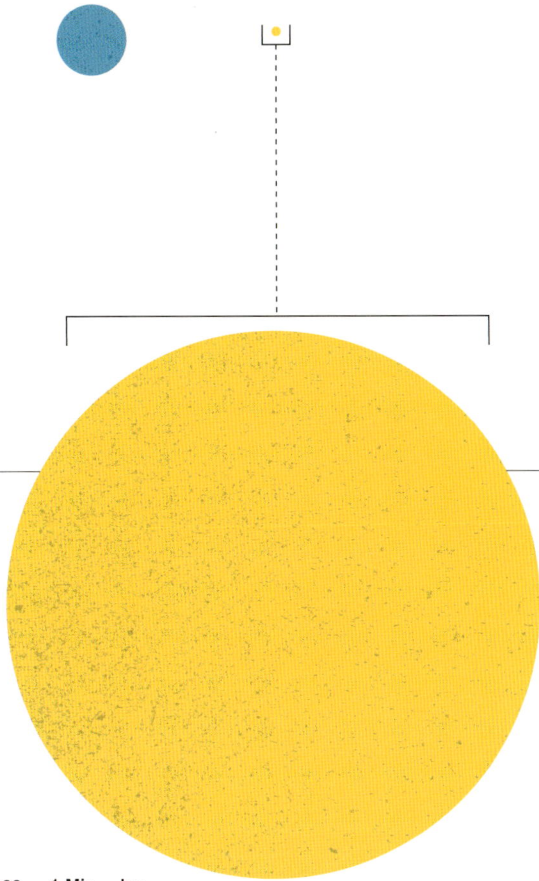

0 250 000 500 000 750 000 1 Mio. km

GELBER ZWERG
Die Sonne

ROTER ZWERG
Proxima Centauri
Rote Zwerge bilden in der Milchstraße die zahlreichste Sternart und werden schließlich zu Weißen Zwergen.

BRAUNER ZWERG
EROS-MP J0032-4405
Die meisten Braunen Zwerge sind keine Sterne und ungefähr so groß wie der Planet Jupiter in unserem Sonnensystem.

WEISSER ZWERG
Sirius B
Sirius B ist ungefähr so groß wie die Erde, besitzt aber fast genauso viel Masse wie die Sonne.

STERNAUFBAU

Ein Stern ist letztendlich eine Art Maschinerie, die die unglaublichen Energiemengen, die im Kern des Sterns erzeugt werden, zu dessen glühender Oberfläche leitet. Diese Energieübertragung kann 100 000 Jahre oder länger dauern.

In einem Stern strömt kontinuierlich Energie von seinem Kern zur Sternenoberfläche, wo sie in den Raum abgegeben wird. Dieser Fluss erzeugt einen nach außen gerichteten Druck, ohne den ein Stern kollabieren würde. Die Energiequelle im Kern eines Sterns ist die Verschmelzung oder Fusion von leichteren zu größeren, schwereren Atomkernen.

Energieproduktion und Übertragung

Bei einer Kernfusion verlieren Atome winzige Mengen Masse, die in Energie umgewandelt wird. In den meisten Sternen verschmelzen Atomkerne von Wasserstoff zu Heliumkernen. Vom Kern wird die Energie durch Strahlung und Konvektion nach außen geleitet. Strahlung ist die Übertragung von Energie in Form von Licht-, Wärme- oder Röntgenstrahlen, die man sich alle als winzige Energiepäckchen vorstellen kann, die Photonen. In vielen Sternen ist die Gasschicht um den Kern jedoch so dicht gepackt, dass Photonen absorbiert und dann in eine andere Richtung wieder abgegeben werden. Deshalb verläuft die Energieübertragung dort langsam und zickzackförmig. Konvektion hingegen leitet Energie durch kreisförmige Bewegungen heißer Gasschwaden nach außen – und dichteres, kühleres Gas nach innen. Viele Sterne haben Schichten unterschiedlicher Dichte, sodass einige Energie durch Strahlung und andere durch Konvektion abgeben.

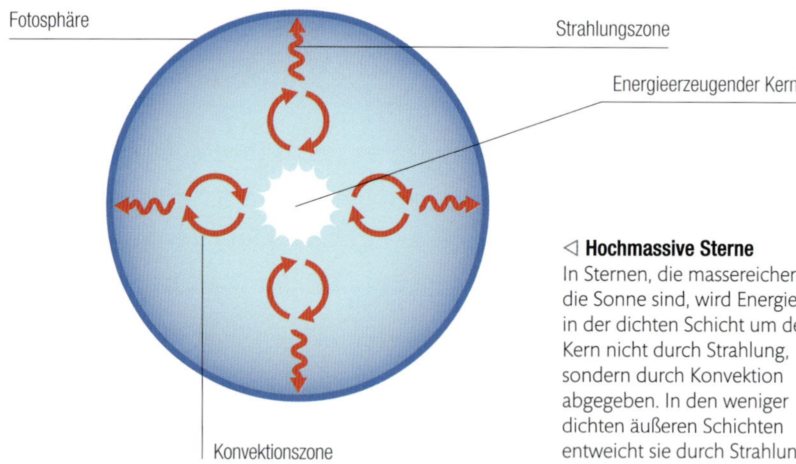

◁ **Hochmassive Sterne**
In Sternen, die massereicher als die Sonne sind, wird Energie in der dichten Schicht um den Kern nicht durch Strahlung, sondern durch Konvektion abgegeben. In den weniger dichten äußeren Schichten entweicht sie durch Strahlung.

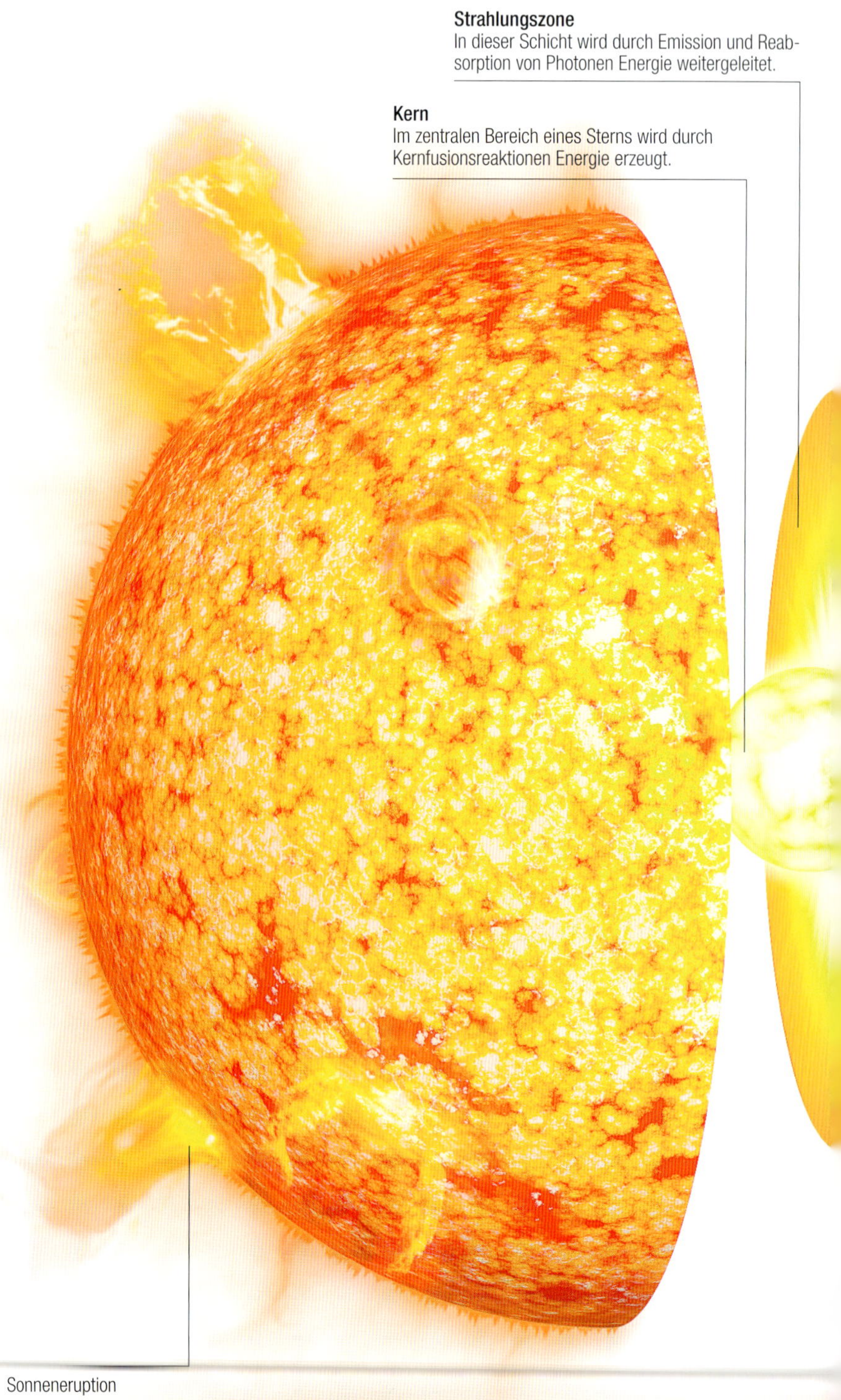

▷ **Aufbau eines sonnenähnlichen Sterns**
In Sternen, die so groß wie die Sonne sind, ist der Kern von einer Strahlungszone umgeben, in der Energie nach und nach zickzackartig durch Emission und Reabsorption von Photonen (Päckchen der Strahlungsenergie) geleitet wird. In der Konvektionszone strömt Energie durch kreisförmige Bewegungen heißer Gase nach außen und kühleres Gas nach innen. An der Sternoberfläche entweicht die Energie in Form von Licht, Wärme und anderen Stahlungsformen.

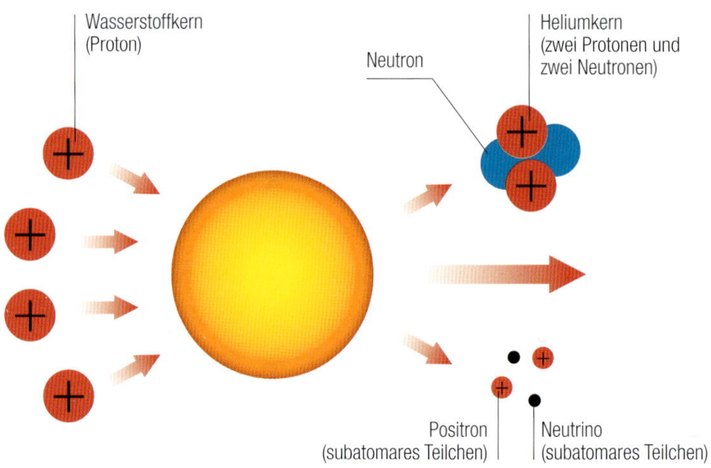

△ **Kernfusion in sonnenähnlichen Sternen**
In Sternen, die so groß wie die Sonne sind oder kleiner, ist die wichtigste Fusionsreaktion die Proton-Proton-Kettenreaktion. Sie wandelt vier Protonen (Wasserstoffkerne) zu einem Heliumkern um. Dabei werden Energie und subatomare Teilchen freigesetzt.

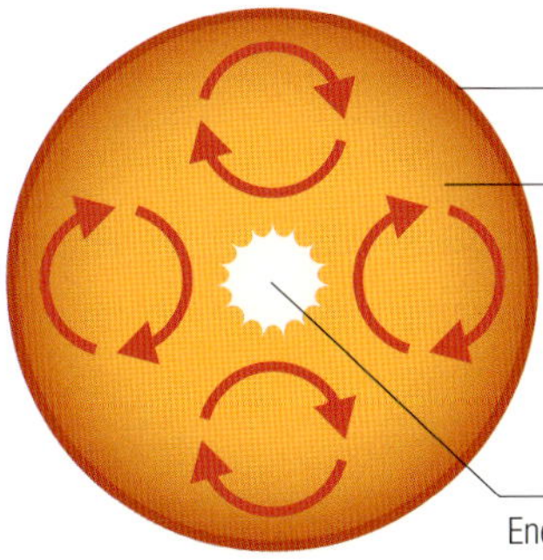

△ **Aufbau eines Roten Zwergs**
Das Innere eines Sterns mit wenig Masse (Roter Zwerg) ist größtenteils zu dicht dafür, dass sich Photonen nennenswert ausbreiten könnten. Daher wird die Energie dieser Sterne insgesamt durch Konvektionszellen zur Oberfläche übertragen.

Kräfte in den Sternen

Unabhängig von ihrer Masse wirken in Sternen zwei entgegengesetzte Kräfte: die Schwerkraft, die nach innen wirkt, und der nach außen gerichtete Strahlungsdruck. Normalerweise befinden sich die Kräfte im Gleichgewicht, sodass Sterne ihre Größe sehr lange erhalten. Erst wenn dieses Gleichgewicht gestört ist, ändert ein Stern seine Größe. An ihrem Lebensende erhitzen sich die Kerne der meisten Sterne und verstärken den Strahlungsdruck, sodass sie zu Riesen oder Überriesen anschwellen.

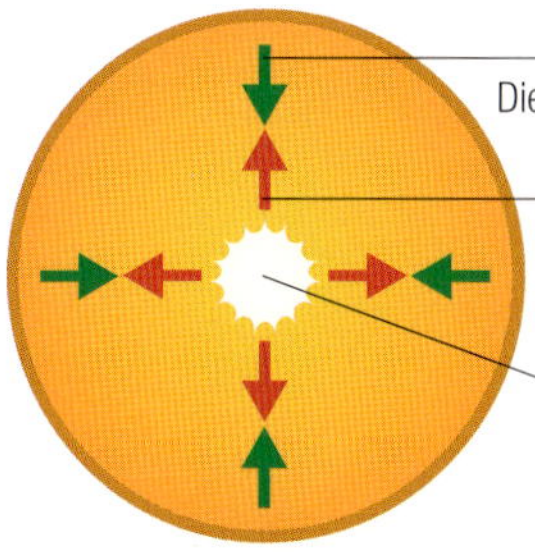

△ **Ein Stern im Gleichgewicht**
Im Leben des größten Teils aller Sterne wird die nach innen gerichtete Schwerkraft die meiste Zeit durch den nach außen wirkenden Strahlungsdruck ausgeglichen, sodass die Sterne ihre Größe erhalten. Erst wenn eine Kraft überwiegt, schrumpft ein Stern oder schwillt an.

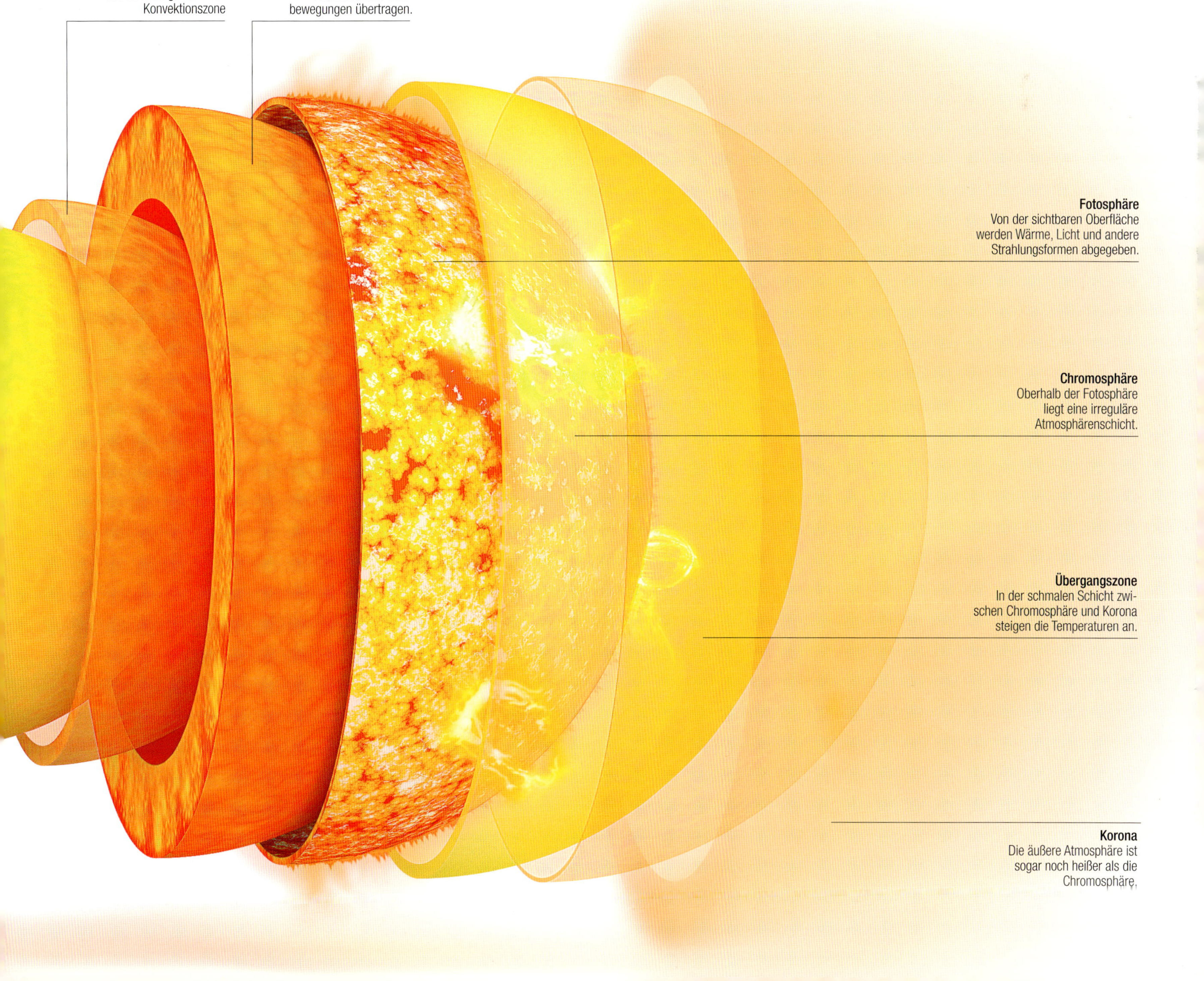

LEBENSLAUF DER STERNE

Sterne beginnen ihr Leben als heiße Gaskugeln, die sich unter dem Einfluss der Schwerkraft aus größeren Wolken aus Gas und Staub zusammengeballt haben. Was anschließend mit einem Stern passiert, hängt von seiner anfänglichen Masse ab.

Sterne, die aus geringen Gas- und Staubmassen entstehen, werden relativ kleine, kühle Objekte: Rote Zwerge. In der Milchstraße sind sie die häufigsten Sternentypen und leuchten Milliarden bis Billionen Jahre. Nach einer Theorie nehmen bei alten Roten Zwergen Oberflächentemperatur und Helligkeit zu, bis sie zu Blauen und später zu Weißen Zwergen werden und schließlich zu toten Schwarzen Zwergen abkühlen. Allerdings ist das Universum noch zu jung, damit sich je ein Blauer Zwerg gebildet haben könnte.

Lebensläufe von Sternen mittlerer und hoher Masse

Mittelgroße Sterne wie die Sonne leben nicht so lange wie Rote Zwerge und leuchten Milliarden bis Zehnerbillionen Jahre. Am Ende ihres Lebens schwellen sie zu Roten Riesen an. Diese stoßen schließlich ihre äußeren Hüllen ab und werden zu planetarischen Nebeln, in denen ein heißer, kompakter Sternüberrest sitzt, ein Weißer Zwerg. Die größten Sterne haben die kürzesten Leben (wenige bis Hunderte Millionen Jahre), weil sie ihren Wasserstoffvorrat schneller verbrennen. Sie werden später zu Roten Überriesen, die sich in einer enormen Explosion zerstören, einer Supernova. Abhängig von ihrer Masse schrumpfen ihre Kerne zu einem von zwei bizarren Objekten: zu einem Neutronenstern (s. S. 36/37) oder zu einem Schwarzen Loch (s. S. 38/39).

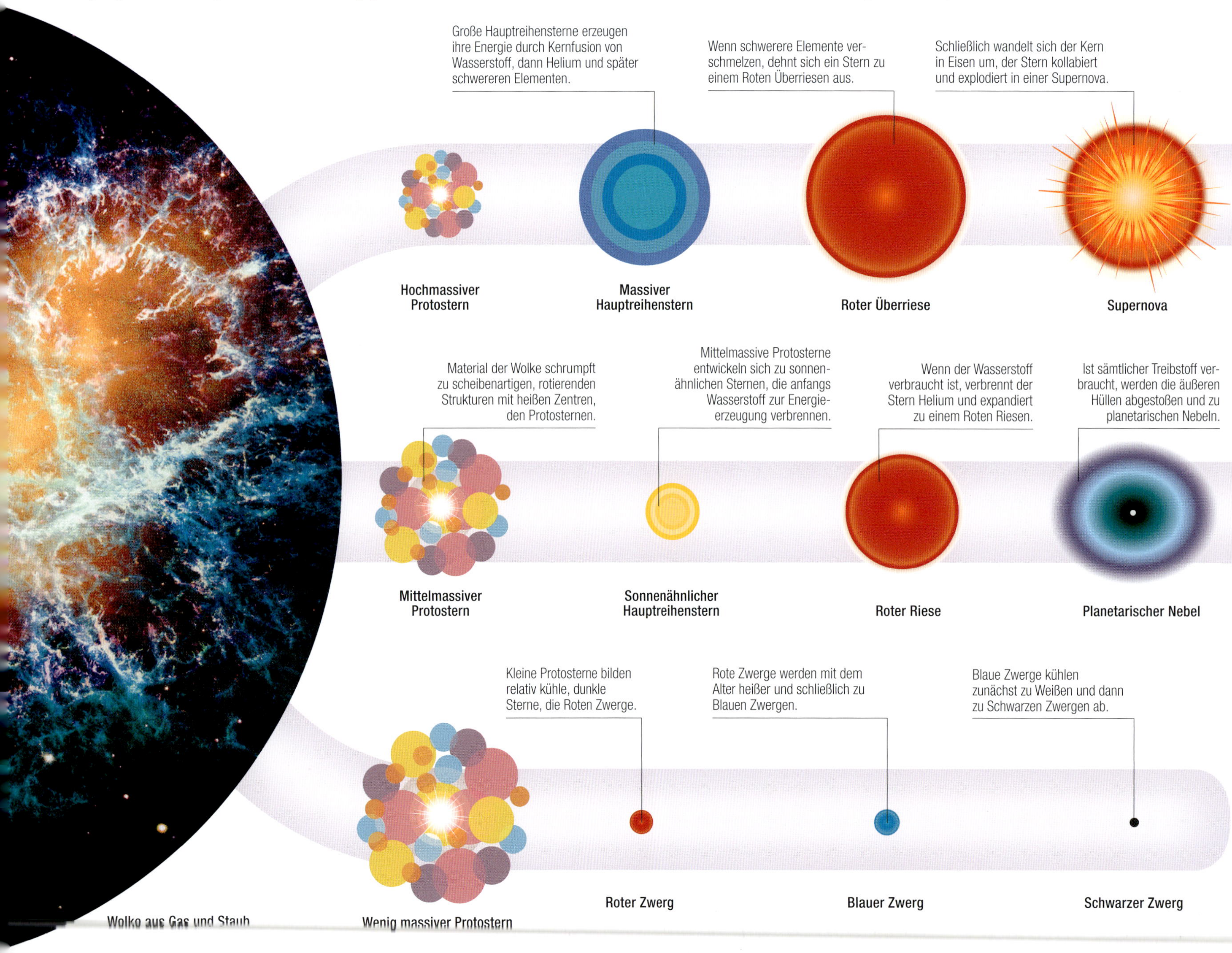

Die **kleinsten Roten Zwerge** können **mehrere Millionen Mal** so lang leben wie die größten Hyperriesen.

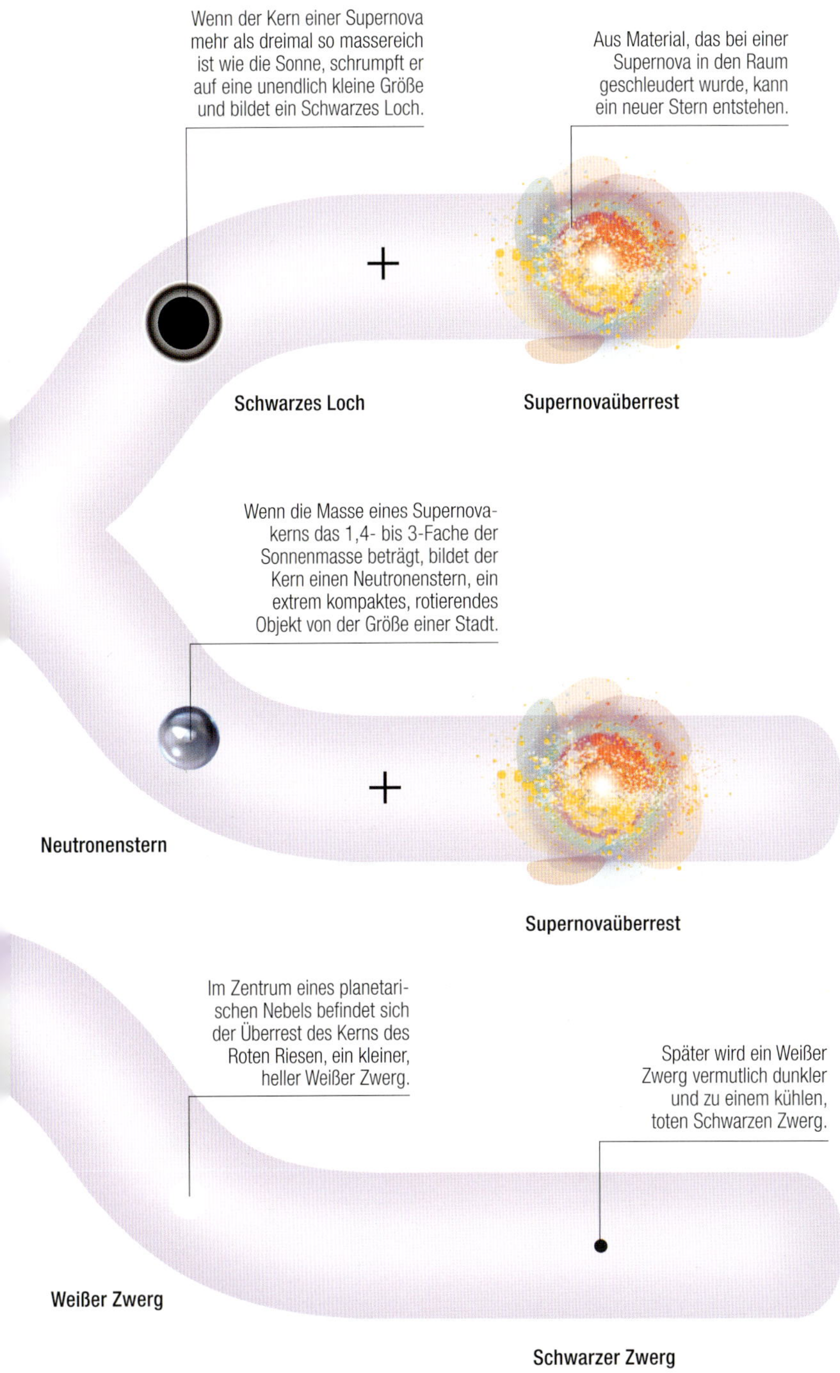

◁ **Sternentstehungsgebiet**
Dieses Gebiet mit intensiver Sternentstehung wird als Pelikannebel bezeichnet, weil der obere Teil von ihm (nahe dem oberen Bildrand) an einen Pelikankopf erinnert. Der Nebel ist etwa 2000 Lichtjahre entfernt und liegt im Sternbild Cygnus (Schwan). Die hellblauen Objekte sind Sterne, die zwischen dem Nebel und der Erde liegen.

Stellares Recycling

Sterbende Sterne schleudern ihr Material in das interstellare Medium (so benennt man all das Gas und den Staub, die in den Räumen zwischen den Sternen existieren). Diese Materialien werden zu neuen Sternen recycelt. Kurze Zeit nach dem Urknall enthielt das Universum nur die leichtesten Elemente: Wasserstoff und Helium. Nahezu alle anderen, schwereren Elemente – wie Kohlenstoff und Sauerstoff – entstanden später in Sternen oder bei Supernovae. Durch die Entstehung, die Entwicklung und den Untergang von Sternen kamen diese schwereren Elemente im Kosmos immer häufiger vor. Den Anreicherungsgrad mit schweren Elementen in Sternen nennen Astronomen Metallizität. Junge Sterne haben dabei die höchsten Metallizitäten, weil sie Material enthalten, das bereits durch mehrere Sternengenerationen recycelt wurde.

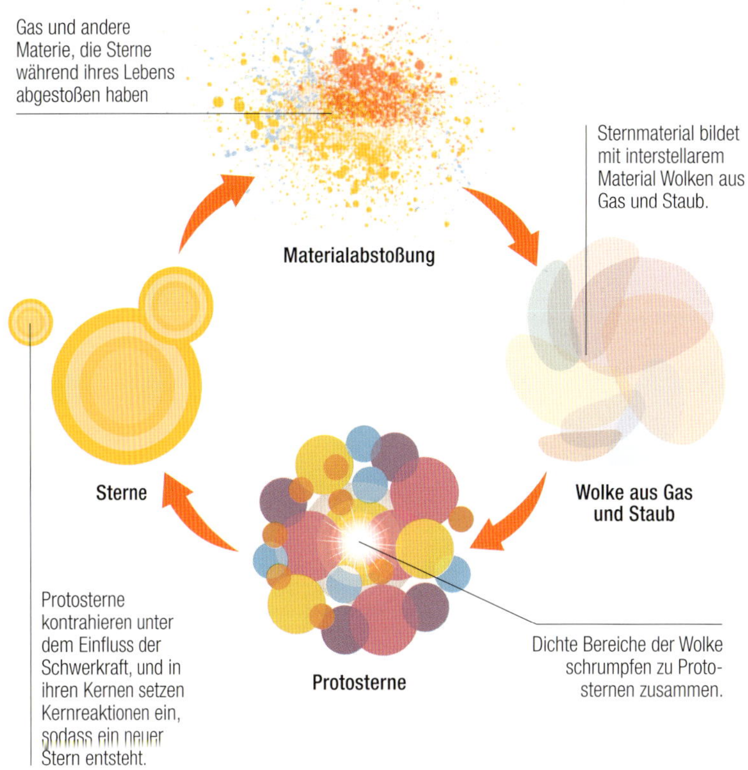

◁ **Das Leben der Sterne**
Die Abbildung zeigt die Lebensläufe der wichtigsten Sternkategorien: (von oben) hochmassive Sterne, mittelmassive (sonnenähnliche) Sterne und Sterne mit wenig Masse. Die Sterne beginnen in jeder Kategorie als Protosterne, die in einem Nebel oder einer Wolke entstehen. Ihre Lebensläufe sind jedoch sehr unterschiedlich.

▷ **Langfristiger Zyklus**
Sterne bestehen zum Teil aus Material, das frühere Sterne abgestoßen haben. Zudem lösen die Untergänge massiver Sterne, die in einer Supernova explodieren, Änderungen im interstellaren Medium aus – vor allem in Sternentstehungsgebieten –, die zur Bildung von neuen Sternen führen.

STERNGEBURT

Sterne entstehen in riesigen Wolken aus kühlem Gas und Staub, die man Molekularwolken nennt und die sich im interstellaren Raum befinden. Der Prozess der Sternentstehung in diesen Wolken kann viele Millionen Jahre dauern.

Die Molekularwolken, in denen Sterne entstehen, können bis zu Hunderte Lichtjahre groß sein. Die meisten Sternentstehungsgebiete sind tief in diesen dichten Staubwolken versteckt. In einigen Wolken haben jedoch helle, junge Sterne den Staub durch ihre Strahlung verdrängt und erleuchten das umgebende Gas. Diese Sternentstehungsgebiete erscheinen als helle Nebel, wie etwa der Adlernebel (s. Seite gegenüber) in Serpens (Schlange) oder der Orionnebel (s. S. 164/165) und viele andere. Einige besonders dunkle Staub- und Gasansammlungen in den Molekularwolken sind als Bok-Globulen bekannt. In ihnen entstehen häufig Doppelsterne oder Mehrfachsternsysteme (s. S. 40/41).

Sternentstehung

Damit Sterne in einer Molekularwolke entstehen, muss ein auslösendes Ereignis stattfinden. Das kann eine Supernova in der Nähe sein, die Passage der Wolke durch eine dichtere Region im Raum oder eine Begegnung mit einem Stern. Dabei ziehen und zerren Gezeitenkräfte und Druckwellen an der Wolke und drücken Teile der Wolke zusammen, bis dieses Gebiet dicht genug wird, sodass Sterne entstehen können. Die Schwerkraft in diesem komprimierten Gebiet zieht immer mehr Material zu dem sich bildenden Masseklumpen hin, das sich vor allem in dessen Zentrum konzentriert. Während das Zentrum sich weiter verdichtet, wird aus zufälligen Bewegungen eine einheitliche Rotation um eine einzige Achse. Durch Kollisionen zwischen Teilchen innerhalb der Wolke steigt vor allem im Zentrum deren Temperatur, sodass der junge Stern Infrarotstrahlen (Wärmestrahlung) abgibt.

In diesem Stadium ist ein Protostern (neu entstandener Stern) noch sehr instabil. Er verliert Masse, weil er Gas und Staub in zwei Strahlen von seinen Polen abstößt. Schließlich wird sein Zentrum so heiß, dass Kernfusionen einsetzen. Sobald das Kräfteverhältnis zwischen der Schwerkraft und dem nach außen gerichteten Strahlungsdruck ausgeglichen ist, wird der Protostern zu einem Hauptreihenstern.

Astronomen haben berechnet, dass in der Milchstraße im Durchschnitt **jährlich** etwa **sieben neue Sterne** entstehen. Die meisten sind **kleiner als die Sonne.**

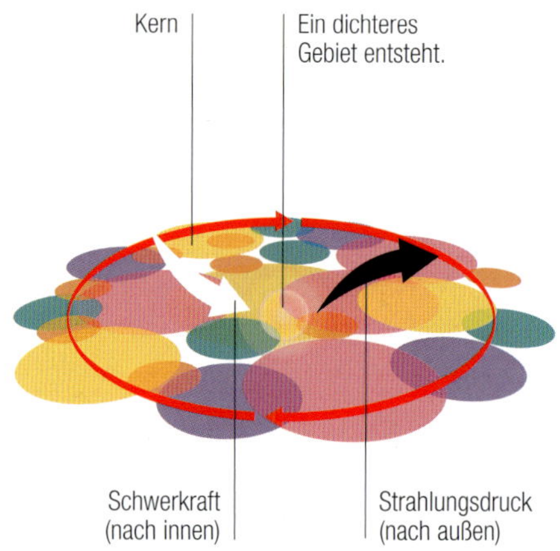

1 In der Wolke entsteht ein dichtes Gebiet
Durch Ereignisse in der Nachbarschaft wie etwa eine Supernova lagern sich in einer Molekularwolke mithilfe ihrer Schwerkraft dichte Klumpen zusammen. Diese Klumpen werden zu Sternen. Sie zerbrechen in kleinere Gebiete, die Kerne.

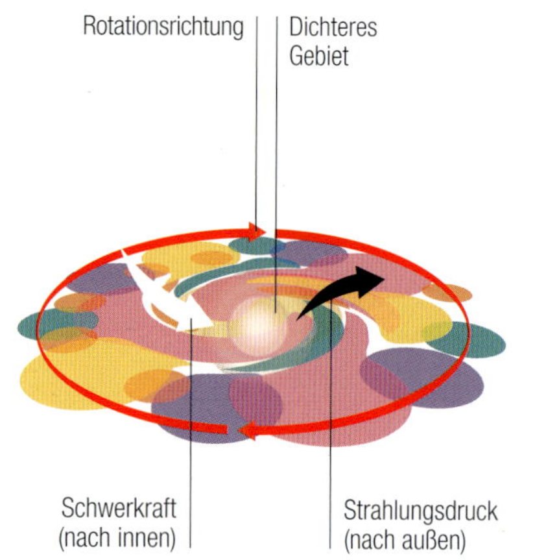

2 Der Kern kollabiert
Jeder Kern kontrahiert unter seiner Schwerkraft und beginnt, sich langsam zu drehen. Über viele Jahrtausende kollabiert diese rotierende, immer dichter werdende Masse aus Gas und Staub auf weniger als ein Lichtjahr Breite.

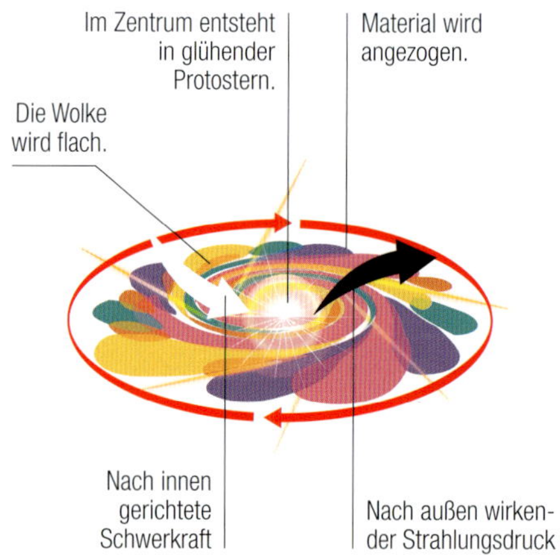

3 Ein Protostern entsteht
Die sich kontrahiernde Wolke wird zu einer flachen, rotierenden Scheibe, die nur wenige Lichtjahre groß ist. Sie besitzt eine zentrale Aufwölbung, die sich schließlich als Protostern stabilisiert und weiteres Material anzieht.

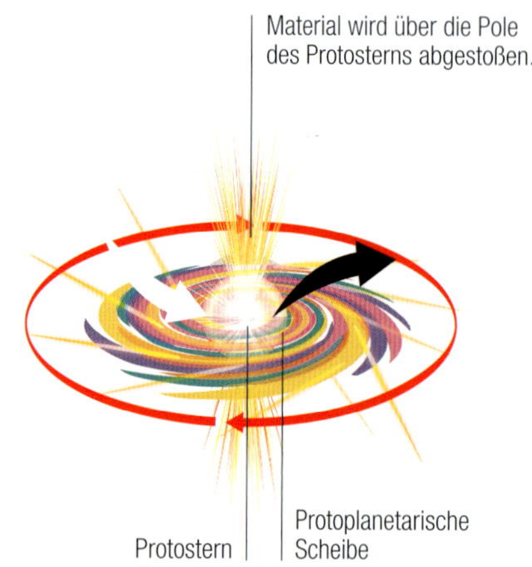

4 Der Protostar stößt Material ab
Schließlich dreht sich der Protostern so schnell, dass neu hinzukommendes Material entlang seiner Rotationsachse in zwei Strahlen abgestoßen wird. Die Wolke um den Protostern flacht zu einer protoplanetarischen Scheibe ab.

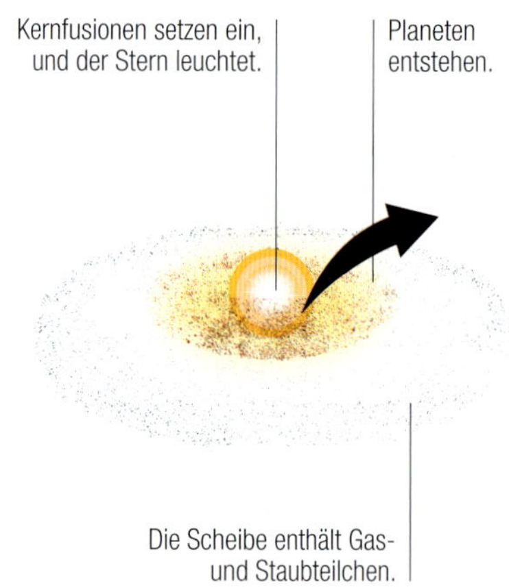

5 Der Stern entzündet sich
Sobald sein Kern heiß genug ist, setzen in dem Protostern Kernfusionsreaktionen ein, und er leuchtet als voll entwickelter Stern. Aus dem Material der Scheibe aus Gas und Staub können über Millionen Jahre Planeten entstehen.

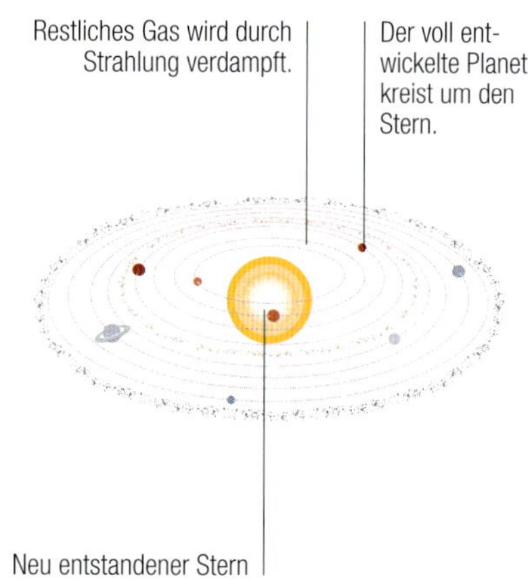

6 Ein planetarisches System entsteht
Der Strahlungsdruck eines neuen Sterns stößt das restliche Gas ab (einiges lagert sich zu Gasplaneten zusammen). Schließlich sind nur noch der Stern, einige Planeten und kleinere Körper wie Kometen und Planetoiden vorhanden.

Adlernebel
Der Nebel heißt so, weil seine Form an einen Adler erinnert. Der Adlernebel (M16) zählt zu den beeindruckendsten Sternentstehungsnebeln der Milchstraße. Hohe Säulen, Staubkugeln und kaltes Gas markieren hier Sternentstehungsgebiete. Es sind bereits mehrere helle, junge Sterne zu erkennen, deren Licht und Winde die restlichen Stränge aus Gas und Staub verdrängen.

PLANETARISCHE NEBEL

Planetarische Nebel sind das Himmelsäquivalent zu den irdischen Rauchringen. Sie existieren nur relativ kurz und bestehen aus meist wunderschönen farbigen Wolken oder Gashüllen, die ein sterbender, sonnenähnlicher Stern abgestoßen hat.

Zu den schönsten Himmelsobjekten zählen planetarische Nebel. Allerdings haben sie entgegen ihrer Bezeichnung nichts mit Planeten gemein, sondern sind vielmehr die Überreste untergegangener Sterne. Ihr Name entstand, weil die ersten dieser Objekte, die je beobachtet wurden, fast kugelförmig und planetenartig erschienen. Doch moderne Teleskope zeigten, dass sie in Wirklichkeit viele Formen besitzen. Einige planetarische Nebel erscheinen wie Ringe oder kugelförmige Gashüllen, andere hingegen erinnern an Schmetterlinge, Sanduhren oder irgendeine andere Struktur. Ihnen allen ist gemein, dass sie aus einem Roten Riesen hervorgingen, der am Ende seines Lebens instabil wurde und seine äußeren Hüllen abstieß. Die Instabilität setzt ein, wenn dem Stern der Brennstoff für die Kernfusion ausgeht (Kernfusion ist die Verschmelzung kleinerer Atomkerne zu größeren – ein Prozess, bei dem Energie freigesetzt wird).

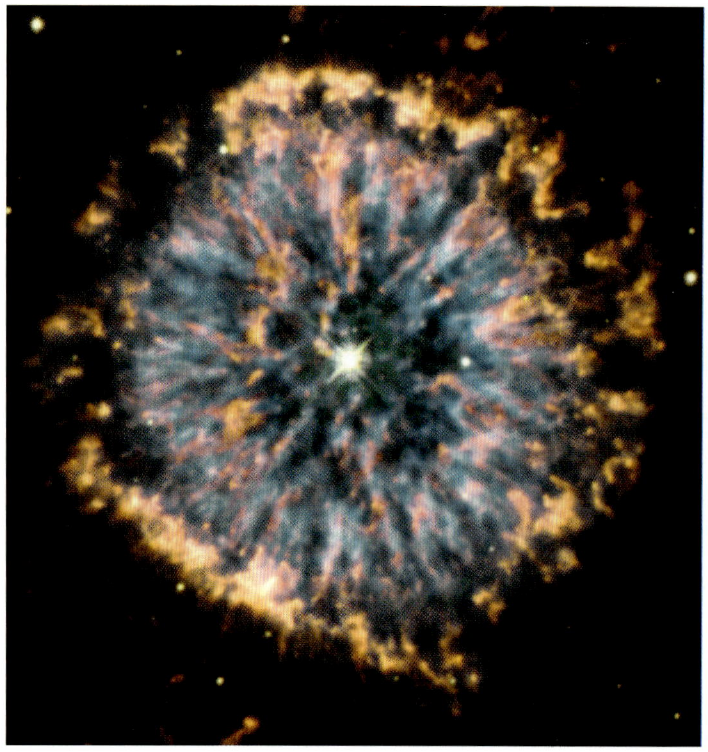

△ **Wie ein glühendes Auge**
Das Muster dieses planetarischen Nebels (NGC 6751) – einschließlich der Gasströme, die von dem hellen, zentralen Weißen Zwerg abstrahlen – lässt den Nebel wie ein riesiges glühendes Auge aussehen. Blaue Gebiete markieren das heißeste Gas, orangefarbene das kälteste. Sein Durchmesser beträgt ungefähr 0,8 Lichtjahre.

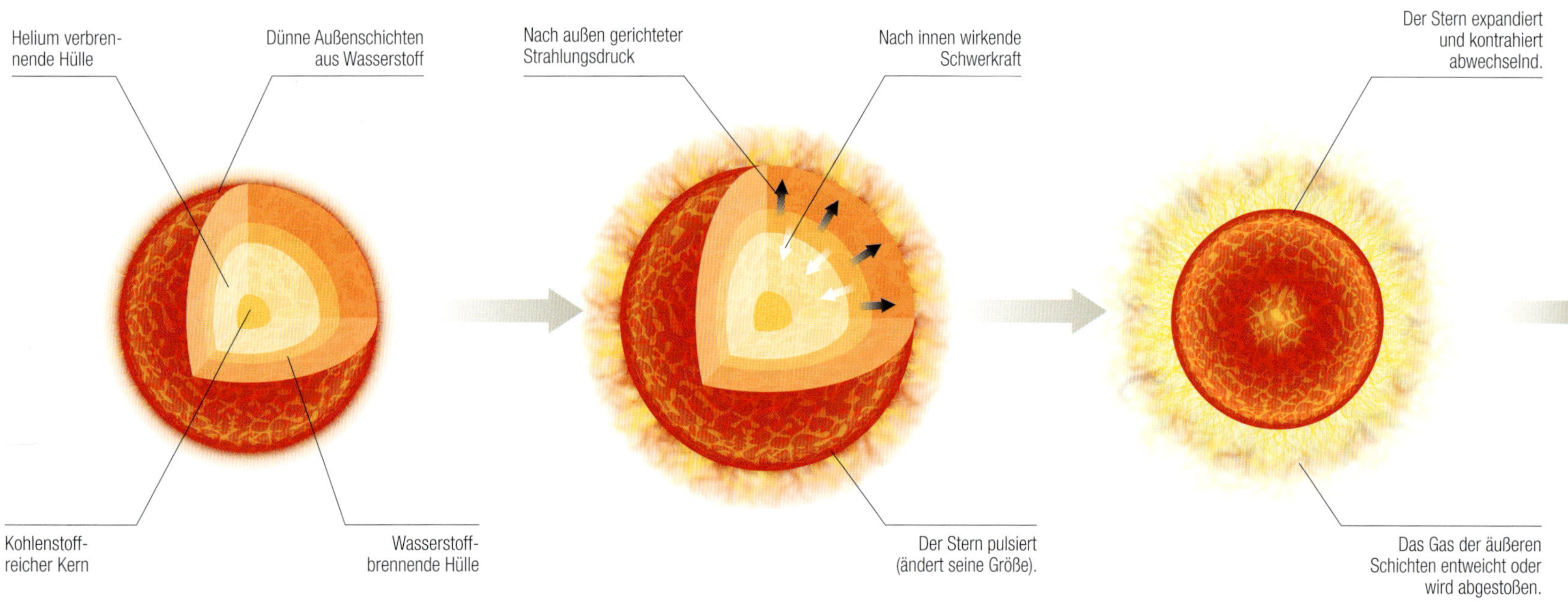

1 Alternder Roter Riese
Wenn das Leben eines sonnenähnlichen Sterns zu Ende geht, steigt seine Energieproduktion an, und er expandiert – während er seine äußeren Hüllen abstößt – zu einem Roten Riesen. Er besitzt einen kohlenstoffreichen Kern, den heiße, dichte Gashüllen umgeben, in denen Helium und Wasserstoff brennen und viel Energie freigesetzt wird.

2 Der Stern wird instabil
Zwei Kräfte erhalten die Größe eines Sterns: die nach innen wirkende Schwerkraft und der nach außen gerichtete Strahlungsdruck, die beide durch die Energieabgabe erzeugt werden. Die Energie produzierenden Fusionsreaktionen reagieren leicht auf Temperatur- und Druckänderungen, sodass kleinste Variationen zu großen Pulsationen führen.

3 Der Stern verliert Material der Außenhüllen
Bei jeder Pulsation expandiert der Rote Riese so schnell, dass Gas seiner Außenschichten die Schwerkraft des Sterns überwindet und in den Raum entweicht. Das Gas wird auch durch den Druck der Teilchen und Photonen (winzige Lichtpäckchen) abgestoßen, der in dem heißen Kern des Sterns entsteht.

△ **Komplex aufgebauter planetarischer Nebel**
Die komplexe Struktur dieses Nebels (NGC 5189) kommt dadurch zustande, dass sich zwei einzelne Gasschwaden in unterschiedliche Richtungen ausbreiten. Grund dafür kann ein zweiter Stern sein, der den Weißen Zwerg umkreist. Der Nebel ist ungefähr 3000 Lichtjahre entfernt.

Weiße Zwerge

Hat ein Roter Riese seine Hüllen abgestoßen, die einen planetarischen Nebel bilden, bleibt ein heißer Kern übrig, der in den meisten Fällen aus Kohlenstoff und Sauerstoff besteht. Dieses Objekt ist ein extrem dichter Weißer Zwerg – ein Teelöffel von ihm würde mehrere Tonnen wiegen. Ein Weißer Zwerg hat zu Beginn extreme Oberflächentemperaturen von bis zu 150 000 °C. Doch er selbst ist nicht heiß genug, um Kernfusionsreaktionen aufrechterhalten zu können. Ein Weißer Zwerg kühlt über eine extrem lange Zeit allmählich ab und verblasst, bis er schließlich (so die Vorhersage) ein kalter Schwarzer Zwerg wird. Allerdings ist das Universum noch zu jung, als dass je ein Schwarzer Zwerg entstanden wäre.

◁ **Fleming 1**
Dieser planetarische Nebel ist sehr ungewöhnlich, weil sich in seinem Zentrum zwei Weiße Zwerge gegenseitig umkreisen. Ihre Bahnbewegungen erklären einige bemerkenswert symmetrische Strahlen und andere Strukturen, die komplizierte, kurvige Muster in dem sie umgebenden Gas bilden.

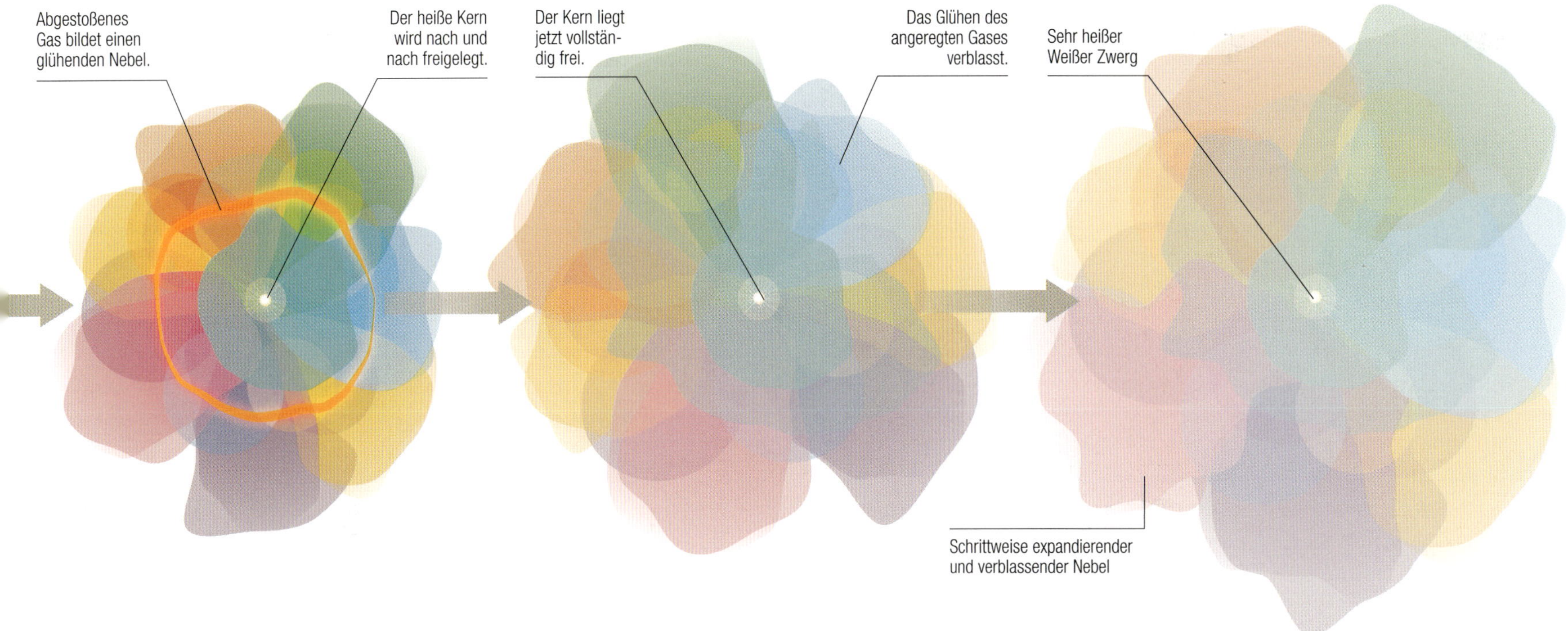

4 Ein planetarischer Nebel entsteht
Während der Stern mehr und mehr von seinen Gasschichten abstößt, wird sein Kern – der in diesem Stadium durch das Heliumbrennen normalerweise viel Kohlenstoff und Sauerstoff erzeugt hat – freigelegt. Intensive ultraviolette Strahlung des Kerns erhitzt die abgestoßenen Gaswolken, die in vielen Farben glühen oder fluoreszieren.

5 Der planetarische Nebel expandiert
Während sich der Nebel ausdehnt, nimmt die Anregung des zentralen Sterns ab, wodurch das Glühen der Gase verblasst. Ein planetarischer Nebel besteht normalerweise nur über wenige Zehntausende Jahre (verglichen mit den Milliarden Jahren eines sonnenähnlichen Sterns). In dieser Zeit entwickelt er sich kontinuierlich.

6 Übrig bleibt ein Weißer Zwerg
Letztlich bleibt nur der ausgebrannte Kern übrig – ein Weißer Zwerg. Doch obwohl dieser extrem heiß ist, erscheint er aufgrund seiner geringen Größe aus der Entfernung dunkel. Während sich das Material des Nebels ausbreitet, wird es Teil des interstellaren Mediums – der zerstreuten Materie in den Räumen zwischen den Sternen einer Galaxie.

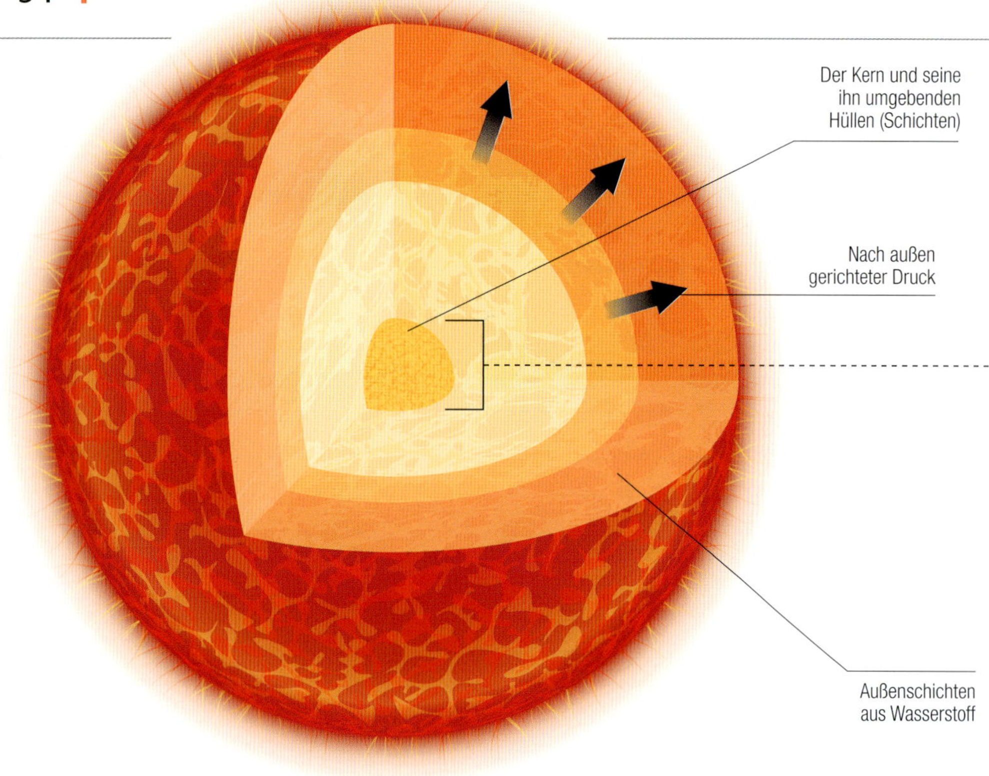

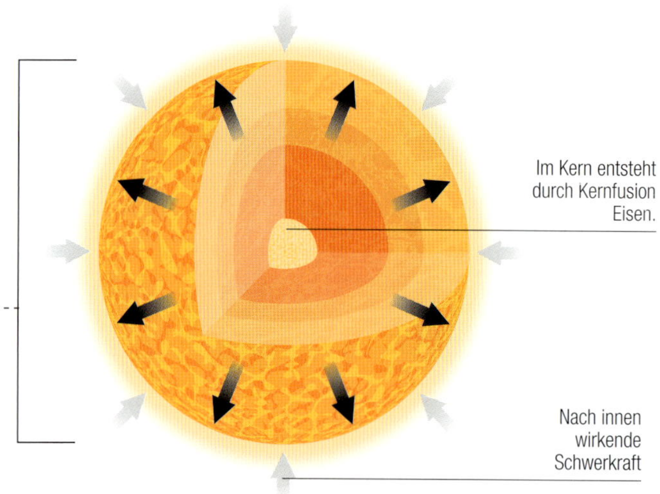

1 Roter Überriese kurz vor dem Untergang
An seinem Lebensende wird ein Überriese (links) durch die Energieabgabe aus seinem Kern, in dem Eisen entsteht, und durch die umgebenden Schichten erhalten. Der Druck, der durch diese Abgabe entsteht, gleicht die Schwerkraft aus (oben).

SUPERNOVAE

Eine Supernova ist eine verheerende Explosion eines meist hochmassiven Sterns, der am Ende seines Lebens steht. Bei einer Supernova wird so viel Licht und andere Energie abgegeben, dass sie sogar für kurze Zeit eine Galaxie überstrahlt.

Supernovae sind in manchen Galaxien sehr seltene astronomische Ereignisse. Seit 1604, als in 20 000 Lichtjahren Entfernung eine Supernova mit bloßem Auge sichtbar war, wurde in der Milchstraße keine Supernova mehr beobachtet. Allerdings wurden in anderen Galaxien immer mehr Supernovae registriert – wie 1987 eine in der Großen Magellanschen Wolke (eine Satellitengalaxie der Milchstraße). Dennoch kann sich auch in der Milchstraße jederzeit eine Supernova ereignen.

Typen und Ursachen

Supernovae werden nach ihren Spektren in verschiedene Typen wie Ia, Ib und II eingeteilt. Die Typen II und Ib sind die wichtigsten Varianten, bei denen höchst massereiche Sterne explodieren. Wenn sie ihr Lebensende erreichen, schwellen diese Sterne zu Überriesen an und erzeugen durch Kernfusionen in ihren Kernen und in mehreren Schichten um die Kerne Energie. Schließlich produzieren sie in ihren Kernen Eisen, aber der Treibstoff dafür ist schnell aufgebraucht. Da Eisen selbst nicht durch Fusion Energie produzieren kann, lässt die Energieproduktion im Kern plötzlich nach, wodurch eine massive Explosion ausgelöst wird.

Einige chemische Elemente entstehen nur unter den **extrem energiereichen** Bedingungen einer Supernova.

Typ-Ia-Supernovae

Die meisten Supernovae ereignen sich durch einen raschen Kollaps und gefährliche Explosionen von hochmassiven Sternen. Doch ein Typ – eine Typ-Ia-Supernova – unterliegt einem anderen Mechanismus. Supernovae dieser Kategorie treten in Doppelsternen auf, in denen mindestens ein Stern ein Weißer Zwerg (s. S. 20) ist. Der Übergang von Material von einem Begleitstern zu einem Weißen Zwerg oder die Kollision von zwei Weißen Zwergen führt zur Typ-Ia-Supernova. Diese Explosionen neigen zu einem einheitlichen Lichtausbruch. Deshalb sind Beobachtungen dieses Typs in entfernten Galaxien nützlich, um die Entfernung dieser Galaxien zu bestimmen.

1 Materietransfer zwischen zwei Sternen
Von einem angeschwollenen Roten Riesen strömt etwas Gas von seinen Außenschichten zu einem Weißen Zwerg, den er umkreist. Das kann auf der Oberfläche des Weißen Zwergs zu hellen Ausbrüchen, den Novae, führen.

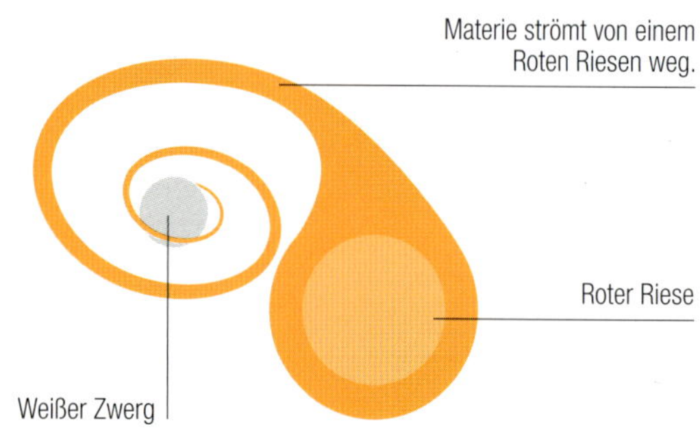

2 Weißer Zwerg explodiert
Die Masse des Weißen Zwergs nimmt durch das zusätzliche Gas immer weiter zu. Der Stern wird schließlich instabil und explodiert als eine Typ-Ia-Supernova. Durch die Explosion kann der Rote Riese abgestoßen werden.

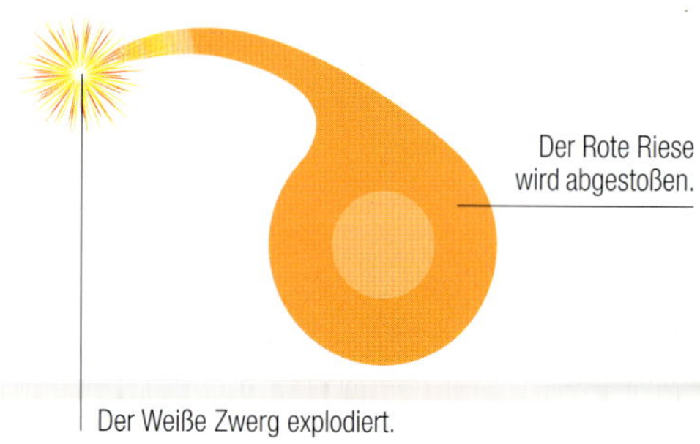

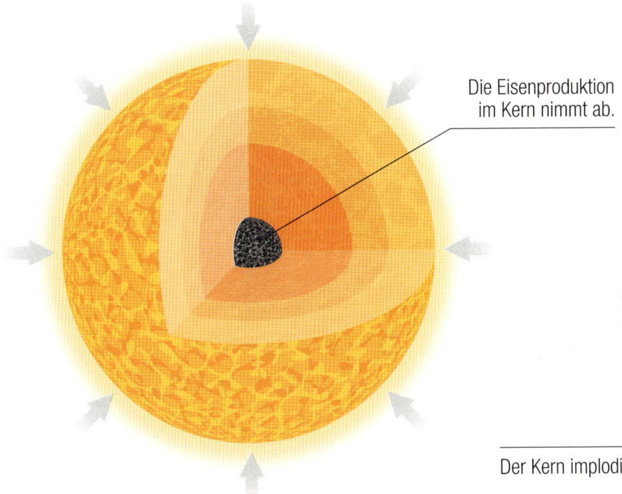

2 Die Kernfusion im Kern hört auf

Nachdem die Eisenproduktion nachgelassen hat, sinken im Kern plötzlich Energieabgabe und Druck ab, weil Eisen nicht zur Energieproduktion fusionieren kann. Der gesamte Stern wird dafür anfällig zu kollabieren.

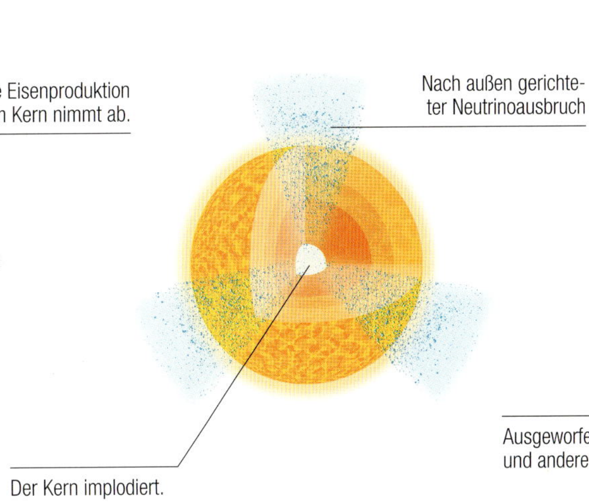

3 Der Kern kollabiert, Neutrinos werden frei

Während der Kern mit fast einem Viertel der Lichtgeschwindigkeit implodiert, zerfällt sein Eisen in Neutronen. Dieses Ereignis wird von einem extrem intensiven Ausbruch subatomarer Teilchen, den Neutrinos, begleitet.

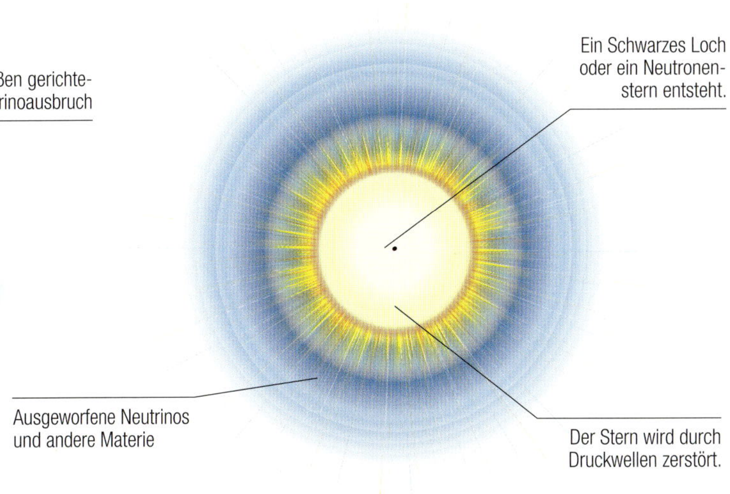

4 Der Stern explodiert

Der kollabierende Stern prallt unter verheerenden Druckwellen von dem komprimierten Kern ab, die die Außenschichten zusammenpressen und erhitzen. Material wird ausgeworfen, während der Kern zu einem Schwarzen Loch oder zu einem Neutronenstern wird.

Supernova
Wenn ein Überriese explodiert, erreichen seine Temperaturen viele Milliarden Grad. Unter diesen extremen Bedingungen entstehen durch Kollisionen zwischen subatomaren Teilchen unterschiedlich schwere Atome. Einige Elemente wie Blei und Gold entstehen auf natürliche Art nur bei Supernovae. Sie sind die ursprüngliche Quelle aller Atome dieser Elemente im Universum.

NEUTRONENSTERNE

Ein Neutronenstern ist ein außergewöhnlich dichter, heißer Sternüberrest, der aus dem Kollaps eines Kerns eines sehr großen Sterns, der viermal so massiv wie die Sonne ist, durch eine Supernova hervorgegangen ist.

Neutronensterne sind winzig – ihr Durchmesser beträgt nur 10–25 km und entspricht somit in etwa der Größe einer Großstadt. Ihre Dichte ist so hoch, dass ein sandkorngroßer Krümel davon auf der Erde so viel wiegen würde wie ein großes Passagierflugzeug. Gerade weil sie so kompakt sind, besitzen sie eine extrem hohe Schwerkraft: Würde man ein Objekt auf der Oberfläche eines Neutronensterns wiegen, brächte er das 100-Milliardenfache auf die Waage im Vergleich zur Erdoberfläche. Während normale Materie aus Atomen besteht – die sehr viele Leerräume aufweisen –, besteht ein Neutronenstern aus wesentlich kompakterer Materie, vorwiegend aus subatomaren Teilchen, den Neutronen.

△ **Merkmale eines Neutronensterns**
Ein Neutronenstern ist ein extrem dichtes, kugelförmiges, rotierendes Objekt mit einer Oberflächentemperatur von ungefähr 600 000 °C. Seine Oberfläche ist äußerst eben, und seine größten Erhebungen sind nicht höher als 5 mm. Neutronensterne produzieren elektromagnetische Strahlung wie etwa Licht, Radiowellen, Röntgen- oder Gammastrahlen.

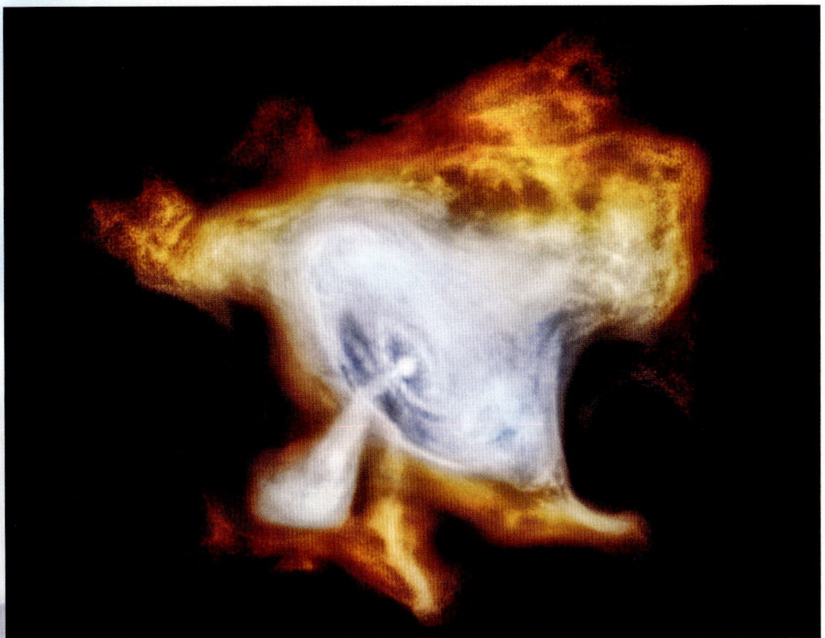

△ **Herz des Krebsnebels**
Im Zentrum des Krebsnebels sitzt ein Neutronenstern, der sich 30-mal pro Sekunde dreht. Von seiner Oberfläche geht ein Teilchensturm aus und von jedem seiner Pole je ein Strahlungsbündel. In dieser Aufnahme des Chandra-Röntgenobservatoriums sind die ringartigen Strukturen um den Pulsar (zentraler blau-weißer Punkt) Druckwellen, die entstehen, wenn der sehr schnelle Teilchenwind auf den umgebenden Nebel trifft.

△ **Pulsar 3C58**
Diese Aufnahme mit einem Röntgendetektor zeigt die Überreste einer alten Supernova. Im hellen Zentrum, das teilweise durch Gas verdeckt ist, das wiederum Röntgenstrahlen (blau) emittiert, sitzt ein Pulsar. Dieser Pulsar erzeugt Röntgenstrahlen, die sich auf beiden Seiten Billionen Kilometer weit in den Raum erstrecken und in anderen Überresten der Supernova Bögen und Wirbel (blau und rot) erzeugen.

Pulsare

Während sie sich drehen und ihre Strahlen durch den Raum streichen, gleichen Neutronensterne himmlischen Leuchttürmen. Wenn mindestens ein Strahl bei jeder Umdrehung auf die Erde weist, ist er auf der Erde als eine Reihe Strahlungspulse detektierbar. Deshalb werden solche Neutronensterne Pulsare genannt. Die Zeitabläufe der Ein-/Aus-Signale sind genauso präzise wie eine Atomuhr. Der erste Pulsar wurde 1967 entdeckt, doch heute sind mehr als 2000 Pulsare in der Milchstraße und deren Nachbargalaxien bekannt.

Die riesige **Schwerkraft** eines Neutronensterns **beugt** das **Licht,** das dessen Oberfläche verlässt. Ließe sich der Stern beobachten, sähe man somit auch seine erdabgewandte Seite.

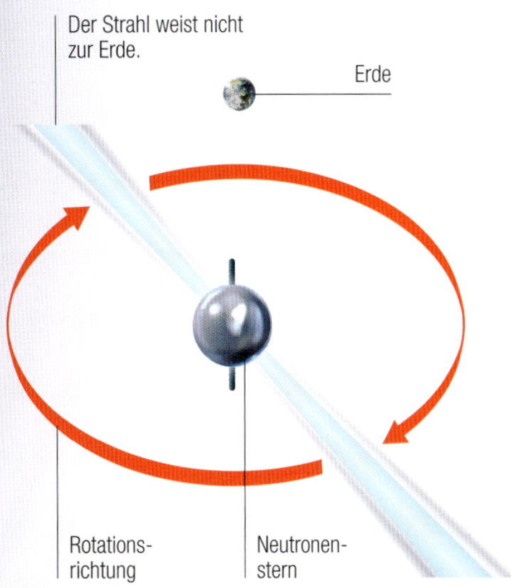

△ **Pulsar ausgeschaltet**
Während ein Pulsar rotiert, streicht sein Strahl kontinuierlich durch den Raum. In diesem Moment (oben) weist kein Strahl zur Erde, sodass der Pulsar aus der Sicht eines Beobachters auf der Erde ausgeschaltet ist.

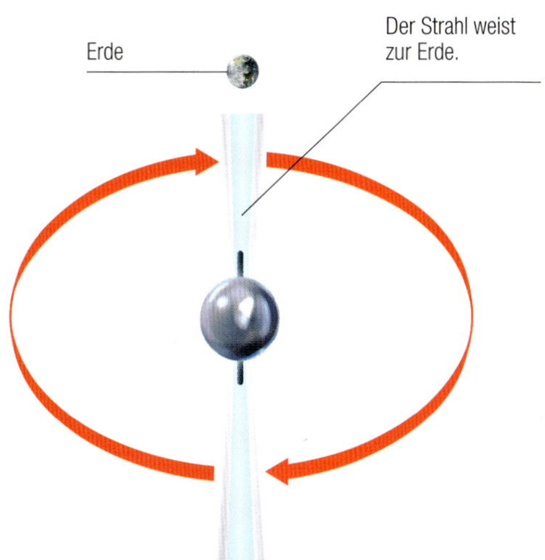

△ **Pulsar eingeschaltet**
Einen Augenblick später weist ein Strahl des Pulsars zur Erde. Mit der entsprechenden Ausrüstung ist er auf der Erde als kurzes Signal oder Lichtpuls, Radiowelle, Röntgenstrahl oder als eine andere Strahlung messbar.

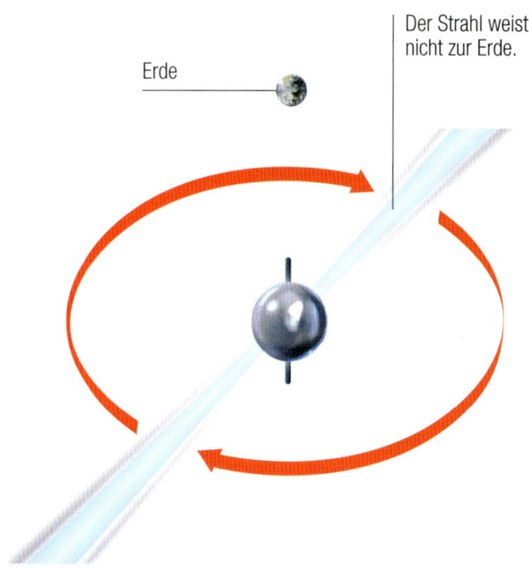

△ **Pulsar ausgeschaltet**
Nur kurze Zeit danach weist der Strahl nicht mehr zur Erde, sodass der Puls oder das Signal wieder ausgeschaltet ist. Das Ein- und Ausschalten erfolgt in sehr regelmäßigen Intervallen, die für einen Pulsar charakteristisch sind.

SCHWARZE LÖCHER

In Schwarzen Löchern – den ungewöhnlichsten Objekten im All – ist Materie auf einen winzigen Punkt oder Ring mit unendlicher Dichte zusammengepresst: in der Singularität.

In einem kugelförmigen Gebiet um die Singularität ist die Anziehungskraft so stark, dass nichts, nicht einmal Licht, entkommt. Die Grenze zu diesem Gebiet ist der Ereignishorizont. Was auch immer sie überschreitet, kehrt nie wieder zurück. Stellare Schwarze Löcher entstehen aus dem Kollaps eines Überriesen, der als Supernova endete. Supermassive Schwarze Löcher sind hingegen viel größer und existieren vermutlich in den Zentren vieler Galaxien.

Schwarze Löcher entdecken

Weil sie kein Licht emittieren, kann man Schwarze Löcher nicht beobachten oder direkt aufnehmen. Doch einige erkennt man an ihrer immensen Schwerkraft, die weitere Materie anzieht. Diese Schwarzen Löcher haben vermutlich eine scheibenförmige Ansammlung von Gas und Staub um sich, die spiralförmig in das Objekt strömen. Gleichzeitig geben sie Röntgenstrahlen oder andere Strahlen ab.

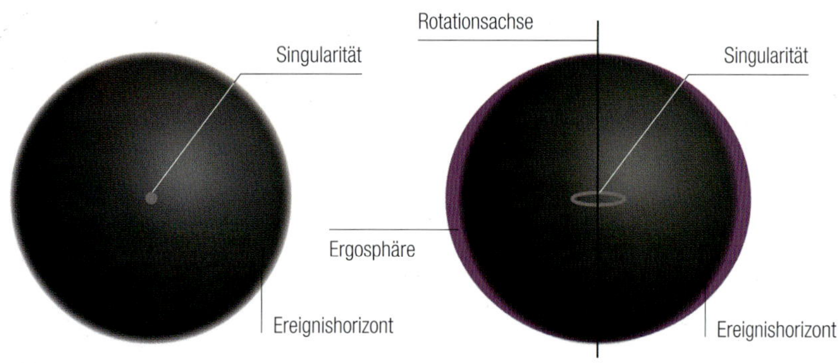

△ **Nicht rotierende und rotierende Schwarze Löcher**
Schwarze Löcher werden in rotierende und nicht rotierende unterteilt – vermutlich drehen sich die meisten. Bei einem nicht rotierenden Schwarzen Loch ist die Singularität ein Punkt unendlicher Dichte im Zentrum des Lochs, während sie bei rotierenden ringförmig ist. Bei beiden bildet der Ereignishorizont – die Grenze zum Nichtentkommen – die Oberfläche einer Kugel. Um den Ereignishorizont eines rotierenden Schwarzen Lochs befindet sich ein weiteres Gebiet, die Ergosphäre. Was in sie eindringt, wird von der Rotation des Lochs erfasst und mitrotiert.

▷ **Lichtbeugung durch Schwerkraft**
Die Schwerkraft eines Schwarzen Lochs ist so stark, dass sie die Raumzeit (s. S. 73) krümmt und Lichtstrahlen beugt. Von den hier gezeigten vier parallelen Lichtstrahlen werden die beiden äußeren vom Schwarzen Loch gebeugt und ihre Bahnen radikal verändert. Der dritte Strahl kreist außerhalb des Ereignishorizonts um das Schwarze Loch, während der vierte den Ereignishorizont durchquert und in das Loch gezogen wird.

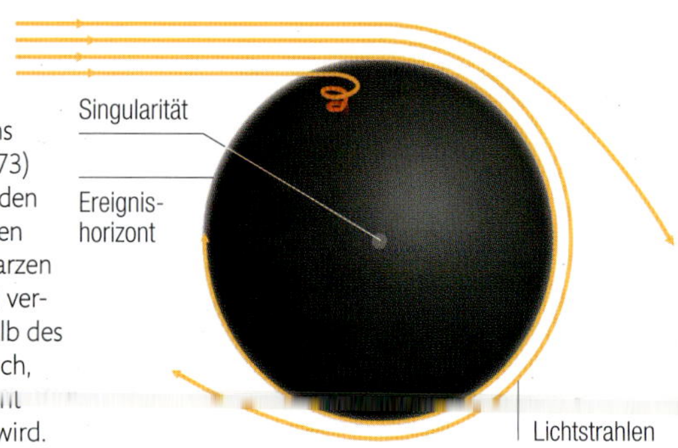

Supermassives Schwarzes Loch
Im Zentrum der Galaxie NGC 4258 sitzt ein riesiges Schwarzes Loch, das Materie spiralförmig anzieht. Gleichzeitig gibt es Strahlen energiereicher Teilchen ab. Sie treffen auf die Scheibe der Galaxie und erhitzen ihr Gas auf viele Tausend Grad. Deshalb erscheint das Zentrum hell und nicht schwarz. Die Aufnahme entstand im sichtbaren Licht (gelb), mit Infrarot- (rot) und mit Röntgenstrahlen (blau).

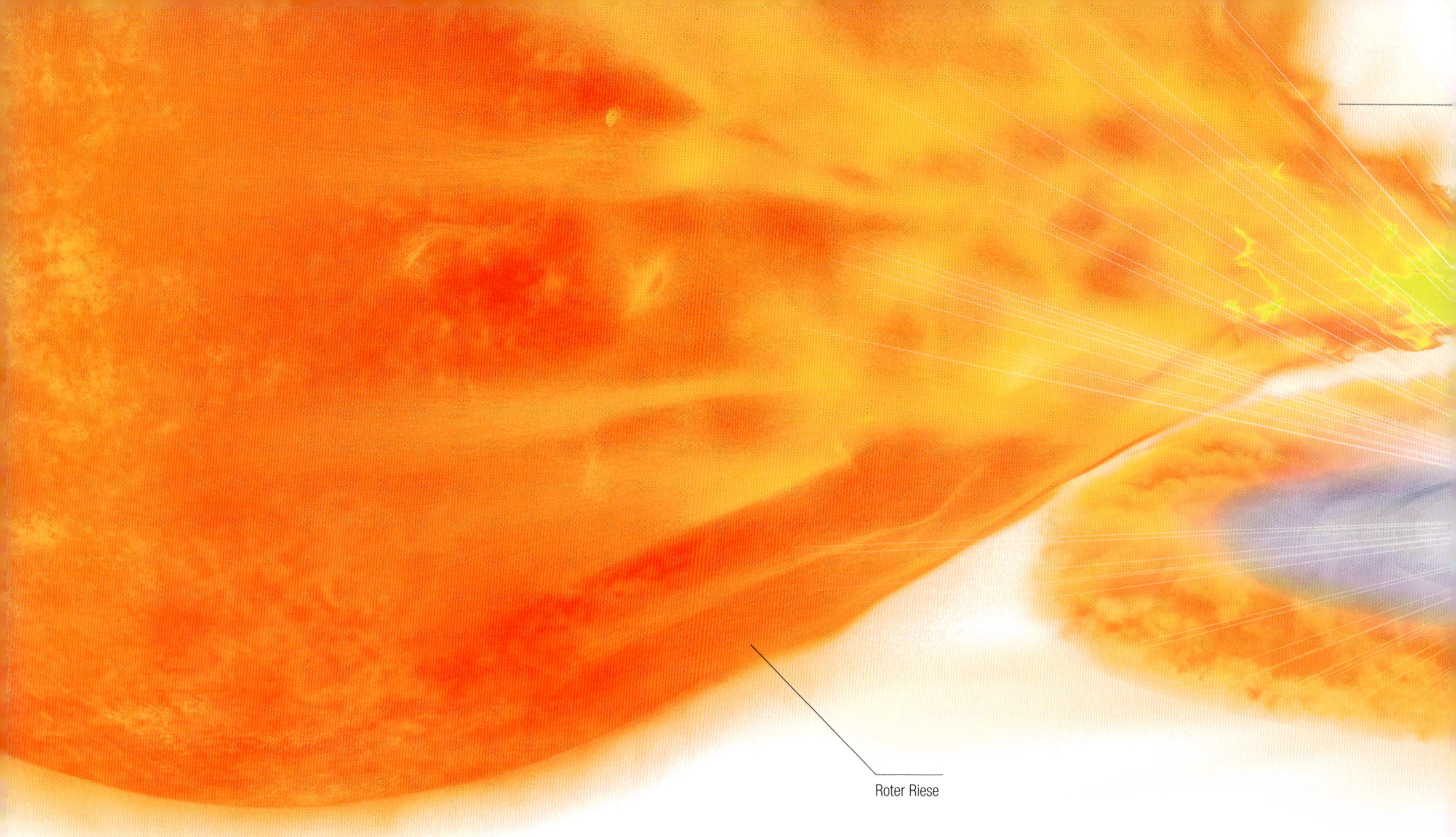

MEHRFACHSTERNE

Die Sonne ist ein Einzelstern, hat also keine sie begleitenden Sterne um sich. Doch die meisten sichtbaren Sterne des Nachthimmels sind Mehrfachsternsysteme, in denen sich zwei oder mehr Sterne umkreisen, die sich zudem gegenseitig durch ihre Schwerkräfte anziehen.

Sterne in einem Mehrfachsternsystem können sich auf unterschiedliche Art umkreisen. Zwei Sterne, die um einen gemeinsamen Schwerpunkt kreisen, nennt man Doppelsterne. Besitzen beide Sterne die gleiche Masse, liegt der Schwerpunkt mittig zwischen ihnen. Häufig ist aber ein Stern schwerer als sein Begleiter, und auch ihre Umlaufbahnen sind unterschiedlich groß. Bei Systemen mit drei oder mehr Sternen sind verschiedene, komplizierte Umlaufbahnen möglich. So können sich etwa zwei Sterne eng umkreisen, während der dritte mit größerem Abstand um das Paar zieht. Insgesamt gehören mehr als die Hälfte aller Sterne der Milchstraße zu Mehrfachsternsystemen. Diese Systeme unterscheiden sich von Sternhaufen (s. S. 44/45), deren Sterne durch die Schwerkraft nur locker aneinander gebunden sind.

Physische und optische Doppelsterne

Ein Stern, der als einzelner Lichtpunkt am Nachthimmel erscheint, kann in Wirklichkeit aus zwei oder mehr Sternen bestehen. Wenn diese Sterne durch Schwerkräfte aneinander gebunden sind – und sich gegenseitig umkreisen –, bilden sie einen physischen Doppelstern. Ein Beispiel ist Albireo im Sternbild Schwan (s. S. 124/125). Im Gegensatz dazu gibt es auch Doppelsterne, die nicht eng benachbart und auch nicht durch Schwerkräfte gebunden sind – sie liegen nur zufällig von der Erde aus auf einer Sichtachse. Diese Sterne nennt man optische Doppelsterne. Ein Beispiel ist das Paar Algedi oder Alpha Capricorni im Sternbild Steinbock (s. S. 186/187). Die beiden Sterne liegen tatsächlich 600 Lichtjahre voneinander entfernt.

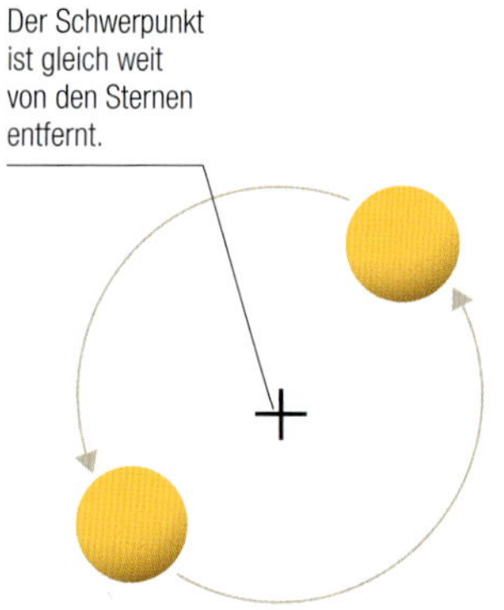

△ **Gleiche Masse**
In Doppelsternen mit Sternen gleicher Masse kreisen die Sterne um einen gemeinsamen Schwerpunkt, der in der Mitte zwischen ihnen liegt.

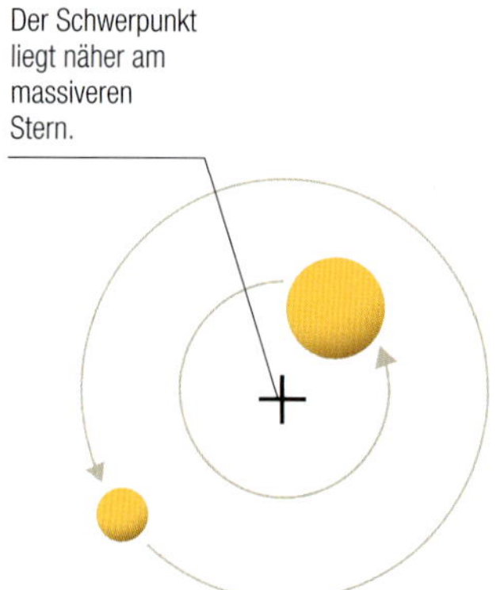

△ **Ungleiche Masse**
Ist ein Stern eines Doppelsternsystems massiver als der andere, liegt der Schwerpunkt des Systems näher an dem Stern mit der größeren Masse.

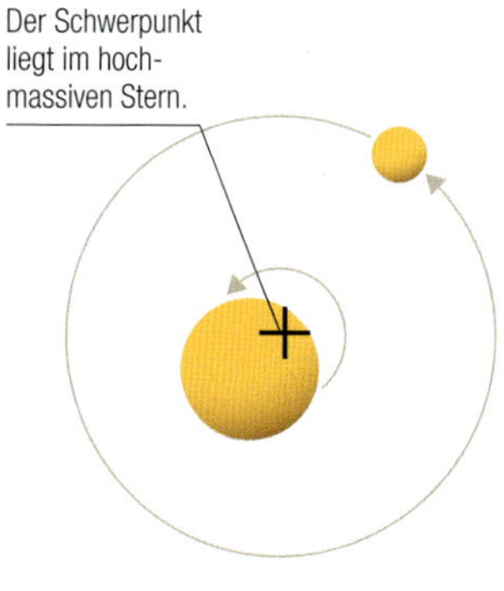

△ **Bedeutender Massenunterschied**
Manchmal ist ein Stern deutlich massereicher als der andere. Dann liegt der Schwerpunkt auf der Oberfläche des massiveren Sterns oder sogar in ihm.

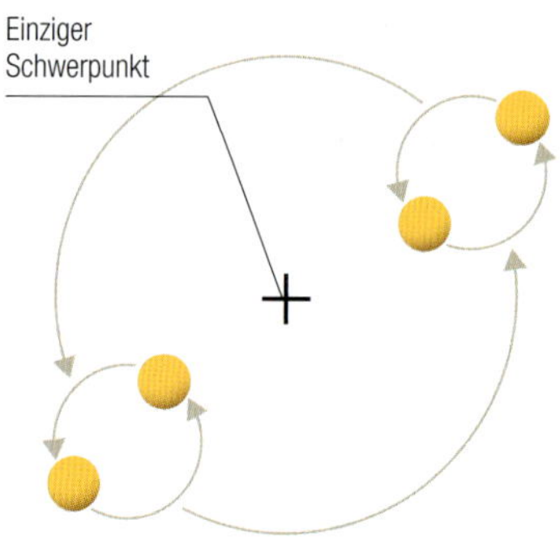

△ **Doppelter Doppelstern**
In einem Vierfachsternsystem kreist normalerweise jeder Stern um einen Begleiter, und die beiden Paare kreisen um einen einzigen Schwerpunkt.

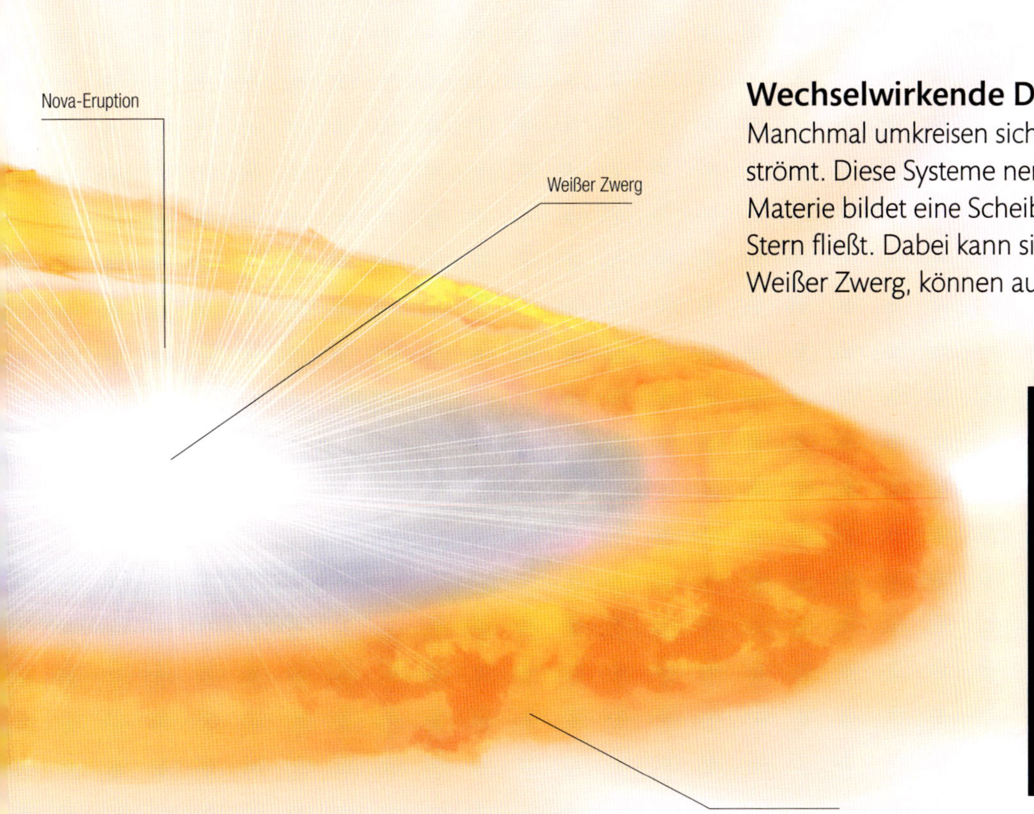

Wechselwirkende Doppelsterne

Manchmal umkreisen sich zwei Sterne so eng, dass Material von einem zum anderen strömt. Diese Systeme nennt man wechselwirkende Doppelsterne. Die übertragende Materie bildet eine Scheibe, die Akkretionsscheibe, die spiralförmig in den zweiten Stern fließt. Dabei kann sie auch Röntgenstrahlen abgeben. Ist einer der Sterne ein Weißer Zwerg, können auf dessen Oberfläche Explosionen vorkommen, die Novae.

△ **Übertragendes Material**
In diesem wechselwirkenden Doppelstern kreist ein Roter Riese um einen Weißen Zwerg. Material des Riesen erreicht den Zwerg und bildet eine Akkretionsscheibe mit gelegentlichen Nova-Ausbrüchen.

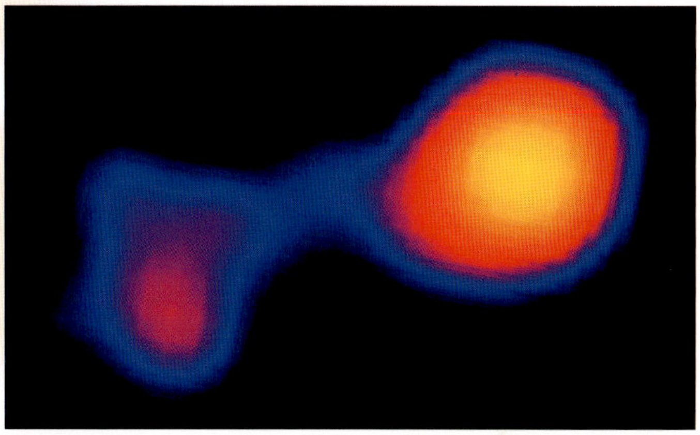

△ **Mira-System**
Das Sternsystem Mira im Sternbild Cetus besteht aus einem Roten Riesen (der seine Helligkeit ändert) und einem Weißen Zwerg, der in dieser Röntgenaufnahme deutlich von ihm getrennt ist, sowie Material, das beide Sterne miteinander verbindet.

▷ **HD-98800-System**
Diese Abbildung des HD-98800-Systems zeigt zwei Doppelsternpaare. Alle vier Sterne sind durch Schwerkräfte aneinander gebunden, auch wenn die Entfernung zwischen den Paaren etwa 7,5 Mrd. km beträgt. Ein Sternenpaar ist von einer Scheibe aus Gas und Staub umgeben, die zwei konkrete Gürtel aufweist. In der Lücke zwischen den Gürteln kreist vermutlich ein Planet.

◁ **Physischer Doppelstern**
Diese Teleskopaufnahme zeigt zwei helle Sterne – einer leuchtet gold, der andere blau. Die beiden Sterne sind so eng benachbart, dass man sie mit bloßem Auge als nur einen einzigen Stern erkennt, der Albireo (Beta Cygni) heißt. Vermutlich umkreisen sich Albireos Komponenten gegenseitig, sodass sie – obwohl ein Umlauf ungefähr 100 000 Jahre dauert – als physischer Doppelstern gelten.

▷ **Di-Cha-System**
Dieses komplexe Sternsystem in etwa 520 Lichtjahren Entfernung enthält vier Sterne, die zwei Paare bilden. In der Aufnahme des Hubble-Weltraumteleskops sind nur die beiden hellsten Sterne deutlich zu sehen. Alle vier Sterne sind jung und von einer dünnen Staubhülle umgeben.

VERÄNDERLICHE

Die Helligkeit vieler Sterne ist nicht konstant, sondern nimmt ab oder zu. Einige leuchten zuweilen nur wenig, um dann wieder aufzuleuchten, während andere Sterne langsam, aber stetig pulsieren. All diese Sterne sind Beispiele für Veränderliche.

Sterne, deren Helligkeit variiert, werden in intrinsische und extrinsische Veränderliche eingeteilt. Bei intrinsischen Veränderlichen wechselt die Leuchtkraft regelmäßig – sie pulsieren –, oder sie flackern ab und zu auf. Die eigentliche Leuchtkraft von extrinsisch Veränderlichen ist hingegen zwar konstant, aber die von der Erde aus sichtbare Helligkeit wird durch irgendetwas beeinflusst.

Pulsationsveränderliche

Intrinsische Veränderliche ändern aufgrund von Schwankungen ihrer Kräfte (s. S. 26/27) regelmäßig ihren Durchmesser. Bei den Cepheiden-Veränderlichen besteht eine enge Beziehung zwischen der mittleren Lichtemission und der Dauer ihres Pulsationszyklus, anhand derer man Entfernungen binnen der Milchstraße und zu anderen Galaxien berechnen kann.

△ **Cepheiden-Veränderlicher**
Der Stern RS Puppis ist ein Cepheiden-Veränderlicher, der über 41,4 Tage seine Helligkeit um den Faktor fünf verändert. Diese Aufnahme des Hubble-Weltraumteleskops zeigt, dass der Stern von dicken Staubwolken umgeben ist.

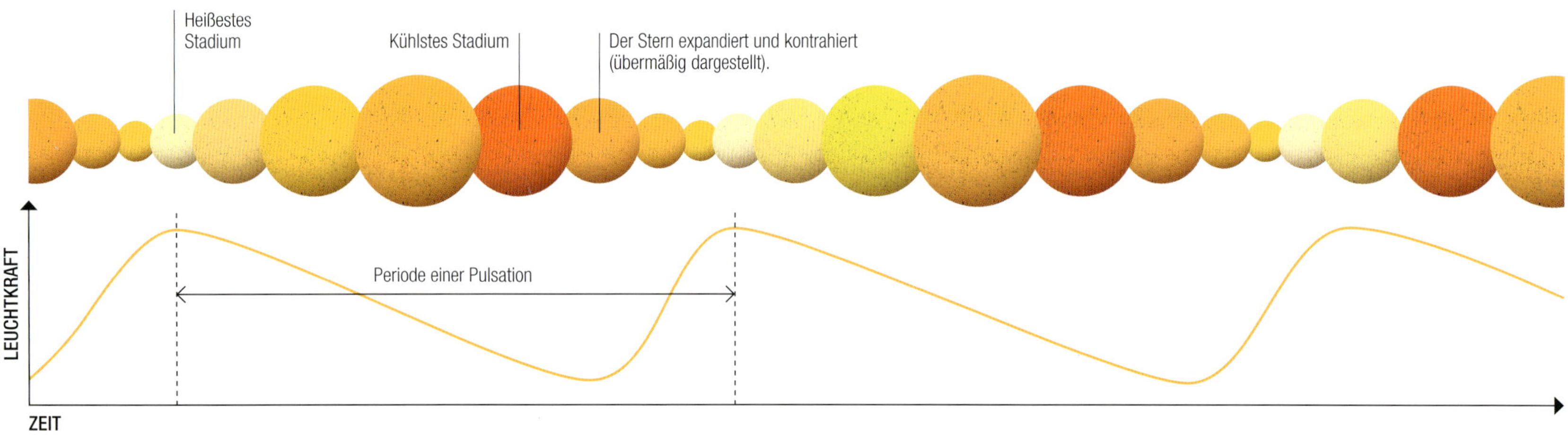

△ **Lichtkurve eines Pulsationsveränderlichen**
Die Lichtmenge, die ein Pulsationsveränderlicher abgibt, flukturiert in einem Zyklus. Dieser ist abhängig von dem Stern und kann von mehreren Stunden bis hin zu Hunderten Tagen dauern. Die Fluktuationen sind eng mit Änderungen der Größe des Sterns verbunden.

Eruptions- oder kataklysmische Veränderliche

Bei einer Art der intrinsischen Veränderlichen – bei einer Nova oder einem kataklysmischen Veränderlichen – leuchtet ein Weißer Zwerg in einem Doppelstern (s. S. 41) plötzlich auf. Das Aufleuchten wird durch eine Explosion auf der Oberfläche des Zwergs ausgelöst, der von einem Begleitstern – normalerweise einem zu groß gewordenen Riesen, dessen äußere Wasserstoffhülle nicht mehr durch seine Schwerkraft gebunden ist – Material zu seiner Oberfläche anzieht. Durch den zusätzlichen Wasserstoff setzen auf der Oberfläche des Zwergs Kernreaktionen ein, die unkontrollierte Explosionen auslösen. Es ist möglich, dass der Doppelstern vor diesem Ausbruch für das bloße Auge nicht zu sehen ist und erst durch die Explosionen in einer Nova (lat.: neu) sichtbar wird. Einige Doppelsterne produzieren wiederholt Novae – nach Ruheperioden, die wenige Jahre bis Jahrtausende dauern können.

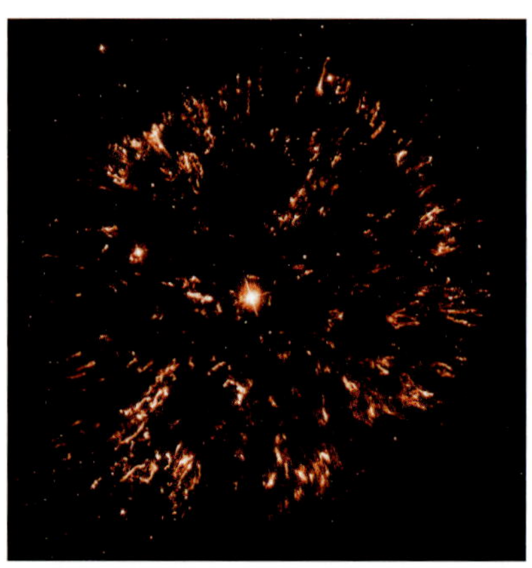

△ **GK-Persei-Nova**
GK Persei hat seit 1980 etwa alle drei Jahre eine Nova erzeugt. Ihn umgibt eine expandierende Wolke aus Gas und Staub, der Firework-Nebel.

△ **Leuchtstarke rote Nova**
Dieser Ausbruch des Sterns V838 Monocerotis wurde zunächst für eine Nova gehalten, doch vermutlich sind zwei Sterne kollidiert.

Doppelsterne

Die Leuchtkraft extrinsischer Veränderlicher ändert sich nicht – ihre Helligkeitswechsel erscheinen nur einem Beobachter. Die größte Gruppe dieser Sterne sind Bedeckungsveränderliche. Bei diesen Mehrfachsternen ist ihre Bahnebene zur Erde ausgerichtet. Von Zeit zu Zeit bedeckt ein Stern den anderen (und blockiert einen Teil von dessen Licht), sodass der zweite Stern dunkler erscheint. Bei einer geringfügigen Verdunkelung bedeckt ein hellerer Stern den dunkleren. Eine erheblich stärkere Verdunkelung erfolgt, wenn ein dunklerer Stern den helleren bedeckt. Als erster Bedeckungsveränderlicher wurde Algol im Sternbild Perseus entdeckt. Er besteht aus drei Sternen, von denen sich zwei regelmäßig gegenseitig bedecken. Alle 2,86 Tage bedeckt der dunklere Stern den helleren, dessen Lichtemission über zehn Stunden um ungefähr 70 Prozent abnimmt.

Ein anderer und ungewöhnlicher Grund für extrinsische Veränderliche zeigen zwei sich eng umkreisende Sterne, die verzerrte, ellipsenartige Formen besitzen. Sie nennt man ellipsoide Rotationsveränderliche (s. rechts). Ein Beispiel ist der helle Stern Spica (tatsächlich ein Doppelstern) im Sternbild Virgo (Jungfrau).

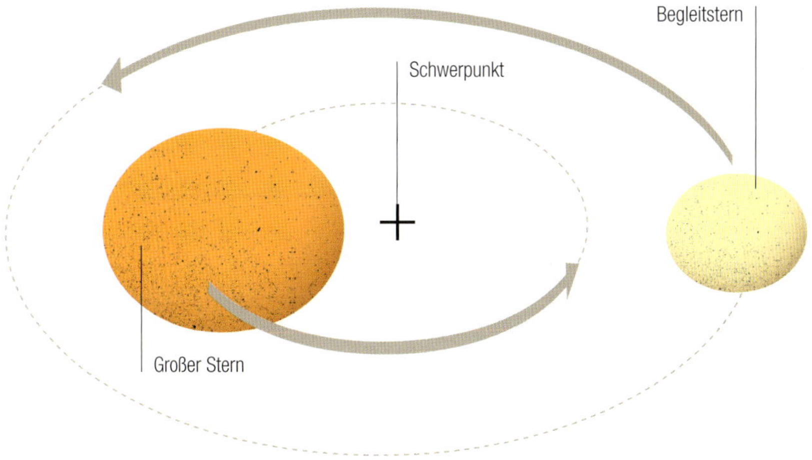

△ **Ellipsoide Rotationsveränderliche**
Bei diesen Veränderlichen kreisen zwei Sterne mit ellipsoiden (eiförmigen) Formen um einen gemeinsamen Schwerpunkt. Manchmal zeigt – wie hier – ihre Seite zur Erde, manchmal auch das Ende des Elipsoids/Eis, wodurch ihr Querschnitt kleiner und runder ist und die Bedeckung mehr oder minder vollständig.

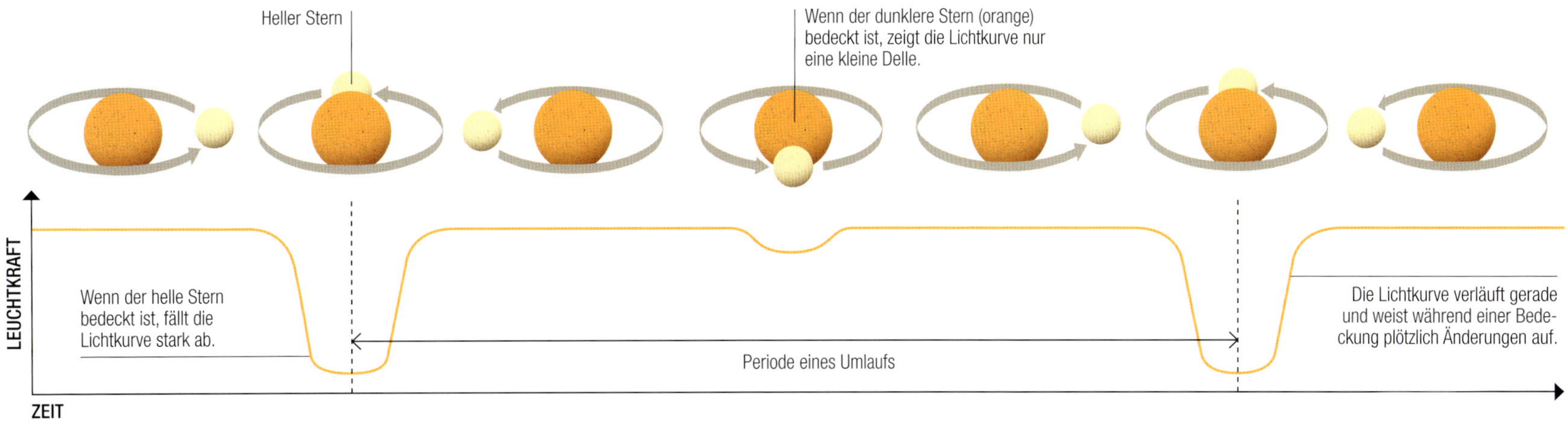

△ **Lichtkurve eines Bedeckungsveränderlichen**
Bedeckungsveränderliche werden durch ihren regelmäßigen Helligkeitsabfall entdeckt. Diese Verdunkelung tritt immer dann auf, wenn ein Stern eines Mehrfachsternsystems – von der Erde aus gesehen – vor dem anderen liegt. Der größte Helligkeitsabfall tritt auf, wenn ein dunklerer Stern einen helleren bedeckt.

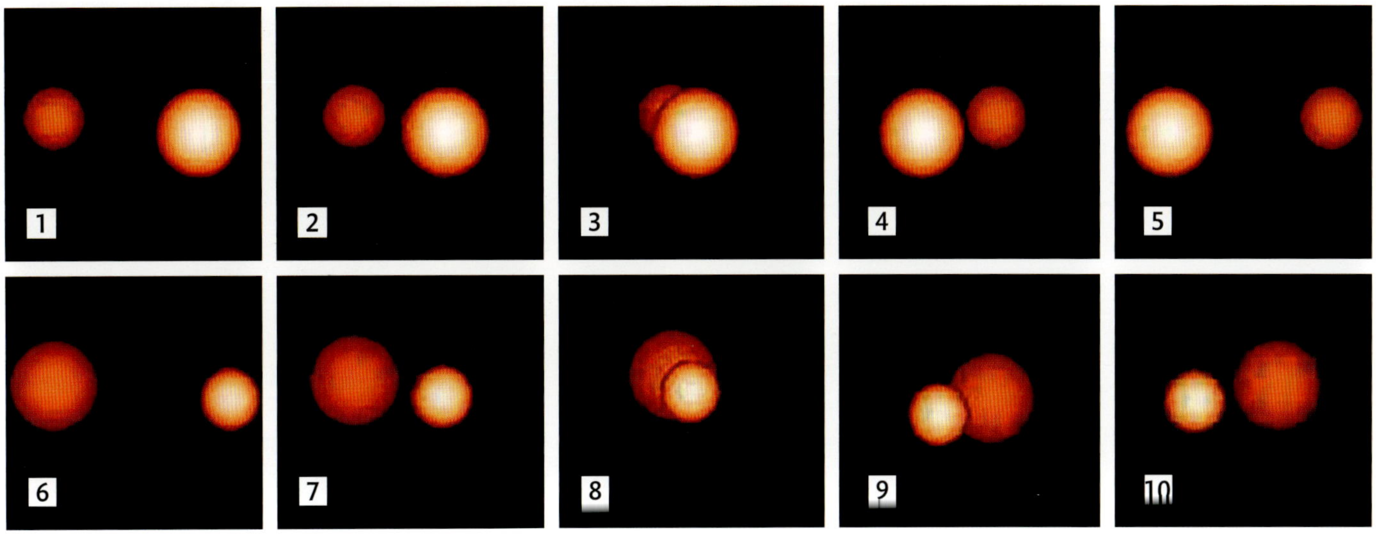

◁ **Umlaufbahn**
Diese zehn Bilder aus einem Video einer infrarotempfindlichen Kamera zeigt zwei junge Sterne, die um einen gemeinsamen Schwerpunkt kreisen. Die Aufnahmen entstanden mit dem Adaptive Optics Near Infrared System (ADONIS; engl.: Adaptive Optik im nahen Infrarotbereich) an der Europäischen Südsternwarte in La Silla (Chile).

STERNHAUFEN

Werden große Sterngruppen – mit zwölf bis zu mehreren Millionen Mitgliedern – durch ihre Schwerkraft zusammengehalten, nennt man sie Sternhaufen. Die Milchstraße ist Heimat von Tausenden dieser beeindruckenden Sternansammlungen.

Sternhaufen werden in Offene Sternhaufen und Kugelsternhaufen unterteilt. Letztere sind alte, dichte Städte aus Sternen, die manchmal mehr Sterne enthalten als kleine Galaxien. Offene Sternhaufen hingegen bestehen aus weitaus weniger, jungen Sternen und sind häufig auch Sternentstehungsgebiete. Viele der Offenen Sternhaufen – aber nur wenige Kugelsternhaufen – sind am Nachthimmel mit bloßem Auge auszumachen. Beide Typen können durch Ferngläser oder Teleskope beeindruckende Ansichten bieten.

Kugelsternhaufen

Diese Gruppen haben zwischen 10 000 und mehreren Millionen vorwiegend sehr alte Sterne, die sich annähernd kugelförmig angesammelt haben. In der Milchstraße existieren mehr als 150 Kugelsternhaufen, die bis zu 10 Mrd. Jahren alt werden können. Die Sterne werden zum Zentrum hin zahlreicher, um das sie auf zufälligen Bahnen kreisen.

Viele Kugesternhaufen bestehen aus einer Population Sterne, die den gleichen Ursprung, ähnliche Alter und eine vergleichbare chemische Zusammensetzung haben. Einige enthalten aber auch zwei oder mehr Populationen, die zu unterschiedlichen Zeiten entstanden, indem einige massivere Sterne der ersten Population starben und ihr Material von der zweiten Generation recycelt wurde.

Offene Sternhaufen

Sie bestehen aus wenigen Tausend Sternen, die etwa zur selben Zeit und in derselben Wolke aus Gas und Staub entstanden sind. Sie sind durch die Schwerkraft nicht so stark gebunden wie in Kugelsternhaufen. Zudem ist ihre Lebenserwartung kürzer – von wenigen hundert Millionen bis zu wenigen Milliarden Jahren. Im Gegensatz zu Kugelsternhaufen kommen Offene nur in irregulären und Sprialgalaxien vor, in denen auch Sterne entstehen. In der Milchstraße wurden bislang etwa 1100 Offene Sternhaufen entdeckt.

Der **größte Kugelsternhaufen** der Milchstraße, Omega Centauri, besitzt etwa **zehn Millionen Sterne.**

▽ **Verteilung der Sternhaufen in Spiralgalaxien**
Sternhaufen existieren in verschiedenen Bereichen einer Spiralgalaxie wie der Milchstraße. Kugelsternhaufen befinden sich im Halo-Bereich ober- und unterhalb der Scheibe, während Offene Sternhaufen in der Galaxienscheibe und ihren Spiralarmen zu finden sind.

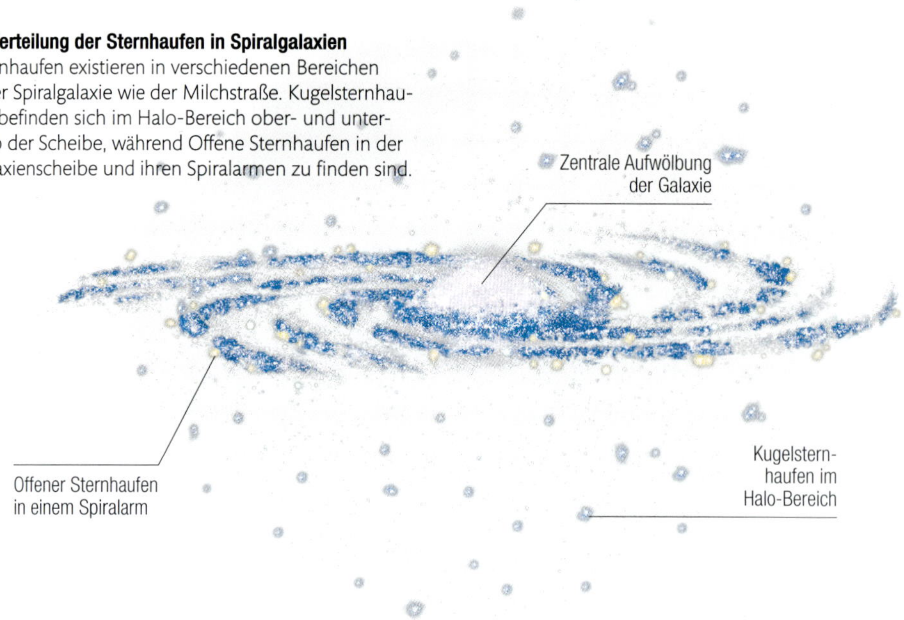

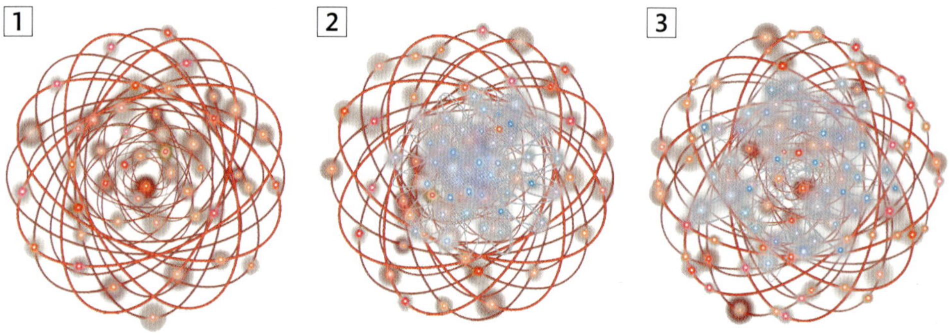

△ **Entwicklung in einem Kugelsternhaufen**
In diesem Beispiel der Entwicklungsstufen sterben einige der ersten Sterngenerationen (rot). Mit ihrem Material bildet sich eine zweite Generation (blau), die mehr im Zentrum des Sternhaufens konzentriert ist. Nach und nach ändern sich ihre Bahnen und kreuzen die der älteren roten Sterne.

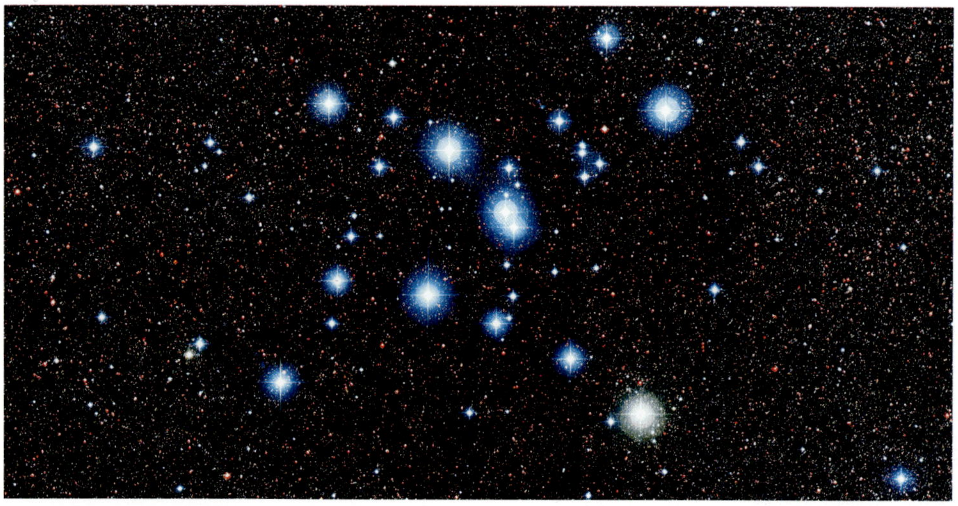

△ **Offener Sternhaufen M7**
Der Ptolemäus-Sternhaufen enthält ungefähr 80 Sterne und liegt im Sternbild Scorpius (Skorpion). Obwohl er 980 Lichtjahre entfernt ist, sieht man ihn leicht mit bloßem Auge.

Kugelsternhaufen 47 Tucanae
Zu den größten und hellsten Kugelsternhaufen zählt 47 Tucanae, der am südlichen Himmel im Sternbild Tucana (Tukan) liegt. Mit bloßem Auge sieht man am Nachthimmel nur einen diffusen Fleck, aber Teleskope zeigen einen enormen Schwarm aus vielen Millionen Sternen. In seinem Zentrum befinden sich so viele Sterne, dass es ständig zu Kollisionen kommt.

EXTRASOLARE PLANETENSYSTEME

Jede Planetengruppe, die um einen anderen Stern als die Sonne kreist, nennt man extrasolares Planetensystem. Die einzelnen Planeten dieser Systeme werden als extrasolare Planeten oder Exoplaneten bezeichnet.

Bislang wurden mehr als 2000 Exoplaneten entdeckt, die meisten von ihnen innerhalb der letzten zehn Jahre. Ungefähr die Hälfte von ihnen sind Gasriesen, die eng um ihren Stern kreisen und so groß wie Jupiter oder Neptun sind. Daher nennt man diese höllisch heißen Gasriesen heiße Jupiter oder heiße Neptuns. Zudem wurden auch viele kleinere, möglicherweise erdartige Exoplaneten entdeckt – einige sind so groß wie die Erde – und kalte Gasriesen. Die Sterntypen, um die die Exoplaneten kreisen, variieren von Roten Zwergen über sonnenähnliche Sterne, Rote Riesen bis hin zu Pulsaren.

Die interessanteste Tatsache an Exoplaneten ist, dass man sie überhaupt entdecken kann. Einen Körper aufzufinden, der viele Lichtjahre entfernt ist, kein Licht emittiert und um einen viel größeren, hellen Körper (seinen Stern) kreist, hält große Herausforderungen bereit. Daher wurden bis heute nur relativ wenige Exoplaneten direkt mit Teleskopen entdeckt. Um sie aber indirekt zu entdecken, wurden etwa ein Dutzend Methoden entwickelt. Drei der erfolgreichsten werden hier vorgestellt.

Der Mutterstern eines heißen Jupiters ist weiß, gelb oder orange und so groß wie die Sonne.

Im Durchschnitt kreist um **jeden Stern** der Milchstraße mindestens **ein Planet.**

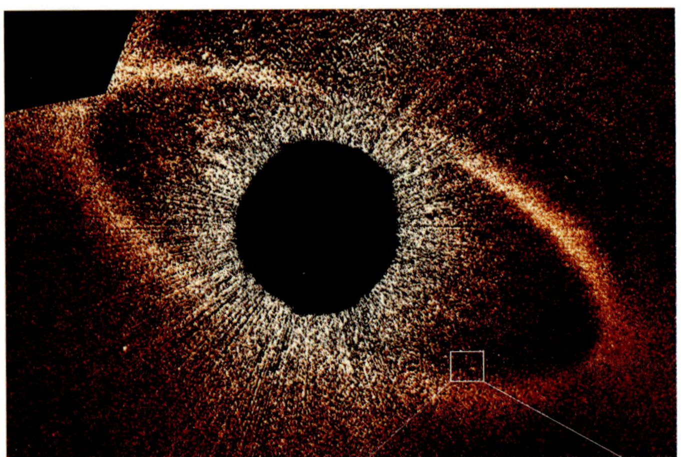

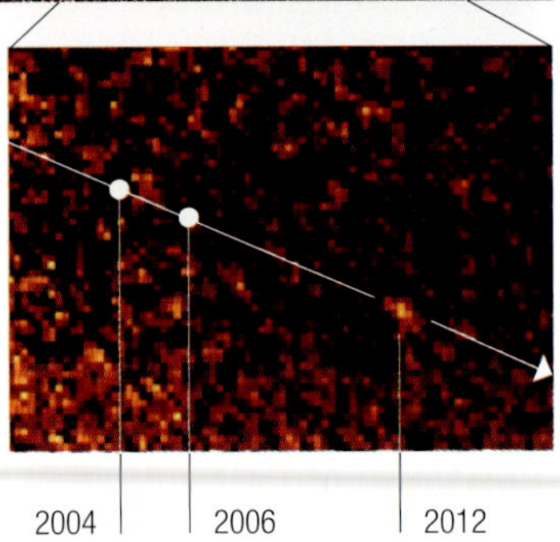

△ **Direktaufnahme**
Den Stern Fomalhaut umgibt eine Scheibe aus Gas und Staub (oben, der Stern selbst wurde geschwärzt). Ein Planet in der Scheibe wurde mit dem Hubble-Weltraumteleskop direkt aufgenommen. Den Planeten und seine Bahn zeigt ein vergrößerter Ausschnitt der Aufnahme (rechts).

▷ **Transitmethode**
Diese Methode misst winzige Verdunkelungen eines Sterns, die durch den Transit (Vorübergang) eines Planeten vor dem Stern entstehen. Dafür benötigt man einen extrem empfindlichen Lichtdetektor.

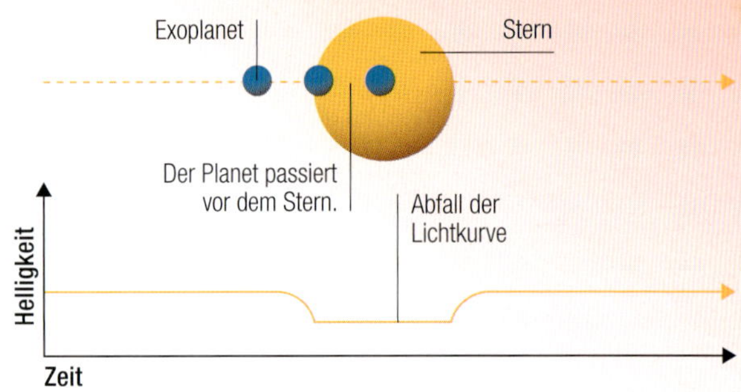

▷ **Gravitationsmikrolinsen**
Die Schwerkraft eines Sterns kann das Licht eines entfernteren Sterns beugen. Dabei wirkt der Stern wie eine Linse und vergrößert – von der Erde aus betrachtet – scheinbar den entfernteren. Ein Exoplanet, der um den lichtbeugenden Stern kreist, verändert den Betrag der Vergößerung messbar.

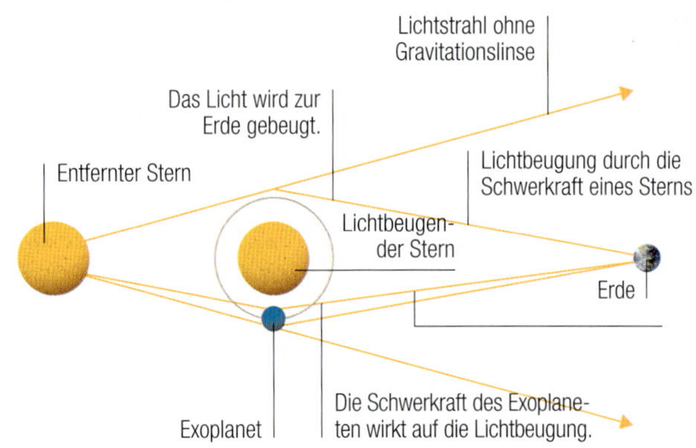

▷ **Dopplerspektroskopie**
Die Bahn eines Exoplaneten verusacht, dass der Stern taumelt. Dadurch werden die Lichtwellen des Sterns entweder leicht gestreckt (sie erscheinen rötlicher) oder gestaucht (sie erscheinen bläulich) – ein messbares Phänomen.

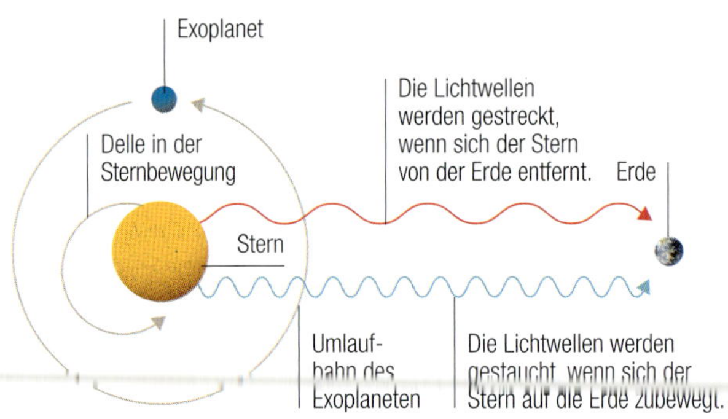

△ **Heiße Jupiter**
Ein Exoplanet dieser Art kreist um seinen Stern – in einem Abstand, der weniger als 75 Mio. km beträgt und geringer als der von Jupiter zur Sonne ist. Der Planet wird von seinem Mutterstern verschmort, sodass in seiner Atmosphäre extreme Wetter herrschen.

▷ **Kepler-62-System**
Das Kepler-Weltraumteleskop entdeckte 2013 fünf Planeten um den Stern Kepler-62, der 1200 Lichtjahre von der Erde entfernt ist. Zwei dieser Planeten kreisen in der bewohnbaren Zone. In ihr herrschen Temperaturen, bei denen flüssiges Wasser auf der Oberfläche existieren kann.

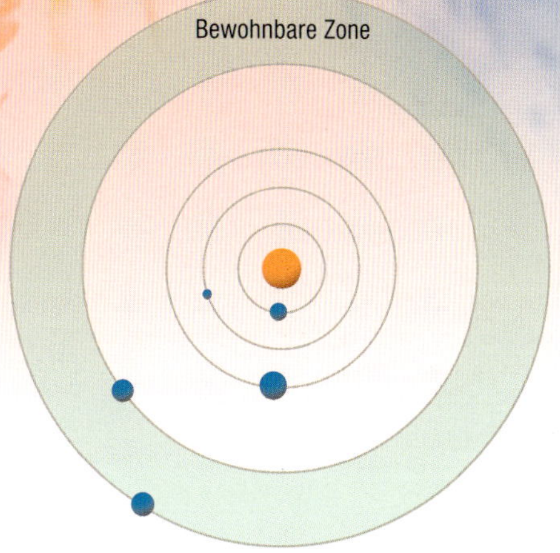

Merkmale des Exoplanetensystems

Mehr als die Hälfte der bekannten Exoplanetensysteme besteht aus einem Stern, um den ein einzelner Planet kreist (bei vielen könnten noch weitere, bisher unentdeckte Planeten existieren). Bis Februar 2016 wurden jedoch auch mehr als 500 Mehrplanetensysteme – Systeme, die zwei oder mehr Planeten besitzen – entdeckt. Einige Systeme enthalten fünf, sechs oder in wenigen Fällen sogar sieben Planeten. Besonderes Interesse genießt jeweils die bewohnbare Zone. In diesem Bereich um einen Stern herrschen Temperaturen, bei denen sich flüssiges Wasser – das notwendig für jede Form von Leben ist – auf der Oberfläche eines erdartigen Planeten sammeln kann. Auf einem derartigen Planeten in der bewohnbaren Zone könnte Leben existieren.

▽ **Planeten des Sterns Kepler-62**
Die Grafik zeigt die fünf Kepler-62-Planeten. Sie sind für eine Lichtaufnahme zu weit entfernt. Die beiden Planeten rechts können erdartige mit Oberflächengewässern sein. Über die anderen Planeten weiß man abgesehen von ihrer Größe und davon, dass ihre Oberfläche extrem heiß sein muss, nichts.

△ **CoRoT**
Zu den wichtigsten Aufgaben der Raumsonde CoRoT, die 2007 startete, gehörte die Suche nach Transits extrasolarer Planeten. Nachdem sie 25 Exoplaneten entdeckt hatte, wurde sie 2013 abgeschaltet.

MEHRPLANETEN-SYSTEME

Viele Exoplaneten kreisen in Mehrplanetensystemen – Gruppen von zwei oder mehr Planeten, die alle um einen Stern kreisen oder sogar in einigen Fällen um Sternpaare, die sich selbst gegenseitig umkreisen.

Die faszinierenden Mehrplanetensysteme sind bezüglich der unterschiedlichen Größen der Planeten, der Art ihrer Muttersterne sowie hinsichtlich der Anzahl der Planeten, die innerhalb der bewohnbaren Zone eines oder mehrerer Sterne kreisen, sehr unterschiedlich. Bis heute wurden Hunderte entdeckt, die nur wenige bis Tausende Lichtjahre von der Erde entfernt sind. Aber nur wenige Systeme weisen große Ähnlichkeit mit dem Sonnensystem auf, obwohl einige von ihnen in ihrer bewohnbaren Zone einen oder mehrere ungefähr erdgroße Planeten enthalten. Bei diesen besteht die Möglichkeit, dass sie Leben beherbergen. Da regelmäßig neue Systeme entdeckt und die Daten über die bereits entdeckten Planeten häufig aktualisiert werden, ändert sich der Wissensstand ständig.

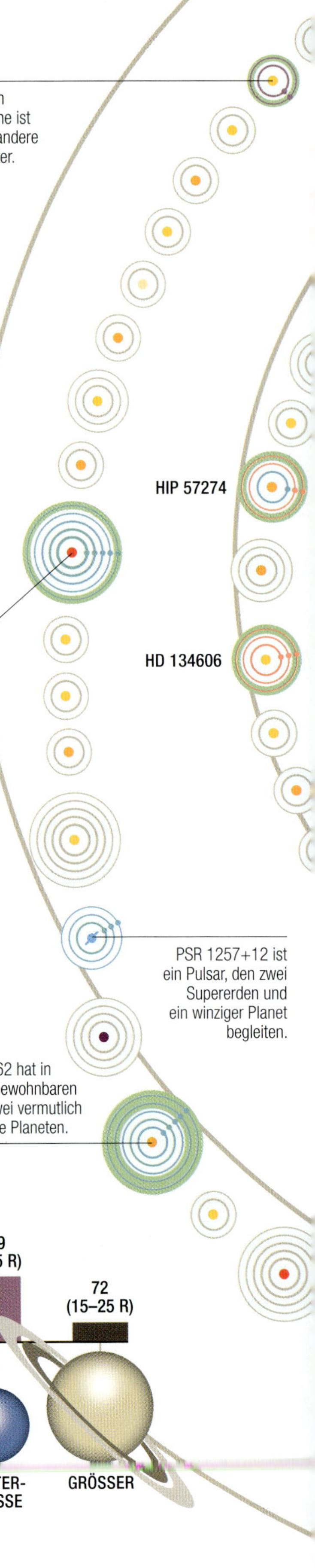

24 Sextantis begleiten zwei Planeten: Der eine ist doppelt so groß, der andere fast so groß wie Jupiter.

Kepler-186 enthält den ersten erdgroßen, in der bewohnbaren Zone kreisenden Exoplaneten, den man je entdeckt hat.

PSR 1257+12 ist ein Pulsar, den zwei Supererden und ein winziger Planet begleiten.

Kepler-62 hat in seiner bewohnbaren Zone zwei vermutlich erdartige Planeten.

◁ **Kepler**
Seit seinem Start 2009 hat das Kepler-Weltraumteleskop der NASA mit der Transitmethode vor allem nach erdgroßen Exoplaneten gesucht. Bis zum Frühjahr 2016 hatte es 84 Mehrplanetensysteme, die zwischen zwei und sieben Planeten enthalten, und auch viele Einzelplaneten entdeckt.

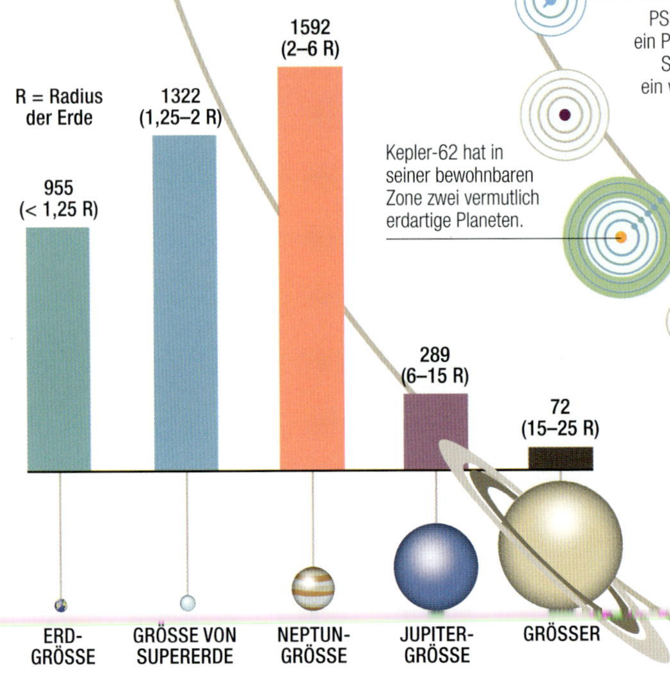

▷ **Planetenarten**
Das Diagramm zeigt die Anzahl unterschiedlich großer Exoplaneten (bestätigte und unbestätigte), die bis 2016 entdeckt wurden. Deren Größen bzw. Radien werden im Vergleich zum Erdradius definiert (Supererden haben Radien, die zwischen dem 1,25- und 2-Fachen des Erdradius liegen).

◁ Neue Welten
Die Abbildung zeigt Details von 118 Systemen, deren Entfernung zum Sonnensystem bekannt ist. Sie sind spiralförmig nach ihrem Abstand zum Sonnensystem (und nicht nach ihrer tatsächlichen Lage im Weltraum) angeordnet. Bei jedem System ist die Art des Sterns und die Anzahl der Planeten aufgeführt, während für wenige, ausgewählte Systeme die bewohnbare Zone markiert sowie die Planetenarten aufgeführt sind.

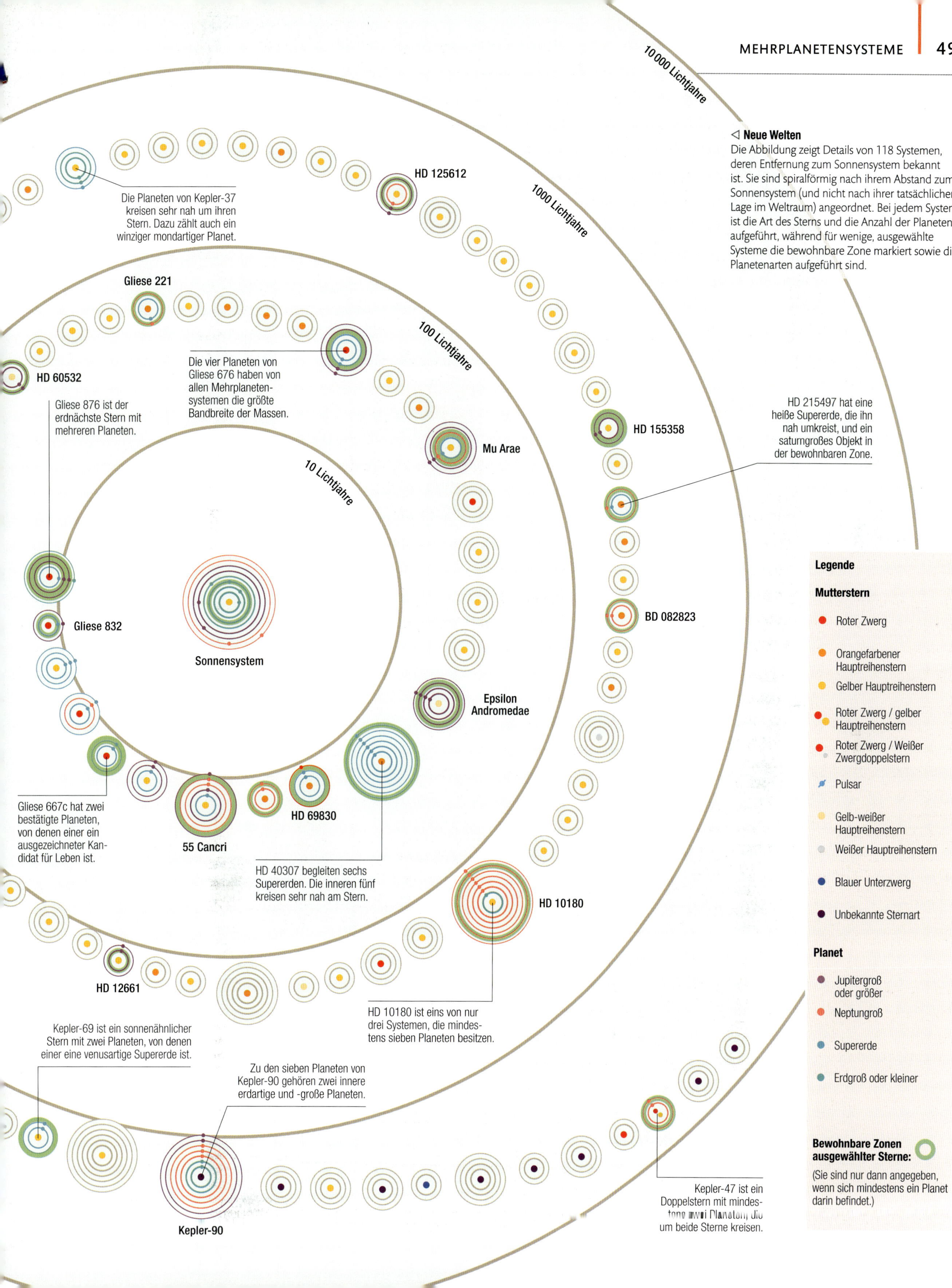

GALAXIEN

Galaxien existieren in vielen Größen und Formen - von komplexen Spiralgalaxien wie der Milchstraße bis zu riesigen Kugeln aus alten roten und gelben Sternen und formlosen Wolken aus Gas, Staub und neuen Sternen.

Galaxien sind die einzigen Orte im Universum, an denen die Materie dicht genug ist, damit Sterne entstehen können. Galaxien werden durch ihre Schwerkraft zusammengehalten. Die meisten besitzen in ihrem Zentrum wahrscheinlich ein supermassives Schwarzes Loch.

Verschiedene Galaxienarten

Der amerikanische Astronom Edwin Hubble bestätigte in den 1920er-Jahren die Existenz von Galaxien jenseits der Milchstraße. Er teilte sie in sieben verschiedene Arten ein, die einen Code aus Buchstaben und Zahlen besitzen. Elliptische Galaxien (E0 bis E7) umfassen runde Kugeln sowie gestreckte Zigarren. Sie werden von alten roten und gelben Sternen beherrscht. Spiralgalaxien (S und SB) sind flache Scheiben mit dichten Sternentstehungsgebieten in den Spiralarmen und alten roten und gelben Sternen im Zentrum. Linsenförmige Galaxien (S0) haben eine Scheibe mit einer zentralen Wölbung, aber keine Spiralarme. In den formlosen irregulären Galaxien (Irr I und II) entstehen viele Sterne.

△ **Elliptische Galaxien**
Elliptische Galaxien wie M60 (mit der Spiralgalaxie NGC 4647) sind kugelförmige Sternsysteme. In ihnen kreisen zahllose Sterne auf elliptischen Bahnen, die sich überlappen und in vielen Winkeln verlaufen. Diese Galaxien besitzen nur wenig Gas zur Sternentstehung, sodass sie von langlebigen, roten und gelben Sternen mit wenig Masse beherrscht werden. Ihre Größe variiert von dünn besiedelten Zwerg- bis zu weiten Riesengalaxien, die zu den größten im Universum gehören.

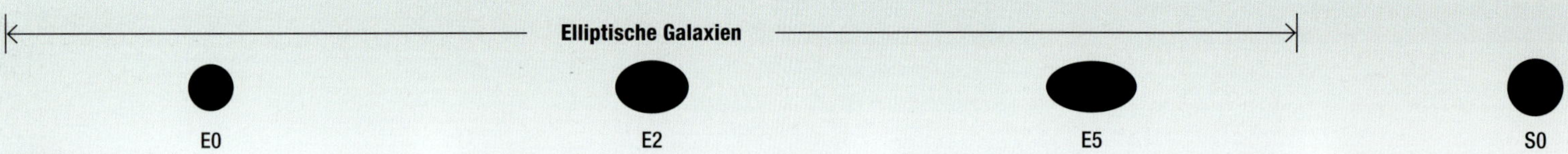

△ **M89**
E0-Galaxien wie M89 im Sternbild Virgo (Jungfrau) bilden nahezu perfekte Kugeln. Zu ihnen zählen die hellsten und größten elliptischen Riesengalaxien.

△ **M32**
E2-Galaxien wie Andromedas Satellitengalaxie M32 haben eine deutlich längere Achse als andere und sind häufig dunkler als die hellsten E0-Galaxien.

△ **M110**
Gestreckte Galaxien wie M110, auch ein Satellit der Andromeda-Galaxie, sind leicht scheibenförmig. Die Bahnen ihrer Sterne verlaufen aufgrund ihrer Rotation in einer Ebene.

△ **ESO 381-12**
Linsenförmige Galaxien (S0) haben - ähnlich wie Spiralgalaxien - eine zentrale Wölbung und eine flache Scheibe, aber aufgrund fehlender Gase entstehen in ihnen keine neuen Sterne.

△ **Hubbles Stimmgabel**
Edwin Hubble ordnete die diversen Galaxiearten in Form einer Stimmgabel. Er wollte damit die Entwicklung der Galaxien über die Zeit illustrieren, auch wenn sie in Wirklichkeit deutlich komplexer (s. S. 62/63) ist. Elliptische Galaxien sind nach ihrer Form nummeriert, wobei E0 nahezu rund ist. Bei den Spiralgalaxien lassen sich zwei auffällige Arten unterscheiden: normale Spiralgalaxien (Sc bis Sc oder Sd), bei denen die Spiralarme von der zentralen Wölbung abstrahlen, und Balkenspiralgalaxien (SBa bis SBc), bei denen die Arme an den Balkenenden entspringen.

Astronomen gehen davon aus, dass im Universum **genauso viele Galaxien** existieren, **wie die Milchstraße Sterne** besitzt.

Irreguläre Galaxien

Irreguläre Galaxien sind relativ formlose Wolken aus Gas, Staub und Sternen. Die bekanntesten Beispiele sind die Große und die Kleine Magellansche Wolke, die beiden hellsten Satellitengalaxien der Milchstraße. Irreguläre Galaxien besitzen sehr viel Rohmaterial zur Sternentstehung. In ihnen finden häufig intensive Ausbrüche von Sterngeburten statt, weshalb sie für ihre Größe hell erscheinen. Größere irreguläre Galaxien weisen Anzeichen interner Strukturen wie Zentralbalken oder einzelne Arme auf. Hubble klassifizierte sie als Irr-I-Galaxien – im Gegensatz zu den wahren formlosen Irr-II-Galaxien.

▷ **NGC 1427A**
Irreguläre Zwerggalaxien spielen vermutlich bei der Entwicklung von Galaxien eine wichtige Rolle. Ihre Sterne besitzen relativ wenige schwere Elemente und stellen wahrscheinlich das Rohmaterial aus der frühen Geschichte des Universums dar, in dem erst jüngst Sterne entstanden sind. NGC 1427A beispielsweise wird von neuen, hellen Sternen erleuchtet, deren Entstehung durch die Kollision mit dem Fornax-Galaxienhaufen ausgelöst wurde.

Spiralgalaxie

Sa

Sb

Sc

△ **NGC 7217**
In Spiralgalaxien vom Typ Sa wie NGC 7217 in Pegasus sitzen ältere Sterne im Zentrum der Scheibe aus Sternen und Gas. Durch Wellen der Sternentstehung bildeten sich eng stehende Arme.

△ **M91**
Sb-Spiralgalaxien haben weniger eng gewundene Spiralarme, die vom Zentrum abstrahlen. M91 im Haar der Berenike hat für eine Galaxie dieser Art relativ dunkle Spiralarme.

△ **M74**
Die Arme in Sc-Spiralgalaxien wie M74 in Pisces (Fische) sind zwar lockerer gewunden, aber genauso hell wie die Arten Sa und Sb. Die lockersten Sd-Arten sind gewöhnlich viel dunkler.

SBa

SBb

SBc

△ **NGC 4921**
Balkenspiralgalaxien sind wie die ohne Balken unterteilt. SBa-Galaxien wie NGC 4921 im Sternbild Coma Berenices (Haar der Berenike) hat enge Spiralarme.

△ **NGC 7479**
SBb-Spiralgalaxien wie NGC 7479 in Pegasus weisen eine lockere Spiralstruktur auf, sie besitzen aber einen deutlichen Balken und eine Wölbung in ihrem Zentrum.

△ **M95**
SBc-Galaxien haben die lockersten Spiralarme – wie hier in der schönen M95. Diese Balkenspiralgalaxie liegt etwa 38 Mio. Lichtjahre entfernt im Sternbild Leo (Löwe).

1

GALAXIENARTEN

1 Spiralgalaxie
Mit 21 Mio. Lichtjahren Entfernung ist die Pinwheel-Galaxie (M101) etwa um 50 Prozent größer als die Milchstraße und liegt relativ nah zur Erde. Dadurch zählt sie zu den wenigen Galaxien, in denen man einzelne Gebiete erforschen kann. Sie hat lange Spiralarme, liegt etwas schief, und ihr Kern scheint vom wahren Zentrum abzuweichen – vermutlich aufgrund von Wechselwirkungen mit anderen Galaxien.

2 Balkenspiralgalaxie
Die Galaxie NGC 1300 wird für den Prototyp der Balkenspiralgalaxien gehalten. Die beiden Spiralarme strahlen nicht vom Zentrum ab, sondern von einem geraden Balken, der auch den Kern umschließt. Diese Aufnahme des Hubble-Weltraumteleskops zeigt, dass der Kern selbst eine Spiralstruktur besitzt. Gas aus dem Balken strömt erst nach innen und dann spiralförmig in den Galaxienkern.

3 Elliptische Galaxie
Außer ihrer Kugelform weisen elliptische Galaxien kaum Strukturen auf. Elliptische Riesengalaxien wie IC 2006 (Aufnahme im sichtbaren Licht des Hubble-Weltraumteleskops) entstanden vor Milliarden Jahren und wurden größer, weil sie vermutlich mit Satellitengalaxien verschmolzen sind. Aufgrund ihres Alters besteht IC 2006 aus alten Sternen mit wenig Masse, zudem zeigt sie kaum Sternentstehungsaktivitäten.

4 Linsenförmige Galaxie
Linsenförmige Galaxien ähneln in ihrer Form einer Linse. NGC 2787 gehört zu den erdnächsten von ihnen. Die Aufnahme im sichtbaren Licht zeigt eng gewundene, fast konzentrische Staubfahnen um den hellen Galaxienkern. Am Rand der Galaxie sind einige Lichtpunkte sichtbar. Jeder Punkt gehört zu einem Sternhaufen aus Hunderttausenden Sternen, der um NGC 2787 kreist.

2

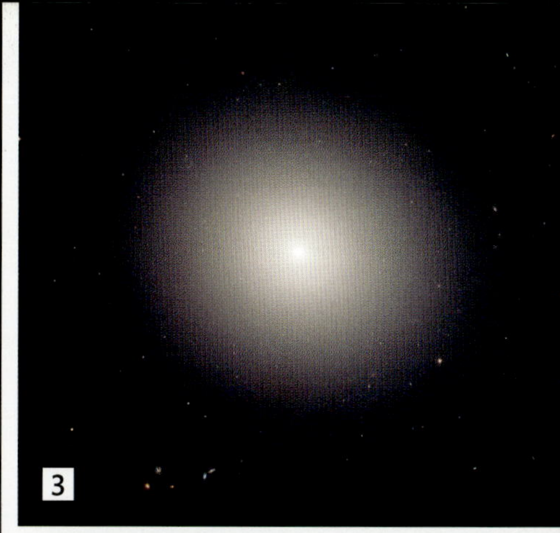

3

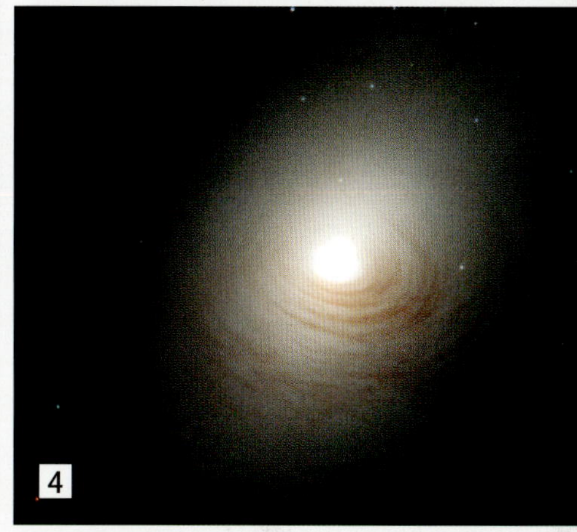

4

5

5 Irreguläre Galaxie
Viele irreguläre Galaxien werden von Astronomen als Starburst-Galaxien bezeichnet, weil sie immer wieder Wellen von Sternentstehungsausbrüchen erleben. NGC 4214 gehört zu ihnen. Ihre großen Wasserstoffvorräte treiben die Bildung heller Sternhaufen an, während die Präsenz älterer roter Sterne auf frühere Abschnitte der explosionsartigen Sternentstehung hinweisen.

Die größten Galaxien, die **elliptischen Riesengalaxien,** können jeweils viele **Billionen Sterne** enthalten.

DIE MILCHSTRASSE

Alle sichtbaren Sterne am Nachthimmel liegen innerhalb der Grenzen der Galaxis oder Milchstraße. Dieses weite Sternsystem enthält hunderte Milliarden Sterne. Es ist eine Balkenspiralgalaxie mit einer komplexen Struktur und hat einen Durchmesser von etwa 120 000 Lichtjahren.

Die sichtbaren Sterne der Milchstraße bilden eine Scheibe mit einer zentralen Wölbung. Trotz ihres riesigen Durchmessers ist die Scheibe im Durchschnitt nur einige Tausend Lichtjahre tief. Von der Erde aus sieht man mehr Sterne in der Ebene der Scheibe als oberhalb und unterhalb davon und im intergalaktischen Raum. Deshalb erscheint die Galaxie als milchiges Band am Himmel – mit zahllosen dunklen und entfernten Sternen.

Die zentrale Wölbung der Milchstraße bilden massearme, rote und gelbe Sterne mit einer hohen Metallizität (s. S. 29), aber die sie umgebende Scheibe enthält viel Gas, Staub und jüngere Sterne. Wie bei allen Spiralgalaxien sind die Sterne in der Scheibe verteilt, aber die hellsten konzentrieren sich auf die Spiralarme. Die Sterne kreisen in Abhängigkeit von ihrem Abstand zum Kern unterschiedlich schnell, sodass die Arme keine dauerhafte Struktur sein können. Außerdem sind sie aktive Sternentstehungsgebiete. Die massivsten und leuchtstärksten jungen Sterne durchlaufen hier ihr kurzes Leben, bevor ihre Bahnen sie zur äußeren Scheibe führen können.

Spiralarme

Vor Kurzem bestätigten Astronomen, dass die Milchstraße eine Balkenspiralgalaxie ist. Ihre Wölbung wird von einem etwa 27 000 Lichtjahre langen Balken gekreuzt. Die Spiralarme entstanden, als sich Sterne, Gas und Staub in und aus einer spiralförmigen Stauung durch eine Dichtewelle (s. rechte Seite) bewegten.

Die letzten Nachweise lassen vermuten, dass die **Milchstraße vier Spiralarme** – zwei größere und zwei kleinere – mit auffällig unterschiedlichen Sternen besitzt.

Das Herz der Milchstraße
Das Zentralgebiet der Galaxis liegt versteckt hinter Sternwolken und Staubfahnen, aber Röntgen- und Infrarotstrahlen zeigen komplexe Strukturen, riesige Sternhaufen und ein enormes Schwarzes Loch mit der Masse mehrerer Millionen Sonnen (hinter der hellen Gaswolke rechts).

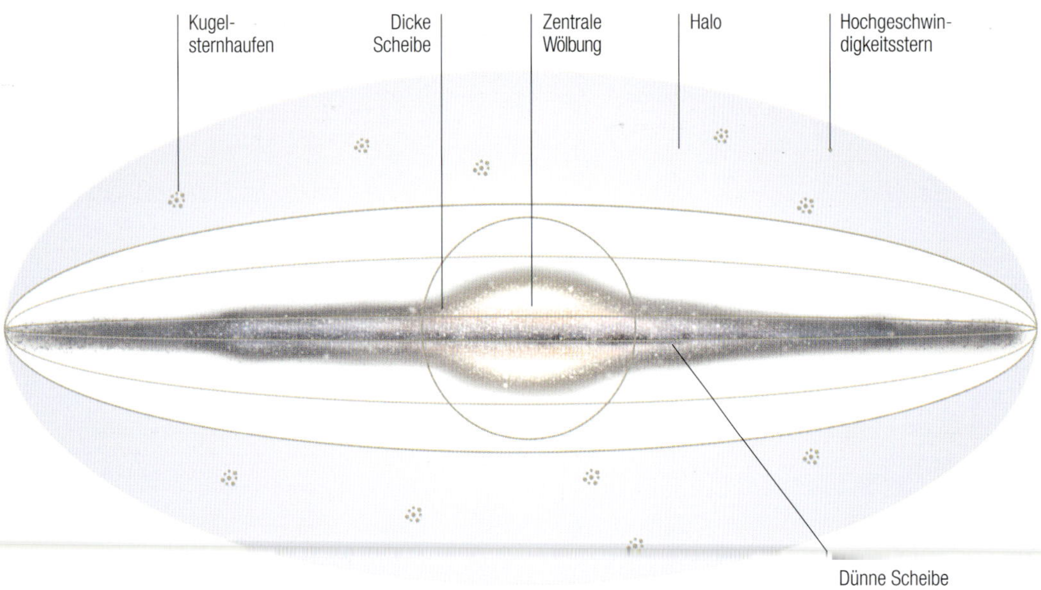

◁ **Querschnitt durch die Milchstraße**
Von der Seite aus gesehen ist die Milchstraße eine Scheibe um einen bauchigen Kern, der etwa 8000 Lichtjahre groß ist. Ein breiter Halo umgibt oben und unten die Galaxis und erscheint zum größten Teil leer. Dort kreisen viele Kugelsternhaufen sowie schnelle Sterne, zudem strahlen aus der galaktischen Ebene heiße Gasströme aus.

ENTSTEHUNG DER SPIRALARME

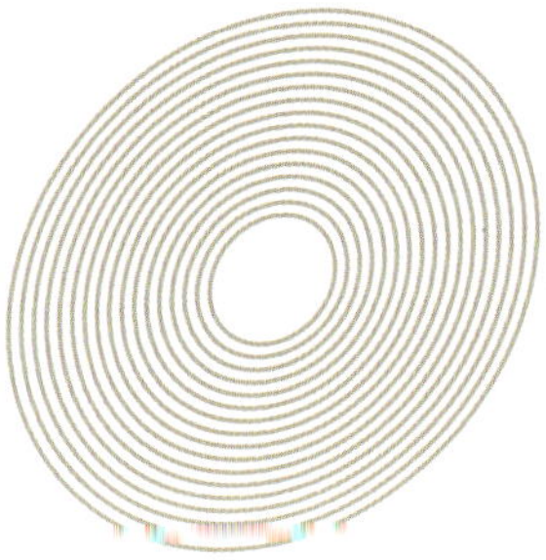

◁ **Perfekt geordnete Bahnen**
Unter idealen Bedingungen sind die längsten Achsen von Objekten auf elliptischen Bahnen um ein Galaxiezentrum perfekt ausgerichtet. An den äußeren Rändern kreisen Körper langsamer auf ihren Bahnen, weil sie weiter vom Zentrum entfernt sind.

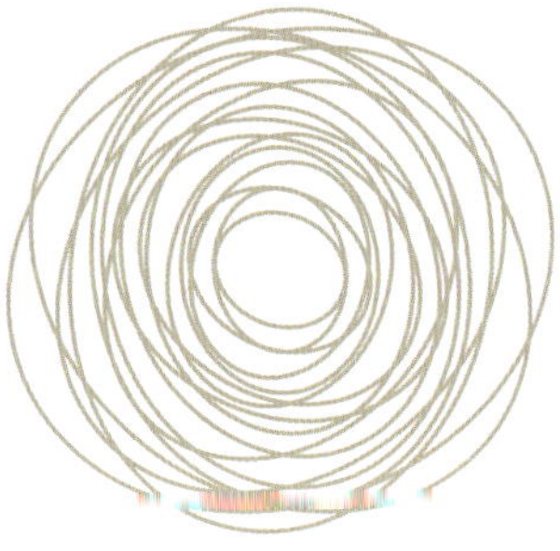

◁ **Chaotische Bahnen**
In einem komplett chaotischen Szenarium verlaufen die Bahnen in einer Galaxie in vielen verschiedenen Richtungen, sodass sich keine Spiralstruktur bilden kann. Das Beispiel hier besitzt genauso viele Bahnen wie die zwei anderen (rechts und links).

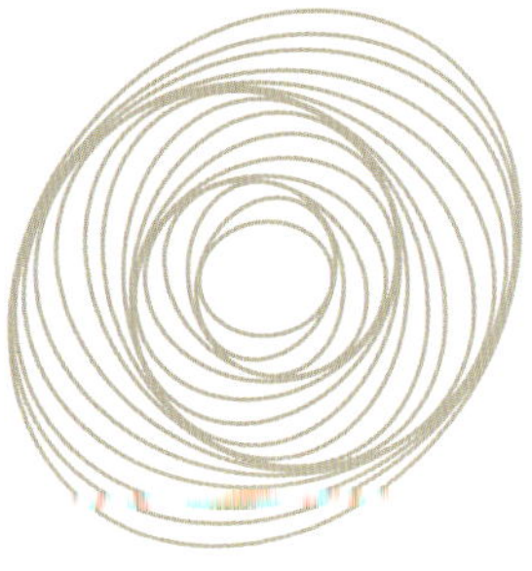

◁ **Dichtewelle**
Spiralstrukturen entstehen, wenn Bahnen leicht gegeneinander versetzt werden. Dafür sorgen häufig die Gezeitenkräfte einer anderen Galaxie. Die Bahnen sind langsamer, und Material sammelt sich in spiralförmigen Gebieten von hoher Dichte.

DIE MILCHSTRASSE IM FOKUS

Das Sonnensystem gehört zu einer Spiralgalaxie, der Milchstraße oder Galaxis. In dieser Weitwinkelaufnahme wölbt sich die Milchstraßenebene oberhalb der Schüsseln des Atacama Large Millimeter/submillimeter Array (ALMA) auf dem Chajnantor-Plateau (Chile). Sie leuchtet mit dem Licht vieler entfernter Sterne, zwischen denen staubige Nebel und Flecken glühender Gase liegen, in denen neue Sterne entstehen und die die Familie aus Milliarden Sternen der Milchstraße vergrößern.

Die 66 Schüsseln von ALMA haben einen Durchmesser von 12 m oder 7 m und suchen den Himmel mit Wellenlängen zwischen Infrarot und Radiowellen ab. ALMA liegt in großer Höhe – 5000 m über dem Meeresspiegel – in einer sehr trockenen Region, in der keine Luftfeuchtigleit die Absorption der Strahlung stört. Zudem ist das Plateau für Beobachtungen bei diesen Wellenlängen ideal, da die Atmosphäre darüber dünn ist und andere Radiosignale dort kaum stören.

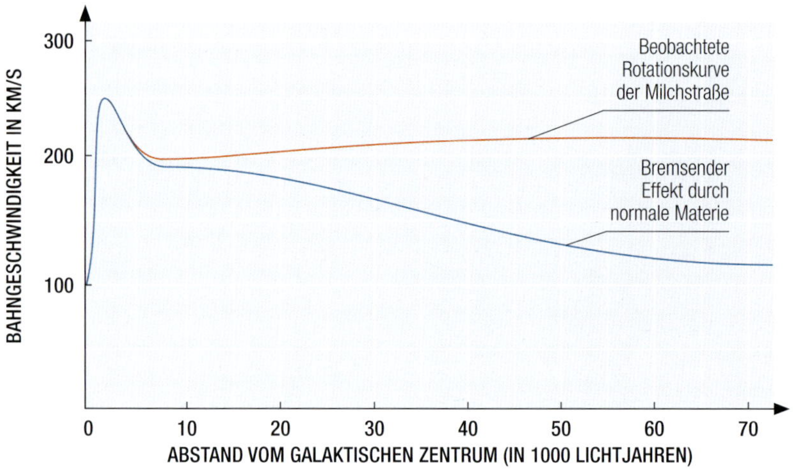

◁ **Rotationskurven**
Weil die Milchstraße kein festes Objekt ist, kreisen Sterne und andere Objekte unterschiedlich schnell um ihr Zentrum. Wenn die Verteilung der Masse der Konzentration der sichtbaren Objekte entspräche, müsste die Geschwindigkeit mit größerem Abstand zum Zentrum – wie bei den Planeten des Sonnensystems – sinken. Tatsächlich kreisen sie jedoch viel langsamer, was darauf hindeutet, dass jenseits der sichtbaren Scheibe vermutlich Dunkle Materie liegt.

DIE MILCHSTRASSE VON OBEN

Die Milchstraße ist eine riesige Scheibe aus Sternen, die im Durchmesser etwa 120 000 Lichtjahre misst. Die meisten Sterne am Nachthimmel gehören aber zu einer viel kleineren Nachbarschaft um unser Sonnensystem.

Die Milchstraße enthält zwischen 100 und 400 Mrd. Sterne. Die meisten Sterne sind Zwerge mit nur einem Bruchteil der Sonnenmasse. Dennoch liegt die Gesamtmasse der Galaxis bei 1–4 Bio. Sonnenmassen – was deutlich mehr als die Masse ihrer Sterne ist. Einen Teil dieser Zusatzmasse bilden Gas und Staub. Doch diese normale Materie wird von der Dunklen Materie (s. S. 74/75) weit übertroffen.

Studien lassen vermuten, dass mindestens 100 Mrd. Planeten um Sterne kreisen, vermutlich jedoch noch mehr. Den größten Teil des sichtbaren Materials bilden die zentrale Aufwölbung und eine flache Scheibe, die nur 1000 Lichtjahre dick ist, mit verstreuten Sternen, Kugelsternhaufen. Ergänzt wird dies durch riesige Mengen Dunkler Materie im Halo.

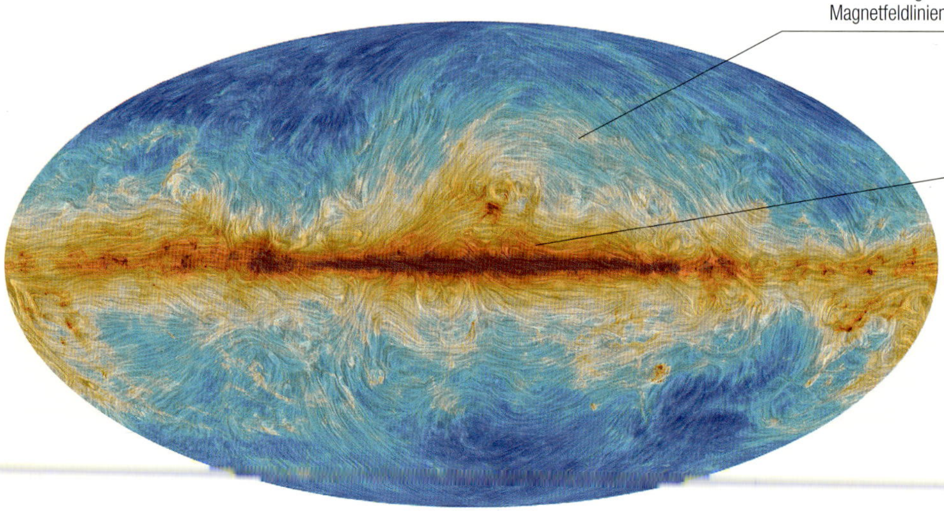

◁ **Staub und Magnetismus**
Obwohl Staub nur einen relativ kleinen Anteil an der Zusammensetzung der Galaxis hat, spielt er bei der Enstehung von Sternen und Planeten eine wichtige Rolle. Außerdem richten sich seine Teilchen an lokalen Magnetfeldern aus. Mikrowellenemissionen von Staubteilchen dienen dazu, das gesamte Magnetfeld der Milchstraße zu bestimmen – wie auf dieser Karte des Satelliten Planck der ESA.

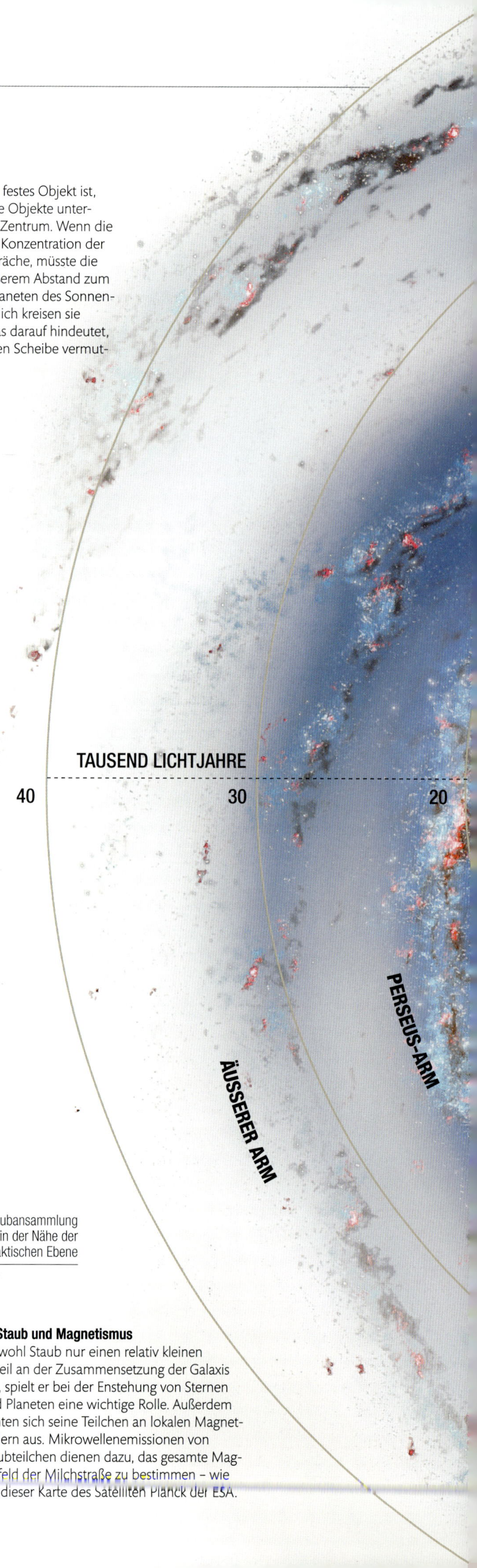

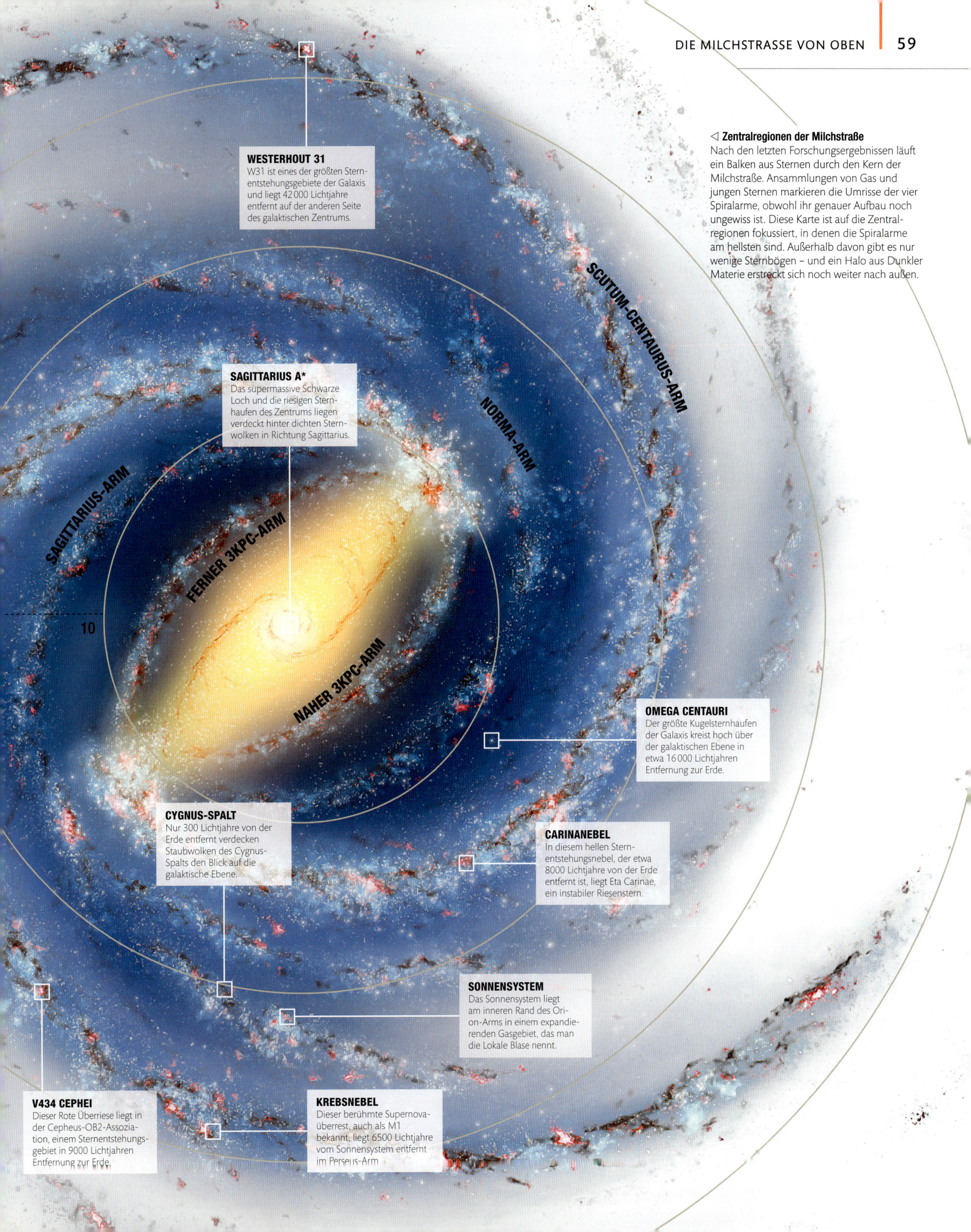

◁ **Zentralregionen der Milchstraße**
Nach den letzten Forschungsergebnissen läuft ein Balken aus Sternen durch den Kern der Milchstraße. Ansammlungen von Gas und jungen Sternen markieren die Umrisse der vier Spiralarme, obwohl ihr genauer Aufbau noch ungewiss ist. Diese Karte ist auf die Zentralregionen fokussiert, in denen die Spiralarme am hellsten sind. Außerhalb davon gibt es nur wenige Sternbögen – und ein Halo aus Dunkler Materie erstreckt sich noch weiter nach außen.

AKTIVE **GALAXIEN**

Viele Galaxien haben Anzeichen dafür, dass von ihren Zentralgebieten ein Energieausstoß ausgeht, der sich nicht alleine durch die Sterne erklären lässt. Diese aktiven Galaxien unterscheiden sich zwar untereinander stark, doch kann man bei allen den gleichen Mechanismus erkennen.

Aktive Galaxien erzeugen in Gebieten nahe ihrer Zentren gewaltige Energiemengen – nicht nur in Form von sichtbarem Licht, sondern auch als Radiowellen, Röntgenstrahlen, UV-Strahlung und Gammastrahlen. Diese Galaxien werden in vier Hauptklassen eingeteilt. Dazu zählen Seyfert-Galaxien, Radiogalaxien, Quasare und Blazare. Seyfert-Galaxien sehen wie normale Spiralgalaxien aus, haben aber in ihrem Zentrum eine helle gebündelte Strahlungsquelle, deren ungewöhnlicher Energieausstoß sich nicht mit dem Sternlicht allein erklären lässt. Radiogalaxien hingegen haben eine zentrale Galaxie, von der sich zu beiden Seiten je eine auffällige große Wolke mit emittierendem Gas (engl.: radiolobes) erstreckt (manchmal sieht man dünne Strahlen, die die Wolken mit dem Herz der Galaxie verbinden). Quasare sind sehr weit entfernte Galaxien mit einer intensiven, sternartigen Lichtquelle in ihrem Zentrum, die weitaus heller als eine Seyfert-Galaxie leuchtet. Sie geben auch Radiowellen ab und variieren in ihrer Helligkeit über Stunden oder Tage. Blazare ähneln den Quasaren, zeichnen sich aber durch eine unterschiedliche Strahlung aus.

Vermutlich werden diese verschiedenen Aktivitäten durch dieselbe Art Objekt verursacht: einen aktiven Galaxienkern. Die Geschwindigkeit, mit der diese Kerne ihren Energieausstoß ändern, bedeutet, dass sie nicht größer sein können als das Sonnensystem – und das einzige Objekt, das solche Energiemengen in so kleinem Raum freisetzen kann, ist eine überhitzte Akkretionsscheibe aus Materie, das in ein supermassives Schwarzes Loch fällt. Die Menge dieses Materials und die Ausrichtung des aktiven Galaxienkerns in Bezug auf die Erde bestimmen, welche Art aktive Galaxie man sieht.

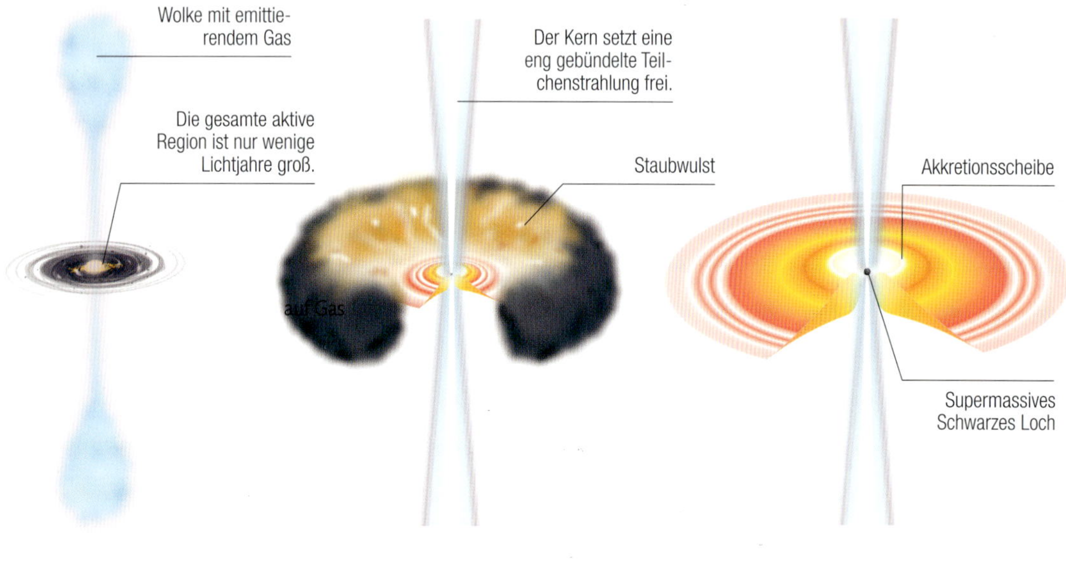

△ **Die gesamte Galaxie**
Aus der Entfernung betrachtet kann eine aktive Galaxie zwei große Radioemissionsbereiche aufweisen, die entstehen, wenn Teilchenstrahlen, die von der zentralen Scheibe ausgehen, im intergalaktischen Raum auf Gas treffen. Ist der aktive Kern sichtbar, überstrahlt er die ihn umgebende Galaxie.

△ **Staubwulst**
Das Zentralgebiet einer aktiven Galaxie umgibt ein dicker wulstiger Ring aus Licht schluckendem Gas und Staub. Blickt man von der Seite auf diesen Ring, sind Radioemissionsbereiche das einzige sichtbare Zeichen der ungewöhnlichen Aktivität einer offensichtlichen Radiogalaxie.

△ **Kern**
Im Herz eines aktiven Galaxienkerns sitzt ein supermassives Schwarzes Loch. Mit dem Gas von mehr als einer Million Sonnen zieht es Material an, erhitzt es auf mehrere Millionen Grad und emittiert intensive Strahlung. Weist der Teilchenstrahl zur Erde, handelt es sich um einen Blazar.

Alter Kern
Das Licht von Quasaren mit großer Rotverschiebung zeigt, dass sie aufgrund der Expansion des Universums (s. S. 70/71) Milliarden Lichtjahre entfernt sind und unglaublich hell leuchten. Daher sieht man sie in einem viel früheren Stadium der kosmischen Entwicklung. Astronomen vermuten, dass alle Galaxien in ihrer frühen Geschichte eine Quasarphase durchlaufen.

△ **Die aktive Milchstraße**
Das supermassive Schwarze Loch der Galaxis hat vor langer Zeit das Material seiner unmittelbaren Umgebung angezogen und wurde inaktiv. Dennoch fallen ab und zu Objekte wie Planetoiden hinein. Dabei wird deren Materie auseinander gerissen, was zu einem intensiven Strahlungsausbruch führt.

KOLLISION AM HIMMEL

Die Milchstraße ist Mitglied eines kleinen Galaxienhaufens, der Lokalen Gruppe, zu der auch die Andromeda-Galaxie (M32), die kleinere Triangulum-Galaxie (M33), die Kleine und Große Magellansche Wolke und mehrere Dutzende Zwerggalaxien gehören. Andromeda und die Milchstraße sind die schwersten Galaxien der Gruppe und werden mit zunehmender Geschwindigkeit durch ihre Schwerkräfte zusammengezogen. Voraussichtlich werden die beiden Galaxien in etwa 4 Mrd. Jahren mit 110 km pro Sekunde zusammenstoßen. Dann wird der Nachthimmel der künftigen Erde Zeuge einer fulminanten Szene wie in dieser Computergrafik. Sterne werden dabei kaum zusammenstoßen, aber kollidierende Gaswolken werden Wellen von Sterngeburten auslösen. Wenn sich die Massen beider Galaxien im Zentrum angesammelt haben, wird ein einziges Riesensystem mit dem Spitznamen Milchomeda entstehen.

GALAXIENKOLLISION

Durch die – gemessen an ihren Größen – relativ kurzen Abstände zwischen einigen Galaxien kommt es häufig zu Kollisionen. Diese beeindruckenden Ereignisse lösen viele Sternentstehungen aus und spielen in der Entwicklung der Galaxien eine Schlüsselrolle.

Wenn Galaxien kollidieren, stoßen zwar die in ihnen enthaltenen Sterne aufgrund ihres großen Abstands nur selten zusammen, aber ihre großen Gaswolken prallen aufeinander, wodurch die Gase komprimiert und nachfolgend neue Sternentstehungswellen ausgelöst werden. Die enorme Schwerkraft des zusammengeballten Gases zieht die Sterne wieder in das Zentrum der Wolke, sodass die kollidierenden Galaxien über Hunderte Millionen Jahre verschmelzen.

Entwicklung der Galaxien

Es gibt Beweise, dass sich Galaxien mit der Zeit in andere Formen umwandeln – im frühen Universum waren irreguläre Galaxien weitverbreitet, heute herrschen spiralförmige vor, und elliptische Galaxien findet man häufig im Herzen von Galaxienhaufen (s. S. 66/67). Vermutlich spielten Kollisionen eine Schlüsselrolle in der Entwicklung. Gasreiche Spiralgalaxien entstanden aus kleineren irregulären und elliptische durch Kollisionen zwischen Spiralgalaxien, die ihre Sterne auf chaotische Bahnen schickten, riesige Wellen der Sternentstehung auslösten und Gas in den intergalaktischen Raum entließen, wo es keine neuen Sterne bilden konnte.

Abhängig von der Energie der Kollision und ihrer Umgebung konnte die Schwerkraft der verschmolzenen Galaxien genug Material anziehen, in dem neue Sterne entstanden. So bildete sich eine neue Spiralgalaxie, die schließlich Teil einer anderen Verschmelzung wurde.

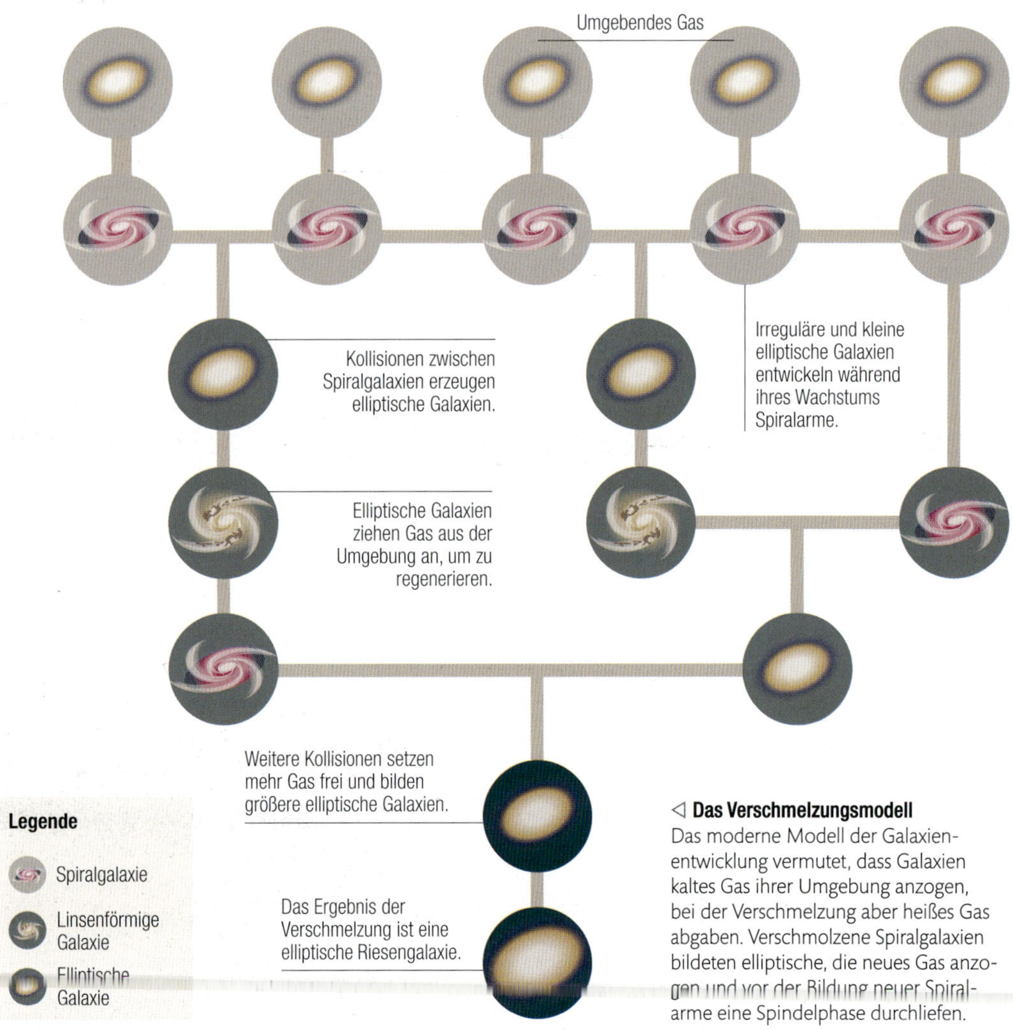

◁ **Das Verschmelzungsmodell**
Das moderne Modell der Galaxienentwicklung vermutet, dass Galaxien kaltes Gas ihrer Umgebung anzogen, bei der Verschmelzung aber heißes Gas abgaben. Verschmolzene Spiralgalaxien bildeten elliptische, die neues Gas anzogen und vor der Bildung neuer Spiralarme eine Spindelphase durchliefen.

△ **Enge Begegnung**
Beinahezusammenstöße zwischen Galaxien sind häufiger als direkte Kollisionen. Dabei entstehen Gezeitenkräfte, die Merkmale wie Spiralarme stärken.

△ **Sich auflösende Arme**
Wenn Galaxien verschmelzen, werden die Bahnen ihrer Sterne unterbrochen. Spiralarme lösen sich auf, und deren Sterne verteilen sich im intergalaktischen Raum.

△ **Sternausbruch**
Die meisten Sterne enden auf chaotischen Bahnen, während sich Gas zu riesigen Sternentstehungswolken sammelt. Ihre Kerne verschmelzen rund um supermassive Schwarze Löcher.

△ **Ende der elliptischen Galaxien**
Die Wärmeeffekte der Kollision treiben Gas aus der Galaxie, sodass die Sternentstehung erstickt wird. Zurück bleibt ein elliptisches System, das von dunklen, langlebigen Sternen beherrscht wird.

Kollidierende Galaxien
Diese zwei Galaxien, die zusammen Arp 273 genannt werden, liegen etwa 300 Mio. Lichtjahre von der Erde entfernt im Sternbild Andromeda. Arp 273 zeigt die frühen Stadien einer Galaxienverschmelzung. Einer der größeren Spiralarme ist bereits abgewickelt, während in der kleineren Galaxie intensiv Sterne entstehen – wodurch sich wiederum Supersternhaufen bilden, die sich mit der Zeit zu Kugelsternhaufen entwickeln.

GALAXIENHAUFEN UND SUPERHAUFEN

Die meisten Galaxien befinden sich in Haufen aus wenigen Dutzenden bis Tausenden oder mehr Galaxien, die durch ihre Schwerkraft zusammengehalten werden. Viele Galaxienhaufen bilden zusammen Superhaufen und schaffen netzartige Filamente um scheinbar leere Räume.

Galaxienhaufen sind die größten Strukturen im Universum, die durch Schwerkraft entstehen und Galaxien über Entfernungen von Millionen Lichtjahren zu gewaltigen Ansammlungen von Masse und Materie zusammenziehen. Deshalb füllen Galaxienhaufen jeweils Räume von ähnlicher Größe (10–20 Mio. Lichtjahre groß), unabhängig davon, wie viele Galaxien sie enthalten. Superhaufen und noch größere Strukturen reflektieren die weiträumige Verstreuung der Materie, wie sie beim Urknall (s. S. 70/71) verteilt wurde.

Arten der Galaxienhaufen

Die Milchstraße gehört zu einem wenig dichten Galaxienhaufen, der Lokalen Gruppe – sie ist eine von drei großen Spiralgalaxien, die von etwa 50 kleineren Galaxien, meist kleinen und dunklen Zwergsystemen umgeben ist. Viele kleine Galaxienhaufen sind ähnlich aufgebaut und werden von Spiral- und irregulären Galaxien beherrscht. Im Gegensatz dazu werden Galaxienhaufen mit vielen Mitgliedern von elliptischen Galaxien mit roten und gelben Sternen beherrscht. Das ist ein wichtiger Hinweis darauf, dass elliptische Galaxien durch Kollisionen von anderen Galaxien innerhalb des Haufens entstanden sind.

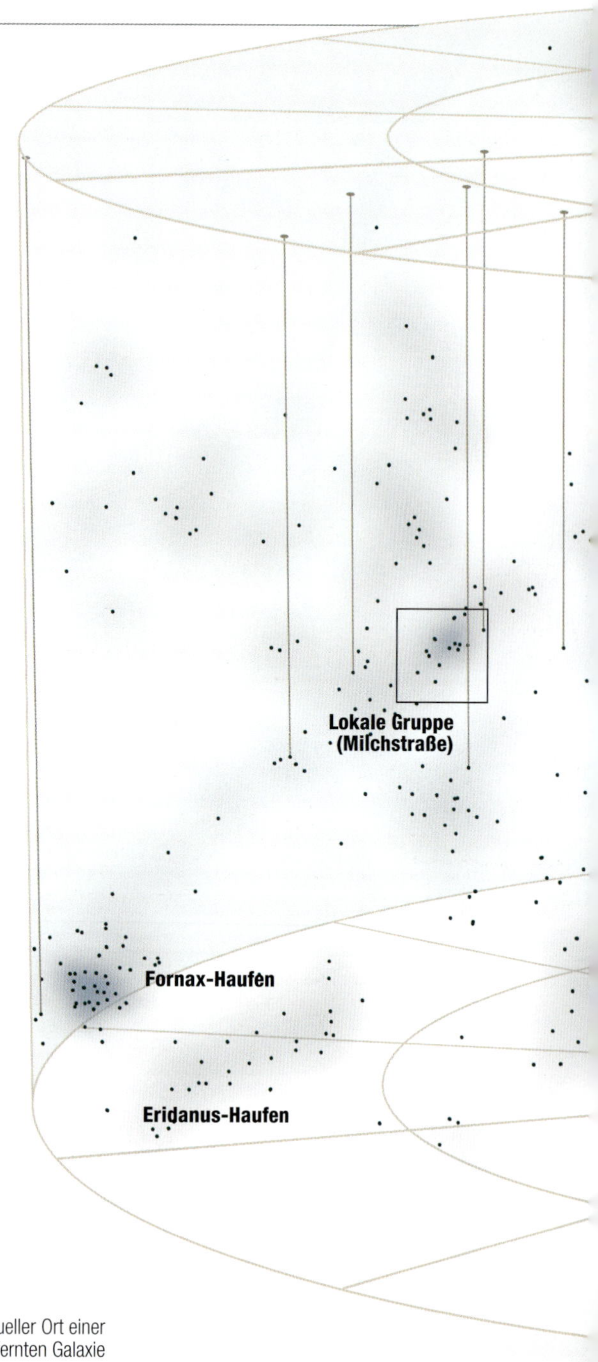

◁ **Coma-Haufen**
In ungefähr 320 Mio. Lichtjahren Entfernung ist der Coma-Haufen eine Gruppe mit etwa 1000 Galaxien, von denen die meisten elliptisch oder linsenförmig sind. Diese Infrarotaufnahme zeigt viele Zwerggalaxien, die man im sichtbaren Licht nicht sieht.

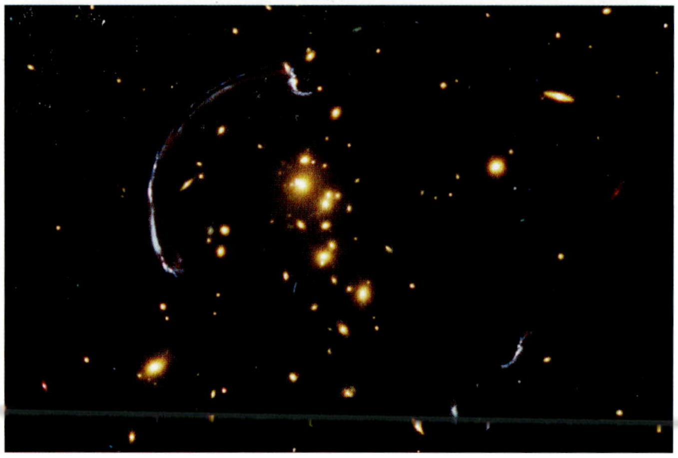

◁ **Linseneffekt**
Die durch Gravitationslinsen verzerrten Bilder ermöglichen es, die Schwerkraft als natürliches Teleskop für dunkle und weit entfernte Objekte zu nutzen. Man kann sie auch dazu nutzen, die Verteilung der Masse in dem Haufen zu bestimmen, der als Gravitationslinse wirkt.

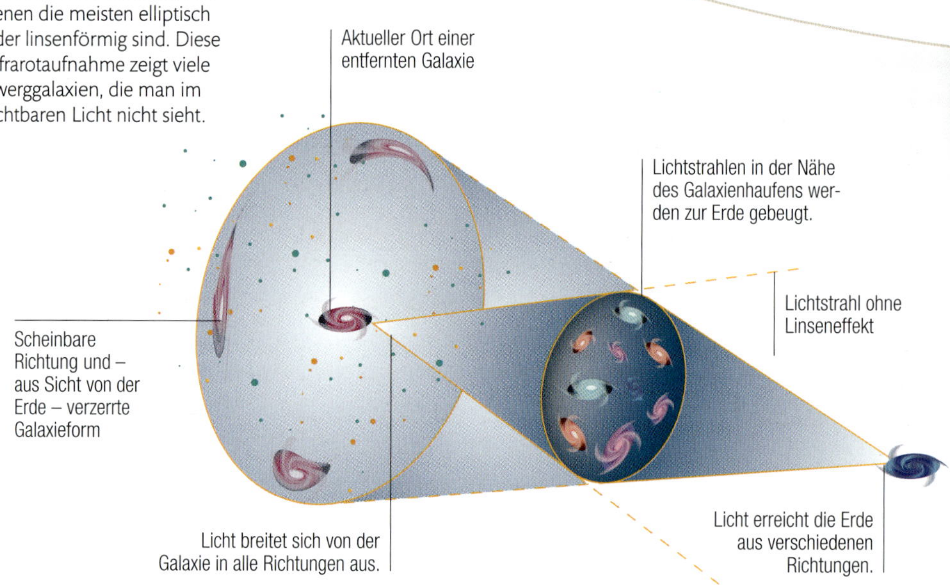

△ **Gravitationslinse**
Die gewaltige Masse in Galaxienhaufen führt zu einer Gravitationslinse. Große Massen ändern in ihrer Umgebung die Form des Raums (s. S. 73). Licht, das durch einen massiven Galaxienhaufen scheint, ändert seine Richtung, sodass Galaxien hinter ihm verzerrt und oft auch vergrößert erscheinen.

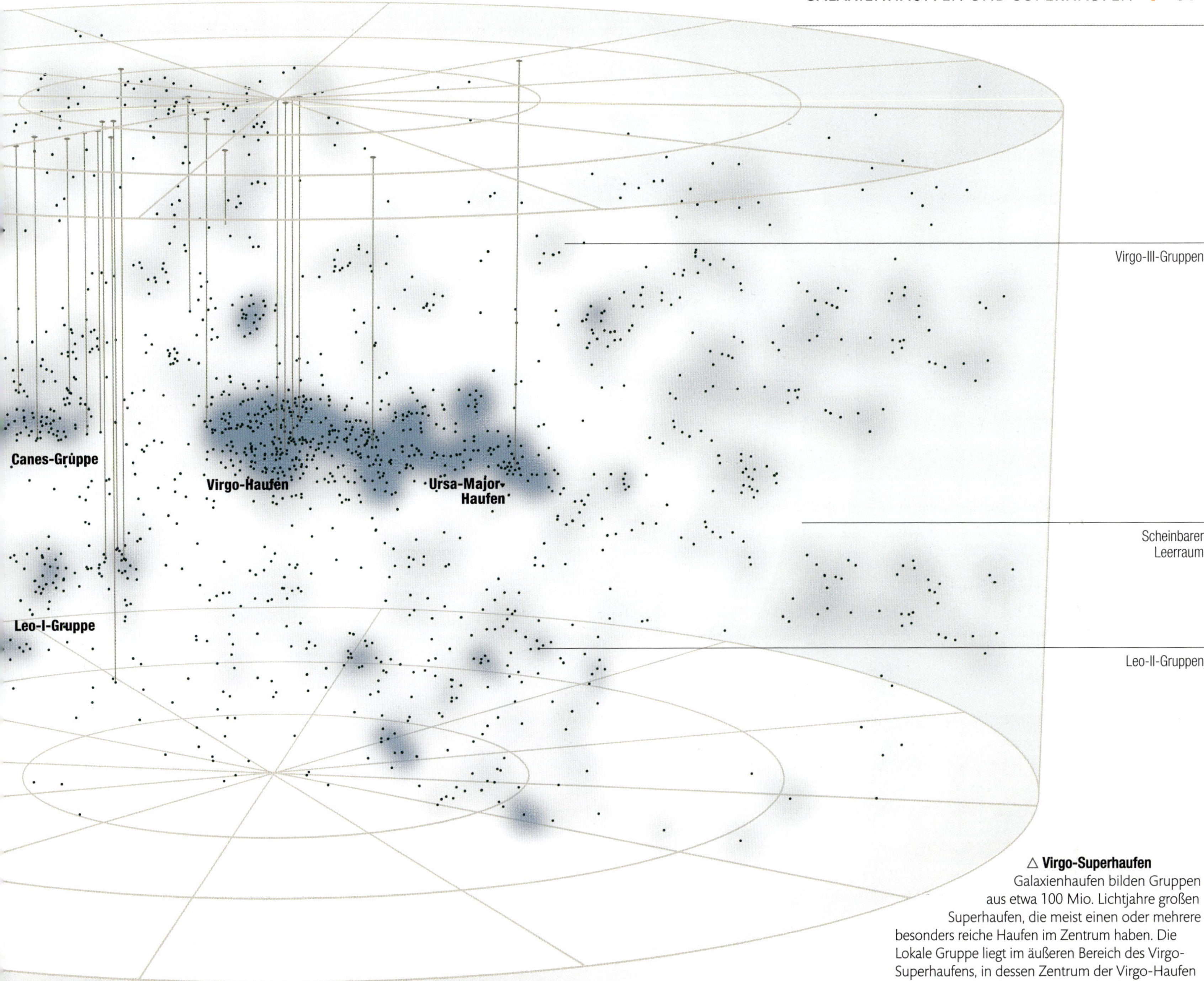

△ **Virgo-Superhaufen**
Galaxienhaufen bilden Gruppen aus etwa 100 Mio. Lichtjahre großen Superhaufen, die meist einen oder mehrere besonders reiche Haufen im Zentrum haben. Die Lokale Gruppe liegt im äußeren Bereich des Virgo-Superhaufens, in dessen Zentrum der Virgo-Haufen liegt – in etwa 55 Mio. Lichtjahren Entfernung.

Gas in Galaxienhaufen

Aufnahmen von dichten Galaxienhaufen, durch Röntgenweltraumteleskope entstanden, zeigen, dass ein Großteil der scheinbar leeren Räume zwischen den Galaxien mit superheißem Gas von 10 Mio. Grad oder mehr gefüllt ist. Dieses heiße Gas stammt vermutlich von den einzelnen Galaxien und entwich, nachdem es durch die Kollisionen zwischen den Galaxien erhitzt wurde. Heiße Gasteilchen bewegen sich schneller und entkommen daher leichter der Schwerkraft ihrer ursprünglichen Galaxien, jedoch nicht dem Haufen als Ganzes. Röntgengas sammelt sich mit der Zeit im Zentrum eines Haufens an und kommt am reichhaltigsten in den dichtesten Galaxienhaufen vor, in denen es bis zu 20-mal so viel wiegen kann wie alle sichtbaren Galaxien des Haufens zusammen.

▷ **Entwicklung der Galaxienhaufen**
Diese Aufnahme des Galaxienhaufens IDCS J1426 entstand mit sichtbarem Licht, infraroten und Röntgenstrahlen (grün, rot und blau). Das Röntgengas hat sich zum größten Teil von den sichtbaren Galaxien gelöst und nur um eine der jüngsten Galaxienkollisionen herum gesammelt.

GALAXIENHAUFEN

1 Virgo-Haufen
Der erdnächste, größere Galaxienhaufen ist der Virgo-Haufen mit ungefähr 2000 Galaxien, die in den Sternbildern Virgo und Coma Berenices liegen. Seine größeren Galaxien sind Spiral- und elliptische Galaxien (Letztere entstanden durch Kollisionen zwischen Ersteren). Das größte Mitglied ist die elliptische Riesengalaxie M87 in seinem Zentrum, die etwa 53 Mio. Lichtjahre von der Erde entfernt ist.

2 Abell 383
Der dichte Galaxienhaufen Abell 383 liegt etwa 2,5 Mrd. Lichtjahre entfernt und ist eine starke Röntgenstrahlenquelle. Die Strahlung stammt aus einer riesigen Wolke aus überhitztem Gas, das von einzelnen Galaxien entweicht. Durch seine enorme Masse wirkt er als Gravitationslinse, die den Raum um ihn und die Lichtstrahlen entfernterer Galaxien beugt, sodass verzerrte Lichtbögen entstehen.

3 Stephans Quintett
Aus dieser Gruppe mit fünf Galaxien im Sternbild Pegasus bilden nur vier Galaxien eine enge physische Gruppe in ungefähr 290 Mio. Lichtjahren Entfernung von der Erde. Die blaue Spiralgalaxie (oben links) ist tatsächlich ein wesentlich näheres Vordergrundobjekt. Die vier Mitglieder – drei Spiral- und eine elliptische Galaxie – werden in einigen Milliarden Jahren zu einer elliptischen Riesengalaxie verschmelzen.

4 MOO J1142+1527
Mit 8,5 Mrd. Lichtjahren Distanz ist dieser große Haufen so weit von uns entfernt, dass sein Licht rotverschoben (s. S. 72) und kaum noch sichtbar ist. Deshalb wurde er erst 2015 entdeckt, nachdem Aufnahmen von zwei Infrarot-Weltraumteleskopen kombiniert wurden. Mit ähnlicher Masse wie der von El Gordo (rechts) zählt er zu den wenigen Riesenhaufen, die in den ersten Milliarden Jahren des Universums entstanden.

2

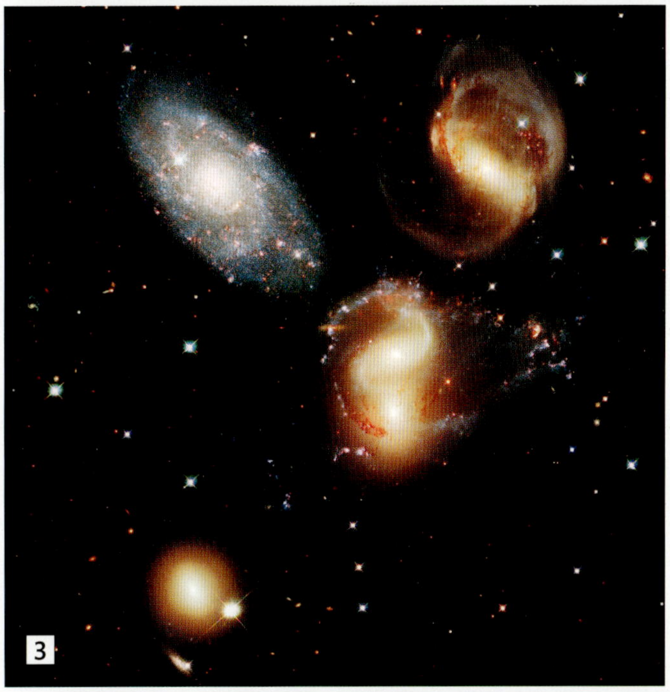

3

4

5

5 El Gordo
Der Name dieses Riesengalaxienhaufens heißt auf Spanisch »der Fette«, da er zu den größten zählt und eine Masse von einer Million Milliarden Sonnen besitzt. El Gordo besteht eigentlich aus zwei Haufen, die sich mit mehreren Millionen Kilometern pro Stunde durchkreuzen. Diese zusammengesetzte Aufnahme zeigt Galaxien (weiß), heißes Gas, das Röntgenstrahlen emittiert (pink), und Dunkle Materie (blau).

EXPANDIERENDES UNIVERSUM

Als allgemeine Regel gilt: Je größer der Abstand einer Galaxie von der Erde ist, umso schneller entfernt sie sich von uns. Dies belegt auch, dass sich das Universum als Ganzes weiterhin ausdehnt und dass sich diese Expansion zudem beschleunigt.

Den wichtigsten Beweis für die Expansion des Kosmos liefert der Dopplereffekt, also die Messung der Geschwindigkeit, mit der sich Licht emittierende Objekte der Erde nähern oder sich von ihr entfernen. Dabei entfernen sich entferntere Galaxien von der Erde schneller als nähere – diese Entdeckung wird am besten dadurch erklärt, dass der Raum expandiert und der Abstand zwischen Galaxien größer wird – ähnlich wie Rosinen in einem aufgehenden Teig im Ofen.

Der Dopplereffekt und die Rotverschiebung

Der Dopplereffekt ist eine Verschiebung der Wellenlänge und Frequenz von Wellen wie Schall oder Licht, die sich an einem Beobachter vorbei ausbreiten. Diese Verschiebung kann man im Alltag bei Einsatzfahrzeugen erleben, die mit Sirene vorbeifahren. Wenn sie sich dem Betrachter nähern, wird der Sirenenton höher, wenn sie sich entfernen, wird der Ton tiefer.

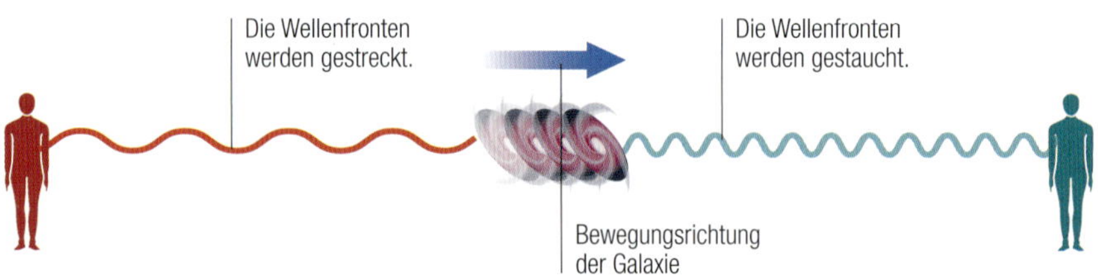

△ **Rotverschiebung und Blauverschiebung**
Das Licht von Galaxien, die sich entfernen, weist gestreckte Wellenlängen auf und erscheint daher rötlicher. Wenn sich Nachbargalaxien der Erde nähern, werden ihre Wellenlängen gestaucht und erscheinen bläulicher. Diese Verschiebungen kann man mithilfe von Spektrallinien des Lichts einer Galaxie sehr genau bestimmen.

▷ **Kosmische Expansion**
Bei der Expansion des Universums entfernen sich nicht nur Galaxien voneinander – auch der Raum selbst dehnt sich aus. Die Expansion ist das Ergebnis des Urknalls, in dem nicht nur Materie entstand, sondern auch Raum und Zeit.

Das Universum expandiert pro Million Lichtjahren mit etwa **20 km pro Sekunde.**

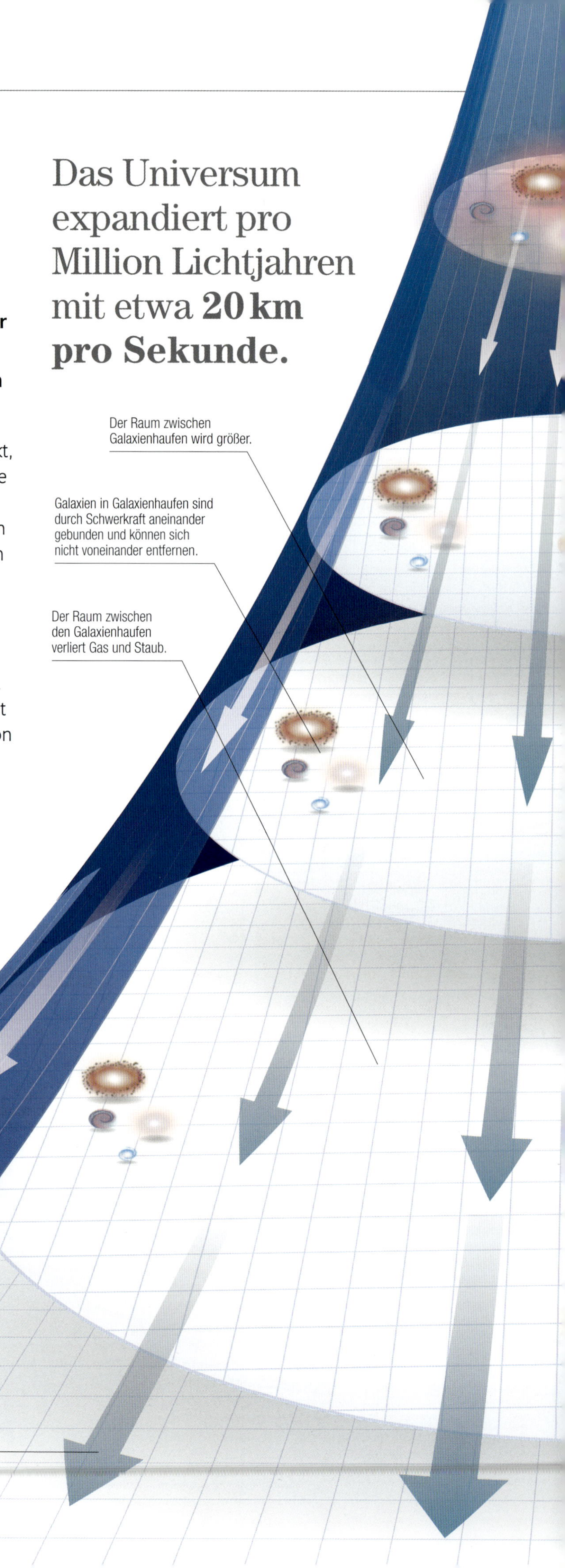

Rückblickzeit

Obwohl Licht die schnellste Sache im Universum ist, ist seine Geschwindigkeit begrenzt. Somit lässt sich sagen, dass es sich über etwa 9,5 Mio. Mio. km pro Jahr ausbreitet. In Kombination mit der kosmischen Expansion wandelt dies Teleskope in Zeitmaschinen um: Je weiter diese in den Raum sehen, umso länger brauchte das Licht bis zu ihnen und umso weiter blicken wir in die Vergangenheit. Die entferntesten Galaxien sind daher auch die ältesten und einfachsten.

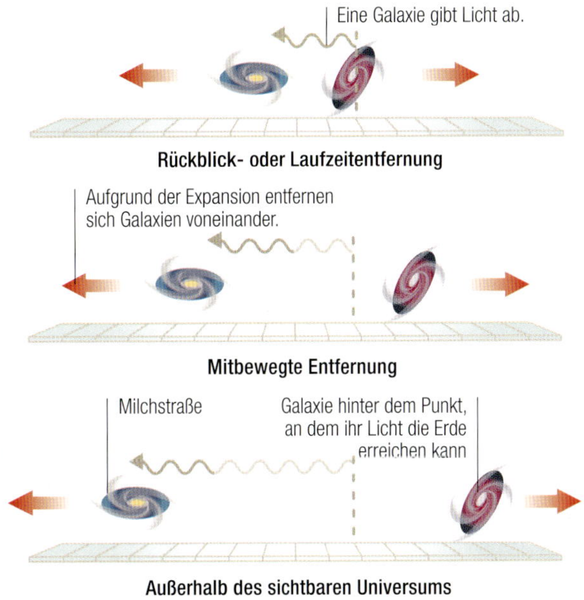

◁ **Sich dehnender Raum**
Viele Rotverschiebungen entfernter Galaxien entstehen nicht nur durch den Dopplereffekt, sondern auch dadurch, dass ihr Licht durch den expandierenden Raum gedehnt wird.

◁ **Zurückweichende Galaxie**
Obwohl Licht eine bestimmte Zeit zwischen zwei Galaxien braucht, ist der Abstand der beiden Galaxien in dieser Zeit größer geworden. Den wahren Abstand der Galaxien nennt man mitbewegte Entfernung.

◁ **Verschiebung zur Unsichtbarkeit**
Die entferntesten Objekte – die ersten Sterne und Galaxien, die im frühen Universum entstanden – zeigen extreme Rotverschiebungen, aufgrund derer sie auch für die modernsten Teleskope unsichtbar werden.

Karte aus der Rotverschiebung

Weil entferntere Galaxien größere Rotverschiebungen aufweisen, kann die Rotverschiebung für eine große Anzahl Galaxien, die für andere Messmethoden zu weit entfernt sind, zur Entfernungsbestimmung genutzt werden. Karten mit Rotverschiebungen von Galaxien in verschiedenen Himmelsabschnitten zeigen, wie Galaxiensuperhaufen um riesige und scheinbar leere Räume ein Netz aus langen Ketten und Abschnitten, den Filamenten, bilden.

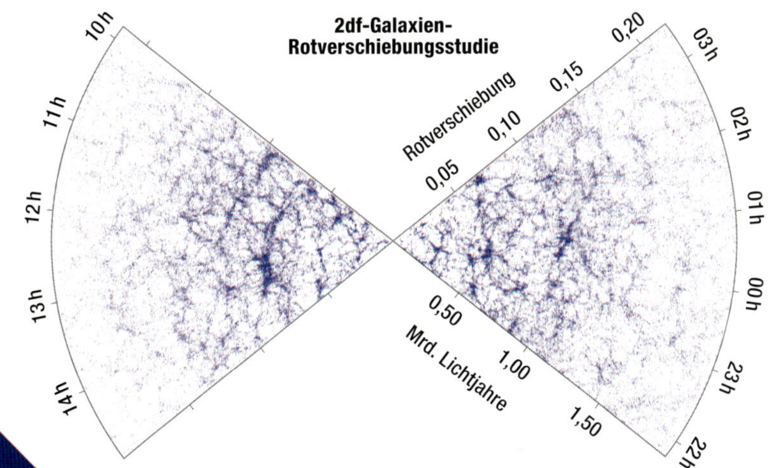

△ **Rotverschiebungsstudie**
Diese Karte der 2dF-Galaxien-Rotverschiebungsstudie zeigt die Rotverschiebungen von mehr als 200 000 Galaxien in zwei breiten Himmelsbereichen und verdeutlicht Strukturen, die hunderte Millionen Lichtjahre groß sind. Diese Strukturen sind viel zu groß, um nur durch Schwerkrafteffekte seit dem Urknall entstanden zu sein. Sie zeigen vermutlich die anfängliche Verteilung der Materie, aus der alles entstanden ist.

GRÖSSE UND AUFBAU DES **UNIVERSUMS**

Das sichtbare Ausmaß des Universums ist durch die Lichtgeschwindigkeit und die kosmische Expansionsrate begrenzt, aber das Universum insgesamt erstreckt sich weit über diese Grenzen hinaus.

Der Urknall, in dem vor 13,8 Mrd. Jahren das Universum entstand, erzeugte nicht nur Materie, sondern auch Raum und Zeit. Deshalb existiert auch eine Grenze, bis zu der man theoretisch sehen kann – wobei wir nur die Gebiete sehen können, deren Licht genug Zeit hatte, die Erde zu erreichen. Daher bildet die Erde das Zentrum einer kugelförmigen Blase, des sichtbaren Universums, doch der Raum erstreckt sich weit jenseits dieser Grenze. Tatsächlich ist jeder Ort im Kosmos ein Zentrum seines eigenen, sichtbaren Universums.

Kosmische Mikrowellen-Hintergrundstrahlung

Unmittelbar nach dem Urknall war das Universum eine undurchsichtige, expandierende Feuerkugel, die kein Licht abgab. Deshalb entsprechen die am weitesten entfernten, sichtbaren Gebiete des Kosmos tatsächlich der Periode von 380 000 Jahren nach dem Urknall, als sich der »Nebel« des frühen Universums auflöste. Licht vom Rand dieser Feuerkugel ist am Himmel immer noch in jeder Richtung sichtbar, aber während seiner 13,8 Mrd. Jahre langen Ausbreitung erlebte es eine Rotverschiebung (s. S. 70). Deshalb scheint dieses Licht heute am gesamten Himmel in Form von Mikrowellen.

Beobachtbares Universum

Beobachtungen des Universums sind auf Objekte begrenzt, deren Licht in den vergangenen 13,8 Mrd. Jahren Zeit hatte, die Erde zu erreichen. Doch aufgrund der kosmischen Expansion (s. S. 70/71) bewegen sich die entferntesten Objekte des Universums mit Lichtgeschwindigkeit von der Erde weg. Daher wird Licht aus Gebieten außerhalb des sichtbaren Universums niemals die Erde erreichen, egal, wie viel Zeit vergeht.

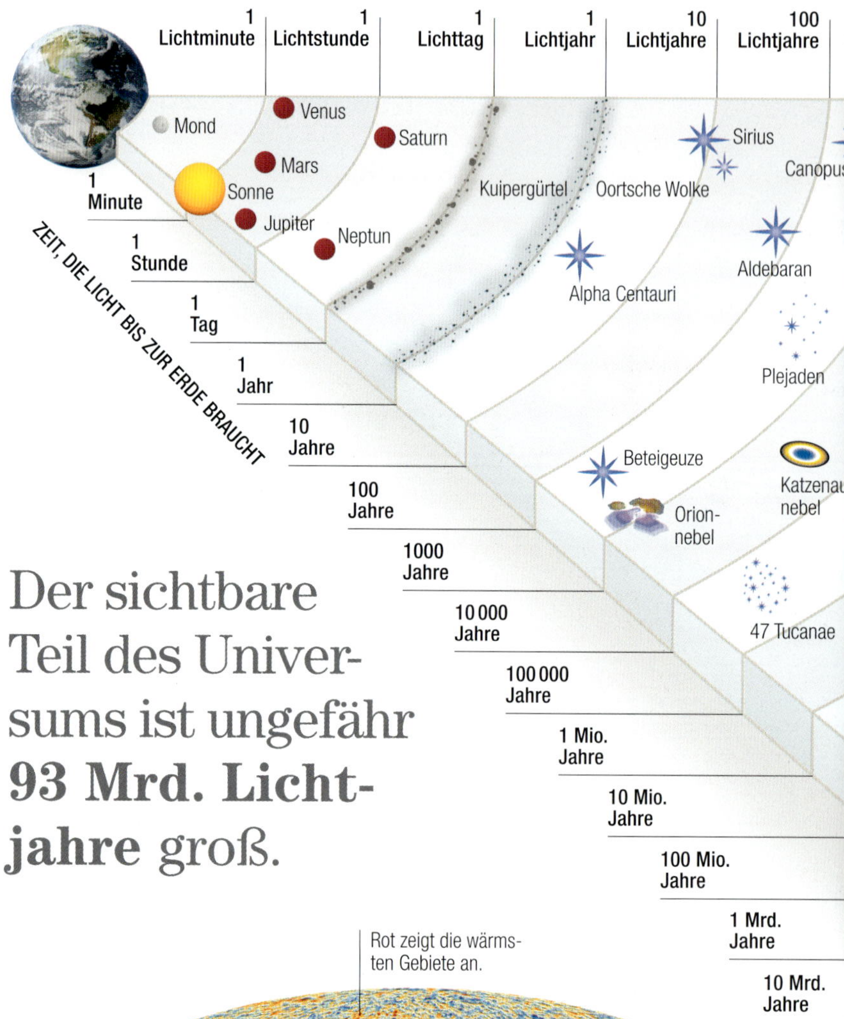

Der sichtbare Teil des Universums ist ungefähr **93 Mrd. Lichtjahre** groß.

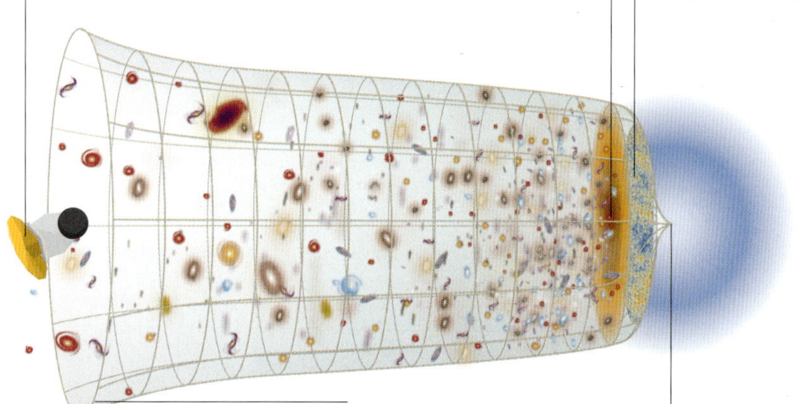

△ **Blick in die Vergangenheit**
Der Blick in den tiefen Raum ermöglicht die Untersuchung von Merkmalen des jungen Universums, das heute nicht mehr existiert. In großen Entfernungen sieht man das Licht der ersten Sterne und wie sich junge Galaxien bilden. Die kosmische Hintergrundstrahlung ist die früheste und entfernteste Strahlung, die man entdecken kann.

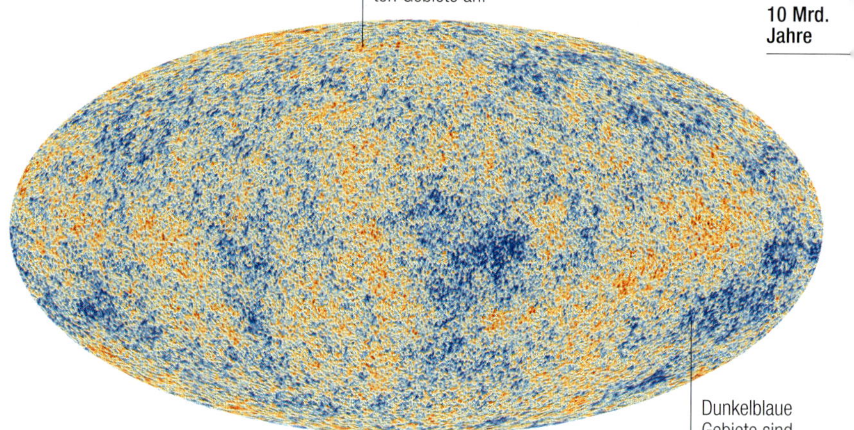

△ **Strahlungskarte**
Der Satellit Planck der Europäischen Raumfahrtagentur nahm Schwankungen der Hintergrundstrahlung auf, die winzigsten Temperaturunterschieden entsprachen. Diese Schwankungen der Temperatur und Dichte im frühen Universum zeigen, wo bereits zu diesem frühen Zeitpunkt Strukturen entstanden.

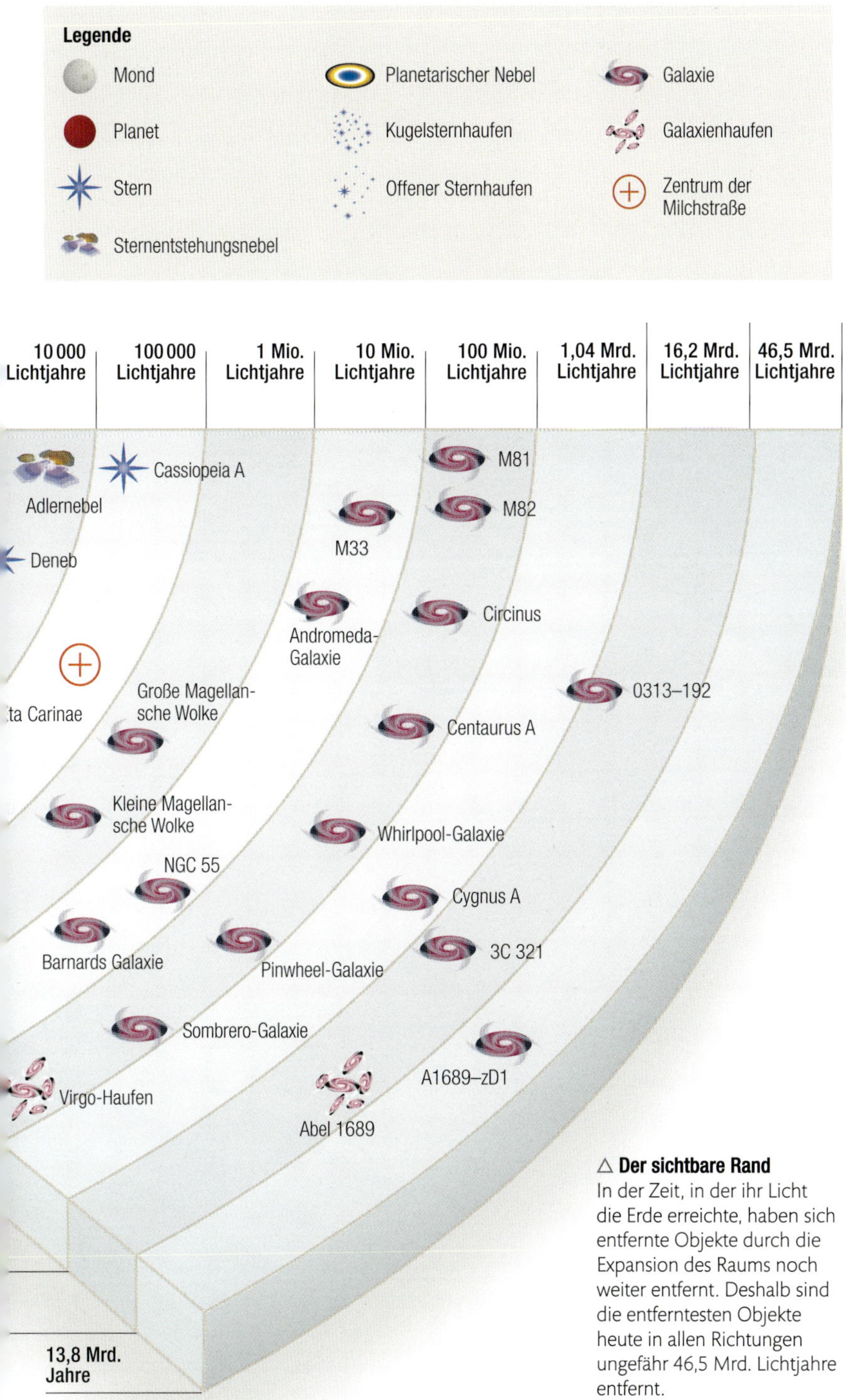

△ **Der sichtbare Rand**
In der Zeit, in der ihr Licht die Erde erreichte, haben sich entfernte Objekte durch die Expansion des Raums noch weiter entfernt. Deshalb sind die entferntesten Objekte heute in allen Richtungen ungefähr 46,5 Mrd. Lichtjahre entfernt.

Raumzeit

Die Spezielle und die Allgemeine Relativitätstheorie von Albert Einstein erklären die vierdimensionale Struktur des Universums. Dabei können die drei bekannten Raumdimensionen (Länge, Breite und Höhe) untereinander ausgetauscht und mit der vierten Dimension der Zeit ergänzt werden. Offensichtlich wird sie nur in extremen Situationen, wenn Objekte sich mit nahezu Lichtgeschwindigkeit bewegen oder große Massen vorhanden sind. Nach Einstein ist die Auswirkung der Schwerkraft um massive Objekte das Ergebnis davon, wie diese die Raumzeit stören.

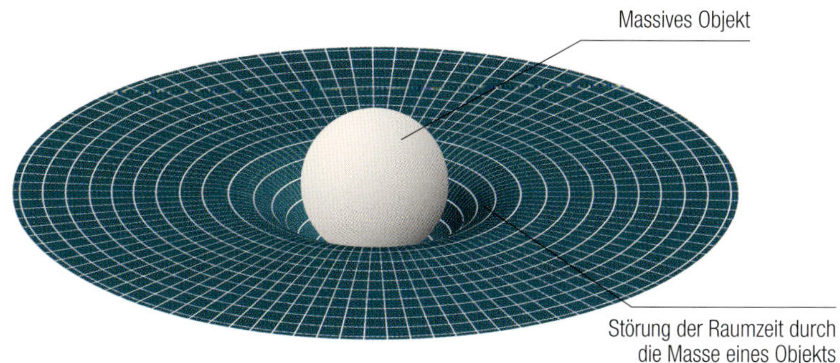

△ **Gekrümmter Raum**
Die Raumzeit in vier Dimensionen optisch darzustellen ist sehr schwierig. Man kann sich aber den Raum als eine flache Gummimatte vorstellen. Massive Objekte erzeugen in ihr Dellen (Gravitationsfelder), und diese lenken die Bahnen beweglicher Objekte oder auch Licht (s. S. 64) ab.

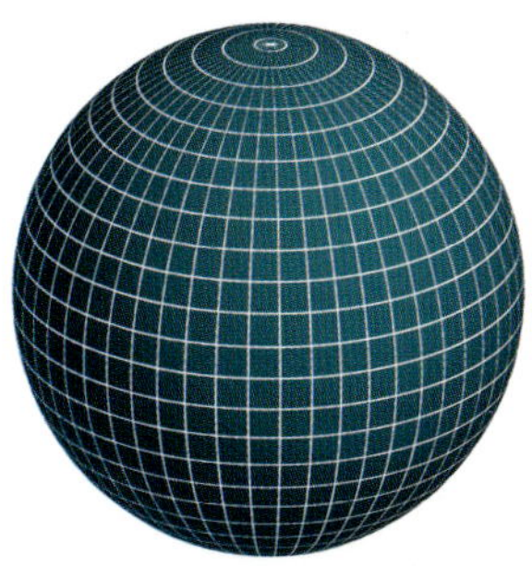
Geschlossenes Universum

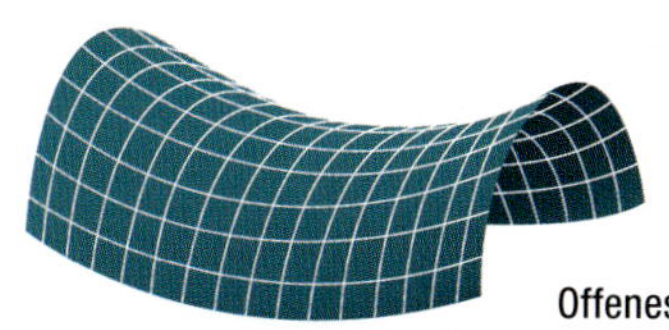
Offenes Universum

△ **Form des Universums**
Durch die Störung der Raumzeit bestimmt die Menge der Materie im Universum die Form des Kosmos selbst. Besitzt das Universum ausreichend Masse, wölbt es sich nach innen und ist geschlossen. Hat es aber zu wenig Masse, wölbt die Raumzeit es nach außen zu einem offenen Universum. Die Entdeckung der Dunklen Energie (s. S. 74) lässt vermuten, dass es offen ist.

Mehr als ein Universum

Der Kosmos erstreckt sich weit bis über die Grenzen des sichtbaren Universums hinaus – aber ist es auch das einzige? Oder ist es Teil eines größeren Multiversums? Nach einer Theorie, der ewigen Inflation, ist das Universum nur eines von vielen. Ausbrüche der Inflationsenergie, wie zu Beginn unseres Universums, erzeugen kontinuierlich neue Universen.

▷ **Ewige Inflation?**
Sollte das Universum eines von vielen sein, die alle aus demselben Rohmaterial entstanden, dann könnten die Wände verschiedener Universen gelegentlich aneinanderstoßen und wechselwirken.

Dunkle Materie kartieren
Da man Dunkle Materie nicht direkt detektieren kann, stammt das Wissen über sie vom Effekt der Gravitationslinse. Dabei stören große Ansammlungen von Masse die Raumzeit und lenken Lichtstrahlen entfernterer Objekte ab. Die Verteilung der Dunklen Materie um den Galaxienhaufen Cl 0024+17 im Sternbild Pisces (Fische) ist auf dieser Aufnahme in Hellblau dargestellt.

DUNKLE MATERIE – DUNKLE ENERGIE

Das leuchtende Material des Universums ist nur ein winziger Teil seiner gesamten Zusammensetzung – es enthält auch große Mengen unsichtbarer Masse, die Dunkle Materie, und eine weitere geheimnisvolle Substanz, die Dunkle Energie.

Astronomen vermuteten bereits in den 1930er-Jahren, dass es eine Dunkle Materie gibt. Sie ist nicht nur dunkel, sondern interagiert nicht mit Licht und lässt sich nur erfassen, weil ihre Schwerkraft andere Materie beeinflusst. Vor wenigen Jahren entdeckten Forscher dann, dass die kosmische Expansion (s. S. 70/71) durch einen Effekt, die Dunkle Energie, beschleunigt wird, die sogar der Schwerkraft entgegenwirkt.

Die Natur der Dunklen Materie

Die ersten Hinweise auf die Dunkle Materie lieferten einerseits die Art, wie Galaxien in Galaxienhaufen kreisen, und andererseits die Geschwindigkeiten, mit der Sterne um die Milchstraße laufen. Beides deutet daraufhin, dass das Universum fünfmal so viel Dunkle wie leuchtende Materie enthält. Ein Teil steckt in dunklen Objekten wie untergegangenen Sternen und Planeten, aber das meiste sind wohl unbekannte, subatomare Teilchen – sie wechselwirken mit normaler Materie nur über die Schwerkraft.

Was ist Dunkle Energie?

In den 1990er-Jahren entdeckten Kosmologen, dass die kosmische Expansion, die mit dem Urknall (s. S. 14/15) einsetzte, mit der Zeit schneller wurde. Erwartet hatte man, dass sie aufgrund der Schwerkraft der leuchtenden und Dunklen Materie langsamer ablief. Die Substanz, die die Expansion antreibt, wird Dunkle Energie genannt. Sie ist jedoch noch immer unverstanden und kann eine kosmologische Konstante (eine einheitliche Eigenschaft der Raumzeit) oder eine Quintessenz (eine lokale Kraft, die sich von Ort zu Ort ändert) sein. Beide Theorien haben wichtige Auswirkungen auf das Schicksal des Universums.

△ **Bullet-Haufen**
Die Kollision zwischen zwei entfernten Galaxienhaufen zeigt die Bewegung von Dunkler Materie. Der größte Teil der leuchtenden Materie geht in Gaswolken über, die Röntgenstrahlen (pink) abgeben, aber die Verteilung der Dunklen Materie (blau) entspricht der der sichtbaren Galaxien (weiß).

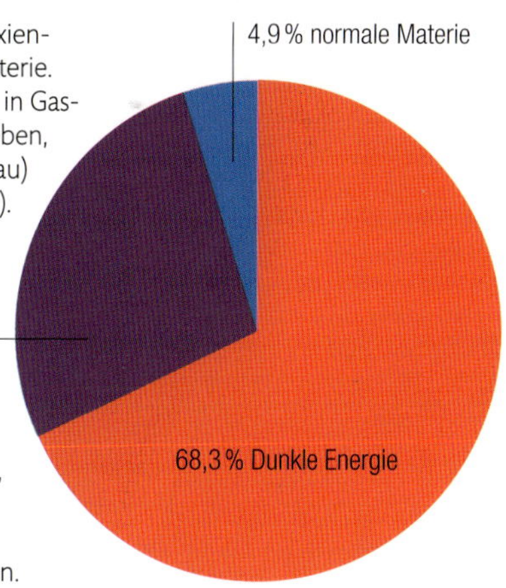

▷ **Zusammensetzung des Universums**
Mithilfe der berühmten Formel von Einstein, $E = mc^2$, lässt sich das Gesamtverhältnis zwischen Dunkler Energie und der Energie in Dunkler und leuchtender Materie abschätzen.

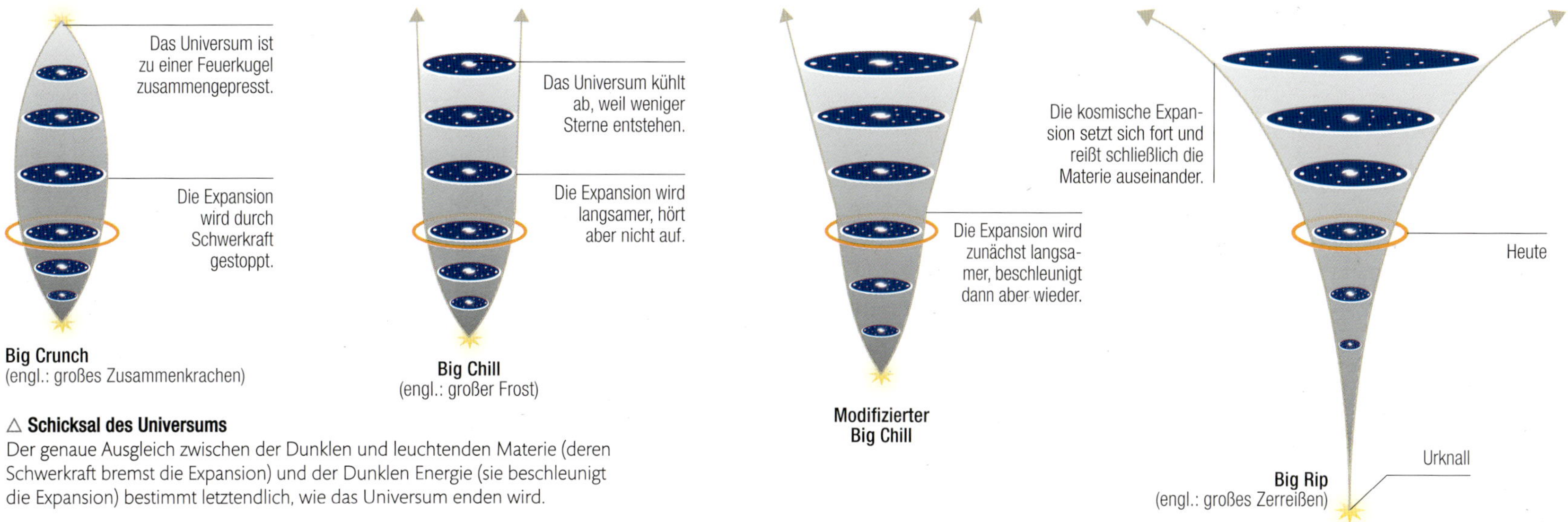

△ **Schicksal des Universums**
Der genaue Ausgleich zwischen der Dunklen und leuchtenden Materie (deren Schwerkraft bremst die Expansion) und der Dunklen Energie (sie beschleunigt die Expansion) bestimmt letztendlich, wie das Universum enden wird.

OBSERVATORIEN

Licht ist die wichtigste Informationsquelle über entfernte Objekte im Universum – und Teleskope auf der Erde bleiben bedeutende Werkzeuge, um Licht einzufangen und weit entfernte Sterne und Galaxien zu erforschen.

Nur selten erreichen Objekte aus dem Weltraum die Erde – und die meisten davon stammen von unserer unmittelbaren planetarischen Nachbarschaft. Daher zählt die Idee, das Licht, das aus dem Weltraum auf die Erde fällt, zu untersuchen, zu den besten Wegen, etwas über Objekte aus dem Universum zu erfahren. Da die Erdatmosphäre viele andere Strahlungen absorbiert, erforschen Weltraumteleskope (s. S. 80/81) diese Objekte anhand von anderen Wellenlängen.

Weil sie Licht mit einer großen Fläche sammeln und es zu viel kleineren Bildern bündeln, können Teleskope Objekte aufnehmen, die für das bloße menschliche Auge zu dunkel sind. Wenn man diese kleinen Aufnahmen vergrößert, lassen sich viele Details erkennen. Allerdings unterscheiden sich moderne Teleskope sehr von den Geräten der Hobbyastronomen. Die meisten nutzen mehrere Spiegel, um Licht zu sammeln und es zu einem Bild auf einen Detektor zu bündeln. Teleskope sind auf einer beweglichen Einheit montiert, um der Bahn der beobachteten Objekte am Himmel zu folgen. Zudem kann man mithilfe der Interferometrie zwei oder mehrere Teleskope miteinander verbinden, um noch feinere Details zu entdecken.

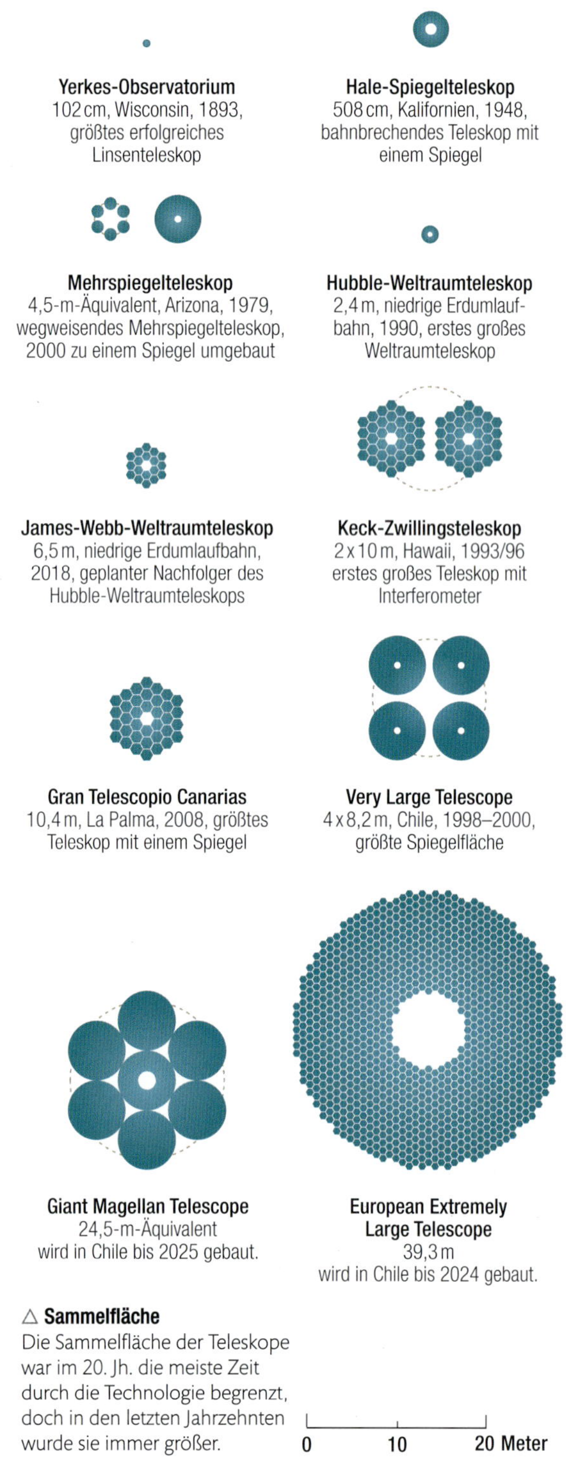

△ **Sammelfläche**
Die Sammelfläche der Teleskope war im 20. Jh. die meiste Zeit durch die Technologie begrenzt, doch in den letzten Jahrzehnten wurde sie immer größer.

▷ **Refraktoren und Reflektoren**
Die ersten Teleskope, deren Vorläufer der niederländische Brillenmacher Hans Lipperhey 1608 erfand, sammelten Licht mithilfe einer Linse (Refraktor). Eine Linse (das Objektiv) sammelt Licht und bündelt es im Brennpunkt, während eine andere Linse (das Okular) ein vergrößertes Bild erzeugt. Die einfachsten Reflektoren, die Laurent Cassegrain und Isaac Newton um 1672 erfanden, besaßen einen gewölbten Spiegel, um Licht zu sammeln und auf einen zweiten Spiegel zu leiten, der es in ein Okular mit Linse weiterleitete.

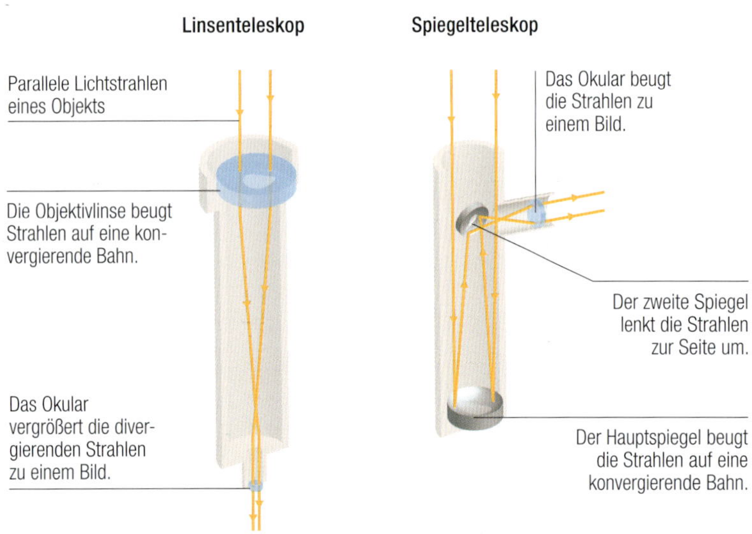

◁ **Aus dem Licht lernen**
Professionelle Astronomen sehen selten mithilfe eines Okulars durch ein Teleskop. Sie benutzen es vielmehr, um Licht auf verschiedene Detektoren umzuleiten. Dazu gehören Digitalkameras, Fotometer, die präzise die Helligkeit einzelner Objekte messen, und Spektrometer, die die Farben des Lichts analysieren. Mit Letzterem kann man die chemische Zusammensetzung von Sternen bestimmen.

Ein normales 20-cm-Spiegelteleskop sammelt **830-mal so viel Licht** wie das menschliche Auge.

Forschungsteleskop
Die meisten modernen Forschungsteleskope wie das European Extremely Large Telescope (engl.: Europäisches Großteleskop) stehen auf Berggipfeln, wo die Erdatmosphäre nicht mehr so turbulent und lichtabsorbierend ist. Spiegel aus Segmenten vergrößern die Sammelfläche, um noch dunklere Objekte aufnehmen zu können.

◁ **Radioteleskope**
Radiosignale aus dem Weltraum wurden in den 1930er-Jahren entdeckt – heute werden sie mit riesigen Schüsseln empfangen. Durch die viel längeren Wellenlängen der Radiowellen braucht man sehr große Sammelflächen, um feine Details aufzulösen. Radioantennen kann man – wie diese in New Mexico (USA) – zu größeren Anordnungen miteinander verbinden.

GESCHICHTE DES TELESKOPS

Teleskope sind wichtige Werkzeuge der Astronomie. Sie verbessern die menschliche Sehkraft und ermöglichen, dass Aufnahmen und Daten unterschiedlich verarbeitet und für die Nachwelt gespeichert werden können.

Dem niederländischen Brillenmacher Hans Lippershey wird die Erfindung des Teleskops um 1608 zugeschrieben, aber es war der italienische Physiker Galileo Galilei, der damit als Erster den Himmel beobachtete. Seitdem wurde das Teleskop enorm weiterentwickelt – erst kam die Einführung des Reflektors, dann waren es Montierungen, die den Bahnen der Sterne folgten, dann die Spektroskopie, anhand derer man die chemische Zusammensetzung der Sterne untersuchen kann, und schließlich die Fotografie, um Bilder dauerhaft zu speichern. In den vergangenen Jahrzehnten erweiterten Computersteuerung und Weltraumobservatorien die Technologie der Teleskope.

Galileo Galilei

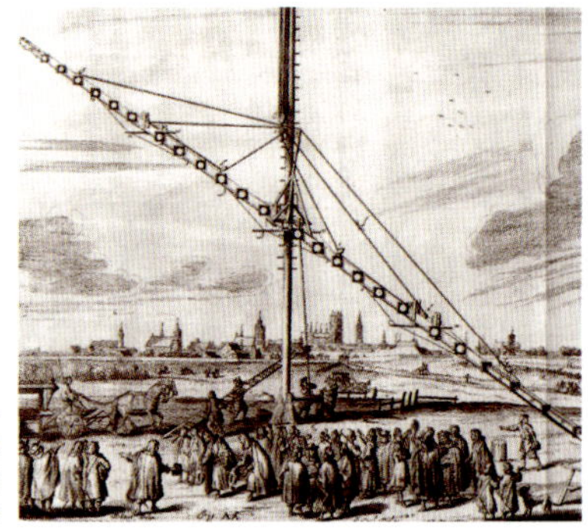
Das Luftteleskop von Johannes Hevelius

1609

Galileis Teleskop
Galileis erstes Linsenteleskop erzeugt dreifach vergrößerte Bilder, aber die Technik entwickelt sich rasch weiter. Mit seinem Instrument entdeckt er Gebirge auf dem Mond, Sonnenflecken und zahllose Sterne, die für das bloße Auge unsichtbar waren.

1673

Luftteleskope
Um den Vergrößerungsfaktor zu erhöhen, werden größere Linsen in weiteren Abständen gesetzt. Mitte des 17. Jh. führt dies zu enormen Luftteleskopen mit Linsen, die auf bis zu 31 m langen, offenen Rahmen befestigt waren.

Very Large Array, Neu Mexiko

Keck-Zwillingsteleskope auf dem Mauna Kea (Hawaii)

1949

Teleskope auf Bergspitzen
Schon lange Zeit ist bekannt, dass Beobachtungen auf Berggipfeln atmosphärische Turbulenzen reduzieren, die den Empfang stören. Aber erst in der zweiten Hälfte des 20. Jh. werden Observatorien oder Sternwarten auf entlegenen Bergen errichtet.

1970

Observatorien auf Umlaufbahnen
Der Start des ersten Röntgensatelliten Uhuru läutet in der weltraumbasierten Astronomie ein neues Zeitalter ein. Er untersucht Wellenlängen, die die Erdatmosphäre blockiert. Dazu zählen nicht nur Röntgenstrahlen, sondern auch ultraviolette und Infrarotstrahlen.

1980

Teleskopanordnungen
Mithilfe der Interferometrie kann man die Signale mehrerer Teleskope zusammenlegen, um die Auflösung eines einzigen, großen Instruments nachzuahmen. Die Technik ist für Messungen der langwelligen Radiowellen am Very Large Array in New Mexico (USA) wegweisend.

Hubble-Weltraumteleskop

1980er-Jahre

Segmentspiegelteleskope
Das Gewicht herkömmlicher Spiegel setzt der Größe der Spiegelteleskope Mitte des 20. Jh. Grenzen. Erst nach 1980 erlauben Fortschritte den Bau noch größerer Teleskope. Der Schlüssel dazu sind wabenartige Spiegelsegmente, die – zusammengesetzt – eine einzige Spiegelfläche nachahmen.

1990

Hubble-Weltraumteleskop
Bereits 1946 wird die Idee entwickelt, ein Teleskop oberhalb der Erdatmosphäre zu platzieren, um die idealen Beobachtungsbedingungen im Weltraum zu nutzen. Aufgrund der Möglichkeiten, das Hubble-Weltraumteleskop im Weltraum warten und modernisieren zu können, ist es seit über einem Vierteljahrhundert in Betrieb. Das im Vergleich zu den erdbasierten Riesen kleine Weltraumteleskop liefert erstaunliche Aufnahmen und revolutionäre wissenschaftliche Entdeckungen.

Nachbau von Newtons Reflektor

Teleskop von William Parsons

1668

Newtonscher Reflektor
Der britische Physiker und Mathematiker Isaac Newton entwirft das erste Teleskop, das anstelle der Linsen mit einem gewölbten Spiegel Licht sammelt. Dieses kompaktere Teleskop wird Newtonscher Reflektor genannt.

1781

William Herschel
Seit dem späten 18. Jh. entwickelt der britische Astronom William Herschel für seine Spiegelteleskope neue Legierungen. Mit ihnen baut er die weitaus besten Teleskope seiner Zeit, mit denen er viele Entdeckungen wie den Planeten Uranus macht.

1845

Der Leviathan von Parson
Der irische Astronom William Parsons errichtet auf seinem Anwesen Birr Castle (Irland) dieses enorme Spiegelteleskop mit einem 1,8 m großen Spiegel. Es kann aber nur in bestimmte Richtungen ausgerichtet werden, weil es auf Stützwänden steht. Es bleibt für mehr als 70 Jahre das weltweit größte Teleskop.

Start einer V2-Rakete

Das Hooker-Teleskop

1917

Hooker-Teleskop
Das mit einem 2,5 m großen Spiegel ausgerüstete Hooker-Teleskop am Mount-Wilson-Observatorium ist das erste große Teleskop, das auch beweglich war. Es bleibt bis 1949 das größte Teleskop der Welt und ist der Schlüssel zur Entdeckung der Expansion des Universums.

1933

Radioastronomie
Die Entdeckung des amerikanischen Physikers Karl Jansky, dass Radiosignale mit dem Auf- und Untergang der Milchstraße verbunden sind, ist der Beginn der Radioastronomie. Für ihre langen Wellen werden riesige Sammelflächen benötigt.

1949

Weltraumbasierte Astronomie
In den späten 1940er-Jahren nutzen die USA die deutsche V2-Rakete, um Strahlungsdetektoren in Höhen oberhalb der Erdatmosphäre zu bringen. Sie bestätigen, dass Strahlungen wie Röntgenstrahlen nicht durch die Atmosphäre dringen.

Computergrafik des European Extremely Large Telescope

Computergrafik des James-Webb-Weltraumteleskops

1998

Das Very Large Telescope (VLT)
Das VLT der Europäischen Südsternwarte in Chile besteht aus vier Einzelteleskopen mit jeweils 8,2 m großen Spiegeln. Es markiert den Durchbruch bei der Herstellung einteiliger Spiegel und kann das Licht mehrerer Teleskope kombinieren.

2014

Zukünftige Riesenteleskope
Zurzeit wird in der Atacama-Wüste (Chile) das European Extremely Large Telescope gebaut, das einen Hauptspiegel mit mehr als 39,3 m Duchmesser haben wird, der aus 798 Einzelzellen besteht. Es soll 2024 in Betrieb genommen werden.

2018

James-Webb-Weltraumteleskop
Der Nachfolger des Hubble-Weltraumteleskops der NASA, das James-Webb-Weltrauminfrarotteleskop, ermöglicht tiefere Blicke in das Universum als bisher. Sein riesiger Sonnenschild schützt es nicht nur vor der Sonne, sondern auch vor Strahlung von der Erde.

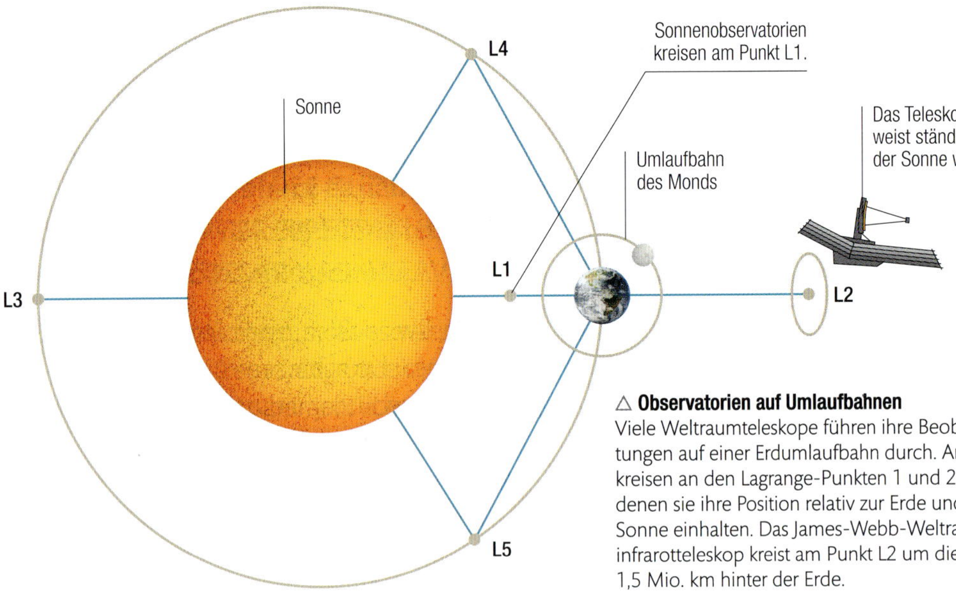

△ **Observatorien auf Umlaufbahnen**
Viele Weltraumteleskope führen ihre Beobachtungen auf einer Erdumlaufbahn durch. Andere kreisen an den Lagrange-Punkten 1 und 2, an denen sie ihre Position relativ zur Erde und zur Sonne einhalten. Das James-Webb-Weltrauminfrarotteleskop kreist am Punkt L2 um die Sonne, 1,5 Mio. km hinter der Erde.

WELTRAUM-TELESKOPE

Teleskope auf Erdumlaufbahnen eröffnen neue Blicke in das Universum. Sie entdecken nicht nur Objekte, deren unsichtbare Strahlung von der Erdatmosphäre blockiert wird, sondern ermöglichen genauere Untersuchungen im sichtbaren Licht.

Das sichtbare Licht, das man im Universum sieht, ist eine elektromagnetische Welle. Diese Energiepäckchen bewegen sich in Form von selbstverstärkenden elektrischen und magnetischen Feldern durch den Raum. Zwar hängen auch die Farben und andere Eigenschaften des Lichts von der Wellenlänge dieser Wellen ab, doch umfasst das elektromagnetische Spektrum auch viel längere und kürzere Wellen außerhalb des Bereichs des Lichts. Auch diese Wellenlängen kann man untersuchen, und zwar mithilfe von automatischen Weltraumteleskopen, die sich stark von erdbasierten Instrumenten unterscheiden. Infrarotteleskope müssen beispielsweise stark gekühlt werden, damit ihre Eigenwärme nicht schwache Signale überlagert, während Röntgen- und Gammastrahlen durch die Spiegel herkömmlicher Reflektoren dringen.

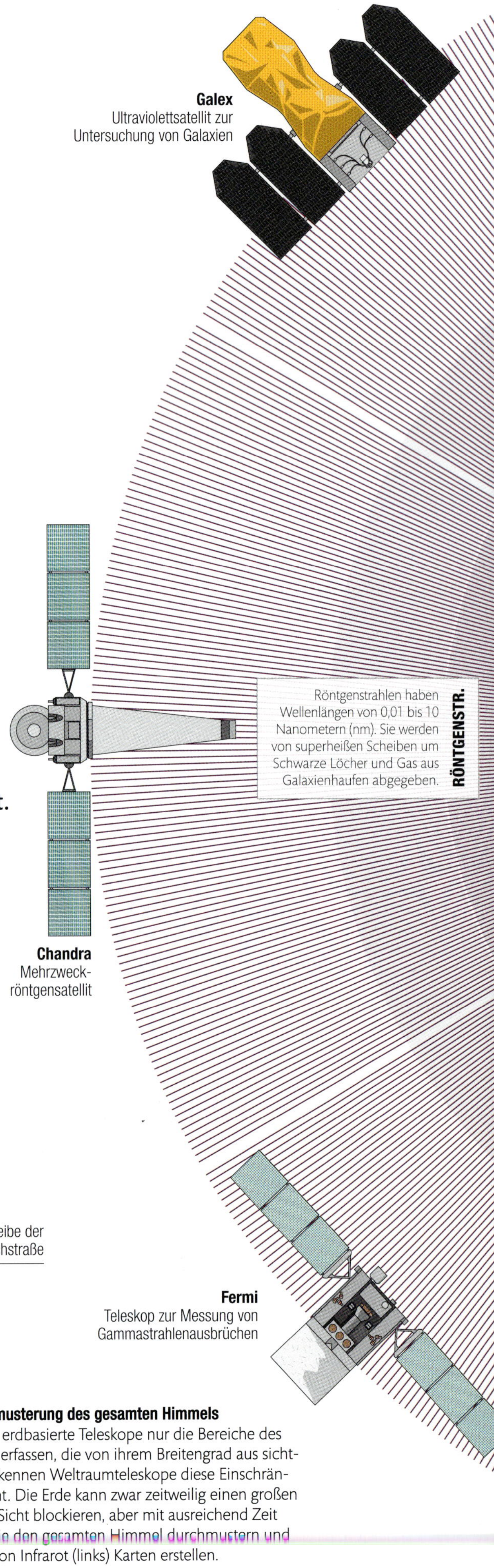

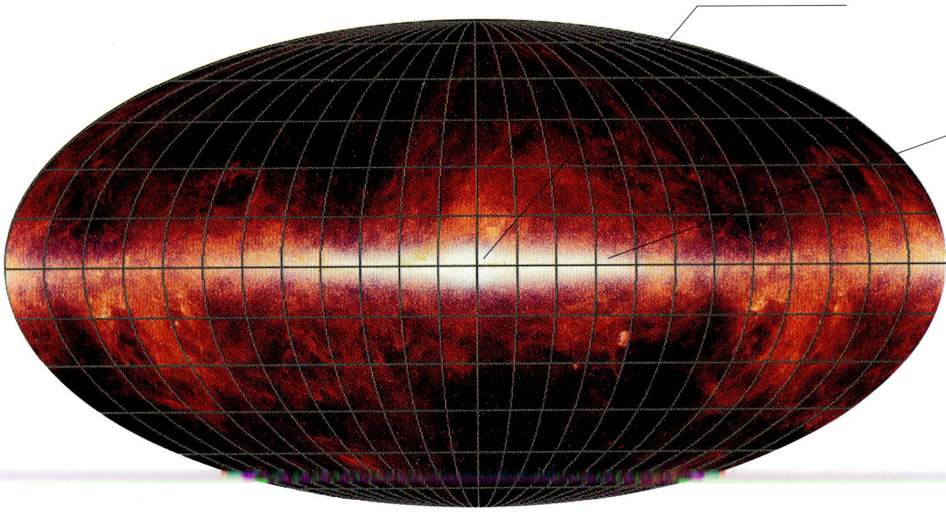

◁ **Durchmusterung des gesamten Himmels**
Während erdbasierte Teleskope nur die Bereiche des Himmels erfassen, die von ihrem Breitengrad aus sichtbar sind, kennen Weltraumteleskope diese Einschränkung nicht. Die Erde kann zwar zeitweilig einen großen Teil ihrer Sicht blockieren, aber mit ausreichend Zeit können sie den gesamten Himmel durchmustern und mithilfe von Infrarot (links) Karten erstellen.

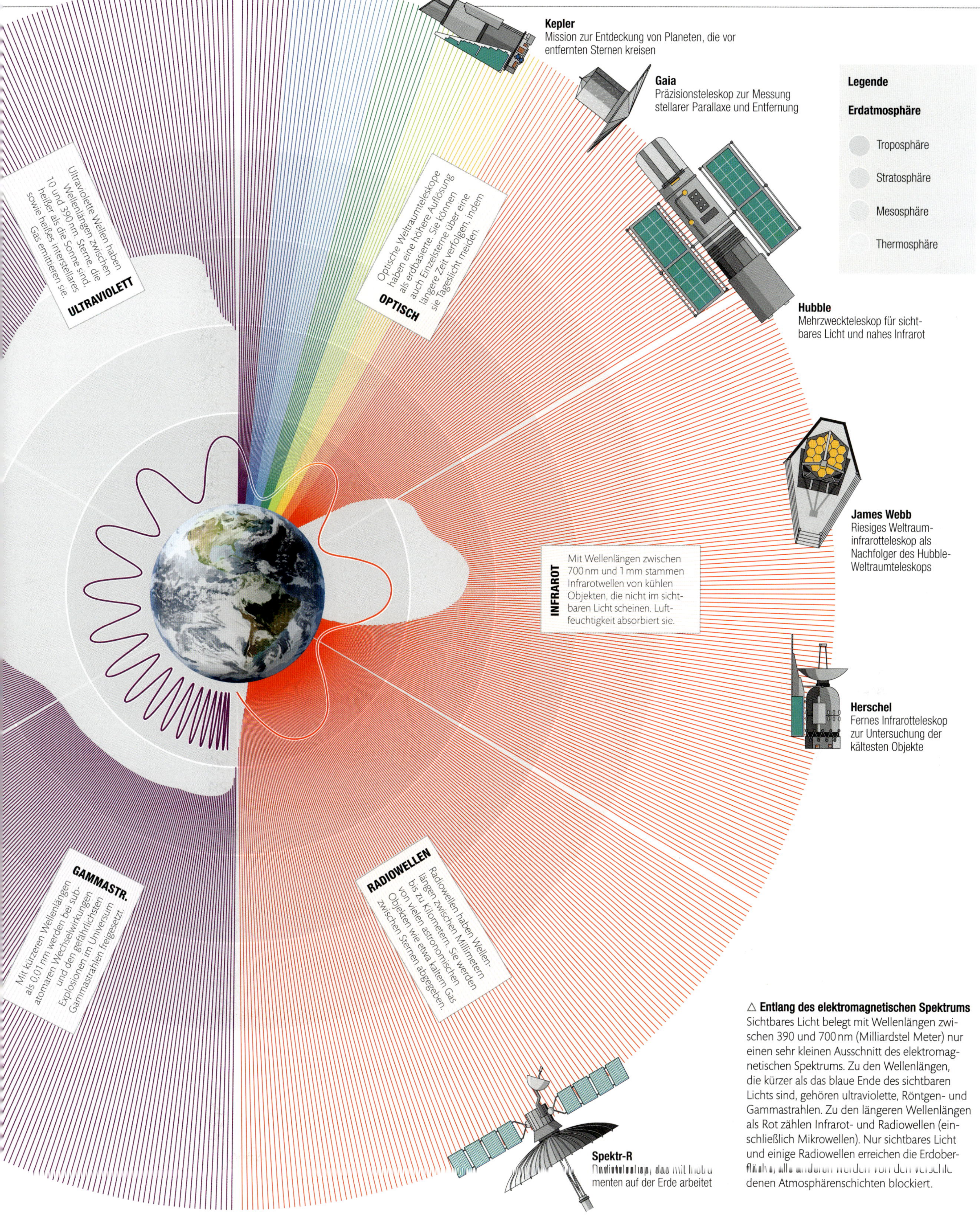

▵ Entlang des elektromagnetischen Spektrums Sichtbares Licht belegt mit Wellenlängen zwischen 390 und 700 nm (Milliardstel Meter) nur einen sehr kleinen Ausschnitt des elektromagnetischen Spektrums. Zu den Wellenlängen, die kürzer als das blaue Ende des sichtbaren Lichts sind, gehören ultraviolette, Röntgen- und Gammastrahlen. Zu den längeren Wellenlängen als Rot zählen Infrarot- und Radiowellen (einschließlich Mikrowellen). Nur sichtbares Licht und einige Radiowellen erreichen die Erdoberfläche, alle anderen werden von den verschiedenen Atmosphärenschichten blockiert.

DIE SUCHE NACH **LEBEN**

Die Menschen waren schon immer von der Vorstellung fasziniert, dass außerhalb der Erde Lebewesen existieren. Tatsächlich sind die Chancen ihrer Existenz und die Aussichten auf ihre Entdeckung in den letzten Jahrzehnten sprunghaft angestiegen.

Die Suche nach Leben im Universum hat sich nach der Entdeckung von Monden im Sonnensystem mit vulkanisch aktiven Meeren sowie von zahllosen Exoplaneten um andere Sterne verändert, die möglicherweise Heimat für verschiedene Lebensformen sind.

Anforderungen für Lebewesen

Traditionelle Theorien gehen davon aus, dass irdisches Leben aus einer Ursuppe in seichten, warmen, substanzreichen Seen auf der Oberfläche der jungen Erde entstand. Dies scheinen die idealen Bedingungen für die drei Lebensnotwendigkeiten, damit sich Leben entwickelt, zu sein: kohlenstoffreiche Verbindungen, Wasser und eine Energiequelle wie das Sonnenlicht. Die Anforderung an Kohlenstoff und Wasser erscheinen heute immer noch vernünftig, weil sie die Entwicklung komplexer Chemie erlauben. Allerdings hat die Entdeckung Extremophiler – Organismen, die sich in der Dunkelheit der Tiefseevulkane anhand von chemischer Energie ernähren – die Vorstellung verändert, was Leben ist und welche Bedingungen es zum Überleben braucht.

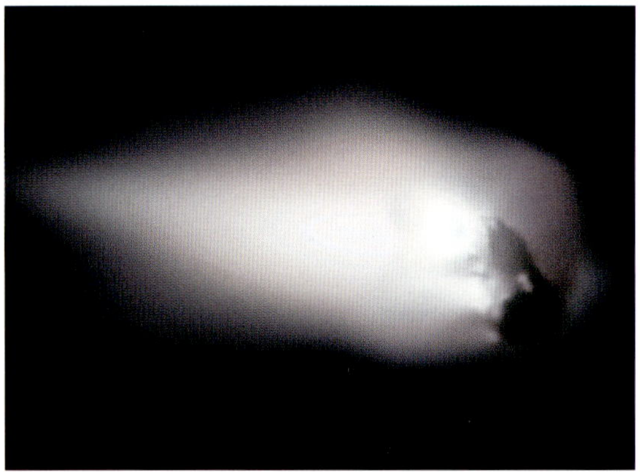

◁ **Übertragung von Leben**
Nach einer Theorie muss sich das Leben auf der Erde gar nicht aus dem Nichts entwickelt haben. Entweder das Leben selbst oder mindestens komplexe Verbindungen, aus denen Leben entsteht, könnten von Meteoriten oder Kometen auf Planeten übertragen worden sein.

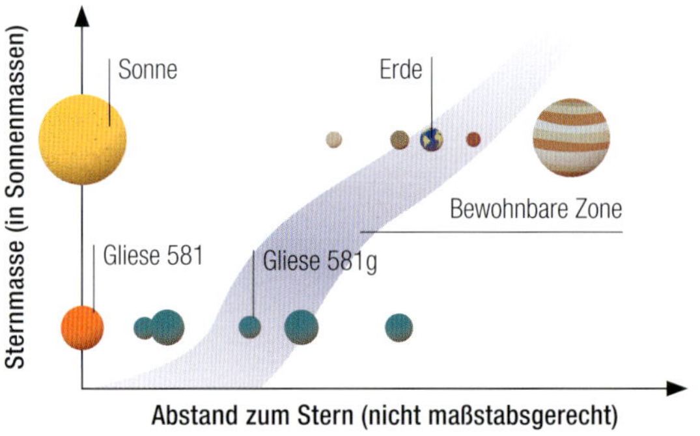

◁ **Bewohnbare Zone**
Viele lebensfreundliche Welten sind vermutlich erdähnliche Planeten, die in der bewohnbaren Zone um ihren Stern kreisen und auf denen Oberflächentemperaturen herrschen, bei denen Wasser flüssig ist. Bisher wurden nur wenige solcher Planeten entdeckt, aber wahrscheinlich existieren sie überall in der Milchstraße.

▽ **Widerstandsfähige Organismen**
Bärtierchen sind winzige Tiere, die unter völlig anderen Bedingungen leben, wie sie auf der Erdoberfläche vorherrschen. Sie überstehen extreme Temperaturen und Drücke und überleben auch, wenn man sie Vakuum oder starker Strahlung aussetzt.

Signatur des Lebens

Jede Lebensform muss sich mit chemischen Reaktionen, die man Metabolismus nennt, selbst erhalten. Dadurch wird die Umwelt auf dem Planeten mit der Zeit verändert. So ist beispielsweise Sauerstoff eine natürliche, reaktive Chemikalie, die normalerweise in Mineralien im Gestein gebunden ist. Somit wäre in der Erdatmosphäre kein Sauerstoff vorhanden, der für die Entwicklung des Lebens notwendig ist, hätten nicht Pflanzen und Algen über Millionen von Jahren Fotosynthese betrieben. Daher ist anzunehmen, dass atmosphärischer Sauerstoff eine wichtige chemische Substanz für das Leben auf anderen Welten ist. Die Atmosphären einiger Exoplaneten wurden bereits untersucht, aber erst künftige Teleskope dürfen diese Analyse alltäglicher werden lassen.

△ **Meere auf Enceladus**
Die Raumsonde Cassini der NASA entdeckte 2005 riesige Fahnen aus Wassereis, die auf dem kleinen Saturnmond Enceladus ausbrachen. Sie deuten auf einen versteckten Ozean hin, der aufgrund der Erwärmung durch starke Gezeitenkräfte flüssig ist. Diese Entdeckung lässt Enceladus zu einem der wahrscheinlichsten Lebensräume innerhalb des Sonnensystems werden.

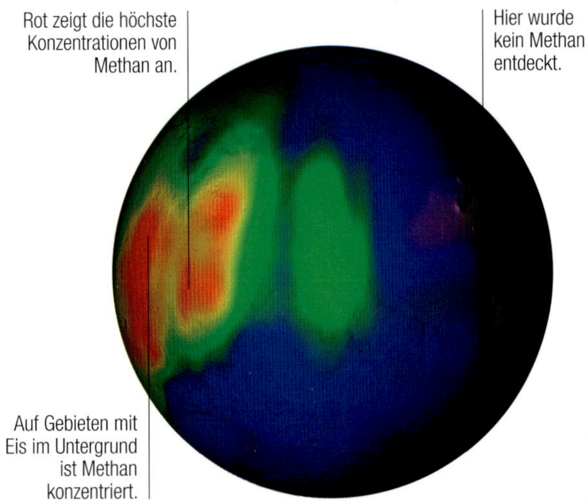

◁ **Methan auf dem Mars**
Methan ist ein Gas, das nur durch lebende Mikroorganismen oder aktiven Vulkanismus entsteht. Es zerfällt im Sonnenlicht sehr schnell, sodass die jüngste Entdeckung von Methanflecken in der Marsatmosphäre faszinierende Fragen über den roten Planeten aufwirft.

Die Schätzungen über die Anzahl kommunizierender Zivilisationen in der Milchstraße reichen **von Millionen bis zu nur einer.**

Intelligentes Leben

Die Suche nach außerirdischer Intelligenz (SETI; Search for Extraterrestrial Intelligence) nutzt mehrere Methoden, um Hinweise intelligenter Lebewesen im Universum zu finden. Am häufigsten wird dafür der Himmel nach künstlichen Radiosignalen abgesucht, aber damit sie uns erreichen, müssten Außerirdische sie direkt zur Erde senden. Alternativ wird nach Anzeichen von Technologien wie Luftverschmutzung in den Planetenatmosphären oder sogar nach Änderungen der Leuchtkraft von Sternen, die durch Außerirdische verursacht wurde, gefahndet.

▷ **Botschaften im Weltraum**
Die beiden Raumsonden Pioneer 10 (1972 gestartet) und Pioneer 11 (1973 gestartet) haben Plaketten mit Piktogrammen an Bord. Diese Botschaft ist für intelligente Lebewesen gedacht, die eine der Sonden irgendwann in der Zukunft abfangen oder bergen könnte.

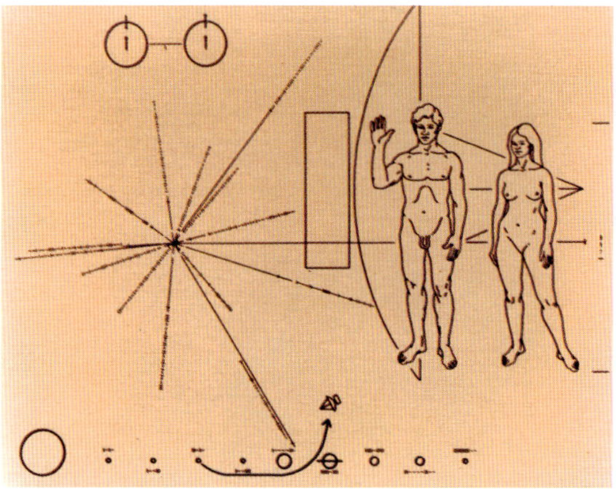

▷ **Drake-Gleichung**
Der SETI-Pionier Frank Drake entwickelte 1961 die Drake-Gleichung, um die Anzahl der Zivilisationen zu schätzen, die in der Milchstraße zu irgendeiner Zeit mit Radiosignalen kommunizieren.

$$N = R \times f_p \times n_e \times f_1 \times f_i \times f_c \times L$$

Term	Bedeutung	Drake-Gleichung, Schätzung 1961	Neue Schätzung
N	Anzahl der kommunizierenden Zivilisationen	500	2100
R	Rate der Sternentstehung in der Milchstraße	10	7
f_p	Anteil der Sterne mit Planetensystemen	0,5	1,0
n_e	Mittlere Anzahl der lebensunterstützenden Welten im Planetensystem	1	3
f_1	Anteil der Welten, auf denen sich Leben entwickelt hat	0,1	0,1
f_i	Anteil der Welten mit Lebewesen, die Intelligenz entwickelt haben	0,1	0,1
f_c	Anteil intelligenter Lebwesen mit Kommunikationstechnologie	1,0	1,0
L	Durchschnittliche Lebenszeit kommunizierender Zivilisation	10 000 Jahre	10 000 Jahre

Legende
Drake-Gleichung, Schätzung 1961
Neue Schätzung

DIE STERNBILDER

Die ersten Sternbilder waren einfache Sternmuster, die sich einfallsreiche Menschen vor Jahrtausenden am Nachthimmel vorstellten. Gute Kenntnisse des Himmels hatten auch einen praktischen Nutzen: Helle Sterne und Sternbilder halfen Seefahrern nachts bei der Orientierung, die Auf- und Untergänge der Sternbilder dienten der Bestimmung der Tageszeit und ihre jährliche Wanderung am Himmel als Kalender.

MUSTER AM **NACHTHIMMEL**

Der Himmel wurde zum Bilderbuch, in dem sich Erzähler die Umrisse ihrer Götter, Helden und mythischen Ungeheuer ausmalten. Alle Zivilisationen besaßen eigene Sternbilder, die auf ihrer Kultur beruhten. Die aktuellen Sternbilder stammen von den 48, die schon die alten Griechen vor 2000 Jahren kannten. Sie wurden im 16. bis 18. Jahrhundert durch Sternbilder anderer Astronomen ergänzt, vor allem jene am südlichen Himmel, den die Griechen nicht sehen konnten. In 1920er-Jahren beschloss dann die Internationale Astronomische Union, der astronomische Weltdachverband, dass der Himmel lückenlos in 88 Sternbilder aufgeteilt wird. Obwohl Sternbilder im Zeitalter der computergesteuerten Teleskope nicht mehr ihren ursprünglichen Zweck erfüllen, dienen sie noch immer zur Identifizierung eines Himmelsabschnitts, in dem ein Himmelsobjekt liegt. Sie stellen auch eine Verbindung mit den frühen Astronomen her, die zum Nachthimmel aufsahen und versuchten, das Universum zu verstehen.

◁ **Sternspuren**
Diese Aufnahme zeigt ein kreisförmiges Lichtmuster über dem Atacama Large Millimeter/submillimeter Array (ALMA) in Chile. Die Streifen sind die Spuren von Sternen auf einer Langzeitaufnahme. Obwohl die Sterne scheinbar um den südlichen Himmelspol kreisen, stammt die Bewegung tatsächlich von der Erde, die sich um ihre eigene Achse dreht.

KARTIERUNG DES HIMMELS

Seit Jahrtausenden beobachten die Menschen den Himmel – und viele Kulturen verknüpften die Muster, die sie unter den vielen Tausend sichtbaren Sternen erkannten, mit ihrer eigenen Mythologie.

Heute hat die Internationale Astronomische Union (IAU) 88 Sternbilder anerkannt, die zusammen eine vollständige Kugel (s. S. 94/95) um die Erde bilden. Das moderne System der Sternbilder beruht auf den 48 Figuren, die der alte griechische Astronom Ptolemäus beschrieb. Zwar erkannten auch andere Zivilisationen Muster am Himmel und verknüpften sie mit ihren eigenen Mythen und Legenden, doch heute gilt nur das griechische System. Erst im 16. Jh., als Seefahrer die südliche Halbkugel eroberten und erforschten, wurden neue Himmelsabschnitte kartiert und neue Sternbilder eingeführt.

Babylonische Lehmtafel

Globus mit frühen griechischen Sternbildern

3000–1000 v. Chr.

Beginn der Astronomie
Sumerische und babylonische Astronomen beobachten den jährlichen Lauf der Sonne und Sterne und führen die ersten Sternbilder wie GUD.AN.NA ein, das heute Taurus heißt. Ihre Beobachtungen zeichnen sie mit Keilschrift auf Lehmtafeln auf (oben).

400–250 v. Chr.

Erstes griechisches Sternbildsystem
Eudoxus, ein griechischer Astronom, führt mit seinem Buch *Phaenomena* die babylonischen Sternbilder im Westen ein. Sein Originaltext ist verloren, aber der Grieche Aratus verfasste daraus ein Lehrgedicht, das später ins Lateinische übersetzt wird.

Hercules von Bayer

1592–1612

Neue Sternbilder
Der niederländische Astronom Petrus Plancius führt 15 neue Sternbilder ein. Zwölf liegen weit im Süden, sind aber von Europa aus noch zu sehen. Sie enthalten Sterne, die die Niederländer Pieter Dirkszoon Keyser und Frederick de Houtman kartiert haben.

1603

Erster Sternatlas mit allen Sternen
Der deutsche Hobbyastronom Johann Bayer veröffentlicht den ersten Himmelsatlas, *Uranometria*, der den gesamten Himmel abdeckt. Jedem der 48 Sternbilder von Ptolemäus widmet er eine Seite – und eine zusätzliche Seite den zwölf neuen südlichen Sternbildern.

Edmond Halley

1679

Halleys südliche Studien
Der englische Astronom Edmond Halley studiert auf der Insel St. Helena als Erster den südlichen Himmel. Sein Katalog enthält 341 Sterne, und er führt ein neues Sternbild ein, Robur Carolinum (Charles Eiche), das aber andere Astronomen nicht akzeptieren.

Leo Minor von Hevelius

1690

Neue Sternbilder von Hevelius
Der polnische Astronom Johannes Hevelius veröffentlicht einen neuen Sternatlas – zusammen mit einem Katalog mit mehr als 1500 Sternen, der größer und genauer als der von Tycho Brahe ist. Hevelius führt zehn neue Sternbilder ein, von denen sieben auch heute noch offiziell gelten.

1725

Flamsteeds Atlas und Katalog
John Flamsteed, Englands erster Astronomer Royal, erstellt den ersten großen Katalog von Sternen, die mit einem Teleskop beobachtet wurden. Er wird zusammen mit dem *Atlas Coelestis* posthum veröffentlicht und wurde später zum Standardwerk.

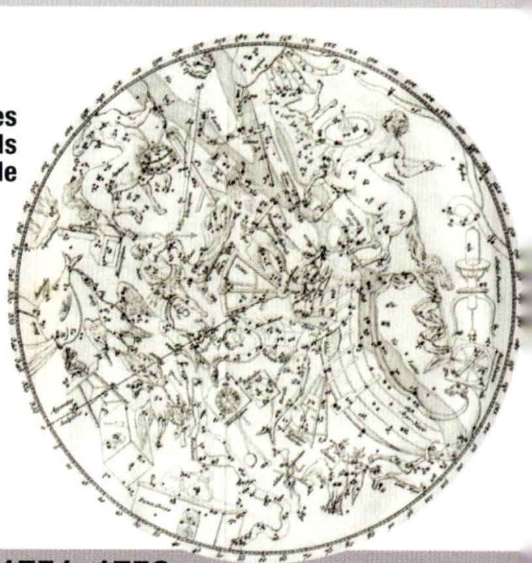

Sternkarte des südlichen Himmels von Lacaille

1751–1752

Weitere südliche Sternbilder
Der französische Astronom Nicolas Louis de Lacaille beobachtet den südlichen Himmel am Kap der Guten Hoffnung. Er veröffentlicht einen Katalog mit fast 2000 Sternen – zusammen mit einer Sternkarte. Seine 14 neuen Sternbilder sind immer noch anerkannt.

Hipparchos beobachtet den Nachthimmel

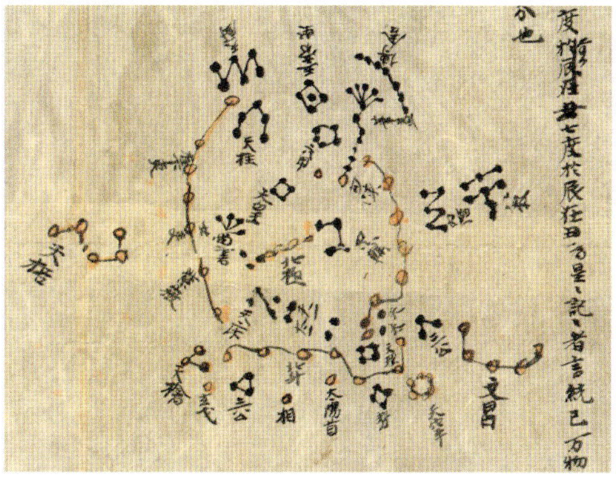

Alte chinesische Sternbilder

UM 150 V. CHR.

Der erste große Sternkatalog
Der griechische Astronom Hipparchos stellt den ersten großen Sternkatalog der Antike auf und gruppiert 850 Sterne in über 40 Sternbilder. Hipparchos unterteilt Sterne in sechs Helligkeitsklassen und legt den Grundstein des modernen Systems.

UM 150

Der Almagest
Der griechische Astronom Ptolemäus fasst die griechische Astronomie in seinem Buch *Almagest* zusammen. Es enthält eine verbesserte Version des Sternkatalogs von Hipparchos, umfasst 48 Sternbilder und bleibt fast 1500 Jahre ein Standardwerk.

UM 650

Die älteste Sternkarte
Im 7. Jh. entsteht in China auf einer Papierrolle die älteste erhaltene Sternkarte. Chinesische Sternbilder sind kleiner und zahlreicher als die westlichen – es gibt gegenüber den 48 Sternbildern von Ptolemäus mehr als 250. Chinesische Astronomen zeichnen zudem mehrere Hundert Sterne mehr auf als die Griechen.

Tychos Observatorium in Uraniborg

Der nördliche Himmel von Dürer

Taurus, von al-Sufi gezeichnet

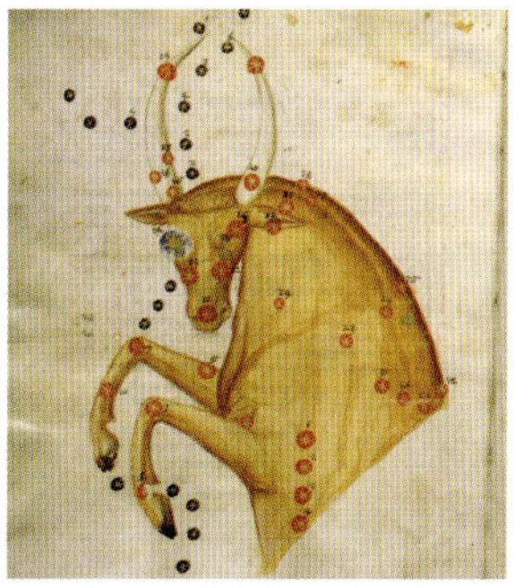

1598

Tycho Brahe
Der dänische Astronom Tycho Brahe stellt einen neuen und verbesserten Katalog mit über 1000 Sternen zusammen, der zehnmal so genau wie der in Ptolemäus' *Almagest* ist. Da das Teleskop noch nicht erfunden ist, beobachtet er die Sterne mit bloßem Auge.

1515

Dürers Sternkarte
In Europa erscheint Albrecht Dürers Sternkarte nach dem Katalog von Ptolemäus' *Almagest*. Eine Hälfte zeigt den Tierkreis und nördliche Sternbilder, die andere den südlichen Himmel. Sternbilder sind wie auf einem Himmelsglobus verkehrt herum abgebildet.

964

Arabische Sternkarten
Der persische Astronom al-Sufi, der im Westen auch als Azophi bekannt ist, erstellt eine aktuellere Version des griechischen *Almagest* – mit dem Titel *Das Buch der Fixsterne*. Es enthält von allen Sternbildern Abbildungen, die im *Almagest* fehlten. Gezeichnet sind sie im arabischen Stil.

Das Sternbild Pegasus in der *Uranographia*

Raumsonde Gaia

1801

Größter Sternatlas
Johann Elert Bode, Direktor des Berliner Observatoriums, veröffentlicht 1801 den größten Bildsternatlas im alten Stil. Seine *Uranographia* enthält 17 000 Sterne in mehr als 100 Sternbildern, von denen fünf Bode selbst einführt.

1922–1930

Die letzte Liste
Die neu gegründete Internationale Astronomische Union (IAU) legt die Anzahl der Sternbilder auf 88 fest, die die gesamte Himmelskugel bedecken, und zieht die offiziellen Grenzen. Seitdem wurden keine neuen Sternbilder eingeführt.

1989–1993

Sternkatalog aus dem Weltraum
Der Satellit Hipparcos der Europäischen Raumfahrtagentur erstellt auf seiner Umlaufbahn mit beispielloser Genauigkeit einen Katalog mit den Positionen, Bewegungen und Helligkeiten von über 100 000 Sternen.

2013

Die Galaxie dreidimensional
Die europäische Raumsonde Gaia startet. Sie wird fünf Jahre die Entfernungen und Bewegungen von Milliarden Sternen aufzeichnen, um eine dreidimensionale Karte der Milchstraße zu erstellen.

DIE HIMMELSKUGEL

Die Sterne liegen alle in unterschiedlichem Abstand von der Erde. Um ihre Positionen am Himmel einfacher beschreiben zu können, werden sie virtuell an der Innenseite einer riesigen Kugel um die Erde platziert.

Diese enorme virtuelle Kugel ist die Himmelskugel. Jeder Stern außer der Sonne sowie andere entfernte Objekte wie Galaxien haben auf der Oberfläche dieser Kugel eine genaue Position, die mehr oder weniger fixiert ist – sie ändert sich nur über extrem lange Zeiträume. Nähere Objekte wie die Sonne und andere Körper des Sonnensystems wandern mit verschiedenen Geschwindigkeiten vor dem Hintergrund der Sterne kontinuierlich an ihr entlang – aber auf vorhersagbare Art.

Der Himmel als eine Kugel

Wie die Erdkugel besitzt auch die Himmelskugel Nord- und Südpol, einen Äquator und ein Äquivalent der Breiten- und Längengrade. Sie ist wie eine Himmelsversion des Erdglobus. Die Positionen der Sterne und Galaxien kann man genauso definieren, wie man die Lage von Städten auf der Erde mit ihrer geografischen Länge und Breite angibt. Die Vorstellung einer Himmelskugel hilft nicht nur Astronomen, sondern jedem Beobachter, besser zu verstehen, dass das, was man am Nachthimmel sieht, von dem eigenen Standort, der Tages- bzw. Nachtzeit sowie von der Jahreszeit abhängt.

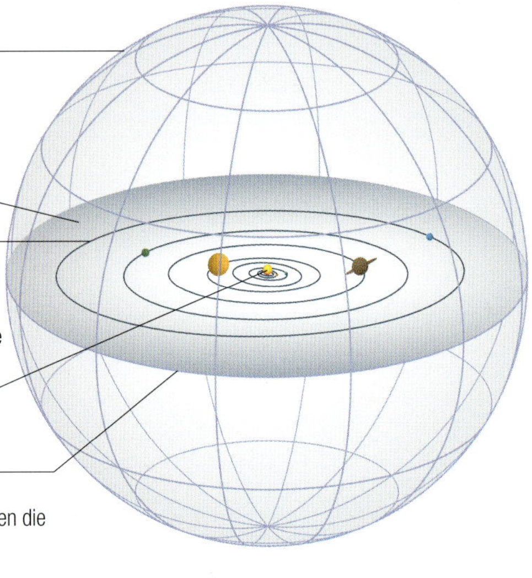

△ **Die Ekliptik**
Einer der wichtigsten Kreise auf der Himmelskugel ist die Ekliptik. Sie zeigt an, wo die Ebene, in der die Erde um die Sonne kreist, die Himmelskugel schneidet. Bei ihrer Wanderung – von der Erde aus gesehen – gegenüber den Sternen im Hintergrund bleibt die Sonne immer auf und die Planeten nahe an der Ekliptik.

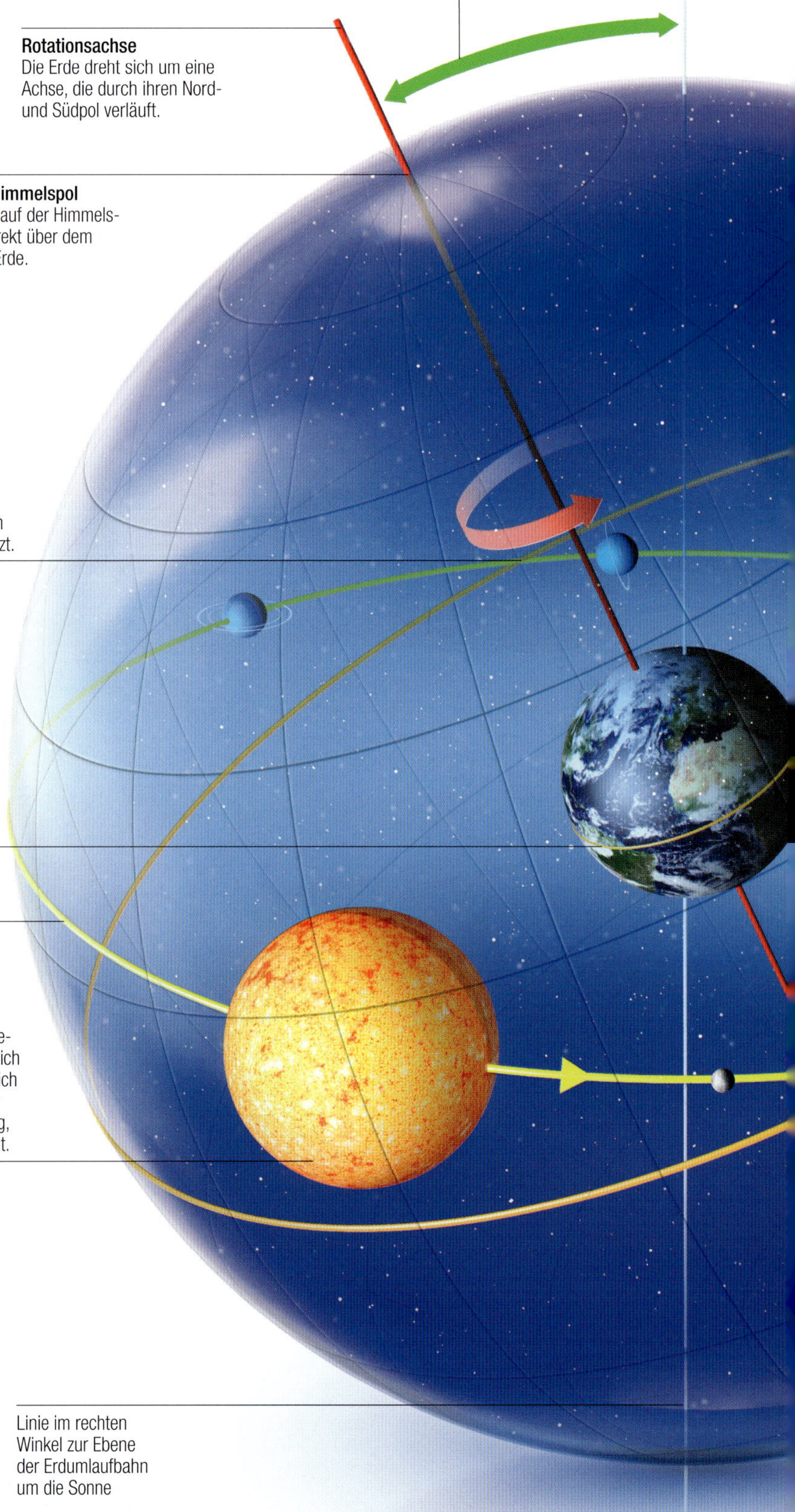

△ **Virtuelle Kugel**
Die Himmelskugel ist ein rein virtuelles Konzept mit einer konkreten Form, aber ohne bestimmte Größe. Astronomen nutzen genau definierte Punkte und Kurven auf ihrer Oberfläche als Referenz, um die Position von Sternen und anderen Himmelsobjekten genau zu beschreiben oder zu bestimmen.

Scheinbare Sternbewegungen

Wenn man ruht und in den Nachthimmel blickt, sieht man langsame, kurvenartige Bewegungen der Sterne. Diese scheinbare Bewegung verursacht in Wirklichkeit die Erde, während sie sich in der Himmelskugel dreht. Das Muster der Kurven hängt vom Standort des Beobachters ab. Sie erscheinen auf beiden Halbkugeln ähnlich. Allerdings wandern die Sterne auf der Nordhalbkugel scheinbar gegen den Uhrzeigersinn um den Himmelsnordpol, auf der Südhalbkugel hingegen im Uhrzeigersinn um den Himmelssüdpol.

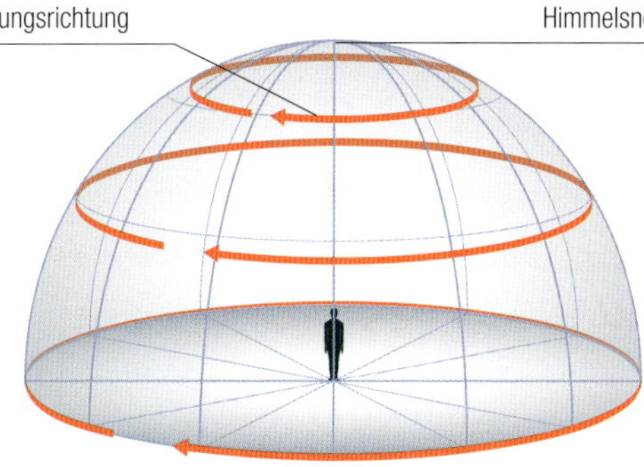

△ **Scheinbare Bewegungen am Nordpol**
Für einen Beobachter bewegen sich die Sterne gegen den Uhrzeigersinn um einen Punkt direkt über seinem Kopf, den Himmelsnordpol. Sterne am Horizont wandern am Horizont entlang.

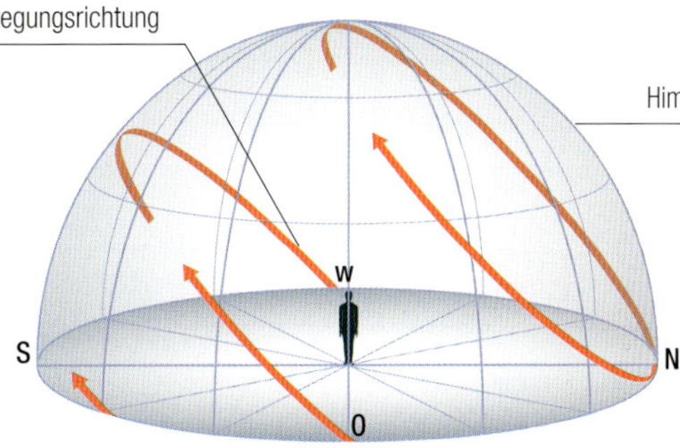

△ **Scheinbare Bewegungen bei mittleren nördlichen Breitengraden**
Für diesen Beobachter gehen die meisten Sterne im Osten auf, wandern über den südlichen Himmel und gehen im Westen unter. Aber die Sterne am nördlichen Himmel bewegen sich gegen den Uhrzeigersinn um den nördlichen Himmelspol.

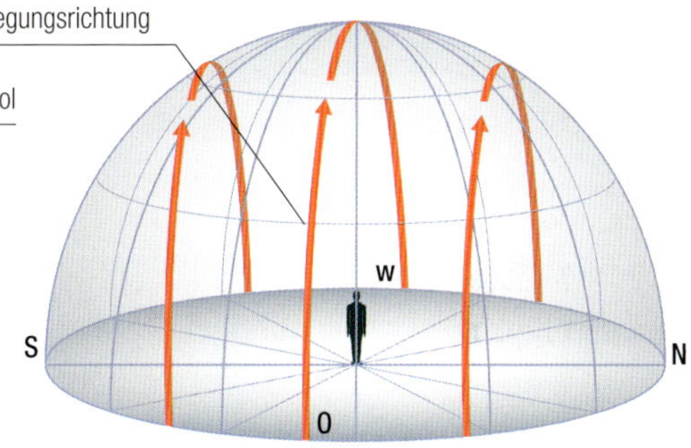

△ **Scheinbare Bewegungen am Äquator**
Für einen Beobachter am oder nahe am Äquator steigen die Sterne senkrecht im Osten auf, wandern direkt über den Kopf des Beobachters hinweg und gehen anschließend wieder senkrecht im Westen unter.

Himmelskoordinaten

Die Position jedes Objekts an der Himmelskugel kann man mit Koordinaten bestimmen, die den Breiten- und Längengraden auf der Erde entsprechen. Die Koordinaten sind die Deklination und Rektaszension. Die Deklination wird in Grad nördlich oder südlich des Himmelsäquators angegeben. Die Rektaszension wird mit Stunden östlich des Himmelsmeridians beschrieben. Letzterer ist eine Linie, die durch beide Himmelspole und einen Punkt auf dem Himmelsäquator verläuft, den Widderpunkt.

▷ **Eine Sternposition bestimmen**
Die Messung der Deklination an der Himmelskugel gleicht der Bestimmung des Breitengrads auf der Erdoberfläche, während die Bestimmung der Rektaszension ähnlich der der Längengrade ist. Dieser Stern hat eine Deklination (Dek) von +45° und eine Rektaszension (RA) von 1 Stunde (h) oder 15°.

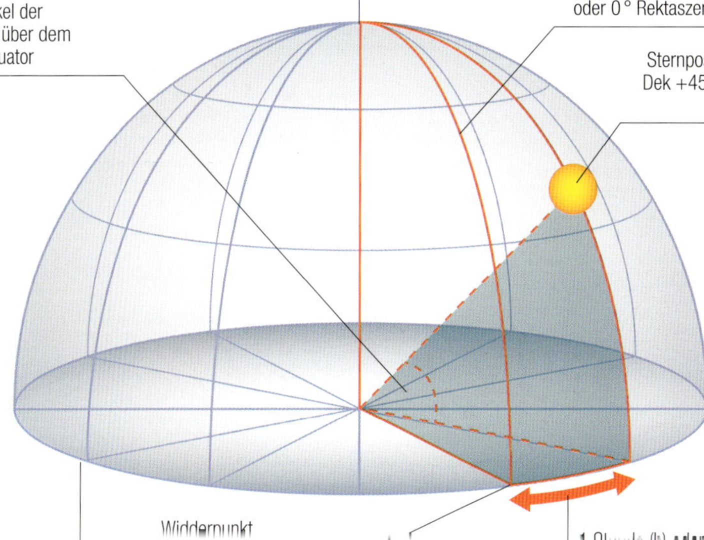

DER TIERKREIS

Während die Erde um die Sonne kreist, bewegt sich die Sonne scheinbar vor den Sternen im Hintergrund, obwohl man diese wegen der Überstrahlung durch die Sonne nicht sieht. Dabei wandert die Sonne durch einige Sternbilder, die den Tierkreis bilden.

Während ihrer jährlichen Wanderung entlang der Himmelskugel bewegt sich die Sonne entlang eines Kreises, der Ekliptik (s. S. 90). Auf beiden Seiten der Ekliptik erstreckt sich ein ungefähr 8–9° breites virtuelles Band, das man Tierkreis nennt. Die Ekliptik verläuft durch 13 Sternbilder, die zumindest mit einem Teil auf dem Tierkreis liegen und Tierkreissternbilder genannt werden. Der astrologische Tierkreis ist in zwölf gleiche Abschnitte geteilt, die Sternzeichen. Nur das Sternbild Ophiuchus (Schlangenträger) zählt nicht dazu.

Für die Durchquerung jedes Tierkreissternbilds braucht die Sonne eine gewisse Zeitspanne, die nicht den Zeiträumen entspricht, die den astrologischen Sternzeichen zugeordnet ist. Dies beruht auf der Präzession und darauf, dass die Sternbilder nicht gleich groß sind.

Wenn sich die Sonne durch ein bestimmtes Gebiet des Tierkreises bewegt, sind die Sterne in diesem Teil des Himmels aufgrund des Sonnenscheins nicht sichtbar. Stattdessen sind diejenigen Abschnitte der Himmelskugel einfach zu beobachten, die auf der gegenüberliegenden Himmelskugel liegen, also auf der Seite, die wir sehen, wenn es Nacht ist. Im Lauf eines Jahrs, während die Erde um die Sonne kreist, ändern sich die von der Erde aus sichtbaren Abschnitte der Himmelskugel – einschließlich des Tierkreises – dramatisch.

SONNENUMLAUF

Sternbild	Daten in jedem Sternbild	Sternbild	Daten in jedem Sternbild
Aries (Widder)	19. April – 13. Mai	Scorpius (Skorpion)	23. – 29. November
Taurus (Stier)	14. Mai – 19. Juni	Ophiuchus (Schlangenträger)	30. November – 17. Dezember
Gemini (Zwilling)	20. Juni – 20. Juli	Sagittarius (Schütze)	18. Dezember – 18. Januar
Cancer (Krebs)	21. Juli – 9. August	Capricornus (Steinbock)	19. Januar – 15. Februar
Leo (Löwe)	10. August – 15. September	Aquarius (Wassermann)	16. Februar – 11. März
Virgo (Jungfrau)	16. September – 30. Oktober	Pisces (Fische)	12. März – 18. April
Libra (Waage)	31. Oktober – 22. November		

△ **Tage des Tierkreises**
Die Daten, an denen die Sonne durch die 13 Tierkreissternbilder wandert, sind andere als die Daten der astrologischen Sternzeichen des Tierkreises.

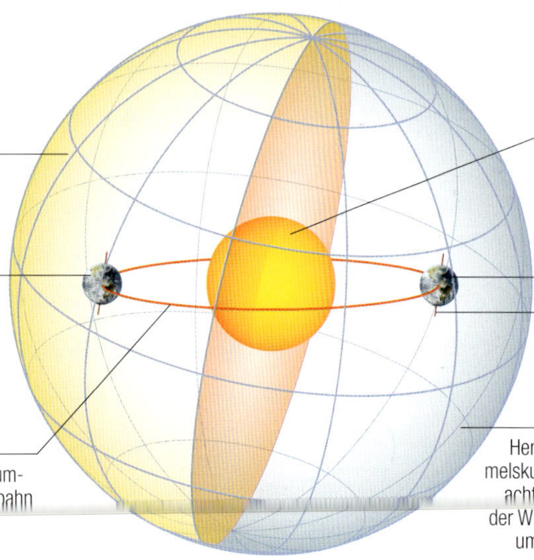

▷ **Der Nachthimmel im Juni und Dezember**
Ein irdischer Beobachter, der um Mitternacht am Äquator steht, sieht die der Sonne gegenüberliegenden Bereiche der Himmelskugel. Die Abbildung zeigt die Abschnitte der Himmelskugel, die man auf der nördlichen Halbkugel während der Sommersonnenwende im Juni (gelb) und während der Wintersonnenwende im Dezember (blau) sieht.

▷ **Tierkreisband**
Das Tierkreisband beansprucht etwa ein Sechstel der Oberfläche der Himmelskugel (seine Tiefe wird vernachlässigt). Die Ekliptik verläuft durch seine Mitte. Sowohl die Zugbahn der Sonne als auch die des Monds und der Planeten des Sonnensystems sind auf den Tierkreis beschränkt.

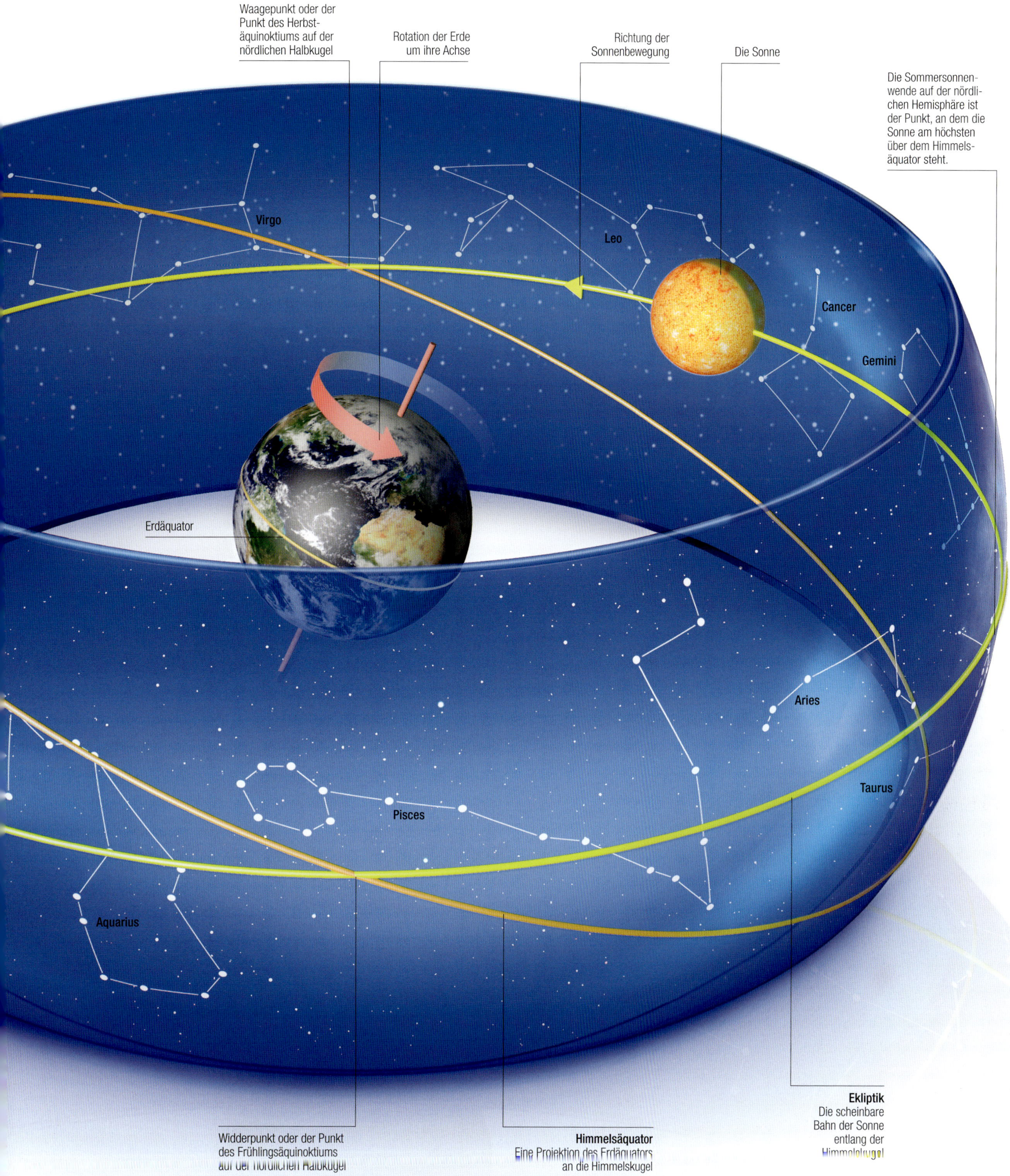
Waagepunkt oder der Punkt des Herbst-äquinoktiums auf der nördlichen Halbkugel
Rotation der Erde um ihre Achse
Richtung der Sonnenbewegung
Die Sonne
Die Sommersonnen-wende auf der nördli-chen Hemisphäre ist der Punkt, an dem die Sonne am höchsten über dem Himmels-äquator steht.
Virgo
Leo
Cancer
Gemini
Erdäquator
Aries
Taurus
Pisces
Aquarius
Ekliptik
Die scheinbare Bahn der Sonne entlang der Himmelskugel
Widderpunkt oder der Punkt des Frühlingsäquinoktiums auf der nördlichen Halbkugel
Himmelsäquator
Eine Projektion des Erdäquators an die Himmelskugel

DEN HIMMEL KARTIEREN

Um Objekte im Weltall aufzufinden und den Himmel zu kartieren, dient Astronomen die Himmelskugel als Referenz, eine virtuelle Hülle, in deren Mittelpunkt die Erde ist. Auf dieser kugelförmigen Fläche um die Erde kann man jedes Himmelsobjekt lokalisieren.

Objekte im Weltraum sind zwar unterschiedlich weit von der Erde entfernt, aber um sie in einer Karte verzeichnen zu können, stellt man sich vor, sie würden an der Innenseite der Himmelskugel haften. Wie auf der Erde besitzt die Himmelskugel Breiten- und Längengrade sowie einen Äquator. Die gesamte Himmelskugel ist lückenlos in 88 Abschnitte unterteilt, die Sternbilder.

▷ **Die Sternbilder**
Über Jahrtausende haben Menschen die Sterne mit gedachten Linien zu erkennbaren Mustern oder Sternbildern verbunden. Diese Muster umfassen Umrisse von Tieren und mythischen Ungeheuern und Helden. Im frühen 20. Jh. definierte die Internationale Astronomische Union formal 88 Sternbilder, gab ihnen offizielle Namen und legte ihre Grenzen fest. Gemäß diesem modernen System ist ein Sternbild ein Himmelsabschnitt – und weniger ein Linienmuster aus Sternen.

Orion aus dem All gesehen
Im Sternbild Orion zeigt ein Muster aus virtuellen Linien den Jäger oder Krieger aus der griechischen Mythologie.

▽ **Standort eines Beobachters**
Von jedem Ort auf der Erde kann man zu jedem Zeitpunkt maximal die Hälfte der Himmelskugel sehen – der Blick auf die andere Hälfte ist von der Erde verstellt. Ob ein bestimmtes Sternbild sichtbar ist oder nicht, hängt also vom Standort des Beobachters ab. Beispielsweise ist das gesamte Sternbild Canis Major nur zwischen 56° nördlicher Breite und dem Südpol zu sehen. In einem Gürtel nördlich von 56° nördlicher Breite ist nur ein Teil des Sternbilds sichtbar, während in dem Gebiet um den Nordpol das Sternbild überhaupt nicht zu sehen ist.

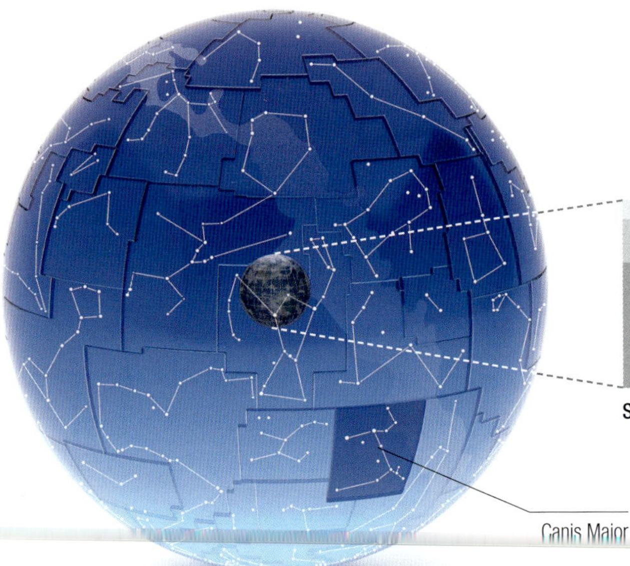

SICHTBARKEIT VON CANIS MAJOR AUF DER ERDE

◁ **Das Sternbildpuzzle**
Die Sternbilder passen wie die Teile eines Puzzles nahtlos zusammen, sodass sie den gesamten Himmel ausfüllen. Jeder Stern oder jedes andere Himmelsobjekt liegt in einem der 88 Sternbilder.

9000 Sterne auf der Himmelskugel sind mit **bloßem Auge** zu sehen.

HIMMELSKARTEN

Die sechs Karten der folgenden Seiten bilden die gesamte Himmelskugel ab. Die sich daran anschließenden Karten der einzelnen Sternbilder werden anhand vieler Informationen erläutert.

Sichtbarkeit, Helligkeit und Entfernung
Bei den Karten der Sternbilder (ab S. 106) stehen wichtige Informationen über das jeweilige Sternbild, wie die Breitengrade, von denen es aus sichtbar ist, und die Monate, in denen es nachts am höchsten steht. Bei jedem Hauptstern findet sich ein Helligkeitssymbol mit Nennung seiner scheinbaren Helligkeit sowie ein Distanz-Icon mit Angabe des Abstands zur Erde.

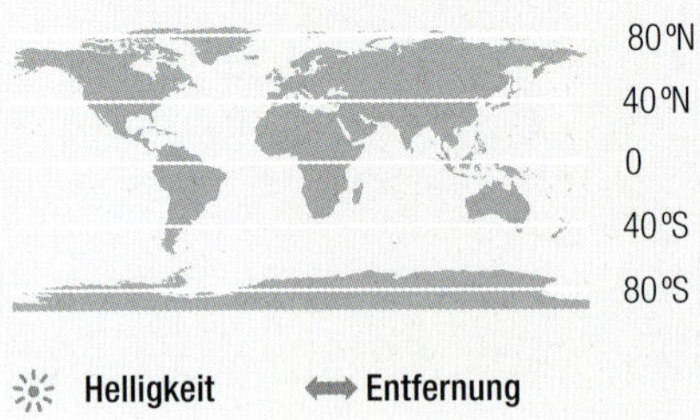

Legende zu den Himmelskarten
Die Himmelskarten zeigen die Hauptsterne eines Sternbilds, einschließlich der Sterne, die das Muster bilden, sowie andere sehenswerte Sterne. Die scheinbare Helligkeit der Sterne zeigt die Legende (rechts). Die Karten der einzelnen Sternbilder (ab S. 106) zeigen auch Himmelsobjekte wie Galaxien, Nebel und Sternhaufen. Die Symbole dafür sind ebenfalls in der Legende abgebildet.

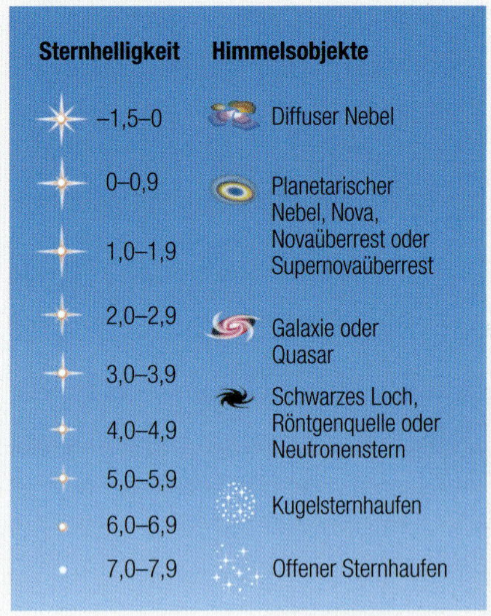

Die sechs Himmelskarten (Karte 1–6) bilden den gesamten Himmel rund um die Erde und die Lage aller 88 Sternbilder ab. Die beiden Polarkarten stellen die Gebiete um die Himmelspole dar, die anderen vier Karten zeigen die Äquatorialgebiete, die jeweils um ein Viertel des Himmelsäquators zentriert sind. Auf den danach folgenden Seiten werden einzelne Sternbilder vorgestellt.

KARTE 1

Nordpolarhimmel

Die Karte um den nördlichen Himmelspol zeigt die Sternbilder des nördlichen Polarhimmels. Sie enthält den Abschnitt von der Deklination 90° (am Nordpol) bis südlich zur Deklination 50°. Der Stern Polaris im Sternbild Ursa Minor liegt weniger als 1° vom Nordpol entfernt und nahezu in der Mitte der Karte. Polaris und seine Nachbarsterne sind zirkumpolar. Sie stehen für Beobachter auf der nördlichen Halbkugel immer über dem Horizont. Wie groß der Anteil zirkumpolarer Sterne ist, hängt vom Breitengrad ab und nimmt nach Norden zu.

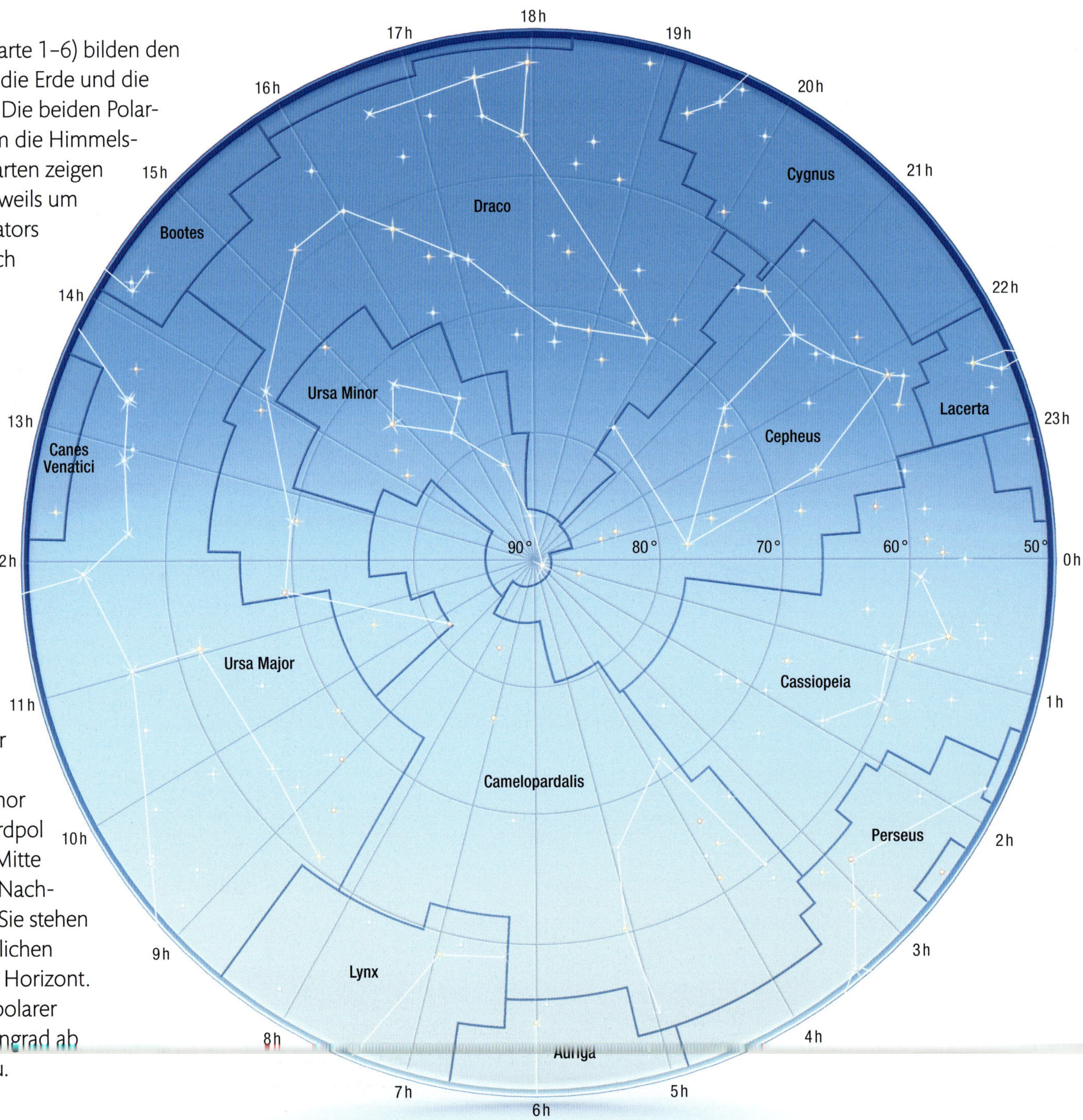

Leuchtkraftskala
Bei großen Sternbildern zeigt eine Skala die Leuchtkraft (die gesamte emittierte Energie, gemessen an der Sonnenenergie) der wichtigsten Sterne, an einschließlich der dunkelsten und hellsten Sterne des Musters.

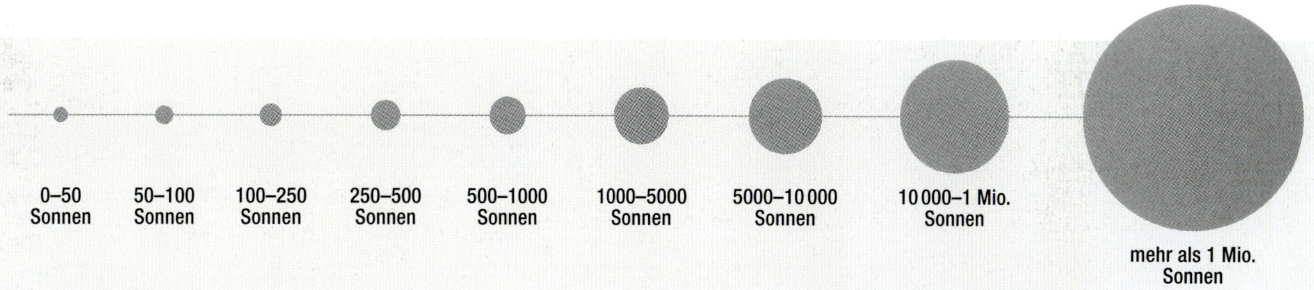

Lage der Sternbilder
Die Position eines jeden Sternbilds an der Himmelskugel wird durch eine Karte verdeutlicht. Diese Positionskarten tragen die Nummern, die den großen Himmelskarten (Karte 1–6) hier und auf den folgenden Seiten entsprechen.

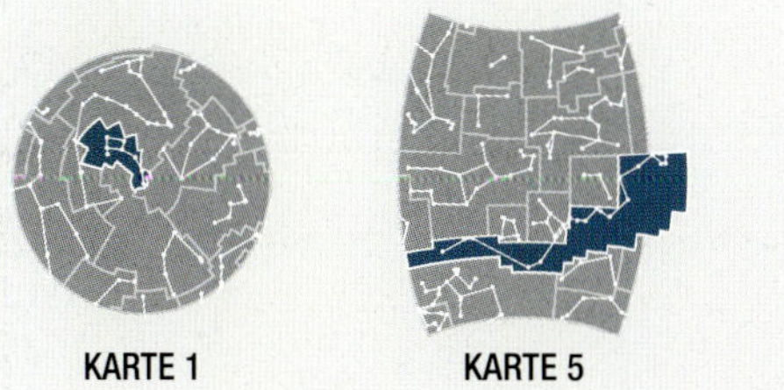

Griechisches Alphabet
In den Sternbildkarten markieren griechische Buchstaben die hellsten Sterne des Sternbilds. Dieses System hatte ursprünglich der deutsche Astronom Johann Bayer eingeführt.

Alpha	α	Eta	η	Ny	ν	Tau	τ
Beta	β	Theta	θ	Xi	ξ	Ypsilon	υ
Gamma	γ	Iota	ι	Omicron	ο	Phi	ϕ
Delta	δ	Kappa	κ	Pi	π	Chi	χ
Epsilon	ε	Lambda	λ	Rho	ρ	Psi	ψ
Zeta	ζ	My	μ	Sigma	σ	Omega	ω

KARTE 2

Südpolarhimmel

Diese Karte enthält die Sternbilder rund um den Himmelssüdpol. Sie umfasst eine Fläche von der Deklination −90° (am Südpol) bis nördlich zur Deklination −50°. Dem Himmel um den Pol fehlen helle Sterne, und direkt am oder neben dem Südpol liegt gar kein Stern. Sterne in diesem Abschnitt sind für Beobachter auf der südlichen Halbkugel zirkumpolar. Sie sind immer sichtbar und gehen nie hinter dem Horizont unter. Je weiter südlich ein Beobachter steht, umso größer ist der Anteil der zirkumpolaren Sterne am südlichen Himmel.

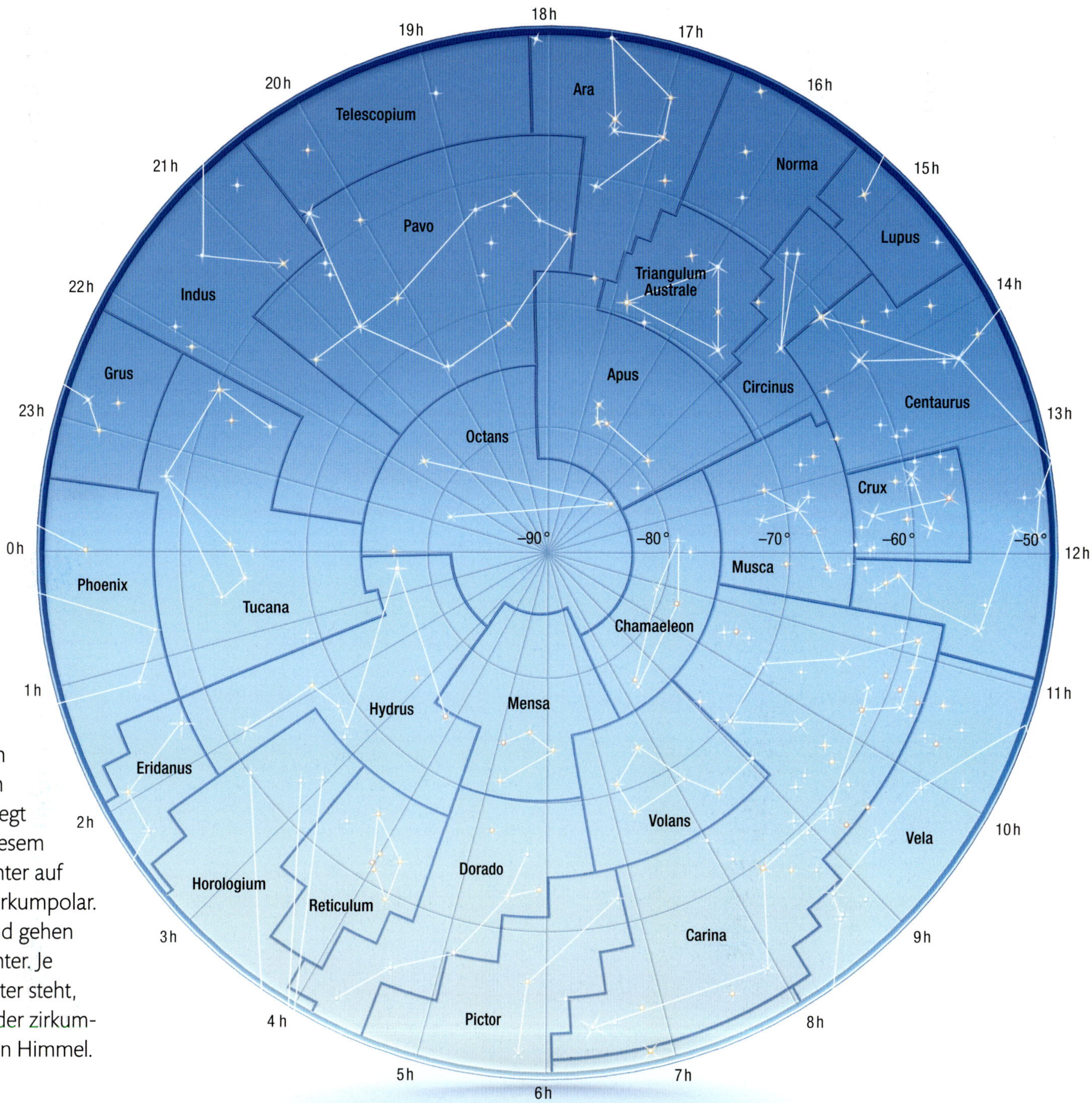

KARTE 3

Äquatorialhimmel

Die Sternbilder dieses Himmelsabschnitts lassen sich am besten im September, Oktober und November beobachten. Die Karte ist um einen Teil des Himmelsäquators zentriert, den die Ekliptik kreuzt. Diesen Punkt überquert die Sonne jedes Jahr im späten März von Süden nach Norden. An diesem Punkt schneidet die Nulllinie der Rektaszension (Himmelsäquivalent der Längengrade auf der Erde) den Himmelsäquator.

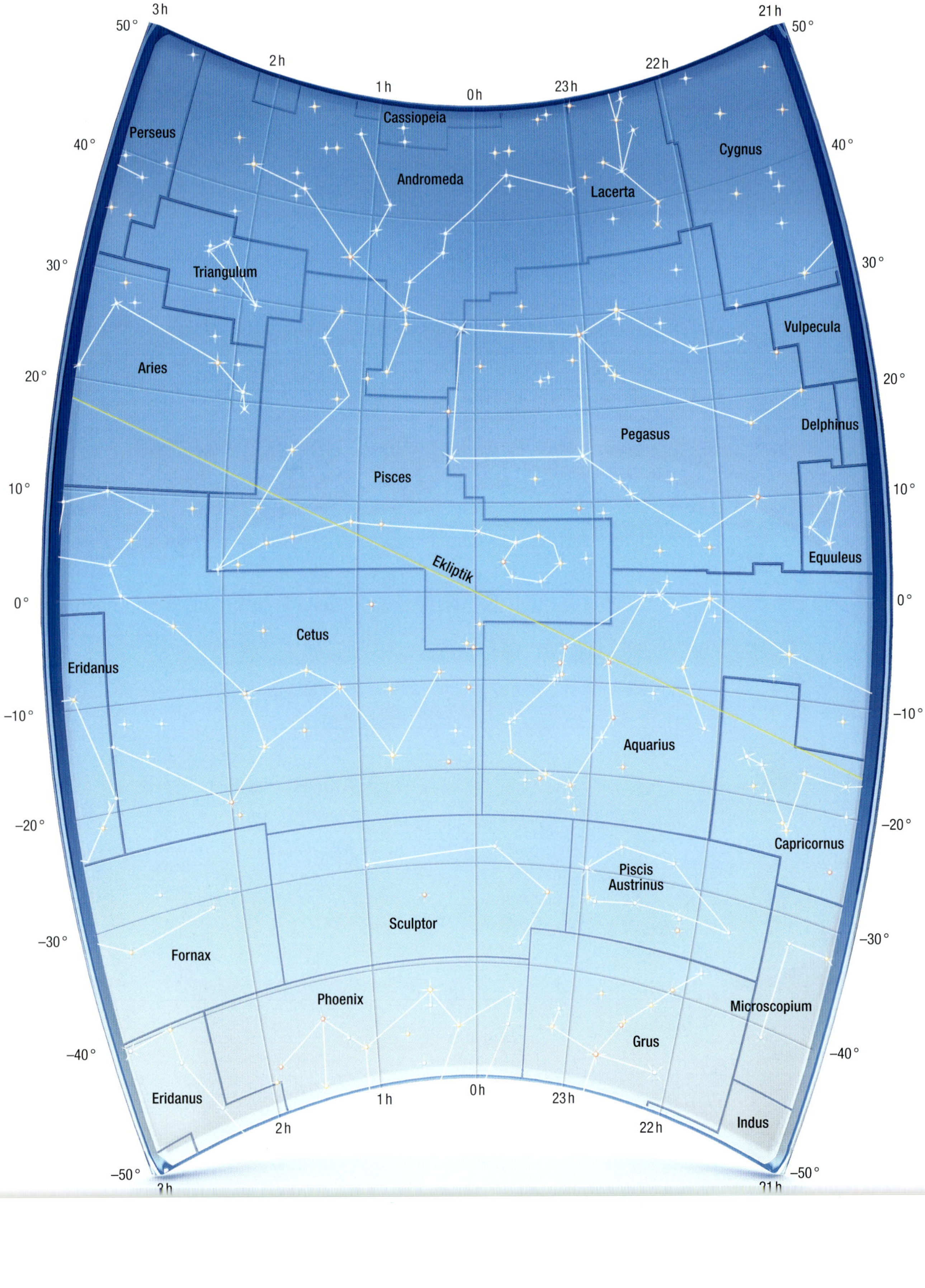

KARTE 4
Äquatorialhimmel

Die Sternbilder in diesem Himmelsabschnitt sind am besten in den Nächten im Juni, Juli und August zu sehen. Die Bahn der Sonne verläuft in diesem Abschnitt immer südlich des Himmelsäquators. Sie erreicht jährlich um den 21. Dezember ihre südlichste Deklination im Sternbild Sagittarius, wenn auf der Südhalbkugel der längste und auf der Nordhalbkugel der kürzeste Tag ist. Die reichhaltigen Sternfelder der Milchstraße kreuzen diesen Abschnitt von Cygnus im Norden bis Scorpius im Süden.

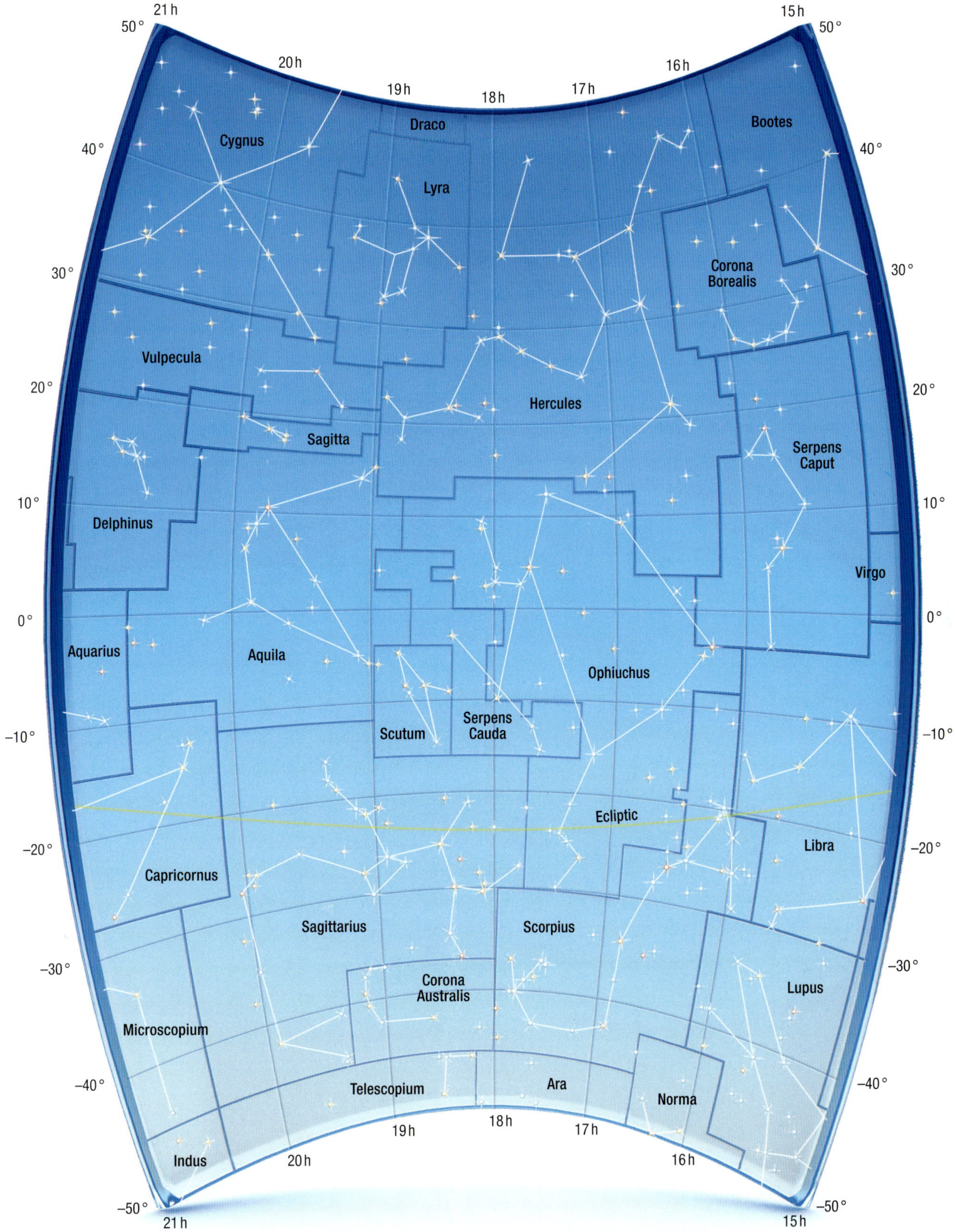

KARTE 5
Äquatorialhimmel

Dieser Himmelsabschnitt eignet sich für Beobachtungen im März, April und Mai. Im Zentrum der Karte kreuzt die Ekliptik, die Bahn der Sonne, den Himmelsäquator. Der Kreuzungspunkt liegt im Sternbild Virgo, in dem die Sonne im September von Nord nach Süd wandert. Tag und Nacht sind dann auf dem gesamten Planeten gleich lang (Tagundnachtgleiche oder Äquinoktium). Der Aufgang von Arktur, dem hellen Stern in Bootes, markiert den Frühlingsanfang auf der nördlichen Halbkugel.

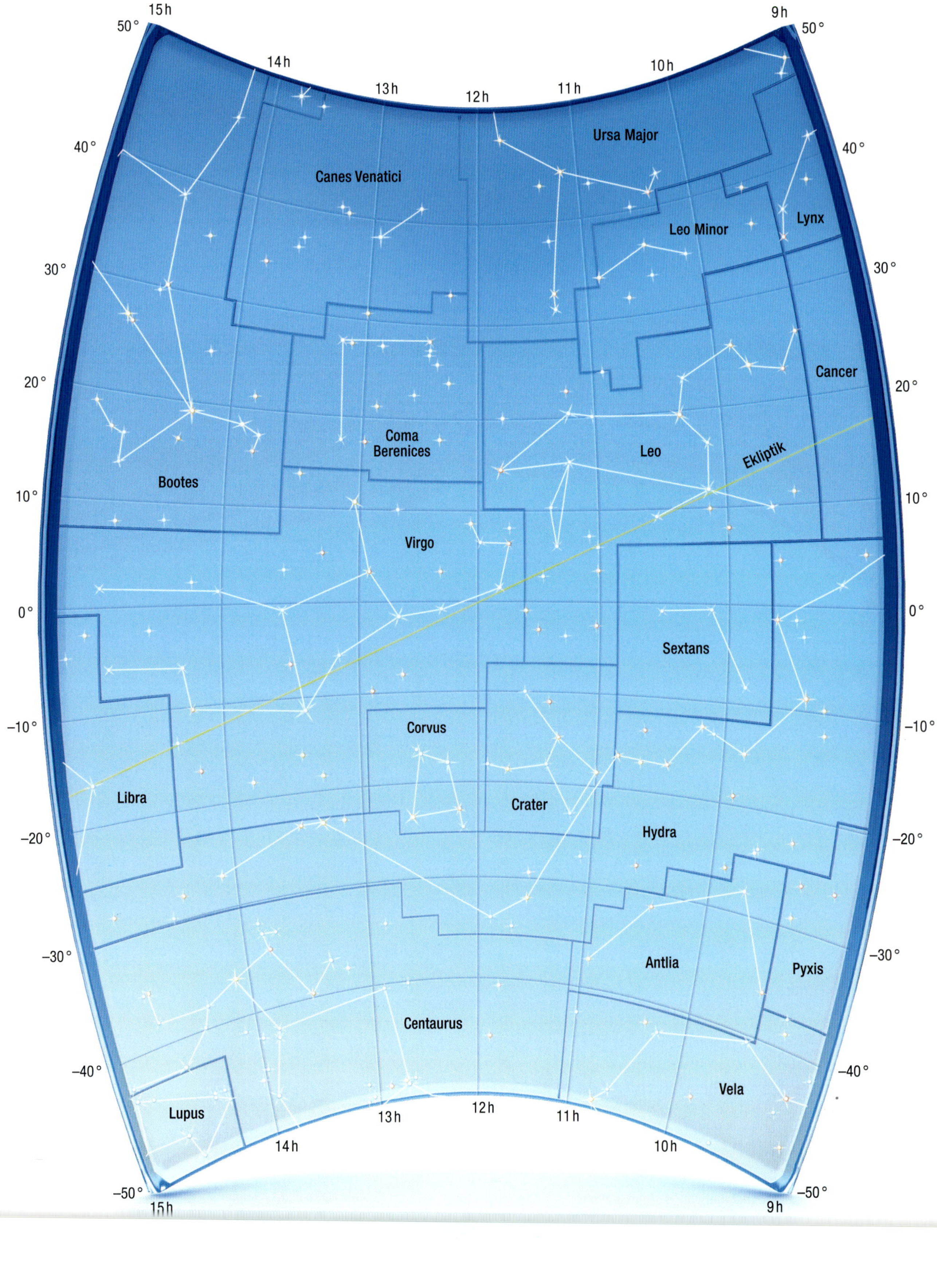

KARTE 6
Äquatorialhimmel

In den kalten Nächten der Monate Dezember, Januar und Februar ist dieser Abschnitt über der Nordhalbkugel gut zu beobachten. Die Bahn der Sonne verläuft in dieser Region immer nördlich des Himmelsäquators. Jedes Jahr erreicht sie ihre nördlichste Deklination an der Grenze zwischen den Sternbildern Taurus und Gemini – und zwar um den 21. Juni, dem längsten Tag auf der Nordhalbkugel und dem kürzesten auf der Südhalbkugel.

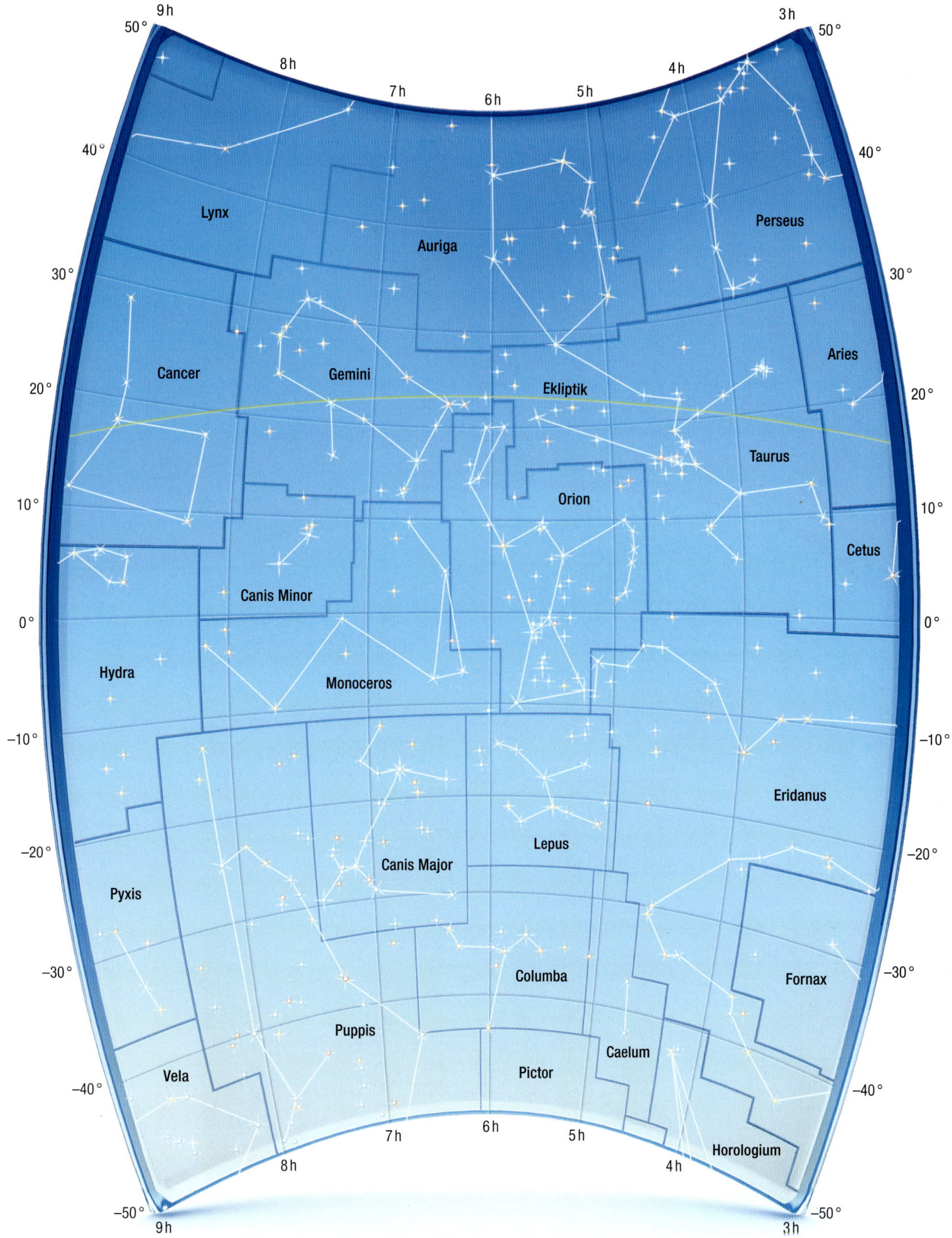

URSA MINOR KLEINER BÄR

Der Kleine Bär liegt um den Himmelsnordpol. Sein hellster Stern ist der Nordpolarstern Polaris. Das Sternbild repräsentiert einen kleinen Bären, den Begleiter von Ursa Major, dem großen Bären.

Die sieben Hauptsterne des Sternbilds bilden den Kleinen Wagen mit Deichsel, sodass Ursa Minor einer kleineren Version des Großen Wagens (Ursa Major) ähnelt. In der griechischen Mythologie ist er die Nymphe, die den Gott Zeus als Kind aufzog. Sein hellster Stern, Polaris, liegt sehr nahe am nördlichen Himmelspol, sodass man mit seiner Hilfe nachts leicht Norden ausmachen kann.

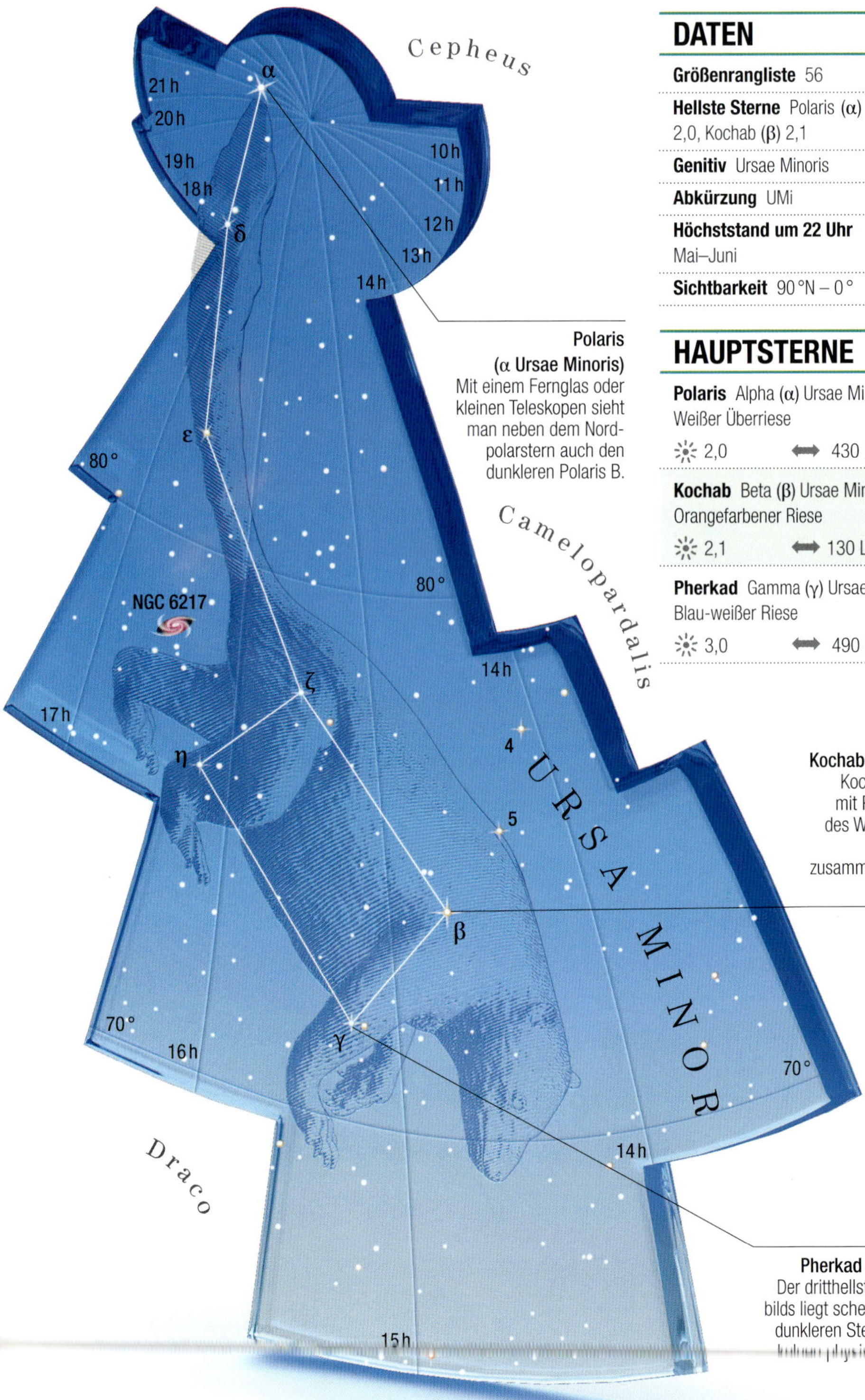

Polaris (α Ursae Minoris) Mit einem Fernglas oder kleinen Teleskopen sieht man neben dem Nordpolarstern auch den dunkleren Polaris B.

Kochab (β Ursae Minoris) Kochab bildet zusammen mit Pherkad (γ) eine Seite des Wagenkastens. Kochab und Pherkad werden zusammen als Hüter des Pols bezeichnet.

Pherkad (γ Ursae Minoris) Der dritthellste Stern des Sternbilds liegt scheinbar neben einem dunkleren Stern. Sie bilden aber keinen physischen Doppelstern.

DATEN

Größenrangliste 56

Hellste Sterne Polaris (α) 2,0, Kochab (β) 2,1

Genitiv Ursae Minoris

Abkürzung UMi

Höchststand um 22 Uhr Mai–Juni

Sichtbarkeit 90 °N – 0 °

KARTE 1

HAUPTSTERNE

Polaris Alpha (α) Ursae Minoris
Weißer Überriese
2,0 ⟷ 430 Lichtjahre

Kochab Beta (β) Ursae Minoris
Orangefarbener Riese
2,1 ⟷ 130 Lichtjahre

Pherkad Gamma (γ) Ursae Minoris
Blau-weißer Riese
3,0 ⟷ 490 Lichtjahre

CEPHEUS KEPHEUS

Das dunkle Sternbild Cepheus erinnert an ein Haus mit Spitzdach. Es zeigt den König Kepheus der griechischen Mythologie und enthält den Prototyp der Cepheiden-Veränderlichen.

Kepheus war vermutlich König von Äthiopien, einem mythischen Land im östlichen Mittelmeerraum, das mit dem heutigen afrikanischen Land nichts zu tun hat. Er war der Ehemann von Kassiopeia, die neben ihm am Himmel liegt, und der Vater von Andromeda.

Die bedeutendsten Merkmale des Sternbilds sind zwei berühmte Veränderliche. Delta Cephei war der erste pulsierende Stern, der jemals entdeckt wurde – ein Cepheiden-Veränderlicher. Der englische Hobbyastronom John Goodricke bemerkte 1784 Schwankungen seiner Helligkeit, die alle fünf Tage und neun Stunden zwischen den Größenklassen 3,5 und 4,4 schwankte. Er ist außerdem ein Dreifachstern mit einem dunklen Begleiter.

My Cephei, ein weiterer Veränderlicher, wird wegen seiner kräftigen roten Farbe auch Granatstern genannt. Der Rote Überriese schwankt etwa alle zwei Jahre zwischen den Größenklassen 3,4 und 5,1.

△ **IC 1396**
Im südlichen Sternbild, an der Grenze zu Cygnus (Schwan), liegt der Sternhaufen IC 1396, den eine große Wolke aus glühendem Gas umgibt. Die dunkle Silhouette gegenüber dem hellen Gas (oben) wird auch Elefantenrüsselnebel genannt. Er ist ein Sternentstehungsgebiet aus Gas und Staub.

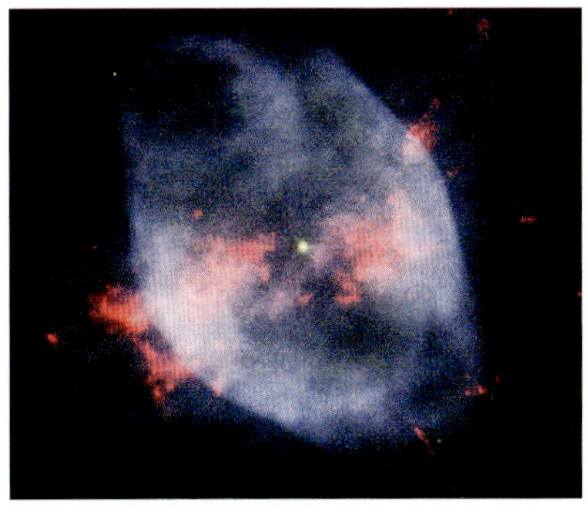

△ **NGC 7354**
Dieser in 4200 Lichtjahren Entfernung gelegene planetarische Nebel hat eine elliptische, innere Hülle (blau), aus der Gasstrahlen (rot) herausschießen.

DATEN

Größenrangliste 27

Hellste Sterne Alderamin (α) 2,5, Alfirk (β) 3,2

Genitiv Cephei

Abkürzung Cep

Höchststand um 22 Uhr September–Oktober

Sichtbarkeit 90 °N – 1 °S

KARTE 1

HAUPTSTERNE

Alderamin Alpha (α) Cephei
Weißer Hauptreihenstern
2,5 ⟷ 49 Lichtjahre

Alfirk Beta (β) Cephei
Blau-weißer Riese
3,2 ⟷ 685 Lichtjahre

Errai Gamma (γ) Cephei
Orangefarbener Riese
3,2 ⟷ 46 Lichtjahre

Delta (δ) Cephei
Veränderlicher Gelber Überriese
3,5–4,4 ⟷ 870 Lichtjahre

Garnet Star Mu (μ) Cephei
Veränderlicher Roter Überriese
3,4–5,1 ⟷ 6000 Lichtjahre

HIMMELSOBJEKTE

NGC 7023 (Irisnebel)
Sternhaufen und Reflexionsnebel

NGC 7354
Planetarischer Nebel

IC 1396
Sternhaufen und Emissionsnebel

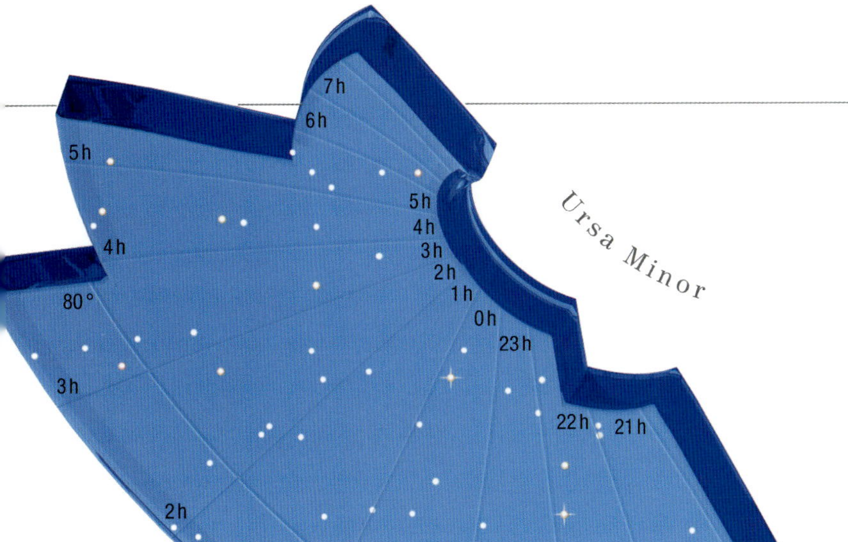
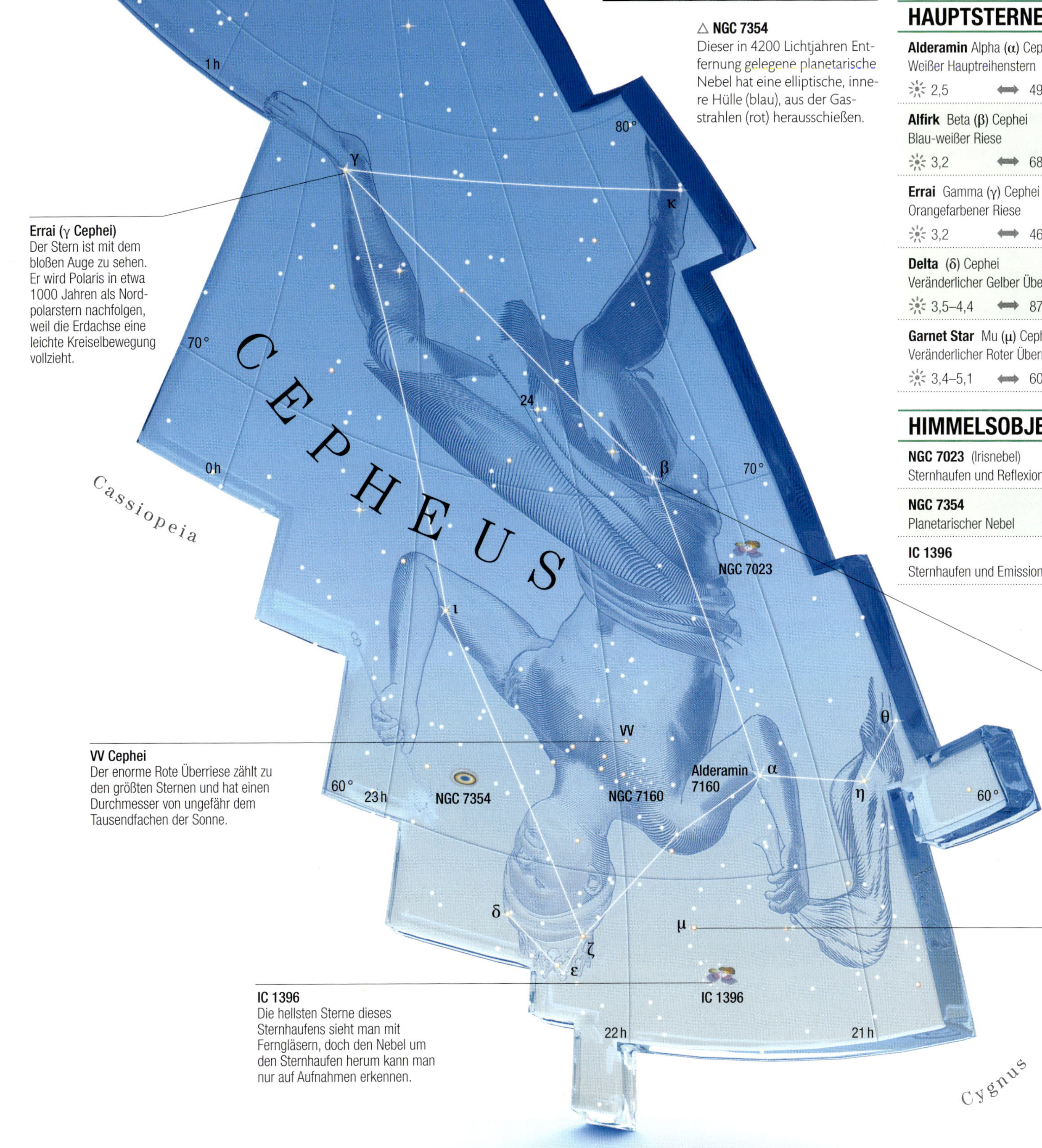

Errai (γ Cephei)
Der Stern ist mit dem bloßen Auge zu sehen. Er wird Polaris in etwa 1000 Jahren als Nordpolarstern nachfolgen, weil die Erdachse eine leichte Kreiselbewegung vollzieht.

VV Cephei
Der enorme Rote Überriese zählt zu den größten Sternen und hat einen Durchmesser von ungefähr dem Tausendfachen der Sonne.

IC 1396
Die hellsten Sterne dieses Sternhaufens sieht man mit Ferngläsern, doch den Nebel um den Sternhaufen herum kann man nur auf Aufnahmen erkennen.

Alfirk (β Cephei)
Der Stern ist mit bloßem Auge zu erkennen. Sein dunkler Begleiter ist nur per Fernglas oder kleinen Teleskopen zu sehen.

Granatstern (μ Cephei)
Der große, leuchtstarke Überriese verdankt seinen Namen seiner leuchtend rote Farbe. Diesen Namen verlieh ihm der englische Astronom William Herschel.

LEUCHTKRAFT

Omega Draconis
6 Sonnen

Ny[1] Draconis
9 Sonnen

Delta Draconis
46 Sonnen

DRACO DRACHE

Draco windet sich nahezu zur Hälfte um den nördlichen Himmelspol. Er ist leicht an seinem Muster aus vier Sternen zu erkennen, die seinen Kopf bilden.

Draco stellt den Drachen der altgriechischen Mythologie dar, den Herkules als eine seiner zwölf Aufgaben tötete. Am Himmel kniet Herkules vor dem Drachen und stellt dabei einen Fuß auf dessen Kopf. Doch trotz seiner Größe zählt Draco nicht zu den auffälligen Sternbildern. Sein hellster Stern Gamma – der allgemein auch Etamin oder Eltanin genannt wird – leuchtet nur mit Größenklasse 2. Das Sternbild enthält viele Doppelsterne, die man mit Ferngläsern oder kleinen Teleskopen sieht. Dazu gehören auch Ny, ein Paar der Größenklasse 5, Psi, ein Paar der 5. und 6. Größenklasse, 16 und 17 Draconis, beide Größenklasse 5, sowie 40 und 41 Draconis, beide Größenklasse 6. Zu den wenigen bemerkenswerten Himmelsobjekten zählen auch der Katzenaugennebel (NGC 6543) und die zerstörte, spiralförmige Kaulquappengalaxie (UGC 10214).

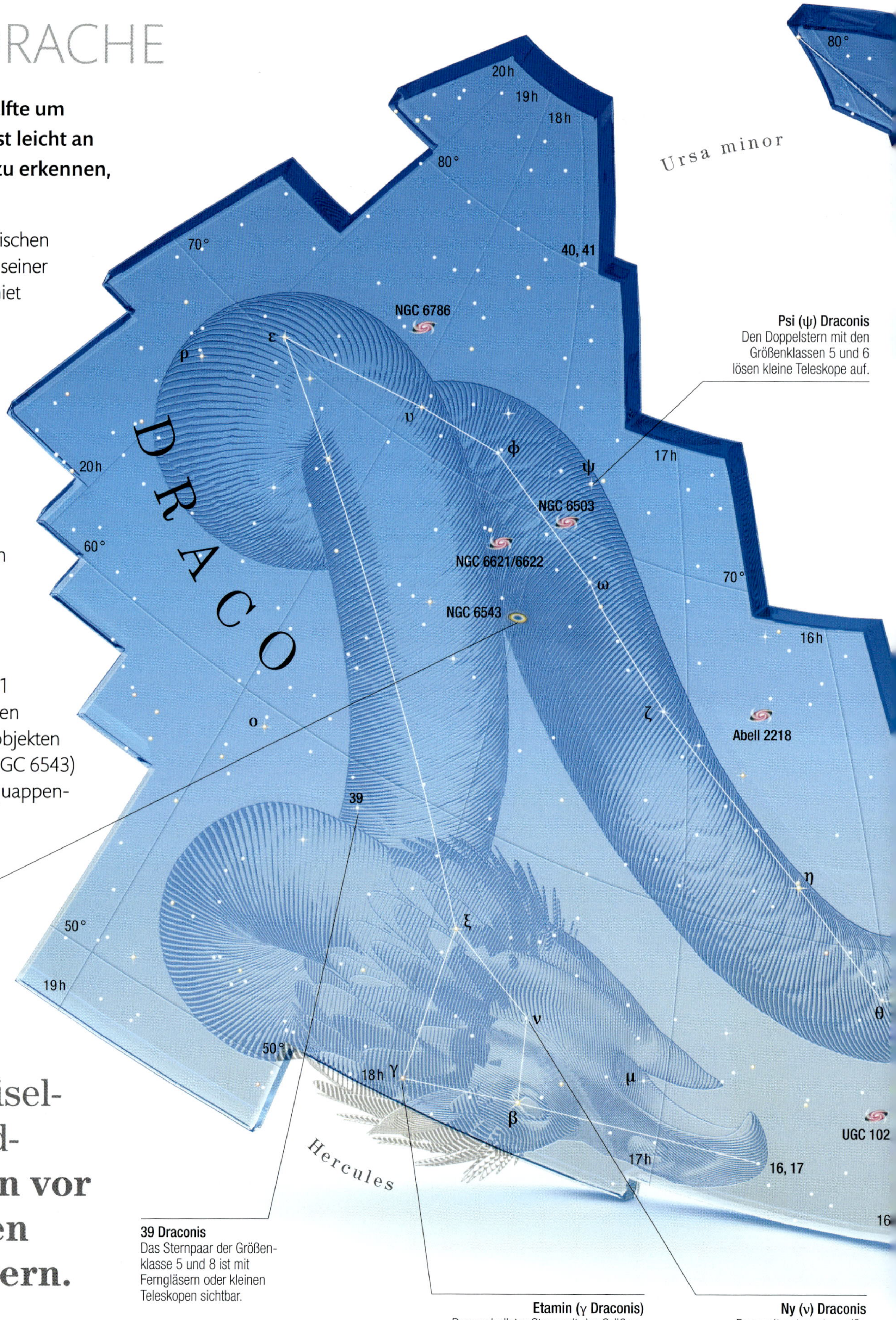

Psi (ψ) Draconis
Den Doppelstern mit den Größenklassen 5 und 6 lösen kleine Teleskope auf.

NGC 6543
Der planetarische Nebel, auch als Katzenaugennebel bekannt, liegt ungefähr 3000 Lichtjahre entfernt und erscheint in kleinen Teleskopen als bläuliche Scheibe.

39 Draconis
Das Sternpaar der Größenklasse 5 und 8 ist mit Ferngläsern oder kleinen Teleskopen sichtbar.

Etamin (γ Draconis)
Dracos hellster Stern mit der Größenklasse 2,2 wird auch Eltanin genannt. Er bildet mit Beta (β), Ny (ν) und Xi (ξ) eine Raute, die seinen Kopf darstellt.

Ny (ν) Draconis
Das weit getrennte weiße Sternpaar der Größenklasse 5 sieht man mit Ferngläsern oder kleinen Teleskopen.

Aufgrund der Kreiselbewegung der Erdachse war **Thuban vor etwa 3000 Jahren der Nordpolarstern.**

Etamin
250 Sonnen

Thuban
255 Sonnen

Rastaban
905 Sonnen

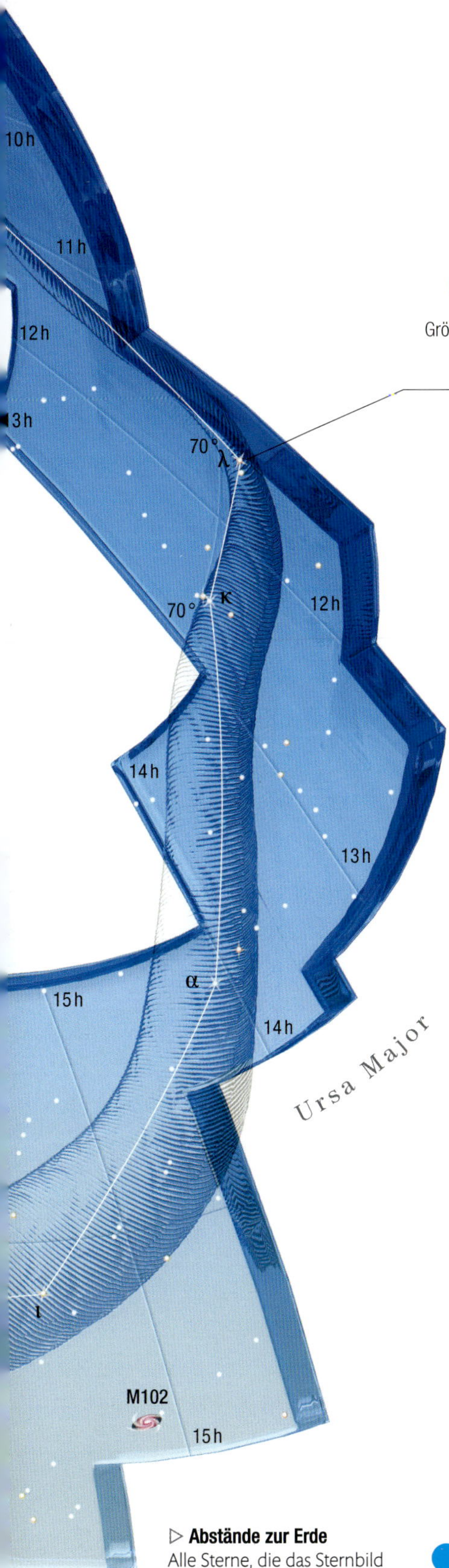

Lambda (λ) Draconis
Der Rote Riese der Größenklasse 4,1 ist etwa 335 Lichtjahre von uns entfernt.

△ **UGC 10214**
Die Kaulquappengalaxie ist eine ungewöhnlich geformte Spiralgalaxie und hat eine 280 000 Lichtjahre lange Fahne aus Sternen und Gas. Der lange Schweif entstand durch die Schwerkraft einer kleineren Galaxie, die gerade eben noch an den Spiralarmen im Vordergrund oben links zu sehen ist.

▽ **NGC 6543**
Dieser planetarische Nebel besteht aus mindestens elf Hüllen aus Gas und Staub, die vermutlich in einer Serie von Pulsationen in Intervallen von 1500 Jahren von einem zentralen Stern abgestoßen wurden. Das Muster der Hüllen erinnert an ein Katzenauge, was dem Nebel seinen Namen gab.

DATEN

Größenrangliste 8
Hellste Sterne Etamin (γ) 2,2, Eta (η) 2,7
Genitiv Draconis
Abkürzung Dra
Höchststand um 22 Uhr April–August
Sichtbarkeit 90 ° N – 4 ° S

KARTE 1

HAUPTSTERNE

Thuban Alpha (α) Draconis
Blau-weißer Riese
3,7 ⟷ 303 Lichtjahre

Rastaban Beta (β) Draconis
Gelber Überriese
2,8 ⟷ 380 Lichtjahre

Etamin Gamma (γ) Draconis
Orangefarbener Riese, auch Eltanin genannt
2,2 ⟷ 154 Lichtjahre

Delta (δ) Draconis
Gelber Riese
3,1 ⟷ 97 Lichtjahre

Zeta (ζ) Draconis
Blau-weißer Riese
3,2 ⟷ 330 Lichtjahre

Eta (η) Draconis
Gelber Riese
2,7 ⟷ 92 Lichtjahre

HIMMELSOBJEKTE

NGC 6503
Spiralgalaxie

NGC 6543 (Katzenaugennebel)
Planetarischer Nebel

NGC 6621 and NGC 6622
Wechselwirkende Galaxien

NGC 6786
Spiralgalaxie

UGC 10214 (Kaulquappengalaxie)
Zerstörte Spiralgalaxie

▷ **Abstände zur Erde**
Alle Sterne, die das Sternbild Draco bilden, sind weniger als 500 Lichtjahre von der Erde entfernt. Der nächste Stern, Theta (θ) Draconis, liegt in 69 Lichtjahren Entfernung, der entfernteste, Kappa (κ) Draconis, in einem Abstand von 500 Lichtjahren. Der hellste Stern, Etamin (γ Draconis), liegt mit 154 Lichtjahren relativ nah.

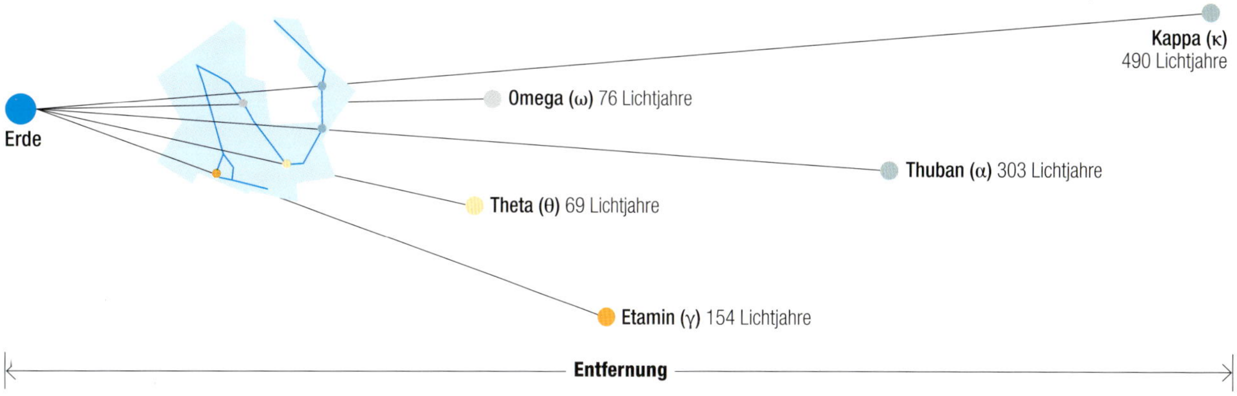

CASSIOPEIA

KASSIOPEIA

Cassiopeia liegt in dem Band der Milchstraße. Die fünf Hauptsterne des Sternbilds bilden eine Zickzacklinie und erinnern an den Buchstaben W, sodass dieses Sternbild am nördlichen Nachthimmel leicht zu erkennen ist.

Kassiopeia war in der griechischen Mythologie eine eitle Königin, die Ehefrau von König Kepheus. Als Bestrafung für Kassiopeias Eitelkeit schickte der Meeresgott Poseidon ein Seemonster, das die Küste ihres Landes verwüstete. Um das Monster loszuwerden, ketteten Kassiopeia und Kepheus ihre Tochter Andromeda als Opfer an einen Felsen. Glücklicherweise wurde sie durch den Helden Perseus vor dem Seemonster gerettet. Alle Figuren dieser Geschichte sind in Sternbildern verewigt.

Cassiopeia enthält die Überreste zweier Supernovae: Tychos Stern war auf der Erde 1572 sichtbar, die andere Supernova ereignete sich ungefähr ein Jahrhundert später, war aber nicht zu sehen.

Die wichtigsten Merkmale des Sternbilds, die man auch durch kleine Teleskope sieht, sind der schöne Doppelstern Eta Cassiopeiae und mehrere Offene Sternhaufen wie M52, M103 und NGC 457.

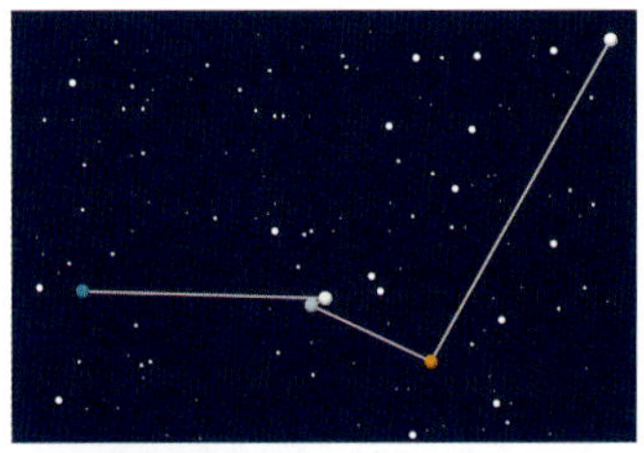
vor 50 000 Jahren

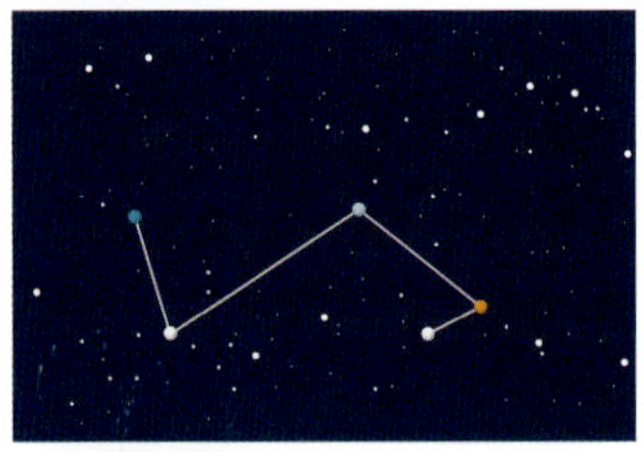
in 50 000 Jahren

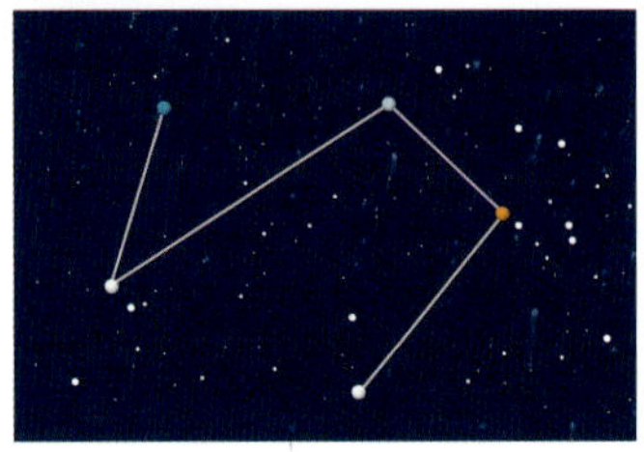
in 100 000 Jahren

◁ **Formveränderung**
Alle Sterne kreisen im Weltraum, sodass sich Sternbilder nach und nach verändern. Diese Diagramme zeigen die Sterne des Sternbilds Cassiopeia vor 50 000 Jahren (oben) und so, wie das Sternbild in 50 000 und 100 000 Jahren (Mitte und unten) aussehen wird.

IC 1805
Dieser Sternhaufen liegt in einer Wolke aus glühendem Gas, dem Herznebel. Dieser erhielt seinen Namen, weil er an ein menschliches Herz erinnert.

◁ **Cassiopeia A Supernovaüberrest**
Die stärkste Radioquelle am Himmel wurde als Überrest einer Supernova identifiziert, die in etwa 11 000 Lichtjahren Entfernung explodierte. Licht von der Supernova sollte die Erde im 17. Jh. erreicht haben. Allerdings gibt es keine Aufzeichnungen von einer Beobachtung, sodass sie vermutlich vom Staub verdunkelt wurde. Dieses Bild eines explodierten Sterns (links) wurde aus Aufnahmen in verschiedenen Wellenlängen zusammengesetzt: in infrarotem (rot) und optischem (gelb) Licht sowie Röntgenstrahlen (grün und blau).

▷ **Abstände zur Erde**
Man könnte meinen, die fünf Hauptsterne von Cassiopeias auffälligem W sind relativ enge Nachbarn – aber in Wirklichkeit liegen sie weit auseinander. Der am weitesten entfernte Stern, Gamma Cassiopeiae (der mittlere Stern im W), ist mehr als zehnmal so weit entfernt wie der erdnächste, Caph (Beta Cassiopeiae).

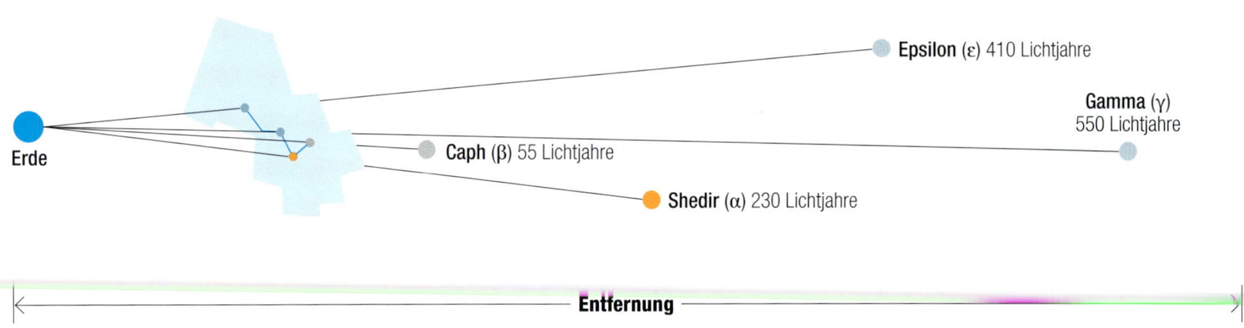

Shedir
540 Sonnen

Epsilon Cassiopeiae
630 Sonnen

Gamma Cassiopeiae
3400 Sonnen

Im November 1572 leuchtete in Cassiopeia eine **Supernova,** die so hell wie der **Planet Venus** sowie **tagsüber zu sehen** war.

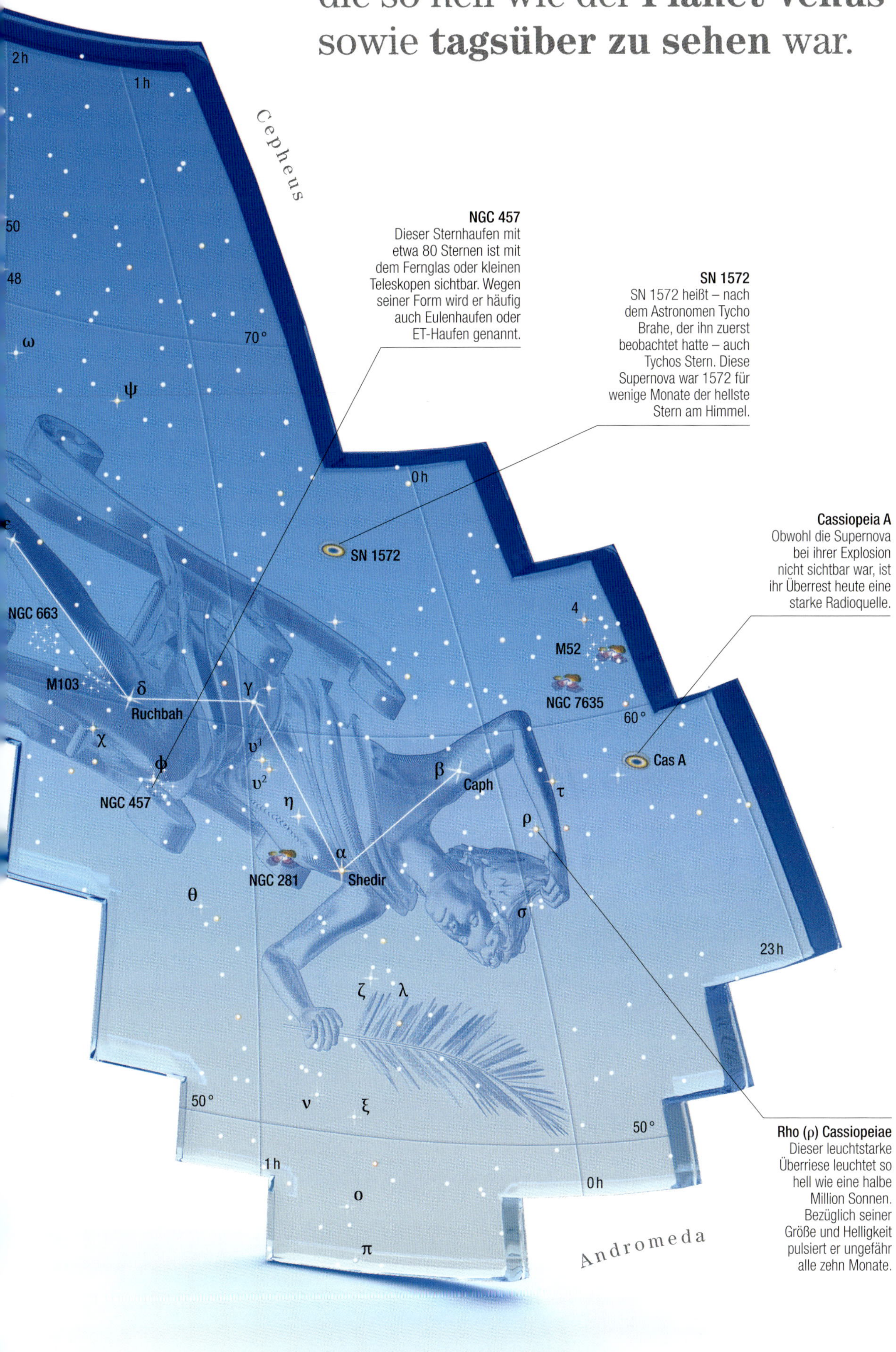

DATEN

Größenrangliste 25

Hellste Sterne Shedir (α) 2,2, Gamma (γ) 2,2

Genitiv Cassiopeiae

Abkürzung Cas

Höchststand um 22 Uhr Oktober–Dezember

Sichtbarkeit 90 °N – 12 °S

KARTE 1

HAUPTSTERNE

Shedir Alpha (α) Cassiopeiae
Orangefarbener Riese; auch Schedar genannt
2,2 ⟷ 230 Lichtjahre

Caph Beta (β) Cassiopeiae
Weißer Riese
2,3 ⟷ 55 Lichtjahre

Gamma (γ) Cassiopeiae
Blau-weißer Unterriese
2,4 ⟷ 550 Lichtjahre

Ruchbah Delta (δ) Cassiopeiae
Weißer Unterriese
2,7 ⟷ 99 Lichtjahre

Epsilon (ε) Cassiopeiae
Blauer Riese
3,4 ⟷ 410 Lichtjahre

Eta (η) Cassiopeiae
Gelber Hauptreihenstern
3,4 ⟷ 19 Lichtjahre

Rho (ρ) Cassiopeiae
Veränderlicher Gelber Überriese
4,1–6,2 ⟷ 12 000 Lichtjahre

HIMMELSOBJEKTE

M52
Heller Offener Sternhaufen mit ungefähr 100 Sternen

M103
Kleiner Offener Sternhaufen mit ungefähr 25 Sternen

NGC 457
Loser Offener Sternhaufen mit ungefähr 80 Sternen

NGC 663
Großer Offener Sternhaufen mit ungefähr 80 Sternen

NGC 7635
Emissionsnebel; auch als Bubble-Nebel bekannt

IC 1805
Sternhaufen, auch Herznebel genannt

Cassiopeia A
Supernovaüberrest; starke Radioquelle

SN 1572
Supernovaüberrest

LYNX

LUCHS

Dieses nördliche Sternbild füllt eine dunkle Fläche zwischen Ursa Major (Großer Bär) und Auriga (Fuhrmann). Der Luchs ist durch eine Reihe Sterne gekennzeichnet, die sich von seiner Nase bis zu seinem Schwanz erstrecken.

Der polnische Astronom Johannes Hevelius, der das Sternbild 1687 einführte, war für sein gutes Sehvermögen bekannt. Er hielt in seinen Notizen fest, dass mit bloßem Auge nur die das Sternbild erkennen können, die so gut wie Katzen sehen. Alle anderen sehen nur den hellsten Stern Alpha. Per Teleskop kann man interessante Doppel- und Mehrfachsterne ausmachen, wie den Dreifachstern 19 Lyncis, den zwei Sterne der Größenklasse 6 und 7 und ein großer Begleiter der Größenklasse 8 bilden. Lohnenswerte Himmelsobjekte sind der Kugelsternhaufen NGC 2419 und ein riesiges Sternentstehungsgebiet, der Luchsbogen.

◁ **Der Luchsbogen**
Dieser gewaltige, hell leuchtende Bogen in 12 Mrd. Lichtjahren Entfernung ermöglicht einen Blick in eine vergangene Periode intensiver Sternentstehung. Der Luchsbogen ist das größte, heißeste und hellste Sternentstehungsgebiet. Es ist Millionen Mal so hell wie der bekanntere Orionnebel und enthält eine Million blauweiße Sterne, die doppelt so heiß sind wie ähnliche Sterne in der Milchstraße.

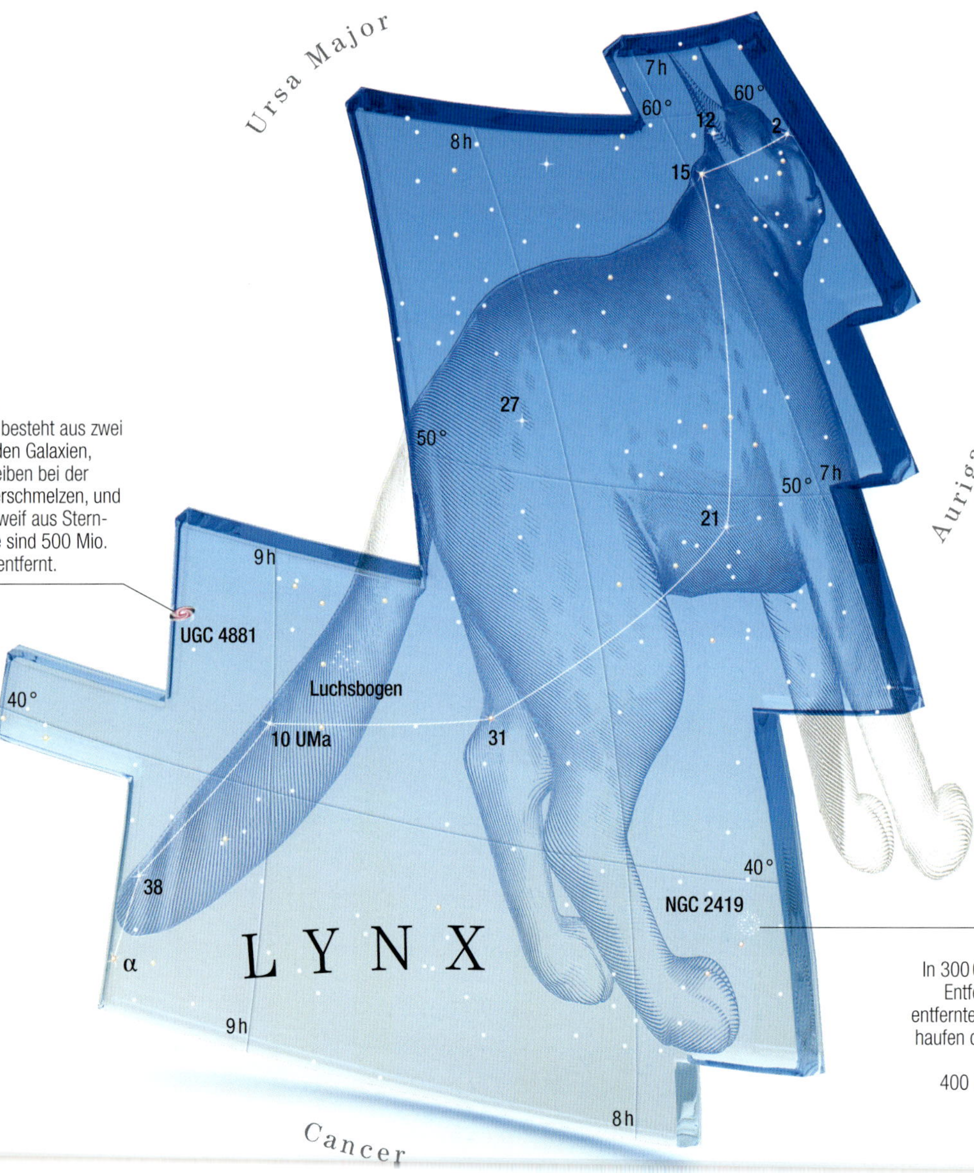

UGC 4881
UGC 4881 besteht aus zwei kollidierenden Galaxien, deren Scheiben bei der Kollision verschmelzen, und einem Schweif aus Sternhaufen. Sie sind 500 Mio. Lichtjahre entfernt.

NGC 2419
In 300 000 Lichtjahren Entfernung liegt der entfernteste Kugelsternhaufen der Milchstraße. Er ist ungefähr 400 Lichtjahre groß.

DATEN

Größenrangliste 28
Hellste Sterne Alpha (α) 3,1, 38 Lyncis (α) 3,8
Genitiv Lyncis
Abkürzung Lyn
Höchststand um 22 Uhr Februar–März
Sichtbarkeit 90 °N – 28 °S

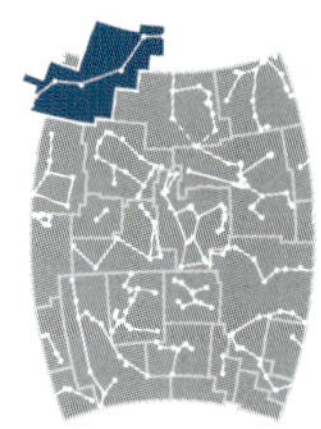

KARTE 6

HAUPTSTERNE

Alpha (α) Lyncis
Orangefarbener Riese
3,1 ⟷ 203 Lichtjahre

5 Lyncis
Optischer Doppelstern
5,2 ⟷ 625 Lichtjahre

12 Lyncis
Dreifachsternsystem
4,9 ⟷ 215 Lichtjahre

19 Lyncis
Dreifachsternsystem
5,8 ⟷ 470 Lichtjahre

38 Lyncis
Blau-weißer Hauptreihenstern und Doppelstern
3,8 ⟷ 125 Lichtjahre

HIMMELSOBJEKTE

NGC 2419
Kugelsternhaufen

UGC 4881
Wechselwirkende Galaxien, auch Grasshopper genannt

Luchsbogen
Sternentstehungsgebiet

CAMELOPARDALIS

GIRAFFE

Das Sternbild liegt zwischen Cassiopeia und dem Kopf des Großen Bären (Ursa Major). Camelopardalis fehlen helle Objekte, sodass man das Sternbild am besten mithilfe seiner Nachbarsternbilder auffindet.

Die alten Griechen konnten in diesem großen, dunklen Himmelsabschnitt, in dem kein Stern heller als Größenklasse 4 leuchtet, kein Sternbild erkennen. Die Lücke füllte 1612 der niederländische Theologe und Astronom Petrus Plancius mit einer Giraffe. Vorderbeine, Körper und Hinterbeine bilden ein umgekehrtes »U«. Der Giraffenhals enthält keine besonderen Sterne und erstreckt sich bis zum Sternbild Draco (Drache). Das interessanteste Merkmal des Sternbilds ist eine Spur ungebundener Sterne, die man Kembles Kaskade nennt und die von NGC 1502 zu Cassiopeia weisen.

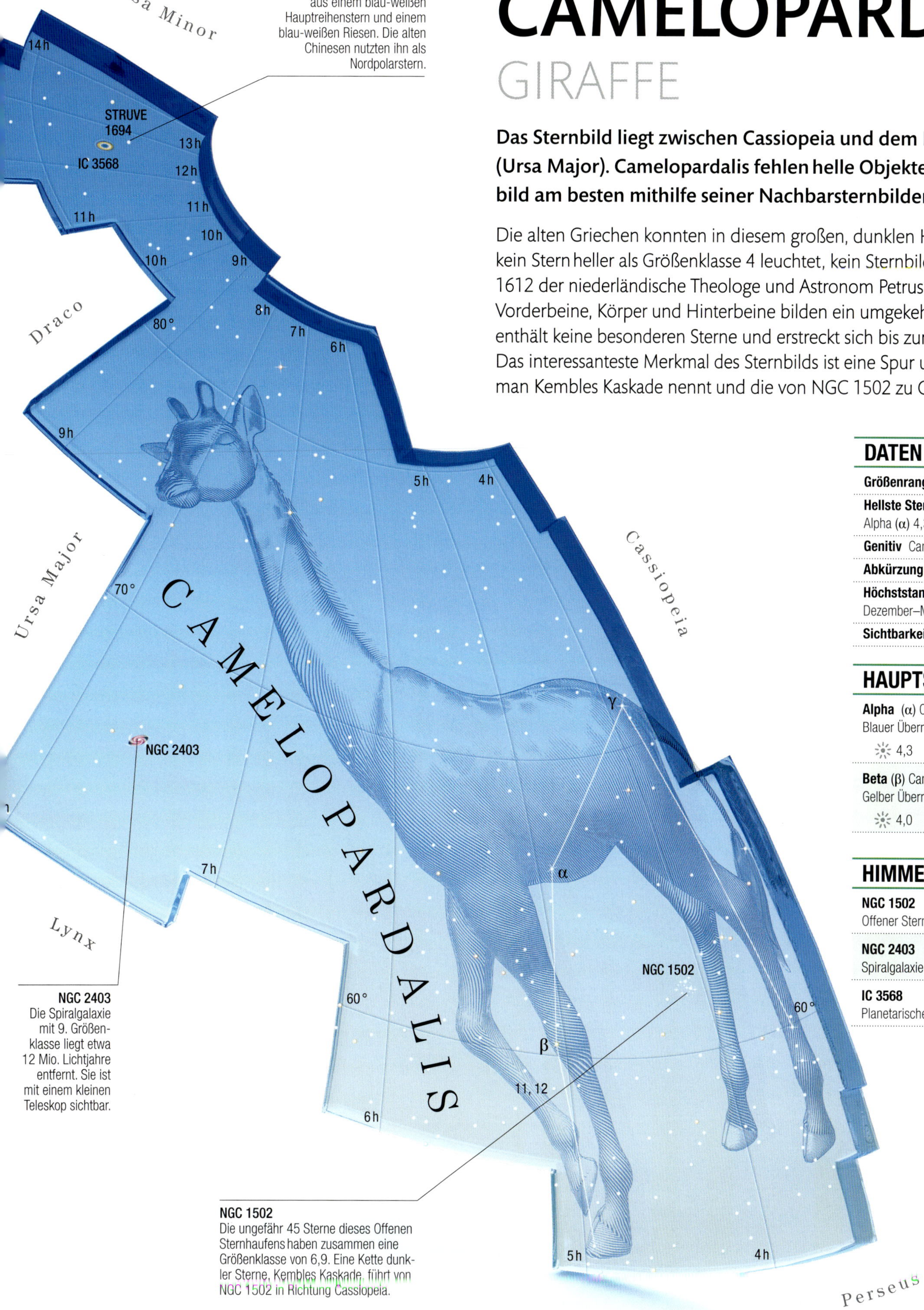

Struve 1694
Dieser Doppelstern besteht aus einem blau-weißen Hauptreihenstern und einem blau-weißen Riesen. Die alten Chinesen nutzten ihn als Nordpolarstern.

NGC 2403
Die Spiralgalaxie mit 9. Größenklasse liegt etwa 12 Mio. Lichtjahre entfernt. Sie ist mit einem kleinen Teleskop sichtbar.

NGC 1502
Die ungefähr 45 Sterne dieses Offenen Sternhaufens haben zusammen eine Größenklasse von 6,9. Eine Kette dunkler Sterne, Kembles Kaskade, führt von NGC 1502 in Richtung Cassiopeia.

DATEN

Größenrangliste 18

Hellste Sterne Beta (β) 4,0, Alpha (α) 4,3

Genitiv Camelopardalis

Abkürzung Cam

Höchststand um 22 Uhr Dezember–Mai

Sichtbarkeit 90 °N – 3 °S

KARTE 1

HAUPTSTERNE

Alpha (α) Camelopardalis
Blauer Überriese
4,3 ⟷ 6269 Lichtjahre

Beta (β) Camelopardalis
Gelber Überriese und Doppelstern
4,0 ⟷ 872 Lichtjahre

HIMMELSOBJEKTE

NGC 1502
Offener Sternhaufen

NGC 2403
Spiralgalaxie

IC 3568
Planetarischer Nebel

LEUCHTKRAFT

Xi Ursae Majoris	Megrez	Merak	Phad
1,5 Sonnen	*25 Sonnen*	*60 Sonnen*	*62 Sonnen*

URSA MAJOR GROSSER BÄR

In dem drittgrößten Sternbild liegt der bekannteste Asterismus, der Große Wagen. In der griechischen Mythologie stellt der Bär entweder Kallisto dar, eine Geliebte von Zeus, oder Andrastea, die Amme von Zeus.

Sieben Sterne bilden das auffällige Muster des Großen Wagens. Dubhe, Merak, Phad und Megrez stellen den Wagenkasten dar, während Alioth, Mizar und Alkaid die Deichsel bilden. Der zweithellste Stern in der Deichsel ist ein breiter Doppelstern. Der hellere der beiden Sterne ist Mizar, er wird begleitet von Alcor. Zwei Sterne des Wagenkastens, Merak und Dubhe, weisen auf den Nordpolarstern Polaris im Nachbarsternbild Ursa Minor (Kleiner Bär) hin.

Ursa Major enthält mehrere interessante Himmelsobjekte. Dazu zählen M101, eine Spiralgalaxie (Pinwheel-Galaxie), M81 sowie M82 (Cigar-Galaxie). Die letzten beiden Galaxien sind vermutlich vor etwa 300 Mio. Jahren miteinander kollidiert. Der planetarische Nebel M97 heißt, weil er an ein Eulengesicht erinnert, auch Eulennebel.

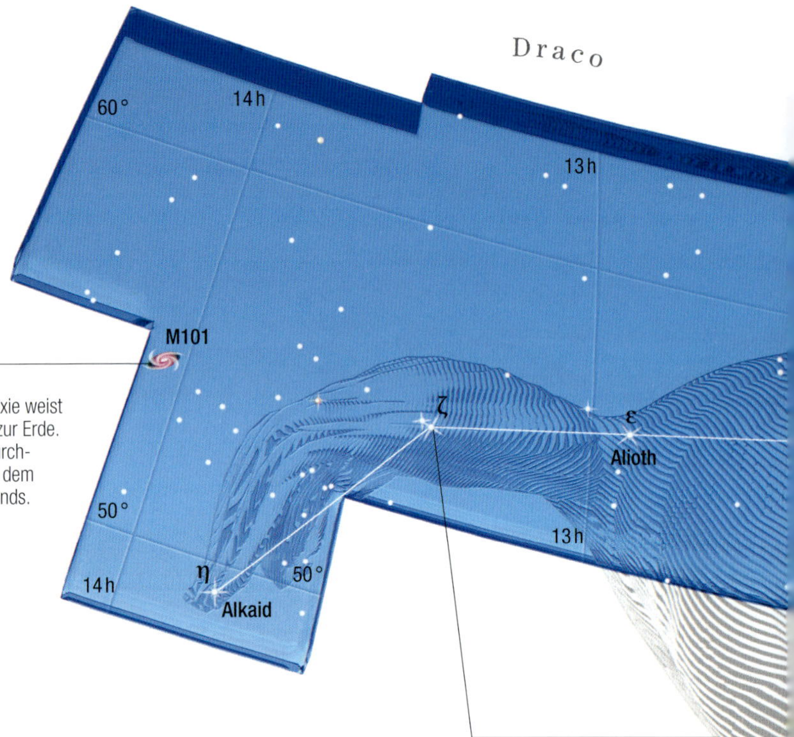

M101
Die Pinwheel-Galaxie weist mit ihrer Scheibe zur Erde. Ihr scheinbarer Durchmesser entspricht dem Radius des Vollmonds.

Mizar (ζ Ursae Majoris)
Diesen Stern der Größenklasse 2 und seinen Begleiter der Größenklasse 4, Alcor, sieht man gerade noch mit bloßem Auge, besser aber mit Ferngläsern.

◁ **NGC 3982**
Pinkfarbene Wolken aus glühendem Wasserstoff stechen aus den Spiralarmen dieser Spiralgalaxie hervor, die ungefähr 70 Mio. Lichtjahre entfernt ist. Wie in den hellen Nebeln der Milchstraße entstehen in diesen Wolken neue Sterne. Die bläulichen Gebiete bestehen hingegen aus heißen jungen Sternen. Der Durchmesser von NGC 3982 misst etwa 30 000 Lichtjahre und entspricht damit ungefähr einem Drittel dessen der Milchstraße.

◁ **M82**
In der Cigar-Galaxie, die im Norden des Sternbilds liegt, findet – nach einer nahen Begegnung mit ihrer Nachbargalaxie M81 – eine gewaltige Welle der Sternentstehung statt. Fahnen aus heißem, ionisiertem Gas (rot in der Aufnahme des Hubble-Weltraumteleskops) werden oberhalb und unterhalb der Scheibe aus der Cigar-Galaxie herausgeschleudert.

▷ **Abstände zur Erde**
Die Sterne des Hauptmusters von Ursa Major liegen zwischen 29 und 358 Lichtjahre von der Erde entfernt. Die beiden Sterne, die die Enden des Großen Wagens bilden, Dubhe und Alkaid, sind 123 und 104 Lichtjahre entfernt. Die anderen fünf Sterne des Asterismus, Merak, Phad, Megrez, Alioth und Mizar, liegen alle in einer ähnlichen Entfernung (ungefähr 80–86 Lichtjahre) und bewegen sich in der gleichen Richtung im Weltraum. Sie bilden heute die Ursa-Major-Gruppe, die früher ein Offener Sternhaufen waren, der dann weggedriftet ist.

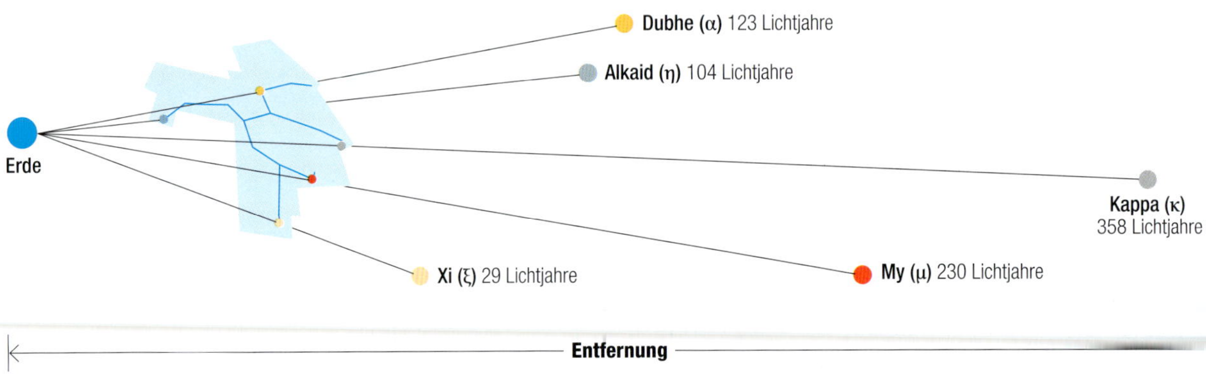

Mizar *77 Sonnen* — **Alioth** *110 Sonnen* — **Alkaid** *160 Sonnen* — **Dubhe** *235 Sonnen*

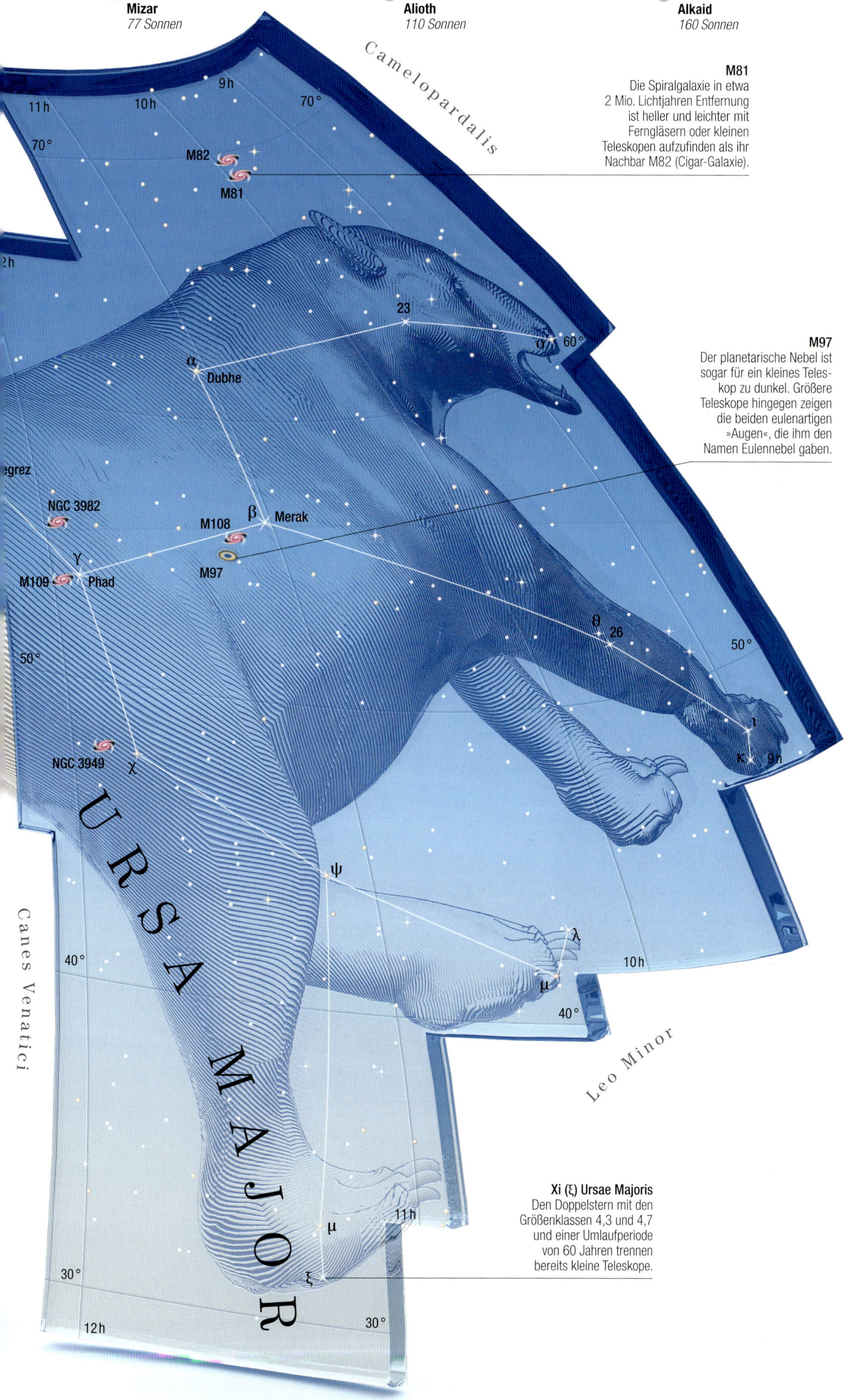

DATEN

Größenrangliste 3

Hellste Sterne Dubhe (α) 1,8, Alioth (ε) 1,8

Genitiv Ursae Majoris

Abkürzung UMa

Höchststand um 22 Uhr Februar–Mai

Sichtbarkeit 90 °N – 16 °S

KARTE 5

HAUPTSTERNE

Dubhe Alpha (α) Ursae Majoris
Gelber Riese
1,8 ⟷ 123 Lichtjahre

Merak Beta (β) Ursae Majoris
Blau-weißer Überriese
2,4 ⟷ 80 Lichtjahre

Phad Gamma (γ) Ursae Majoris
Blau-weißer Hauptreihenstern, auch Phecda genannt
2,4 ⟷ 83 Lichtjahre

Megrez Delta (δ) Ursae Majoris
Blau-weißer Hauptreihenstern
3,3 ⟷ 81 Lichtjahre

Alioth Epsilon (ε) Ursae Majoris
Blau-weißer Riese oder Unterriese
1,8 ⟷ 83 Lichtjahre

Mizar Zeta (ζ) Ursae Majoris
Blau-weißer Hauptreihenstern
2,3 ⟷ 86 Lichtjahre

Alkaid Eta (η) Ursae Majoris
Blau-weißer Hauptreihenstern
1,9 ⟷ 104 Lichtjahre

Xi (ξ) Ursae Majoris
Doppelstern aus zwei gelb-weißen Hauptreihensternen
4,3 und 4,7 ⟷ 29 Lichtjahre

HIMMELSOBJEKTE

M81
Spiralgalaxie

M82 (Cigar-Galaxie)
Zerstörte Spiralgalaxie in Kantenansicht

M97 (Eulennebel)
Planetarischer Nebel

M101 (Pinwheel-Galaxie)
Spiralgalaxie

NGC 3982
Spiralgalaxie

LEUCHTKRAFT

Beta Canum Venaticorum *1,2 Sonnen*

RS Canum Venaticorum *13 Sonnen*

CANES VENATICI

JAGDHUNDE

Zwischen Bootes (Bärenhüter) und Ursa Major (Großer Bär) liegt das Sternbild Canes Venatici, das zwei Jagdhunde an der Leine von Bootes darstellt. Innerhalb der Grenzen des Sternbilds liegen mehrere interessante Galaxien, wie etwa die bemerkenswerte M51, die auch als Whirlpool-Galaxie bekannt ist.

Die alten Griechen kannten dieses Sternbild nicht. Erst der polnische Astronom Johannes Hevelius führte Canes Venatici 1687 mit mehreren anderen Sternbildern ein. Er stellte sich zwei Jagdhunde vor, die der benachbarte Bootes (Bärenhüter) an der Leine führt.

Das Sternbild besitzt nur wenige interessante Sterne. Sein hellster Stern, Cor Caroli (Herz des Karls), wurde im 17. Jh. zu Ehren von König Charles I. von England benannt, der vom republikanischen Parlament 1649 enthauptet wurde.

In der Nähe der oberen Grenze zu Ursa Major liegt die Spiralgalaxie M51 (s. S. 114/115). Ihre Spiralstruktur wurde zuerst 1845 von dem irischen Astronomen Lord Rosse mit einem Teleskop entdeckt, das er sich auf seinem Anwesen in Birr Castle (County Offaly) gebaut hatte. Seine Entdeckung führte zu der Spekulation, dass solche Spiralkörper einzelne, weit entfernte Galaxien sein könnten. M51 ist etwa 30 Mio. Lichtjahre entfernt. Die kleinere Galaxie NGC 5195 befindet sich in der Nähe eines seiner Armenden.

Lord Rosse beobachtete 1845 mit dem zur damaligen Zeit **weltweit größten Teleskop** die Galaxie M51 – die **erste Spiralgalaxie,** die man erkannte.

◁ **M106**
Dieses Bild der Spiralgalaxie M106 wurde aus Aufnahmen der beiden Amateurastrofotografen Robert Gendler und Jay GaBany und des Hubble-Weltraumteleskops zusammengesetzt.

▽ **NGC 4449**
In den glühenden Flecken dieser Zwerggalaxie entstehen neue Sterne. Ausgelöst wurde dies wahrscheinlich durch die Wechselwirkung mit einer oder mehreren kleineren Galaxien.

DATEN

Größenrangliste 38
Hellste Sterne Alpha (α) 2,9, Beta (β) 4,3
Genitiv Canum Venaticorum
Abkürzung CVn
Höchststand um 22 Uhr April–Mai
Sichtbarkeit 90 °N – 27 °S

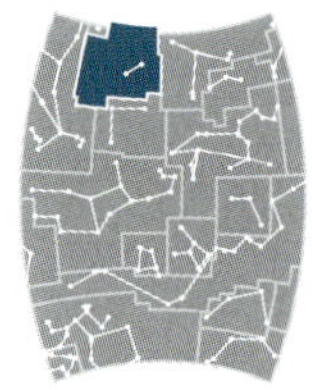

KARTE 5

HAUPTSTERNE

Cor Caroli Alpha (α) Canum Venaticorum
Blau-weißer Hauptreihenstern
2,9 ⟷ 115 Lichtjahre

Beta (β) Canum Venaticorum
Gelber Hauptreihenstern
4,3 ⟷ 28 Lichtjahre

La Superba Y Canum Venaticorum
Roter veränderlicher Riese
4,9–7,3 ⟷ 1000 Lichtjahre

RS Canum Venaticorum
Bedeckungsveränderlicher
7,9 und 9,1 ⟷ 520 Lichtjahre

HIMMELSOBJEKTE

M3
Kugelsternhaufen

M51
Spiralgalaxie, auch als Whirlpool-Galaxie bekannt

M63
Spiralgalaxie, auch als Sunflower-Galaxie bekannt

M94
Spiralgalaxie

M106
Spiralgalaxie

NGC 4244
Spiralgalaxie in Kantenansicht

NGC 4449
Irreguläre Zwerggalaxie

NGC 4631
Spiralgalaxie in Kantenansicht, auch Whale-Galaxie

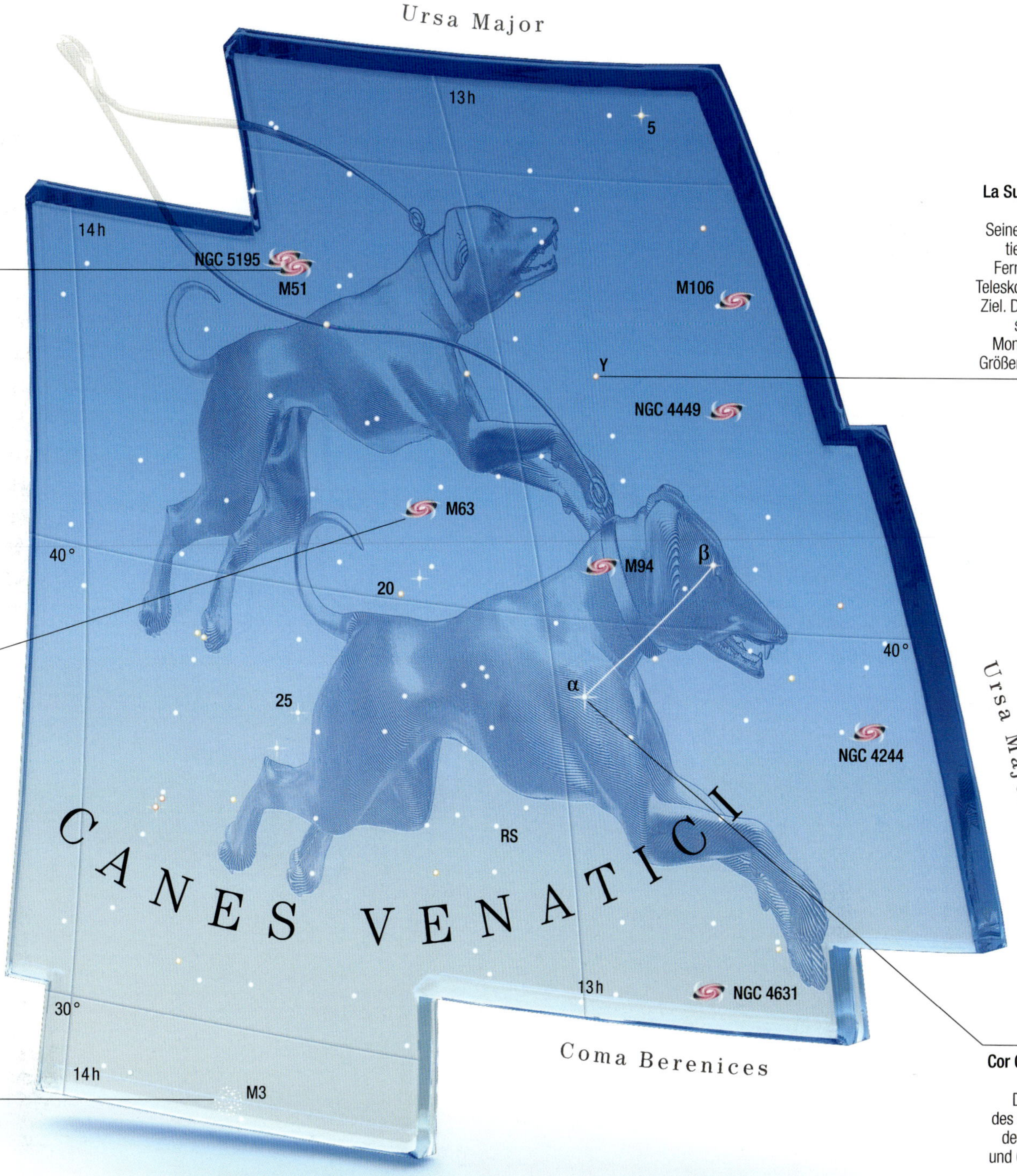

M51
Die Spiralgalaxie M51 kann man mit Ferngläsern oder kleinen Teleskopen beobachten. Größere Instrumente zeigen, dass sie in Wechselwirkung mit ihrem kleineren Begleiter NGC 5195 steht.

La Superba (Y Canum Venaticorum)
Seine bemerkenswerte tiefrote Farbe ist für Ferngläser und kleine Teleskope ein lohnendes Ziel. Der Rote Überriese schwankt alle fünf Monate zwischen den Größenklassen 5 und 7.

M63
Diese schöne Spiralgalaxie, die auch Sunflower-Galaxie genannt wird, liegt in etwa 30 Mio. Lichtjahren Entfernung (ähnlich weit entfernt wie M51).

Cor Caroli (α Canum Venaticorum)
Die beiden Sterne des Doppelsterns mit der Größenklasse 3 und 6 trennen bereits kleine Teleskope.

M3
Diesen Kugelsternhaufen, der am Nachthimmel etwa halb so groß ist wie der Vollmond, findet man leicht mit Ferngläsern und kleinen Teleskopen.

▷ **Abstände zur Erde**
Canes Venatici enthält zwar zahlreiche interessante Himmelsobjekte, aber die Figur des Sternbilds wird von nur zwei Sternen gebildet. Der hellere der beiden Sterne, Cor Caroli, liegt mehr als viermal so weit entfernt wie der dunklere Beta Canum Venaticorum.

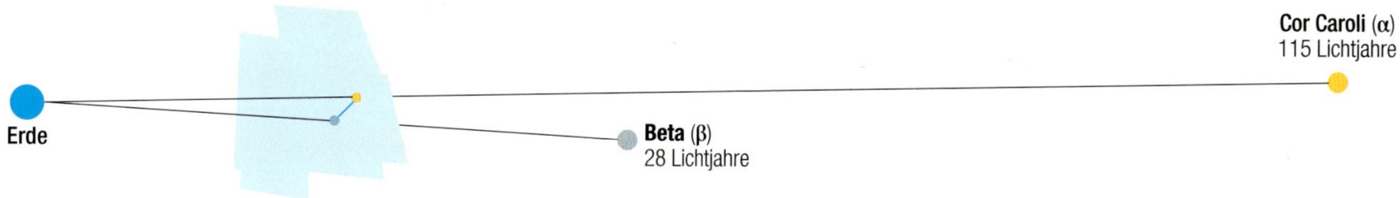

DIE WHIRLPOOL-GALAXIE

1 Großartige Spiralgalaxie
Lange Fahnen aus Sternen und staubbeladenem Gas winden sich um das Zentrum von M51, die Whirlpool-Galaxie. Ihre Arme sind reine Sternfabriken, in denen Wasserstoff zu neuen Sternen komprimiert wird. Die jungen, heißen Sterne verleihen den Armen ihre bläuliche Farbe und regen Wasserstoff zu einem pinkfarbenen Glühen an. Die kleine Galaxie (NGC 5195) rechts liegt hinter M51 und löst massive Sternbildungen aus.

2 Galaxienkern
Auf Röntgenaufnahmen leuchtet der Galaxienkern hell. Diese Aufnahme des Chandra-Röntgenobservatoriums zeigt um den hellen Kern riesige Wolken, die viele Millionen Grad heiß sind. Die Wolke links oberhalb des Kerns ist 1500 Lichtjahre groß. Ihr Gas wird durch einen schnellen Materialstrahl erhitzt, der von einem supermassiven Schwarzen Loch im Galaxienkern ausgestoßen und beschleunigt wird.

3 Aufbau des Galaxienkerns
Diese Aufnahme des Hubble-Weltraumteleskops zeigt das Herz der Galaxie – den aktiven galaktischen Kern (AGN, engl.: active galactic nucleus). Das dunkle »X« in dem hellen Galaxienkern gibt die genaue Lage des Schwarzen Lochs an, verdeckt aber dessen Loch und Scheibe durch einströmendes Gas. Die breite Linie des X ist ein 100 Lichtjahre großer Staubring, der im rechten Winkel zur Scheibe steht.

4 Röntgenaufnahme
Diese Aufnahme des Chandra-Röntgenobservatoriums, das die Whirlpool-Galaxie elf Stunden lang beobachtete, zeigt in der Galaxie mehr als 400 Röntgenquellen. Die meisten sind Röntgendoppelsternsysteme, in denen ein Neutronenstern oder – seltener – ein stellares Schwarzes Loch Material von Begleitsternen anzieht. Das einfallende Material erhitzt sich auf Millionen Grad und erzeugt leuchtstarke Röntgenquellen.

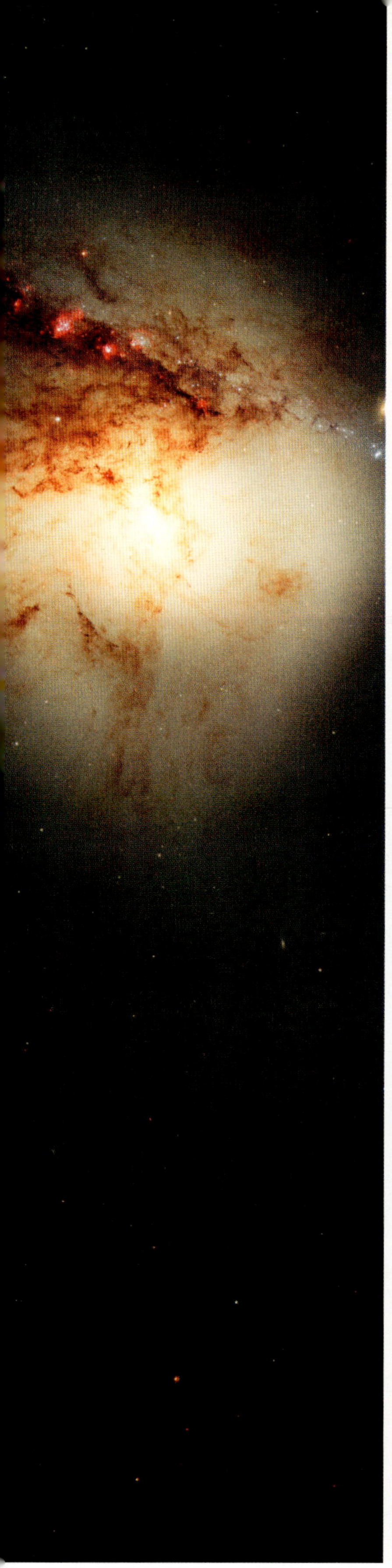

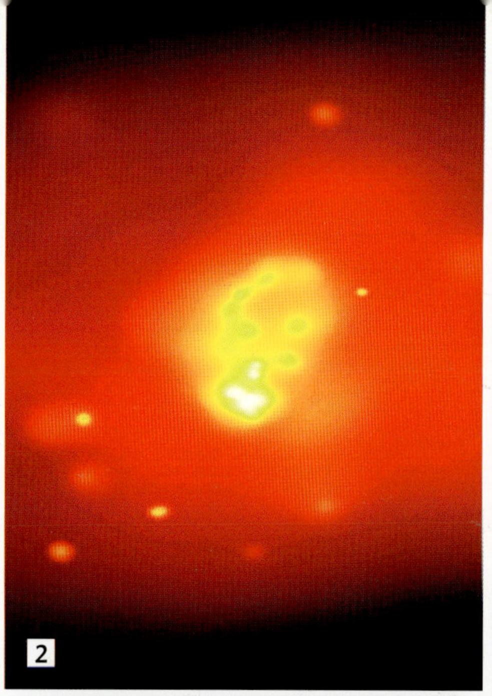

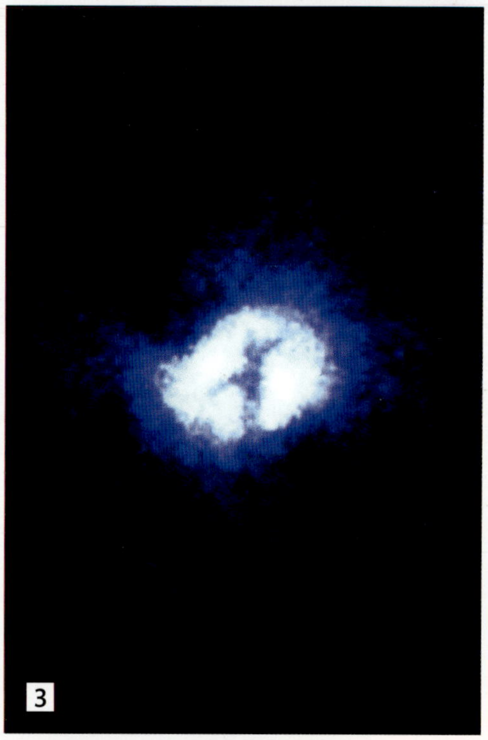

5 **Staubige Galaxie**
Im nahen Infrarot bleibt der größte Teil des Sternlichts unsichtbar. Stattdessen erkennt man die Staubstruktur (rot) in der Whirlpool-Galaxie. Der Staub bildet glatte, diffuse Staubfahnen statt großer Staubwolken. In diese Fahnen sind Hunderte winziger Sterngruppen eingebettet. Diese Gruppen sieht man im sichtbaren Licht jedoch nicht, weil ihr Licht nicht durch den dunklen Staub dringt.

BOOTES
BÄRENHÜTER

Das drachenförmige Sternbild Bootes am nördlichen Himmel enthält Arktur, der einer der hellsten und zudem erdnächsten Sterne ist.

Das große Sternbild Bootes erstreckt sich von Draco und Ursa Major im Norden bis zu Virgo im Süden. Was genau Bootes darstellt, bleibt in den Mythen unklar, aber er wird oft als Bärenhüter beschrieben, der mithilfe seiner Hunde im Nachbarsternbild Canes Venatici zwei Bären – die Sternbilder Ursa Major und Ursa Minor – vertreibt. Sein hellster Stern ist Arktur, das griechische Wort für Bärenhüter. Er ist der hellste Stern nördlich des Himmelsäquators. Bootes ist bekannt für seine Doppelsterne. Zu den schönsten Doppelsternen zählt Izar. Der Meteorschauer der Quadrantiden, benannt nach Quadrans, einem früheren Sternbild, entspringt hier im Januar.

Arktur emittiert über **100-mal so viel Energie** wie die **Sonne,** obwohl er nur wenig massiver als diese ist.

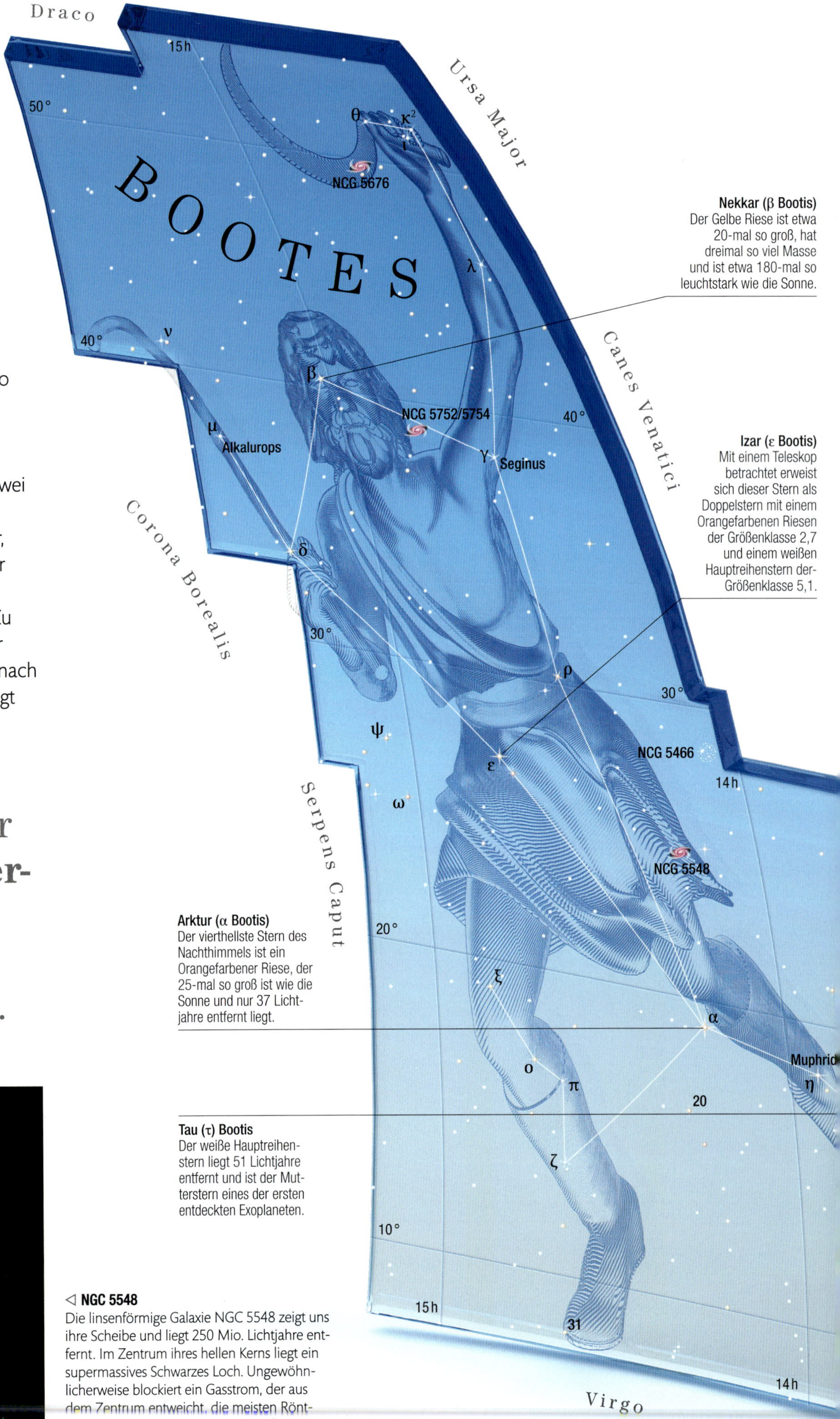

Nekkar (β Bootis)
Der Gelbe Riese ist etwa 20-mal so groß, hat dreimal so viel Masse und ist etwa 180-mal so leuchtstark wie die Sonne.

Izar (ε Bootis)
Mit einem Teleskop betrachtet erweist sich dieser Stern als Doppelstern mit einem Orangefarbenen Riesen der Größenklasse 2,7 und einem weißen Hauptreihenstern der Größenklasse 5,1.

Arktur (α Bootis)
Der vierthellste Stern des Nachthimmels ist ein Orangefarbener Riese, der 25-mal so groß ist wie die Sonne und nur 37 Lichtjahre entfernt liegt.

Tau (τ) Bootis
Der weiße Hauptreihenstern liegt 51 Lichtjahre entfernt und ist der Mutterstern eines der ersten entdeckten Exoplaneten.

◁ **NGC 5548**
Die linsenförmige Galaxie NGC 5548 zeigt uns ihre Scheibe und liegt 250 Mio. Lichtjahre entfernt. Im Zentrum ihres hellen Kerns liegt ein supermassives Schwarzes Loch. Ungewöhnlicherweise blockiert ein Gasstrom, der aus dem Zentrum entweicht, die meisten Röntgenstrahlen, die das Schwarze Loch freisetzt.

CORONA BOREALIS
NÖRDLICHE KRONE

Das hufeisenförmige Sternbild präsentiert eine prachtvolle Krone. Auch sonst ist Corona Borealis zwar ein kleines, aber dennoch auffälliges Sternbild am nördlichen Himmel.

Corona Borealis ist eines der ursprünglichen 48 Sternbilder der alten Griechen und stellt die mit Juwelen besetzte Krone dar, die die mythische Prinzessin Ariadne von Kreta an ihrer Hochzeit mit dem Gott Dionysos trug. Der frisch verheiratete Dionysos warf die Krone in den Himmel, wo die Juwelen zu Sternen wurden. Die Kronenform umfasst sieben miteinander verbundene Sterne. Zwischen Bootes und Hercules ist das Sternbild trotz der relativ dunklen Sterne leicht aufzufinden. Corona Borealis enthält interessante Doppelsterne, Veränderliche und mehrere Galaxienhaufen wie SDS J1531+3414 und Abell 2065. Letzterer besteht aus mehr als 400 Galaxien, ist aber 1,5 Mrd. Lichtjahre entfernt und viel zu dunkel für die meisten Amateurteleskope.

SDSS J1531+3414
Der dichte Haufen aus vorwiegend weißen, elliptischen Riesengalaxien hat nur wenige Spiral- und irreguläre Galaxien.

R Coronae Borealis
Der Gelbe Überriese ist noch mit bloßem Auge sichtbar, seine Helligkeit nimmt aber alle paar Jahre bis zur Größenklasse 14 ab.

T Coronae Borealis
Diese Nova zählt zu den hellsten und den zuverlässig wiederkehrenden Novae, die alle paar Jahrzehnte von Größenklasse 10 bis auf Größenklasse 2 aufleuchtet.

Alphekka (α Coronae Borealis)
Die Helligkeit des Bedeckungsveränderlichen schwankt in einem 17,4-Tage-Zyklus zwischen den Größenklassen 2,1 und 2,3.

DATEN (Bootes)

Größenrangliste 13
Hellste Sterne Arktur (α) –0,1, Izar (ε) 2,4
Genitiv Bootis
Abkürzung Boo
Höchststand um 22 Uhr Mai–Juni
Sichtbarkeit 90 °N – 35 °S

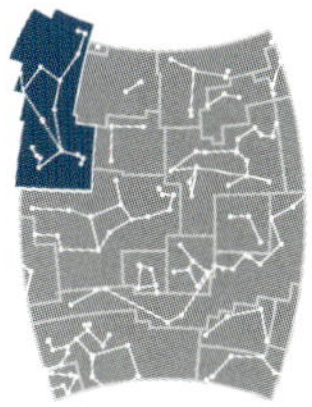
KARTE 5

HAUPTSTERNE

Arktur Alpha (α) Bootis
Orangefarbener Riese
–0,1 — 37 Lichtjahre

Nekkar Beta (β) Bootis
Gelber Riese
3,5 — 225 Lichtjahre

Seginus Gamma (γ) Bootis
Weißer Riese, auch ein Veränderlicher
3,0 — 87 Lichtjahre

Delta (δ) Bootis
Gelber Riese, auch ein Doppelstern
3,5 — 122 Lichtjahre

Izar Epsilon (ε) Bootis
Orangefarbener Riese, auch ein Doppelstern
2,4 — 202 Lichtjahre

Muphrid Eta (η) Bootis
Gelber Überriese
2,7 — 37 Lichtjahre

Alkalurops My (μ) Bootis
Weißer Hauptreihenstern, Dreifachstern
4,3 — 113 Lichtjahre

HIMMELSOBJEKTE

NGC 5248
Spiralgalaxie

NGC 5466
Kugelsternhaufen

NGC 5548
Linsenförmige Galaxie, auch eine Seyfert-Galaxie

NGC 5676
Spiralgalaxie

NGC 5752 und NGC 5754
Wechselwirkende Galaxien

DATEN (Corona Borealis)

Größenrangliste 73
Hellste Sterne Alphekka (α) 2,1–2,3, Nusakan (β) 3,7
Genitiv Coronae Borealis
Abkürzung CrB
Höchststand um 22 Uhr Juni
Sichtbarkeit 90 °N – 50 °S

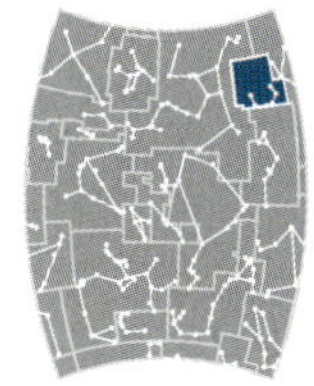
KARTE 4

HAUPTSTERNE

Alphekka Alpha (α) Coronae Borealis
Weißer Hauptreihenstern, Bedeckungsveränderlicher
2,1 und 2,3 — 75 Lichtjahre

Nusakan Beta (β) Coronae Borealis
Weißer Hauptreihenstern, auch ein Doppelstern
3,7 — 112 Lichtjahre

Gamma (γ) Coronae Borealis
Weißer Hauptreihenstern
3,8 — 146 Lichtjahre

Zeta (ζ) Coronae Borealis
Blau-weißer Hauptreihenstern, auch ein Doppelstern
4,9 — 470 Lichtjahre

Nu (ν) Coronae Borealis
Roter Riese, auch ein Doppelstern
5,2 — 640 Lichtjahre

Sigma (σ) Coronae Borealis
Weißer Hauptreihenstern, auch ein Doppelstern
5,6 — 69 Lichtjahre

R Coronae Borealis
Gelber Überriese, auch ein Veränderlicher
5,7 — 81 500 Lichtjahre

T Coronae Borealis
Wiederkehrende Nova
10,2 — 3470 Lichtjahre

HIMMELSOBJEKTE

SDSS J1531+3414
Galaxienhaufen

Abell 2065
Galaxienhaufen

LEUCHTKRAFT

My Herculis *3 Sonnen*

Zeta Herculis *8 Sonnen*

Delta Herculis *26 Sonnen*

HERCULES

HERKULES

Hercules ist ein großes, aber nicht besonders bekanntes Sternbild zwischen Lyra (Leier) und Bootes (Bärenhüter). Seine interessantesten Merkmale sind Kugelsternhaufen wie M13, der allgemein als der schönste Kugelsternhaufen am nördlichen Nachthimmel gilt.

Hercules ist mit seinen Füßen nach Norden und seinem Kopf nach Süden ausgerichtet. Er stellt den starken Mann der griechischen Mythologie dar, der zwölf Aufgaben erledigen musste. Dazu gehörte, einen Drachen zu besiegen – und am Himmel steht Herkules mit seinem linken Fuß auf dem Kopf des Drachen, der im Sternbild Draco nördlich liegt. Den Kopf von Herkules markiert der Stern Rasalgethi, ein veränderlicher Roter Riese. Obwohl Rasalgethi die Bezeichnung Alpha Herculis hat, ist der hellste Stern des Sternbilds Beta Herculis, auch Kornephoros genannt.

Vier der Sterne des Sternenmusters (Epsilon, Zeta, Eta und Pi Herculis) bilden eine viereckige Form, die man Keystone nennt. Der Keystone bildet den Unterkörper von Hercules. Auf einer Seite des Keystone liegt der helle Kugelsternhaufen M13, der fast 150 Lichtjahre groß ist und mehr als eine viertel Million Sterne umfasst.

Hercules enthält mehrere lohnenswerte Doppelsterne, die – wie bei Rho Herculis, 95 Herculis sowie dem relativ hellen und nahen Weißen Zwerg 110 Herculis – bereits von kleinen Teleskopen aufgelöst werden.

△ **M13**
Der hellste Kugelsternhaufen am nördlichen Nachthimmel ist etwa 25 000 Lichtjahre entfernt und besteht aus 300 000 Sternen. Er ist gerade noch mit bloßem Auge sichtbar. Kleine Teleskope zeigen Details wie Sternketten.

◁ **Hercules A**
Gasstrahlen von 1 Mio. Lichtjahren Länge schießen aus Hercules A hervor, einer elliptischen Galaxie in ungefähr 2 Mrd. Lichtjahren Entfernung. Obwohl sie im sichtbaren Licht nicht sichtbar sind, kann man die Strahlen mit Radiowellen detektieren und wie in diesem Bild, das aus Aufnahmen im sichtbaren Licht und im Radiowellenbereich zusammengesetzt wurde, darstellen. Die Strahlen werden vermutlich von einem Schwarzen Loch im Galaxiezentrum erzeugt, das eine Masse von etwa 2,5 Mrd. Sonnen hat.

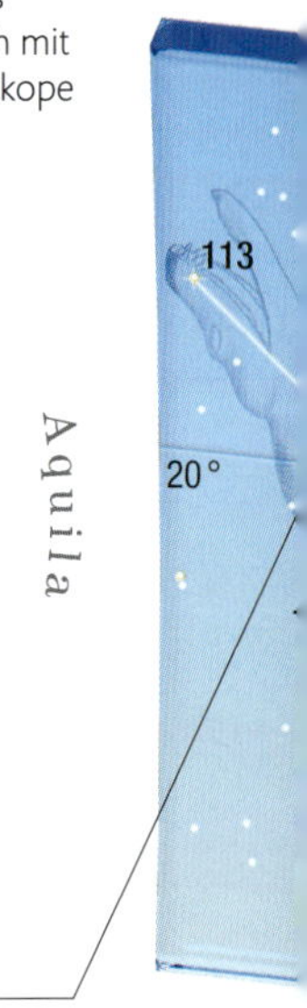

110 Herculis
Der Weiße Zwerg ist etwa 63 Lichtjahre entfernt. Mit einer Größenklasse von 4,2 ist er mit bloßem Auge sichtbar.

▷ **Abstände zur Erde**
Der erdnächste Stern aus dem Muster des Sternbilds, My (μ) Herculis, ist nur 27 Lichtjahre entfernt, während der entfernteste, Theta (θ) Herculis, ungefähr 758 Lichtjahre entfernt liegt. Zufälligerweise sind diese beiden Sterne die kleinsten und leuchtstärksten Sterne des Musters. My emittiert so viel Energie wie drei Sonnen, während Theta das Äquivalent von etwa 1330 Sonnen erreicht.

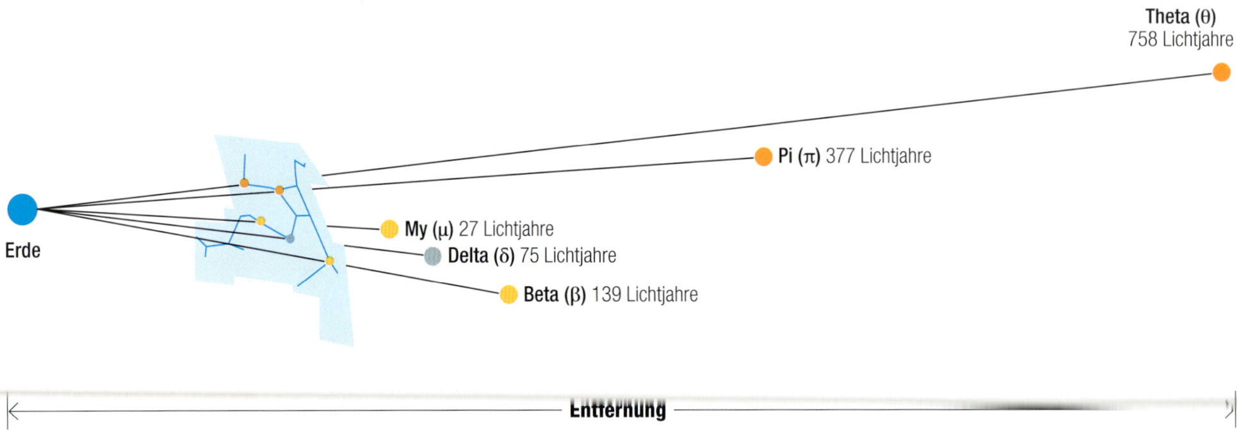

Gamma Herculis *97 Sonnen* | **Kornephoros** *120 Sonnen* | **Rasalgethi** *820 Sonnen* | **Theta Herculis** *1330 Sonnen*

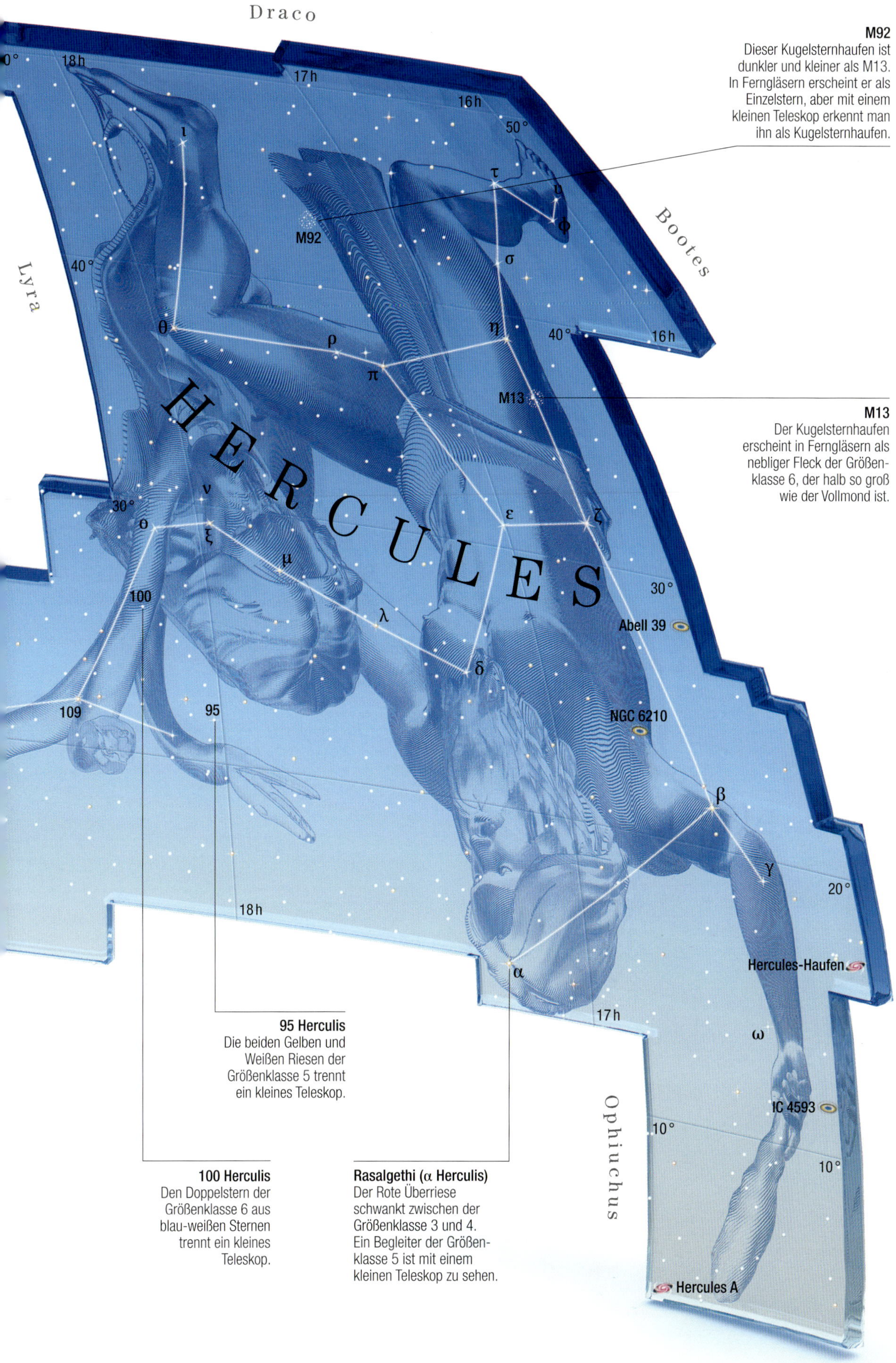

DATEN

Größenrangliste 5

Hellste Sterne Kornephoros (β) 2,8, Zeta (ζ) 2,8

Genitiv Herculis

Abkürzung Her

Höchststand um 22 Uhr Juni–Juli

Sichtbarkeit 90 °N – 38 °S

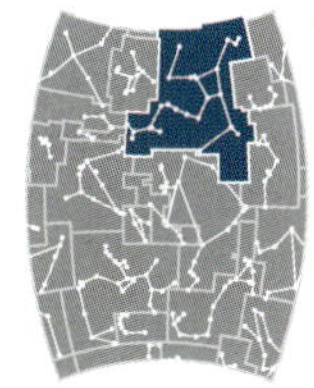

KARTE 4

HAUPTSTERNE

Rasalgethi Alpha (α) Herculis
Veränderlicher Roter Überriese
2,7–4,0 ⟷ 360 Lichtjahre

Kornephoros Beta (β) Herculis
Gelber Riese
2,8 ⟷ 139 Lichtjahre

Gamma (γ) Herculis
Weißer Riese
3,8 ⟷ 193 Lichtjahre

Delta (δ) Herculis
Blau-weißer Überriese
3,1 ⟷ 75 Lichtjahre

Zeta (ζ) Herculis
Gelb-weißer Überriese
2,8 ⟷ 35 Lichtjahre

Eta (η) Herculis
Gelber Riese
3,5 ⟷ 109 Lichtjahre

Pi (π) Herculis
Orangefarbener Riese
3,2 ⟷ 377 Lichtjahre

HIMMELSOBJEKTE

M13
Kugelsternhaufen

M92
Kugelsternhaufen

NGC 6210
Planetarischer Nebel

IC 4539
Planetarischer Nebel

Abell 39
Planetarischer Nebel

Hercules-Haufen
Haufen aus ungefähr 200 Galaxien

LEUCHTKRAFT

Epsilon Lyrae *29 Sonnen* — **Wega** *50 Sonnen* — **Delta[1] Lyrae** *470 Sonnen*

LYRA LEIER

Das bekannte Sternbild am nördlichen Nachthimmel enthält den fünfthellsten von der Erde sichtbaren Stern, Wega, und auch mehrere interessante Doppelsterne sowie einen berühmten planetarischen Nebel.

Das Sternbild Lyra stellt eine Leier oder Harfe dar, die der legendäre griechische Musiker Orpheus spielte. Doch arabische Astronomen sahen in dem Muster einen Adler oder Geier, und so stammt der Name seines hellsten Sterns Wega von dem arabischen Begriff für »schnappender Adler (oder Geier)« ab.

In der Nähe der hellen Wega liegt Epsilon Lyrae, ein bekannter Vierfachstern in etwa 160 Lichtjahren Entfernung. Teleskope zeigen, dass zwei seiner Sterne enge Begleiter besitzen und selbst Doppelsterne sind – daher auch sein berühmter Name, der doppelte Doppelstern. Auch Beta Lyrae ist ein berühmter Doppelstern. Bei ihm ist der hellere Stern zudem ein Bedeckungsveränderlicher (s. S. 43), der alle 12,9 Tage zwischen den Größenklassen 3,3 und 4,4 schwankt.

Delta Lyrae ist ein ungebundenes Paar aus einem roten und einem blau-weißen Stern der Größenklassen 4 und 6, die bereits Ferngläser leicht trennen. Zeta Lyrae, ein weiteres Paar der Größenklassen 4 und 6, lösen Ferngläser oder kleine Teleskope auf. Zwischen Beta und Gamma Lyrae liegt der Ringnebel M57, ein schöner planetarischer Nebel, der wie ein Rauchkringel (s. S. 122/123) aussieht.

▽ **Aufbau von M57 (Ringnebel)**
Von der Erde aus sieht der planetarische Nebel M57 wie ein Rauchkringel um einen zentralen Stern aus. Von der Seite betrachtet gleicht er mehr der Abbildung (unten). Ein ringförmiger Gasring mit dichteren Knoten darin dehnt sich vom Äquator des Zentralsterns nach außen aus, während sich von den Polen des Sterns (oben und unten) dunklere Lappen aus dünnerem Gas erstrecken.

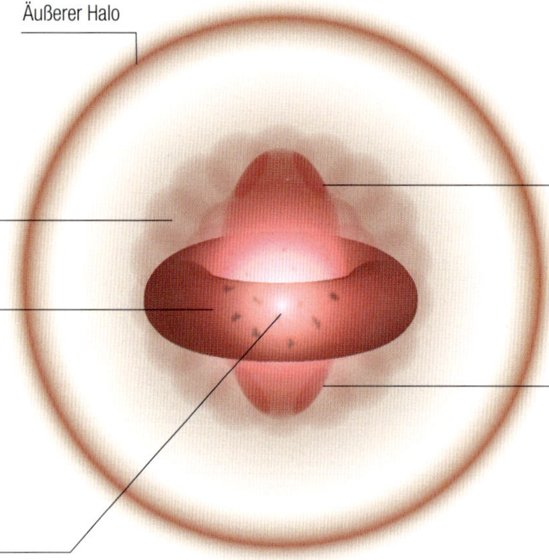

Der **doppelte Doppelstern** Epsilon Lyrae ist eine bemerkenswerte Familie aus vier Sternen, die durch **Schwerkraft gebunden** sind.

▷ **NGC 6745**
Dieses seltsam geformte Objekt, das an einen Vogelkopf erinnert, ist durch eine Kollision zwischen zwei Galaxien entstanden. Der Hauptteil des Vogelkopfs in dieser Aufnahme des Hubble-Weltraumteleskops ist eine Spiralgalaxie. Sie wurde durch die Begegnung mit einer kleineren elliptischen Galaxie, die an der Spitze des Schnabels (rechts unten) gerade noch zu sehen ist, hochgradig zerstört. Die blau-weißen Flecken oberhalb und rechts von der Spiralgalaxie sind Sternentstehungsgebiete, die durch die Kollision entstanden sind.

△ **M56**
Dieser Kugelsternhaufen aus alten Sternen ist nur etwas mehr als 30 000 Lichtjahre von der Sonne entfernt. Er ist nur mit größeren Teleskopen gut zu sehen. Studien seiner chemischen Zusammensetzung und das Alter seiner Sterne lassen vermuten, dass er früher Teil einer älteren Zwerggalaxie war, die mit der Milchstraße verschmolz.

R Lyrae
Der veränderliche Rote Riese R Lyrae schwankt alle sechs oder sieben Wochen in seiner Helligkeit zwischen den Größenklassen 3,9 und 5,0.

Epsilon (ε) Lyrae
Dieser Vierfachstern erscheint in Ferngläsern als weiter Doppelstern der Größenklasse 5. Teleskope lösen die beiden in jeweils ein enges Paar auf.

M56
M56 ist ein dunkler, entfernter Kugelsternhaufen, der in kleinen Teleskopen als nebliger Fleck erscheint.

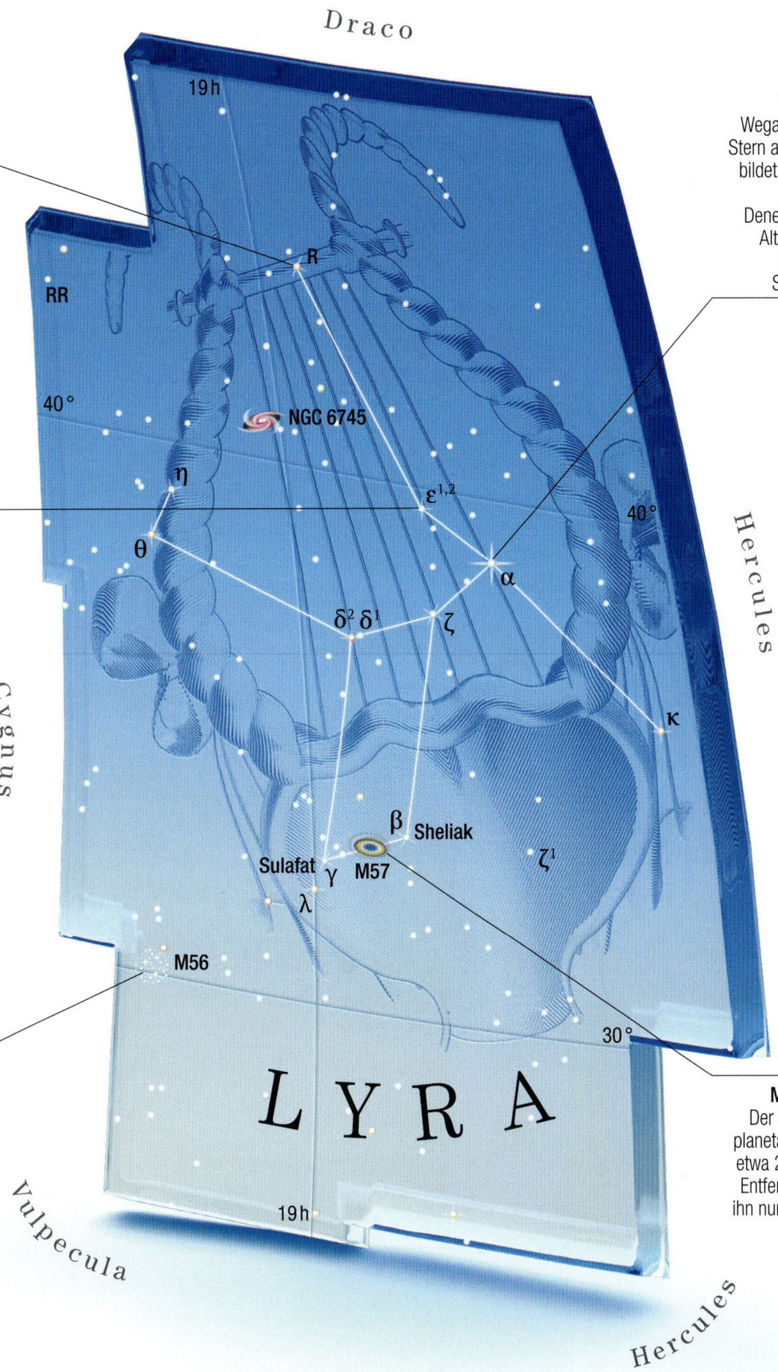

Wega (α Lyrae)
Wega, der fünfthellste Stern am Nachthimmel, bildet am Nordhimmel zusammen mit Deneb in Cygnus und Altair in Aquila eine Ecke des großen Sommerdreiecks.

M57 (Ringnebel)
Der Ringnebel ist ein planetarischer Nebel in etwa 2000 Lichtjahren Entfernung. Man sieht ihn nur mit Teleskopen.

▽ Abstände zur Erde
Der erdnächste Stern des Sternbilds Lyra ist auch einer der hellsten am Nachthimmel. Wega ist mit 25 Lichtjahren relativ nah, während alle anderen Sterne des Musters mehr als 100 Lichtjahre entfernt liegen. Der entfernteste Stern ist Eta Lyrae, dessen Distanz zur Erde nahezu 1400 Lichtjahre beträgt.

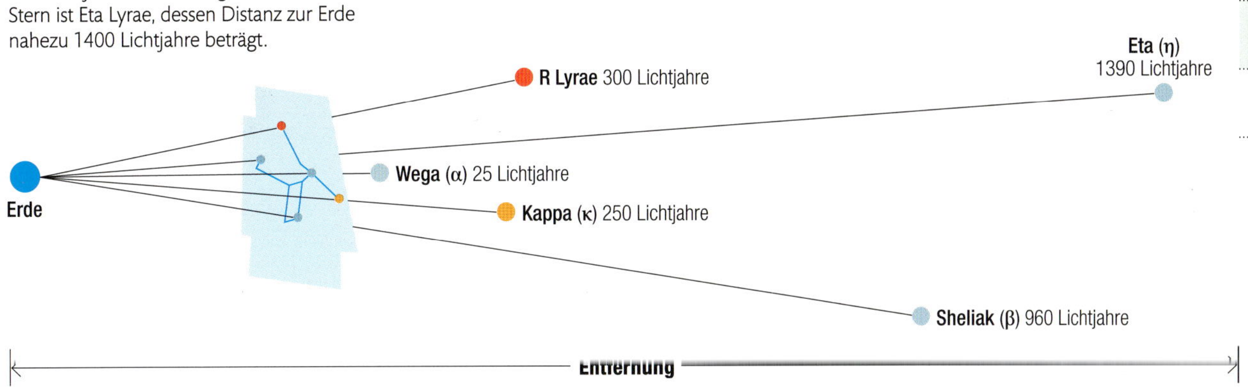

DATEN

Größenrangliste 52
Hellster Stern Wega (α) 0,0, Sulafat (γ) 3,3
Genitiv Lyrae
Abkürzung Lyr
Höchststand um 22 Uhr Juli–August
Sichtbarkeit 90 °N – 42 °S

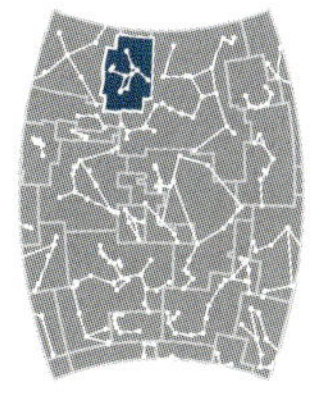
KARTE 4

HAUPTSTERNE

Wega Alpha (α) Lyrae
Blau-weißer Hauptreihenstern
0,0 — 25 Lichtjahre

Sheliak Beta (β) Lyrae
Blau-weißer Riese, Bedeckungsveränderlicher
3,3–4,4 — 960 Lichtjahre

Sulafat Gamma (γ) Lyrae
Blau-weißer Riese
3,3 — 620 Lichtjahre

Delta¹ (δ¹) Lyrae
Blau-weißer Hauptreihenstern
5,6 — 990 Lichtjahre

Delta² (δ²) Lyrae
Roter Riese
4,3 — 740 Lichtjahre

Epsilon¹ (ε¹) Lyrae
Blau-weißer Hauptreihenstern
4,7 — 160 Lichtjahre

Epsilon² (ε²) Lyrae
Blau-weißer Hauptreihenstern
4,6 — 155 Lichtjahre

Zeta (ζ) Lyrae
Blau-weißer Hauptreihenstern
4,4 — 155 Lichtjahre

R Lyrae
Veränderlicher Roter Riese
3,9–5,0 — 300 Lichtjahre

RR Lyrae
Veränderlicher Weißer Riese
7,1–8,1 — 940 Lichtjahre

HIMMELSOBJEKTE

M56
Kugelsternhaufen, Größenklasse 8

M57 (Ringnebel)
Planetarischer Nebel, Größenklasse 9

NGC 6745
Kollidierende Galaxien

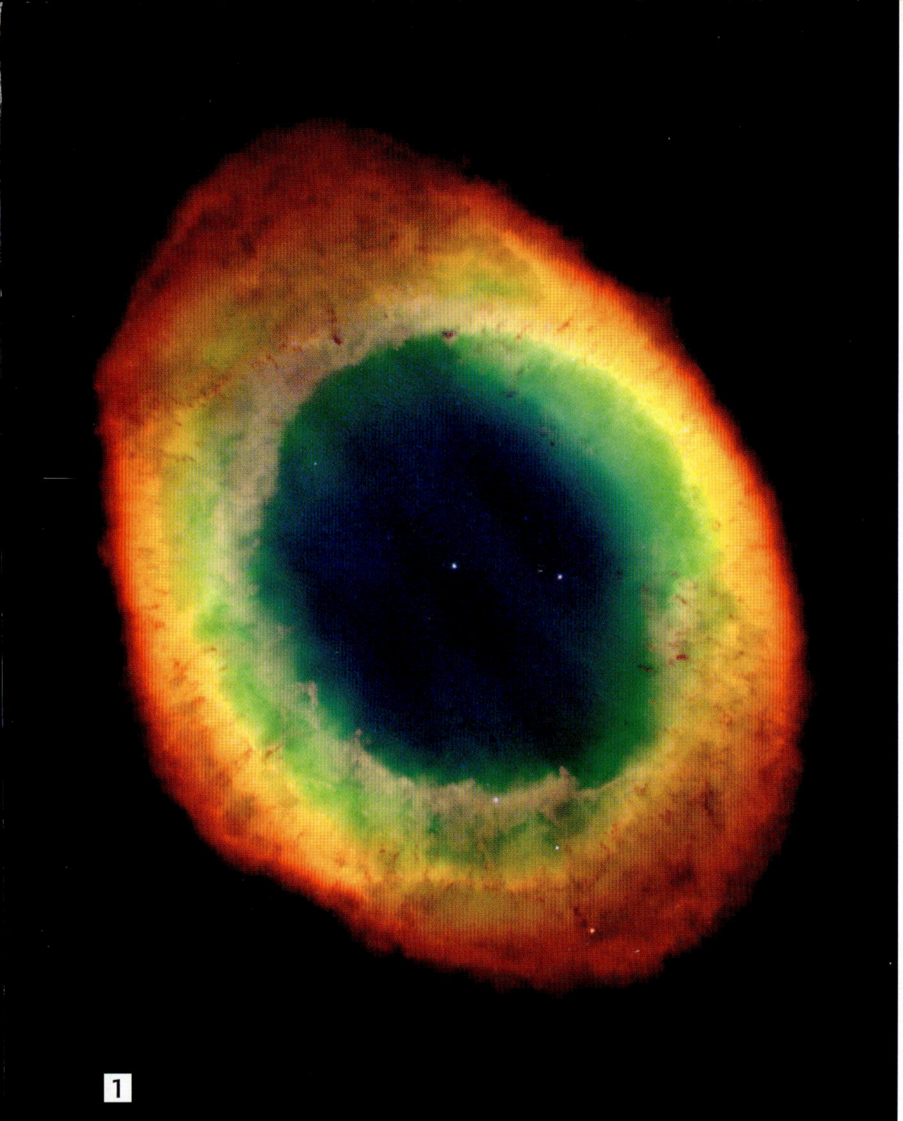

1

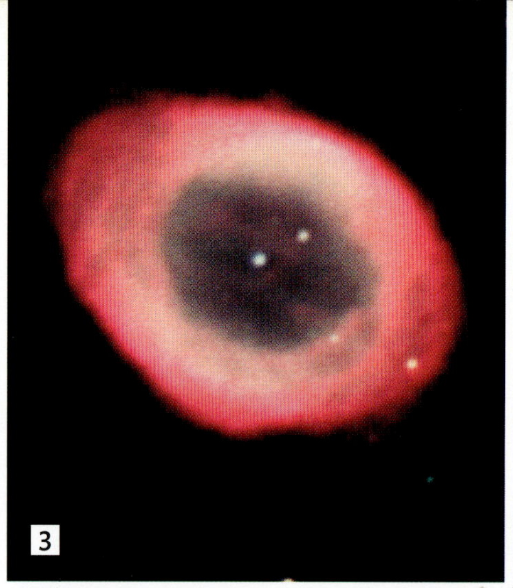

3

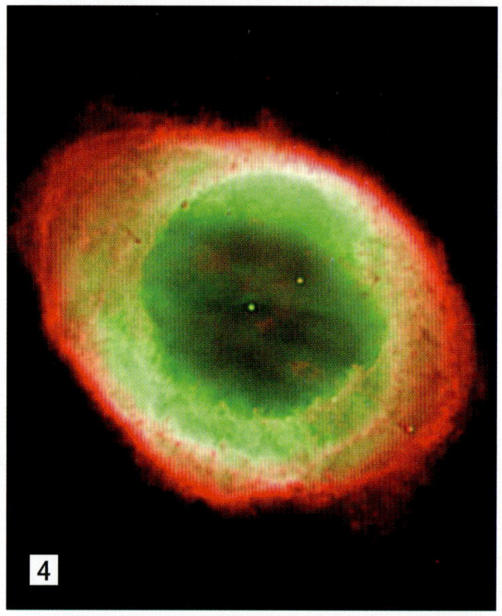

4

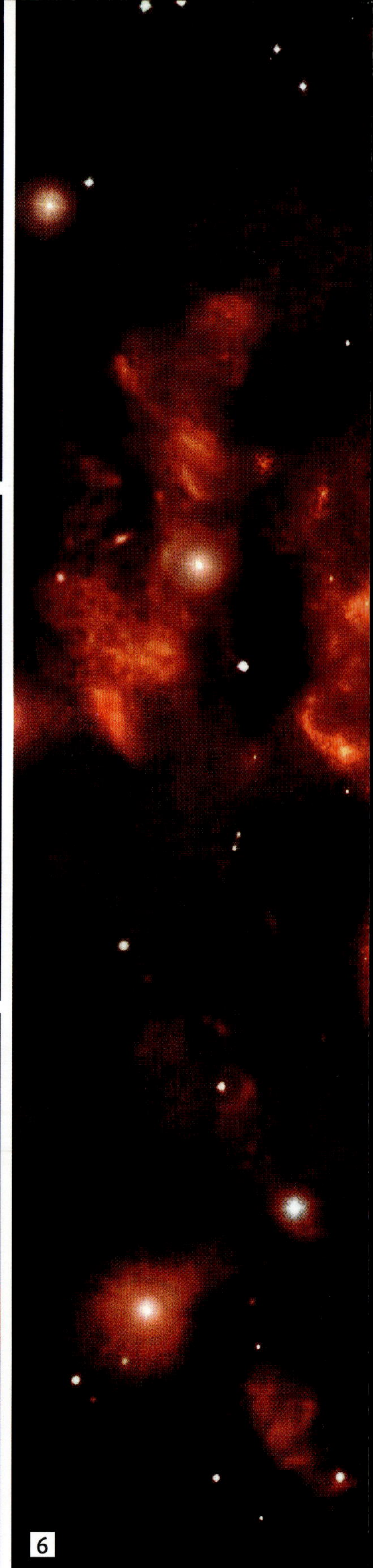

6

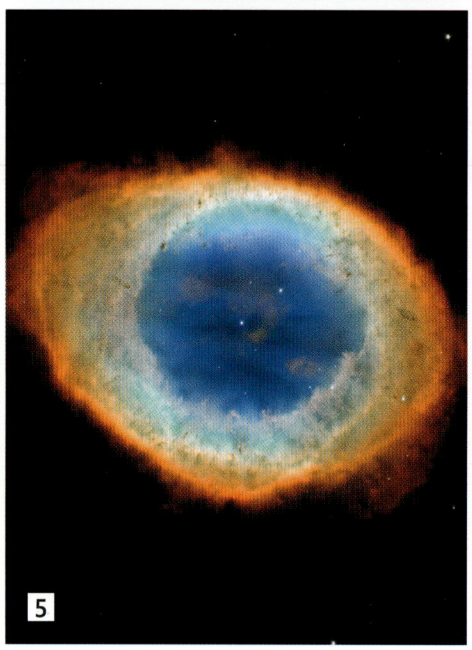

5

2

DER **RINGNEBEL**

1 Echtfarben
Für diese zusammengesetzte Aufnahme nutzte das Hubble-Weltraumteleskop verschiedene Filter, um bestimmte Elemente zu isolieren. Das Tiefblaue ist heißes Helium, das Blaugrüne ist glühender Sauerstoff, und Orange und Rot zeigen Stickstoff an. Ultraviolettes Licht des Sterns regt das Gas an, sodass die Elemente – bedingt durch Temperaturunterschiede – in unterschiedlichen Abständen zum Stern Licht abgeben.

2 Äußere Hüllen
Der Ringnebel erhielt seinen Namen aufgrund seiner Ringform. Doch 2005 zeigte diese Aufnahme des Spitzer-Weltraumteleskops eine eher blütenartige Form mit äußeren Hüllen hinter dem Ring, die aus Wasserstoffmolekülen bestehen, die wiederum infrarotes Licht emittieren, das im optischen Bereich unsichtbar ist. Das Material hat der Stern in einem frühen Stadium zu einem planetarischen Nebel abgestoßen.

3 Filmaufnahme
Das Foto zeigt den Ringnebel in einer Filmaufnahme von 1973, fast 200 Jahre nach seiner Entdeckung. Der Nebel wurde 1779 unabhängig voneinander von den französischen Astronomen Antoine Darquier de Pellepoix und Charles Messier entdeckt. Das Foto entstand mit dem 4-m-Teleskop am Kitt Peak National Observatory (USA). Erst zehn Jahre später wurden astronomische Bilder routinemäßig digital aufgenommen.

4 Details in Falschfarben
Drei Jahrzehnte nach Foto 3 entstand dieses Bild des Ringnebels – wieder am Kitt Peak National Observatory, dieses Mal jedoch mit einem 3,5-m-Teleskop. Es vereint diverse Aufnahmen mit unterschiedlichen Farbfiltern. Ein roter Filter hebt Wasserstoff und Stickstoff hervor, während ein grüner Sauerstoff anzeigt. Mithilfe solcher Falschfarbenaufnahmen können Einzelheiten der Nebelhüllen genauer dargestellt werden.

5 Form und Aufbau
Die Form des Nebels ist jedoch komplizierter, als es auf den ersten Blick erscheint. Seine Gesamtform gleicht einem Faß. Dieses erscheint rund, weil es mit einem seiner Enden zur Erde weist (s. S. 120). Sein blaues Zentrum hat die Form eines Rugbyballs und erstreckt sich auf gegenüberliegenden Seiten bis zu einem orangeroten Materialring. Am inneren Rand sind dunkle Knoten aus dichtem Gas eingebettet.

6 Sterbender Stern
Fasst man die Daten der Teleskope im Weltraum und auf der Erde zusammen, erhält man ein vollständiges Bild des Ringnebels. Der winzge weiße Punkt im Zentrum ist ein Weißer Zwerg, der Überrest des Sterns, der vor Jahrtausenden seine Hüllen abgestoßen hat. Der Durchmesser des Rings beträgt etwas weniger als ein Lichtjahr, doch der gesamte Nebel wächst ständig, da er sich mit 69 000 km pro Stunde ausdehnt.

LEUCHTKRAFT

My Cygni *7 Sonnen* — **Gienah** *44 Sonnen* — **Delta Cygni** *160 Sonnen*

Deneb (α Cygni)
Der hellste Stern des Sternbilds bildet eine Ecke des Sommerdreiecks am nördlichen Himmel. Er ist 1400 Lichtjahre von der Erde entfernt und damit der entfernteste aller Sterne mit Größenklasse 1.

M39
Diesen großen, dreiecksförmigen Offenen Sternhaufen sieht man bereits mit Ferngläsern.

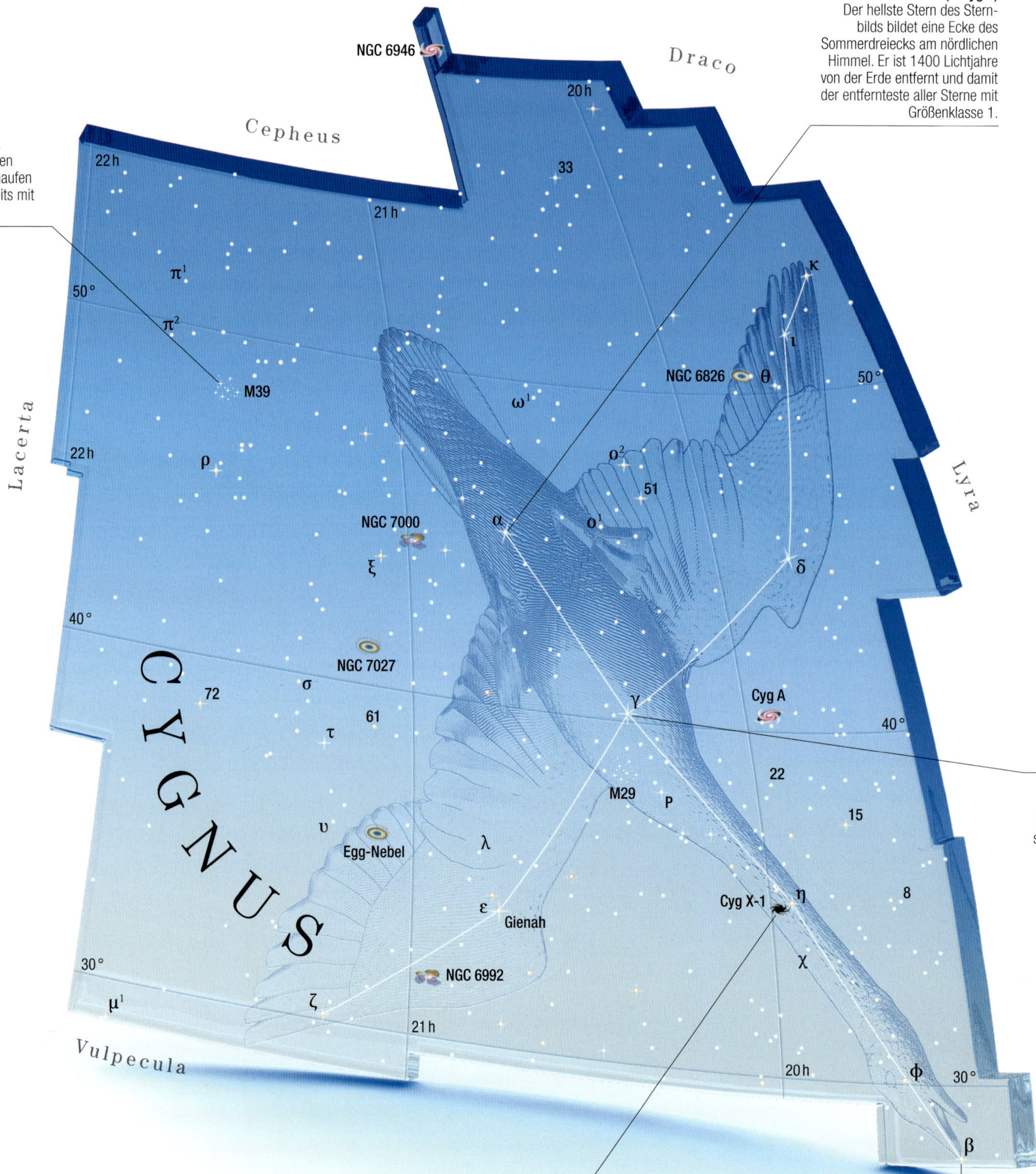

Sadr (γ Cygni)
Der zweithellste Stern in Cygnus, Sadr, erhielt seinen Namen von dem arabischen Wort für Brust.

Cygnus X-1
Cygnus X-1 ist das erste Schwarze Loch, dessen Existenz bestätigt wurde. Es ist eine starke Quelle für Röntgenstrahlen, die aber mit optischen Wellenlängen nicht sichtbar sind. Sichtbar ist an dieser Stelle nur ein Blauer Überriese.

Albireo (β Cygni)
Der schöne Doppelstern besteht aus orangefarbenen und blau-grünen Sternen. Kleine Teleskope und sogar Ferngläser lösen das Paar auf.

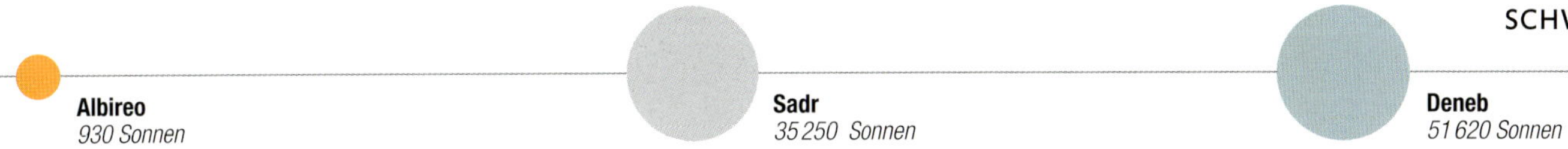

CYGNUS SCHWAN

Das prominente Sternbild am nördlichen Himmel wird wegen seiner auffälligen Form auch Kreuz des Nordens genannt. Das milchige Band der Milchstraße verläuft durch das Sternbild und wird durch eine dunkle Staubfahne, die man Cygnus-Spalt nennt, in zwei Teile geteilt.

Cygnus ist ein altes griechisches Sternbild, das einen Schwan darstellt. Nach der Mythologie verwandelte sich der Gott Zeus in einen Schwan, um der schönen Königin Leda von Sparta nachzustellen. Das Sternbild erinnert an seine Verwandlung. Deneb, der hellste Stern in Cygnus, liegt im Schwanz des Schwans, während sich der lange Vogelhals entlang der Milchstraße bis zum Stern Albireo erstreckt. Dieser physische Doppelstern (s. S. 40/41) markiert seinen Schnabel. Andere Sterne stellen die gestreckten Flügel dar.

In der Nähe von Deneb liegt eine Wolke aus glühendem Gas, der Nordamerikanebel. Er erhielt seinen Namen, weil seine Form dem Kontinent ähnelt. Mit kleineren Instrumenten ist der Nebel nur schwer aufzufinden, man sieht ihn am besten auf Langzeitaufnahmen.

Zwischen Epsilon Cygni und der Grenze zu Vulpecula (Füchschen) liegt NGC 6992, ein weiterer Nebel, der am besten auf Langzeitaufnahmen zu sehen ist. Der Cygnus-Bogen oder Schleiernebel ist der Überrest eines Sterns, der vor etwa 5000 Jahren explodierte.

◁ **Egg-Nebel**
In dieser Falschfarbenaufnahme des Hubble-Weltraumteleskops erzeugt Sternlicht in den dünnen Staubhüllen des planetarischen Nebels schöne Muster. Ein dicker innerer Staubgürtel blockiert das Licht des Zentralsterns.

△ **Cygnus A**
Diese Galaxie ist eine der stärksten Radioquellen am Himmel. Sie besitzt ein zentrales, supermassives Schwarzes Loch, aus dem Gasstrahlen (rot) herausschießen. Heißes Gas emittiert Röntgenstrahlen (blau).

Ungefähr **6000 Lichtjahre** von der Erde entfernt kreist alle 5,6 Tage das **Schwarze Loch** Cygnus X-1 um einen **Blauen Überriesen.**

▷ **Abstände zur Erde**
Das Sternbild Cygnus steht auf der Größenskala der Sternbilder auf Rang 16. Wenn man die Entfernungen zwischen den Sternen berücksichtigt, spannt es sich über wahrlich riesige Strecken im Weltraum. Der Schwanz (Deneb) des Schwans ist mehr als 1000 Lichtjahre vom Schnabel (Albireo) entfernt. Sadr, der seine Brust markiert, ist sogar noch weiter weg.

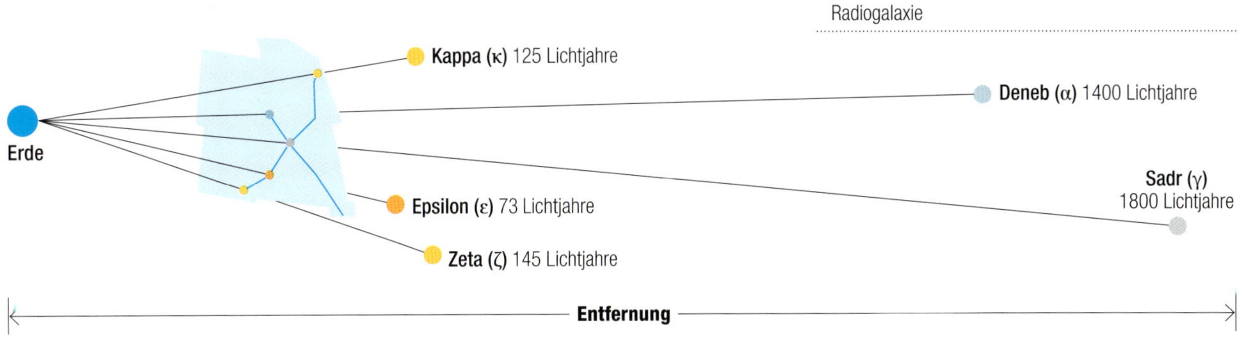

DATEN

Größenrangliste 16
Hellste Sterne Deneb (α) 1,25, Sadr (γ) 2,2
Genitiv Cygni
Abkürzung Cyg
Höchststand um 22 Uhr August–September
Sichtbarkeit 58 °N – 83 °S

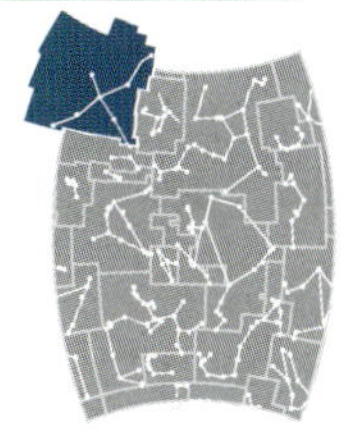

KARTE 4

HAUPTSTERNE

Deneb Alpha (α) Cygni
Blau-weißer Überriese, hellster Stern in Cygnus
1,25 ⟷ 1400 Lichtjahre

Albireo Beta (β) Cygni
Weiter Doppelstern, Sterne sind orange und blau-grün
3,1; 5,1 ⟷ 400 Lichtjahre

Sadr Gamma (γ) Cygni
Weißer Überriese in der Mitte des nördlichen Kreuzes
2,2 ⟷ 1800 Lichtjahre

Delta (δ) Cygni
Doppelstern, Umlaufperiode 920 Jahre
2,8 ⟷ 165 Lichtjahre

Gienah Epsilon (ε) Cygni
Orangefarbener Riese
2,5 ⟷ 73 Lichtjahre

Zeta (ζ) Cygni
Gelber Riese, spektroskopischer Doppelstern
3,2 ⟷ 145 Lichtjahre

Mu (μ) Cygni
Doppelstern, Umlaufperiode 790 Jahre
4,5 ⟷ 720 Lichtjahre

HIMMELSOBJEKTE

M39
Offener Sternhaufen aus etwa 30 Sternen

NGC 6826 (Blinking Planetary)
Planetarischer Nebel

NGC 6992 (Cygnus-Bogen/Schleiernebel)
Supernovaüberrest

NGC 7000 (Nordamerikanebel)
Emissionsnebel

Cygnus X-1
Röntgendoppelstern mit einem Schwarzen Loch

Egg-Nebel
Planetarischer Nebel

Cygnus A
Radiogalaxie

LEUCHTKRAFT

Ypsilon Andromedae *4 Sonnen* · **Delta Andromedae** *45 Sonnen* · **Alpheratz** *115 Sonnen*

ANDROMEDA

ANDROMEDA

Andromeda liegt in der Nähe einer Ecke des Pegasusquadrats. Dieses Sternbild enthält die nächste große Galaxie der Milchstraße, die enorm große Spiralgalaxie M31.

Andromeda war in der griechischen Mythologie eine Prinzessin, die Tochter von Königin Kassiopeia und König Kepheus. In einer der berühmtesten Mythen befahlen die Götter, Andromeda für die Eitelkeit ihrer Mutter dem Seeungeheuer Cetus (Walfisch) zu opfern – aber der Held Perseus rettete sie aus dem Maul des Ungeheuers. Andromeda und ihr Retter werden am Himmel mit angrenzenden Sternbildern geehrt.

Das wichtigste Objekt des Sternbilds ist die Andromeda-Galaxie oder der Andromedanebel (M31), eine gewaltige Spirale aus Sternen, die der Milchstraße ähnelt, aber größer ist. Sie ist in klaren, dunklen Nächten neben dem Stern Ny Andromedae sichtbar – und mit 2,5 Mio. Lichtjahren Entfernung das entfernteste Objekt für das bloße Auge. Für Ferngläser oder kleine Teleskope, in denen sie als länglicher Fleck erscheint, ist sie ein leichtes Ziel.

NGC 891
Vor der Ebene dieser Spiralgalaxie in Seitenansicht, die 30 Mio. Lichtjahre entfernt ist, liegt eine dunkle Staubfahne.

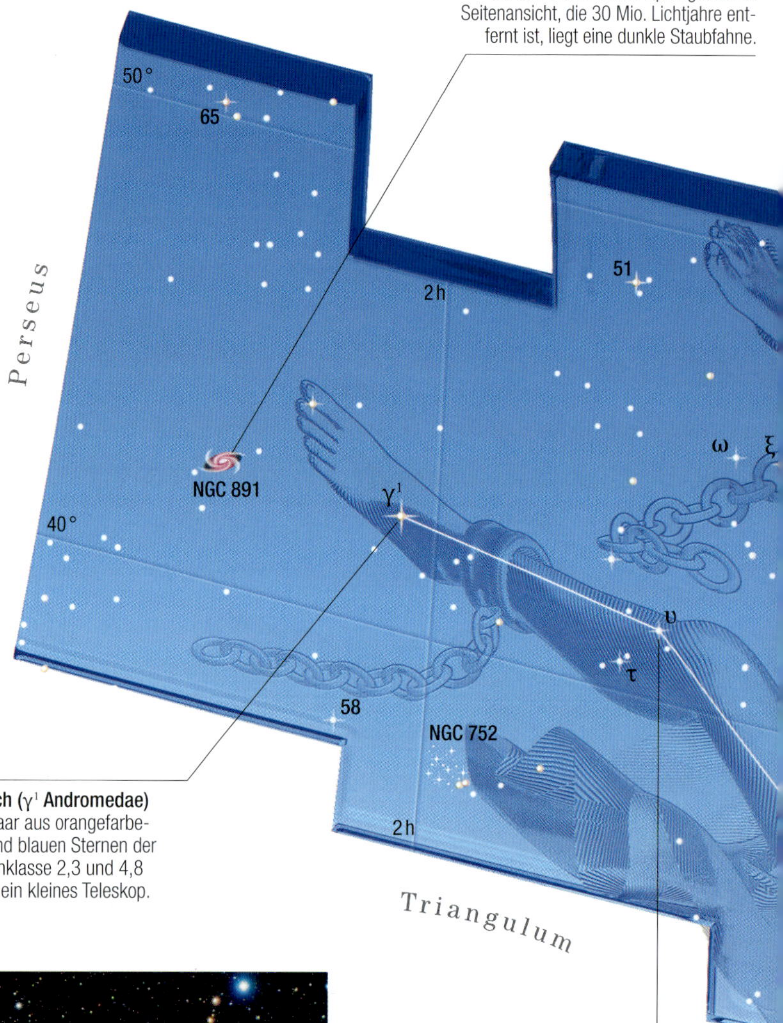

Almach (γ¹ Andromedae)
Das Paar aus orangefarbenen und blauen Sternen der Größenklasse 2,3 und 4,8 trennt ein kleines Teleskop.

Ypsilon (υ) Andromedae
Er war der erste Stern, um den mehr als ein Planet entdeckt wurde. Bis heute sind vier Planeten bekannt.

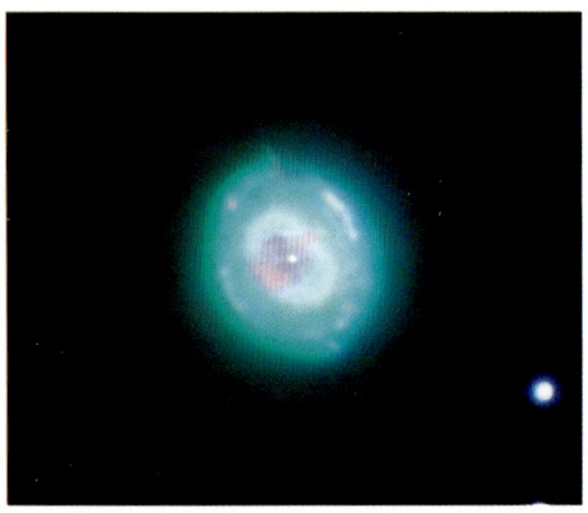

△ **NGC 7662**
Der als Blue Snowball (engl.: blaue Schneekugel) bekannte planetarische Nebel mit der Größenklasse 9 erscheint in kleinen Teleskopen als blau-grünlicher Fleck. Erst auf Fotos ist sein Zentralstern erkennbar.

◁ **M31**
Da die großartige Spiralgalaxie M31 in einem Winkel zur Erde liegt, erscheint sie elliptisch. Zwei kleinere Begleitgalaxien sind ebenfalls zu sehen – M110 unter ihr und M32 am oberen Bildrand.

▷ **Abstände zur Erde**
Der erdnächste Stern des Musters ist mit 44 Lichtjahren Entfernung Ypsilon (υ) Andromedae. Der hellste Stern Alpheraz (α Andromedae) ist mit 97 Lichtjahren mehr als doppelt so weit entfernt. Der am weitesten entfernte Stern ist Phi, der ungefähr 700 Lichtjahre von der Erde entfernt ist.

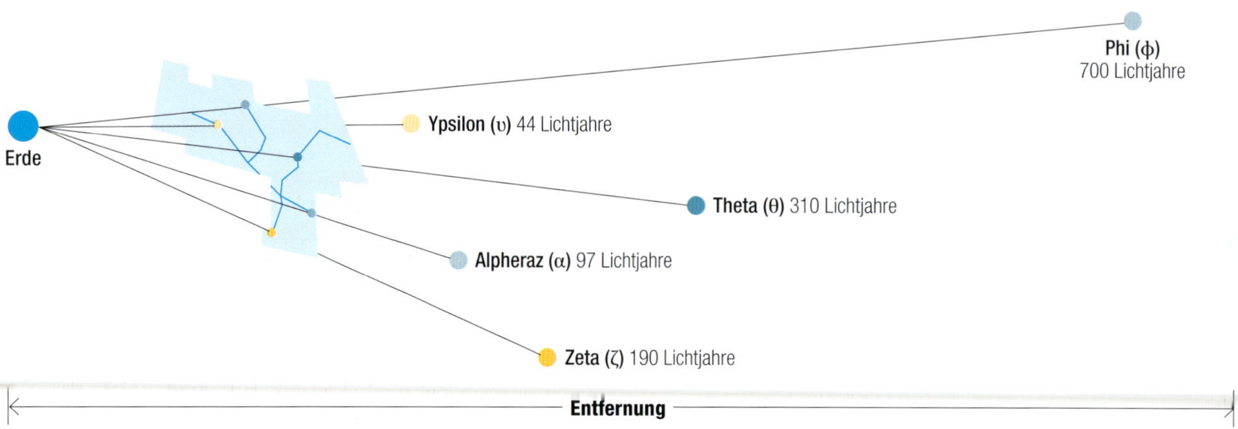

Mirach *475 Sonnen*

Pi Andromedae *540 Sonnen*

Omicron Andromedae *1380 Sonnen*

Almach *1830 Sonnen*

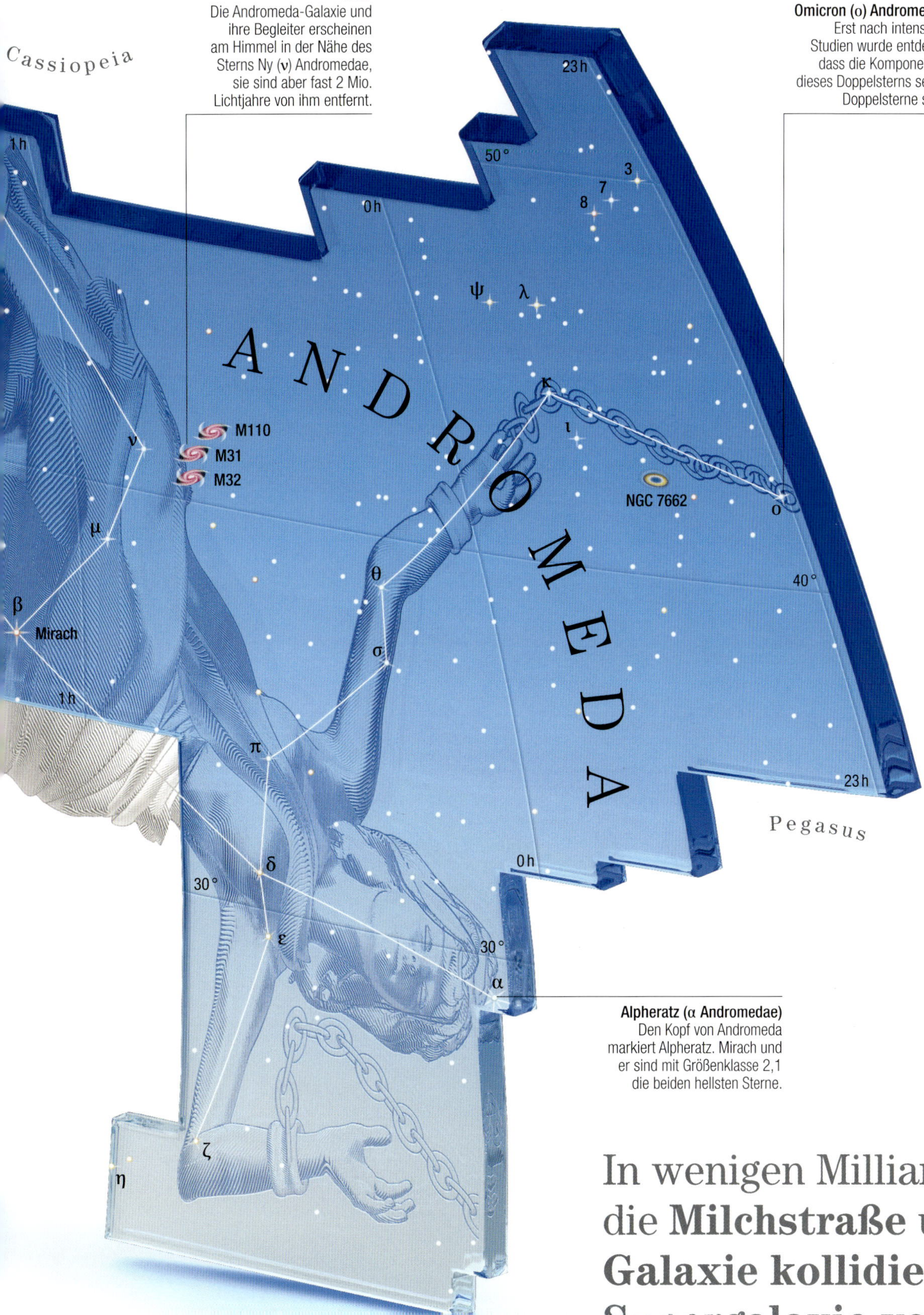

DATEN

Größenrangliste 19

Hellste Sterne Alpheratz (α) 2,1, Mirach (β) 2,1

Genitiv Andromedae

Abkürzung And

Höchststand um 22 Uhr Oktober–November

Sichtbarkeit 90 °N – 7 °S

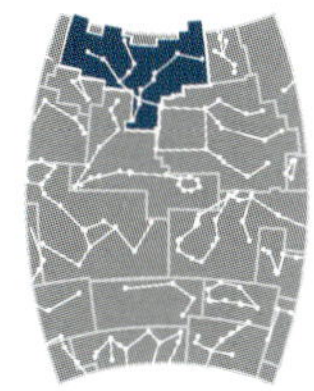

KARTE 3

HAUPTSTERNE

Alpheratz Alpha (α) Andromedae
Blau-weißer Stern; auch als Sirrah bekannt
2,1 ⟷ 97 Lichtjahre

Mirach Beta (β) Andromedae
Roter Riese
2,1 ⟷ 200 Lichtjahre

Almach Gamma (γ^1) Andromedae
Doppelstern für kleine Teleskope; auch Almaak genannt
2,3; 5,8 ⟷ 360 Lichtjahre

Delta (δ) Andromedae
Orangefarbener Riese
3,3 ⟷ 105 Lichtjahre

Omicron (ο) Andromedae
Blau-weißer Riese
3,6 ⟷ 700 Lichtjahre

Pi (π) Andromedae
Doppelstern für kleine Teleskope
4,3; 9,0 ⟷ 600 Lichtjahre

Ypsilon (υ) Andromedae
Gelb-weißer Hauptreihenstern mit Planeten
4,1 ⟷ 44 Lichtjahre

HIMMELSOBJEKTE

M31
Große Spiralgalaxie in 2,5 Mio. Lichtjahren Entfernung

M32
Kleine elliptische Galaxie, Begleiter von M31

M110
Kleine elliptische Galaxie, Begleiter von M31

NGC 752
Großer Offener Sternhaufen für Ferngläser

NGC 891
Spiralgalaxien in Seitenansicht

NGC 7662
Planetarischer Nebel, auch als Blue Snowball bekannt

In wenigen Milliarden Jahren werden die **Milchstraße** und die **Andromeda-Galaxie kollidieren** und zu einer **Supergalaxie verschmelzen.**

TRIANGULUM

DREIECK

Obwohl dieses verlängerte Dreieck um drei unbedeutende Sterne gezogen wurde, findet man es aufgrund seiner kompakten Größe sehr leicht. Die Spiralgalaxie M33 bietet in diesem Sternbild die schönste Ansicht.

Vor mehr als 2000 Jahren wurde dieses dreiseitige Sternmuster für den griechischen Großbuchstaben Delta, das Flussdelta des Nils oder die Insel Sizilien gehalten. Letztendlich überwog jedoch eine vierte Option - ein gleichschenkliges Dreieck -, und als eben solches wird das Sternbid heute gesehen. Es enthält die Spiralgalaxie M33, die besser bekannt ist als die Triangulum-Galaxie. Sie ist das drittgrößte Mitglied der Lokalen Gruppe und in einer Entfernung von 2,7 Mio. Lichtjahren eine der nächsten Galaxien.

△ **NGC 604**
Die aufgebauschte Wasserstoffwolke in M33 ist 1500 Lichtjahre groß und ein Zentrum der Sternentstehung. Ihr rotes Glühen wird durch die ultraviolette Strahlung Hunderter junger Sterne erzeugt.

▷ **M33**
Die Galaxie M33 liegt fast in Scheibenansicht zur Erde. Ihre Arme bestehen aus vielen einzelnen Flecken. Die Galaxie zählt bei guter Sicht zu den entferntesten Objekten, die man mit bloßem Auge sehen kann.

DATEN

Größenrangliste 78

Hellste Sterne Beta (β) 3,0, Alpha (α) 3,4

Genitiv Trianguli

Abkürzung Tri

Höchststand um 22 Uhr November–Dezember

Sichtbarkeit 90 °N – 52 °S

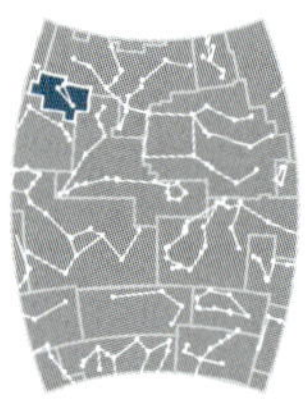

KARTE 3

HAUPTSTERNE

Alpha (α) Trianguli
Weißer Riese oder Überriese
3,4 — 63 Lichtjahre

Beta (β) Trianguli
Weißer Unterriese
3,0 — 130 Lichtjahre

Gamma (γ) Trianguli
Weißer Hauptreihenstern
4,0 — 112 Lichtjahre

6 Trianguli
Gelber Riese und Doppelstern
5,0 — 290 Lichtjahre

R Trianguli
Roter Riese, auch Veränderlicher
6,8 — 960 Lichtjahre

HIMMELSOBJEKTE

M33 (Triangulum-Galaxie)
Spiralgalaxie, auch NGC 598

NGC 604
Sternentstehungsnebel in M33

NGC 784
Balkenspiralgalaxie

NGC 925
Balkenspiralgalaxie

Beta (β) Trianguli
Der hellste Stern hat die Größenklasse 3,0. Der weiße Stern ist ungefähr viermal so groß wie die Sonne.

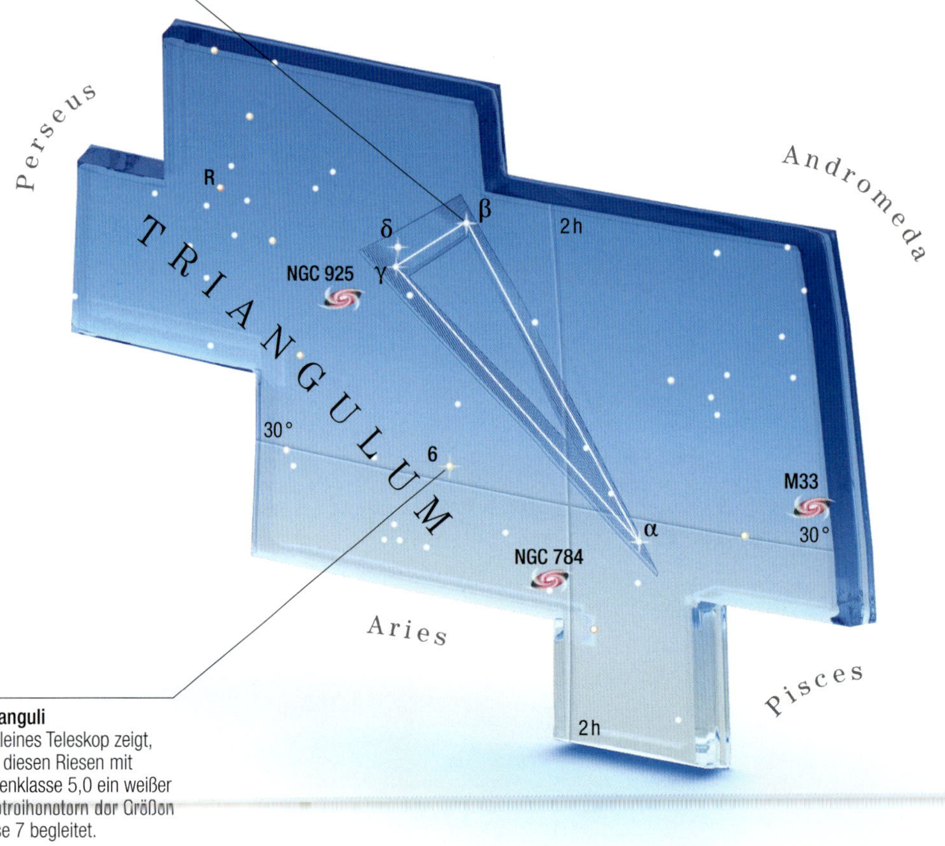

6 Trianguli
Ein kleines Teleskop zeigt, dass diesen Riesen mit Größenklasse 5,0 ein weißer Hauptreihenstern der Größenklasse 7 begleitet.

LACERTA
EIDECHSE

Das kleine, dunkle Sternbild Lacerta hat ein Zickzackmuster, das an eine kriechende Echse erinnert. Es liegt im nördlichen Teil der Milchstraße, umrahmt von den Sternbildern Andromeda und Cygnus (Schwan). Seine Hauptsterne markieren den Kopf der Eidechse.

Lacerta wurde 1687 zuerst von dem polnischen Astronomen Johannes Hevelius beschrieben. Es gehörte zu den elf neuen Sternbildern, mit denen er Lücken am nördlichen Himmel füllte. Sieben seiner Sternbilder sind heute noch aktuell. Die Sterne von Lacerta sind dunkel und besitzen keine Namen, aber im Sternbild erfolgen gelegentlich Novae.

Unter den dichten Sternwolken der Milchstraße finden sich nur wenige bedeutende Himmelsobjekte. Eines davon ist BL Lacertae, der Prototyp einer seltsamen Klasse von Galaxien mit einem aktiven Kern, die B-Lac-Objekte oder Blazare. Ein Blazar ist eine Art Quasar, der energetische Strahlen zur Erde emittiert, sodass er wie ein Stern erscheint.

Beta (β) Lacertae
Der Gelbe Riese mit der Größenklasse 4,4, der vermutlich zehnmal so groß ist wie die Sonne, markiert die Nase der Eidechse.

Alpha (α) Lacertae
Der Hauptreihenstern ist ungefähr doppelt so groß wie die Sonne und 27-mal so leuchtstark. In Teleskopen erscheint er als optischer Doppelstern.

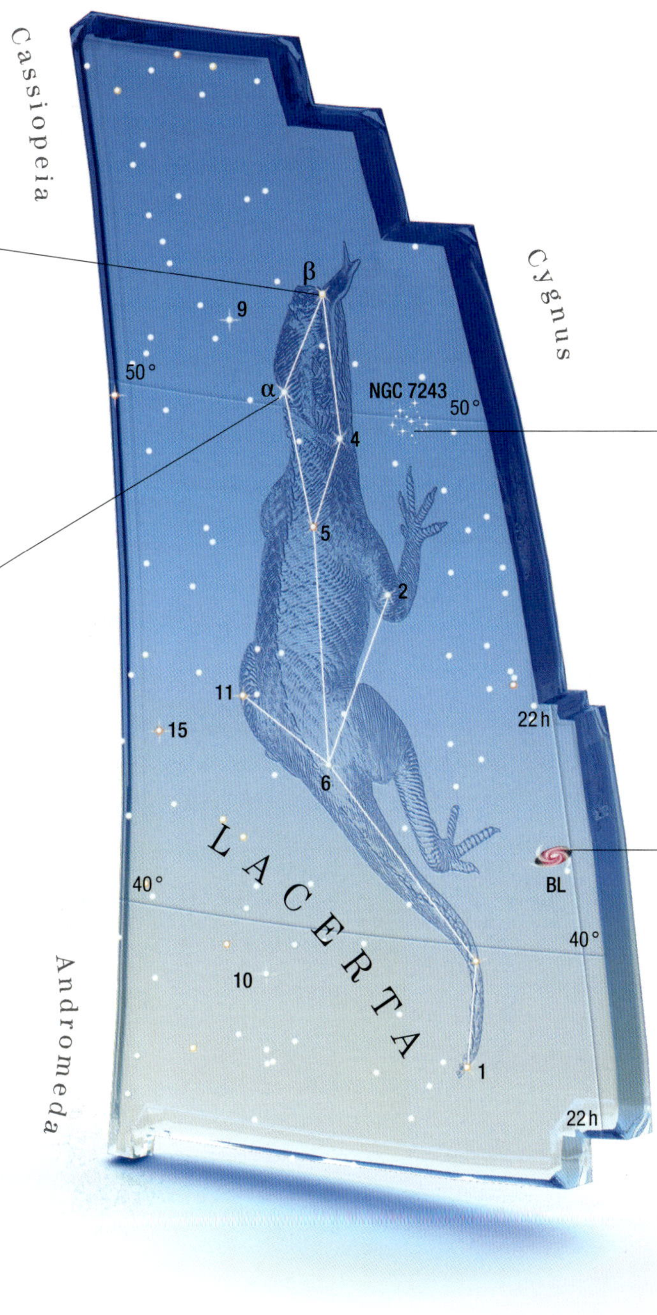

NGC 7243
NGC 7243 ist ein loser Haufen junger Sterne, die zusammen mit Größenklasse 6,4 leuchten, und nachts mit Ferngläsern zu sehen.

BL Lacertae
Dieser Blazar ist eine entfernte elliptische Galaxie mit einem supermassiven Schwarzen Loch in ihrem Kern. Ihre Helligkeit schwankt zwischen den Größenklassen 12 und 16.

DATEN

Größenrangliste 68
Hellste Sterne Alpha (α) 3,8, 1 Lacertae 4,1
Genitiv Lacertae
Abkürzung Lac
Höchststand um 22 Uhr September–Oktober
Sichtbarkeit 90 °N – 33 °S

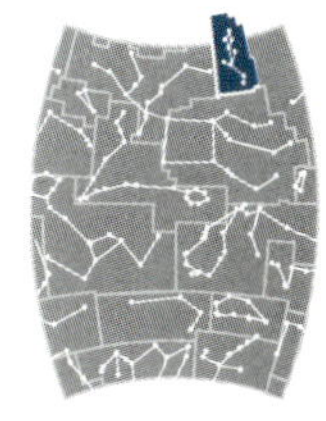
KARTE 3

HAUPTSTERNE

Alpha (α) Lacertae
Blau-weißer Hauptreihenstern
3,8 ⟷ 103 Lichtjahre

Beta (β) Lacertae
Gelber Riese
4,4 ⟷ 170 Lichtjahre

1 Lacertae
Orangefarbener Riese
4,1 ⟷ 621 Lichtjahre

HIMMELSOBJEKTE

NGC 7243
Offener Sternhaufen

BL Lacertae
Blazar und Prototyp der B-Lac-Objekte

△ **NGC 7243**
Diese Gruppe blau-weißer Sterne ist etwa 2800 Lichtjahre entfernt und sticht aus einem reichhaltigen Sternfeld mit gelben und roten Sternen hervor. Mit einem kleinen Teleskop sieht man 120 Sterne, die über eine Fläche verstreut sind, die halb so groß wie der Vollmond ist. Ihre lockere Verteilung lässt einen zweifeln, ob sie wirklich einen echten Sternhaufen bilden.

LEUCHTKRAFT

16 Persei *25 Sonnen* | **Algol** *95 Sonnen* | **Gamma Persei** *330 Sonnen*

PERSEUS
PERSEUS

Perseus ist ein bekanntes Sternbild des nördlichen Himmels. Es liegt in der Milchstraße, zwischen Andromeda und Auriga (Fuhrmann) und nördlich von Taurus (Stier). Perseus enthält einen Zwillingssternhaufen und den berühmten Veränderlichen Algol.

In der griechischen Mythologie musste Perseus den Kopf der Medusa, der Gorgone, holen, bei deren Anblick Menschen zu Stein erstarrten. Er schnitt Medusa den Kopf ab und sah auf seiner Rückkehr, dass Prinzessin Andromeda an einen Felsen gekettet wurde, um dem Seeungeheur Cetus (Walfisch) geopfert zu werden. Perseus tötete Cetus, befreite Andromeda und nahm sie zur Braut. Die Sternbilder Perseus und Andromeda liegen nebeneinander.

Perseus trägt am Himmel in seiner linken Hand den abgetrennten Medusenkopf, den der Veränderliche Algol markiert. Algol ist ein Bedeckungsveränderlicher, bei dem der dunklere Stern den helleren alle 2,9 Tage über zehn Stunden bedeckt.

Die jährlichen Meteorschauer der Perseiden treten Mitte August auf und strahlen aus dem nördlichen Teil des Sternbilds Perseus, nahe an der Grenze zu Cassiopeia, ab.

Die **Nova Persei brach** 1901 für mehrere Tage zu einem der **hellsten Sterne** am Himmel aus, bevor sie nach und nach wieder dunkler wurde.

▷ **NGC 869 und NGC 884**
Diesen Zwillingshaufen, den man auch Doppelhaufen nennt, sieht man mit bloßem Auge – als hellen Flecken in der Milchstraße an der Grenze zu Cassiopeia. NGC 869 (links im Bild) ist der hellere und reichere Haufen. Beide sind etwa 7000 Lichtjahre von der Erde entfernt.

△ **M76**
Die doppellappige Form dieses planetarischen Nebels gab M76 seinen beliebten Namen Kleiner Hantelnebel. Mit Größenklasse 10 ist M76 das dunkelste Objekt in Charles Messiers Katalog der Himmelsobjekte.

△ **GK Persei**
Durch die Explosion von Nova Persei wurden glühende Gashüllen in den Weltraum geschleudert, die zu dem Überrest der Nova führte, die man heute GK Persei nennt (auch als Firework-Nebel bekannt).

DATEN

Größenrangliste 24
Hellste Sterne Mirphak (α) 1,8, Algol (β) 2,1 – 3,4
Genitiv Persei
Abkürzung Per
Höchststand um 22 Uhr November–Dezember
Sichtbarkeit 58 °N – 83 °S

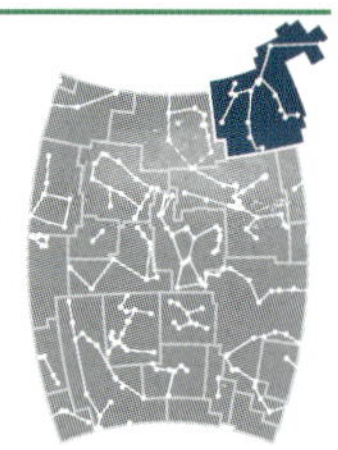

KARTE 6

HAUPTSTERNE

Mirfak Alpha (α) Persei
Weißer Überriese
1,8 ⟷ 500 Lichtjahre

Algol Beta (β) Persei
Bedeckungsveränderlicher
2,1–3,4 ⟷ 90 Lichtjahre

Gamma (γ) Persei
Gelber Riese
2,9 ⟷ 240 Lichtjahre

Delta (δ) Persei
Blauer Riese
3,0 ⟷ 520 Lichtjahre

Epsilon (ε) Persei
Blauer Riese
2,9 ⟷ 640 Lichtjahre

Zeta (ζ) Persei
Blauer Überriese und dritthellster Stern in Perseus
2.9 ⟷ 750 Lichtjahre

Rho (ρ) Persei
Veränderlicher Roter Riese
3,3–4,0 ⟷ 310 Lichtjahre

HIMMELSOBJEKTE

Alpha-Persei-Haufen
Verstreuter Sternhaufen um Mirfak

GK Persei
Nova-Persei-Überrest, auch Firework-Nebel genannt

M34
Offener Sternhaufen von ungefähr 60 Sternen

M76
Planetarischer Nebel, auch Kleiner Hantelnebel genannt

NGC 869 and NGC 884
Offener Zwillingssternhaufen

NGC 1499
Emissionsnebel, auch Californianebel genannt

Perseus A (NGC 1275)
Übergroße elliptische Galaxie

Mirfak (α Persei)
Mit einer Größenklasse von 1,8 ist Mirfak der hellste Stern in Perseus. Ihn umgibt ein loser Haufen dunklerer Sterne.

NGC 1528
Der Offene Sternhaufen NGC 1528 wurde 1790 von dem britischen Astronomen William Herschel entdeckt. Er besteht aus ungefähr 160 Sternen und ist ein Ziel für Ferngläser.

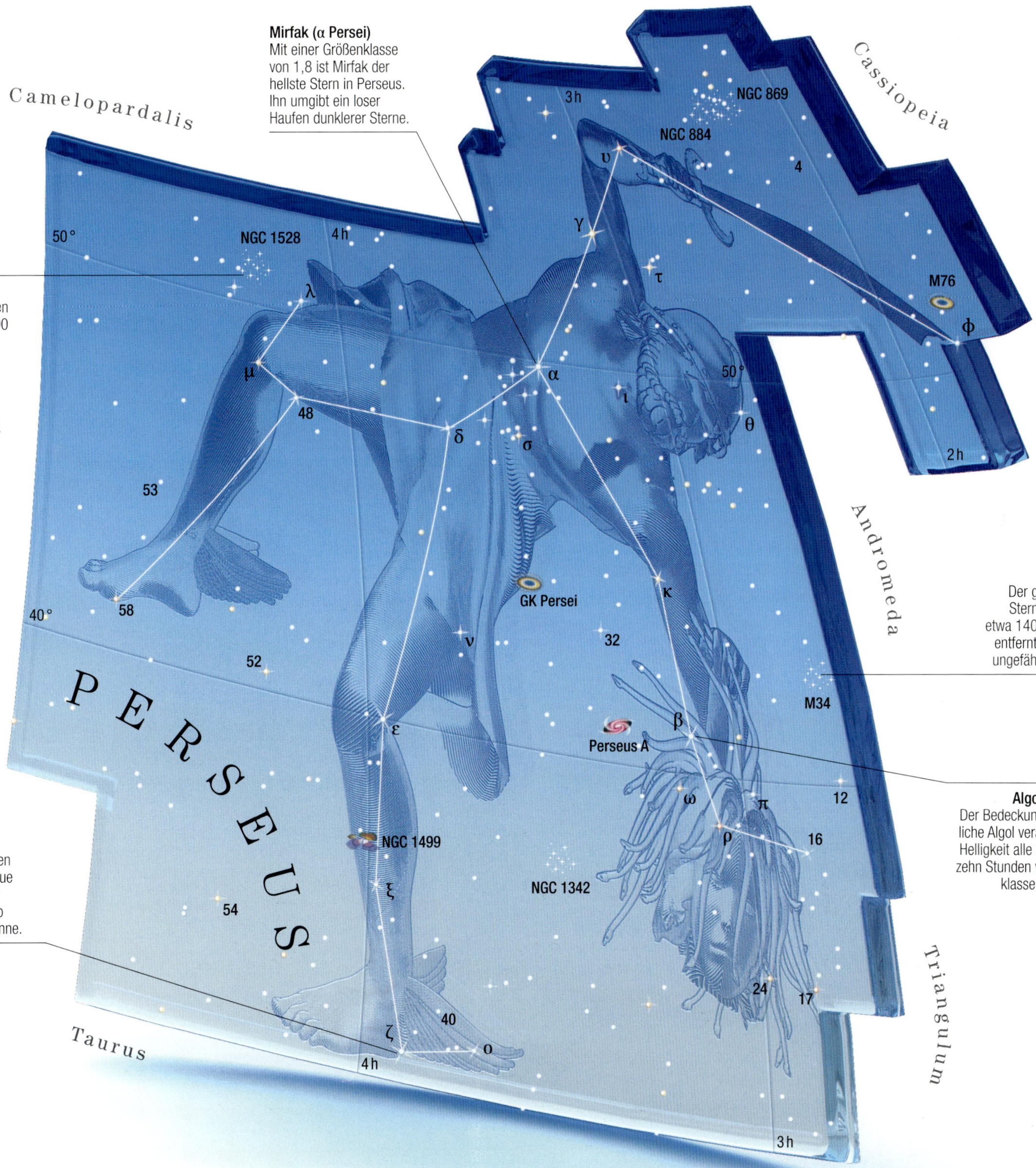

M34
Der große Offene Sternhaufen liegt etwa 1400 Lichtjahre entfernt und enthält ungefähr 60 Sterne.

Algol (β Persei)
Der Bedeckungsveränderliche Algol verändert seine Helligkeit alle 2,9 Tage für zehn Stunden von Größenklasse 2,1 bis 3,4.

Zeta (ζ) Persei
In etwa 750 Lichtjahren Entfernung ist der Blaue Überriese Zeta Persei ungefähr 3400-mal so leuchtstark wie die Sonne.

▷ Abstände zur Erde
Mit ungefähr 90 Lichtjahren ist Algol der erdnächste Stern des Musters und der nähere der beiden hellsten Sterne des Sternbilds. Mirfak liegt mit 500 Lichtjahren fünfmal so weit entfernt, ist aber der hellere der beiden Sterne. Xi ist der entfernteste Stern des Sternbilds und ungefähr 1240 Lichtjahre entfernt.

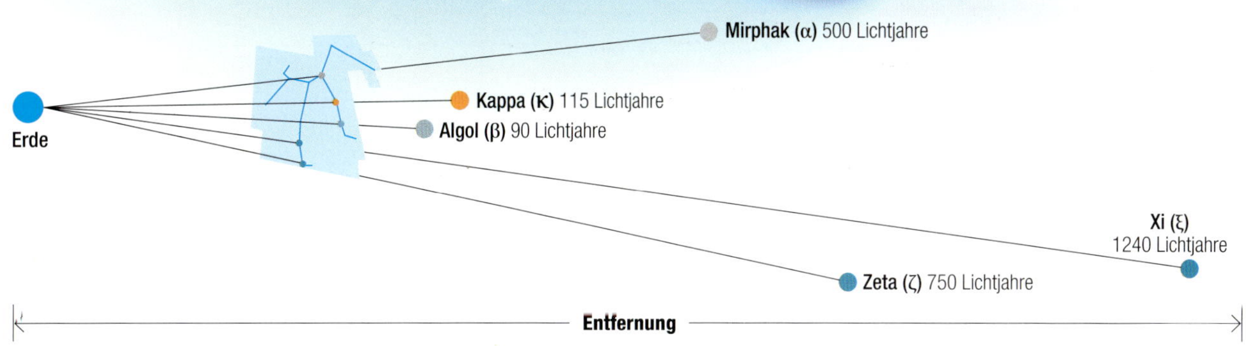

LEO MINOR
KLEINER LÖWE

Das kleine und dunkle Sternbild am nördlichen Himmel stellt ein Löwenjunges dar. Leo Minor wurde im späten 17. Jahrhundert von Johannes Hevelius eingeführt.

Leo Minor zählt nicht zu den griechischen Sternbildern. Es wurde von dem polnischen Astronomen Johannes Hevelius 1687 eingeführt, der das leicht zu übersehende Sternbild in eine Lücke zwischen Leo (Löwe) und Ursa Major (Großer Bär) quetschte. Es besitzt keinen Stern mit der Bezeichnung Alpha – obwohl Beta existiert. Dieser Fehler unterlief dem englischen Astronomen Francis Baily, als er 1845 die Sterne des Musters katalogisierte und dabei dessen hellsten Stern, 46 Leonis Minoris, übersah. Das berühmteste Himmelsobjekt von Leo ist Hannys Objekt, eine seltsame Gaswolke, die der niederländische Amateurastronom Hanny van Arkel entdeckte.

DATEN

Größenrangliste 64

Hellste Sterne 46 Leonis Minoris 3,8, Beta (β) 4,2

Genitiv Leonis Minoris

Abkürzung LMi

Höchststand um 22 Uhr März–April

Sichtbarkeit 90 °N – 48 °S

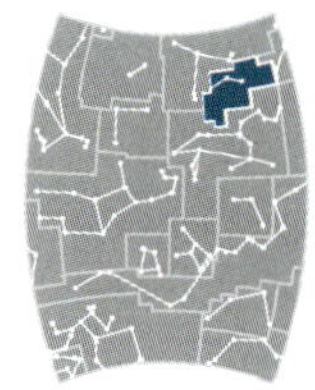

KARTE 5

HAUPTSTERNE

Beta (β) Leonis Minoris
Gelb-orangefarbener Riese
4,2 — 154 Lichtjahre

46 Leonis Minoris
Orangefarbener Riese
3,8 — 95 Lichtjahre

HIMMELSOBJEKTE

IC 2497 und **Hannys Objekt**
Aktive Galaxie mit einer nahen Gaswolke

NGC 3021
Spiralgalaxie

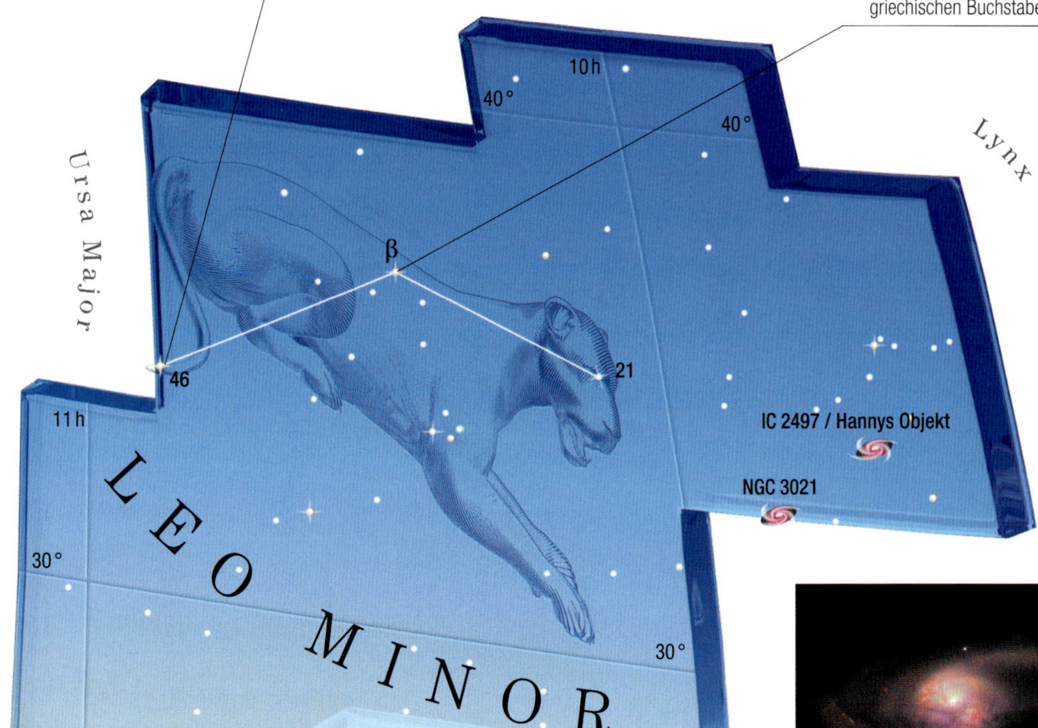

▷ **IC 2497 und Hannys Objekt**
Das irreguläre Objekt (grün) in dieser Aufnahme des Hubble-Weltraumteleskops ist Hannys Objekt, eine Gaswolke, die durch die Strahlung eines alten Quasars in der Galaxie IC 2497 (oberhalb) erleuchtet wird.

Der Hauptstern **Capella** ist der **hellste für das bloße Auge** sichtbare Stern, der **dieselbe Farbe** hat wie die Sonne.

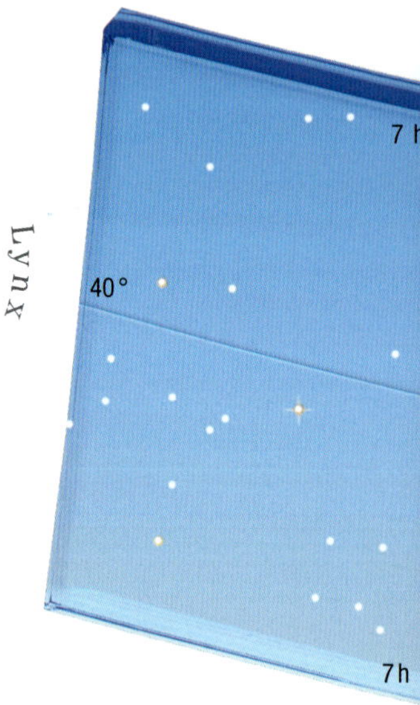

AURIGA
FUHRMANN

Das große und berühmte Sternbild Auriga am nördlichen Himmel enthält den sechsthellsten Stern des gesamten Nachthimmels: Capella.

Auriga war in der griechischen Legende ein Wagenlenker, wobei der Wagen selbst nicht zum Sternbild gehört. Sein hellster Stern Capella (lat.: Ziege) stellt eine Ziege dar, die der Fuhrmann trägt. Ein weiterer interessanter Stern ist der Weiße Überriese Epsilon Aurigae, ein Bedeckungsveränderlicher mit einer langen Periode von 27 Jahren. M36, M37 und M38 sind drei Offene Sternhaufen, die man mit Ferngläsern sieht. Alle sind etwa 4000 Lichtjahre entfernt. M37 ist der größte Haufen, aber M36 ist leichter aufzufinden. Der Stern, der den rechten Fuß des Fuhrmanns markiert, wurde früher mit Taurus geteilt. Als die Grenzen der Sternbilder 1930 festgelegt wurden, wurde er Taurus zugesprochen und Beta Tauri genannt.

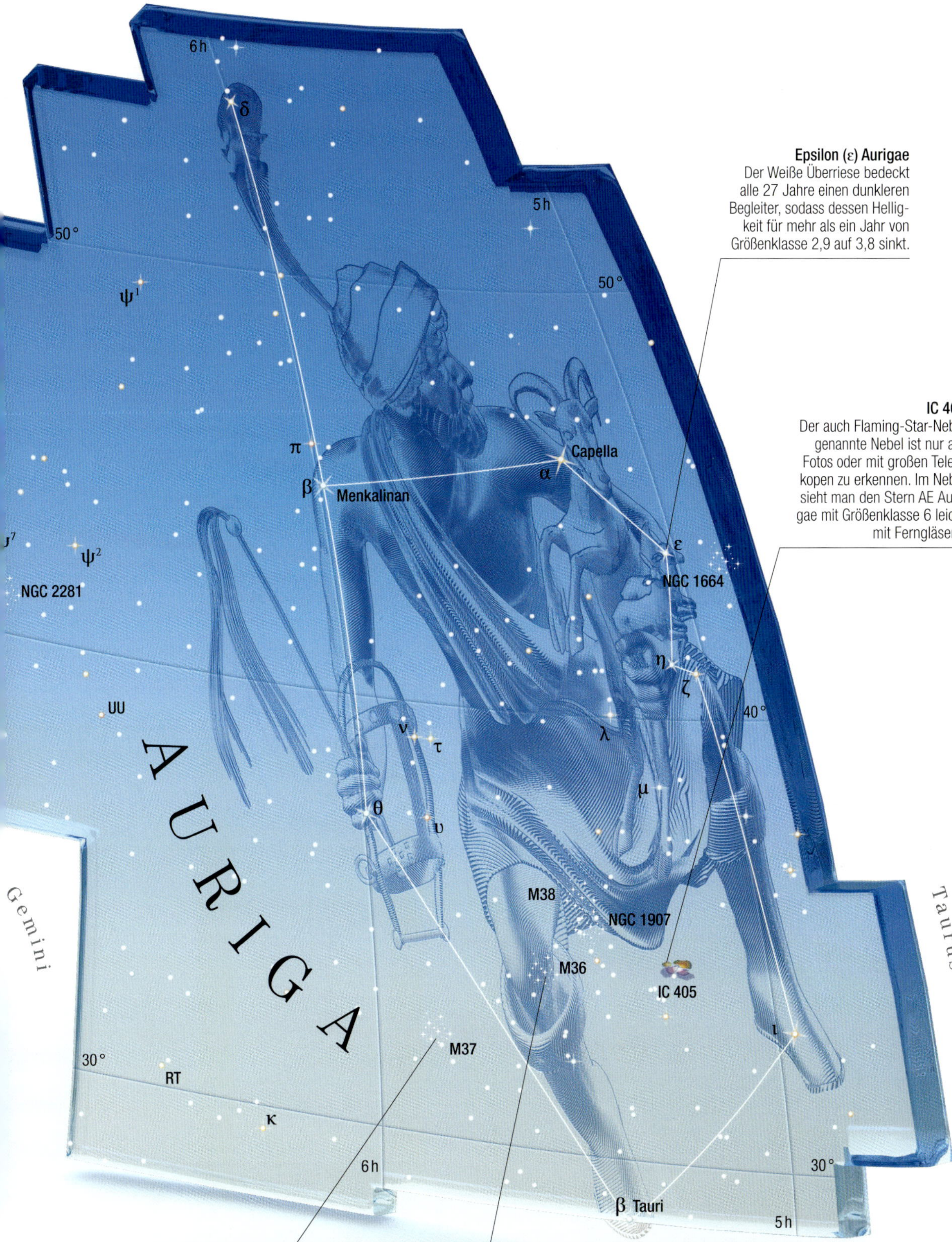

Epsilon (ε) Aurigae
Der Weiße Überriese bedeckt alle 27 Jahre einen dunkleren Begleiter, sodass dessen Helligkeit für mehr als ein Jahr von Größenklasse 2,9 auf 3,8 sinkt.

IC 405
Der auch Flaming-Star-Nebel genannte Nebel ist nur auf Fotos oder mit großen Teleskopen zu erkennen. Im Nebel sieht man den Stern AE Aurigae mit Größenklasse 6 leicht mit Ferngläsern.

M37
Der größte und reichhaltigste Sternhaufen in Auriga enthält mehrere Hundert Sterne, die aber alle dunkel sind.

M36
Der kleinste aus der Kette der drei Sternhaufen ist am leichtesten aufzufinden. Er besteht aus ungefähr 60 Sternen.

DATEN

Größenrangliste 21

Hellste Sterne Capella (α) 0,1, Menkalinan (β) 1,9

Genitiv Aurigae

Abkürzung Aur

Höchststand um 22 Uhr Dezember–Februar

Sichtbarkeit 90 °N – 30 °S

KARTE 6

HAUPTSTERNE

Capella Alpha (α) Aurigae
Doppelstern aus Gelben und Orangefarbenen Riesen
0,1 — 43 Lichtjahre

Menkalinan Beta (β) Aurigae
Blau-weißer Überriese oder Hauptreihenstern
1,9 — 81 Lichtjahre

Epsilon (ε) Aurigae
Weißer Überriese
3,0 — 2000 Lichtjahre

Zeta (ζ) Aurigae
Orangefarbener Riese
3,8 — 790 Lichtjahre

Eta (η) Aurigae
Blau-weißer Hauptreihenstern
3,2 — 243 Lichtjahre

Theta (θ) Aurigae
Blau-weißer Hauptreihenstern
2,6 — 165 Lichtjahre

HIMMELSOBJEKTE

M36
Offener Sternhaufen

M37
Offener Sternhaufen

M38
Offener Sternhaufen

NGC 1664
Offener Sternhaufen

NGC 2281
Offener Sternhaufen

IC 405 (Flaming-Star-Nebel)
Emissions- und Reflexionsnebel

◁ **IC 405**
Der heiße, blaue Stern (links im Bild) ist AE Aurigae. Er wurde vor etwa 3 Mio. Jahren aus dem Orionnebel herausgeschleudert und hat nun diesen Nebel in Auriga erreicht. Als der Stern den Nebel spektakulär beleuchtete, entstand der beliebte Name Flaming-Star-Nebel (engl.: flammender Stern). Irgendwann wird der Stern weiterwandern, sodass der Nebel dunkler werden wird.

LEUCHTKRAFT

Iota Leonis
12 Sonnen

Denebola
15 Sonnen

LEO LÖWE

Leo ist ein großes Sternbild des Tierkreises und leicht zu erkennen, weil es an einen geduckten, lauernden Löwen erinnert. Eine Sichel aus sechs Sternen umreißt den Kopf und die Brust des Löwen.

Leo ist nach der Legende der Löwe, den Herkules bei der ersten seiner zwölf Aufgaben tötete. Die Sichel, welche Löwenkopf und Brust markiert, sieht wie ein seitenverkehrtes Fragezeichen aus. An der Basis der Sichel steht der hellste Stern, Regulus – das Herz des Löwen.

In der Mitte der Sichel liegt Gamma Leonis oder Algieba. Dieser Doppelstern hat zwei Gelb-orangefarbene Riesen, die sich alle 550 Jahre einmal umkreisen. In der Nähe liegt 40 Leonis, ein von dem Doppelstern unabhängiger Stern der 5. Größenklasse. Zeta Leonis mit Größenklasse 3 hat zwei dunkle Begleiter, die per Fernglas zu sehen sind. Die drei Sterne sind jedoch nicht durch Schwerkraft gebunden.

Unter dem Löwenkörper sieht man mit kleinen Teleskopen einige Spiralgalaxien – die bekanntesten sind M65, M66, M95 und M96.

Jeden November entspringt aus der Sichel der Meteorschauer der Leoniden (Teilchen des Kometen Tempel-Tuttle). Normalerweise strahlen nur wenige Meteore ab, aber auch Stürme wie der von 1833 kommen vor.

1833 sollen bei dem **Meteorsturm** der Leoniden **Sternschnuppen** wie **Schneeflocken** vom Himmel gefallen sein.

M65, M66
Diese beiden Spiralgalaxien, die mit kleinen Teleskopen sichtbar sind, erscheinen elliptisch, weil ihre Ebenen gegenüber der Erde geneigt sind.

▷ **NGC 3521**
Sternentstehungsgebiete verleihen den Armen dieser Spiralgalaxie, die 35 Mio. Lichtjahre entfernt ist, ein fleckiges Aussehen. Die Aufnahme machte das Very Large Telescope der ESA in Chile.

▽ **NGC 3808 und NGC 3808A**
In dieser Aufnahme des Hubble-Weltraumteleskops wechselwirken zwei Spiralgalaxien. Sterne, Gas und Staub strömen von NGC 3808 (rechts) und zu der kleineren NGC 3808A (links).

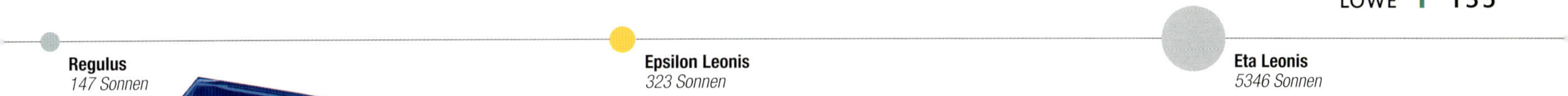

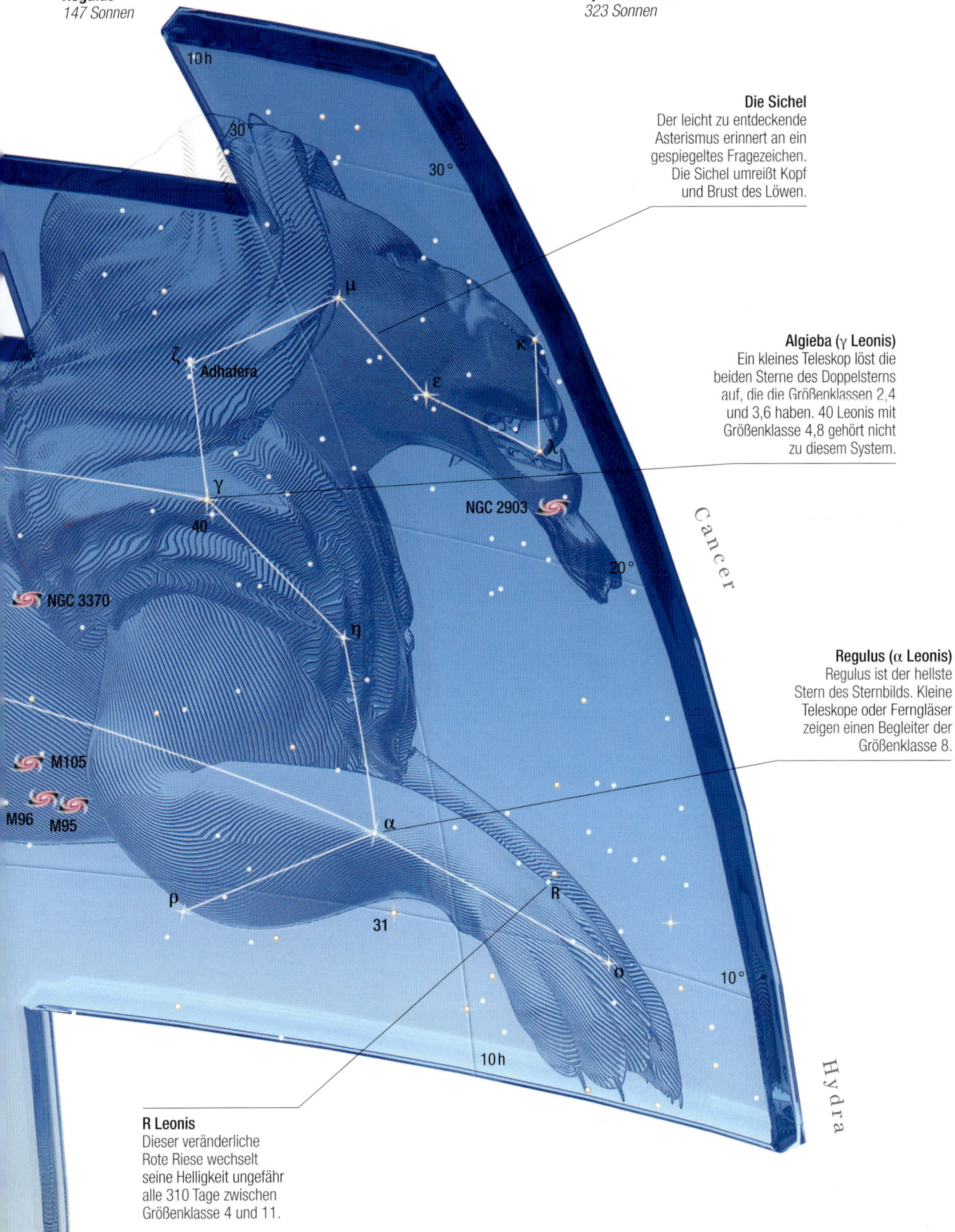

DATEN

Größenrangliste 12

Hellste Sterne Alpha (α) 1,4, Beta (β) 2,1

Genitiv Leonis

Abkürzung Leo

Höchststand um 22 Uhr März–April

Sichtbarkeit 82 °N – 57 °S

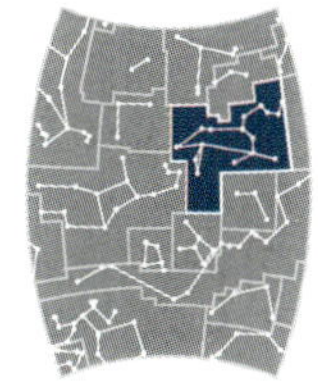

KARTE 3

HAUPTSTERNE

Regulus Alpha (α) Leonis
Blau-weißer Unterriese
1,4 ⟷ 79 Lichtjahre

Denebola Beta (β) Leonis
Blau-weißer Hauptreihenstern
2,1 ⟷ 36 Lichtjahre

Algieba Gamma (γ) Leonis
Orangefarbener Riese
2,4 ⟷ 130 Lichtjahre

Zosma Delta (δ) Leonis
Blau-weißer Unterriese
2,5 ⟷ 58 Lichtjahre

Epsilon (ε) Leonis
Gelber Riese
3,0 ⟷ 250 Lichtjahre

Chertan Theta (θ) Leonis
Blau-weißer Unterriese
3,4 ⟷ 165 Lichtjahre

Adhafera Zeta (ζ) Leonis
Weißer Riese
3,4 ⟷ 275 Lichtjahre

HIMMELSOBJEKTE

M65, M66, NGC 3628
Drei Spiralgalaxien, 35 Mio. Lichtjahre entfernt

M95, M96
Spiralgalaxien, ungefähr 35 Mio. Lichtjahre entfernt

M105
Elliptische Galaxie

NGC 2903
Balkenspiralgalaxie

NGC 3808
Wechselwirkende Galaxien

▷ Abstände zur Erde
Der erdnächste Stern des Musters, Denebola, ist nur 36 Lichtjahre entfernt, der entfernteste ist Rho in etwa 5400 Lichtjahren Entfernung. Trotz der großen Distanz zur Erde bleibt Rho Leonis mit einer Größenklasse von 3,9 für das bloße Auge sichtbar. Dieser Überriese hat einen Radius von ungefähr dem 37-Fachen der Sonne.

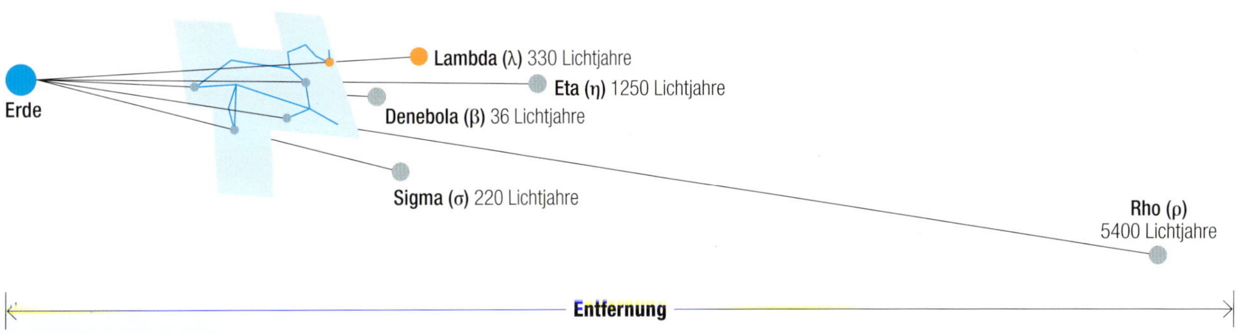

△ **Sombrero-Galaxie**
Diese Spiralgalaxie in Kantenstellung hat die Katalognummer M104 und sieht wie der berühmte mexikanische Hut aus, dessen Krempe durch eine dunkle Staubfahne hervorgehoben wird. Die Galaxie liegt an der Grenze zum Sternbild Corvus (Rabe) und ist ungefähr 30 Mio. Lichtjahre entfernt.

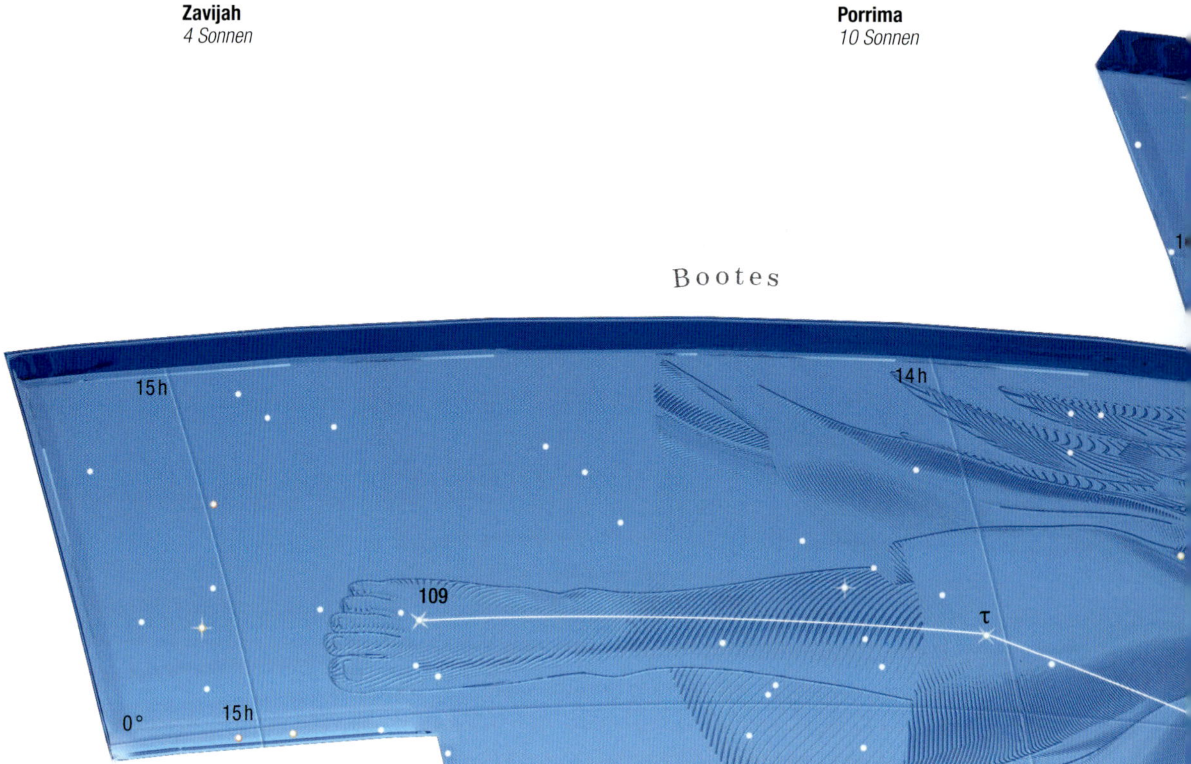

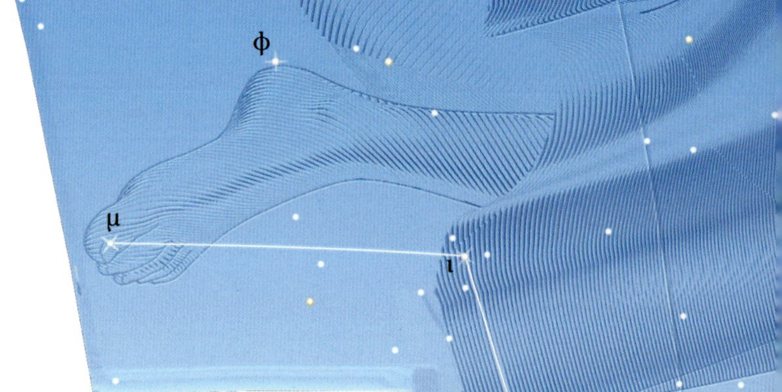

VIRGO JUNGFRAU

Virgo ist das größte Sternbild des Tierkreises und auch das zweitgrößte am gesamten Himmel. Es enthält den erdnächsten größten Galaxienhaufen wie auch den hellsten Quasar.

Virgo hatte in der alten griechischen Mythologie mehrere Bedeutungen. Einerseits stellte sie Demeter dar, die Göttin der Fruchtbarkeit der Erde, und wurde mit einer Kornähre in der Hand gezeichnet, die ihr hellster Stern Spica markiert. Andererseits wurde sie als Dike angesehen, die Göttin der Gerechtigkeit. Das angrenzende Sternbild Libra (Waage) wurde als die Waagschale der Gerechtigkeit betrachtet.

Das Sternbild gleicht einem verformten Y. Spica bildet die Basis des Buchstabens, und in seiner Öffnung liegt in 55 Mio. Lichtjahren Entfernung der Virgo-Haufen. Dieser Galaxienhaufen hat mehr als 2000 Mitglieder, deren hellste man mit kleinen Teleskopen sieht. Der Haufen ist so groß, dass sein nördlicher Teil im Sternbild Coma Berenices liegt. Im Herzen des Virgo-Haufens liegt die elliptische Riesengalaxie M87. Der hellste Quasar, der von der Erde aus zu sehen ist, 3C 273 (s. S. 60/61), liegt ebenfalls in Virgo, ist aber über 50-mal so weit entfernt wie der Virgo-Haufen.

M87 ist mit einer Masse von fast **3 Bio. Sonnen** eine der **massivsten lokalen Galaxien.**

▷ **Abstände zur Erde**
Der erdnächste Stern des Musters ist Zavijah (β Virginis) in 36 Lichtjahren Entfernung. Der hellste Stern, Spica (α Virginis), liegt mit 250 Lichtjahren noch weiter entfernt. Der entfernteste Stern Ny (ν) Virginis ist ungefähr 1170 Lichtjahre von der Erde entfernt.

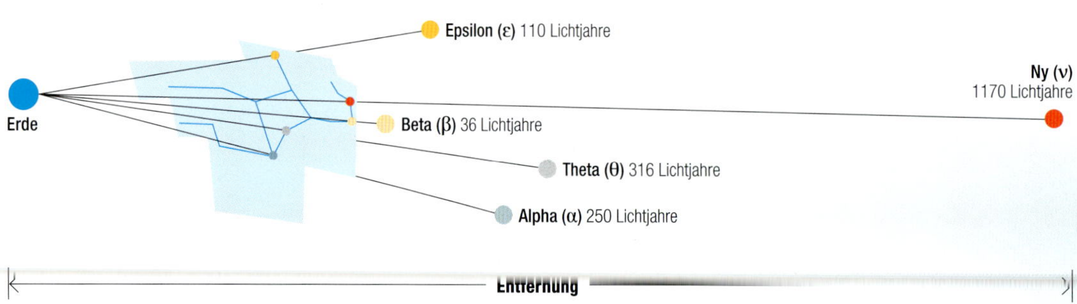

Vindemiatrix *70 Sonnen* — **Delta Virginis** *140 Sonnen* — **Spica** *2070 Sonnen*

DATEN

Größenrangliste 2

Hellste Sterne Spica (α) 1,0, Porrima (γ) 2,7

Genitiv Virginis

Abkürzung Vir

Höchststand um 22 Uhr April–Juni

Sichtbarleit 67 °N – 75 °S

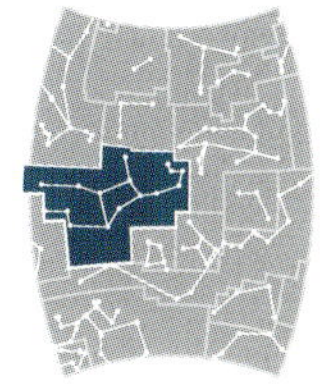

KARTE 5

HAUPTSTERNE

Spica Alpha (α) Virginis
Blau-weißer Riese, Doppelstern, Periode 4 Tage
1,0 — 250 Lichtjahre

Zavijah Beta (β) Virginis
Weißer Hauptreihenstern
3,6 — 36 Lichtjahre

Porrima Gamma (γ) Virginis
Doppelstern für kleine Teleskope, Periode 169 Jahre
2,7 — 38 Lichtjahre

Delta (δ) Virginis
Roter Riese
3,4 — 200 Lichtjahre

Vindemiatrix Epsilon (ε) Virginis
Gelber Riese
2,8 — 110 Lichtjahre

HIMMELSOBJEKTE

M49
Elliptische Galaxie im Virgo-Haufen

M58
Balkenspiralgalaxie im Virgo-Haufen

M59
Elliptische Galaxie im Virgo-Haufen

M60
Elliptische Galaxie im Virgo-Haufen

M61
Spiralgalaxie im Virgo-Haufen

M84
Elliptische Galaxie im Virgo-Haufen

M86
Elliptische Galaxie im Virgo-Haufen

M87
Elliptische Riesengalaxie im Virgo-Haufen

M90
Spiralgalaxie im Virgo-Haufen

M104 (Sombrero-Galaxie)
Spiralgalaxie in Kantenstellung

3C 273
Der optisch hellste Quasar am Himmel

COMA BERENICES

HAAR DER BERENIKE

Das Sternbild ist nach der alten ägyptischen Königin Berenike II. benannt und zwischen den bekannteren Sternbildern Leo (Löwe) und Bootes (Bärenhüter) leicht aufzufinden. Es enthält viele interessante Stern- und Galaxienhaufen.

Bis 1536 war das Sternbild Teil von Leo, wurde dann aber von dem deutschen Kartografen Caspar Vopel erstmals auf einem Globus als eigenständiges Sternbild aufgeführt. Es besitzt keine Sterne, die heller als Größenklasse 4 leuchten, aber viele interessante Himmelsobjekte. Galaxien wie M85, M88, M99 und M100 im Süden gehören zum Virgo-Haufen, der etwa 50 Mio. Lichtjahre entfernt ist, andere sind Mitglieder des Coma-Haufens, der sechsmal so weit entfernt ist. Melotte 111 ist einer der erdnächsten Offenen Sternhaufen. Mehr als 20 Sterne sind mit bloßem Auge sichtbar.

△ **M64**
Die hellste Galaxie in Coma Berenices, M64, heißt auch Black-Eye-Galaxie, weil eine dunkle Staubfahne neben ihrem hellen Kern liegt. Sie ist 17 Mio Lichtjahre entfernt.

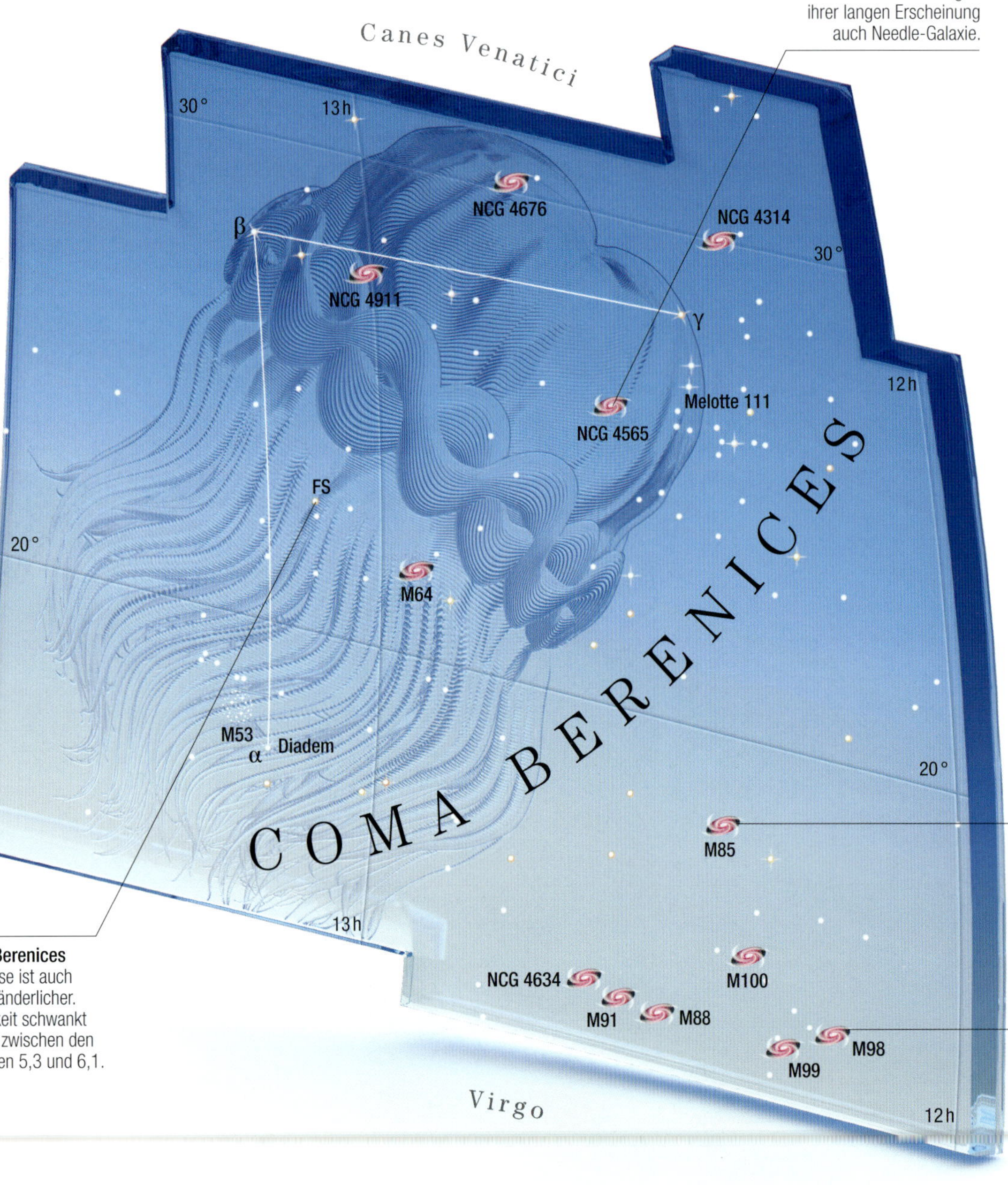

NGC 4565
Die Spiralgalaxie in Kantenansicht heißt wegen ihrer langen Erscheinung auch Needle-Galaxie.

FS Comae Berenices
Der Rote Riese ist auch ein Halb-Veränderlicher. Seine Helligkeit schwankt alle 58 Tage zwischen den Größenklassen 5,3 und 6,1.

M85
Die linsenförmige Galaxie ist ungefähr 125 000 Lichtjahre breit und 60 Mio. Lichtjahre von der Erde entfernt.

M98
Die Spiralgalaxie liegt fast in Kantenstellung und 44 Mio. Lichtjahre entfernt. Sie ist Teil des Virgo-Haufens und wurde 1791 zusammen mit M99 und M100 entdeckt.

DATEN

Größenrangliste 42
Hellste Sterne Beta (β) 4,2, Diadem (α) 4,3
Genitiv Comae Berenices
Abkürzung Com
Höchststand um 22 Uhr April–Mai
Sichtbarkeit 90 °N – 56 °S

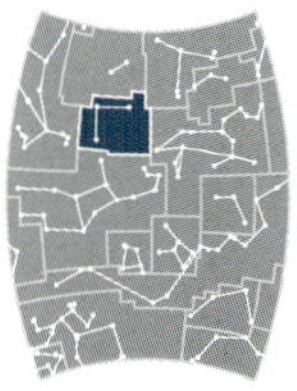

KARTE 5

HAUPTSTERNE

Diadem Alpha (α) Comae Berenices
Doppelstern aus zwei Hauptreihensternen
4,3 ⟷ 58 Lichtjahre

Beta (β) Comae Berenices
Gelber Hauptreihenstern
4,2 ⟷ 30 Lichtjahre

Gamma (γ) Comae Berenices
Orangefarbener Riese
4,3 ⟷ 167 Lichtjahre

FS Comae Berenices
Roter Riese und Halb-Veränderlicher
5,6 ⟷ 736 Lichtjahre

HIMMELSOBJEKTE

Melotte 111 (Coma-Sternhaufen)
Offener Sternhaufen

M53 (NGC 5024)
Kugelsternhaufen

M64 (Black-Eye-Galaxie, NGC 4826)
Spiralgalaxie

M85 (NGC 4382)
Linsenförmige Galaxie

M88 (NGC 4501)
Spiralgalaxie

M91 (NGC 4548)
Balkenspiralgalaxie

M99 (NGC 4254)
Spiralgalaxie

M100 (NGC 4321)
Spiralgalaxie

NGC 4565 (Needle-Galaxie)
Spiralgalaxie

◁ **NGC 5897**
Im Gegensatz zu anderen Kugelsternhaufen hat NGC 5897 keinen dichten Kern, in dem die Sterne zunehmend zusammengedrängt werden. Er wird zu seinem Zentrum hin nur schrittweise heller.

LIBRA
WAAGE

Dieser Himmelsabschnitt gehörte früher zum Sternbild von Scorpius (Skorpion) und stellt heute die Waagschalen der Gerechtigkeit dar. Es ist das unauffälligste Tierkreissternbild und das einzige, das ein lebloses Objekt zeigt.

Die alten Griechen nannten dieses Gebiet Chelae Scorpionis, die Scheren des Skorpions. Im 5. Jh. v. Chr. beschrieben die Römer es als Waage. Heute stellt Libra die Waagschalen der Gerechtigkeit dar, die die benachbarte Virgo hält. Die Namen seiner hellsten Sterne deuten auf Libras Vergangenheit. Zubenelgenubi ist das arabische Wort für südliche Schere und Zubeneschamali für die nördliche. Das dunkle Sternbild liegt südlich des Himmelsäquators. Man findet es zwischen seinen helleren Nachbarn. Der Veränderliche Delta schwankt alle zwei Tage und acht Stunden zwischen den Größenklassen 5 und 6 – und Iota ist ein Mehrfachstern.

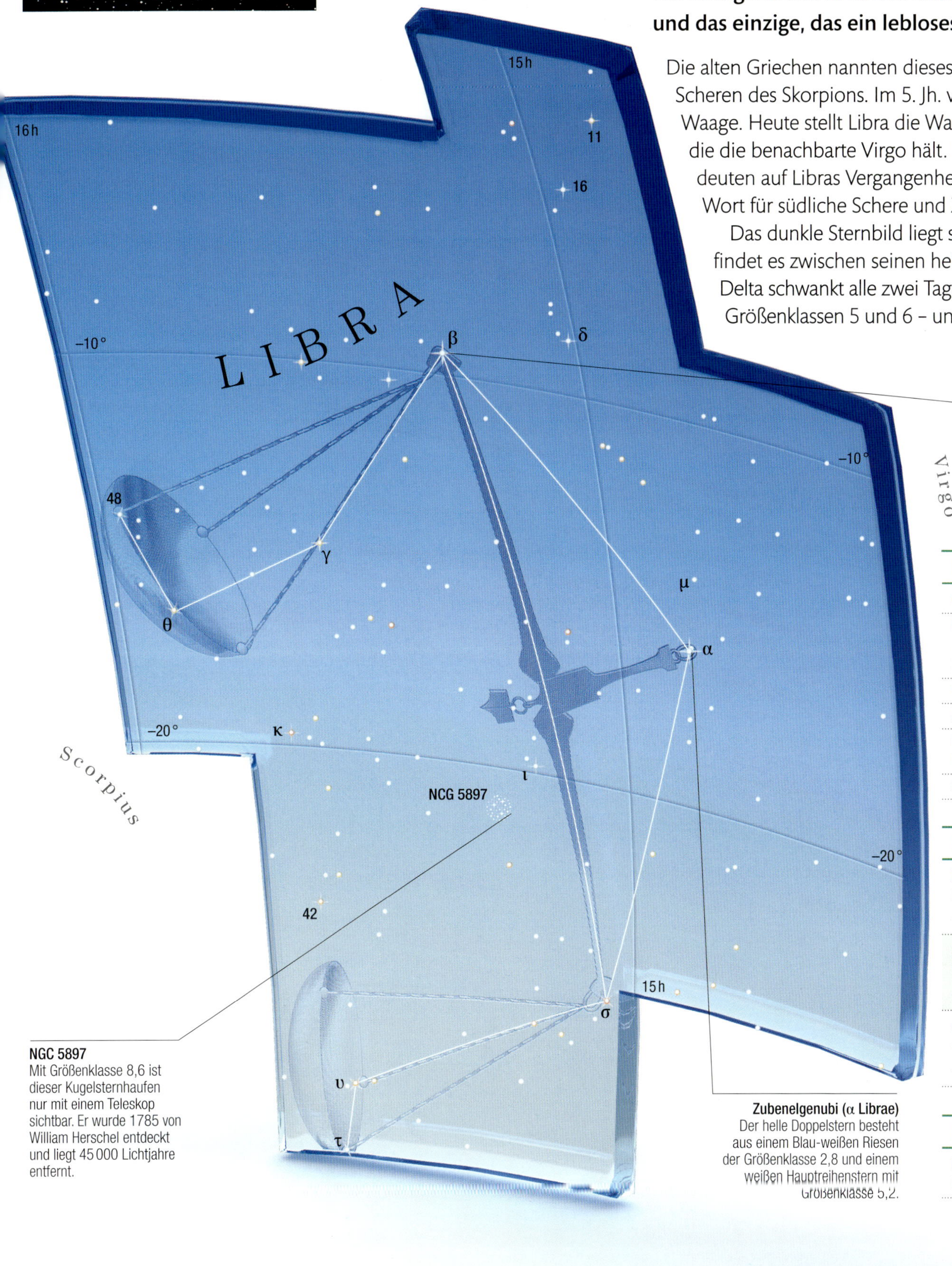

Zubeneschamali (β Librae)
Der hellste Stern des Sternbilds ist ein weißer Hauptreihenstern. Mit Ferngläsern oder Teleskopen sehen einige Beobachter einen grünlichen Schimmer.

NGC 5897
Mit Größenklasse 8,6 ist dieser Kugelsternhaufen nur mit einem Teleskop sichtbar. Er wurde 1785 von William Herschel entdeckt und liegt 45 000 Lichtjahre entfernt.

Zubenelgenubi (α Librae)
Der helle Doppelstern besteht aus einem Blau-weißen Riesen der Größenklasse 2,8 und einem weißen Hauptreihenstern mit Größenklasse 5,2.

DATEN

Größenrangliste 29

Hellste Sterne Zubeneschamali (β) 2,6, Zubenelgenubi (α) 2,8

Genitiv Librae

Abkürzung Lib

Höchststand um 22 Uhr Mai–Juni

Sichtbarkeit 60 °N – 90 °S

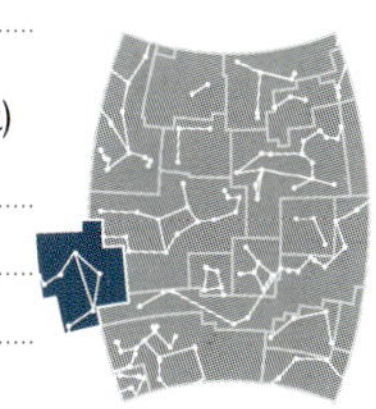

KARTE 5

HAUPTSTERNE

Zubenelgenubi Alpha (α) Librae
Doppelstern
2,8 ⟷ 75 Lichtjahre

Zubeneschamali Beta (β) Librae
Weißer Hauptreihenstern
2,6 ⟷ 185 Lichtjahre

Gamma (γ) Librae
Orangefarbener Riese
3,9 ⟷ 163 Lichtjahre

HIMMELSOBJEKTE

NGC 5897
Kugelsternhaufen

LEUCHTKRAFT

Epsilon Scorpii
40 Sonnen

Graffias
1265 Sonnen

Lesath
2260 Sonnen

Der Durchmesser von Antares ist mehr als **800-mal** so groß wie der **der Sonne,** sodass ein Telefonat von einer Seite des Sterns zur anderen **mehr als eine Stunde** dauern würde.

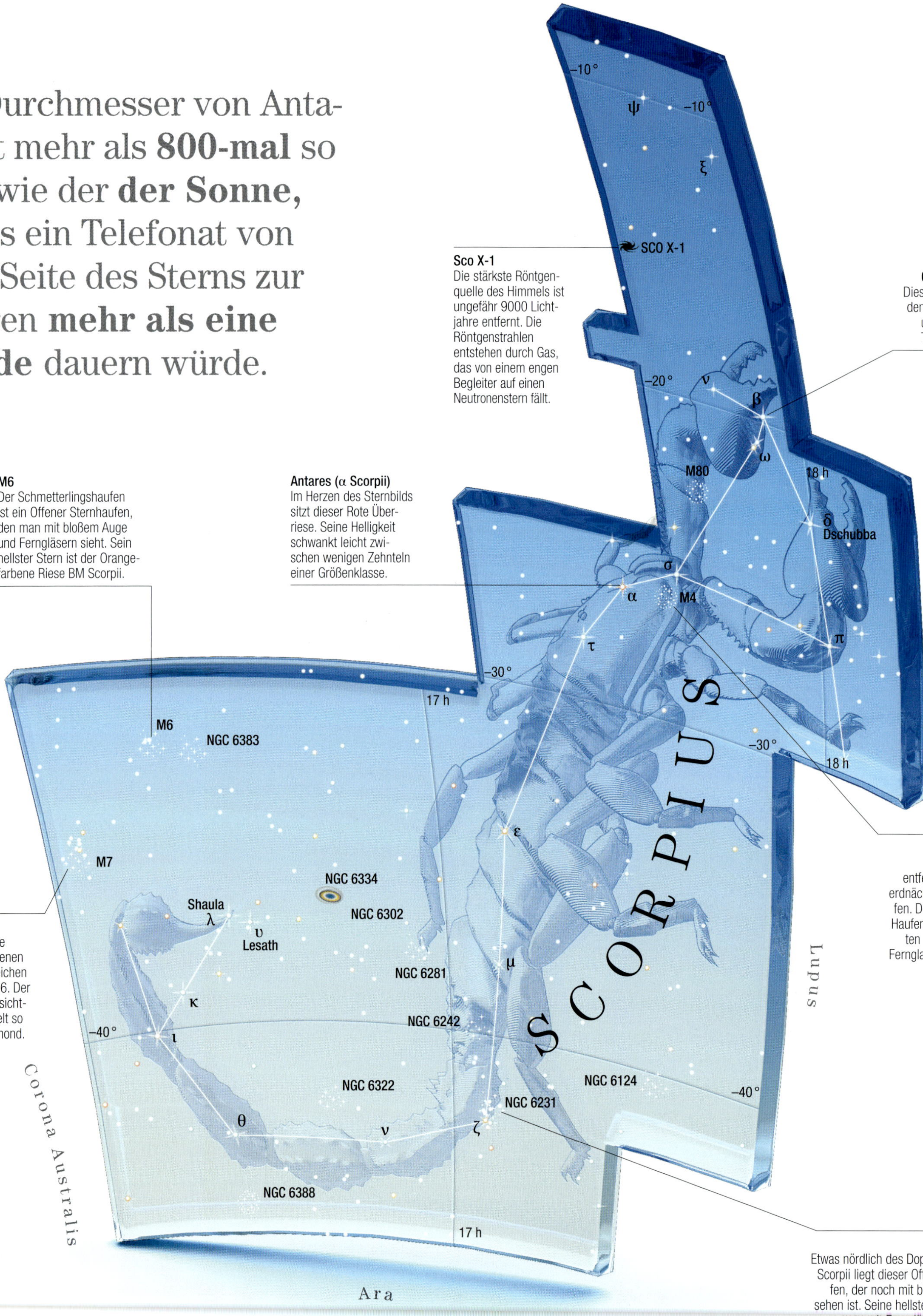

Sco X-1
Die stärkste Röntgenquelle des Himmels ist ungefähr 9000 Lichtjahre entfernt. Die Röntgenstrahlen entstehen durch Gas, das von einem engen Begleiter auf einen Neutronenstern fällt.

Graffias (β Scorpii)
Diesen Doppelstern mit den Größenklassen 2,6 und 4,9 lösen kleine Teleskope leicht auf.

M6
Der Schmetterlingshaufen ist ein Offener Sternhaufen, den man mit bloßem Auge und Ferngläsern sieht. Sein hellster Stern ist der Orangefarbene Riese BM Scorpii.

Antares (α Scorpii)
Im Herzen des Sternbilds sitzt dieser Rote Überriese. Seine Helligkeit schwankt leicht zwischen wenigen Zehnteln einer Größenklasse.

M7
Die hellsten Sterne dieses großen Offenen Sternhaufens erreichen die Größenklasse 6. Der mit bloßem Auge sichtbare M7 ist doppelt so groß wie der Vollmond.

M4
Der 7000 Lichtjahre entfernte M4 ist einer der erdnächsten Kugelsternhaufen. Der große, aber dunkle Haufen ist in dunklen Nächten am besten mit einem Fernglas oder einem kleinen Teleskop zu sehen.

NGC 6231
Etwas nördlich des Doppelsterns Zeta Scorpii liegt dieser Offene Sternhaufen, der noch mit bloßem Auge zu sehen ist. Seine hellsten Sterne kann man mit Ferngläsern erkennen.

SCORPIUS

SKORPION

Das bekannte Sternbild des Tierkreises liegt südlich des Himmelsäquators. Es ist leicht an seinem hakenförmigen Muster zu erkennen, das den Schwanz des Skorpions markiert. Das Sternbild enthält reichhaltige Sternfelder der Milchstraße.

Scorpius präsentiert den Skorpion, der Orion tödlich verletzte. Entsprechend der Legende stehen sich die beiden Gegner am Himmel gegenüber. Wenn Scorpius aufgeht, geht Orion unter. Das Sternbild hieß früher auch Scorpio, aber der Name wird nicht mehr benutzt.

Sein hellster Stern, der Rote Überriese Antares, markiert das Herz des Skorpions. Ein Bogen aus Sternen südlich von Antares kennzeichnet den Schwanz. An seinem Ende sitzt der zweithellste Stern Shaula (ein arabisches Wort für Stachel). Der Schwanz, der vor einem dichten Gebiet des Milchstraßenzentrums liegt, ist mit Sternhaufen übersät.

Viele helle Sterne in Scorpius und seinen angrenzenden Sternbildern sind etwa 500 Lichtjahre entfernt. Sie sind Mitglieder eines jüngeren Sternentstehungsgebiets, der Scorpius-Centaurus-Assoziation. Antares ist das hellste Mitglied.

◁ **NGC 6302**
NGC 6302, auch Käfernebel genannt, ist ein komplexer planetarischer Nebel. Gas strömt von seinem Zentralstern in zwei Richtungen ab und bildet die Flügel in dieser Aufnahme des Hubble-Weltraumteleskops.

△ **M80**
In der Aufnahme des Hubble-Weltraumteleskops sind im Kugelsternhaufen M80, der etwa 28 000 Lichtjahre entfernt ist, helle Rote Riesen zu erkennen. Rote Riesen sind sonnenähnliche Sterne an ihrem Lebensende.

DATEN

Größenrangliste 33

Hellste Sterne Antares (α) 0,9, Shaula (λ) 1,6

Genitiv Scorpii

Abkürzung Sco

Höchststand um 22 Uhr Juni–Juli

Sichtbarkeit 44 °N – 90 °S

KARTE 4

HAUPTSTERNE

Antares Alpha (α) Scorpii
Veränderlicher Roter Überriese
0,9 ⟷ 550 Lichtjahre

Graffias Beta (β) Scorpii
Blau-weißer Hauptreihenstern
2,6 ⟷ 400 Lichtjahre

Dschubba Delta (δ) Scorpii
Blau-weißer Unterriese
2,3 ⟷ 500 Lichtjahre

Epsilon (ε) Scorpii
Orangefarbener Riese
2,3 ⟷ 64 Lichtjahre

Theta (θ) Scorpii
Weißer Riese
1,9 ⟷ 300 Lichtjahre

Shaula Lambda (λ) Scorpii
Blau-weißer Unterriese
1,6 ⟷ 570 Lichtjahre

Lesath Ypsilon (υ) Scorpii
Blau-weißer Unterriese
2,7 ⟷ 580 Lichtjahre

HIMMELSOBJEKTE

M4
Kugelsternhaufen

M6 (Schmetterlingshaufen)
Offener Sternhaufen

M7
Offener Sternhaufen

M80
Kugelsternhaufen

NGC 6302 (Käfernebel)
Planetarischer Nebel

▷ **Abstände zur Erde**
Der erdnächste Stern des Musters ist Epsilon (ε) Scorpii in 64 Lichtjahren Entfernung. Der am weitesten entfernte Stern Zeta¹ (ζ¹) Scorpii liegt ungefähr 2570 Lichtjahre von der Erde entfernt. (Der andere Stern des optischen Doppelsterns Zeta Scorpii, Zeta², ist nur etwa 130 Lichtjahre entfernt.) Viele Sterne in Scorpius gehören zur Scorpius-Centaurus-Assoziation (es handelt sich um eine Gruppe junger Sterne, die etwa gleichzeitig entstanden sind) und sind mit 500 Lichtjahren ähnlich weit von der Erde entfernt.

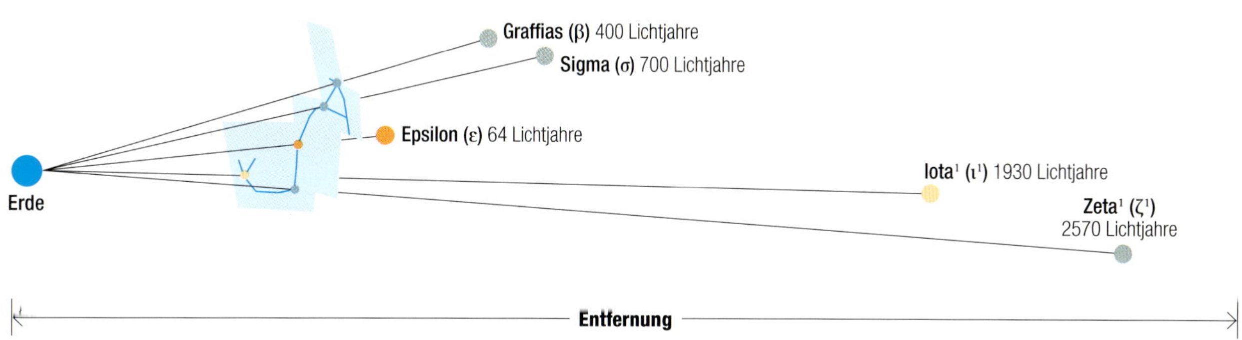

LEUCHTKRAFT

Gamma Serpentis
3 Sonnen

Eta Serpentis
15 Sonnen

SERPENS
SCHLANGE

Serpens ist als einziges Sternbild geteilt. Der Kopf der Schlange (Caput) liegt auf einer Seite von Ophiuchus, ihr Schwanz (Cauda) auf der anderen. Beide Teile zählen als ein einziges Sternbild.

Serpens stellt die Schlange dar, deren Kopf Ophiuchus (Schlangenträger) in seiner linken und deren Schwanz er in seiner rechten Hand hält. Die Kopfregion wird als Serpens Caput bezeichnet, die Schwanzregion als Serpens Cauda.

Der hellste Stern ist Alpha Serpentis (Größenklasse 3). Sein arabischer Name Unukalhai steht für »Hals der Schlange«. Den Kopf markiert Beta Serpentis mit einem ungebundenen Begleiter der 7. Größenklasse, der mit Ferngläsern sichtbar ist. Im Schwanz liegt der Sternhaufen M16 im Adlernebel, der durch eine Aufnahme des Hubble-Weltraumteleskops mit den »Säulen der Schöpfung« berühmt wurde. Ebenfalls im Schwanz liegt der Doppelstern Alya (Theta Serpentis) mit Größenklasse 5, den kleine Teleskope trennen. In der Nähe ist der mit Ferngläsern sichtbare Offene Sternhaufen IC 4765.

◁ Seyferts Sextett
Die Galaxiengruppe besteht aus vier wechselwirkenden Galaxien und zwei weiteren Mitgliedern. Die kleine Spiralgalaxie im Zentrum dieser Aufnahme des Hubble-Weltraumteleskops ist ein Objekt im Hintergrund, das zufällig in der Sichtlinie liegt. Das sechste Mitglied ist keine Galaxie, sondern ein langer Schweif aus Sternen. Sie wurden von den Galaxien weggerissen.

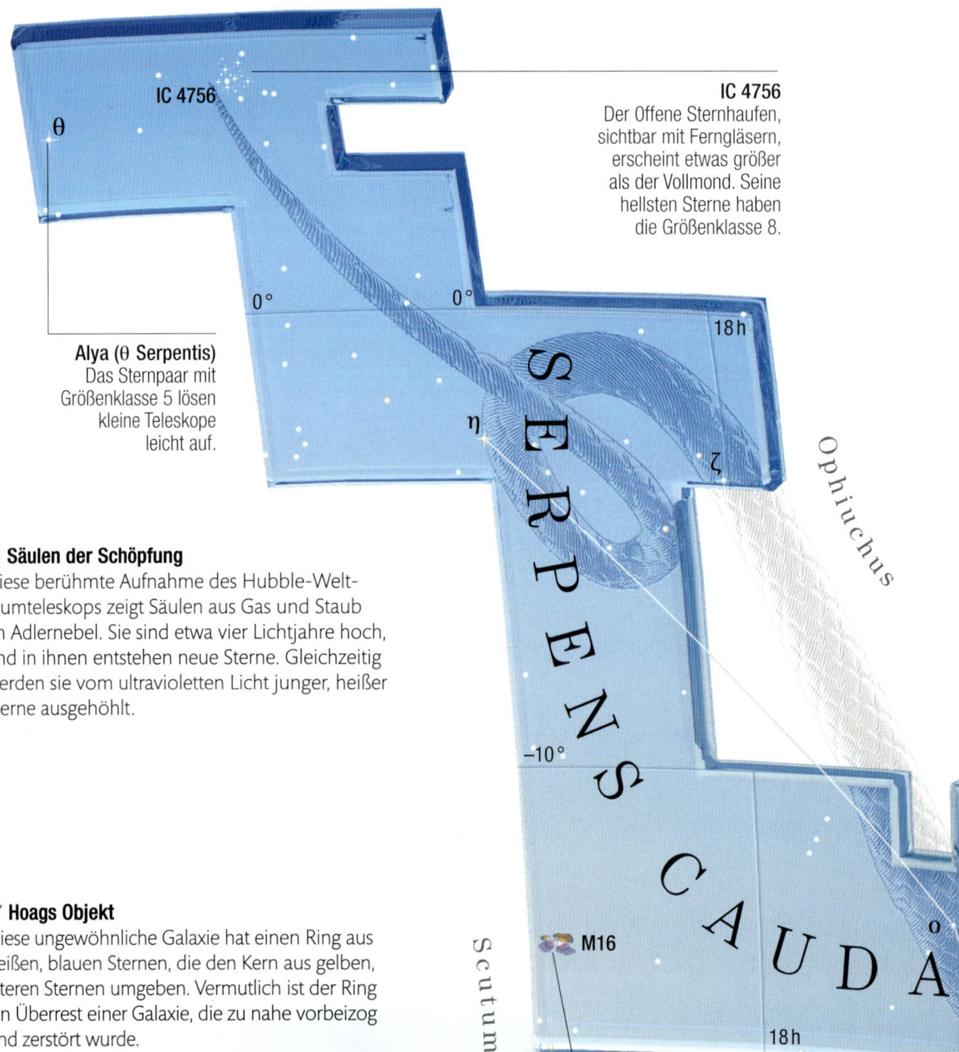

IC 4756
Der Offene Sternhaufen, sichtbar mit Ferngläsern, erscheint etwas größer als der Vollmond. Seine hellsten Sterne haben die Größenklasse 8.

Alya (θ Serpentis)
Das Sternpaar mit Größenklasse 5 lösen kleine Teleskope leicht auf.

M16
Der Offene Sternhaufen ist mit Ferngläsern und kleinen Teleskopen sichtbar. Weil er im Adlernebel eingebettet ist, erscheint er dunstig,

◁ Säulen der Schöpfung
Diese berühmte Aufnahme des Hubble-Weltraumteleskops zeigt Säulen aus Gas und Staub im Adlernebel. Sie sind etwa vier Lichtjahre hoch, und in ihnen entstehen neue Sterne. Gleichzeitig werden sie vom ultravioletten Licht junger, heißer Sterne ausgehöhlt.

▽ Hoags Objekt
Diese ungewöhnliche Galaxie hat einen Ring aus heißen, blauen Sternen, die den Kern aus gelben, älteren Sternen umgeben. Vermutlich ist der Ring ein Überrest einer Galaxie, die zu nahe vorbeizog und zerstört wurde.

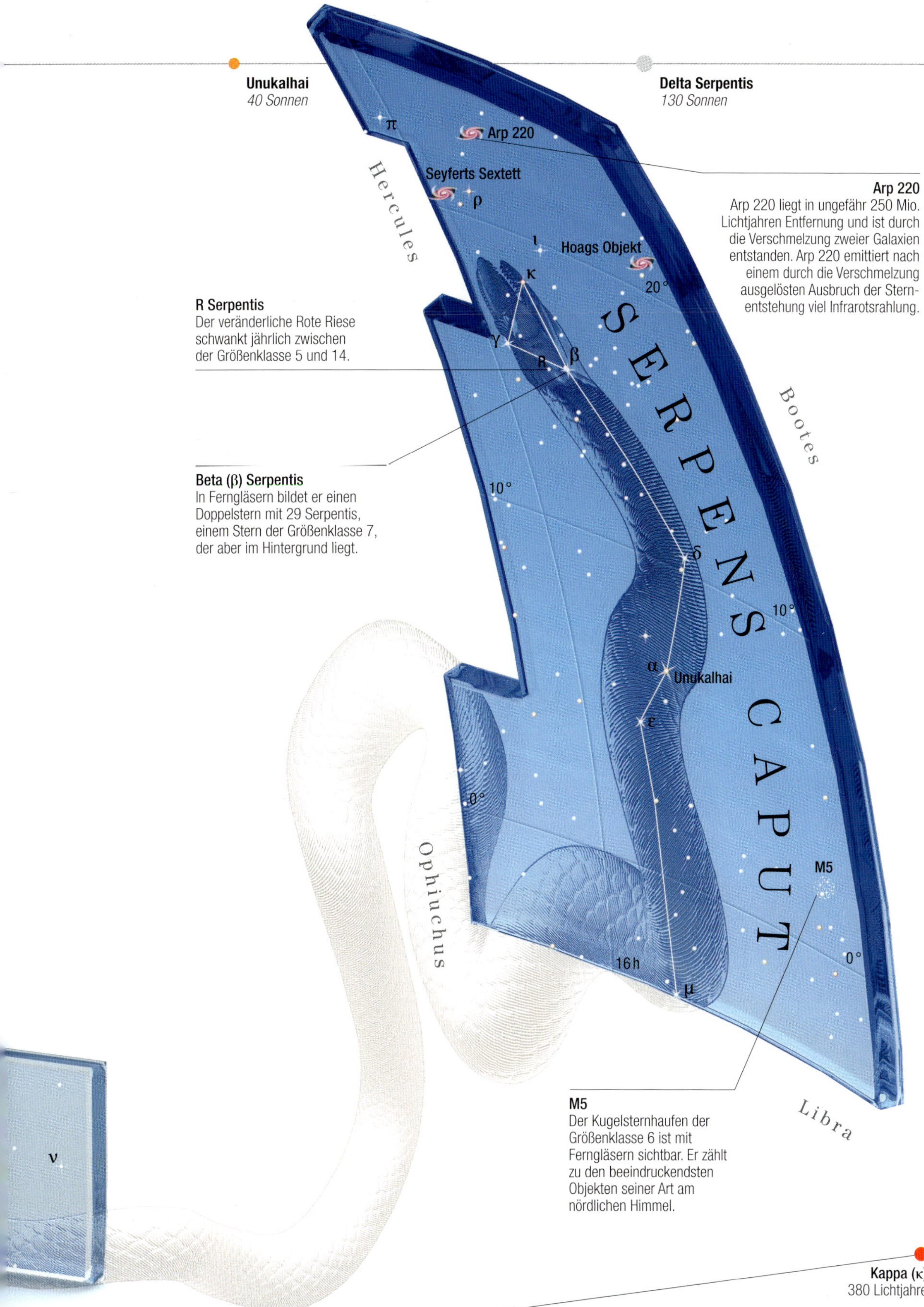

DATEN

Größenrangliste 23

Hellste Sterne Unukalhai (α) 2,6, Eta (η) 3,3

Genitiv Serpentis

Abkürzung Ser

Höchststand um 22 Uhr Juni–August

Sichtbarkeit 74 °N – 64 °S

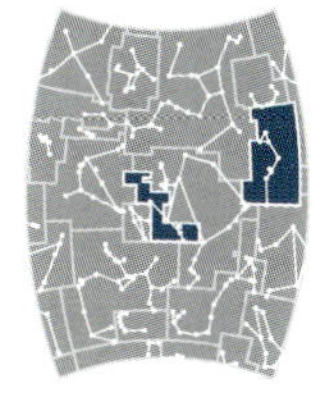

KARTE 4

HAUPTSTERNE

Unukalhai Alpha (α) Serpentis
Orangefarbener Riese
2,6 — 74 Lichtjahre

Beta (β) Serpentis
Blau-weißer Hauptreihenstern
3,7 — 155 Lichtjahre

Gamma (γ) Serpentis
Weißer Unterriese
3,8 — 37 Lichtjahre

Delta (δ) Serpentis
Weißer Unterriese
3,8 — 230 Lichtjahre

Eta (η) Serpentis
Orangefarbener Riese
3,3 — 60 Lichtjahre

Alya Theta (θ) Serpentis
Paar aus blau-weißen Hauptreihensternen
4,6; 5,0 — 155 Lichtjahre

R Serpentis
Veränderlicher Roter Riese
5,2–14,4 — 700 Lichtjahre

HIMMELSOBJEKTE

M5
Kugelsternhaufen

M16
Offener Haufen im Adlernebel

IC 4756
Offener Haufen

Hoags Objekt
Ringgalaxie

Seyferts Sextett
Galaxiengruppe

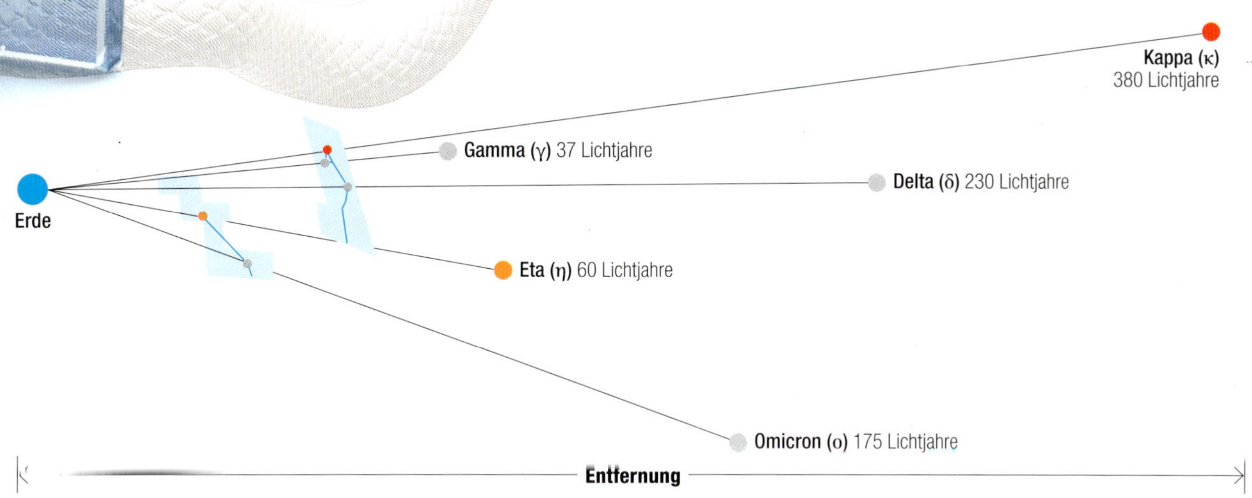

◁ **Abstände zur Erde**
Der erdnächste und der entfernteste Stern des Musters liegen beide im Kopf (Serpens Caput). Gamma (γ) Serpentis ist 37 Lichtjahre und Kappa (κ) Serpentis etwa 380 Lichtjahre von der Erde entfernt. Im Schwanz ist Eta (η) Serpentis der erdnächste Stern mit 60 Lichtjahren Entfernung und Omicron (ο) Serpentis der entfernteste mit etwa 175 Lichtjahren Abstand.

LEUCHTKRAFT

Rasalhague
28 Sonnen

Cebalrai
43 Sonnen

Sabik
68 Sonnen

OPHIUCHUS

SCHLANGENTRÄGER

Ophiuchus ist ein großes Sternbild, das über dem Himmelsäquator liegt. Es estreckt sich von Hercules im Norden bis runter zu Sagittarius (Schütze) im Süden.

Ophiuchus stellt den legendären Heiler Äskulap dar, der angeblich Tote wieder zum Leben erwecken konnte. Am Himmel hält er die Schlange (ein traditionelles Symbol der Heilung) aus dem Sternbild Serpens in seinen Händen.

Trotz seiner Größe ist das Sternbild nicht sehr bekannt. Sein hellster Stern ist Rasalhague (Alpha Ophiuchi) mit Größenklasse 2, der den Kopf von Ophiuchus markiert. Der bekannteste Stern ist Barnards Stern, ein dunkler Roter Zwerg (Größenklasse 10) in 5,9 Lichtjahren Entfernung. Ophiuchus enthält zahlreiche Kugelsternhaufen wie M10 und M12, die man leicht mit kleinen Teleskopen findet. Die Sonne wandert jedes Jahr in der ersten Dezemberhälfte durch Ophiuchus, das Sternbild ist jedoch nicht als traditionelles Sternbild des Tierkreises (s. S. 92/93) angesehen.

△ **NGC 6369**
Diese Aufnahme des Hubble-Weltraumteleskops zeigt den planetarischen Nebel, der auch Little-Ghost-Nebel genannt wird. Der Gasring ist etwa ein Lichtjahr groß und wird vom Kern mit ultraviolettem Licht erleuchtet.

▷ **Twin-Jet-Nebel**
Auf dieser Aufnahme des Hubble-Weltraumteleskops strömt schimmerndes Gas mit Geschwindigkeiten von mehr als 1 Mio. km pro Stunde zu beiden Seiten aus einem zentralen Doppelstern heraus und erzeugt die schmetterlingsähnliche Form.

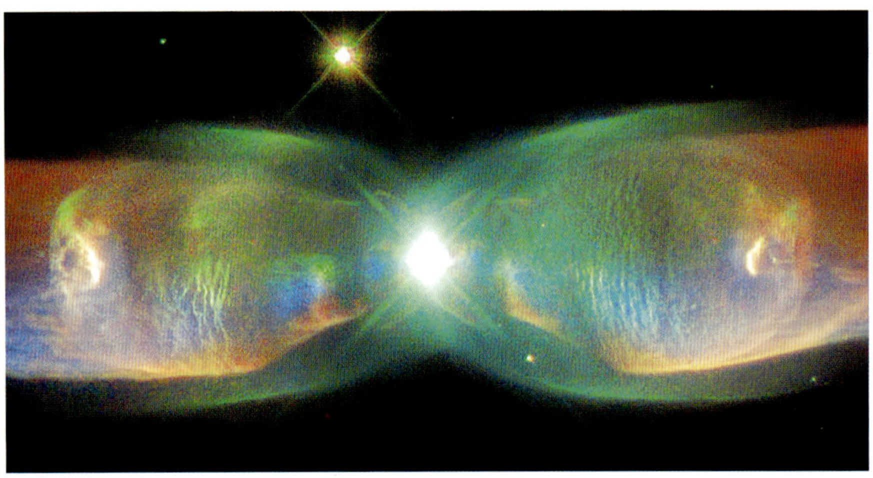

▽ **Abstände zur Erde**
Der erdnächste Stern des Musters, der Doppelstern 36 Ophiuchi, liegt ungefähr 20 Lichtjahre von der Erde weg. Der entfernteste Stern ist 67 Ophiuchi, der mit 1230 Lichtjahren 60-mal so weit entfernt ist.

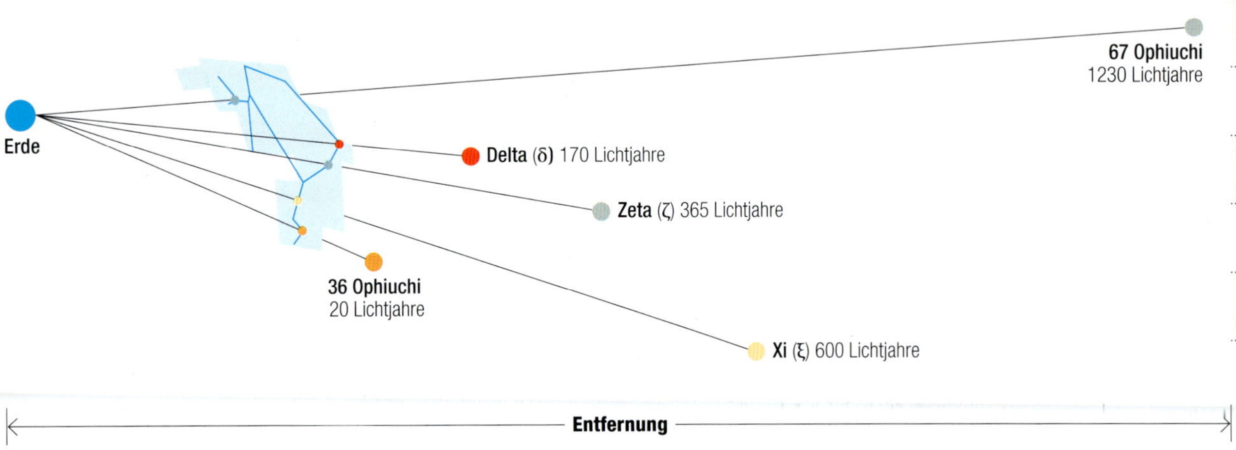

DATEN

Größenrangliste 11

Hellste Sterne Rasalhague (α) 2,1, Sabik (η) 2,4

Genitiv Ophiuchi

Abkürzung Oph

Höchststand um 22 Uhr Juni–Juli

Sichtbarkeit 59 °N – 75 °S

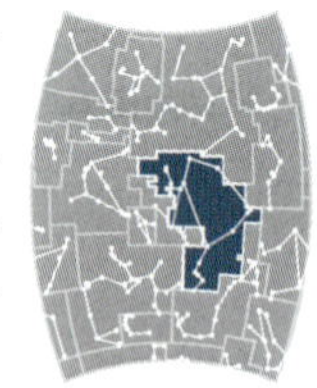

KARTE 4

HAUPTSTERNE

Rasalhague Alpha (α) Ophiuchi
Blau-weißer Riese
2,1 — 49 Lichtjahre

Cebalrai Beta (β) Ophiuchi
Orangefarbener Riese
2,8 — 82 Lichtjahre

Delta (δ) Ophiuchi
Roter Riese
2,8 — 170 Lichtjahre

Zeta (ζ) Ophiuchi
Blau-weißer Unterzwerg
2,6 — 365 Lichtjahre

Sabik Eta (η) Ophiuchi
Blau-weißer Unterzwerg
2,4 — 88 Lichtjahre

Barnards Stern
Roter Zwerg
9,5 — 5,9 Lichtjahre

HIMMELSOBJEKTE

Keplers Stern
Überrest einer Supernova aus dem Oktober 1604

M10
Kugelsternhaufen

M12
Kugelsternhaufen

NGC 6369
Planetarischer Nebel, auch Little-Ghost-Nebel genannt

NGC 6633
Offener Sternhaufen

IC 4665
Offener Sternhaufen

Pfeifennebel
Dunkelnebel

Twin-Jet-Nebel (Minkowski 2–9)
Bipolarer planetarischer Nebel

Barnards Stern bewegt sich mit **mehr als 100 km pro Sekunde** auf die Erde zu.

△ **Pfeifennebel**
Dieser lange Nebel aus interstellarem Staub scheint eine Lücke in die Milchstraße zu reißen – in Wirklichkeit blockiert er aber nur das Licht der Sterne der Zentralwölbung im Hintergrund. In klaren, dunklen Nächten kann man den Nebel mit bloßem Auge beobachten.

AQUILA ADLER

Im Muster des Sternbilds Aquila kann man sich leicht einen fliegenden Adler vorstellen. In der griechischen Mythologie ist der Adler mit dem Gott Zeus verknüpft.

Aquila gehört zu den ursprünglichen 48 Sternbildern und zeigt einen Adler, der sich in einer reichhaltigen Region der Milchstraße über den Himmelsäquator erstreckt. Er könnte der Adler gewesen sein, der für Zeus Blitze aussandte, oder auch Zeus selbst, der als Adler verwandelt Ganymed in den Olymp entführte, damit er dort als Mundschenk diente. Ganymed ist in dem angrenzenden Sternbild Aquarius verewigt.

Aquila findet man mithilfe seines Sterns Altair (Alpha Aquilae), dessen arabischer Name für »der Fliegende« steht. Altair ist der zwölfthelllste Stern am Nachthimmel und mit nur 17 Lichtjahren Entfernung einer der erdnächsten hellen Sterne. Mit Deneb (Cygnus) und Wega (Lyra) bildet er das Sommerdreieck im Norden. Der Überriese Eta Aquilae ist einer der hellsten Cepheiden-Veränderlichen für das bloße Auge. Er schwankt alle 7,2 Tage zwischen den Größenklassen 3,5 und 4,4.

DATEN

Größenrangliste 22

Hellster Stern Altair (α) 0,8, Tarazed (γ) 2,7

Genitiv Aquilae

Abkürzung Aql

Höchststand um 22 Uhr Juli–August

Sichtbarkeit 78 °N – 71 °S

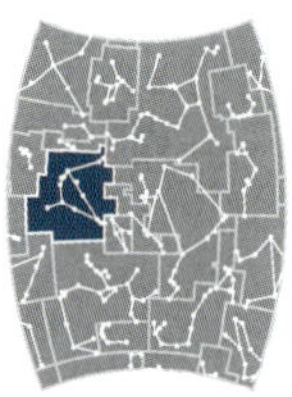

KARTE 4

HAUPTSTERNE

Altair Alpha (α) Aquilae
Weißer Hauptreihenstern
0,8 ⟷ 17 Lichtjahre

Alshain Beta (β) Aquilae
Gelber Unterriese
3,7 ⟷ 45 Lichtjahre

Tarazed Gamma (γ) Aquilae
Orangefarbener Riese
2,7 ⟷ 395 Lichtjahre

Zeta (ζ) Aquilae
Weißer Hauptreihenstern
3,0 ⟷ 83 Lichtjahre

HIMMELSOBJEKTE

NGC 6709
Offener Sternhaufen

NGC 6751
Planetarischer Nebel

Tarazed (γ Aquilae)
Der Orangefarbene Riese ist Aquilas zweithellster Stern. Er bildet mit Alshain und Altair eine Reihe aus drei hellen Sternen.

Altair (α Aquilae)
Der Hauptreihenstern ist fast doppelt so groß wie die Sonne. Weil auch seine Temperatur höher ist, leuchtet Altair weiß.

Alshain (β Aquilae)
Der Gelbe Unterriese ist 3,5-mal so groß wie die Sonne. Er wird in Zukunft zu einem leuchtstärkeren Riesen.

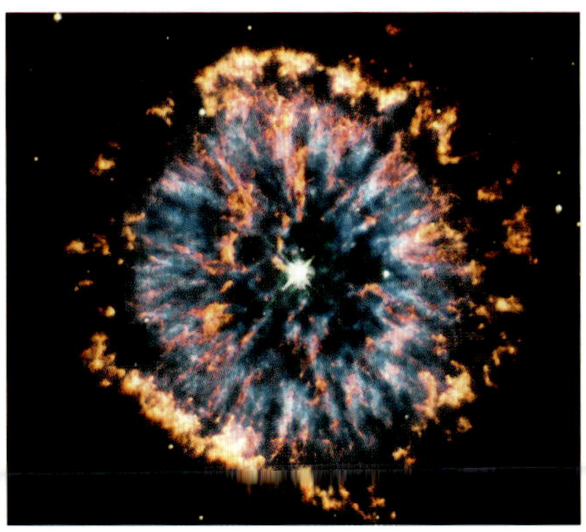

◁ **NGC 6751**
Dieser planetarische Nebel weist eine Größenklasse von 12,5 auf und ist ungefähr 6500 Lichtjahre von der Erde entfernt. In seinem Zentrum befindet sich ein Weißer Zwerg der Größenklasse 15,5.

Zeta (ζ) Aquilae
Der weiße Hauptreihenstern markiert den Schwanz des Adlers. Er ist ungefähr doppelt so groß und 40-mal so leuchtstark wie die Sonne, zudem hat er die doppelte Masse wie diese.

NGC 6709
NGC 6709 ist ein lockerer Haufen aus etwa 60 jungen Sternen. Mit Größenklasse 6,7 ist er eben noch mit bloßem Auge sichtbar.

NGC 6751
Der planetarische Nebel der Größenklasse 12,5 besitzt einen zentralen Weißen Zwerg mit der Größenklasse 15,5.

SCUTUM SCHILD

Das fünftkleinste Sternbild am Himmel liegt in einem hellen Gebiet der Milchstraße zwischen Sagittarius (Schütze) und dem bekannten Stern Altair im Sternbild Aquila.

Scutum führte der polnische Astronom Johannes Hevelius 1684 ein. Er benannte das Sternbild zu Ehren seines Förderers, König Johann III. Sobieski von Polen, ursprünglich als Scutum Sobiescianum – Sobiesckis Schild. Scutum liegt südlich des Himmelsäquators, und seine hellsten Sterne haben nur Größenklasse 4. Keiner seiner Sterne hat einen Namen, aber Delta und R Scuti sind interessante Veränderliche. Scutum liegt vor einem hellen, sternreichen Gebiet der Milchstraße. Dazu gehört auch die Scutum-Sternwolke, der hellste Abschnitt der Milchstraße außerhalb Sagittarius. Die Sternwolke enthält den Wildenten-Sternhaufen mit etwa 3000 Sternen. Der hellste Stern, Alpha Scuti, ist 132-mal so leuchtstark wie die Sonne.

R Scuti
Der Orangefarbene Überriese pulsiert alle 144 Tage zwischen den Größenklassen 4,5 und 8,8.

Beta (β) Scuti
Der Gelbe Riese mit Größenklasse 4,2 liegt 690 Lichtjahre entfernt. Er ist 64-mal so groß wie die Sonne und 1760-mal so leuchtstark.

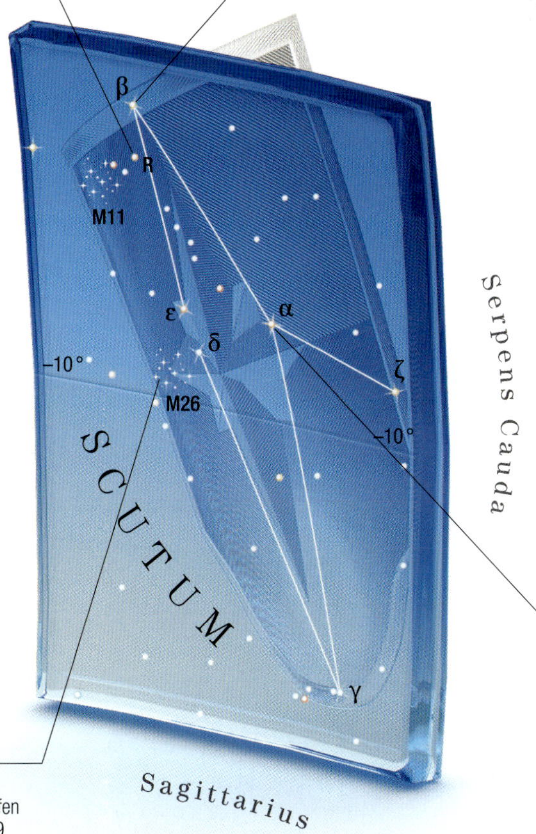

M26
Der Offene Sternhaufen der Größenklasse 8,9 ist etwa 5000 Lichtjahre entfernt. Seine Sterne sind 90 Mio. Jahre alt.

Alpha (α) Scuti
Der hellste Stern in Scutum hat die Größenklasse 3,8. Der Orangefarbene Riese ist etwa 21-mal so groß wie die Sonne.

DATEN

Größenrangliste 84
Hellster Stern Alpha (α) 3,8, Beta (β) 4,2
Genitiv Scuti
Abkürzung Sct
Höchststand um 22 Uhr Juli–August
Sichtbarkeit 74 °N – 90 °S

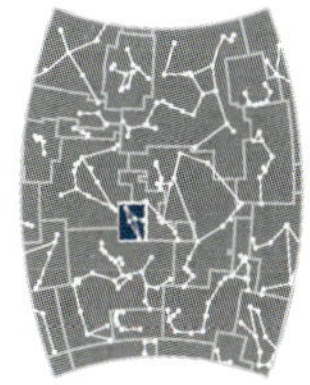

KARTE 4

HAUPTSTERNE

Alpha (α) Scuti
Orangefarbener Riese
3,8 — 199 Lichtjahre

HIMMELSOBJEKTE

M11 (Wildentenhaufen, NGC 6705)
Offener Sternhaufen

M26
Offener Sternhaufen

Scutum-Sternwolke
Sternreiche Region der Milchstraße

△ **M11**
Der Wildenten-Sternhaufen ist ein relativ kompakter Offener Sternhaufen aus ungefähr 3000 Sternen, der ungefähr 6000 Lichtjahre entfernt ist. Er ist etwa 20 Lichtjahre groß und etwa 250 Mio. Jahre alt. Man sieht ihn bereits mit bloßem Auge, aber Ferngläser oder Teleskope zeigen mehr Details.

VULPECULA

FÜCHSCHEN

Das dunkle, nördliche Sternbild in der Nähe des Kopfs von Cygnus (Schwan) wurde gegen Ende des 17. Jahrhunderts von dem polnischen Astronomen Johannes Hevelius eingeführt. Es enthält einen berühmten planetarischen Nebel, den Hantelnebel.

Johannes Hevelius nannte das Sternbild ursprünglich *Vulpecula cum Ansere*, das Füchschen und die Gans, aber die moderne Astronomie hat es zu Vulpecula vereinfacht. Es besitzt in der Milchstraße südlich von Cygnus verstreute Sterne der Größenklasse 4 und dunkler. An seiner südlichen Grenze zu Sagitta liegt Brocchis Sternhaufen. In Ferngläsern erscheint diese Gruppe als eine Linie aus sechs Sternen mit einem hervorstehenden Haken, was an einen Kleiderbügel erinnert und ihm seinen berühmten Namen Kleiderbügelhaufen gab. Allerdings ist er kein echter Haufen, da alle Sterne unterschiedlich weit von der Erde entfernt sind. Ein weiteres bekanntes Objekt ist M27, ein planetarischer Nebel. Seine Form einer Hantel brachte ihm den Namen Hantelnebel ein.

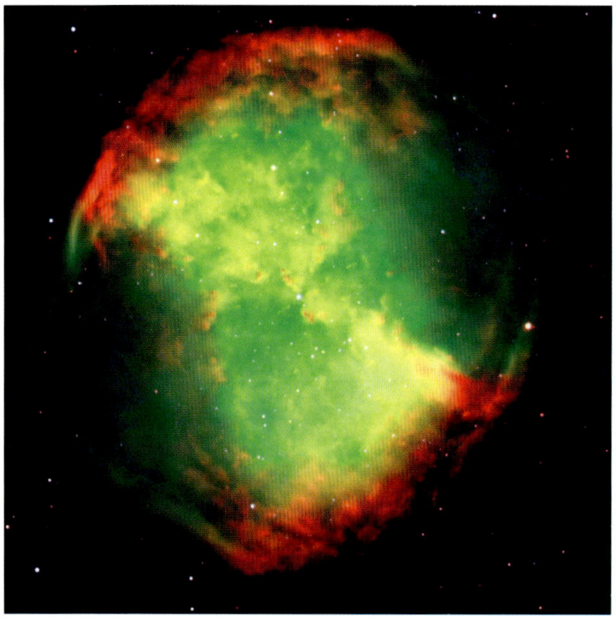

◁ **Hantelnebel M27**
Der bekannte planetarische Nebel liegt ungefähr 1200 Lichtjahre entfernt. Der weiße Punkt in der Mitte dieser Aufnahme ist der Kern eines sterbenden Sterns, der Gas in den Weltraum herausschleudert.

DATEN

Größenrangliste 55

Hellste Sterne Alpha (α) 4,5, 13 Vulpeculae 4,6

Genitiv Vulpeculae

Abkürzung Vul

Höchststand um 22 Uhr August–September

Sichtbarkeit 90 °N – 61 °S

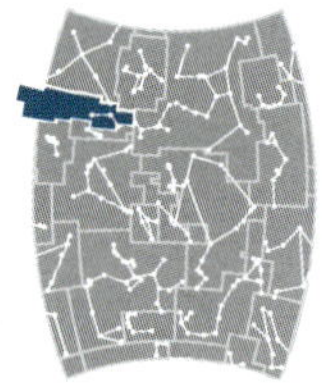

KARTE 4

HAUPTSTERNE

Alpha (α) Vulpeculae
Roter Riese
4,5 ⟷ 297 Lichtjahre

T Vulpeculae
Veränderlicher Gelb-weißer Überriese
5,4–6,1 ⟷ 1200 Lichtjahre

HIMMELSOBJEKTE

M27 (Hantelnebel)
Planetarischer Nebel, etwa 1200 Lichtjahre entfernt

Brocchis Sternhaufen (Collinder 399)
Gruppierung von zehn ungebundenen Sternen

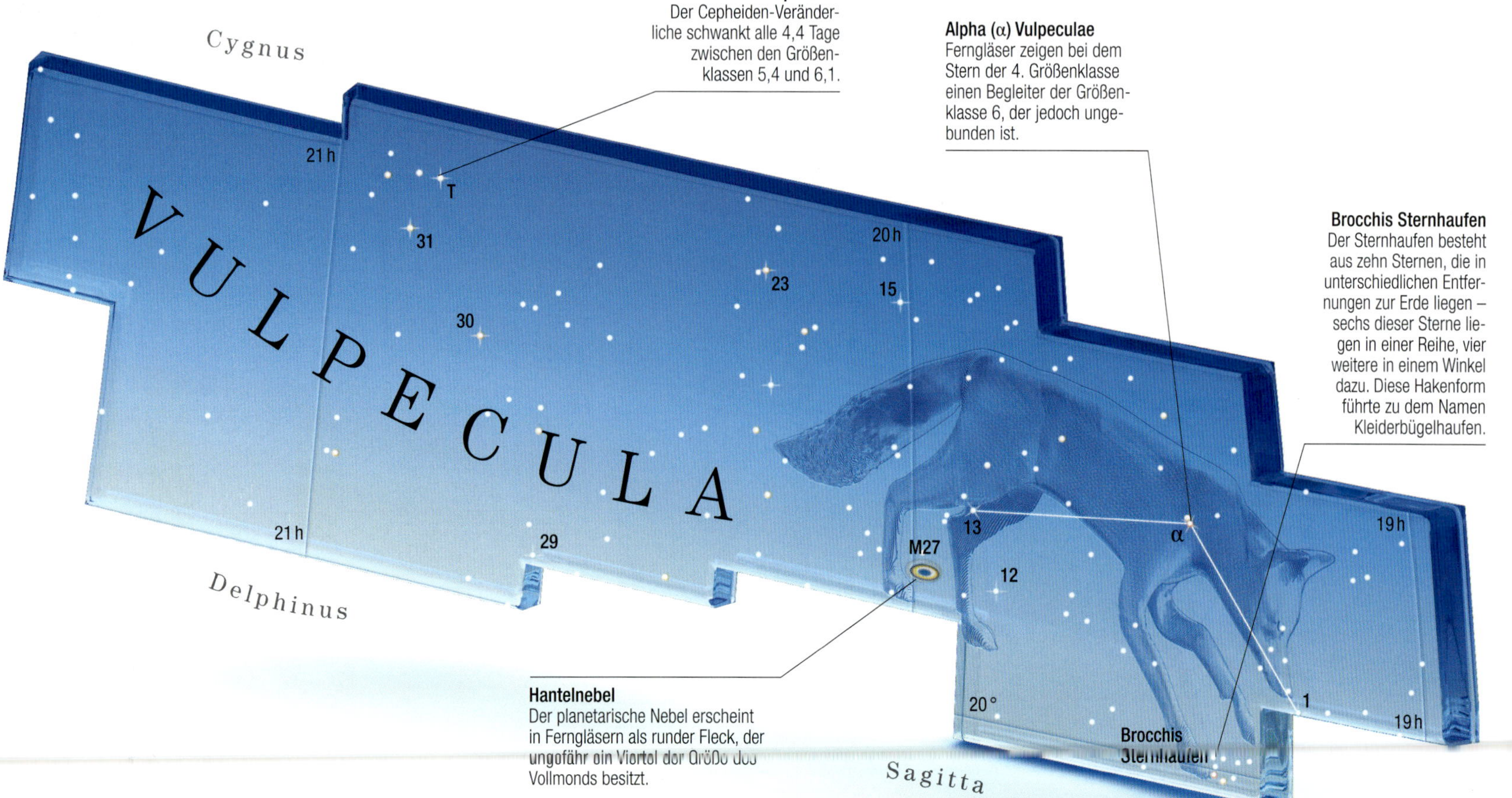

SAGITTA
PFEIL

Das drittkleinste aller 88 Sternbilder, Sagitta, liegt in dem Band der Milchstraße zwischen Aquila (Adler) und Vulpecula (Füchschen).

Sagitta gehört zu den ursprünglichen 48 Sternbilder der alten Griechen. Seine vier hellsten Sterne mit Größenklasse 4 deuten die Form eines Pfeils an. Das interessanteste Objekt für Ferngläser oder kleine Teleskope ist M71. Es wurde früher für einen Offenen Sternhaufen gehalten, wird aber – obwohl ihm die dichte zentrale Sternkonzentration fehlt – heute als Kugelsternhaufen angesehen. Weitere bemerkenswerte Objekte sind WZ Sagittae, eine Zwergnova mit periodischen Energieausbrüchen, und der Necklace-Nebel. Dieser planetarische Nebel hat einen Ring aus hellen Knoten und erinnert an eine Halskette.

▷ **M71**
Diese Aufnahme des Hubble-Weltraumteleskops zeigt helle Sterne im Herzen des Kugelsternhaufens M71 in Sagitta. Er liegt etwa 13 000 Lichtjahre entfernt und hat einen Durchmesser von etwa 27 Lichtjahren.

DATEN

Größenrangliste 86
Hellste Sterne Gamma (γ) 3,5, Delta (δ) 3,8
Genitiv Sagittae
Abkürzung Sge
Höchststand um 22 Uhr August
Sichtbarkeit 90 °N – 69 °S

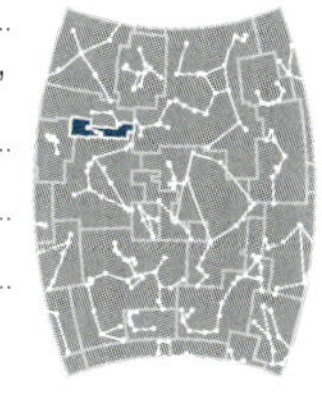

KARTE 4

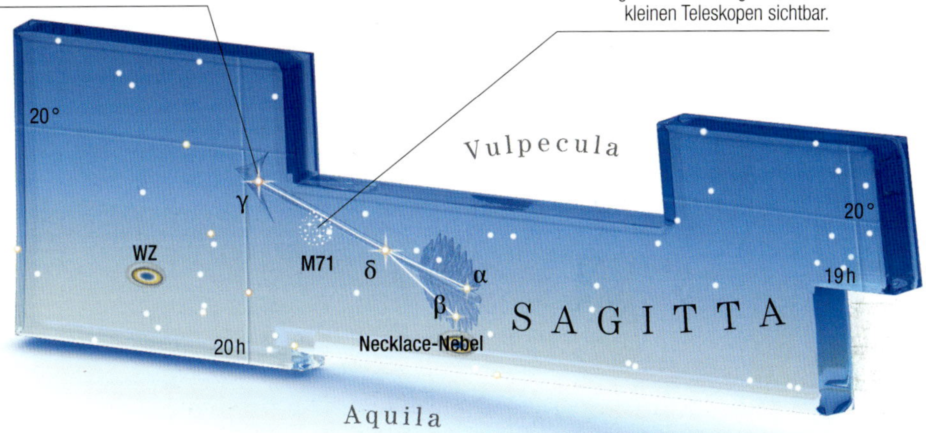

Gamma (γ) Sagittae
Der Rote Riese mit Größenklasse 3,5 ist der hellste Stern in Sagitta. Er ist etwa 258 Lichtjahre entfernt.

M71
Ein Kugelsternhaufen der Größenklasse 8 in der Nähe von Gamma Sagitta ist mit Ferngläsern oder kleinen Teleskopen sichtbar.

DELPHINUS
DELFIN

Das kleine nördliche Sternbild liegt am Rand der Milchstraße zwischen den Sternbildern Pegasus und Aquila (Adler). Es stellt einen Delfin dar.

Aus den Sternen des Sternbilds ist leicht ein springender Delfin zu erkennen. In der griechischen Mythologie waren Delfine Kuriere des Poseidon, des Meeresgotts. Alpha und Beta Delphini, die beiden hellsten Sterne, tragen die seltsamen Namen Sualocin und Rotanev. Liest man sie rückwärts, ergeben sie Nicolaus Venator, die lateinische Form von Niccolò Cacciatore. Der italienische Astronom hat diese Sterne im frühen 19. Jh. nach sich selbst benannt. Interessante Objekte sind Gamma Delphini, ein weiter Doppelstern, den Ferngläser trennen, der dunkle Kugelsternhaufen NGC 6934 und die kollidierenden Galaxien mit der Katalogbezeichnung ZW II 96.

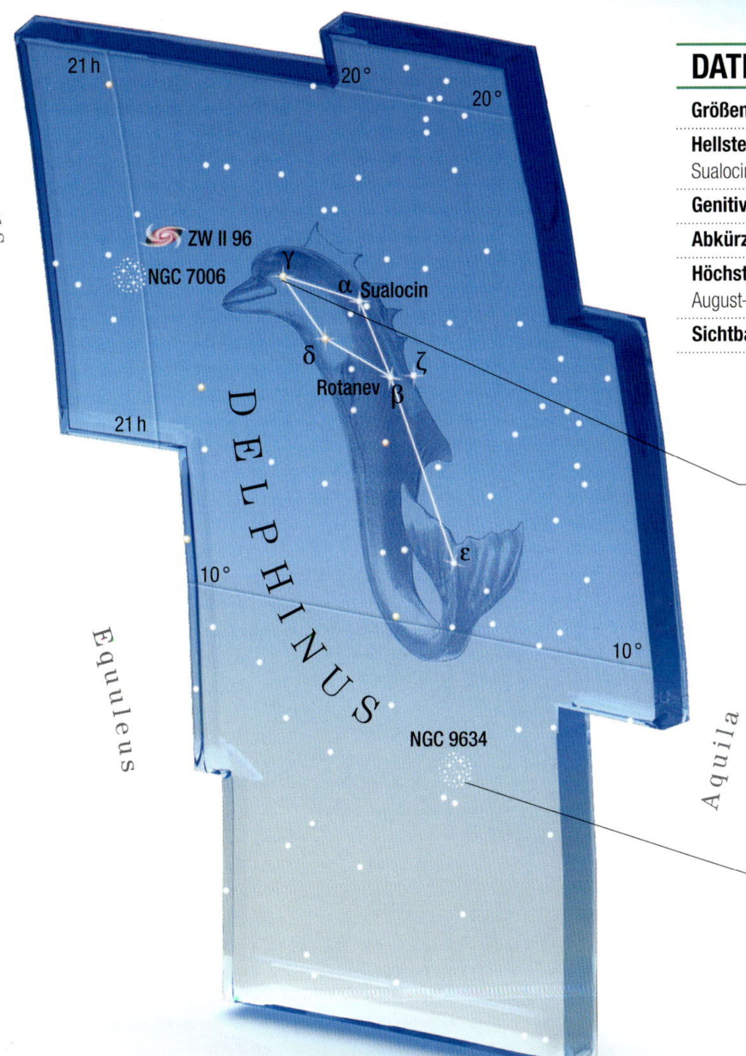

Gamma (γ) Delphini
Den Doppelstern aus Sternen der 5. und 6. Größenklasse lösen Ferngläser leicht auf.

NGC 6934
Der Kugelsternhaufen mit Größenklasse 9 ist ungefähr 50 000 Lichtjahre entfernt und ein Ziel für kleine Teleskope.

DATEN

Größenrangliste 60
Hellste Sterne Rotanev (β) 3,6, Sualocin (α) 3,8
Genitiv Delphini
Abkürzung Del
Höchststand um 22 Uhr August–September
Sichtbarkeit 90 °N – 69 °S

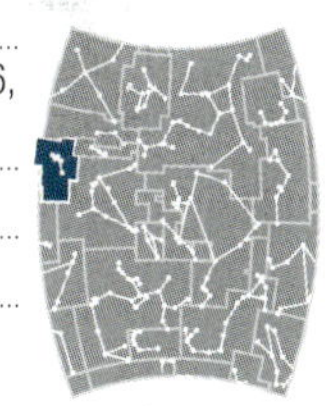

KARTE 4

PEGASUS

PEGASUS

Das Sternbild gehört zu den ursprünglichen 48 Sternmustern der alten Griechen. Es stellt das geflügelte Pferd dar, das Bellerophon ritt. Die Sterne des Pferdekörpers bilden das Pegasusquadrat.

Pegasus ist das siebtgrößte Sternbild und liegt nördlich von Aquarius (Wassermann) und Pisces (Fische). Seine Sterne bilden den Kopf und die Vorderläufe des Pferds ab. Die hellen Sterne Markab, Scheat und Algenib markieren drei der vier Ecken des Pegasusquadrats, das ein Stern im benachbarten Sternbild Andromeda vervollständigt.

DATEN

Größenrangliste 7

Hellste Sterne Scheat (β) 2,3–2,7, Enif (ε) 2,4

Genitiv Pegasi

Abkürzung Peg

Höchststand um 22 Uhr September–Oktober

Sichtbarkeit 90 °N – 53 °S

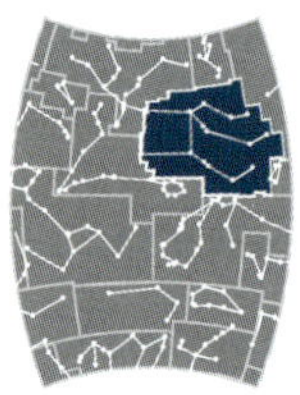

KARTE 3

HAUPTSTERNE

Markab Alpha (α) Pegasi
Blau-weißer Riese
2,5 ⟷ 133 Lichtjahre

Scheat Beta (β) Pegasi
Roter Riese mit veränderlicher Helligkeit
2,3–2,7 ⟷ 196 Lichtjahre

Algenib Gamma (γ) Pegasi
Blau-weißer Unterriese
2,8 ⟷ 391 Lichtjahre

Enif Epsilon (ε) Pegasi
Orange-gelber Überriese
2,4 ⟷ 121 Lichtjahre

Matar Eta (η) Pegasi
Doppelstern
3,0 ⟷ 214 Lichtjahre

HIMMELSOBJEKTE

M15
Kugelsternhaufen

NGC 7331
Spiralgalaxie

Stephans Quintett
Gruppe aus fünf Galaxien

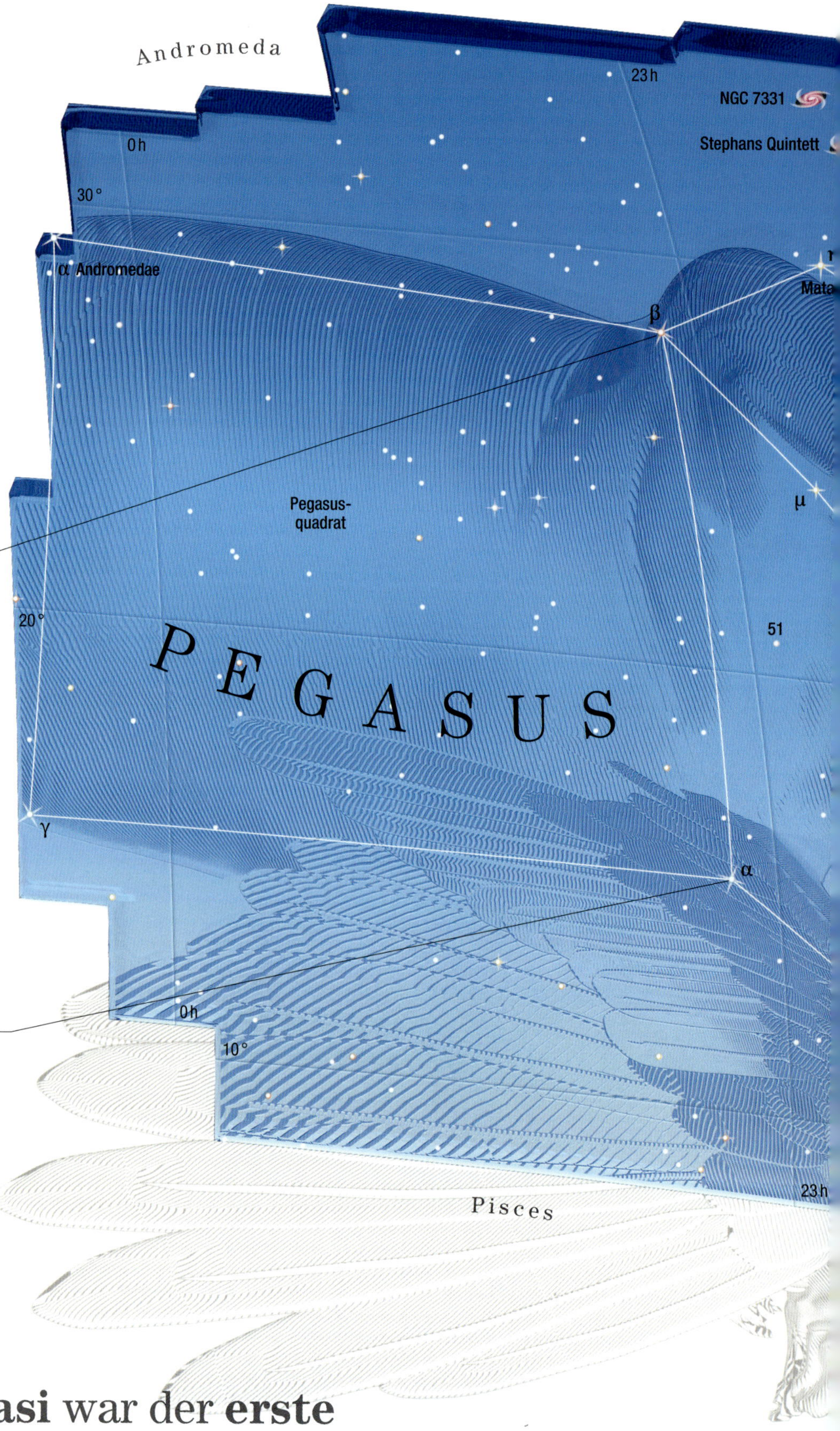

Scheat (β Pegasi)
Durch seine Farbe lässt sich der Rote Riese einfach von den anderen Sternen des Pegasusquadrats unterscheiden.

Markab (α Pegasi)
Trotz seiner Bezeichnung Alpha Pegasi ist der Stern nicht der hellste, sondern nur der dritthellste des Sternbilds.

51 Pegasi war der **erste sonnenähnliche Stern,** bei dem ein **Exoplanet** entdeckt wurde.

EQUULEUS
FÜLLEN

Das zweitkleinste Sternbild präsentiert den Kopf eines jungen Pferds, der in der Nähe des größeren Kopfs von Pegasus liegt. Es besitzt keine hellen Sterne.

Equuleus begleitet Pegasus bereits seit der Antike am Himmel. Nach einer griechischen Mythologie könnte er Celeris sein, der Nachwuchs oder Bruder des geflügelten Pferds. Dieses dunkle Sternbild wird häufig übersehen. Die Einzelkomponenten des Doppelsterns Gamma Equulei lassen sich bereits mit Ferngläsern beobachten.

△ **NGC 7331**
Diese Spiralgalaxie in Kantenstellung zur Erde wird häufig als Beispiel dafür herangezogen, um zu veranschaulichen, wie die Milchstraße von außerhalb aussehen könnte.

DATEN

Größenrangliste	87
Hellste Sterne	Kitalpha (α) 3,9, Delta (δ) 4,4
Genitiv	Equulei
Abkürzung	Equ
Höchststand um 22 Uhr	September
Sichtbarkeit	90°N – 77°S

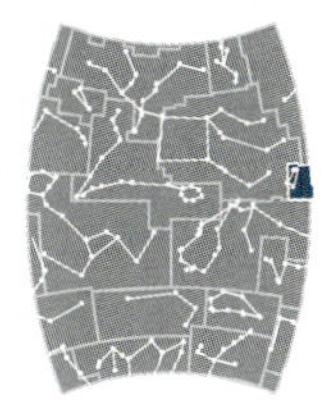

KARTE 3

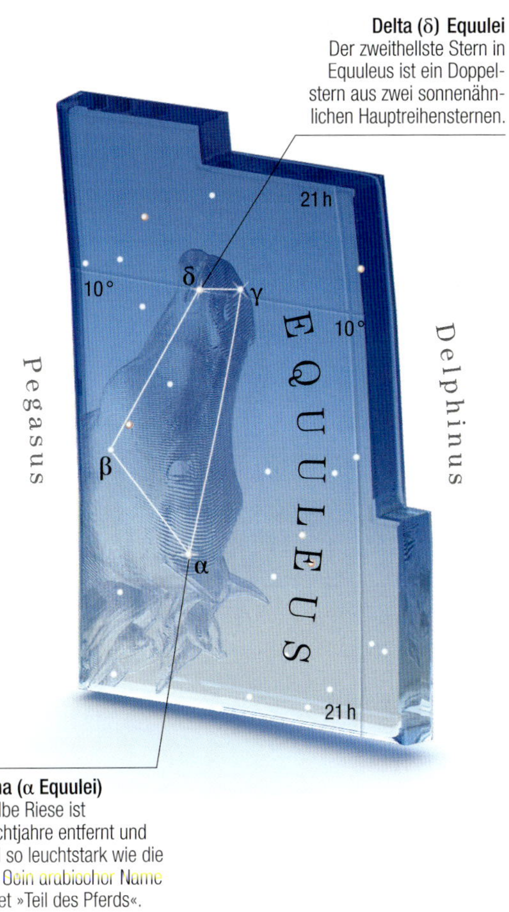

LEUCHTKRAFT

Omega¹ Aquarii *17 Sonnen*

Zeta Aquarii *24 Sonnen*

Sadachbia *65 Sonnen*

AQUARIUS
WASSERMANN

Das Sternbild zeigt einen jungen Mann, der Wasser aus einem Krug ausgießt. Es enthält zwei berühmte planetarische Nebel, den Helixnebel und den Saturnnebel.

Aquarius stellt den jungen Hirten Ganymed dar, der in der griechischen Mythologie von Zeus auf den Olymp gebracht wurde, um den Göttern als Mundschenk zu dienen. Am Himmel gießt er Wasser aus einem Krug. Den Wasserkrug bildet im Norden des Sternbilds eine Y-förmige Gruppe aus vier Sternen – Gamma, Pi, Zeta und Eta Aquarii. Den Wasserfluss bildet eine Reihe von Sternen, die sich an die südliche Grenze zu Piscis Austrinus (Südlicher Fisch) erstrecken.

Der Meteorschauer der Eta-Aquariden – er wird von Staub des Halleyschen Kometen erzeugt und dringt in die Erdatmosphäre ein, während die Erde die Kometenbahn kreuzt – entspringt jährlich Anfang Mai aus einem Gebiet des Wasserkrugs. An seinem Höhepunkt kann man pro Stunde bis zu 35 Meteore am Nachthimmel verfolgen.

Zeta (ζ) Aquarii
Im Zentrum des Wasserkrugs befindet sich der Doppelstern Zeta Aquarii, den kleine Teleskope trennen. Seine beiden weißen Sterne der Größenklasse 4 umkreisen sich einmal in 490 Jahren.

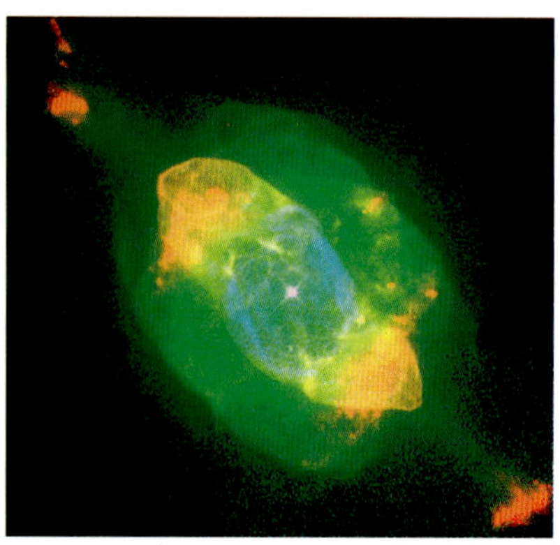

◁ **NGC 7009 (Saturnnebel)**
Dieser planetarische Nebel (hier eine Aufnahme des Hubble-Weltraumteleskops) hat seinen bekannten Namen von den Ausziehungen an seinen Seiten, die an die Saturnringe erinnern. Der Nebel ist etwa 1400 Lichtjahre von uns entfernt.

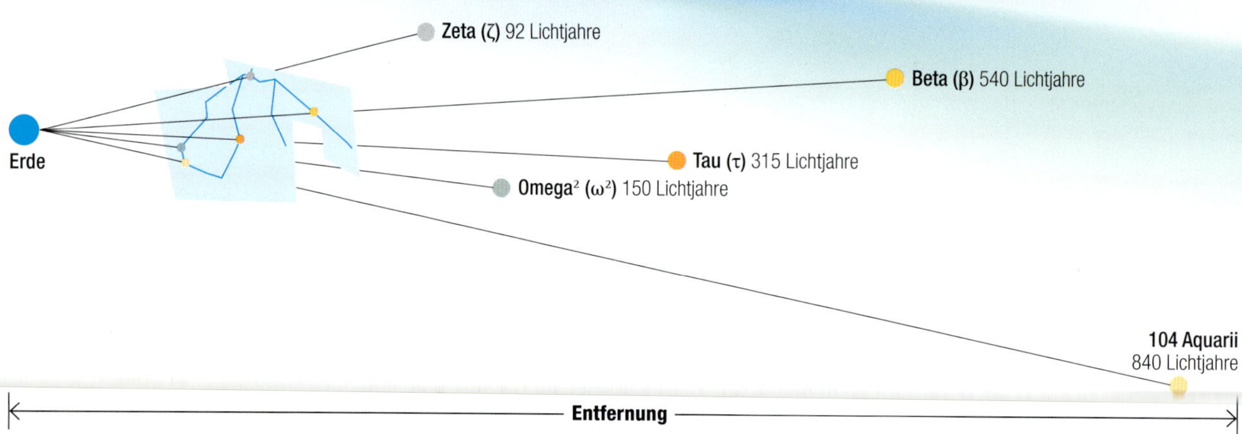

▷ **Abstände zur Erde**
Die meisten Sterne des Musters liegen relativ nahe an der Erde und sind zwischen ungefähr 100 und 300 Lichtjahre entfernt. Der erdnächste Stern ist Zeta (ζ) Aquarii, der als zentraler Stern des Wasserkrugs etwa 92 Lichtjahre entfernt ist. Mit ungefähr 840 Lichtjahren Entfernung ist 104 Aquarii der Stern mit dem größten Abstand zur Erde.

Skat
105 Sonnen

Sadalmelik
1480 Sonnen

Sadalsuud
1635 Sonnen

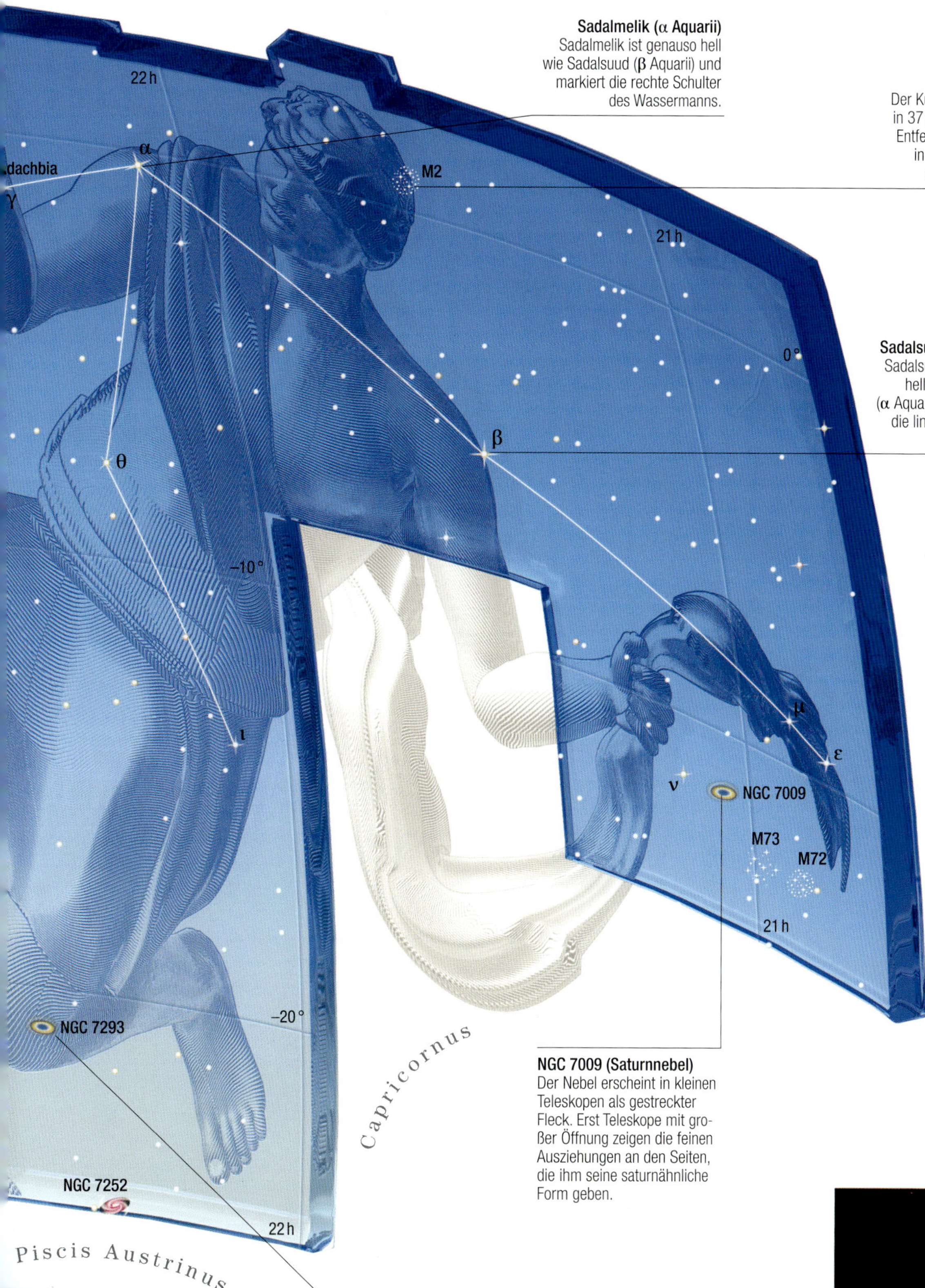

Sadalmelik (α Aquarii)
Sadalmelik ist genauso hell wie Sadalsuud (β Aquarii) und markiert die rechte Schulter des Wassermanns.

M2
Der Kugelsternhaufen in 37 000 Lichtjahren Entfernung erscheint in Ferngläsern als dunstiger Fleck.

Sadalsuud (β Aquarii)
Sadalsuud ist genauso hell wie Sadalmelik (α Aquarii) und markiert die linke Schulter des Wassermanns.

NGC 7009 (Saturnnebel)
Der Nebel erscheint in kleinen Teleskopen als gestreckter Fleck. Erst Teleskope mit großer Öffnung zeigen die feinen Ausziehungen an den Seiten, die ihm seine saturnähnliche Form geben.

NGC 7293 (Helixnebel)
Mit Ferngläsern und kleinen Teleskopen sieht man einen großen, blassen Fleck, der ungefähr halb so groß wie der Vollmond erscheint. NGC 7293 ist der größte planetarische Nebel.

DATEN

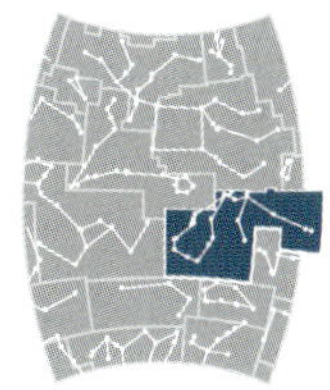

Größenrangliste 10
Hellste Sterne Sadalmelik (α) 2,9, Sadalsuud (β) 2,9
Genitiv Aquarii
Abkürzung Aqr
Höchststand um 22 Uhr Juni–Juli
Sichtbarkeit 65 °N – 86 °S

HAUPTSTERNE

Sadalmelik Alpha (α) Aquarii
Gelber Überriese
2,9 ⟷ 525 Lichtjahre

Sadalsuud Beta (β) Aquarii
Gelber Überriese
2,9 ⟷ 540 Lichtjahre

Sadachbia Gamma (γ) Aquarii
Blau-weißer Hauptreihenstern
3,8 ⟷ 165 Lichtjahre

Skat Delta (δ) Aquarii
Blau-weißer Hauptreihenstern
3,3 ⟷ 160 Lichtjahre

Zeta (ζ) Aquarii
Weißer Riese
3,7 ⟷ 92 Lichtjahre

HIMMELSOBJEKTE

M2
Kugelsternhaufen mit Größenklasse 6

M72
Kugelsternhaufen

M73
Kleine Gruppe dunkler, ungebundener Sterne

NGC 7009 (Saturnnebel)
Planetarischer Nebel, etwa so groß wie Saturn

NGC 7252 (Atome-für-den-Frieden-Galaxie)
Kollidierende Galaxien

NGC 7293 (Helixnebel)
Großer planetarischer Nebel

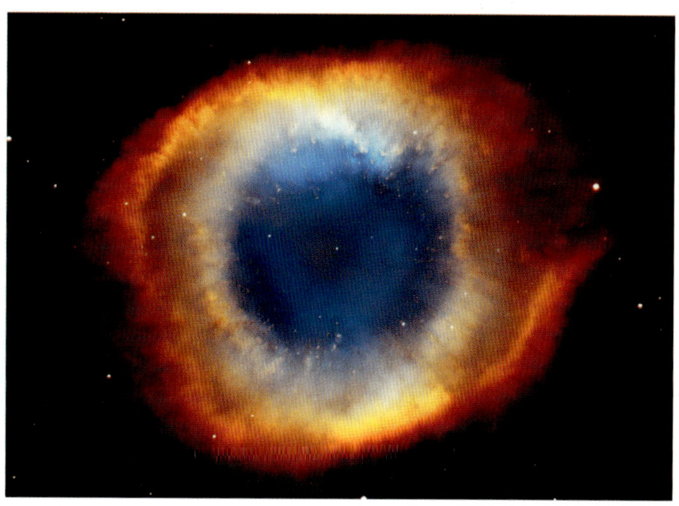

▷ **NGC 7293 (Helixnebel)**
Der ungefähr 650 Lichtjahre entfernte Helixnebel ist der sonnennächste planetarische Nebel. Er besteht aus einer etwa drei Lichtjahre großen Gaswolke um einen zentralen Weißen Zwerg.

LEUCHTKRAFT

PISCES FISCHE

Das Sternbild ist eines der 48 ursprünglichen griechischen Sternmuster und gehört zum Tierkreis. Sein auffälligstes Merkmal ist ein Kreis aus Sternen, das Circlet (engl.: Diadem).

Das dunkle Sternbild zwischen Aquarius und Aries liegt südlich des Pegasusquadrats. Man erkennt es an einem auffälligen Kreis aus Sternen. Der Kreis, das Circlet, markiert den Körper des einen Fischs, der zweite Fisch blickt in die entgegengesetzte Richtung. Die beiden sind über Bänder miteinander verbunden. Der Stern Alrescha markiert den Knoten der beiden Bänder. Nach der griechischen Mythologie sind die Fische die Göttin Aphrodite und ihr Sohn Eros. In Pisces liegt der Punkt, an dem die Sonne den Himmelsäquator von Süden nach Norden kreuzt. Dieser Punkt, auch Widderpunkt oder Frühlingstagundnachtgleiche genannt, dient zur Bestimmung der Himmelskoordinaten (s. S. 90/91).

Iota Piscium
4 Sonnen

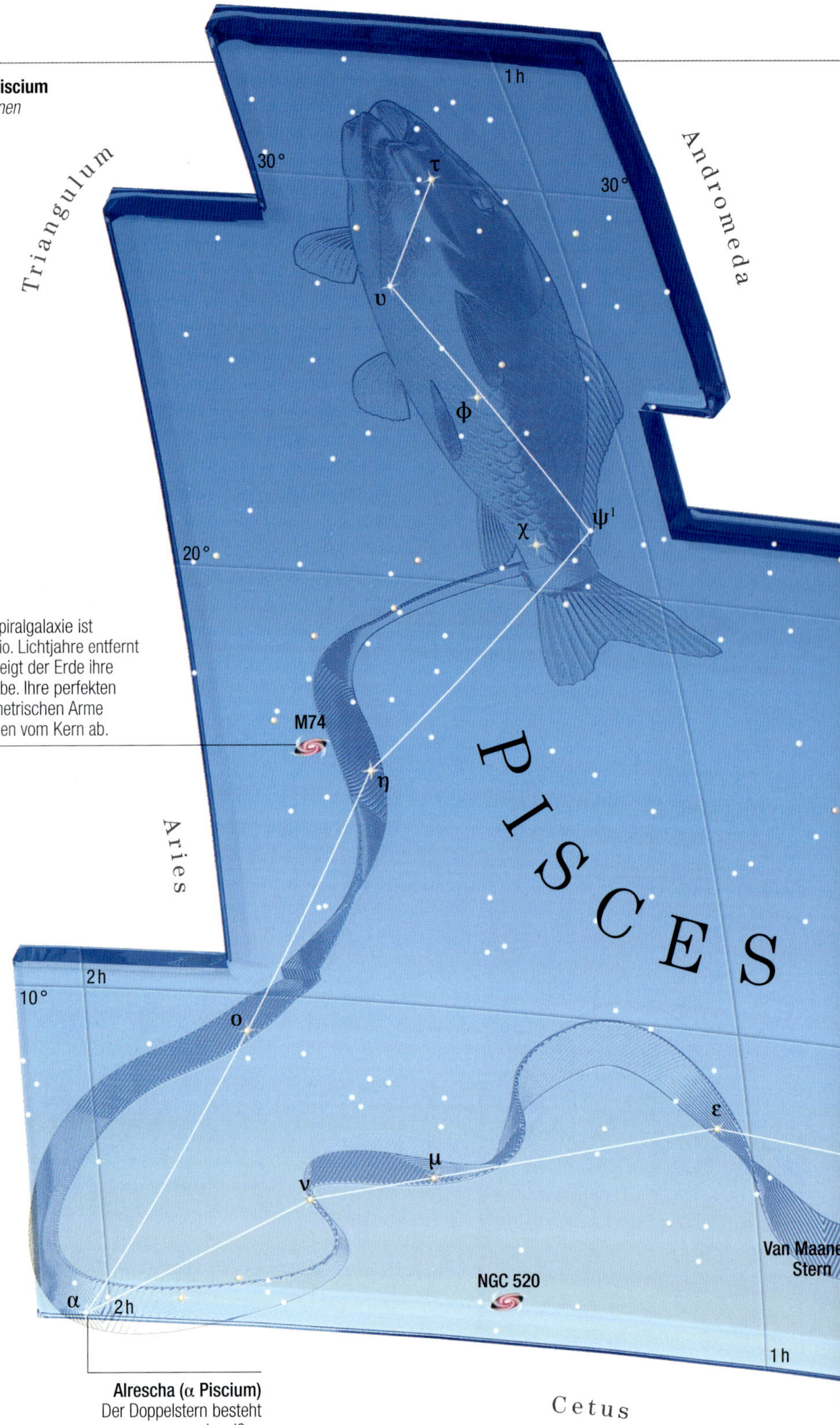

M74
Die Spiralgalaxie ist 32 Mio. Lichtjahre entfernt und zeigt der Erde ihre Scheibe. Ihre perfekten symmetrischen Arme strahlen vom Kern ab.

Alrescha (α Piscium)
Der Doppelstern besteht aus zwei weißen Hauptreihensternen der Größenklassen 4,2 und 5,2.

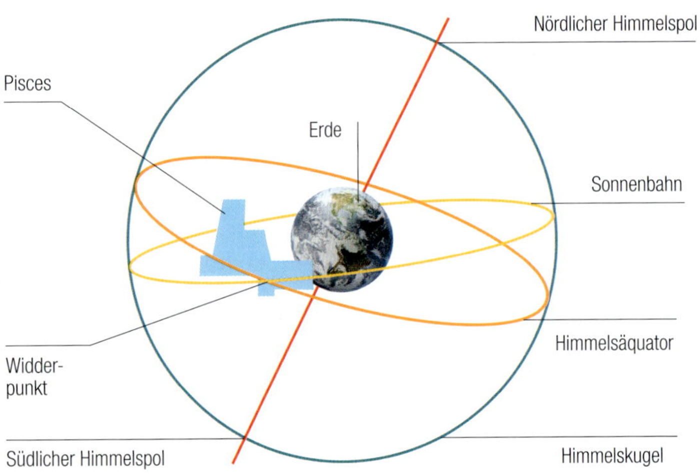

△ **Widderpunkt**
Pisces enthält das Frühlingsäquinoktium (die Frühlingstagundnachtgleiche), das auch Widderpunkt genannt wird. An diesem Punkt kreuzt die Sonne jedes Jahr im März den Himmelsäquator von Süden nach Norden. Von hier wird auch die Rektaszension gemessen. Der Punkt befand sich früher im Sternbild Aries (Widder), aber das Frühlingsäquinoktium hat sich mit der Zeit durch die Präzession, also das langsame Taumeln der Erdachse, verschoben.

▷ **Abstände zur Erde**
Der erdnächste und der erdfernste Stern des Musters sind Teile des Circlet. Iota (ι) Piscium ist 45 Lichtjahre von der Erde entfernt, und TX Piscium ist mit ungefähr 900 Lichtjahren 20-mal so weit weg. Diese beiden Sterne sind der dunkelste und der leuchtstärkste Stern, wobei Iota viermal so viel Energie wie die Sonne emittiert und TX Piscium etwa 690-mal so viel.

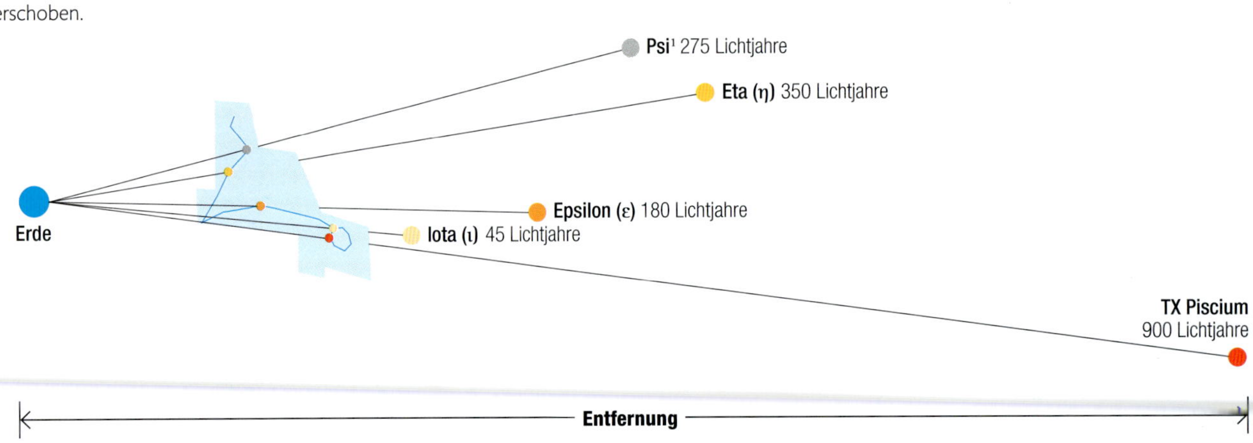

Gamma Piscium
52 Sonnen

Alrescha
55 Sonnen

Eta Piscium
355 Sonnen

TX Piscium
690 Sonnen

△ **NGC 520**
Dieser Mix von Sternen, Gas und Staubfahnen entsteht, wenn Galaxien verschmelzen. Der Vorgang setzte vor 300 Mio. Jahren ein, als sich ihre Scheiben vereinigten – die Kerne taten dies noch nicht. NGC 520 ist 90 Mio. Lichtjahre entfernt.

▷ **NGC 7714**
Vor ungefähr 100 Mio. Jahren wirkten die Schwerkräfte einer kleineren Galaxie auf diese Spiralgalaxie. Dabei wurde ihr rauchartiger Ring aus Sternen vom Zentrum weggezogen. In den blauen Bögen entstehen neue Sterne.

DATEN

Größenrangliste 14

Hellste Sterne Eta (η) 3,6, Gamma (γ) 3,7

Genitiv Piscium

Abkürzung Psc

Höchststand um 22 Uhr Oktober–November

Sichtbarkeit 83 °N – 56 °S

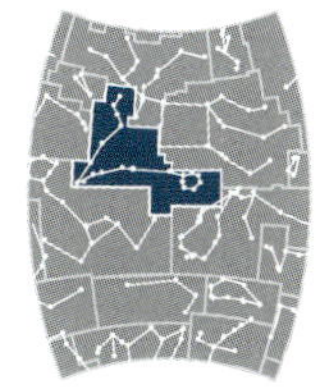

KARTE 3

HAUPTSTERNE

Alrescha Alpha (α) Piscium
Weißer Hauptreihendoppelstern
4,2; 5,2 ⟷ 151 Lichtjahre

Beta (β) Piscium
Blau-weißer Hauptreihenstern
4,5 ⟷ 408 Lichtjahre

Gamma (γ) Piscium
Gelber Riese
3,7 ⟷ 138 Lichtjahre

Eta (η) Piscium
Gelber Überriese
3,6 ⟷ 350 Lichtjahre

HIMMELSOBJEKTE

M74
Spiralgalaxie, auch mit NGC 628 katalogisiert

NGC 520
Zwei verschmelzende Galaxien

NGC 7714
Verzerrte Spiralgalaxie

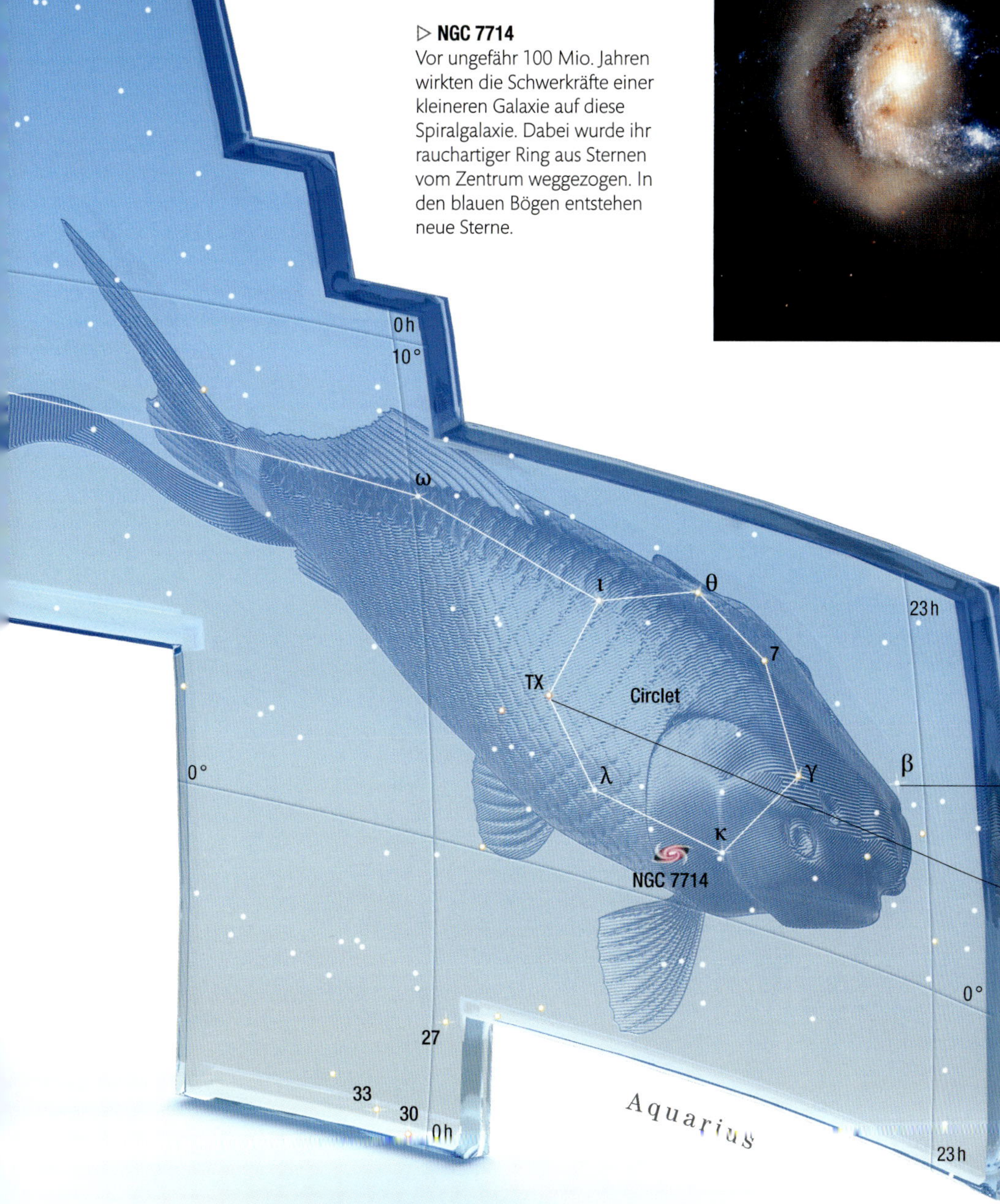

Beta (β) Piscium
Der blau-weiße Hauptreihenstern ist fünfmal so weit entfernt wie die Sonne und 750-mal so leuchtstark wie diese.

TX Piscium
Die Helligkeit des Roten Riesen schwankt zwischen den Größenklassen 4,8 und 5,2.

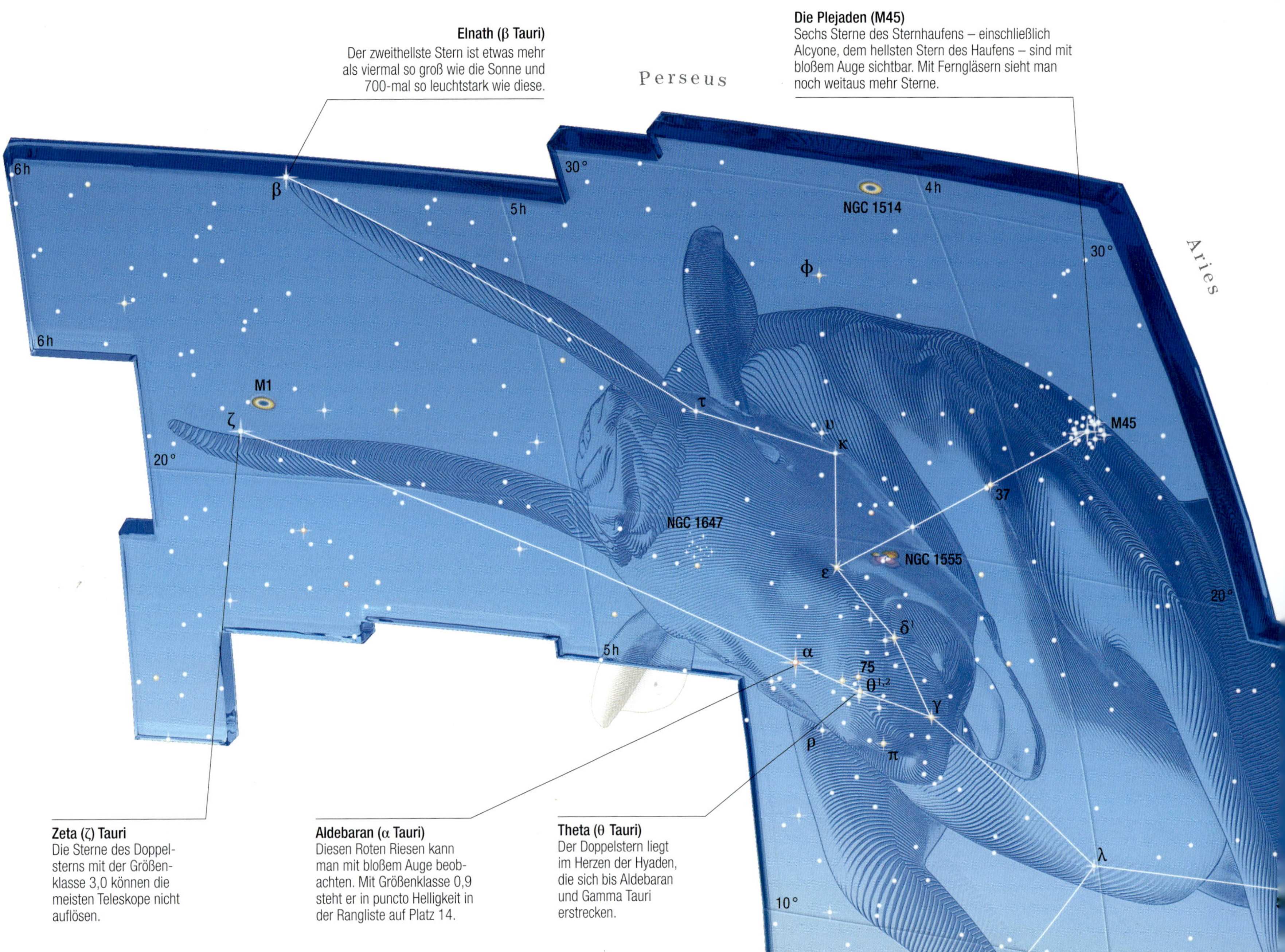

TAURUS STIER

Das bekannte Sternbild gehört zum Tierkreis und wurde vor über 2500 Jahren von den alten Babyloniern eingeführt. Es enthält zwei berühmte Sternhaufen und einen bekannten Supernovaüberrest.

Taurus stellt den Kopf und den Vorderteil eines Stiers dar, der direkt zum angrenzenden Orion blickt. In der griechischen Legende ist das Tier Zeus. Er hatte sich als Stier getarnt, um die jungfräuliche Europa zu verführen. Das V-förmige Gesicht des Stiers bilden die Hyaden. Der erdnächste große Sternhaufen mit 200 Sternen um den Stern Theta Tauri ist über ein großes Gebiet verstreut. Ein dichterer Haufen, die Plejaden, markieren die Schulter des Stiers, und der hellste Stern des Sternbilds, Aldebaran, präsentiert ein Auge des Stiers. Die Sterne Theta, Kappa und Sigma Tauri sind Doppelsterne, Lambda Tauri ist ein Bedeckungsveränderlicher und T Tauri ein Veränderlicher.

DATEN

Größenrangliste 17

Hellste Sterne Aldebaran (α) 0,9, Alnath (β) 1,7

Genitiv Tauri

Abkürzung Tau

Höchststand um 22 Uhr Dezember–Januar

Sichtbarkeit 88 °N – 58 °S

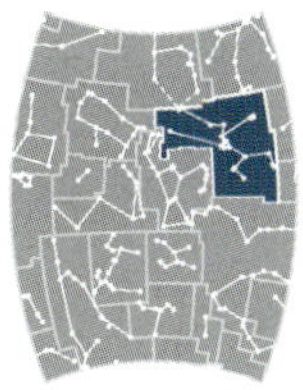

KARTE 6

HAUPTSTERNE

Aldebaran Alpha (α) Tauri
Roter Riese
0,9 ⟷ 67 Lichtjahre

Elnath Beta (β) Tauri
Blau-weißer Riese
1,7 ⟷ 134 Lichtjahre

Zeta (ζ) Tauri
Doppelstern
3,0 ⟷ 445 Lichtjahre

Alcyone Eta (η) Tauri
Blau-weißer Riese in den Plejaden
2,9 ⟷ 403 Lichtjahre

HIMMELSOBJEKTE

Hyaden
Offener Sternhaufen, um Theta (θ) Tauri zentriert

M45 (Plejaden)
Offener Sternhaufen, auch Siebengestirn genannt

M1 (Krebsnebel)
Supernovaüberrest

NGC 1514
Planetarischer Nebel

NGC 1555 (Hinds Variabler Nebel)
Reflexionsnebel

△ **M1**
Dieser Supernovaüberrest heißt auch Krebsnebel. Die Supernova explodierte 1054 und war so hell, dass man sie sogar tagsüber sah. Der Krebsnebel ist etwa zehn Lichtjahre groß, und seine Gasfilamente dehnen sich noch immer aus. In seinem Zentrum befindet sich ein Neutronenstern, der zentrale Überrest des ursprünglichen Sterns.

ARIES WIDDER

Dieses Sternbild des Tierkreises stellt einen kauernden Widder dar, der mit seinem Kopf zu Taurus sieht. Es ist relativ dunkel und nur schwer aufzufinden.

In der griechischen Legende ist Aries der Widder, dessen goldenes Vlies Jason und die Argonauten suchten. Sein bekanntester Teil ist eine gebogene Linie aus drei hellen Sternen, die den Kopf des Widders markieren. Vor mehr als 2000 Jahren enthielt Aries das Frühlingsäquinoktium, an dem die Sonne den Himmelsäquator von Süden nach Norden kreuzt. Der Punkt wurde Widderpunkt genannt und definiert null Stunden Rektaszension. Heute liegt er im benachbarten Pisces.

◁ **NGC 695**
Die Spiralgalaxie ist etwa 450 Mio. Lichtjahre entfernt. Ihre Spiralarme sind nicht gut ausgebildet und nur sehr locker gewunden. Knoten der Sternentstehung liegen im Netz aus Gas und Staub verstreut, sodass die Galaxie eine seltsame Erscheinungsform hat.

DATEN

Größenrangliste 39

Hellste Sterne Hamal (α) 2,0, Sheratan (β) 2,7

Genitiv Arietis

Abkürzung Ari

Höchststand um 22 Uhr November–Dezember

Sichtbarkeit 90 °N – 58 °S

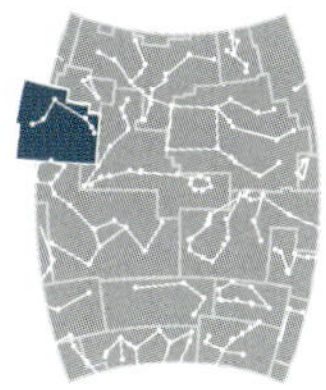

KARTE 3

HAUPTSTERNE

Hamal Alpha (α) Arietis
Gelb-orangefarbener Riese
2,0 ⟷ 66 Lichtjahre

Sheratan Beta (β) Arietis
Doppelstern
2,7 ⟷ 59 Lichtjahre

Mesartim Gamma (γ) Arietis
Doppelstern
3,9 ⟷ 164 Lichtjahre

Lambda (λ) Arietis
Doppelstern
4,8 ⟷ 129 Lichtjahre

HIMMELSOBJEKTE

NGC 695
Spiralgalaxie

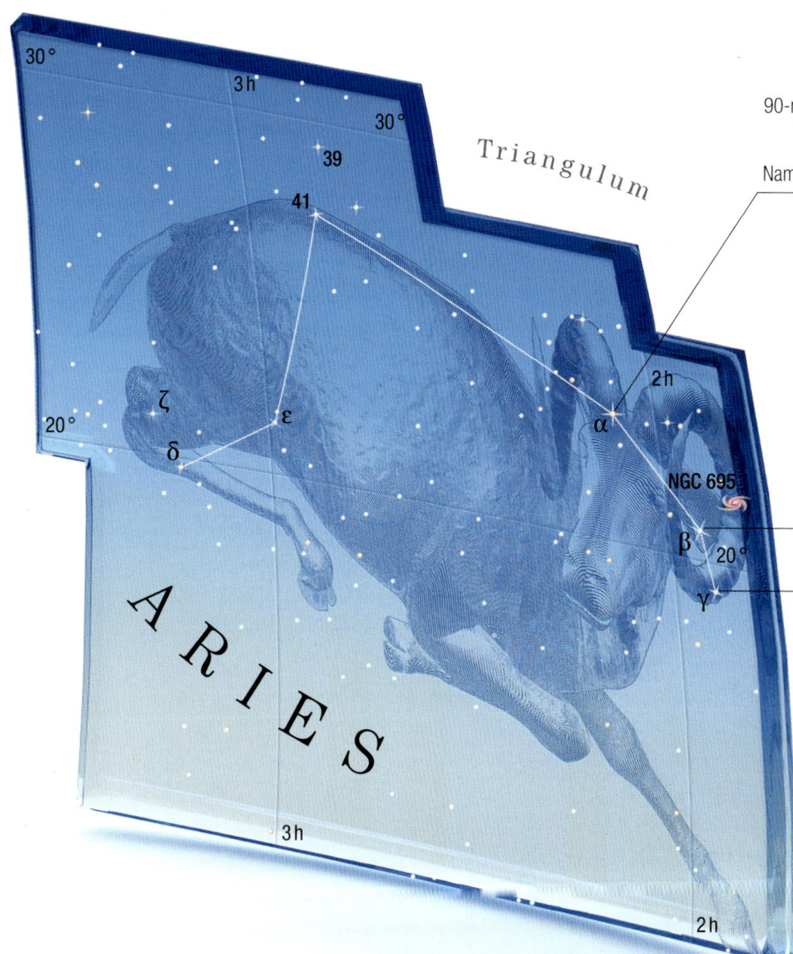

Hamal (α Arietis)
Der helle Stern ist etwa 90-mal so hell wie die Sonne und 66 Lichtjahre von ihr entfernt. Sein arabischer Name ist das Wort für Lamm.

Sheratan (β Arietis)
Die beiden Sterne des Doppelsterns umkreisen sich so eng, dass normale Teleskope sie nicht trennen. Der Hauptstern ist ein blau-weißer Hauptreihenstern.

Mesartim (γ Arietis)
Mit Größenklasse 3,9 ist dieser Doppelstern leicht mit bloßem Auge zu sehen. Ein kleines Teleskop trennt das Paar zweier fast identischer weißer Sterne.

LEUCHTKRAFT

△ **Arp 256**
Hier sieht man, wie zwei Galaxien, die beide unter ARP 256 katalogisiert und etwa 350 Mio. Lichtjahre entfernt sind, in einem frühen Stadium verschmelzen. Die Wechselwirkungen zwischen ihnen haben ihre Formen zerstört und eine Sternentstehung ausgelöst.

CETUS
WALFISCH

Das viertgrößte Sternbild Cetus erstreckt sich entlang des Himmelsäquators. Es ist nicht besonders auffällig, sodass es eine Herausforderung ist, Cetus aufzufinden.

Cetus gehört zu den ursprünglichen 48 griechischen Sternbildern und zeigt das Seeungeheuer Keto, das von Perseus getötet wurde, um Andromeda zu retten. Diese war an einem Felsen angekettet, weil sie dem Seeungeheuer geopfert werden sollte. Das Sternbild wird häufig als seltsames Mischwesen dargestellt, das einen großen Kopf, den Körper und die Vorderbeine eines Landtiers sowie den Schwanz einer Seeschlange hat.

Das Sternbild hat mehrere bemerkenswerte Sterne und Himmelsobjekte. Mira zählt zu den bekanntesten Veränderlichen. Ihre Helligkeit ändert sich über einen langen, regelmäßigen Pulsationszyklus. Im Gegensatz zu ihr ist UV Ceti ein Roter Zwerg, dessen Helligkeit plötzlich dramatisch ansteigt. Tau Ceti ist ein sonnenähnlicher Stern in zwölf Lichtjahren Entfernung und besitzt fünf Exoplaneten.

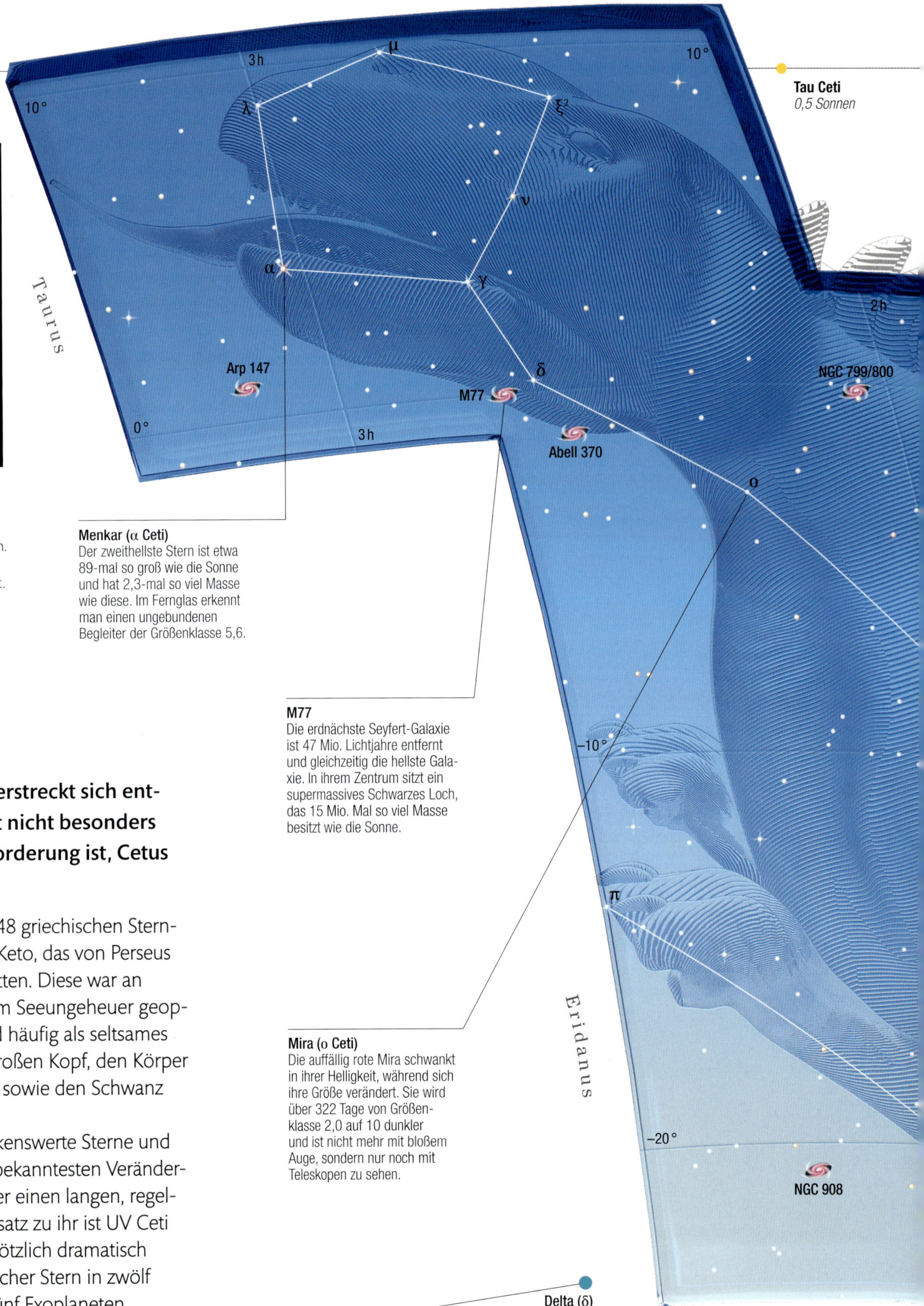

Menkar (α Ceti)
Der zweithellste Stern ist etwa 89-mal so groß wie die Sonne und hat 2,3-mal so viel Masse wie diese. Im Fernglas erkennt man einen ungebundenen Begleiter der Größenklasse 5,6.

M77
Die erdnächste Seyfert-Galaxie ist 47 Mio. Lichtjahre entfernt und gleichzeitig die hellste Galaxie. In ihrem Zentrum sitzt ein supermassives Schwarzes Loch, das 15 Mio. Mal so viel Masse besitzt wie die Sonne.

Mira (ο Ceti)
Die auffällig rote Mira schwankt in ihrer Helligkeit, während sich ihre Größe verändert. Sie wird über 322 Tage von Größenklasse 2,0 auf 10 dunkler und ist nicht mehr mit bloßem Auge, sondern nur noch mit Teleskopen zu sehen.

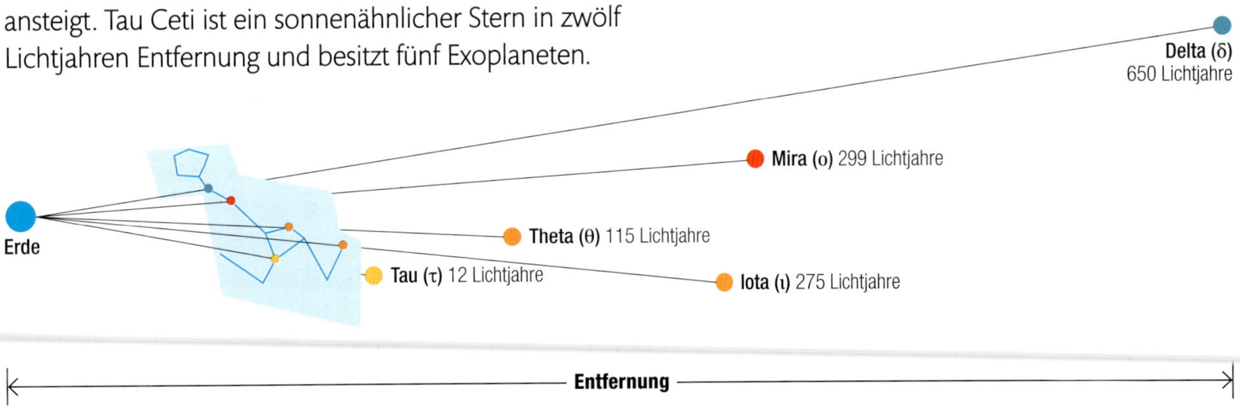

◁ **Abstände zur Erde**
Die Sterne des Musters liegen zwischen zwölf und etwa 650 Lichtjahren entfernt. Der erdnächste, Tau (τ) Ceti, ist einer der nächsten gelben sonnenähnlichen Hauptreihensterne. Delta (δ) Ceti ist ein Blauer Riese und der entfernteste und leuchtstärkste Stern. Seine Leuchtkraft übertrifft die der Sonne um das 800-Fache.

Mira *19 Sonnen* · **Gamma Ceti** *21 Sonnen* · **Deneb Kaitos** *115 Sonnen* · **Menkar** *490 Sonnen* · **Delta Ceti** *805 Sonnen*

▷ **NGC 247**
Die Spiralgalaxie, die aus der Sicht von der Erde leicht gekippt ist, liegt nur etwa 11 Mio. Lichtjahre entfernt. Sie ist Teil der Sculptor-Gruppe, der Nachbargruppe der Lokalen Gruppe. Die Arme von NGC 247 enthalten glühende, pinkfarbene Wolken aus Wasserstoff, in denen neue Sterne entstehen.

NGC 201
Die Balkenspiralgalaxie hat eine ähnliche Struktur wie die Milchstraße. NGC 201 liegt in einer Gruppe aus vier Galaxien, die in etwa 1 Mrd. Jahren zu einer Riesengalaxie verschmelzen.

DATEN

Größenrangliste 4

Hellste Sterne Deneb Kaitos (β) 2,0, Menkar (α) 2,5

Genitiv Ceti

Abkürzung Cet

Höchststand um 22 Uhr Oktober–Dezember

Sichtbarkeit 65 °N – 79 °S

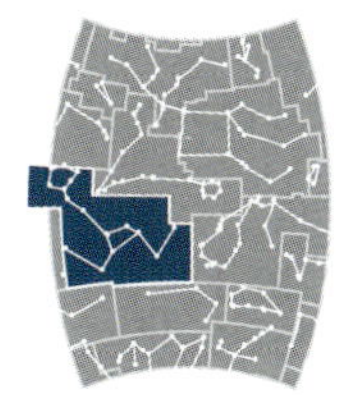

KARTE 3

HAUPTSTERNE

Menkar Alpha (α) Ceti
Roter Riese
☼ 2,5 ⟷ 250 Lichtjahre

Deneb Kaitos Beta (β) Ceti
Orangefarbener Riese
☼ 2,0 ⟷ 96 Lichtjahre

Gamma (γ) Ceti
Dreifachstern, mit einem blau-weißen Hauptreihenstern
☼ 3,5 ⟷ 80 Lichtjahre

Mira Omicron (ο) Ceti
Veränderlicher Roter Riese
☼ 2,0–10 ⟷ 299 Lichtjahre

Tau (τ) Ceti
Gelber Hauptreihenstern
☼ 3,5 ⟷ 12 Lichtjahre

HIMMELSOBJEKTE

M77 (NGC 1068)
Balkenspiralgalaxie, auch eine Seyfert-Galaxie

NGC 246
Planetarischer Nebel

NGC 247
Spiralgalaxie

NGC 799 and NGC 800
Balkenspiralgalaxie (NGC 799), Spiralgalaxie (NGC 800)

NGC 908
Spiralgalaxie, auch Sternentstehungsgalaxie

NGC 201
Balkenspiralgalaxie

Arp 147
Zwei wechselwirkende Galaxien

Arp 256
Zwei wechselwirkende Galaxien

LEUCHTKRAFT

Epsilon Eridani
0,3 Sonnen

Cursa
51 Sonnen

Acamar
150 Sonnen

ERIDANUS FLUSS

Eridanus schlängelt sich von Orion aus tief in den südlichen Himmel und endet mit seinem hellen Stern Achernar. Zu Zeiten der griechischen Antike erstreckte sich das Sternbild nicht so weit nach Süden – es wurde erst verlängert, als europäische Seefahrer die Sterne im Süden kartierten.

Eridanus ist der mythische Fluss, in den Phaethon fiel. Der Sohn des Sonnengotts Helios hatte versucht, mit dem Sonnenwagen seines Vaters am Himmel zu fahren.

Alte griechische Astronomen legten den himmlischen Fluss so, dass er im Süden bis zum Stern Acamar (Theta Eridani) reichte. Später wurde Eridanus nach Süden bis zu Achernar (Alpha Eridani) verlängert. Die Namen Acamar und Achernar kommen aus dem Arabischen und bedeuten »Ende des Flusses«. Heute hat Eridanus mit nahezu 60 Grad die größte Nord-Süd-Ausdehnung aller Sternbilder.

Eridanus enthält mehrere bemerkenswerte Himmelsobjekte, wie den abgeflachten, schnell rotierenden Stern Achernar, die klassische Balkenspiralgalaxie NGC 1300 (s. S. 52/53), die Spiralgalaxie NGC 1309 und die Galaxie NGC 1291. Letztere ist von einem äußeren Ring umgeben, in dem neue Sterne entstehen.

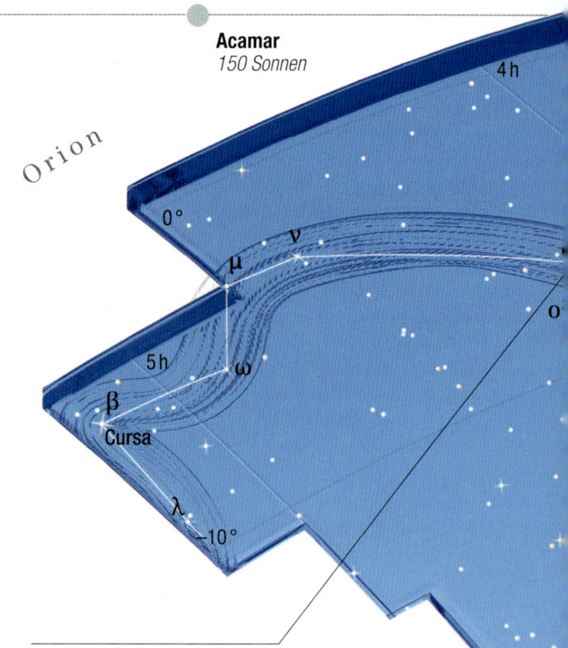

Omicron¹ (ο¹) Eridani
Omicron oder 40 Eridani ist ein Orangefarbener Riese der Größenklasse 4, den ein Weißer Zwerg der 10. Größenklasse begleitet, der mit kleinen Teleskopen sichtbar ist.

Achernar, der hellste Stern in Eridanus, ist unter allen Sternen der, der **am wenigsten kugelförmig** ist.

△ **NGC 1309**
Die Spiralgalaxie ist etwa 100 Mio Lichtjahre entfernt, der Radius ihrer Scheibe beträgt etwa 75 Prozent dessen der Milchstraße. In dieser Aufnahme des Hubble-Weltraumteleskops sind in den hellen Regionen der Spiralarme neue Sternentstehungsgebiete zu sehen, während von dem blassgelben Kern braune Staubfahnen mit älteren Sternen spiralförmig abstrahlen.

◁ **NGC 1291**
In dieser Falschfarbendarstellung, die durch das Spitzer-Weltraumteleskop der NASA bei infraroten Welllenlängen entstand, ist die Galaxie NGC 1291 von einem Ring aus neuen Sternen umgeben. Die jungen Sterne sind in Rot dargestellt, während die älteren im Zentrum der Galaxie blau eingefärbt sind. Wenn Galaxien wie diese jung sind, findet die Sternentstehung in der Nähe ihrer Zentren statt, ist aber das Gas im Galaxienzentrum verbraucht, wandern Sternentstehungsgebiete – wie hier gezeigt – nach außen.

▷ **Abstände zur Erde**
Die Sterne des Musters liegen zwischen etwa zehn und 80 Lichtjahren von der Erde entfernt. Die nächsten und entferntesten Sterne liegen im nördlichen Abschnitt des Sternbilds. Epsilon (ε) Eridani ist 10,5 Lichtjahre von der Erde entfernt und Lambda (λ) Eridani ungefähr 810 Lichtjahre.

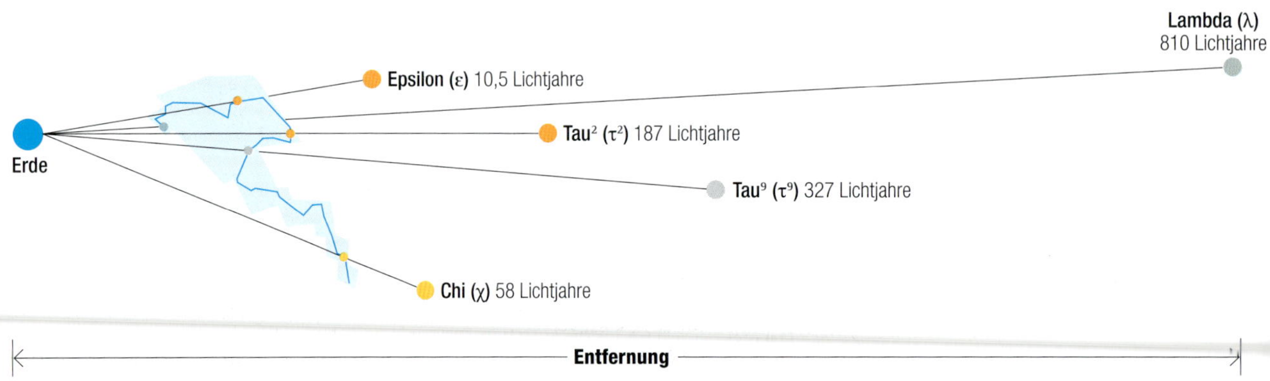

Achernar
1050 Sonnen

Lambda Eridani
1075 Sonnen

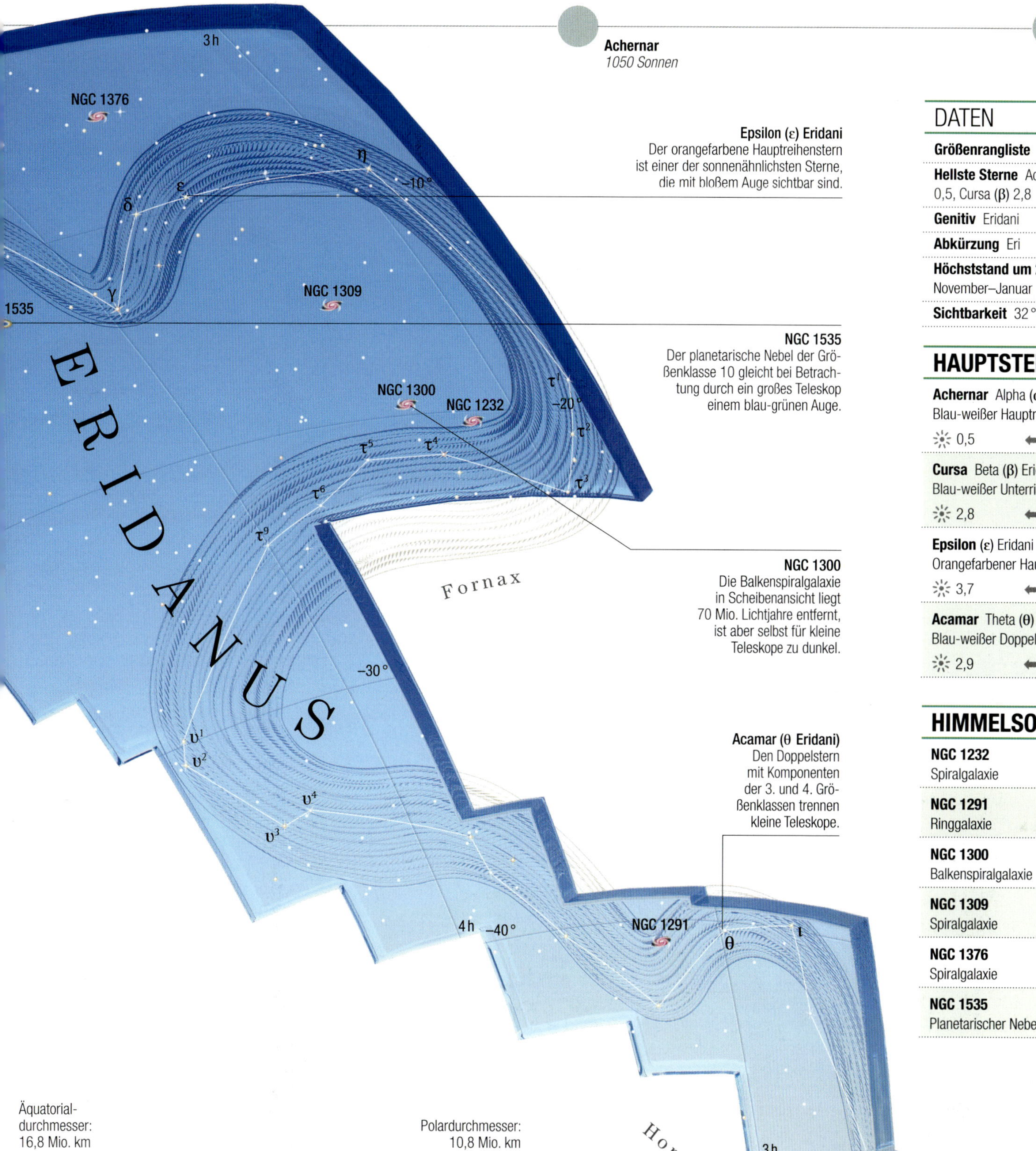
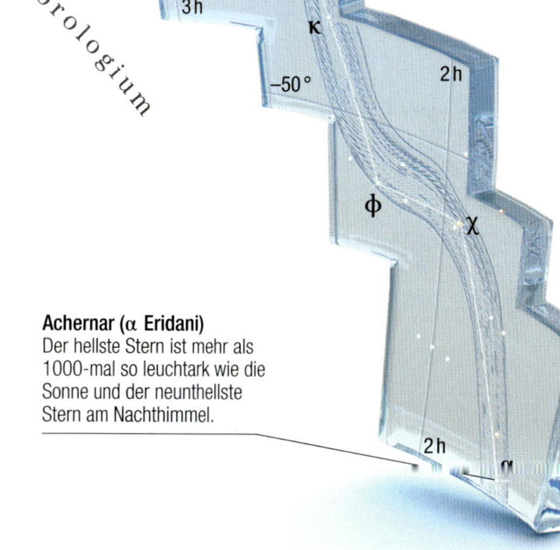

Epsilon (ε) Eridani
Der orangefarbene Hauptreihenstern ist einer der sonnenähnlichsten Sterne, die mit bloßem Auge sichtbar sind.

NGC 1535
Der planetarische Nebel der Größenklasse 10 gleicht bei Betrachtung durch ein großes Teleskop einem blau-grünen Auge.

NGC 1300
Die Balkenspiralgalaxie in Scheibenansicht liegt 70 Mio. Lichtjahre entfernt, ist aber selbst für kleine Teleskope zu dunkel.

Acamar (θ Eridani)
Den Doppelstern mit Komponenten der 3. und 4. Größenklassen trennen kleine Teleskope.

Achernar (α Eridani)
Der hellste Stern ist mehr als 1000-mal so leuchtark wie die Sonne und der neunthellste Stern am Nachthimmel.

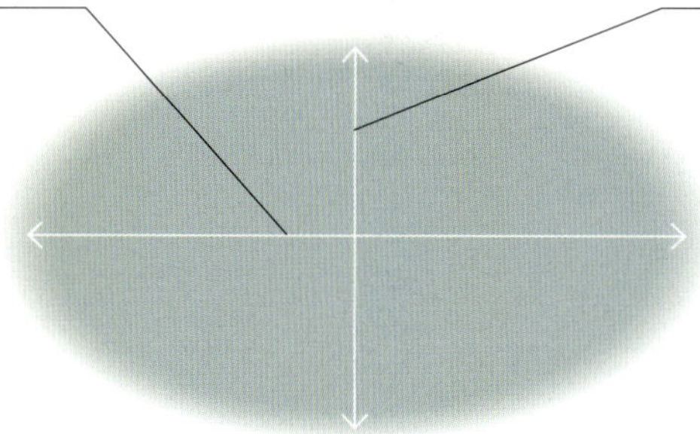

△ **Verformung von Achernar**
Achernar dreht sich sehr schnell, eine Rotation dauert weniger als drei Tage. Aus diesem Grund hat er eine abgeflachte Form und einen deutlichen Äquatorwulst, der von allen Sternen der größte ist. Sein Äquatorialdurchmesser misst mehr als das 1,5-Fache seines Polardurchmessers.

DATEN

Größenrangliste 6

Hellste Sterne Achernar (α) 0,5, Cursa (β) 2,8

Genitiv Eridani

Abkürzung Eri

Höchststand um 22 Uhr November–Januar

Sichtbarkeit 32 °N – 89 °S

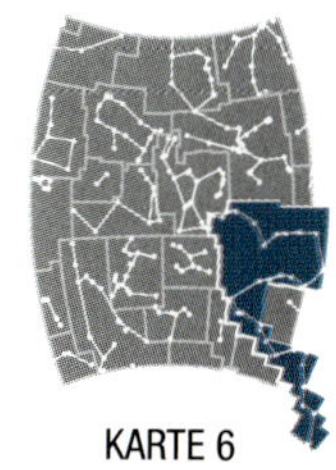

KARTE 6

HAUPTSTERNE

Achernar Alpha (α) Eridani
Blau-weißer Hauptreihenstern
0,5 ⟷ 140 Lichtjahre

Cursa Beta (β) Eridani
Blau-weißer Unterriese
2,8 ⟷ 89 Lichtjahre

Epsilon (ε) Eridani
Orangefarbener Hauptreihenstern
3,7 ⟷ 10,5 Lichtjahre

Acamar Theta (θ) Eridani
Blau-weißer Doppelstern
2,9 ⟷ 160 Lichtjahre

HIMMELSOBJEKTE

NGC 1232
Spiralgalaxie

NGC 1291
Ringgalaxie

NGC 1300
Balkenspiralgalaxie

NGC 1309
Spiralgalaxie

NGC 1376
Spiralgalaxie

NGC 1535
Planetarischer Nebel

LEUCHTKRAFT

ORION ORION

Dank seines höchst auffälligen Sternmusters ist Orion den meisten Himmelsbeobachtern bekannt. Das Sternbild enthält mehrere helle Sterne sowie den Orionnebel, einen der schönsten Anblicke am Nachthimmel.

Orion ist ein altes Sternbild, das den Jäger oder Krieger der griechischen Mythologie darstellt. Orion war der Sohn von Poseidon, dem Meeresgott, und ein sehr geschickter Jäger. Doch trotz seiner Fähigkeiten brachte ihn ein kleiner Skorpion um, möglicherweise als Strafe für seine Überheblichkeit. Am Himmel ist der Skorpion im Sternbild Scorpius verewigt. Wenn Orion unter den Horizont sinkt, steigt Scorpius auf und verfolgt ihn am Himmel. Nahe der Ferse von Orion liegen Canis Major und Canis Minor, seine Hunde.

Die beiden hellsten Sterne unterscheiden sich farblich enorm. Der Rote Überriese Beteigeuze markiert Orions Schulter, während der Blaue Überriese Rigel an Orions Fuß sitzt. Viele Höhepunkte des Sternbilds gruppieren sich um eine Sternreihe, die den Oriongürtel bilden. Der Gürtel ist deshalb leicht zu erkennen, weil die Abstände zwischen seinen drei hellen Sternen – Alnitak, Alnilam und Mintaka – gleich groß sind und sie eine nahezu exakte Gerade bilden. Direkt unterhalb des Gürtels präsentieren viele Sterne und Nebel das Schwert des Jägers. In diesem Gebiet befindet sich ein großes Sternentstehungsgebiet, der Orionnebel (M42), der größte und erdnächste Nebel dieser Art. Ein weiterer Nebel in der Nähe ist der Pferdekopfnebel, ein Dunkelnebel vor dem hellen Emissionsnebel IC 434.

Wenn Beteigeuze **explodiert,** wird er dabei **mehr Energie** freisetzen, als die **Sonne** in ihrem gesamten **Leben** erzeugt.

▷ **Beteigeuze**
Der Überriese Beteigeuze ist mehr als 500-mal so groß wie die Sonne. Würde man ihn im Zentrum des Sonnensystems platzieren, würde er die Sonne und alle Planeten bis einschließlich Jupiter umschließen. Beteigeuze ist relativ jung und höchst instabil und ändert unregelmäßig seine Helligkeit. In einigen Millionen Jahren wird er wahrscheinlich als Supernova enden.

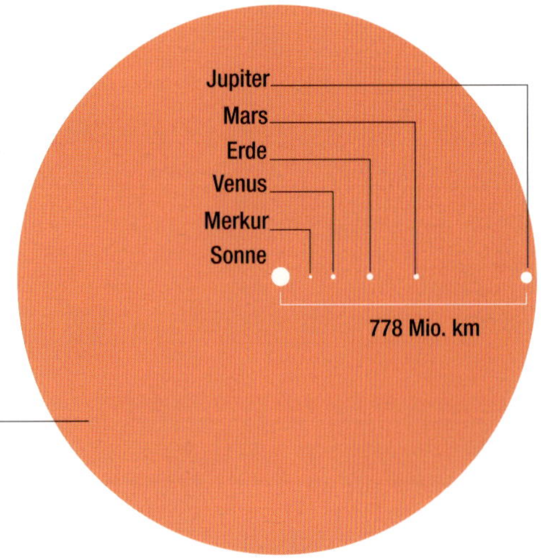

▷ **M42**
Der Orionnebel ist ein etwa 24 Lichtjahre großes Sternentstehungsgebiet. Er leuchtet in dieser Aufnahme in hellem Pink, weil die Strahlungen heißer, junger Sterne Wasserstoff zum Glühen bringen. Der Nebel ist in eine viel größere Dunkelwolke eingebettet. Der Staub dieser Wolke ist in trübem Pink dargestellt.

▽ **Trapez**
Zu den Sternen im Orionnebel gehört eine Gruppe, die Trapez genannt wird. Dazu zählen die vier hellen Sterne in der Bildmitte sowie zwei dunklere Mitglieder.

▷ **Abstände zur Erde**
In nur 500 Lichtjahren Entfernung ist Beteigeuze der erdnähere von Orions beiden hellsten Sternen. Rigel ist viel weiter entfernt – ungefähr 860 Lichtjahre –, dennoch erscheint Rigel die meiste Zeit heller als Beteigeuze, weil er weitaus mehr Licht abgibt. Die drei Gürtelsterne liegen weit verstreut im Raum. Alnilam weist den größten Abstand zur Erde auf. Er ist tatsächlich mit 2000 Lichtjahren Abstand auch der entfernteste Stern des Musters. Der erdnächste Stern ist Pi³ Orionis, der nur 26 Lichtjahre von der Erde entfernt ist.

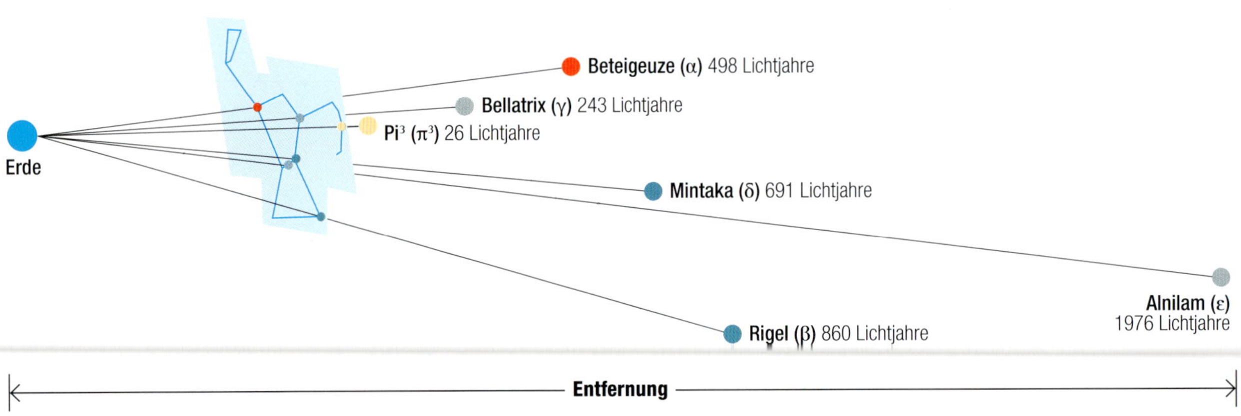

Beteigeuze
13415 Sonnen

Rigel
51665 Sonnen

Alnilam
67480 Sonnen

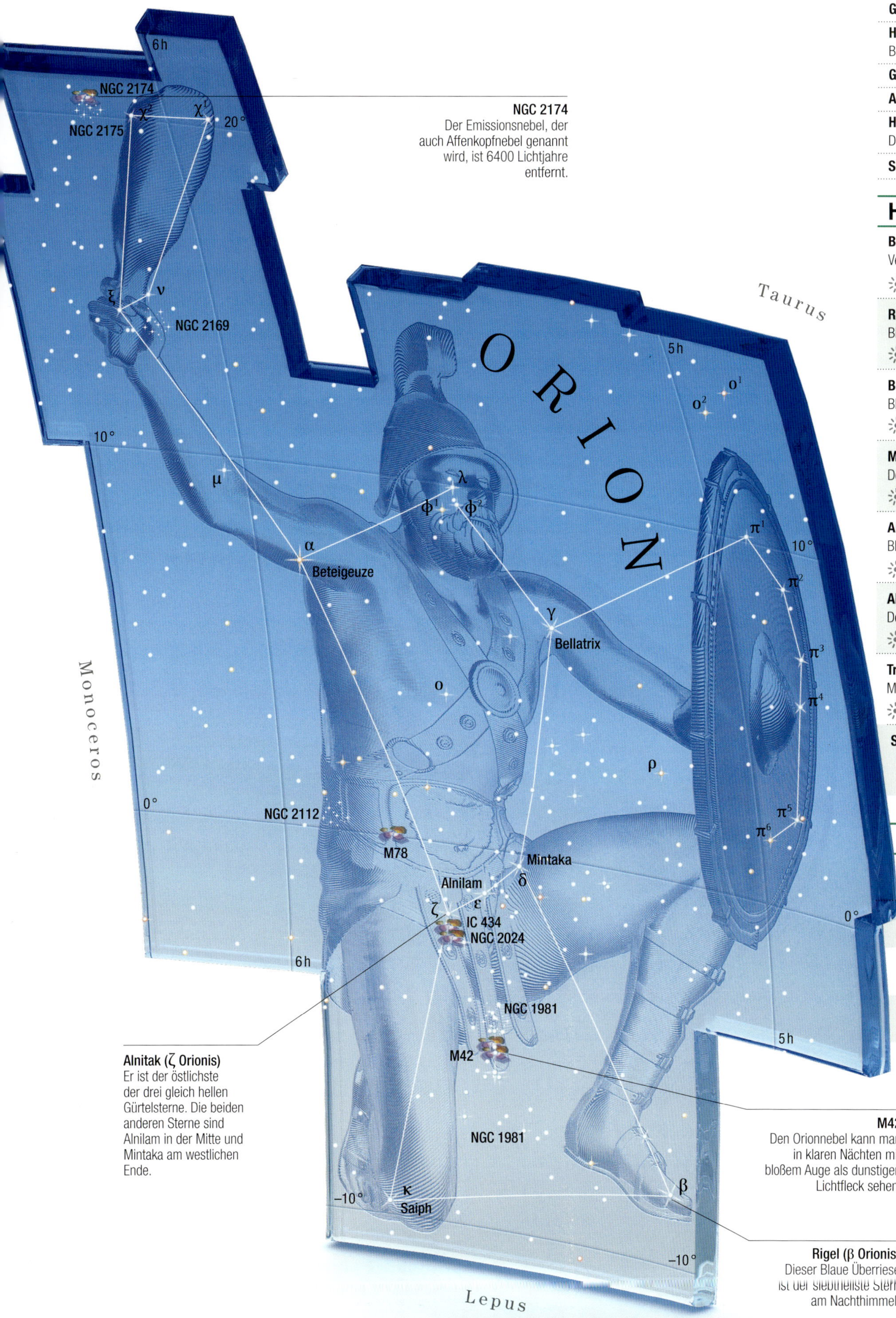

NGC 2174
Der Emissionsnebel, der auch Affenkopfnebel genannt wird, ist 6400 Lichtjahre entfernt.

Alnitak (ζ Orionis)
Er ist der östlichste der drei gleich hellen Gürtelsterne. Die beiden anderen Sterne sind Alnilam in der Mitte und Mintaka am westlichen Ende.

M42
Den Orionnebel kann man in klaren Nächten mit bloßem Auge als dunstigen Lichtfleck sehen.

Rigel (β Orionis)
Dieser Blaue Überriese ist der siebthellste Stern am Nachthimmel.

DATEN

Größenrangliste 26

Hellste Sterne Rigel (β) 0,2, Beteigeuze (α) 0,0–1,3

Genitiv Orionis

Abkürzung Ori

Höchststand um 22 Uhr Dezember–Januar

Sichtbarkeit 79 °N – 67 °S

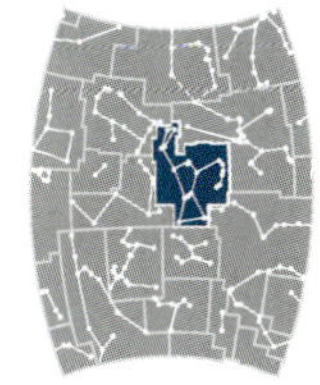

KARTE 6

HAUPTSTERNE

Beteigeuze Alpha (α) Orionis
Veränderlicher Roter Überriese
0,0–1,3 — 498 Lichtjahre

Rigel Beta (β) Orionis
Blauer Überriese, gewöhnlich Orions hellster Stern
0,2 — 860 Lichtjahre

Bellatrix Gamma (γ) Orionis
Blau-weißer Riese
1,6 — 243 Lichtjahre

Mintaka Delta (δ) Orionis
Doppelstern am Ende des Oriongürtels
2,3 — 691 Lichtjahre

Alnilam Epsilon (ε) Orionis
Blauer Überriese, der mittlere Gürtelstern
1,7 — 1976 Lichtjahre

Alnitak Zeta (ζ) Orionis
Doppelstern am Ende des Oriongürtels
1,7 — 736 Lichtjahre

Trapez Theta[1] (θ^1) Orionis
Mehrfachstern mit sechs Komponenten in M42
5,1 — 1600 Lichtjahre

Sigma (σ) Orionis
Mehrfachstern mit vier Komponenten
3,8 — 1072 Lichtjahre

HIMMELSOBJEKTE

M42 (Orionnebel)
Heller Emissionsnebel

M78
Reflexionsnebel

NGC 2169
Offener Sternhaufen

B33 (Pferdekopfnebel)
Dunkelnebel vor dem hellen Nebel IC 434

NGC 1981
Großer, verstreuter Offener Sternhaufen

ANSICHTEN DES **ORIONNEBELS**

1 Orions Schwert
Der Orionnebel zählt zu den am meisten beobachteten und fotografierten Objekten. Mit bloßem Auge sieht man nur einen nebligen Fleck im Schwert des Orion. Fotografien zeigen ihn hingegen als farbigen Strudel, in dem Sterne entstehen. Die Weitwinkelaufnahme (oben), die mit dem Infrarotteleskop VISTA am Europäischen Paranal Observatorium in Chile entstand, zeigt dieses massive Sternentstehungsgebiet.

2 Herz des Nebels
Das Herz des Orionnebels enthält Tausende junger Sterne und sich entwickelnder Protosterne. Die neuen Sterne haben den größten Teil des Staubs und Gases verweht, in dem sie entstanden sind, und in der Wolke eine Höhle geformt (rot). Das helle Sternlicht des Gebiets links oben an der Höhle stammt von einem festen Offenen Sternhaufen aus jungen Sternen, den man Trapez (s. S. 162) nennt.

3 Zusammengesetzte Infrarotaufnahme
Diese Infrarotansicht entstand aus den Daten der Spitzer- und Herschel-Weltraumteleskope. Sie zeigt ein Gebiet im Orionnebel, das etwa zehn Lichtjahre groß ist. Das Trapez befindet sich links im Bild. Im infraroten Licht leuchtet Staub am hellsten – und nicht Gas und Sterne. Das rote Gebiet zeigt kalten Staub, der um entstehende Sterne verklumpt. Blau zeigt wärmeren Staub, der von heißen, jungen Sternen erhitzt wird.

4 Hochtemperaturgas
Diese Aufnahme im Röntgenwellenbereich des XMM-Newton-Weltraumteleskops zeigt eine Gaswolke mit hohen Temperaturen (blau). Sie füllt scheinbar die riesige Höhle, die im optischen und infraroten Licht sichtbar ist. Die Wolke entstand bei einer Kollision, als Winde eines massiven Sterns auf Millionen Grad erhitzt wurden, während sie sich durch das Gas bewegten. Der helle gelbe Fleck ist das Trapez.

3

LEUCHTKRAFT

Wasat *12 Sonnen* · **Pollux** *32 Sonnen* · **Castor** *49 Sonnen*

GEMINI ZWILLINGE

Gemini ist ein bekanntes Tierkreissternbild und zeigt die mythologischen Zwillinge Castor und Pollux. Seine beiden hellsten Sterne markieren die Köpfe der Zwillinge. Zu den interessanten Objekten zählen ein heller Sternhaufen und ein ungewöhnlich aussehender planetarischer Nebel.

In der griechischen Mythologie waren Castor und Pollux die Söhne der Königin Leda von Sparta. Pollux war der Sohn von Zeus und unsterblich. Castors Eltern waren Leda und ihr Ehemann König Tyndareus, sodass Castor sterblich war. Die Zwillinge schlossen sich – in einer der größten Heldengeschichten der griechischen Mythologie – den Argonauten auf der Suche nach dem goldenen Vlies an.

Insgesamt hat Gemini eine rechteckige Form. Einer seiner Hauptsterne, Castor, ist ein bemerkenswertes Mehrfachsternsystem (s. Diagramm unten rechts). Seine beiden hellsten Komponenten lösen kleine Teleskope auf. Obwohl Castor mit Alpha Geminorum bezeichnet ist, ist er nicht der hellste Stern des Sternbilds. Der hellste Stern ist Pollux (Beta Geminorum), der andere Hauptstern.

Einer der reichhaltigsten Meteorschauer, die Geminiden, strahlen jährlich um den 13. Dezember mit bis zu 100 Meteoren pro Stunde scheinbar von einem Punkt neben Castor ab. Im Gegensatz zu anderen Schauern stammen sie nicht von einem Kometen, sondern von dem Planetoiden Phaethon.

▽ **M35**
Den großen Sternhaufen aus ungefähr 200 Sternen findet man mit Ferngläsern an der Grenze zu Taurus (Stier). Teleskope zeigen auch den dunkleren und dichteren Sternhaufen NGC 2158 (unten links). M35 ist schätzungsweise 2800 Lichtjahre entfernt, während NGC 2158 noch etwa 10 000 Lichtjahre weiter entfernt ist.

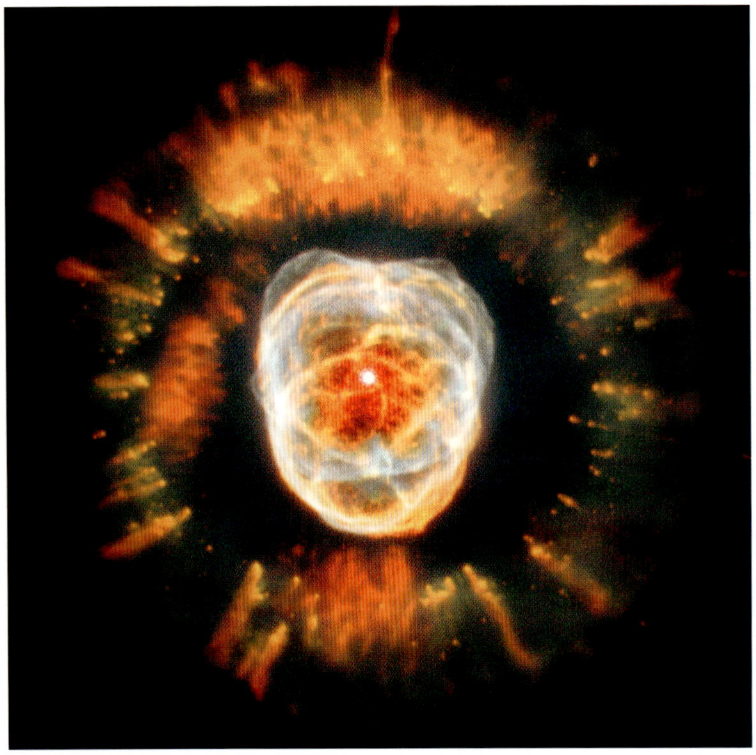

△ **NGC 2392**
Der ungewöhnlich aussehende planetarische Nebel ist ungefähr 5000 Lichtjahre entfernt. Er erhielt aufgrund seiner Ähnlichkeit mit einem Gesicht in einer Fellkapuze den Namen Eskimonebel. Die Kapuze ist tatsächlich ein Ring aus Gas, das vom Zentralstern wegströmt und in kleinen Teleskopen als Scheibe erscheint.

Sterne mit der Bezeichnung **Alpha (α)** sind **nicht immer** die **hellsten** in ihren Sternbildern – so etwa **Castor,** der **dunkler als Pollux** ist.

DATEN

Größenrangliste 30
Hellste Sterne Pollux (β) 1,1, Castor (α) 1,6
Genitiv Geminorum
Abkürzung Gem
Höchststand um 22 Uhr Januar–Februar
Sichtbarkeit 90 °N – 55 °S

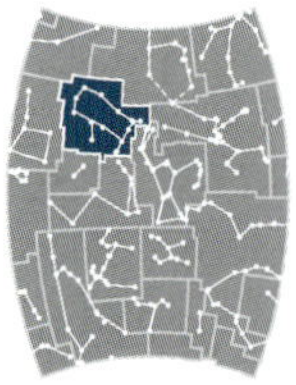

KARTE 6

HAUPTSTERNE

Castor Alpha (α) Geminorum
Blau-weißer Mehrfachstern
1,6 ⟷ 51 Lichtjahre

Pollux Beta (β) Geminorum
Orangefarbener Riese
1,1 ⟷ 34 Lichtjahre

Alhena Gamma (γ) Geminorum
Blau-weißer Unterriese
1,9 ⟷ 110 Lichtjahre

Wasat Delta (δ) Geminorum
Weißer Hauptreihenstern
3,5 ⟷ 60 Lichtjahre

Mebsuta Epsilon (ε) Geminorum
Gelber Überriese
3,0 ⟷ 845 Lichtjahre

HIMMELSOBJEKTE

M35
Großer, heller Offener Sternhaufen mit 200 Sternen

NGC 2392 (Eskimonebel)
Planetarischer Nebel

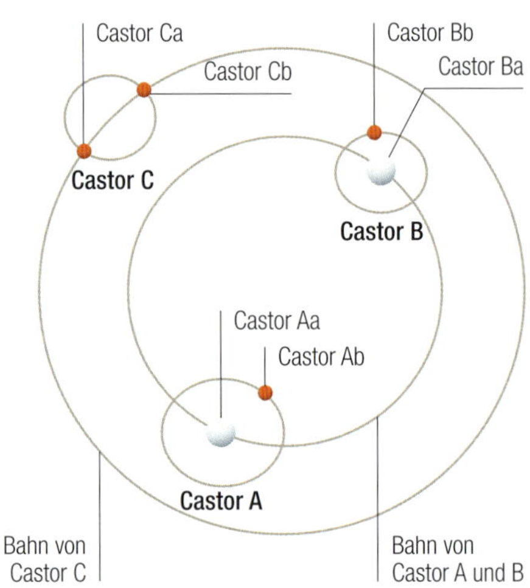

△ **Castor-Mehrfachsternsystem**
Kleine Teleskope zeigen Castor als Doppelstern, Castor A und B, die sich alle 460 Jahre gegenseitig umkreisen. Jeder dieser Sterne ist selbst ein Doppelstern. Das Bild ist jedoch noch komplizierter, da Castor A und B einen dunklen Roten Zwerg als Begleiter haben, Castor C. Er ist ein Bedeckungsveränderlicher, sodass dieses System aus sechs Sternen besteht, die durch Schwerkraft gebunden sind.

Alhena
165 Sonnen

Mebsuta
3490 Sonnen

Zeta Geminorum
3860 Sonnen

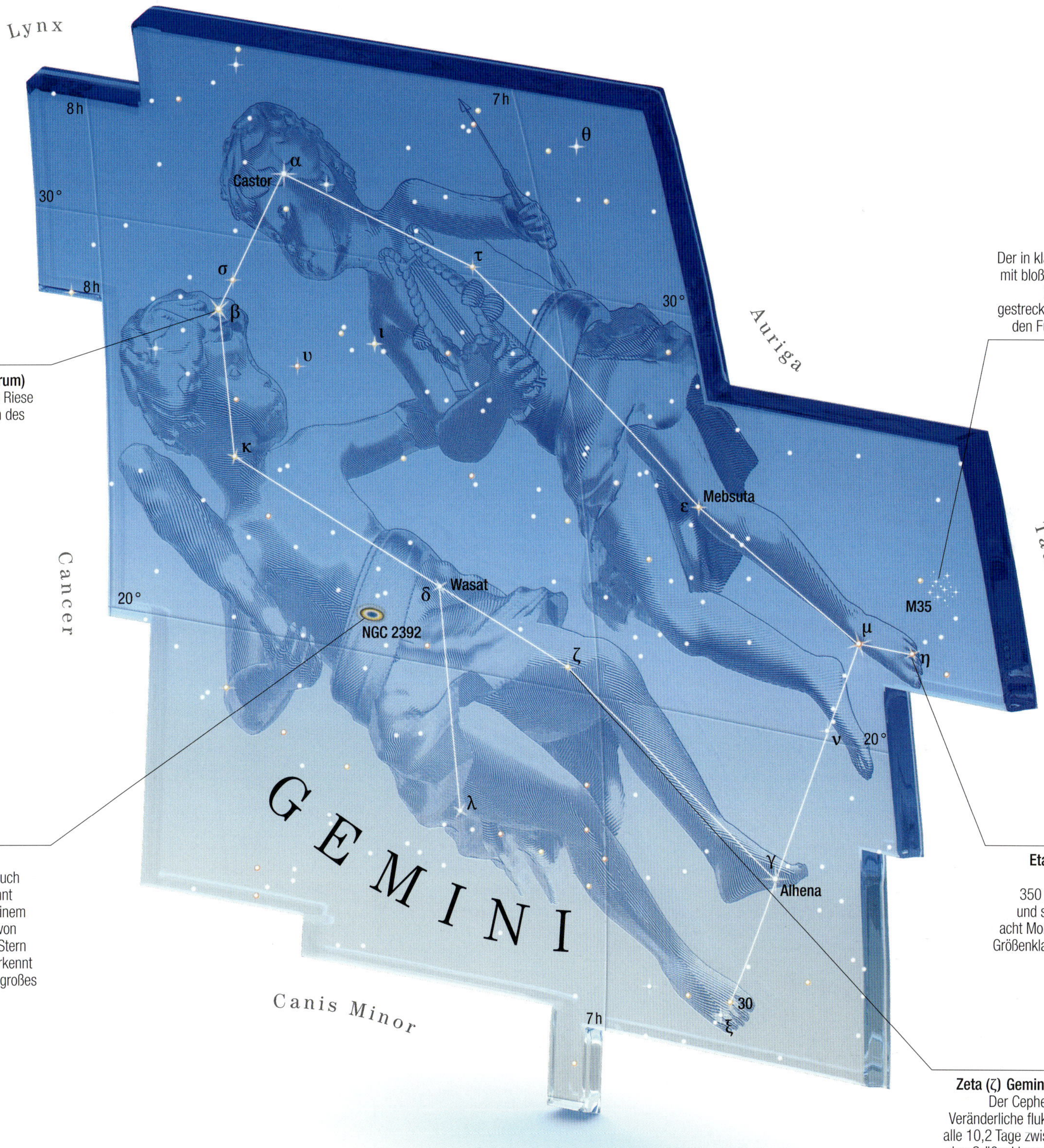

Pollux (β Geminorum)
Der Orangefarbene Riese ist der hellste Stern des Sternbilds.

NGC 2392
Dieser Nebel, der auch Eskimonebel genannt wird, besteht aus einem Ring aus Gas, das von einem sterbenden Stern abströmt. Details erkennt man nur durch ein großes Teleskop.

M35
Der in klaren Nächten noch mit bloßem Auge sichtbare M35 ist ein großer, gestreckter Sternhaufen an den Füßen der Zwillinge.

Eta (η) Geminorum
Der Rote Riese ist 350 Lichtjahre entfernt und schwankt etwa alle acht Monate zwischen den Größenklassen 3,1 und 3,9.

Zeta (ζ) Geminorum
Der Cepheiden-Veränderliche fluktuiert alle 10,2 Tage zwischen den Größenklassen 3,6 und 4,2.

▷ **Abstände zur Erde**
Obwohl Castor und Pollux Zwillinge der Mythologie waren, sind die Sterne ungebunden. Castor (α Geminorum) ist ungefähr 51 Lichtjahre entfernt, während Pollux (β Geminorum) 34 Lichtjahre Abstand aufweist. Beide Sterne liegen relativ nahe an der Erde. Sie sind auch erheblich erdnäher als der entfernteste aus dem Muster des Sternbilds. Zeta (ζ) Geminorum liegt ungefähr 1375 Lichtjahre von der Erde entfernt.

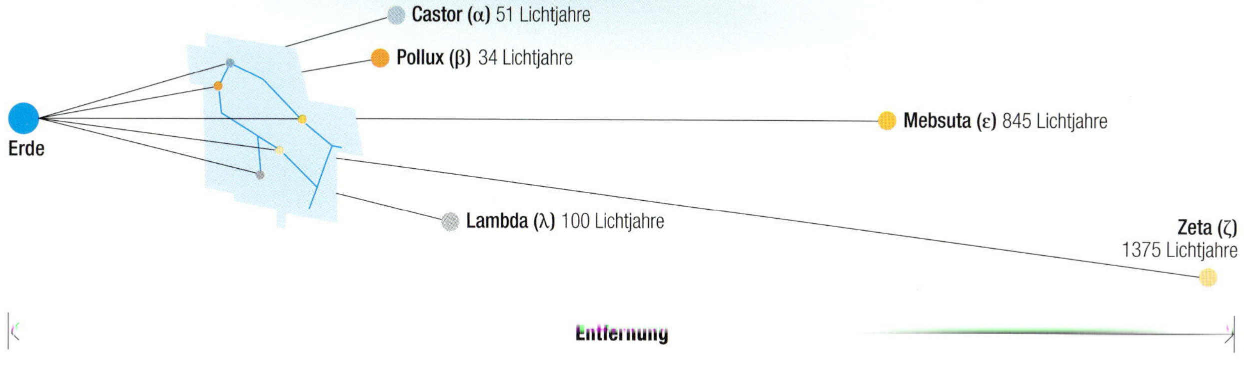

CANCER
KREBS

Obwohl es das dunkelste Tierkreissternbild ist, findet man es dennoch leicht zwischen den hellen Sternen der Sternbilder Leo (Löwe) und Gemini (Zwillinge).

Cancer stellt den Krebs dar, der Herkules angriff, als dieser mit der neunköpfigen Schlange Hydra kämpfte. Ein Rechteck aus Sternen bildet den Körper des Krebses, und die Sterne Alpha und Iota markieren seine Scheren. Alpha erhielt seinen Namen Acubens von dem arabischen Wort für Schere. Die Namen Asellus Borealis und Asellus Australis, nördlicher und südlicher Esel, stammen aus einer anderen Legende. Diese Sterne liegen auf beiden Seiten des Sternhaufens M44 (auch Praesepe genannt), der den Futtertrog des Esels darstellt. Kein Stern in Cancer ist besonders hell und das Gebiet ist relativ leer. Iota ist ein Gelber Riese mit einem Begleiter, den Ferngläser auflösen. Acubens und Zeta sind Mehrfachsterne.

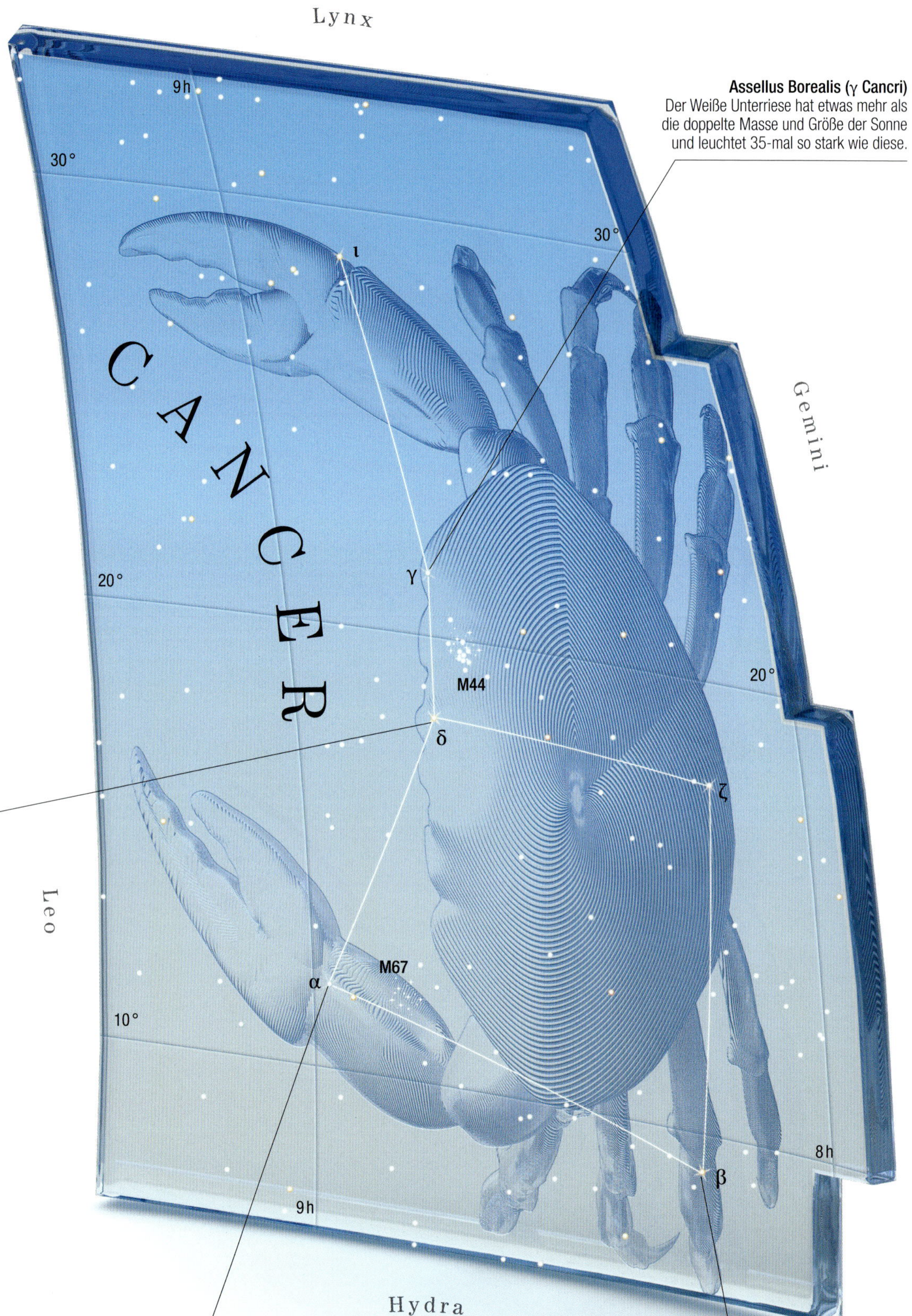

Asellus Borealis (γ Cancri)
Der Weiße Unterriese hat etwas mehr als die doppelte Masse und Größe der Sonne und leuchtet 35-mal so stark wie diese.

Asellus Australis (δ Cancri)
Der Orangefarbene Riese mit Größenklasse 3,9 ist elfmal so breit wie die Sonne und mehr als 50-mal so leuchtstark wie sie.

Acubens (α Cancri)
Die beiden weißen Hauptreihensterne haben zwei Rote Zwerge als enge Begleiter. Mit bloßem Auge sieht man jedoch nur einen Einzelstern.

Altarf (β Cancri)
Der Orangefarbene Riese ist der hellste Stern und 50-mal so groß wie die Sonne. Ihn begleitet ein entfernter und dunkler Roter Zwerg.

△ **M44**
Der nur 600 Mio. Jahre alte Sternhaufen M44 oder Praesepe ist eine relativ lockere Gruppe junger Sterne. Sie sind über eine Fläche verstreut, die dreimal so groß ist wie der Vollmond. Mit bloßem Auge sieht man einen Sternschwarm, erst Ferngläser zeigen einzelne Sterne der 6. Größenklasse oder dunkler. Mit 590 Lichtjahren Entfernung ist er einer der erdnächsten Offenen Sternhaufen.

DATEN

Größenrangliste 31

Hellste Sterne Altarf (β) 3,5, Asellus Australis (δ) 3,9

Genitiv Cancri

Abkürzung CnC

Höchststand um 22 Uhr Februar–März

Sichtbarkeit 90 °N – 57 °S

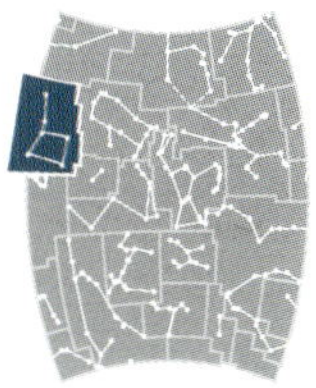

KARTE 6

HAUPTSTERNE

Acubens Alpha (α) Cancri
Weißer Hauptreihen- und Mehrfachstern
4,3 — 188 Lichtjahre

Altarf Beta (β) Cancri
Orangefarbener Riese und Doppelstern
3,5 — 303 Lichtjahre

Asellus Borealis Gamma (γ) Cancri
Weißer Unterriese
4,7 — 181 Lichtjahre

Asellus Australis Delta (δ) Cancri
Orangefarbener Riese
3,9 — 131 Lichtjahre

HIMMELSOBJEKTE

M44 (Praesepe)
Offener Sternhaufen

M67
Offener Sternhaufen

△ **M67**
Der Offene Sternhaufen M67 ist ungefähr 5 Mrd. Jahre alt und gehört zu den ältesten Offenen Sternhaufen. Er besteht aus mehr als 100 Sternen, die ähnlich zusammengesetzt sind wie die Sonne und Rote Riesen. Er ist kleiner und dichter als M44 (Praesepe) und mit 2600 Lichtjahren weiter entfernt als dieser, erscheint aber ebenfalls so groß wie der Vollmond. Man kann ihn per Fernglas beobachten.

CANIS MINOR

KLEINER HUND

Das Sternbild führten Astronomen im alten Griechenland ein. Canis Minor ist klein, aber mithilfe seines hellen Sterns Procyon am Himmel sehr leicht zu entdecken.

Canis Minor ist der kleinere der beiden Hunde von Orion. Der Kleine Hund wird um die beiden hellsten Sterne Procyon und Gomeisa gezeichnet. Das Sternbild liegt fast auf dem Himmelsäquator und besitzt außer Procyon, dem achthellsten Stern des Himmels, kaum lohnenswerte Ziele. Der Name Procyon kommt aus dem Griechischen und bedeutet »vor dem Hund«, weil der Stern im Mittelmeerraum kurz vor dem hellen Hundsstern Sirius (Canis Major) aufgeht. Procyon und Sirius sind ungefähr gleich weit von der Erde entfernt, und ihre unterschiedliche Helligkeit zeigt den wahren Unterschied ihrer Leuchtkraft an. Procyon ist wie Sirius ein Doppelstern mit einem Weißen Zwerg als Begleiter, Procyon B, der nur mit sehr großen Teleskopen sichtbar ist. Procyon bildet auch eine Ecke des Winterdreiecks.

Gomeisa (β **Canis Minoris**)
Der blau-weiße Hauptreihenstern ist 195-mal so leuchtstark wie die Sonne.

Procyon (α **Canis Minoris**)
Den weißen Hauptreihenstern umkreist alle 40 Jahre ein Weißer Zwerg.

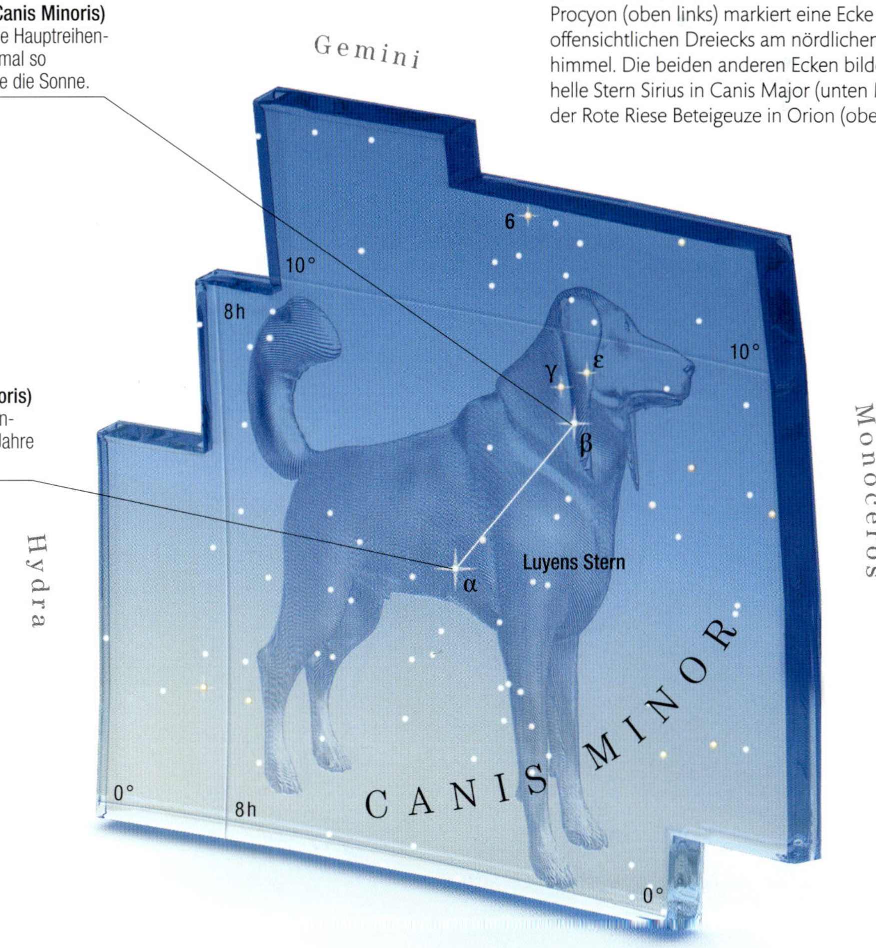

DATEN

Größenrangliste 71

Hellste Sterne Procyon (α) 0,4, Gomeisa (β) 2,9

Genitiv Canis Minoris

Abkürzung CMi

Höchststand um 22 Uhr Februar

Sichtbarkeit 89 °N – 77 °S

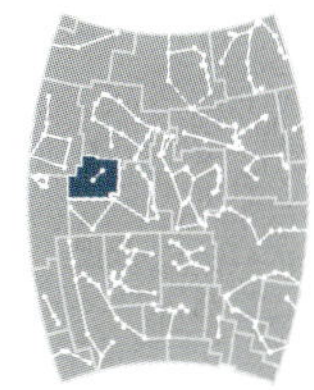

KARTE 6

HAUPTSTERNE

Procyon Alpha (α) Canis Minoris
Weißer Hauptreihen- und Doppelstern
0,4 — 11 Lichtjahre

Gomeisa Beta (β) Canis Minoris
Blau-weißer Hauptreihenstern
2,9 — 162 Lichtjahre

△ **Das Winterdreieck**
Procyon (oben links) markiert eine Ecke dieses offensichtlichen Dreiecks am nördlichen Winterhimmel. Die beiden anderen Ecken bilden der helle Stern Sirius in Canis Major (unten Mitte) und der Rote Riese Beteigeuze in Orion (oben rechts).

LEUCHTKRAFT

Alpha Monocerotis
48 Sonnen

Delta Monocerotis
265 Sonnen

Gamma Monocerotis
515 Sonnen

MONOCEROS

EINHORN

Das große, aber nicht sehr bekannte Sternbild besitzt keine hellen Einzelsterne. Aber es enthält viele bemerkenswerte Mehrfachsterne und Himmelsobjekte wie Sternhaufen und Nebel.

Monoceros liegt zwischen Hydra und Orion. Im Süden grenzt es an Canis Major und im Norden an Canis Minor. Beta Monocerotis ist einer der schönsten Dreifachsterne am Himmel. Seine drei Sterne der 5. Größenklasse trennen kleine Teleskope. Delta Monocerotis ist ein weites, ungebundenes Sternpaar, das mit Ferngläsern auszumachen ist. Epsilon Monocerotis mit Größenklasse 4 hat einen dunkleren, ungebundenen Begleiter, den man mit kleinen Teleskopen sieht.

Monoceros liegt im Band der Milchstraße und hat deshalb viele Sternhaufen und Nebel. Unter den Zielen für Ferngläser sind die Offenen Sternhaufen M50 im Süden des Sternbilds und NGC 2264 im Norden. Langzeitaufnahmen zeigen eine dunkle Nebligkeit um NGC 2264 und eine dunkle Staubfahne, den Konusnebel. Ein weiteres bemerkenswertes Objekt ist der Rosettennebel, der den Sternhaufen NGC 2244 umgibt.

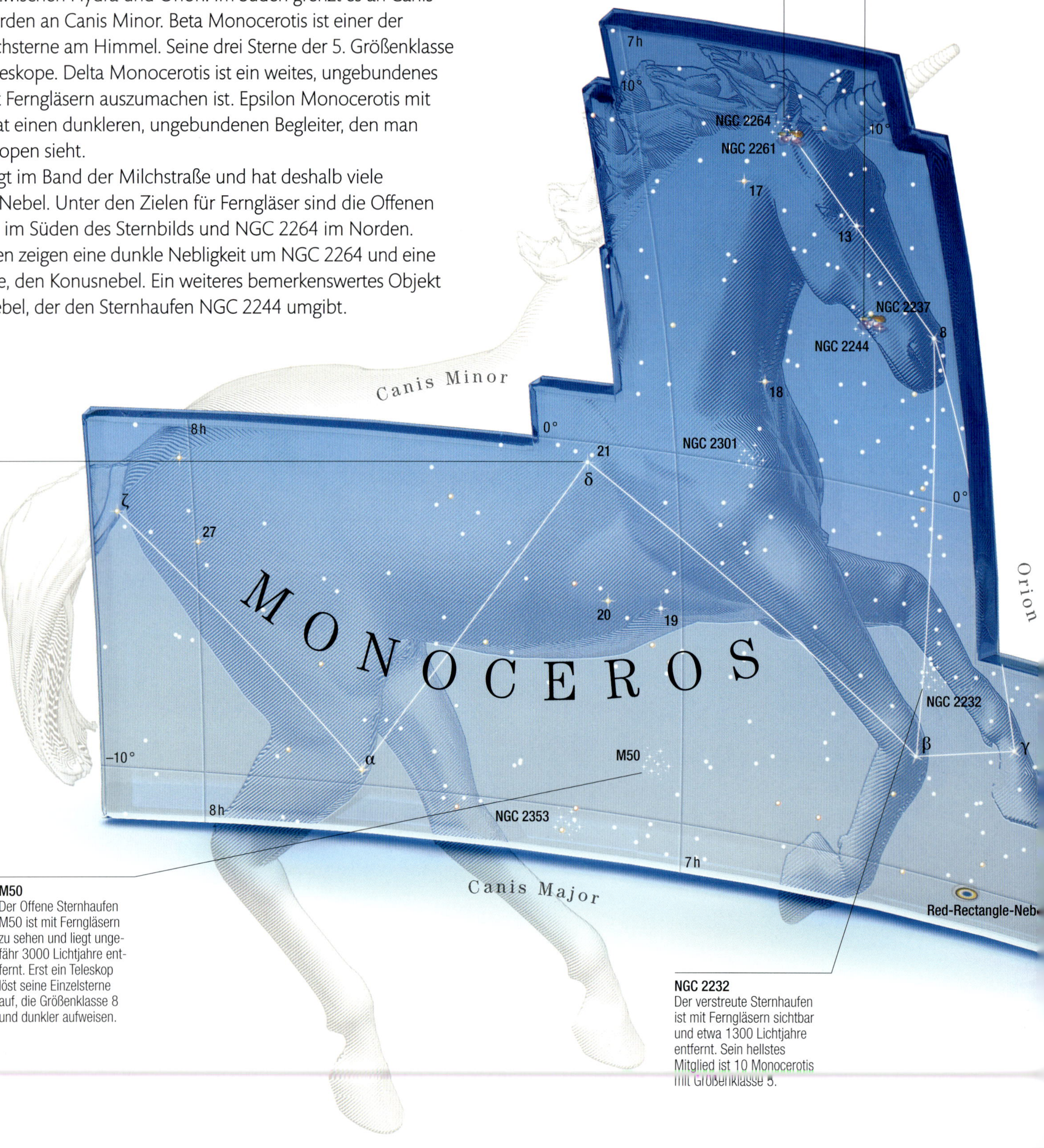

NGC 2264
Der Offene Sternhaufen in etwa 2500 Lichtjahren Entfernung ist ein Ziel für Ferngläser. Mit kleinen Teleskopen erkennt man seine dreieckige Form. Sein hellstes Mitglied ist der Stern S Monocerotis mit Größenklasse 5.

NGC 2244
Im Kern des Rosettennebels, der etwa 5500 Lichtjahre entfernt ist, liegt dieser gestreckte Sternhaufen. Er ist ein Ziel für Ferngläser. Der Nebel selbst (NGC 2237) ist drei- bis viermal so groß wie NGC 2244.

Delta (δ) Monocerotis
Der Stern der Größenklasse 4 hat einen ungebundenen Begleiter, 21 Monocerotis. Der Begleitstern liegt näher zur Erde als Delta Monocerotis und ist mit Ferngläsern oder – bei gutem Sehvermögen – sogar mit bloßem Auge sichtbar.

M50
Der Offene Sternhaufen M50 ist mit Ferngläsern zu sehen und liegt ungefähr 3000 Lichtjahre entfernt. Erst ein Teleskop löst seine Einzelsterne auf, die Größenklasse 8 und dunkler aufweisen.

NGC 2232
Der verstreute Sternhaufen ist mit Ferngläsern sichtbar und etwa 1300 Lichtjahre entfernt. Sein hellstes Mitglied ist 10 Monocerotis mit Größenklasse 5.

Beta Monocerotis
1175 Sonnen

Zeta Monocerotis
1655 Sonnen

13 Monocerotis
142 000 000 Sonnen

△ **NGC 2237**
Die violetten Gase des Rosettennebels (NGC 2237) umgeben den Sternhaufen NGC 2244. Seine Sterne sind in dem Nebel entstanden und beleuchten jetzt das Gas. Den Sternhaufen findet man einfach mit Ferngläsern. Allerdings ist der dunkle Nebel, der größer als der Vollmond erscheint, nur auf Fotos von großen Teleskopen – wie hier – gut zu sehen.

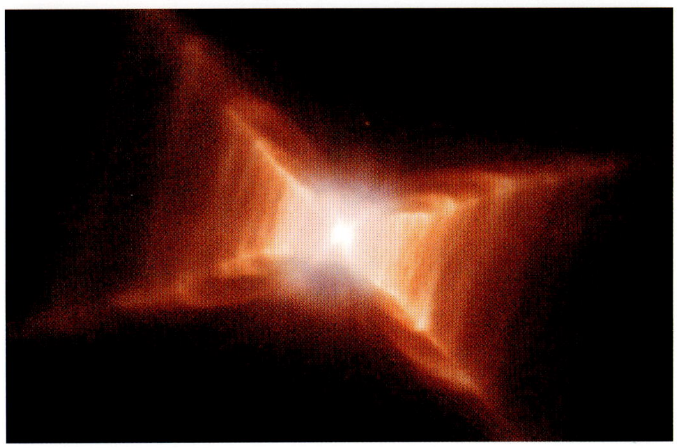

▷ **Red-Rectangle-Nebel**
Der Red-Rectangle-Nebel (Aufnahme des Hubble-Weltraumteleskops) ist ein ungewöhnlicher planetarischer Nebel, in dem Gas und Staub vom Zentralstern X-förmig ausströmen.

DATEN

Größenrangliste 35

Hellste Sterne Alpha (α) 3,9, Gamma (γ) 4,0

Genitiv Monocerotis

Abkürzung Mon

Höchststand um 22 Uhr Januar–Februar

Sichtbarkeit 78 °N – 78 °S

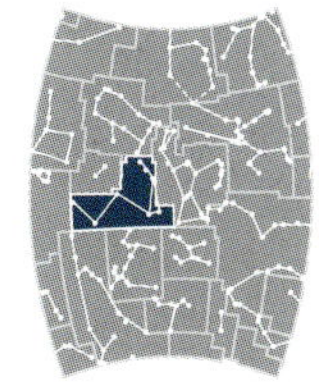

KARTE 6

HAUPTSTERNE

Alpha (α) Monocerotis
Gelber Riese
3,9 ⟷ 148 Lichtjahre

Beta (β) Monocerotis
Dreifachstern, alle sind blau-weiße Hauptreihensterne
3,7 ⟷ 680 Lichtjahre

Gamma (γ) Monocerotis
Orangefarbener Riese
4,0 ⟷ 500 Lichtjahre

Delta (δ) Monocerotis
Blau-weißer Hauptreihenstern
4,2 ⟷ 385 Lichtjahre

HIMMELSOBJEKTE

M50
Offener Sternhaufen mit etwa 80 Sternen

NGC 2237 (Rosettennebel)
Nebligkeit um Sternhaufen NGC 2244

NGC 2264
Offener Sternhaufen mit etwa 40 Sternen

Red-Rectangle-Nebel
Planetarischer Nebel in 2300 Lichtjahren Entfernung

Monoceros führte **1612** der niederländische Kartograf **Petrus Plancius ein.**

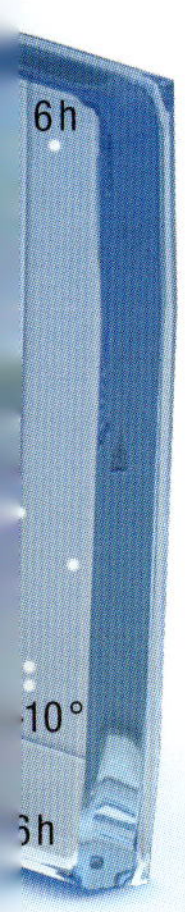

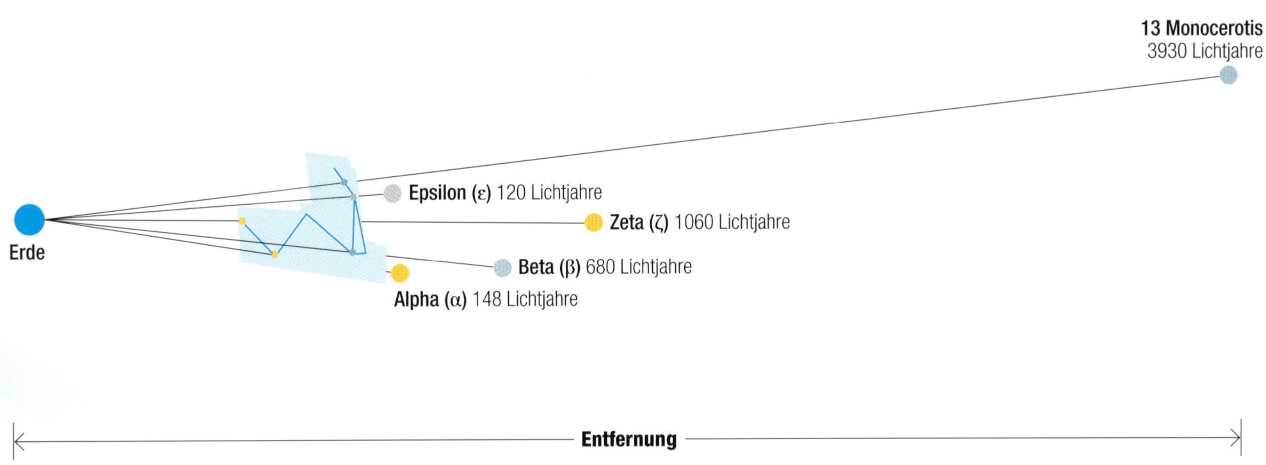

◁ **Abstände zur Erde**
Die Mustersterne von Monoceros zeigen in ihren Entfernungen zur Erde erhebliche Unterschiede. Der erdnächste Stern ist Epsilon (ε) Monocerotis (auch 8 Monocerotis), der einen Abstand von 120 Lichtjahren hat. Der entfernteste Stern ist 13 Monocerotis, der mehr als 3900 Lichtjahre entfernt ist.

LEUCHTKRAFT

54 Hydrae *7 Sonnen* | **R Hydrae** *37 Sonnen* | **Pi Hydrae** *42 Sonnen*

HYDRA WEIBLICHE WASSERSCHLANGE

Das größte Sternbild stellt das Ungeheuer dar, das der griechische Held Herkules besiegte. Die sechs Sterne, die den Kopf der Schlange markieren, sind am leichtesten aufzufinden.

Obwohl das Ungeheuer, dem Herkules in der griechischen Mythologie gegenüberstand, neun Köpfe besaß, hat Hydra am Himmel nur einen. Die Sterne ihres Kopfs liegen in der nördlichen Hemisphäre südlich von Cancer, während der größte Teil ihres Körpers und der Schwanz auf der südlichen Himmelshemisphäre liegen.

Der hellste Stern von Hydra, Alphard, markiert das Herz des Ungeheuers. Er sitzt in einem ansonsten leeren Gebiet und erhielt seinen Namen von dem arabischen Begriff für »der Einsame«. Die interessantesten Objekte in Hydra sind die Spiralgalaxie M83 und der planetarische Nebel NGC 3242.

Hydra, das **größte** der 88 Sternbilder, erstreckt sich über mehr als ein **Viertel** des Himmelsumfangs.

DATEN

Größenrangliste 1

Hellste Sterne Alphard (α) 2,0, Gamma (γ) 3,0

Genitiv Hydrae

Abkürzung Hya

Höchststand um 22 Uhr Februar–Juni

Sichtbarkeit 54 °N – 83 °S

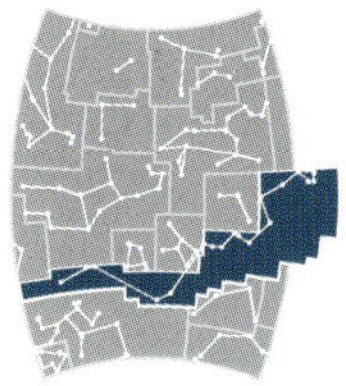

KARTE 5

HAUPTSTERNE

Alphard Alpha (α) Hydrae
Orangefarbener Riese
2,0 ⟷ 180 Lichtjahre

Gamma (γ) Hydrae
Gelber Riese
3,0 ⟷ 145 Lichtjahre

Epsilon (γ) Hydrae
Vierfachsternsystem
3,4 ⟷ 130 Lichtjahre

R Hydrae
Mira-Veränderlicher
5,0 ⟷ 405 Lichtjahre

HIMMELSOBJEKTE

M68
Kugelsternhaufen

M83 (Südliche Pinwheel-Galaxie)
Spiralgalaxie

NGC 3242 (Jupiters-Geist-Nebel)
Planetarischer Nebel, auch Eye-Nebel genannt

△ **M83**
Die Südliche Pinwheel-Galaxie ist eine Spiralgalaxie und ähnelt strukturell der Milchstraße. Im Vergleich zu dieser ist sie jedoch hinsichtlich der Entstehung und des Untergangs von Sternen weitaus aktiver. In den blauen und violetten Gebieten entstehen viele neue Sterne. Die Aufnahme zeigt auch viele Supernovaüberreste wie auch Tausende Sternhaufen und Hunderttausende Einzelsterne.

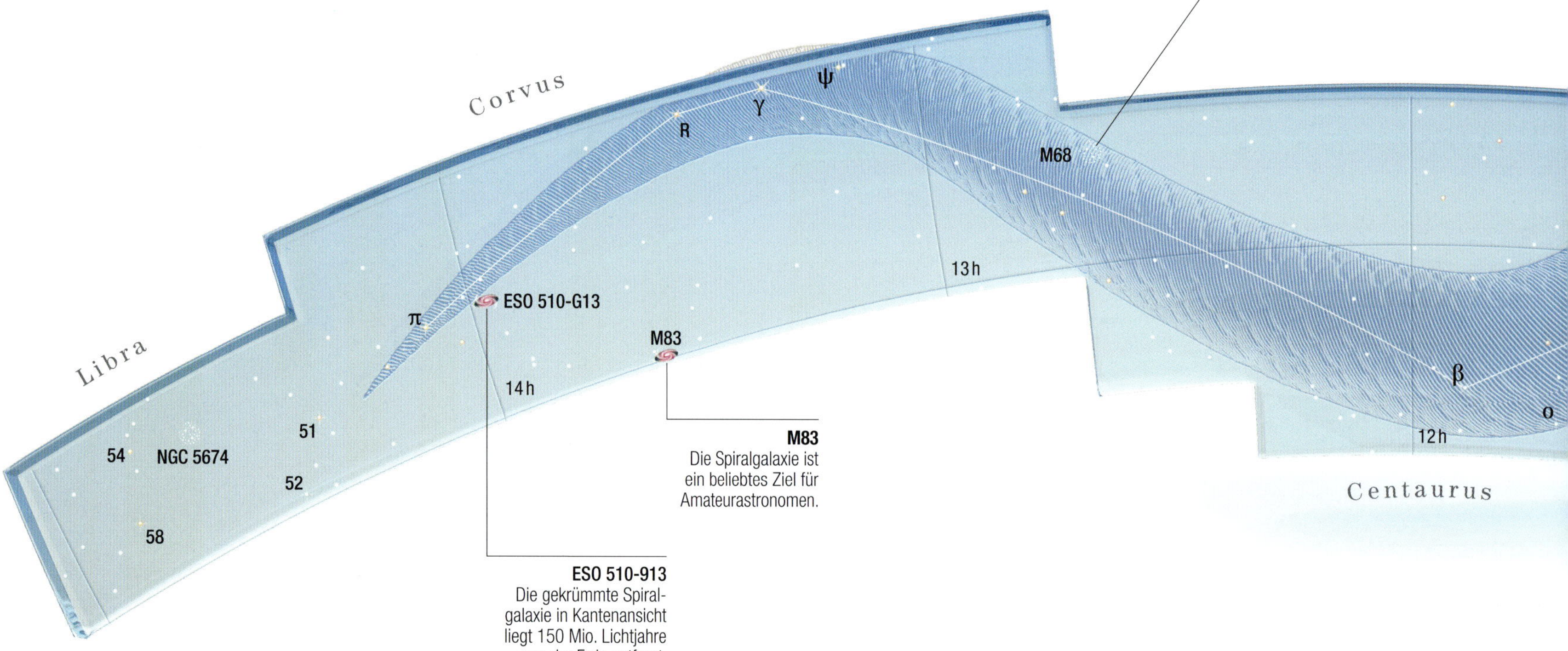

M68
Der Kugelsternhaufen M68 erscheint in Ferngläsern oder kleinen Teleskopen wie ein verschwommener Stern.

M83
Die Spiralgalaxie ist ein beliebtes Ziel für Amateurastronomen.

ESO 510-913
Die gekrümmte Spiralgalaxie in Kantenansicht liegt 150 Mio. Lichtjahre von der Erde entfernt.

Delta Hydrae
46 Sonnen

Epsilon Hydrae
61 Sonnen

Alphard
425 Sonnen

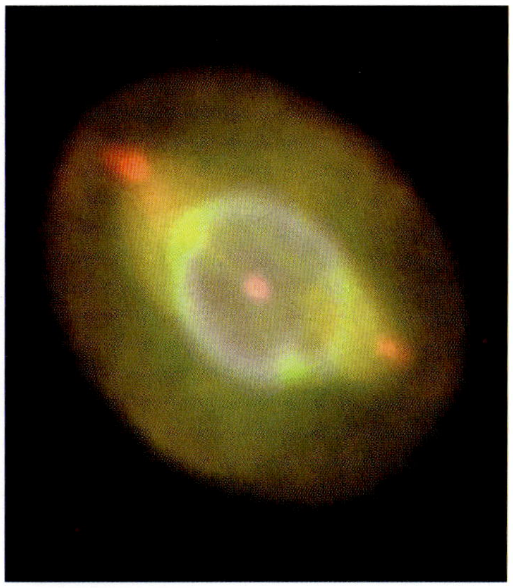

△ **NGC 3242**
Der planetarische Nebel heißt auch Jupiters Geist. Mit kleinen Teleskopen betrachtet, sieht er wie eine dunstige Wolke aus, die die gleiche Größe und Form wie Jupiter besitzt.

▷ **Hydras Größe**
Hydra ist das längste und – gemessen an der Fläche – auch das größte Sternbild. Sie ist so lang, dass sie für ihren Aufgang über dem Horizont sechs Stunden braucht. An ihrer nördlichen Grenze liegen vier Tierkreissternbilder – Cancer, Leo, Virgo und Libra.

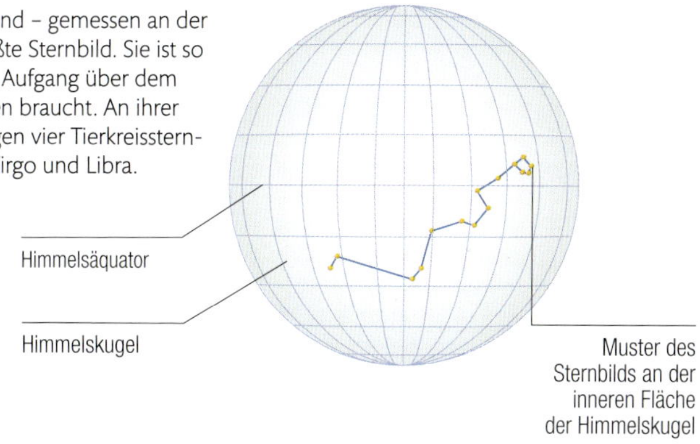

NGC 3242
Im Zentrum des Nebels sitzt ein weißer Stern mit Größenklasse 12,1.

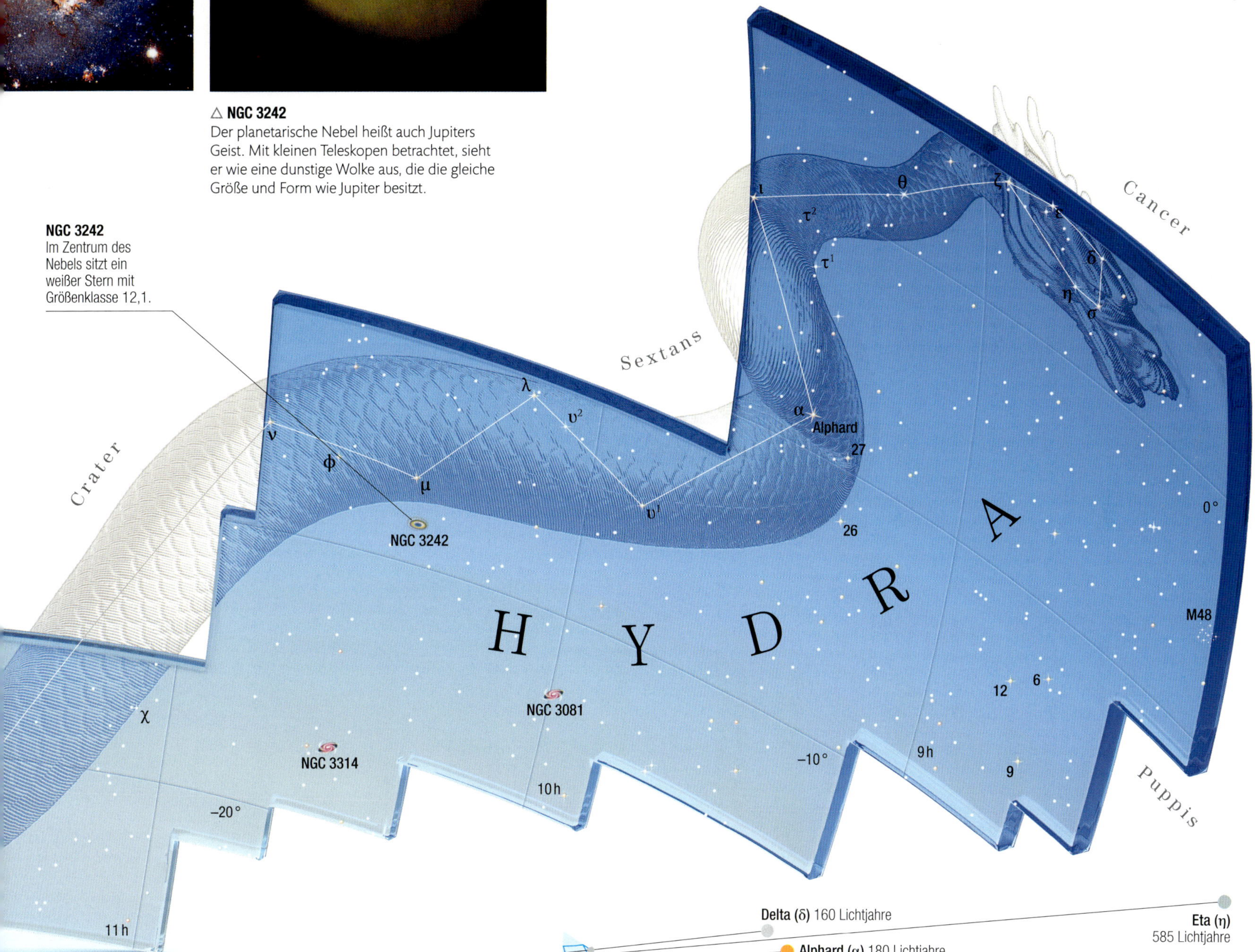

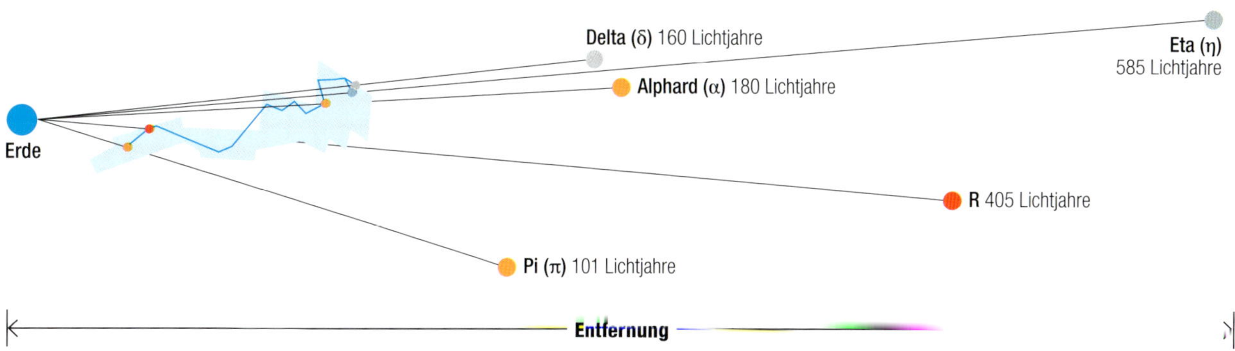

▷ **Abstände zur Erde**
Obwohl es scheint, als ob die Sterne in Hydras Kopf am Himmel eng nebeneinanderliegen, unterscheiden sich ihre Abstände zur Erde enorm – von Delta (δ) Hydrae zu 160 Lichtjahren bis Eta (η) Hydrae mit 585 Lichtjahren.

SEXTANS SEXTANT

Das dunkle Sternbild liegt direkt auf dem Himmelsäquator. Man findet es ziemlich dicht neben dem Stern Regulus in Leo (Löwe).

Der Sextant, den der polnische Astronom Johannes Hevelius 1687 einführte, wird von drei Sternen gebildet und zeigt ein Instrument, das auch heute noch gelegentlich auf Schiffen zur Navigation benutzt wird. Die Sterne des Musters sind relativ dunkel – sein hellster erreicht nur die Größenklasse 4,5 –, und keiner besitzt einen Namen. Seine Galaxien sieht man am besten mit großen Teleskopen. NGC 3115, die aufgrund ihrer Form manchmal auch Spindelgalaxie genannt wird, hat die Größenklasse 8,5 und ist bei guten Bedinungen per Fernglas sichtbar. Zwei ungebundene Sterne der Größenklasse 6, die 17 und 18 Sextantis genannt werden, liegen dicht nebeneinander und sind mit Ferngläsern zu erkennen.

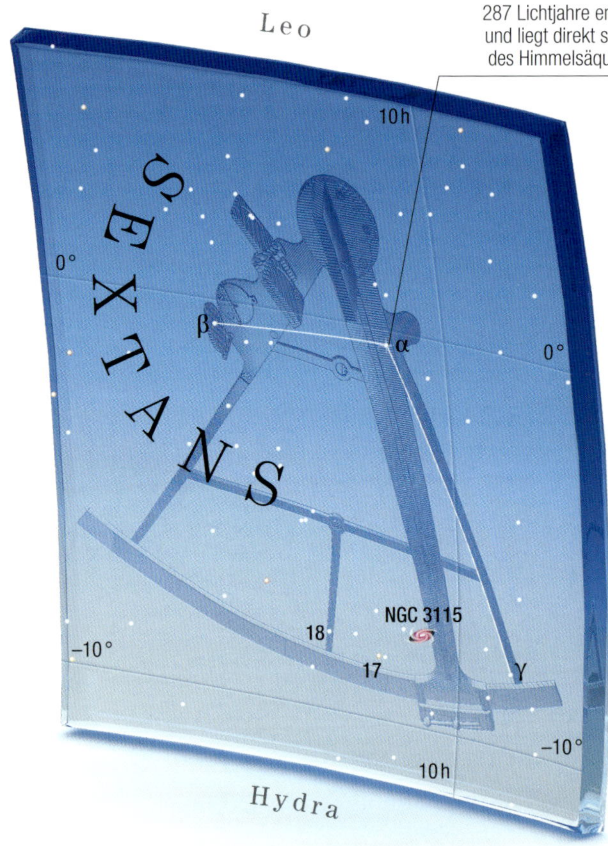

Alpha (α) Sextantis Der Blau-weiße Riese ist 287 Lichtjahre entfernt und liegt direkt südlich des Himmelsäquators.

DATEN

Größenrangliste 47

Hellste Sterne Alpha (α) 4,5, Gamma (γ) 5,1

Genitiv Sextantis

Abkürzung Sex

Höchststand um 22 Uhr März–April

Sichtbarkeit 78 °N – 83 °S

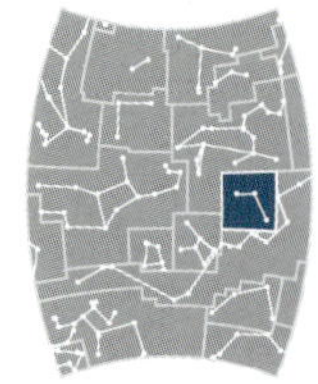

KARTE 5

△ **NGC 3115**
Die riesige spindelförmige Galaxie sieht man von der Erde in Kantenansicht, weshalb ihre zentrale Wölbung aus Sternen sehr gut zu erkennen ist. Hier nicht zu sehen ist das supermassive Schwarze Loch, das tief in ihrem Inneren liegt. Die Spindelgalaxie ist ungefähr 30 Mio. Lichtjahre entfernt.

CORVUS RABE

Die Form des kleinen Sternbilds bestimmen seine vier hellsten Sterne, die den Körper des Raben darstellen.

Corvus ist der heilige Vogel des griechischen Gotts Apollo. Seine Geschichte ist mit dem benachbarten Sternbild Crater (Becher) und Hydra (Weibliche Wasserschlange) verknüpft. Apollo schickte den Raben aus, in einem Becher Wasser zu holen. Der Rabe kehrte jedoch ohne das Gewünschte zurück, aber mit der Wasserschlange. Das Sternbild liegt südwestlich des Sterns Spica in Virgo. Eine Ecke des Rechtecks von Corvus markiert der Doppelstern Delta Corvi, der aus einem hellen blau-weißen Stern der Größenklasse 3 und einem dunkleren Begleiter besteht. Corvus enthält die Antennengalaxien, eines der nächsten und jüngsten Paare kollidierender Galaxien.

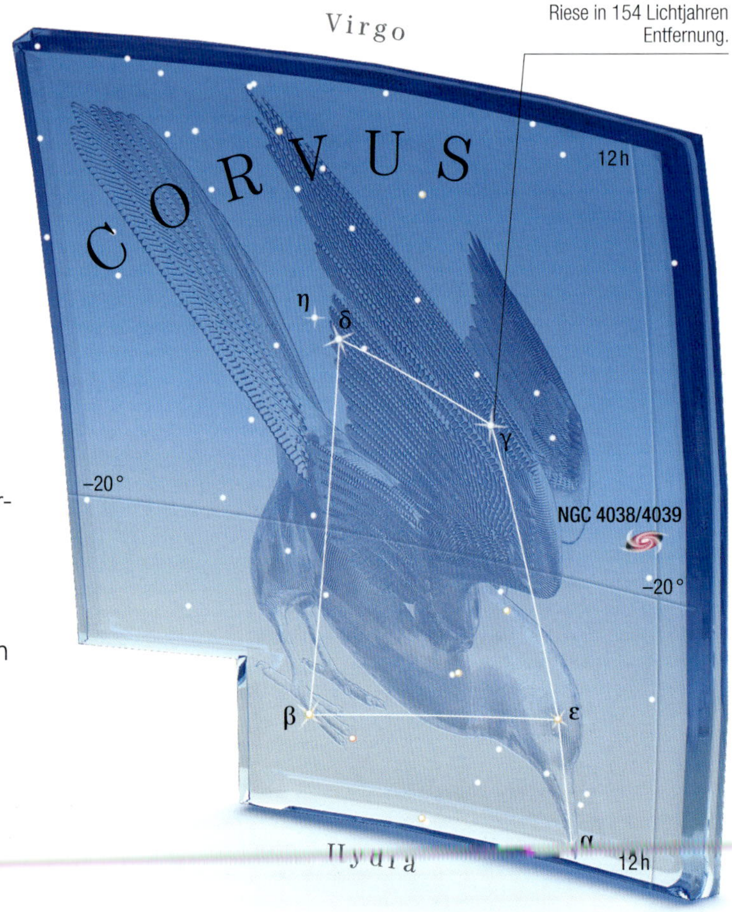

Gienah (γ Corvi) Der hellste Stern in Corvus ist ein Blau-weißer Riese in 154 Lichtjahren Entfernung.

DATEN

Größenrangliste 70

Hellste Sterne Gienah (γ) 2,6, Beta (β) 2,6

Genitiv Corvi

Abkürzung Crv

Höchststand um 22 Uhr April–Mai

Sichtbarkeit 65 °N – 90 °S

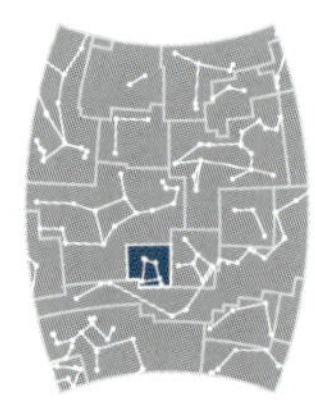

KARTE 5

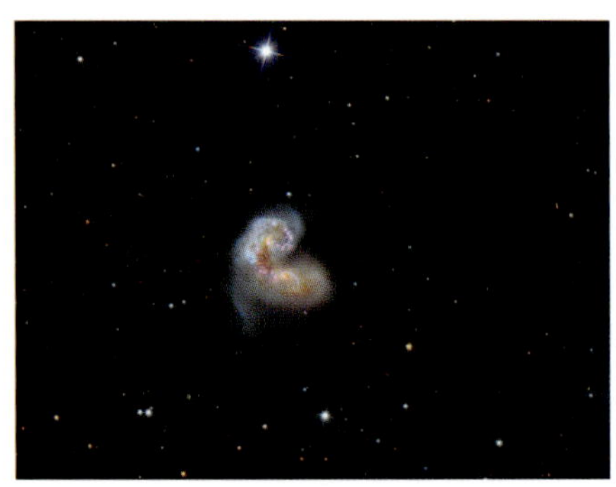

△ **NGC 4038 und NGC 4039**
Die dunklen Schweife aus Sternen, Gas und Staub, die von NGC 4038 und NGC 4039 abstrahlen, haben ihnen ihren bekannten Namen gegeben: Antennengalaxien. Die Schweife entstanden, nachdem sich die Galaxien vor wenigen hundert Millionen Jahren gegenseitig beeinflussten. Die Kollision führte zu neuen Sternentstehungsgebieten, die von glühendem Wasserstoff umgeben sind.

CRATER BECHER

Das Sternbild präsentiert den Becher des griechischen Gotts Apollo, der normalerweise mit zwei Henkeln abgebildet wird. Crater ist dunkel und unauffällig und lässt sich am Himmel leichter entdecken, wenn man sich statt eines Bechers eine große Schüssel vorstellt.

Der zu den 48 Sternbildern der griechischen Mythologie zählende Crater ist mit den Nachbarsternbildern Corvus (Rabe) und Hydra (weibliche Wasserschlange) verbunden. Apollo hat die drei an den Himmel verbannt. Er ärgerte sich darüber, dass der Rabe nicht nur viel Zeit zum Wasserholen benötigt hatte, sondern ihn zudem noch anlog. Der Rabe hatte behauptet, dass die Wasserschlange ihn am Wasserholen gehindert hätte.

Crater hat keine brillanten Sterne. Sein hellster Stern ist Delta mit der Größenklasse 3,6. Himmelsobjekte wie die Balkenspiralgalaxie NGC 3981 sieht man nur mit einem großen Teleskop. Diese und die Galaxien NGC 3511 und NGC 3887 hatte der britische Astronom William Herschel Mitte der 1780er-Jahre entdeckt. In ungefähr 6 Mrd. Lichtjahren Entfernung von der Erde befindet sich der Quasar RXJ 1131.

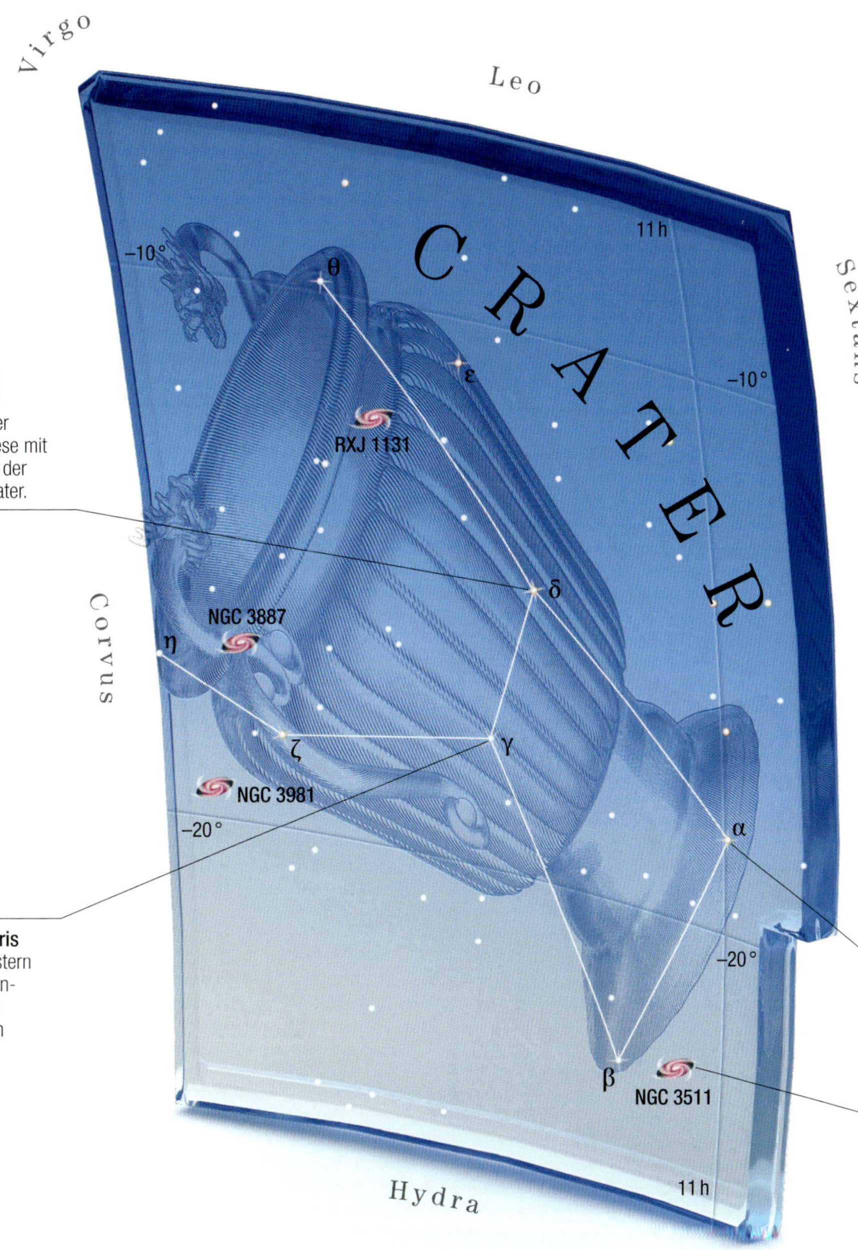

DATEN

Größenrangliste 53

Hellste Sterne Delta (δ) 3,6, Alkes (α) 4,1

Genitiv Crateris

Abkürzung Crt

Höchststand um 22 Uhr April

Sichtbarkeit 65 °N – 90 °S

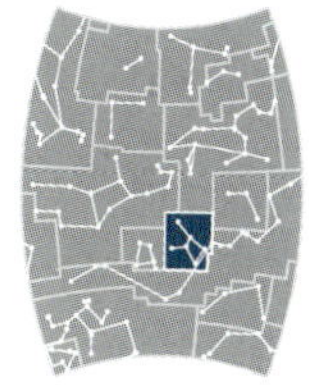

KARTE 5

HAUPTSTERNE

Alkes Alpha (α) Crateris
Orangefarbener Riese
4,1 — 159 Lichtjahre

Delta (δ) Crateris
Orangefarbener Riese
3,6 — 195 Lichtjahre

HIMMELSOBJEKTE

NGC 3511
Balkenspiralgalaxie

NGC 3887
Balkenspiralgalaxie

NGC 3981
Balkenspiralgalaxie

RXJ 1131
Quasar, versorgt von supermassivem Schwarzen Loch

△ **RXJ 1131**
Die vier pinkfarbenen Punkte sind der Quasar RXJ 1131. Die Mehrfachabbildung ist das Ergebnis davon, dass das Licht des Quasars durch eine elliptische Galaxie gebeugt wurde. Diese Galaxie (Mitte) liegt auf derselben Sichtlinie wie RXJ 1131, ihr Abstand zur Erde ist aber viel geringer als zu dieser.

LEUCHTKRAFT

Rigil Kentaurus
1,5 Sonnen

Theta Centauri
42 Sonnen

Gamma Centauri
183 Sonnen

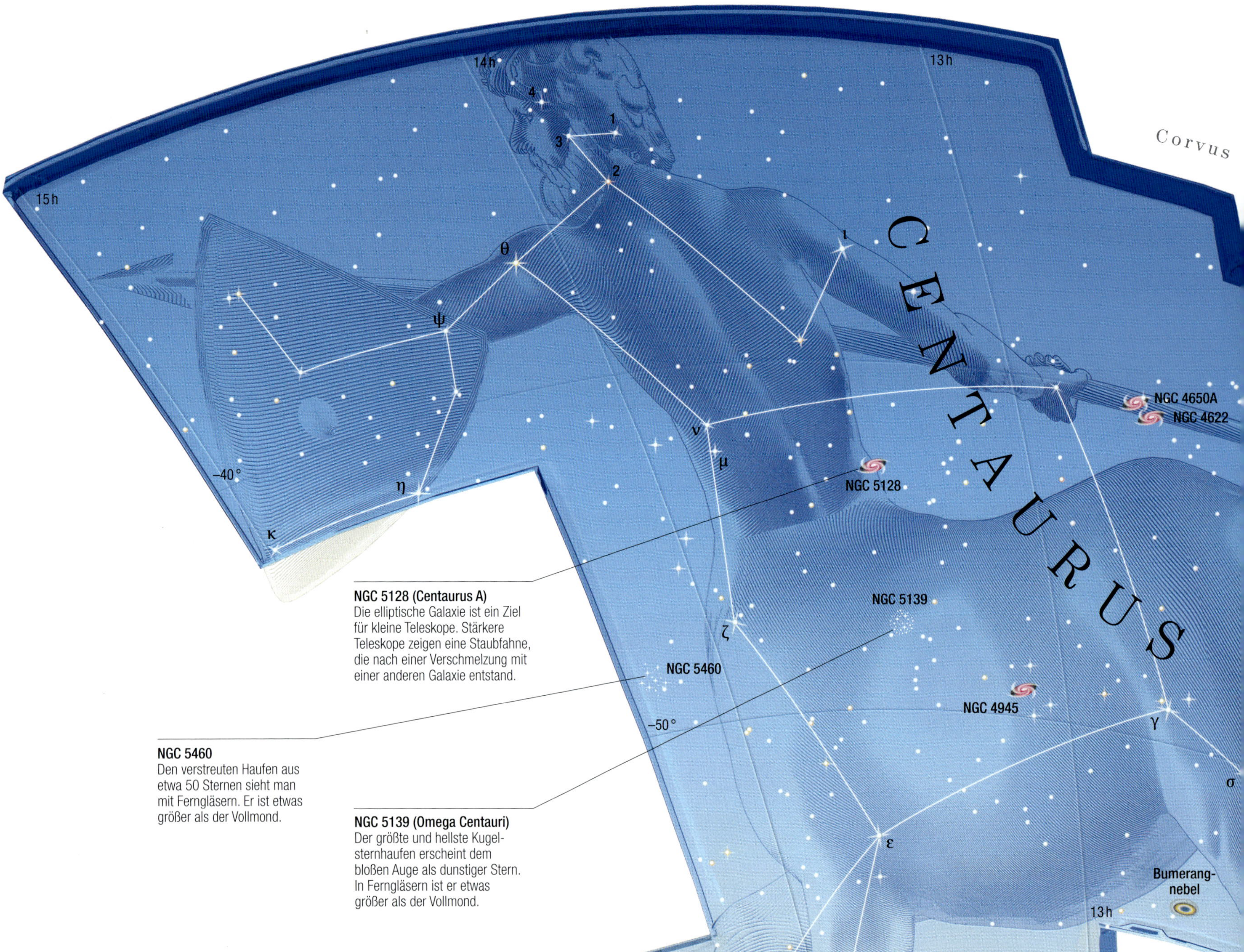

NGC 5128 (Centaurus A)
Die elliptische Galaxie ist ein Ziel für kleine Teleskope. Stärkere Teleskope zeigen eine Staubfahne, die nach einer Verschmelzung mit einer anderen Galaxie entstand.

NGC 5460
Den verstreuten Haufen aus etwa 50 Sternen sieht man mit Ferngläsern. Er ist etwas größer als der Vollmond.

NGC 5139 (Omega Centauri)
Der größte und hellste Kugelsternhaufen erscheint dem bloßen Auge als dunstiger Stern. In Ferngläsern ist er etwas größer als der Vollmond.

Rigil Kentaurus (α Centauri)
Den Doppelstern trennt ein kleines Teleskop leicht. Zusammen haben beide Sterne eine scheinbare Helligkeit der Größenklasse −0,28.

△ **Bumerangnebel**
Diese Aufnahme des Hubble-Weltraumteleskops zeigt, wie zwei jeweils ein Lichtjahr lange Gasfahnen vom Zentralstern abströmen. Die Masse, die der Stern in den letzten 1500 Jahren verloren hat, entspricht dem 1,5-Fachen der Sonnenmasse. Benannt wurde der Nebel danach, wie er durch erdbasierte Teleskope erscheint.

CENTAURUS

ZENTAUR

Das bekannte südliche Sternbild enthält den sonnennächsten Stern und auch den hellsten Kugelsternhaufen, der von der Erde aus zu sehen ist.

Centaurus gehört zu den 48 alten griechischen Sternbildern. Es stellt Chiron dar, den weisen Zentaur, der im alten Griechenland die Götter und Helden in seiner Höhle auf dem Berg Pelion unterrichtete.

Rigil Kentaurus (Alpha Centauri) erscheint dem bloßen Auge – nach Sirius und Canopus – am Himmel als dritthellster Stern. Ein Teleskop zeigt jedoch zwei goldgelbe Sterne, die einen physikalischen Doppelstern bilden und sich gegenseitig alle 80 Jahre umkreisen. Er ist der sonnennächste Stern, der mit bloßem Auge zu sehen ist. Aber das System hat noch ein drittes Mitglied, der nur in Teleskopen sichtbar ist: den Roten Zwerg Proxima Centauri, der mehr als 0,1 Lichtjahre näher an der Sonne liegt als die anderen beiden Sterne. Somit ist er der erdnächste Stern. Im Herzen des Sternbilds befindet sich NGC 5139 (Omega Centauri). Der Kugelsternhaufen ist so hell, dass er zunächst als Stern katalogisiert wurde. NGC 5128 (Centaurus A) ist vermutlich durch Verschmelzung einer elliptischen mit einer Spiralgalaxie entstanden.

DATEN

Größenrangliste 9

Hellste Sterne Rigil Kentaurus (α) –0,1, Hadar (β) 0,6

Genitiv Centauri

Abkürzung Cen

Höchststand um 22 Uhr April–Juni

Sichtbarkeit 25 °N – 90 °S

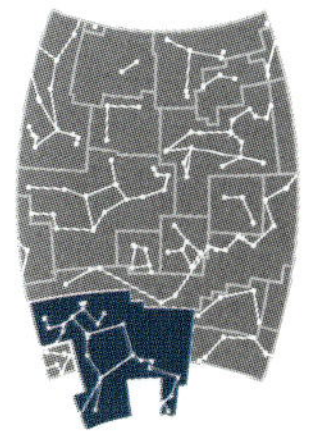

KARTE 5

HAUPTSTERNE

Rigil Kentaurus Alpha (α) Centauri
Gelb- und orangefarbene Hauptreihensterne
–0,28 ⟷ 4,4 Lichtjahre

Hadar Beta (β) Centauri
Blau-weißer Riese
0,6 ⟷ 390 Lichtjahre

Gamma (γ) Centauri
Blau-weißer Unterriese
2,2 ⟷ 130 Lichtjahre

Epsilon (ε) Centauri
Blau-weißer Riese
2,3 ⟷ 430 Lichtjahre

Eta (η) Centauri
Blau-weißer Hauptreihenstern
2,3 ⟷ 305 Lichtjahre

Theta (θ) Centauri
Orangefarbener Riese
2,1 ⟷ 59 Lichtjahre

HIMMELSOBJEKTE

NGC 5139 (Omega Centauri)
Kugelsternhaufen

Bumerangnebel
Planetarischer Nebel

NGC 3766
Offener Sternhaufen

NGC 3918 (Blue-Planetary-Nebel)
Planetarischer Nebel

NGC 5128 (Centaurus A)
Galaxie und Radioquelle

▽ **Abstände zur Erde**
Centaurus enthält den sonnennächsten Stern, Proxima Centauri, dessen Abstand zur Erde nur 4,2 Lichtjahre beträgt. Epsilon, einer der Sterne mit großer Helligkeit, liegt 100-mal so weit entfernt, und Omicron¹, der entfernteste Stern, ist nahezu 1400-mal so weit von uns entfernt.

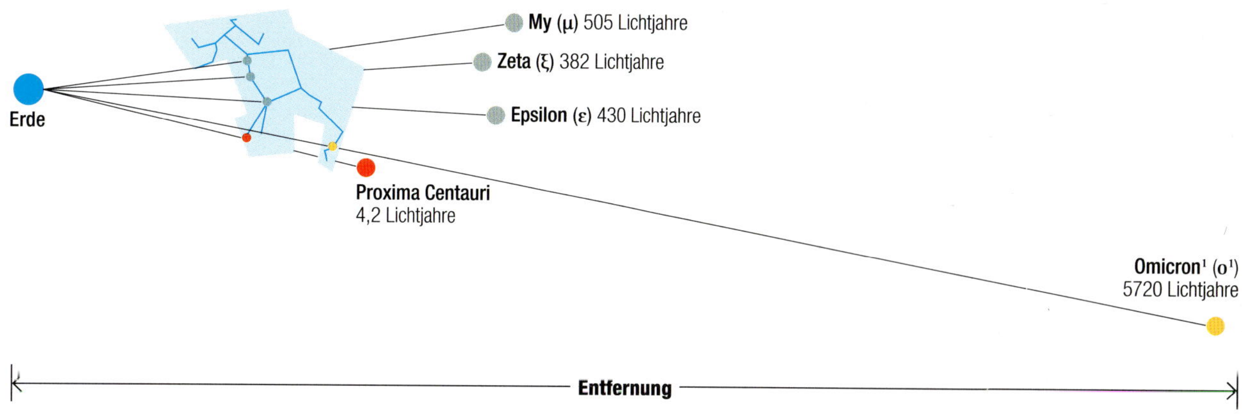

LEUCHTKRAFT

Gamma Crucis *148 Sonnen*

Epsilon Crucis *158 Sonnen*

CRUX
KREUZ DES SÜDENS

Obwohl es das kleinste Sternbild ist, zählt Crux durch seine vier hellen Sterne zu den auffälligsten Sternmustern. Es liegt vor den reichhaltigen Sternfeldern der Milchstraße und beherbergt ein Juwel des südlichen Nachthimmels, das Schmuckkästchen.

Unter dem Körper von Centaurus gelegen, bildet Crux am Nachthimmel die kompakteste Gruppe aus vier hellen Sternen. Seine Sterne kannten zwar bereits die alten Griechen, es wurde aber erst im 16. Jh. als eigenständiges Sternbild eingeführt. Crux erschien in seiner modernen Form erstmals 1598 auf dem Himmelsglobus des Kartografen Petrus Plancius und hieß zunächst Crux Australis, das südliche Kreuz. Das südliche Ende des Kreuzes markiert der hellste Stern des Sternbilds, Acrux. Er, Mimosa und Gacrux gehören zu den 25 hellsten Sternen. Weiter entfernt als die vier Hauptsterne von Crux, in ungefähr 600 Lichtjahren, liegt ein keilförmiger dunkler Fleck, der Kohlensack. Dieser Dunkelnebel aus Gas und Staub ist sogar mit bloßem Auge sichtbar, weil er das Licht der dichten Sternfelder der Milchstraße hinter ihm blockiert. Etwas weiter nördlich und zehnmal so weit weg wie der Kohlensack liegt das Schmuckkästchen (NGC 4755). Mit bloßem Auge erscheint es als dunstiger Stern, doch Ferngläser zeigen Einzelsterne.

Mimosa (β Crucis)
Der Blau-weiße Veränderliche schwankt alle sechs Stunden zwischen der Größenklasse 1,25 und 1,35.

Gacrux (γ Crucis)
Der Rote Riese ist mindestens 85-mal so groß wie die Sonne. Er hat einen ungebundenen Begleiter der Größenklasse 6, der mit Ferngläsern sichtbar ist.

Delta (δ Crucis)
Der blau-weiße Stern bewegt sich von der Hauptreihe in das Stadium der Roten Riesen.

Epsilon (ε) Crucis
Der Orangefarbene Riese hat etwa 1,4 Sonnenmassen und ist 33-mal so groß wie die Sonne. Er liegt 230 Lichtjahre entfernt und hat eine Größenklasse von 3,6.

Acrux (α Crucis)
Ein Teleskop zeigt, dass den Blau-weißen Unterriesen ein blau-weißer Hauptreihenstern mit Größenklasse 1,8 begleitet.

▷ Den Himmelssüdpol auffinden
Crux wird seit Jahrhunderten als Wegweiser zum südlichen Himmelspol genutzt. Seine hellen Sterne und die beiden hellsten in Centaurus (Hadar und Alpha Centauri) sind leicht aufzufinden, wie das Bild oben zeigt. Verlängert man die Linie zwischen Gacrux und Acrux nach Süden sowie eine gedachte Linie, die die Verbindung zwischen Alpha Centauri und Hadar halbiert, so kreuzen sich die beiden Linien etwas östlich vom Südpol. Dessen nächster Stern ist Sigma Octantis in Octans.

DATEN

Größenrangliste 88

Hellste Sterne Acrux (α) 0,8, Mimosa (β) 1,25–1,35

Genitiv Crucis

Abkürzung Cru

Höchststand um 22 Uhr April–Mai

Sichtbarkeit 25°N – 90°S

KARTE 2

HAUPTSTERNE

Acrux Alpha (α) Crucis
Blau-weißer Unterriese, zudem ein Doppelstern
0,8 ⟷ 322 Lichtjahre

Mimosa Beta (β) Crucis
Blau-weißer Riese, zudem ein Veränderlicher
1,25–1,35 ⟷ 278 Lichtjahre

Gacrux Gamma (γ) Crucis
Roter Riese
1,6 ⟷ 89 Lichtjahre

Delta (δ) Crucis
Blau-weißer Unterriese
2,8 ⟷ 345 Lichtjahre

HIMMELSOBJEKTE

NGC 4755 (Schmuckkästchen)
Offener Sternhaufen

Kohlensacknebel
Dunkelnebel

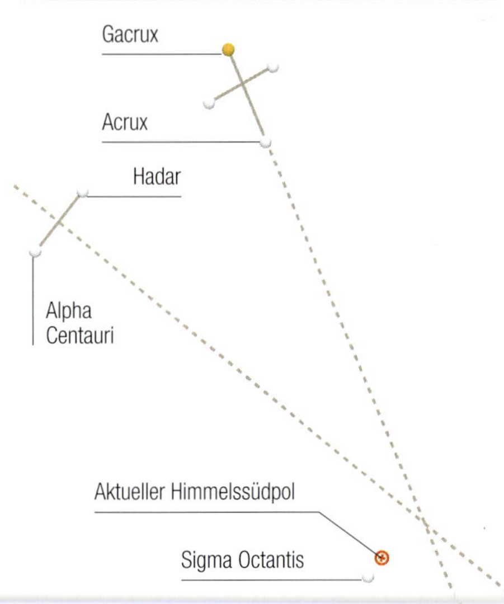

NGC 4755
Der beliebte Name Schmuckkästchen stammt von der Ähnlichkeit des Haufens mit einer Schatulle voller Juwelen. Der Offene Sternhaufen enthält mehrere Dutzend Blauweiße Riesen und einen Rubinroten Überriesen nahe des Zentrums. Der Haufen ist etwa 20 Lichtjahre groß und 6400 Lichtjahre entfernt. Er ist etwa 15 Mio. Jahre alt und einer der jüngsten bekannten Haufen.

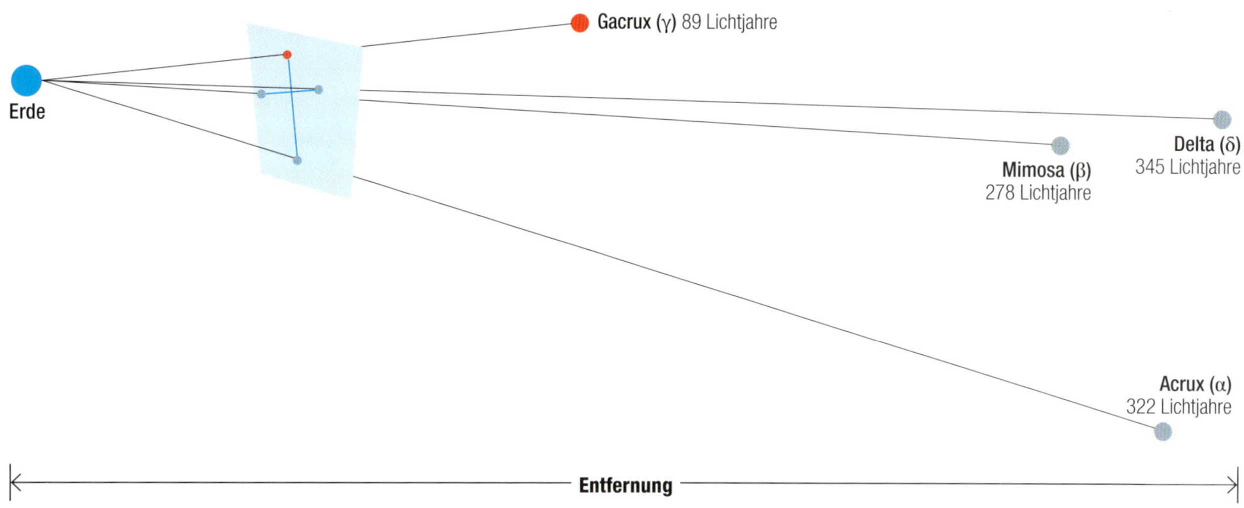

▷ **Abstände zur Erde**
Drei der vier Sterne liegen in ähnlicher Distanz zur Erde: Mimosa ist 278 Lichtjahre, Acrux 322 Lichtjahre und Delta (γ) Crucis 345 Lichtjahre entfernt. Gacrux, das nördliche Ende des Kreuzes, ist der erdnächste Stern. Mit einem Abstand von nur 89 Lichtjahren gehört er zudem zu den erdnächsten Roten Riesen, die wir kennen.

LUPUS

WOLF

Das Sternbild liegt am Rand der Milchstraße – zwischen den Sternbildern Scorpius (Skorpion) und Centaurus (Zentaur). Das Muster des Wolfs ist nur schwer zu erkennen, enthält aber sehr interessante Sterne.

Lupus wurde zuerst als unspezifisches wildes Tier bezeichnet, den Centaurus mit einer Stange aufspießt. Erst in modernen Zeiten wird er als Wolf bezeichnet. Seine beiden hellsten Sterne Alpha und Beta markieren seine Hinterläufe, der Kugelsternhaufen NGC 5986 markiert seinen Kopf. Manche Beobachter sehen den Wolf leichter, wenn Alpha sein Maul und Beta seinen Nacken darstellen. Kleine Teleskope zeigen, dass Kappa und My Doppelsterne sind, und erst größere Teleskope enthüllen, dass My tatsächlich ein Dreifachstern ist.

SN 1006
Der Supernovaüberrest ist etwa 60 Lichtjahre groß und 7000 Lichtjahre entfernt. Er ist der Rest der hellsten Supernova, seit es Aufzeichnungen gibt.

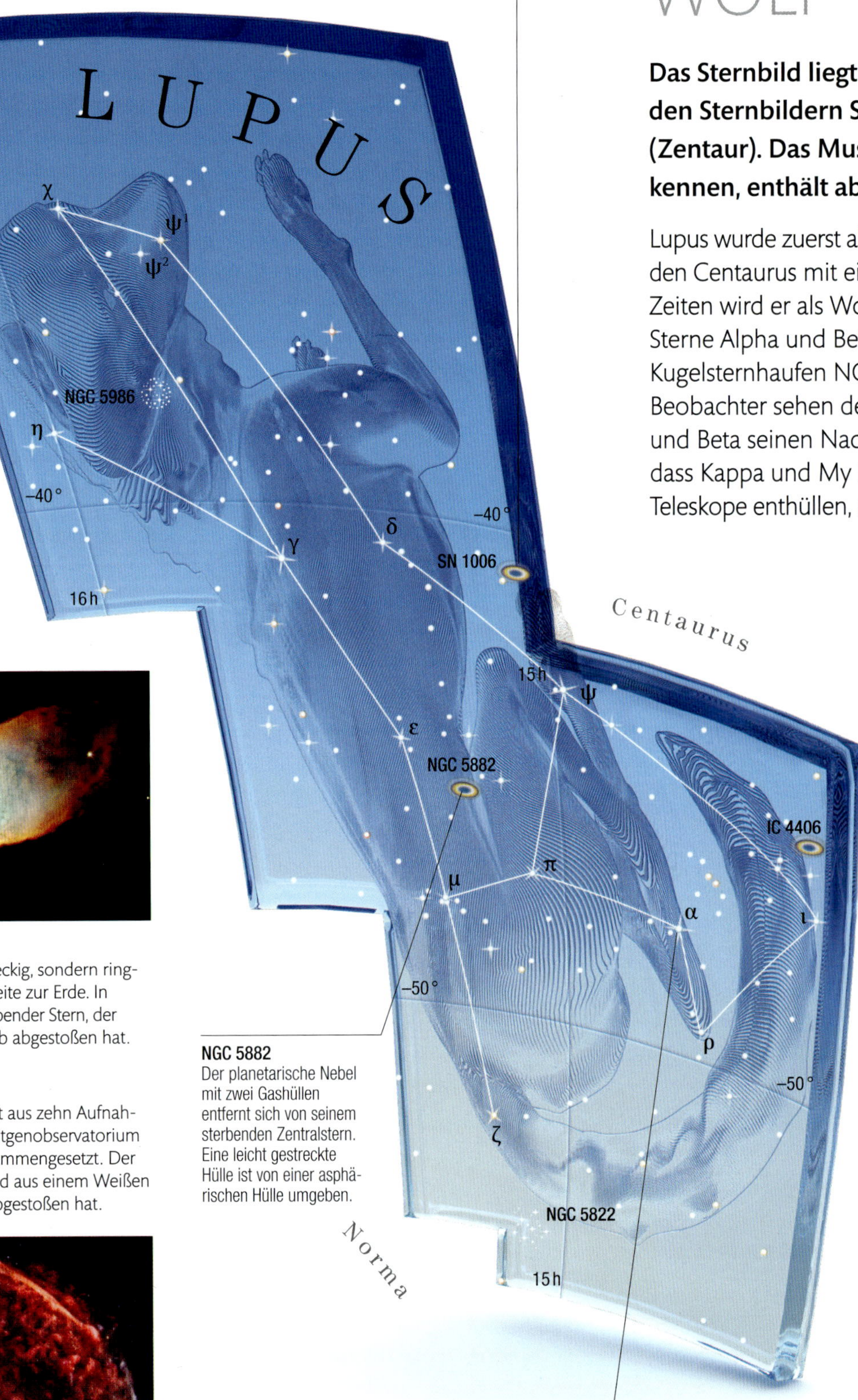

NGC 5882
Der planetarische Nebel mit zwei Gashüllen entfernt sich von seinem sterbenden Zentralstern. Eine leicht gestreckte Hülle ist von einer asphärischen Hülle umgeben.

Alpha Lupi
Mit der Größenklasse 2,3 ist Alpha Lupi der hellste Stern in Lupus. Alpha hat zehnmal so viel Masse wie die Sonne, und seine Leuchtkraft schwankt leicht in einem siebenstündigen Zyklus.

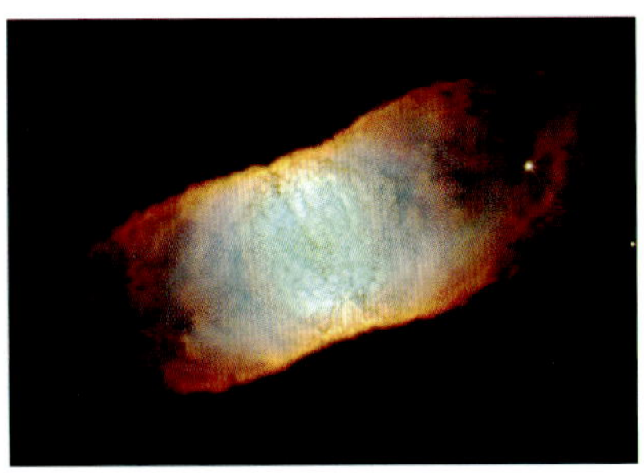

△ **Retinanebel**
Dieser Nebel ist nicht rechteckig, sondern ringförmig – er weist mit der Seite zur Erde. In seinem Zentrum ist ein sterbender Stern, der den Ring aus Gas und Staub abgestoßen hat.

▽ **SN 1006**
Dieses Bild von SN 1006 ist aus zehn Aufnahmen, die das Chandra-Röntgenobservatorium in acht Tagen machte, zusammengesetzt. Der Supernovaüberrest entstand aus einem Weißen Zwerg, der sein Material abgestoßen hat.

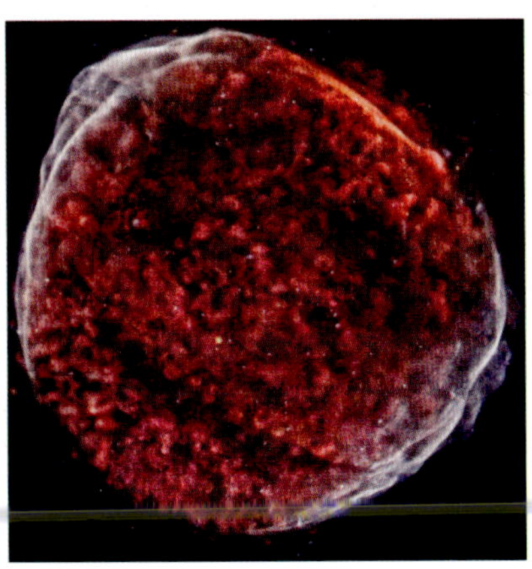

DATEN

Größenrangliste 46

Hellste Sterne Alpha (α) 2,3, Beta (β) 2,7

Genitiv Lupi

Abkürzung Lup

Höchststand um 22 Uhr Mai–Juni

Sichtbarkeit 34 °N – 90 °S

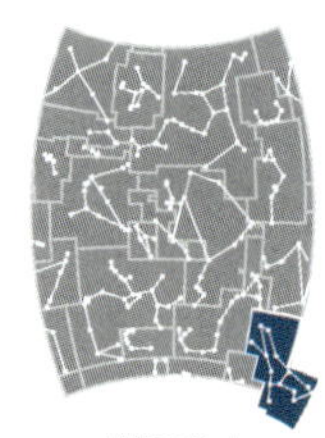

KARTE 4

HAUPTSTERNE

Alpha (α) **Lupi**
Blauer Riese
2,3 ⟷ 464 Lichtjahre

Beta (β) **Lupi**
Blauer Riese
2,7 ⟷ 383 Lichtjahre

Gamma (γ) **Lupi**
Blauer Riese in einem Doppelsternsystem
2,8 ⟷ 421 Lichtjahre

HIMMELSOBJEKTE

NGC 5882
Asymmetrisch geformter planetarischer Nebel

NGC 5986
Kugelsternhaufen

IC 4406 (Retinanebel)
Planetarischer Nebel

SN 1006
Supernovaüberrest

NORMA
WINKELMASS

Das Sternbild wurde erst in den frühen 1750er-Jahren eingeführt – später wurde seine Größe reduziert. Es liegt in dem Band der Milchstraße und enthält reichhaltige Sternfelder.

Als der französische Astronom Nicholas Louis de Lacaille die Sterne dieser Region zu einem Sternbild zusammenfasste, nannte er es Norma et Regula, Winkelmaß und Lineal. Später wurden die Sterne des Lineals dem Nachbarsternbild Scorpius zugewiesen. Deshalb hat Norma heute keine Sterne, die Alpha oder Beta heißen. Das Muster besteht aus einem rechtwinklig angeordneten Sternentrio, das – vor der Milchstraße gelegen – nur schwer aufzufinden ist.

△ **ESO 137-001**
Die Falschfarbendarstellung zeigt hinter der Galaxie ESO 137-001 zwei Schweife aus kaltem Gas. Die Galaxie bewegt sich auf das Zentrum des Norma-Haufens zu, dem massivsten Galaxienhaufen der Milchstraße. Die Schweife entstanden vermutlich, als Gas von den Spiralarmen abströmte.

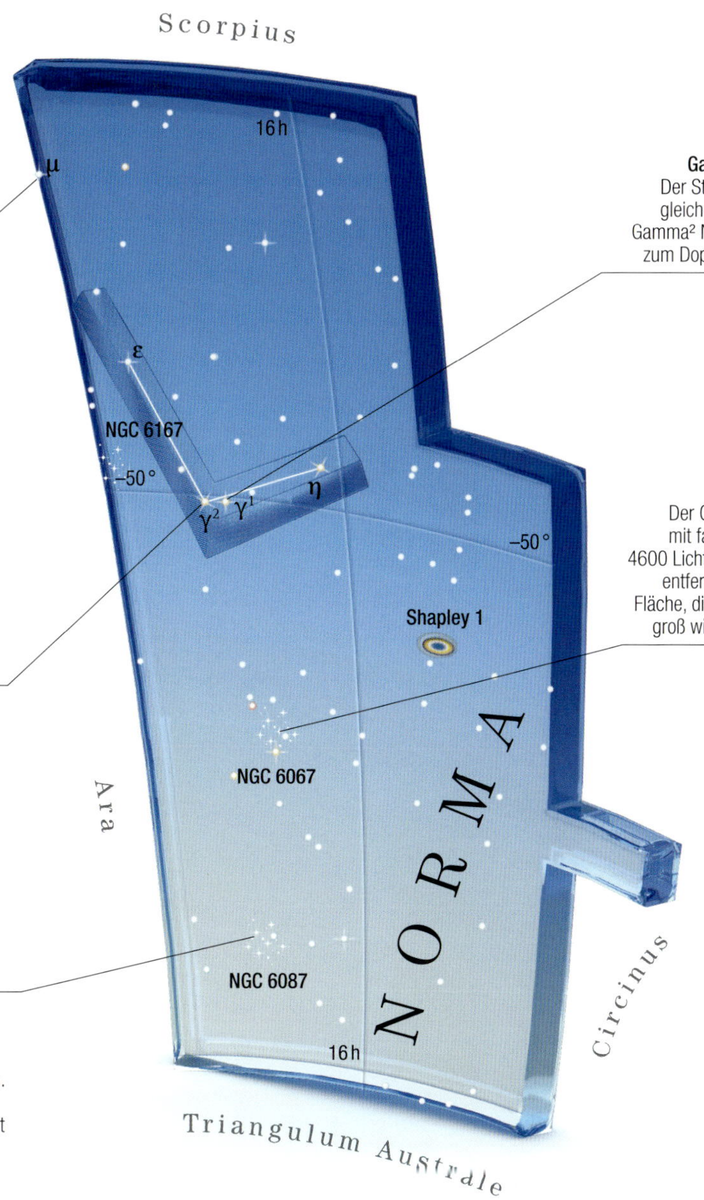

DATEN

Größenrangliste 74

Hellste Sterne Gamma² (γ²) 4,0, Epsilon (ε) 4,5

Genitiv Normae

Abkürzung Nor

Höchststand um 22 Uhr Juni

Sichtbarkeit 29 °N – 90 °S

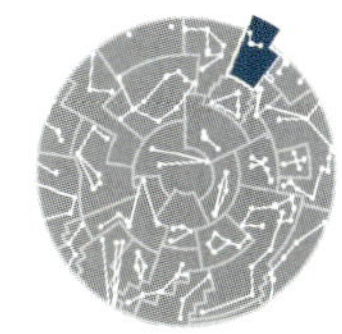

KARTE 2

HAUPTSTERNE

Gamma¹ (γ¹) Normae
Gelber Überreise, Teil des Doppelsterns mit Gamma²
5,0 ⟷ 1436 Lichtjahre

Gamma² (γ²) Normae
Gelber Riese, Teil des Doppelsterns mit Gamma¹
4,0 ⟷ 129 Lichtjahre

Epsilon (ε) Normae
Doppelstern mit Komponenten der Größenklasse 5 und 7
4,5 ⟷ 400 Lichtjahre

Eta (η) Normae
Gelber Riese
4,7 ⟷ 218 Lichtjahre

HIMMELSOBJEKTE

NGC 6067
Offener Sternhaufen

NGC 6087
Offener Sternhaufen

NGC 6167
Offener Sternhaufen

Shapely 1
Planetarischer Nebel, auch Fine-Ring-Nebel genannt

Abell 3627
Galaxienhaufen, auch Norma-Haufen genannt

△ **Shapley 1**
Den planetarischen Nebel, der aus einem Gasring besteht, entdeckte 1936 Harlow Shapley. Im Zentrum des Nebels befindet sich ein Doppelstern, der vor vielen Tausend Jahren das umgebende Gas verdampft hat. Die Wechselwirkungen der Sterne formte das Gas zu einem fast perfekten Ring.

ARA
ALTAR

Ara liegt im Band der Milchstraße, südlich von Scorpius (Skorpion). Es gehört zu den 48 griechischen Sternbildern der Antike und zeigt einen Altar aus der griechischen Mythologie.

Ara war der Altar, an dem sich die griechischen Götter gegenseitig Treue schworen, bevor sie in den Kampf gegen den Titanen zogen. Als sie siegreich zurückkehrten, platzierte Göttervater Zeus den Altar aus Dank an den Himmel.

Obwohl sein Muster in den Sternfeldern der Milchstraße untergeht, ist das Sternbild leicht aufzufinden. Aras hellste Sterne Beta und Alpha und der Sternhaufen NGC 6193 sind Ziele für das bloße Auge. Lohnenswert sind auch Kugelsternhaufen wie NGC 6397 und NGC 6362 sowie My Arae, ein sonnenähnlicher Stern mit mindestens vier Planeten.

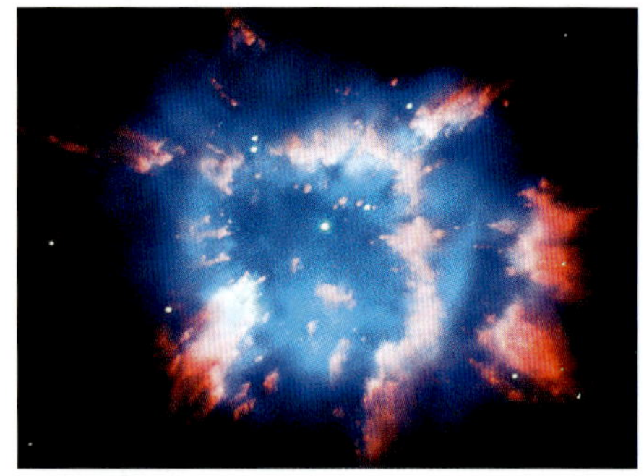

△ **NGC 6326**
Die Aufnahme zeigt, wie Gas von einem Weißen Zwerg im Zentrum des planetarischen Nebels in etwa 11 000 Lichtjahren Entfernung wegströmt. Die rote Farbe zeigt Wasserstoff an, die blaue Sauerstoff.

◁ **NGC 6362**
Das Zentrum dieses Kugelsternhaufens enthält blaue Sterne, die durch stellare Kollisionen oder Materialtransfer entstanden sind. Dadurch erwärmen sich die Sterne und sehen jünger aus als ihre Nachbarn.

DATEN

Größenrangliste 63

Hellste Sterne Beta (β) 2,9, Alpha (α) 3,0

Genitiv Arae

Abkürzung Ara

Höchststand um 22 Uhr Juni–Juli

Sichtbarkeit 22 °N – 90 °S

KARTE 2

HAUPTSTERNE

Alpha (α) Arae
Blau-weißer Hauptreihenstern
3,0 ⟷ 267 Lichtjahre

Beta (β) Arae
Orangefarbener Überriese
2,9 ⟷ 645 Lichtjahre

HIMMELSOBJEKTE

NGC 6193 and NGC 6188
Offener Sternhaufen und assoziierter Emissionsnebel

NGC 6326
Planetarischer Nebel

NGC 6352
Kugelsternhaufen

NGC 6362
Kugelsternhaufen

NGC 6397
Kugelsternhaufen

Stingray-Nebel
Kleiner, junger planetarischer Nebel

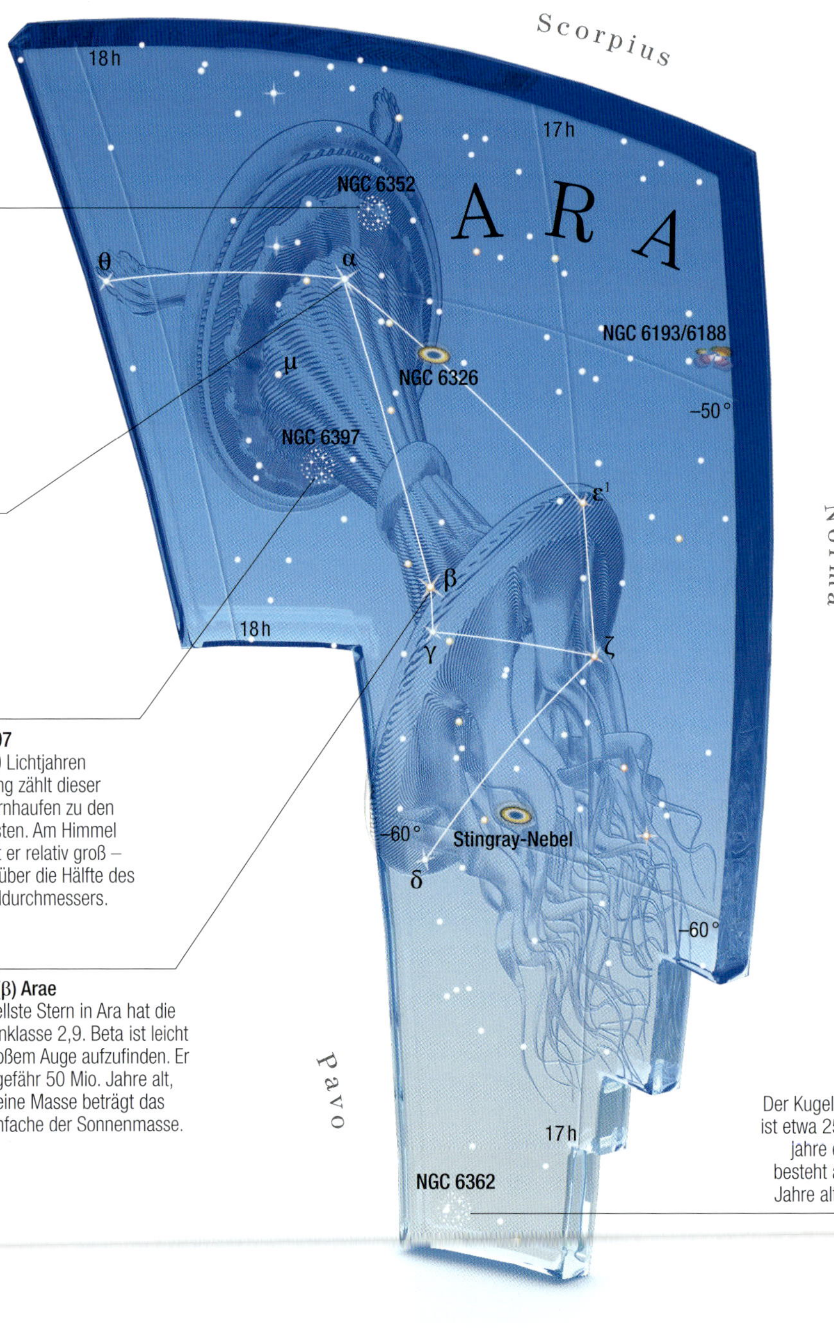

NGC 6352
Der locker gepackte Kugelsternhaufen enthält 12 Mrd. Jahre alte Sterne. Der Haufen ist 19 500 Lichtjahre entfernt und hat die Größenklasse 7,8.

Alpha (α) Arae
Mit Größenklasse 3,0 ist dieser Stern leicht zu sehen. Er ist ungefähr 4,5-mal so groß wie die Sonne und 9,6-mal so schwer wie diese.

NGC 6397
Mit 8200 Lichtjahren Entfernung zählt dieser Kugelsternhaufen zu den erdnächsten. Am Himmel erscheint er relativ groß – er misst über die Hälfte des Vollmonddurchmessers.

Beta (β) Arae
Der hellste Stern in Ara hat die Größenklasse 2,9. Beta ist leicht mit bloßem Auge aufzufinden. Er ist ungefähr 50 Mio. Jahre alt, und seine Masse beträgt das Siebenfache der Sonnenmasse.

NGC 6362
Der Kugelsternhaufen ist etwa 25 000 Lichtjahre entfernt und besteht aus 10 Mrd. Jahre alten Sternen.

CORONA AUSTRALIS

SÜDLICHE KRONE

Dieses Sternbild ist eines der kleinsten und gehört zu den ursprünglichen 48 griechischen Sternbildern. Es ist jedoch mit keiner besonderen Legende verbunden.

Das Bild der Krone von Corona Australis ist nicht golden und juwelenbeladen wie die Nördliche Krone, Corona Borealis, sondern ein Blätterkranz. Andere Kulturen sahen in den Sternen etwas anderes. Für die alten Chinesen stellten die Sterne eine Schildkröte dar, während indigene Australier in ihnen einen Bumerang oder ein Coolamon (flacher traditioneller Transportbehälter) sahen.

Keiner seiner Sterne ist besonders hell, aber aufgrund seiner gebogenen Form ist das Sternbild leicht zu erkennen. Die zwei hellsten Sterne, Alpha und Beta, ähneln sich zwar auf den ersten Blick, unterscheiden sich aber deutlich. Beta ist der größere und leuchtstärkere von beiden, ist aber fast viermal so weit entfernt wie Alpha. Am Himmel scheinen sie gleich hell zu leuchten. Im Norden des Sternbilds liegt eine weite Region mit vielen Nebeln wie NGC 6729, einem der erdnächsten Sternentstehungsnebel in etwa 400 Lichtjahren Entfernung.

△ **Coronet-Haufen**
Diese Infrarot- und Röntgenaufnahmen zeigen junge Sterne im Coronet-Haufen. Er liegt bei NGC 6729, ist etwa 420 Lichtjahre entfernt und einer der nächsten und aktivsten Sternentstehungsnebel.

◁ **NGC 6729**
Die jüngsten Sterne in dem Nebel liegen hinter dichten Wolken aus Gas und Staub. Die jungen Sterne stoßen Materialstrahlen ab, die Druckwellen im Gas erzeugen und es zum Leuchten bringen.

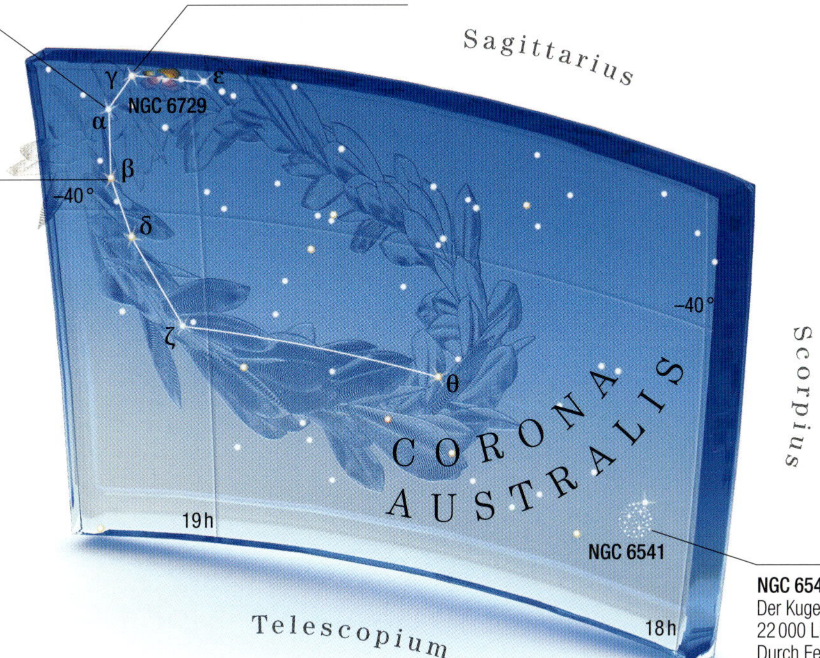

Alpha (α) Coronae Australis
Der weiße Hauptreihenstern ist mehr als doppelt so groß wie die Sonne und 31-mal leuchtstärker als sie.

Gamma (γ) Coronae Australis
Die Komponenten dieses Doppelsterns umkreisen sich alle 122 Jahre. Sie sind durch kleine Teleskope sichtbar.

Beta (β) Coronae Australis
Der Riese ist 43-mal so groß wie die Sonne und 730-mal so leuchtstark. Er ist zudem 13-mal leuchtstärker als Alpha, erscheint aber aufgrund seiner Entfernung am Nachthimmel gleich hell wie Alpha.

NGC 6541
Der Kugelsternhaufen ist 22 000 Lichtjahre entfernt. Durch Ferngläser betrachtet erscheint er fast ein Drittel so groß wie der scheinbare Durchmesser des Vollmonds.

DATEN

Größenrangliste 80

Hellste Sterne Alpha (α) 4,1, Beta (β) 4,1

Genitiv Coronae Australis

Abkürzung CrA

Höchststand um 22 Uhr Juli–August

Sichtbarkeit 44 °N – 90 °S

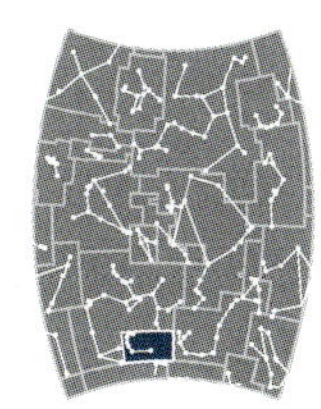

KARTE 4

HAUPTSTERNE

Alpha (α) Coronae Australis
Weißer Hauptreihenstern
4,1 ⟷ 125 Lichtjahre

Beta (β) Coronae Australis
Gelber Riese
4,1 ⟷ 475 Lichtjahre

HIMMELSOBJEKTE

NGC 6541
Kugelsternhaufen

NGC 6729
Sternentstehungsnebel

Coronet-Haufen
Offener Sternhaufen

LEUCHTKRAFT

Omega Sagittarii *8 Sonnen* · **Arkab Posterior** *29 Sonnen* · **Alnasl** *49 Sonnen* · **Rukbat** *70 Sonnen*

SAGITTARIUS

SCHÜTZE

Das große Tierkreissternbild Sagittarius präsentiert ein mythisches Geschöpf, den Zentauren. Er ist halb Mensch und halb Pferd und hält Pfeil und Bogen in seinen Händen. Es liegt in einem sternenreichen Gebiet der Milchstraße und beinhaltet das Zentrum der Galaxis.

Sagittarius ist leicht an dem teekesselartigen Muster seiner Hauptsterne zu erkennen. Der Asterismus Teekessel besteht aus acht Sternen. Zeta, Sigma, Tau und Phi bilden den Henkel, während Gamma, Delta und Epsilon die Tülle formen und Lambda den Deckel darstellt. Der hellste Stern ist Epsilon, nicht Alpha, wie es bei anderen Sternbildern der Fall ist. In Sagittarius hat Alpha die Größenklasse 4,0, während Epsilon die Größenklasse 1,8 aufweist.

Sagittarius enthält dichte Sternfelder der Milchstraße. Das genaue Zentrum der Galaxis markiert die Radioquelle Sagittarius A*, bei der es sich nach heutigem Kenntnisstand um ein supermassives Schwarzes Loch handelt.

Charles Messier katalogisierte in Sagittarius 15 Objekte, mehr als in allen anderen Sternbildern. Zu den lohnenswerten Objekten gehören M8 (Lagunennebel), M20 (Trifidnebel) und M22, ein heller Kugelsternhaufen.

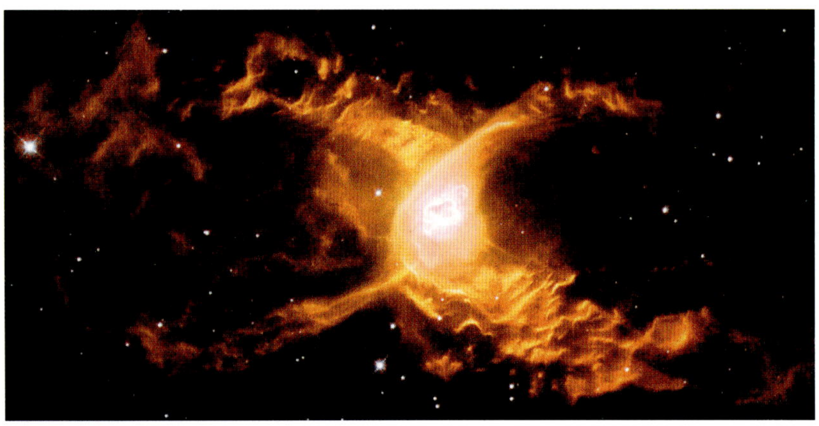

◁ **Red-Spider-Nebel**
Riesige Wellen streichen durch NGC 6537, einen spinnenartigen planetarischen Nebel. Die Wellen entstehen durch die sich ausdehnenden äußeren Hüllen des Zentralsterns, die interstellares Gas komprimieren und erwärmen.

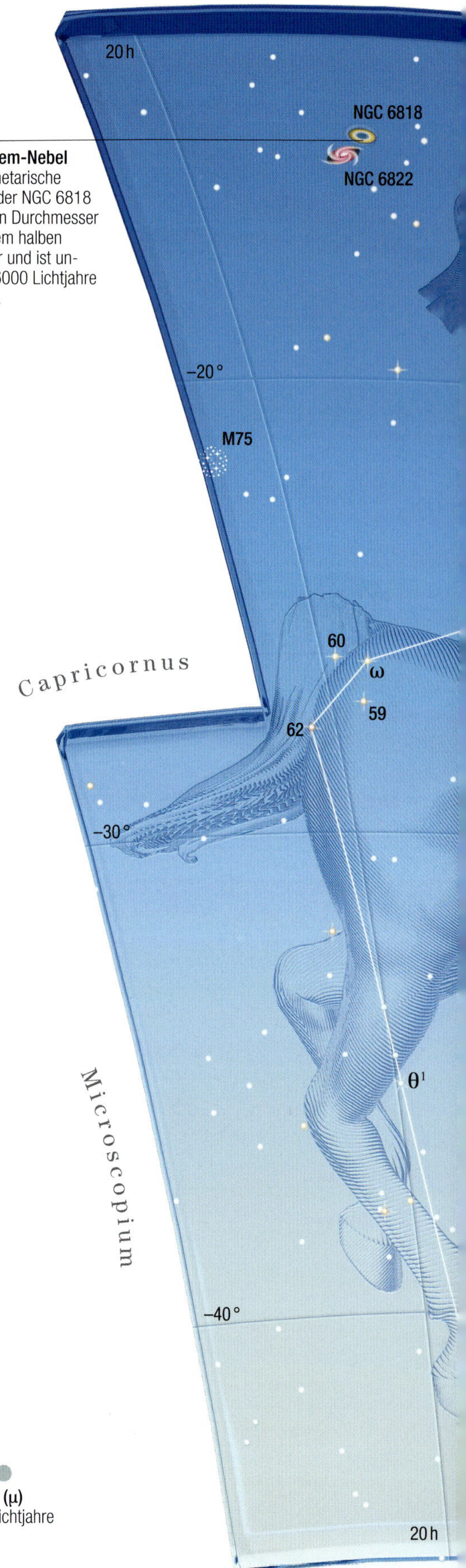

Little-Gem-Nebel
Der planetarische Nebel oder NGC 6818 hat einen Durchmesser von einem halben Lichtjahr und ist ungefähr 6000 Lichtjahre entfernt.

▽ **Abstände zur Erde**
Die Hauptsterne liegen zwischen 78 und ungefähr 3600 Lichtjahre von der Erde entfernt. Der erdnächste Stern ist Lambda (λ) Sagittarii, er bildet den Deckel des Asterismus Teekessel. Von der Erde aus gesehen scheint My (μ) Sagittarii relativ nahe neben Lambda zu liegen, aber My ist Wirklichkeit der entfernteste Stern und mehr als 3500 Lichtjahre weiter von der Erde entfernt als Lambda.

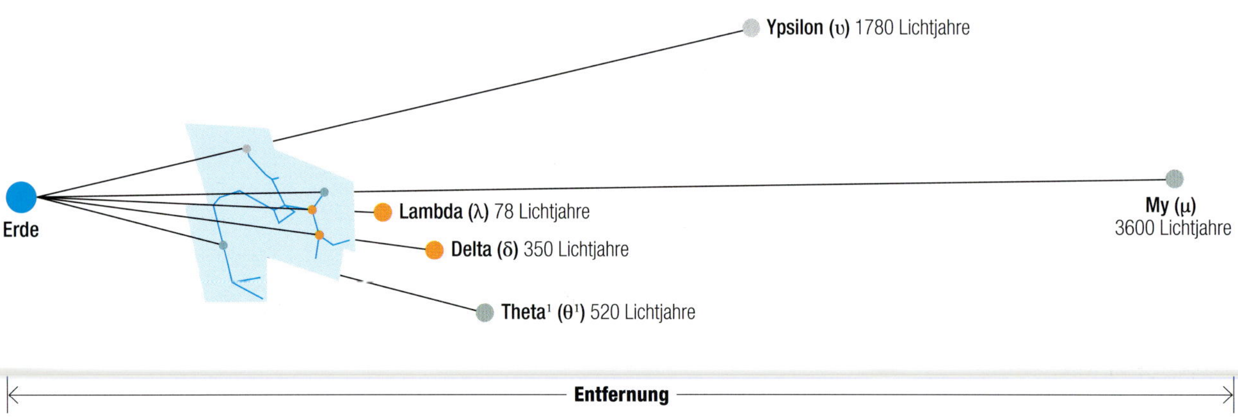

Arkab Prior
210 Sonnen

Kaus Australis
325 Sonnen

Nunki
640 Sonnen

Ypsilon Sagittarii
4050 Sonnen

M22
M22 ist einer der hellsten Kugelsternhaufen und erscheint in Ferngläsern als dunstiger Fleck, der ungefähr zwei Drittel der scheinbaren Fläche des Vollmonds einnimmt.

Omeganebel
Die Form dieses Nebels erinnert an den griechischen Großbuchstaben Omega (Ω) und ist mit Ferngläsern und kleinen Teleskopen sichtbar. M17 wird auch Schwanennebel oder Hufeisennebel genannt.

Trifidnebel
Den Nebel M20 teilen Staubfahnen in drei Teile. Dies ist am besten auf Langzeitaufnahmen zu sehen.

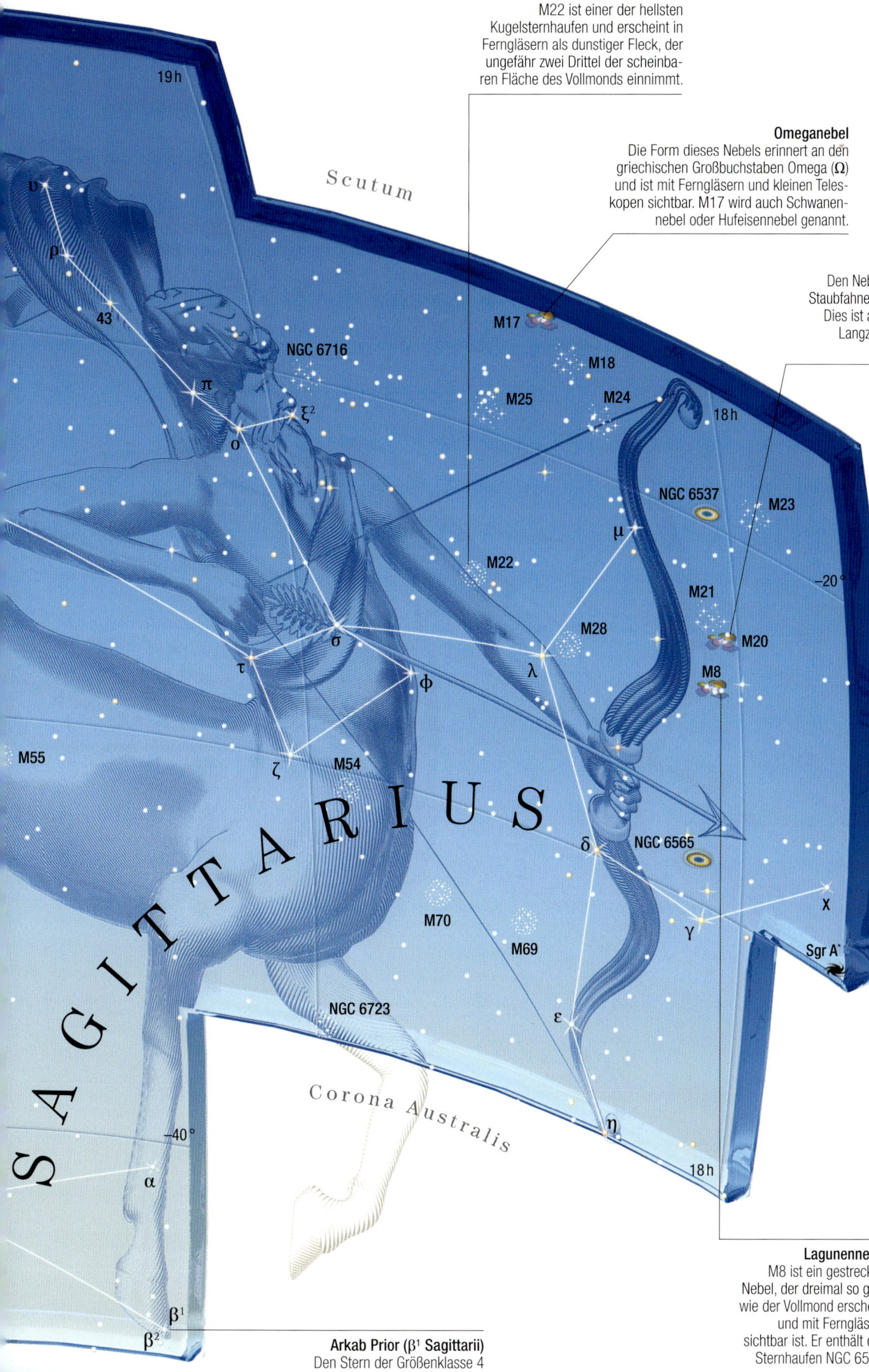

Lagunennebel
M8 ist ein gestreckter Nebel, der dreimal so groß wie der Vollmond erscheint und mit Ferngläsern sichtbar ist. Er enthält den Sternhaufen NGC 6530.

Arkab Prior (β¹ Sagittarii)
Den Stern der Größenklasse 4 kann man mit bloßem Auge von seinem ungebundenen Partner Arkab Posterior (β² Sagittarii) trennen.

DATEN

Größenrangliste 15

Hellste Sterne Kaus Australis (ε) 1,8, Nunki (σ) 2,1

Genitiv Sagittarii

Abkürzung Sgr

Höchststand um 22 Uhr Juli–August

Sichtbarkeit 44 °N – 90 °S

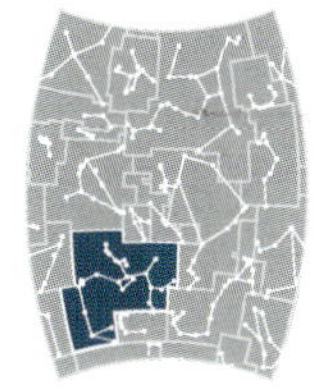

KARTE 4

HAUPTSTERNE

Rukbat Alpha (α) Sagittarii
Blau-weißer Hauptreihenstern
4,0 — 182 Lichtjahre

Arkab Prior Beta¹ (β¹) Sagittarii
Blau-weißer Hauptreihenstern
4,0 — 310 Lichtjahre

Arkab Posterior Beta² (β²) Sagittarii
Weißer Hauptreihenstern
4,3 — 134 Lichtjahre

Alnasl Gamma (γ) Sagittarii
Orangefarbener Riese
3,0 — 97 Lichtjahre

Kaus Media Delta (δ) Sagittarii
Orangefarbener Riese
2,7 — 350 Lichtjahre

Kaus Australis Epsilon (ε) Sagittarii
Blau-weißer Riese
1,8 — 143 Lichtjahre

Ascella Zeta (ζ) Sagittarii
Blau-weißer Hauptreihenstern
2,6 — 88 Lichtjahre

Kaus Borealis Lambda (λ) Sagittarii
Orangefarbener Unterriese
2,8 — 78 Lichtjahre

Nunki Sigma (σ) Sagittarii
Blau-weißer Hauptreihenstern
2,1 — 228 Lichtjahre

HIMMELSOBJEKTE

M8 (Lagunennebel)
Emissionsnebel

M17 (Omeganebel)
Emissionsnebel, auch Schwanen- oder Hufeisennebel

M20 (Trifidnebel)
Emissions- und Reflexionsnebel

M22
Kugelsternhaufen

NGC 6537 (Red-Spider-Nebel; Roter Spinnennebel)
Planetarischer Nebel

NGC 6818 (Little-Gem-Nebel; Kleiner Juwelennebel)
Planetarischer Nebel

NGC 6565
Planetarischer Nebel

CAPRICORNUS

STEINBOCK

Das kleinste Tierkreissternbild zeigt ein seltsames Geschöpf, das halb Ziege und halb Fisch ist. Es liegt zwischen den Sternbildern Sagittarius (Schütze) und Aquarius (Wassermann) und enthält einige interessante Sterne.

Die alten Griechen sahen in Capricornus ihren Gott Pan. Er verwandelte seinen Unterkörper in einen Fisch, um im Fluss dem Ungeheur Typhon zu entkommen. Capricornus fehlen helle Sternhaufen und Nebel, und die meisten seiner Galaxien sind für kleine Teleskope zu dunkel. Seine Sterne hingegen sind Ziele für Amateurausrüstungen. Alpha Capricorni ist ein beeindruckendes, ungebundenes Paar aus einem Gelben Überriesen (Alpha[1] oder Algedi Prima) und einem Orangefarbenen Riesen (Alpha[2] oder Algedi Secunda). Kleine Teleskope zeigen, dass Alpha[1] ein Doppelstern ist.

DATEN

Größenrangliste 40

Hellste Sterne Deneb Algedi (δ) 2,8, Dabih (β) 3,1

Genitiv Capricorni

Abkürzung Cap

Höchststand um 22 Uhr August–September

Sichtbarkeit 62 °N – 90 °S

HAUPTSTERNE

Algedi Secunda Alpha[2] (α[2]) Capricorni
Orangefarbener Riese und Dreifachstern
3,6 ⟷ 105 Lichtjahre

Dabih Beta (β) Capricorni
Gelber Riese und Mehrfachstern
3,1 ⟷ 327 Lichtjahre

Deneb Algedi Delta (δ) Capricorni
Weißer Riese und Bedeckungsveränderlicher
2,8 ⟷ 37 Lichtjahre

HIMMELSOBJEKTE

M30
Kugelsternhaufen

HCG 87 (Hickson Compact Group 87)
Kompakte Galaxiengruppe

△ **HCG 87 (Hickson Compact Group 87)**
Drei der vier Galaxien von HCG 87 sind so eng benachbart, dass sie sich gegenseitig durch ihre Schwerkräfte beeinflussen. Eine dunkle Reihe Sterne verbindet die scheibenartige Galaxie (Mitte unten) mit ihrem nächsten Nachbarn, einer elliptischen Galaxie (rechts). In der Spiralgalaxie (oben) entstehen viele neue Sterne. Die kleine Spiralgalaxie (Mitte) ist vermutlich weit entfernt.

PISCIS AUSTRINUS

SÜDLICHER FISCH

Der kleine, annähernd fischförmige Umriss aus dunklen Sternen, Piscis Austrinus, gehört zu den südlichsten der 48 alten griechischen Sternbilder. Man kann das Sternbild leicht mithilfe seines hellen Sterns Fomalhaut auffinden.

Piscis Austrinus ist der Legende nach ein Elternteil der beiden Fische, die das weniger auffällige Sternbild Pisces bilden. Das Sternbild ist für seinen hellen Stern Fomalhaut bekannt, der in der Rangliste bezüglich der Helligkeit Platz 18 belegt. Sein Name ist das arabische Wort für Fischmaul, das der Stern im Sternbild auch markiert. Bei Fomalhaut wurde auch erstmals eine Materialscheibe um einen Stern entdeckt, die einen mehrfachen Durchmesser des Sonnenystems aufweist. In ihr entstehen neue Planeten. Einer dieser Planeten wurde bereits beobachtet. Er wurde Fomalhaut b genannt und braucht etwa 1700 Jahre für einen Umlauf. Die anderen Sterne sind relativ dunkel – interessante Himmelsobjekte fehlen im Sternbild.

△ **HCG 90 (Hickson Compact Group 90)**
Diese drei Galaxien gehören zu HCG 90, einem dichten Haufen aus 16 Galaxien, der etwa 110 Mio. Lichtjahre entfernt ist. Zwei sind elliptische Galaxien, eine dritte ist eine staubige Spiralgalaxie, die durch Wechselwirkung mit der nächsten elliptischen zerstört wurde. Die Spiralgalaxie ist gestreckt und auseinandergezogen, bevor sie von den beiden anderen umhüllt wurde. Die drei Galaxien werden wahrscheinlich zu einer Supergalaxie.

DATEN

Größenrangliste 60

Hellste Sterne Fomalhaut (α) 1,2, Epsilon (ε) 4,2

Genitiv Piscis Austrini

Abkürzung PsA

Höchststand um 22 Uhr September–Oktober

Sichtbarkeit 53 °N – 90 °S

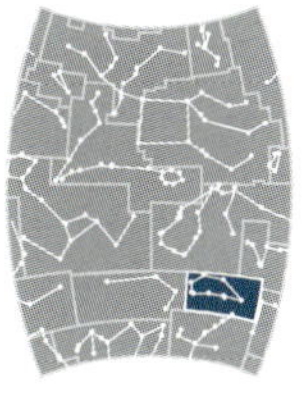

KARTE 3

HAUPTSTERNE

Fomalhaut Alpha (α) Piscis Austrini
Blau-weißer Hauptreihenstern
1,2 ⟷ 25 Lichtjahre

Epsilon (ε) Piscis Austrini
Blauer Hauptreihenstern
4,2 ⟷ 744 Lichtjahre

HIMMELSOBJEKTE

Trümmerscheibe um Fomalhaut
Ring aus Material zur Planetenbildung

HCG 90 (Hickson Compact Group 90)
Kompakte Galaxiengruppe

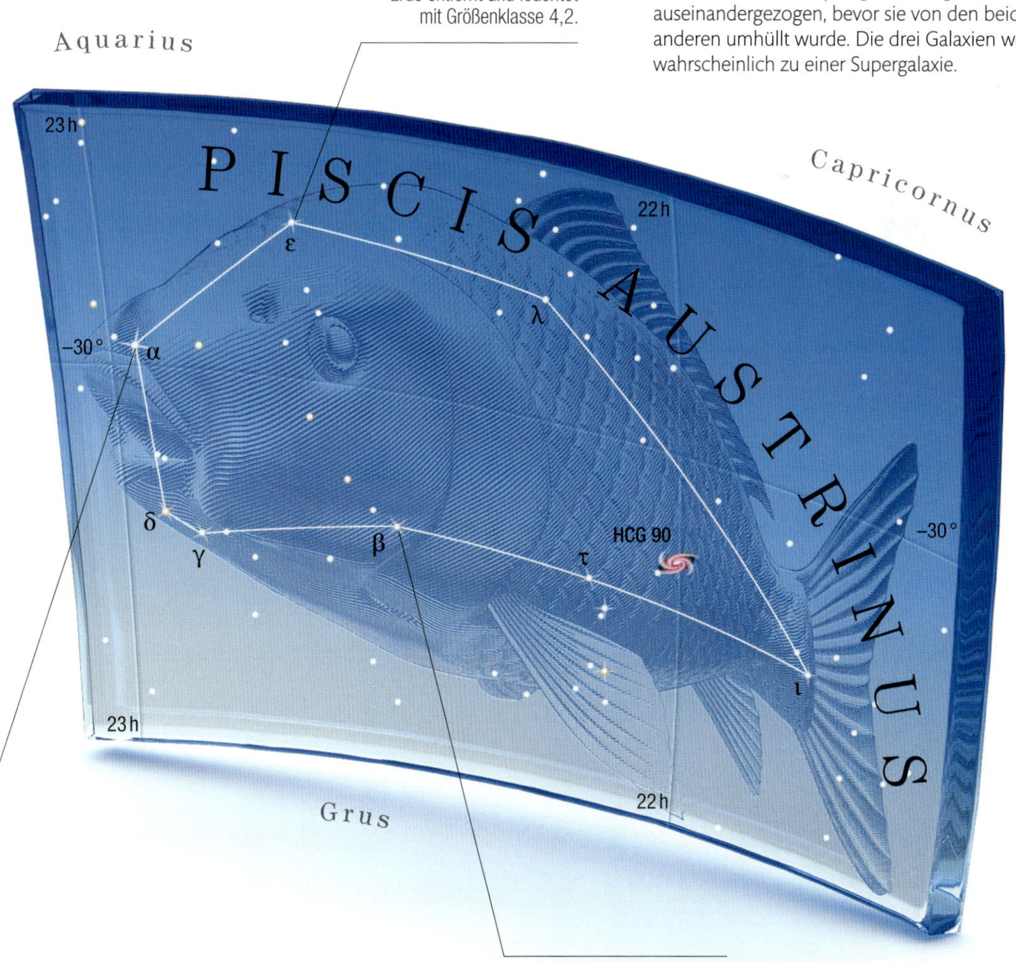

Epsilon (ε) Piscis Austrini
Der blaue Hauptreihenstern ist 744 Lichtjahre von der Erde entfernt und leuchtet mit Größenklasse 4,2.

Fomalhaut (α Piscis Austrini)
Der helle Stern ist nur 25 Lichtjahre von der Erde entfernt. Der blau-weiße Hauptreihenstern besitzt eine Scheibe aus Trümmern, in der ein Planeten um ihn kreist.

Beta (β) Piscis Austrini
Der optische Doppelstern ist 135 Lichtjahre entfernt. Seine Komponenten haben die Größenklassen 4,3 und 7,7.

GRUS

KRANICH

Das Sternbild wurde gegen Ende des 16. Jahrhunderts eingeführt. Sein auffälligstes Merkmal ist eine Linie aus Sternen, die vom Schnabel bis zum Schwanz verlaufen.

Grus ist eines von mehreren Sternmustern der niederländischen Seefahrer Pieter Dirkszoon Keyser und Frederick de Houtman, die den südlichen Himmel 1595 auf einer Expedition nach Ostindien beobachteten. Sie brachten ihre Aufzeichnungen zum niederländischen Kartografen Petrus Plancius, der daraufhin zwölf neue Sternbilder einführte, die alle heute noch benutzt werden. (Neben Grus zählen dazu Apus, Chamaeleon, Dorado, Hydrus, Indus, Musca, Pavo, Phoenix, Triangulum Australe, Tucana und Volans.)

Die lange Linie aus Sternen durch Hals und Körper von Grus kann man nach Süden bis zur Kleinen Magellanschen Wolke in Tucana verlängern. In seinem Hals liegt der Doppelstern Delta Gruis, der aus einem Gelben Riesen mit Größenklasse 4,0 in 150 Lichtjahren Entfernung und dem Roten Riesen mit Größenklasse 4,1 in 420 Lichtjahren Entfernung besteht und mit dem bloßen Auge zu sehen ist. Lohnenswerte Objekte in Grus sind die Galaxie NGC 7424 und der planetarische Nebel IC 5148, auch Spare-Tyre-Nebel genannt.

IC 5148
Der planetarische Nebel wird auch Spare-Tyre-Nebel (engl.: Reserverad-Nebel) genannt und ist 3000 Lichtjahre entfernt. Kleine Teleskope zeigen einen Ring um einen Weißen Zwerg.

Gamma (γ) Gruis
Der Blau-weiße Unterriese ist etwa viermal so groß wie die Sonne. Er entwickelt sich von einem Hauptreihenstern zu einem Riesen.

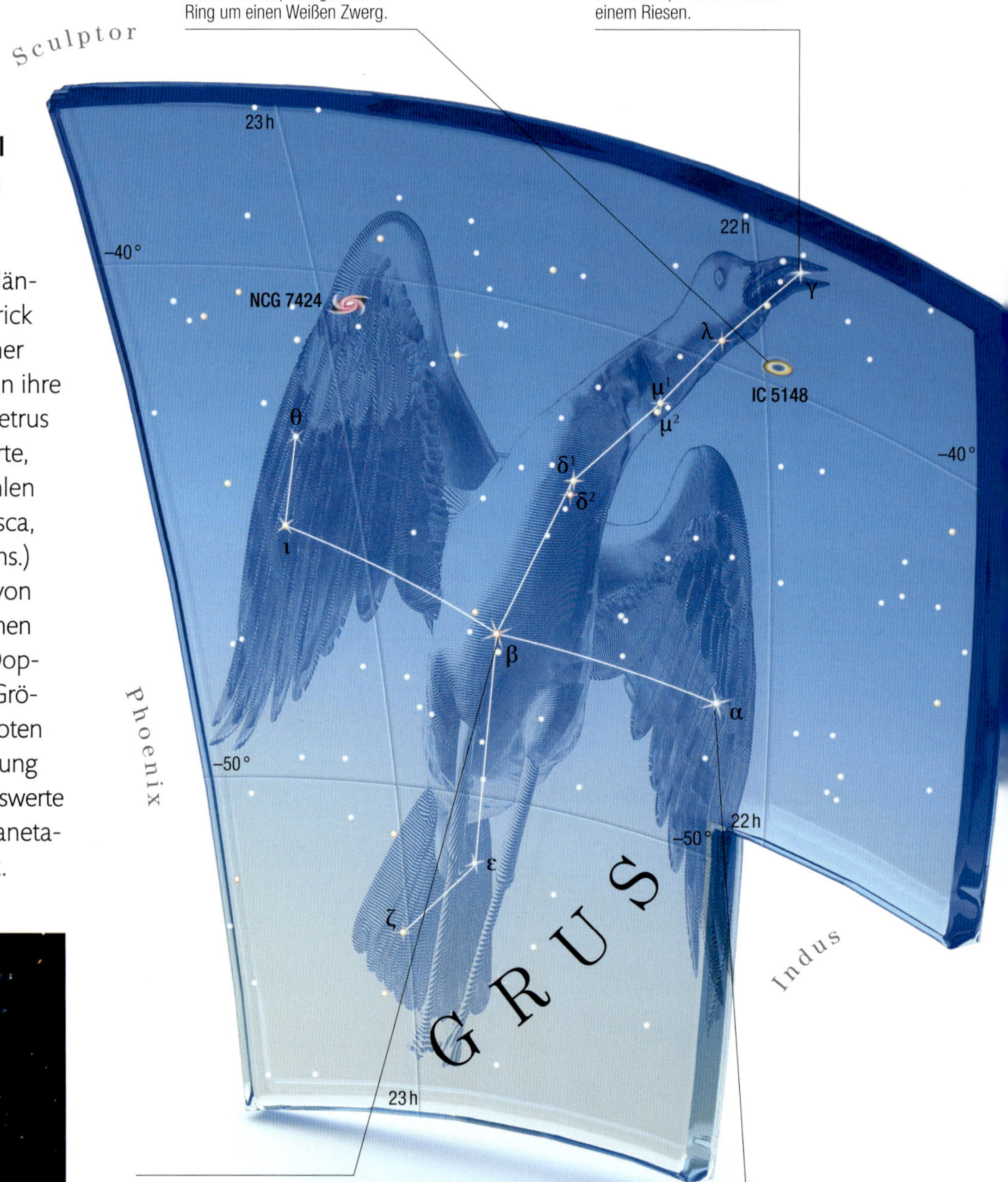

Beta (β) Gruis
Der veränderliche Rote Riese wechselt – während er anschwillt und wieder schrumpft – seine Helligkeit zwischen den Größenklassen 2,0 und 2,3.

Alnair (α Gruis)
Der hellste Stern in Grus mit Größenklasse 1,7 ist ein Blau-weißer Unterriese, der ungefähr das 3,5-Fache des Sonnendurchmessers hat.

◁ **NGC 7424**
NGC 7424 liegt etwa 37 Mio. Lichtjahre entfernt und ist mit etwa 100 000 Lichtjahren Durchmesser ähnlich groß wie die Milchstraße. Sie ist eine Übergangsgalaxie zwischen einer Spiral- und einer Balkenspiralgalaxie. Ihre locker gewundenen Arme werden von jungen Sternen dominiert, wodurch sie blau erscheinen. Das blasse Orange im Zentrum weist auf ältere Sterne hin.

Die Sterne von **Grus** gehörten bis Ende des 16. Jahrhunderts **zum Sternbild Piscis Austrinus.**

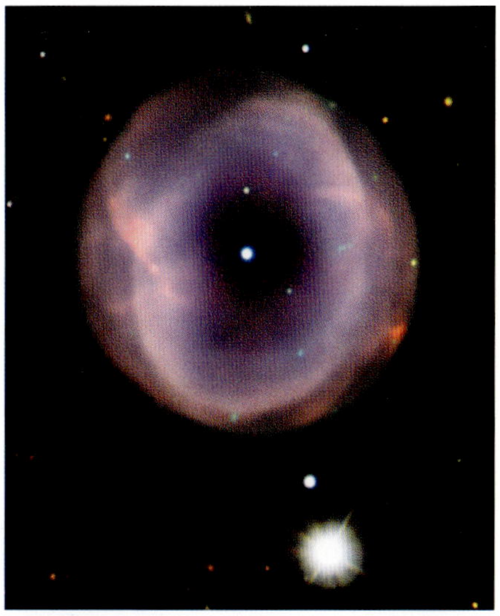

△ **IC 5148**
Diese geisterhafte Gashülle, die ein sterbender Stern abgestoßen hat, erinnert an ein Reserverad – was dem planetarischen Nebel seinen Spitznamen Spare-Tyre-Nebel einbrachte. Die Gashülle ist einige Lichtjahre groß und entfernt sich von einem Weißen Zwerg (das hellweiße Objekt im Zentrum des planetarischen Nebels), dem Überrest des ursprünglichen Sterns.

DATEN

Größenrangliste 45

Hellste Sterne Alnair (α) 1,7, Beta (β) 2.0–2,3

Genitiv Gruis

Abkürzung Gru

Höchststand um 22 Uhr September–Oktober

Sichtbarkeit 33 °N – 90 °S

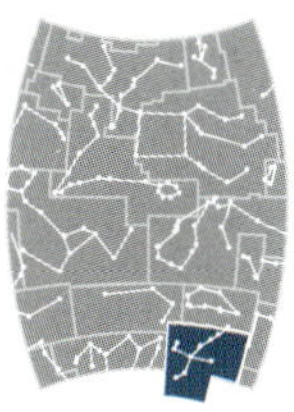

KARTE 3

HAUPTSTERNE

Alnair Alpha (α) Gruis
Blau-weißer Unterriese
1,7 ⟷ 101 Lichtjahre

Beta (β) Gruis
Veränderlicher Roter Riese
2,0–2,3 ⟷ 177 Lichtjahre

Gamma (γ) Gruis
Blau-weißer Unterriese
3,0 ⟷ 210 Lichtjahre

HIMMELSOBJEKTE

NGC 7424
Übergangsspiralgalaxie

IC 5148 (Spare-Tyre-Nebel)
Planetarischer Nebel

MICROSCOPIUM
MIKROSKOP

Das kleine und dunkle südliche Sternbild wurde Mitte des 18. Jahrhunderts eingeführt. Microscopium ist ein nahezu rechteckiges Sternmuster aus unauffälligen Sternen.

Microscopium gehört zu den 14 Sternbildern, die der französische Astronom Nicholas Louis de Lacaille einführte. Südlich von Capricornus gelegen, befindet es sich zwischen den bekannteren Sternbildern Piscis Austrinus und Sagittarius. Das Sternbild besitzt keine hellen Sterne und kaum interessante Objekte außer Galaxien, die aber für Amateurteleskope zu dunkel sind. Theta ist der hellste von mehreren Veränderlichen, seine Helligkeitsschwankungen um die Größenklasse 0,1 sind schwer zu sehen.

Gamma (γ) Microscopii
Der Gelbe Riese ist etwa zehnmal so groß wie die Sonne und besitzt 2,5-mal so viel Masse wie diese.

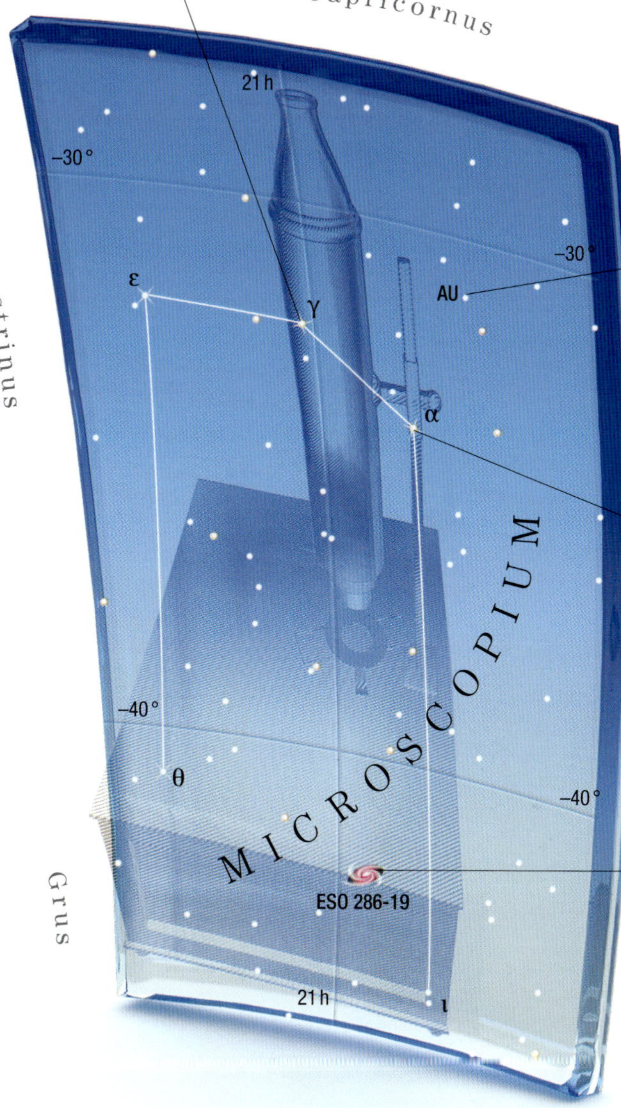

AU Microscopii
Der dunkle Rote Zwerg ist etwa 32 Lichtjahre entfernt und von einem Ring aus Staub umgeben, aus dem Planeten entstehen könnten.

Alpha (α) Microscopii
Der Gelbe Riese misst im Durchmesser etwa 16-mal so viel wie die Sonne und ist 160-mal so leuchtstark wie diese. Zudem bildet er mit einem Stern der Größenklasse 10 einen optischen Doppelstern.

ESO 286-19
Das ungewöhnliche Objekt ist ungefähr 600 Lichtjahre entfernt und besteht aus zwei früher scheibenförmigen Galaxien, die noch immer dabei sind, miteinander zu kollidieren.

DATEN

Größenrangliste 66

Hellste Sterne Gamma (γ) 4,7, Epsilon (ε) 4,7

Genitiv Microscopii

Abkürzung Mic

Höchststand um 22 Uhr August–September

Sichtbarkeit 62 °N – 90 °S

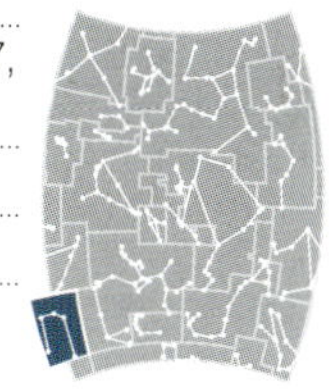

KARTE 4

HAUPTSTERNE

Alpha (α) Microscopii
Gelber Riese
4,9 ⟷ 380 Lichtjahre

Gamma (γ) Microscopii
Gelber Riese
4,7 ⟷ 230 Lichtjahre

Epsilon (ε) Microscopii
Weißer Hauptreihenstern
4,7 ⟷ 180 Lichtjahre

HIMMELSOBJEKTE

ESO 286-19
Zwei kollidierende Galaxien

Trümmerscheibe um AU Microscopii
Material (Staub) um einen jungen Stern

SCULPTOR

BILDHAUER

Der dunkle und unauffällige Sculptor ist leicht aufzufinden, weil er direkt östlich des hellen Sterns Fomalhaut in Pisces Austrinus liegt. Das Sternbild beherbergt mehrere interessante Galaxien.

Sculptor wurde 1754 von dem französischen Astronomen Nicolas Louis de Lacaille eingeführt. Er nannte es Apparatus Sculptoris (Bildhauerwerkstatt), das eine Marmorbüste, einen Fäustel und einen Meißel enthielt. Das Muster erinnert allerdings eher an einen Hirtenstab. Kein Stern besitzt einen Namen, und alle leuchten mit Größenklasse 4 oder dunkler. Es enthält die Sculptor-Gruppe, einen Haufen aus etwa einem Dutzend Galaxien, der einer der nächsten Nachbarn der Lokalen Gruppe ist. In dessen Mitte liegt NGC 253, die 1783 die englische Astronomin Caroline Herschel entdeckte. In der Nähe ist der Kugelsternhaufen NGC 288, den ihr Bruder William Herschel 1785 fand.

△ **NGC 253**
Die größte und hellste Spiralgalaxie der Sculptor-Gruppe ist 11 Mio. Lichtjahre entfernt, mit Größenklasse 7,5 erscheint sie jedoch in Ferngläsern als nebliges Oval. Aufgrund der hohen Entstehungsrate wird sie als Sternentstehungsgalaxie klassifiziert.

▷ **NGC 300**
Die Spiralgalaxie hat weder einen klaren Kern noch scharf umrissene Arme. NGC 300 ist nur 6 Mio. Lichtjahre entfernt und liegt vermutlich zwischen der Milchstraße und der Sculptor-Gruppe.

DATEN

Größenrangliste 36

Hellste Sterne Alpha (α) 4,3, Beta (β) 4,4

Genitiv Sculptoris

Abkürzung Scl

Höchststand um 22 Uhr Oktober–November

Sichtbarkeit 50 °N – 90 °S

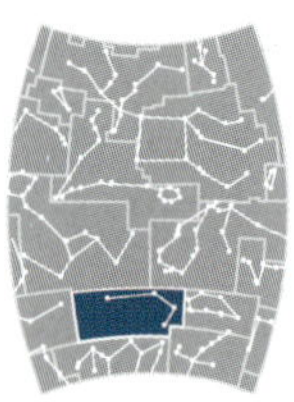

KARTE 3

HAUPTSTERNE

Alpha (α) Sculptoris
Blau-weißer Riese
4,3 ⟷ 776 Lichtjahre

Beta (β) Sculptoris
Blau-weißer Unterriese
4,4 ⟷ 174 Lichtjahre

HIMMELSOBJEKTE

NGC 55
Irreguläre Galaxie

NGC 253
Spiralgalaxie in der Sculptor-Gruppe

NGC 288
Kugelsternhaufen

NGC 300
Spiralgalaxie

NGC 7793
Spiralgalaxie in der Sculptor-Gruppe

ESO 350-40 (Cartwheel-Galaxie)
Spiral- und Ringgalaxie

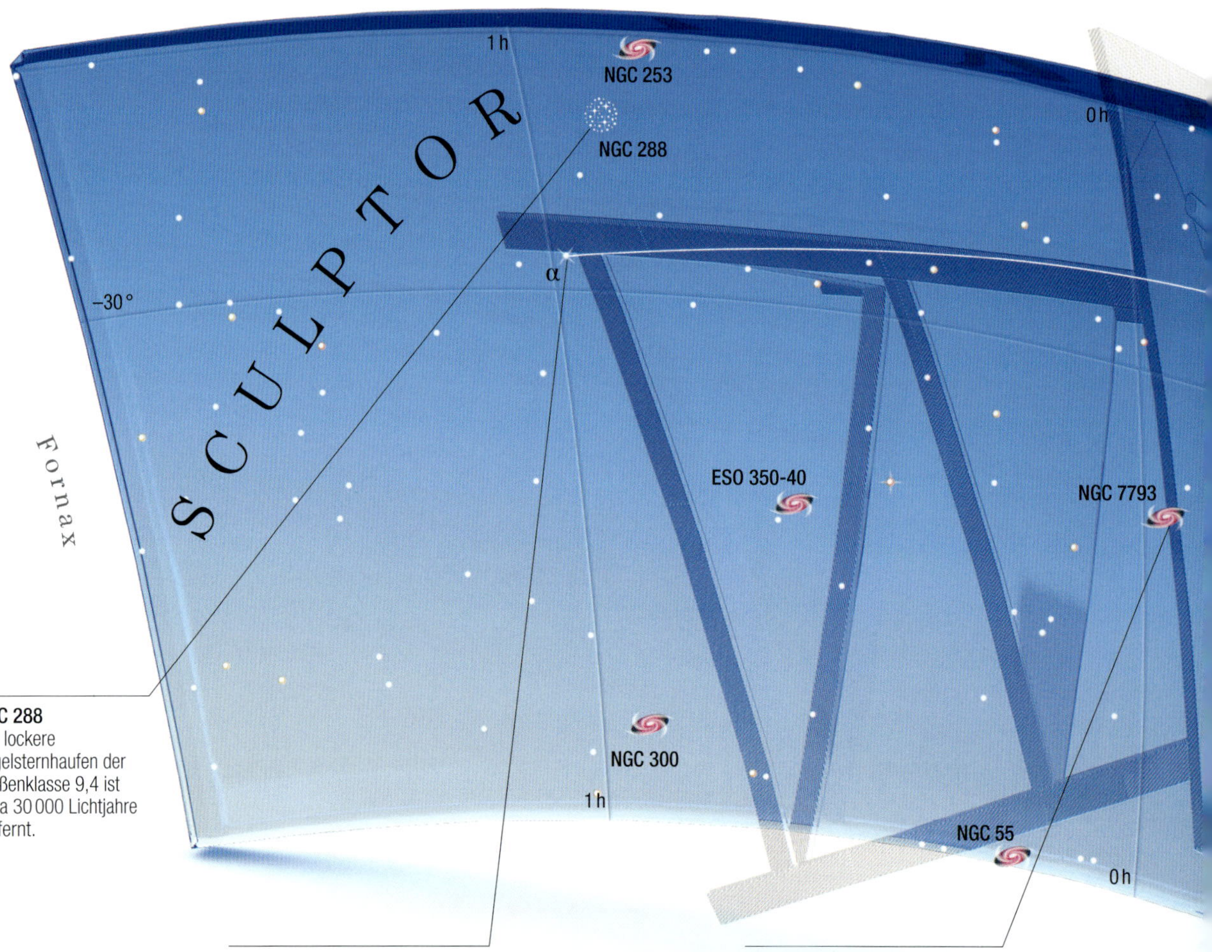

NGC 288
Der lockere Kugelsternhaufen der Größenklasse 9,4 ist etwa 30 000 Lichtjahre entfernt.

Alpha (α) Sculptoris
Der hellste Stern in Sculptor ist ein Blau-weißer Riese in 776 Lichtjahren Entfernung. Er ist siebenmal so groß und 1700-mal so leuchtstark wie die Sonne.

NGC 7793
Die Spiralgalaxie ist 35 000 Lichtjahre groß und ungefähr 13 Mio. Lichtjahre entfernt. Sie ist eines der hellsten Mitglieder der Sculptor-Gruppe.

△ **ESO 350-40**
Die Form der ungefähr 500 Mio. Lichtjahre entfernten und 150 000 Lichtjahre großen Cartwheel-Galaxie ist das Ergebnis einer Kollision. Dabei wanderte eine kleinere Galaxie durch eine größere Spiralgalaxie und erzeugte dabei Druckwellen, die Gas und Staub aufwirbelten. Dadurch entstanden viele Milliarden neuer Sterne und bildeten einen blauen, äußeren Ring.

CAELUM
GRABSTICHEL

Das kleine und unbedeutende Sternbild am südlichen Himmel besteht aus zwei dunklen Sternen, die eine Grabstichel darstellen.

Caelum ist eines der kleinsten Sternbilder und liegt zwischen Eridanus (Fluss) und Columba (Taube). Es gehört zu den 14 Sternbildern, die der französische Astronom Nicolas Louis de Lacaille 1754 einführte. Durch seine Größe und seine Position abseits der Ebene der Milchstraße besitzt es nur wenige Himmelsobjekte, sodass es außer seinen Sternen – von ihnen leuchten nur Alpha, Beta und Gamma heller als Größenklasse 5 – keine interessanteren Objekte gibt.

DATEN

Größenrangliste 81

Hellste Sterne Alpha (α) 4,5, Beta (β) 5,0

Genitiv Caeli

Abkürzung Cae

Höchststand um 22 Uhr Dezember–Januar

Sichtbarkeit 41 °N – 90 °S

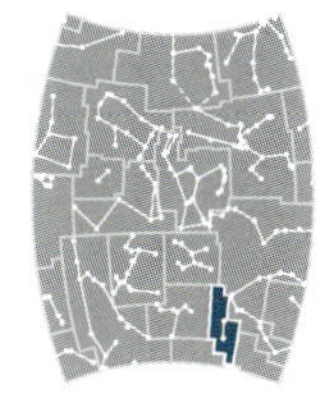

KARTE 6

HAUPTSTERNE

Alpha (α) Caeli
Weißer Hauptreihenstern und Doppelstern
4,5 — 66 Lichtjahre

Beta (β) Caeli
Weißer Unterriese
5,0 — 93 Lichtjahre

HIMMELSOBJEKTE

Quasar HE0450-2958
Quasar, auch als Seyfert-Galaxie klassifiziert

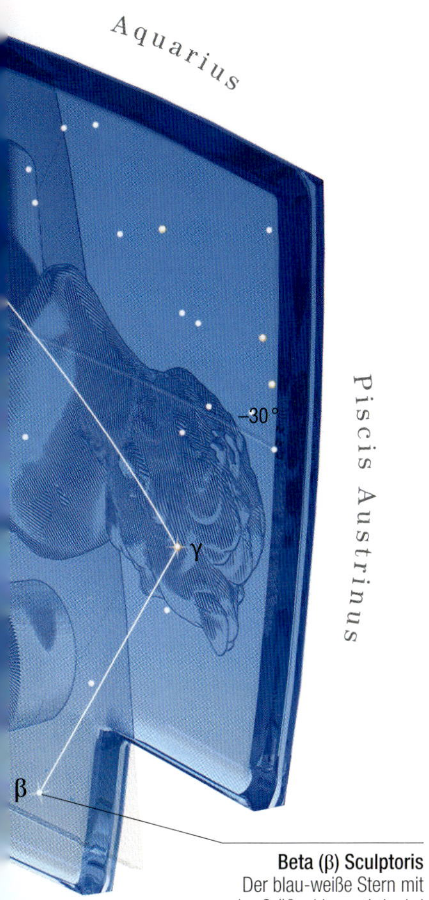

Beta (β) **Sculptoris**
Der blau-weiße Stern mit der Größenklasse 4,4 wird normalerweise als Unterriese eingestuft, könnte aber auch ein junger Zwerg sein.

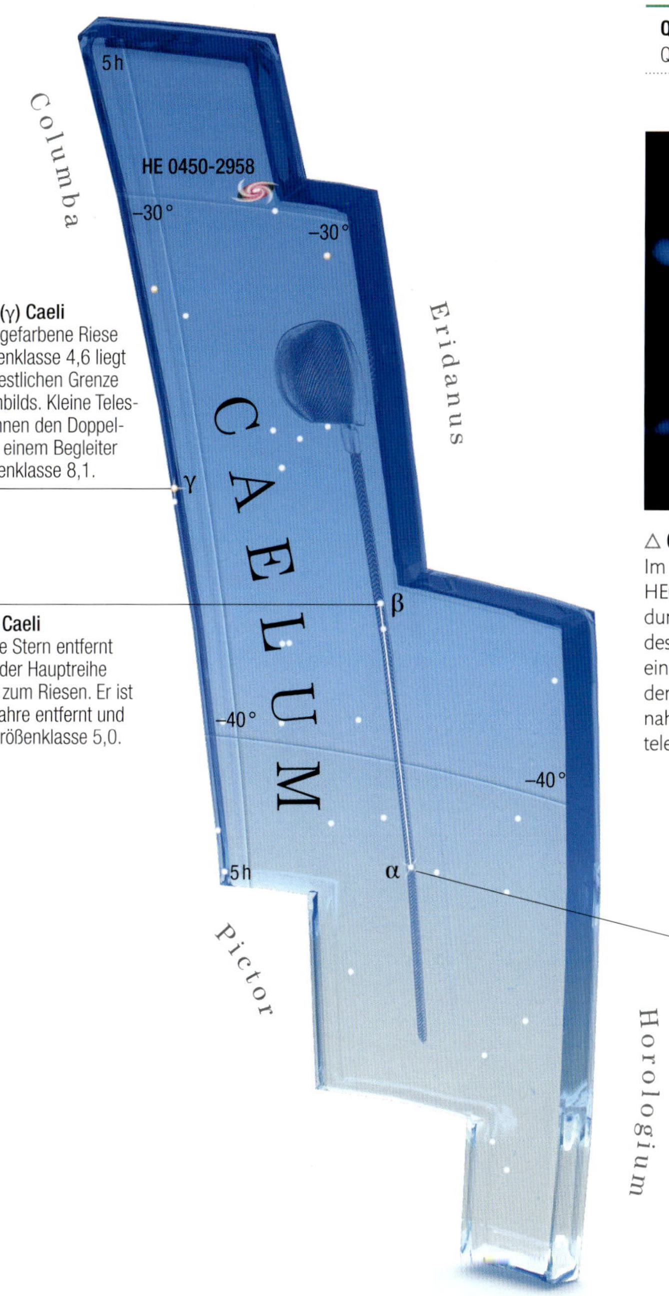

Gamma (γ) **Caeli**
Der Orangefarbene Riese mit Größenklasse 4,6 liegt an der westlichen Grenze des Sternbilds. Kleine Teleskope trennen den Doppelstern mit einem Begleiter der Größenklasse 8,1.

Beta (β) **Caeli**
Der weiße Stern entfernt sich von der Hauptreihe und wird zum Riesen. Er ist 93 Lichtjahre entfernt und hat die Größenklasse 5,0.

Alpha (α) **Caeli**
Der weiße Stern scheint nur mit Größenklasse 4,5, ist aber der hellste Stern in Caelum. Seinen Begleiter, einen dunkleren Roten Zwerg, sieht man nur mit größeren Teleskopen.

△ **Quasar HE 0450-2958**
Im Norden des Sternbilds liegt der Quasar HE0450-2958. Die Galaxie, in der er liegt, ist zu dunkel für eine Beobachtung, weil sie vom Licht des Quasars überstrahlt wird. Dieses Bild ist aus einer Infrarotaufnahme des Very Large Telescope der Europäischen Südsternwarte und einer Aufnahme im sichtbaren Licht des Hubble-Weltraumteleskops zusammengesetzt.

FORNAX

CHEMISCHER OFEN

Südlich von Cetus bilden die drei Hauptsterne von Fornax ein weites »V«. Das Sternbild ist für den Fornax-Galaxienhaufen und einen der tiefsten Einblicke in das Universum bekannt.

Ursprünglich hieß das Sternbild Fornax Chemica. Es zählt zu den 14 Sternbildern, die der französische Astronom Nicolas Louis de Lacaille 1751/52 beschrieb, als er den südlichen Himmel beobachtete. Fornax enthält den reichhaltigen Fornax-Galaxienhaufen in 62 Mio. Lichtjahren Entfernung. Die helleren Mitglieder der 58 Galaxien sind auch von Amateuren auszumachen. Die elliptische Galaxie NGC 1316 (auch Fornax A genannt) ist die hellste und eine der stärksten Radioquellen, die Balkenspiralgalaxie NGC 1365 hingegen ist die größte Spiralgalaxie des Haufens. Ein winziges Gebiet im Norden von Fornax wurde vom Hubble-Weltraumteleskop untersucht. Die von ihm angefertigte Aufnahme namens Hubble Ultra Deep Field enthält 10 000 Galaxien und bietet den tiefsten Blick in das Universum.

△ **NGC 1097**
Die große Seyfert-Galaxie NGC 1097 leuchtet mit Größenklasse 10,3 und ist eine der hellsten Balkenspiralgalaxien am Nachthimmel. Sie steht in Wechselwirkung mit der winzigen elliptischen Galaxie NGC 1097A (oben rechts). Diese ist aber nicht die erste kleine Galaxie, die von NGC 1097 beeinflusst wird. Vor wenigen Milliarden Jahren hat NGC 1097 bereits eine kleine Zwerggalaxie in sich aufgenommen.

△ **NGC 1350**
Die Arme in den inneren Gebieten dieser Spiralgalaxie bilden einen vollständigen Ring, der wie ein riesiges Auge aussieht. Die blaue Färbung der äußeren Spiralarme zeigt an, dass dort aktiv Sterne entstehen. Weiter außen sind noch weitere Galaxien zu sehen. NGC 1350 ist ungefähr 85 Mio. Lichtjahre entfernt, und sein Durchmesser beträgt etwa 130 000 Lichtjahre.

DATEN

Größenrangliste 41

Hellste Sterne Alpha (α) 3,9, Beta (β) 4,5

Genitiv Fornacis

Abkürzung For

Höchststand um 22 Uhr November–Dezember

Sichtbarkeit 50 °N – 90 °S

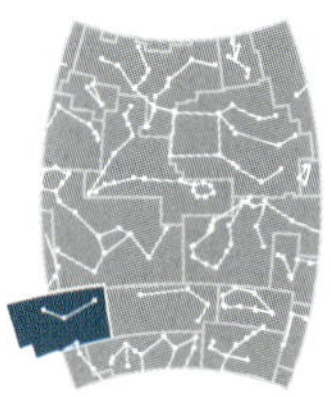

KARTE 3

HAUPTSTERNE

Alpha (α) Fornacis
Doppelstern
3,9 — 46 Lichtjahre

Beta (β) Fornacis
Gelber Riese
4,5 — 169 Lichtjahre

HIMMELSOBJEKTE

NGC 1097
Balkenspiralgalaxie, auch als Seyfert-Galaxie klassifiziert

NGC 1316 (Fornax A)
Radioquelle und elliptische Galaxie

NGC 1350
Spiralgalaxie

NGC 1365
Balkenspiralgalaxie

NGC 1398
Balkenspiralgalaxie

IC 335
Linsenförmige Galaxie

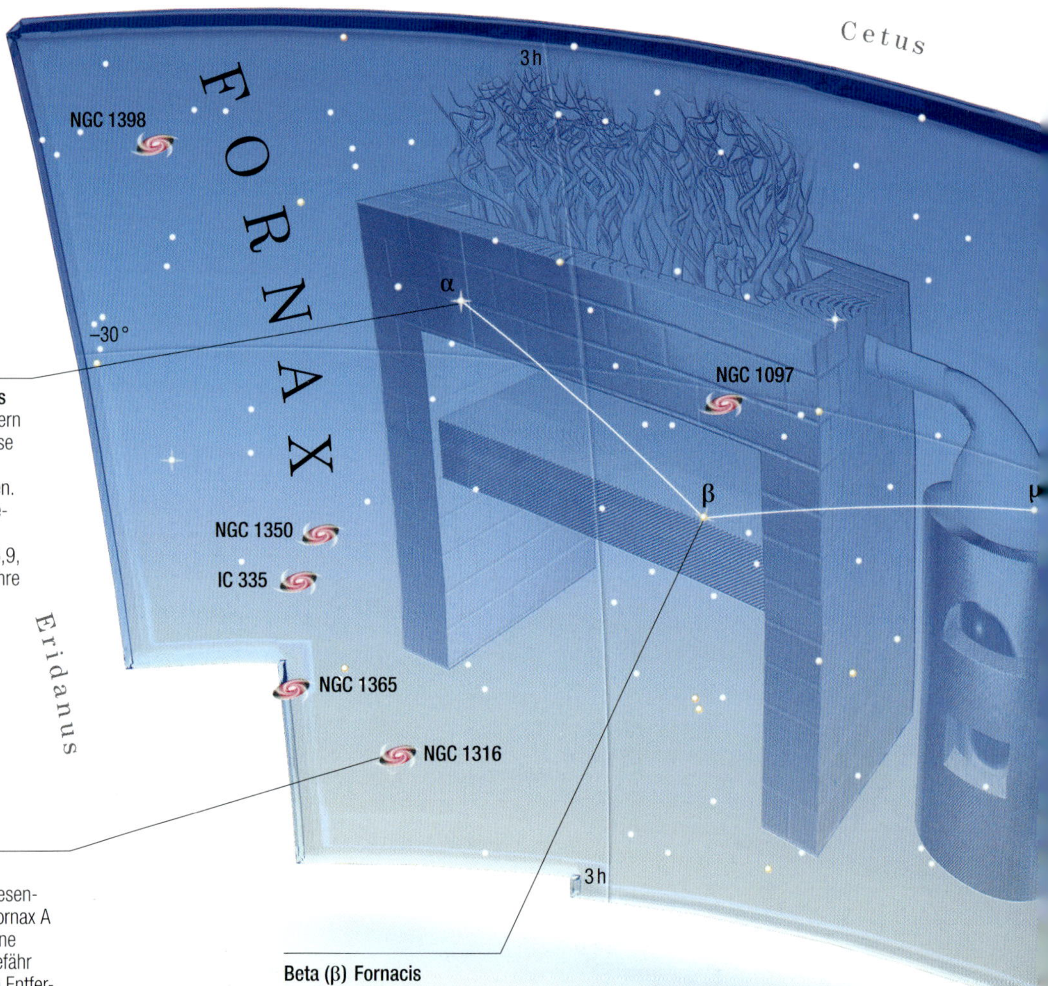

Alpha (α) Fornacis
Der gelbe Doppelstern mit der Größenklasse 3,9 ist mit kleinen Teleskopen zu sehen. Er hat einen orangefarbenen Begleiter der Größenklasse 6,9, der ihn alle 300 Jahre umkreist.

NGC 1316
Diese elliptische Riesengalaxie, die auch Fornax A genannt wird, ist eine Radioquelle in ungefähr 60 Mio. Lichtjahren Entfernung. Sie entstand durch den Einschluss mehrerer kleinerer Galaxien.

Beta (β) Fornacis
Der Gelbe Riese ist etwa elfmal so groß wie die Sonne und der zweithellste Stern des Sternbilds.

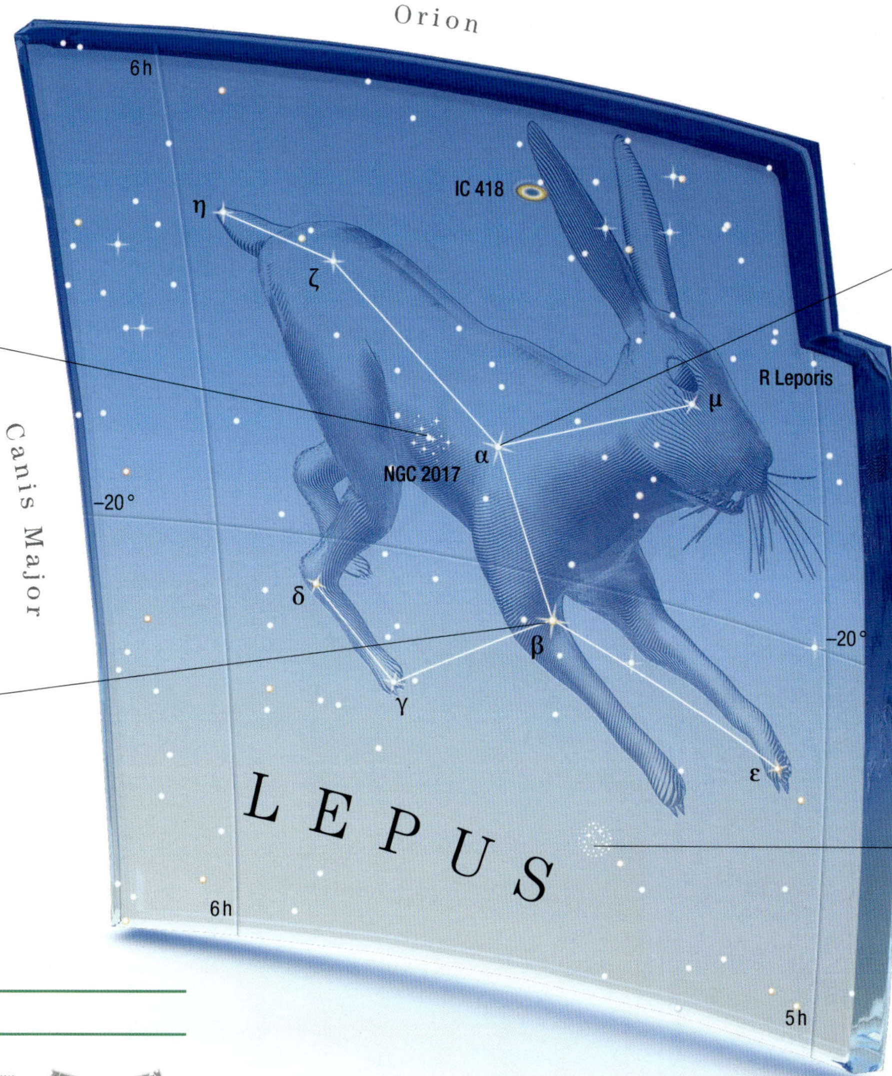

NGC 2017
Die enge Gruppe farbiger Sterne liegt zufälligerweise auf einer Sichtlinie. Fünf Sterne haben Größenklassen zwischen 6 und 10 und sind mit Ferngläsern sichtbar.

Arneb (α Leporis)
Der hellste Stern in Lepus hat die Größenklasse 2,6. Er ist 14-mal so massereich, 129-mal so groß und 32 000-mal so leuchtstark wie die Sonne.

Nihal (β Leporis)
Der Stern liegt um den Faktor 10 näher an der Erde als Alpha Leporis, ist aber mit der Größenklasse 2,8 nicht so hell wie dieser. Nihal ist etwa 3,5-mal so massiv und 16-mal so groß wie die Sonne.

M79
Der mehr als 11 Mrd. Jahre alte und 41 000 Lichtjahre entfernte dunkle Kugelsternhaufen besteht aus 150 000 Sternen, vorwiegend Roten Riesen.

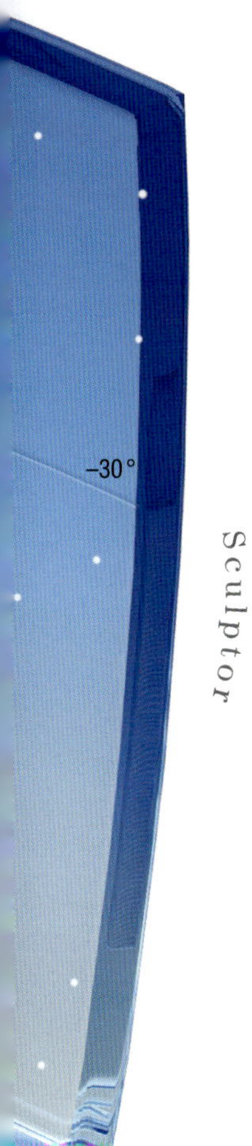

DATEN

Größenrangliste 51

Hellste Sterne Ameb (α) 2,6, Nihal (β) 2,8

Genitiv Leporis

Abkürzung Lep

Höchststand um 22 Uhr Januar

Sichtbarkeit 62 °N – 90 °S

KARTE 6

HAUPTSTERNE

Arneb Alpha (α) Leporis
Weißer Überriese
2,6 — 2130 Lichtjahre

Nihal Beta (β) Leporis
Gelber Riese
2,8 — 160 Lichtjahre

Epsilon (ε) Leporis
Orangefarbener Riese
3,2 — 213 Lichtjahre

HIMMELSOBJEKTE

M79
Kugelsternhaufen, auch als NGC 1904 katalogisiert

NGC 2017
Mehrfachstern

IC 418 (Spirografennebel)
Planetarischer Nebel

LEPUS

HASE

Das bumerangartige Muster von Lepus befindet sich direkt südlich des einfach zu erkennenden Sternbilds Orion. Seine Sterne – einschließlich Veränderlicher und Mehrfachsternsystemen – sind seine auffälligsten Merkmale.

Nach der griechischen Mythologie wurde der Hase an den Himmel gesetzt, nachdem eine Hasenplage die Insel Leros ereilt und das Land in Verwüstung und eine Hungersnot gestürzt hatte. Das Sternbild sollte eine ständige Mahnung sein, nicht zu viele Hasen zu züchten. Lepus liegt südlich von Orion und flüchtet scheinbar vor Orions beiden Hunden, Canis Major und Canis Minor. Sein hellster Stern Alpha Leporis trägt auch den Namen Arneb, das arabische Wort für Hase. Er zählt zu den leuchtstärksten Sternen. Aber aufgrund seiner großen Entfernung beträgt seine durchschnittliche Helligkeit nur Größenklasse 2,6. Der Stern R Leporis ist ein pulsierender Roter Riese, ein Mira-Veränderlicher, der über einen 430-tägigen Zyklus zwischen den Größenklassen 5,5 und 12 schwankt. Er wird nach dem englischen Astronomen John Russell Hind, der ihn 1845 beobachtete, auch Hinds Purpurstern genannt.

CANIS MAJOR

GROSSER HUND

Das alte Sternbild Canis Major präsentiert den größeren der beiden Hunde von Orion. Er beherbergt Sirius, den hellsten Stern am gesamten Nachthimmel.

Canis Major steht an der Ferse seines Herrchens Orion. Dicht neben ihm (unmittelbar nördlich von Monoceros) ist das kleinere Sternbild Canis Minor. Canis Major stellt Laelaps dar, einen mythischen Hund, der so schnell war, dass ihm keine Beute entkam. Das Sternbild wird von Sirius beherrscht. Er ist zwar ein ziemlich durchschnittlicher Stern, aber weil er so erdnah ist, überstrahlt seine Helligkeit alle anderen Sterne. Der Stern Adhara ist auch ein leuchtstarker Blau-weißer Riese, der aber viel weiter entfernt ist. Läge er direkt neben Sirius, würde er dessen Helligkeit übertreffen. Weil das Sternbild die Milchstraße kreuzt, enthält es mehrere lohnenswerte Objekte, wie die Sternhaufen M41 und NGC 2362, die man beide mit bloßem Auge sieht.

Sirius ist der **hellste Stern** am Nachthimmel. Er ist fast **doppelt so hell wie** der zweithellste Stern, **Canopus,** im Sternbild Carina.

NGC 2360
Der Offene Sternhaufen entlang der Ebene der Milchstraße hat die Größenklasse 7,2 und ist mit einem Fernglas auszumachen. Kleine Teleskope zeigen Einzelsterne.

Sirius (α Canis Majoris)
Der blau-weiße Hauptreihenstern ist auch ein Doppelstern. Er wird alle 50 Jahre von dem dunklen Weißen Zwerg Sirius B umkreist.

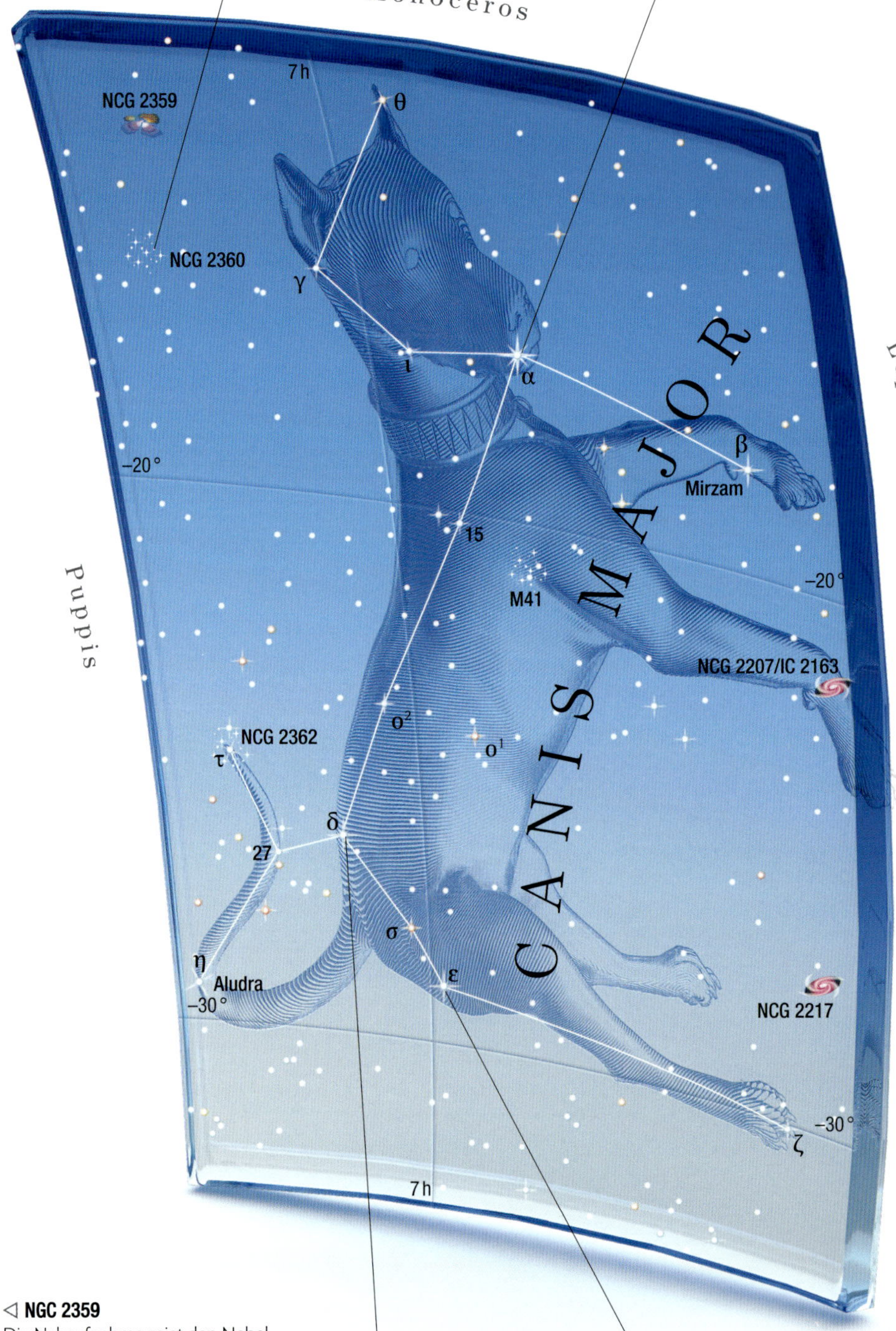

Wezen (δ Canis Majoris)
Der Gelb-weiße Überriese ist etwa 200-mal so groß und viele Tausend Mal so leuchtstark wie die Sonne.

Adhara (ε Canis Majoris)
Der zweithellste Stern in Canis Major ist ein Blau-weißer Riese, der zehnmal so groß wie die Sonne ist.

◁ **NGC 2359**
Die Nahaufnahme zeigt den Nebel NGC 2359, der mehr als 30 Lichtjahre groß und etwa 12 000 Lichtjahre entfernt ist. Wind von dem hellen Stern in seinem Zentrum bläst durch den Nebel und erzeugt den Seifenblasen-Effekt. Eine Weitwinkelaufnahme würde zudem auf beiden Seiten des Nebels armartige Gebilde zeigen, die an die Flügel eines Helms erinnern. Daher wird der Nebel auch Thors Helm oder Entennebel genannt.

DATEN

Größenrangliste 43

Hellste Sterne Sirius (α) –1,5, Adhara (ε) 1,5

Genitiv Canis Majoris

Abkürzung CMa

Höchststand um 22 Uhr Januar–Februar

Sichtbarkeit 56 °N – 90 °S

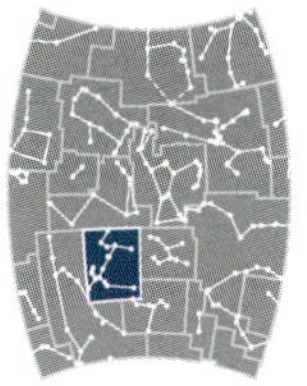

KARTE 6

HAUPTSTERNE

Sirius Alpha (α) Canis Majoris
Blau-weißer Hauptreihenstern, auch ein Doppelstern
-1,5 — 8,6 Lichtjahre

Mirzam Beta (β) Canis Majoris
Blauer Riese
2,0 — 492 Lichtjahre

Wezen Delta (δ) Canis Majoris
Gelb-weißer Überriese
1,8 — 1605 Lichtjahre

Adhara Epsilon (ε) Canis Majoris
Blau-weißer Riese
1,5 — 405 Lichtjahre

Aludra Eta (η) Canis Majoris
Blau-weißer Überriese
2,5 — 1985 Lichtjahre

HIMMELSOBJEKTE

M41
Offener Sternhaufen

NGC 2207 and IC 2163
Zwei wechselwirkende Galaxien

NGC 2217
Balkenspiralgalaxie

NGC 2359 (Thors Helm, Entennebel)
Emissionsnebel

NGC 2362
Offener Sternhaufen um Tau (τ) Canis Majoris

△ **NGC 2207 und IC 2163**
Diese zwei wechselwirkenden Galaxien haben eine gewaltige Maskenform erzeugt. Die Anziehungskraft der größeren Galaxie NGC 2207 hat IC 2163 zerstört, deren Sterne herausgeschleudert und mindestens 100 000 Lichtjahre lange Gasströme gebildet. Die beiden Galaxien werden in wenigen Millionen Jahren zu einer riesigen Galaxie verschmelzen.

COLUMBA

TAUBE

Das dunkle Sternbild südlich von Lepus wurde im 16. Jahrhundert aus Sternen zusammengestellt, die vorher noch keinem anderen Sternbild zugeordnet waren.

Der niederländische Astronom Petrus Plancius führte das Sternbild 1592 ein. Er nannte es zunächst – mit Blick auf die Taube, die Noah in der bliblischen Geschichte der Sintflut von der Arche aussandte, um trockenes Land zu finden – Columba Noachi. Im Sternbild markiert der Stern Wezn den Körper der Taube, ihr Kopfende zeigt der Gelb-orangefarbene Riese Eta Columbae an. Der hellste Stern ist Phact, dessen Name aus dem Arabischen stammt und Ringeltaube bedeutet. My Columbae ist ein schnell wandernder Stern der Größenklasse 5, der vermutlich aus dem Gebiet des Orionnebels ausgestoßen wurde. Columbas bekanntestes Himmelsobjekt ist der Kugelsternhaufen NGC 1851, der in Ferngläsern als dunkler Fleck erscheint.

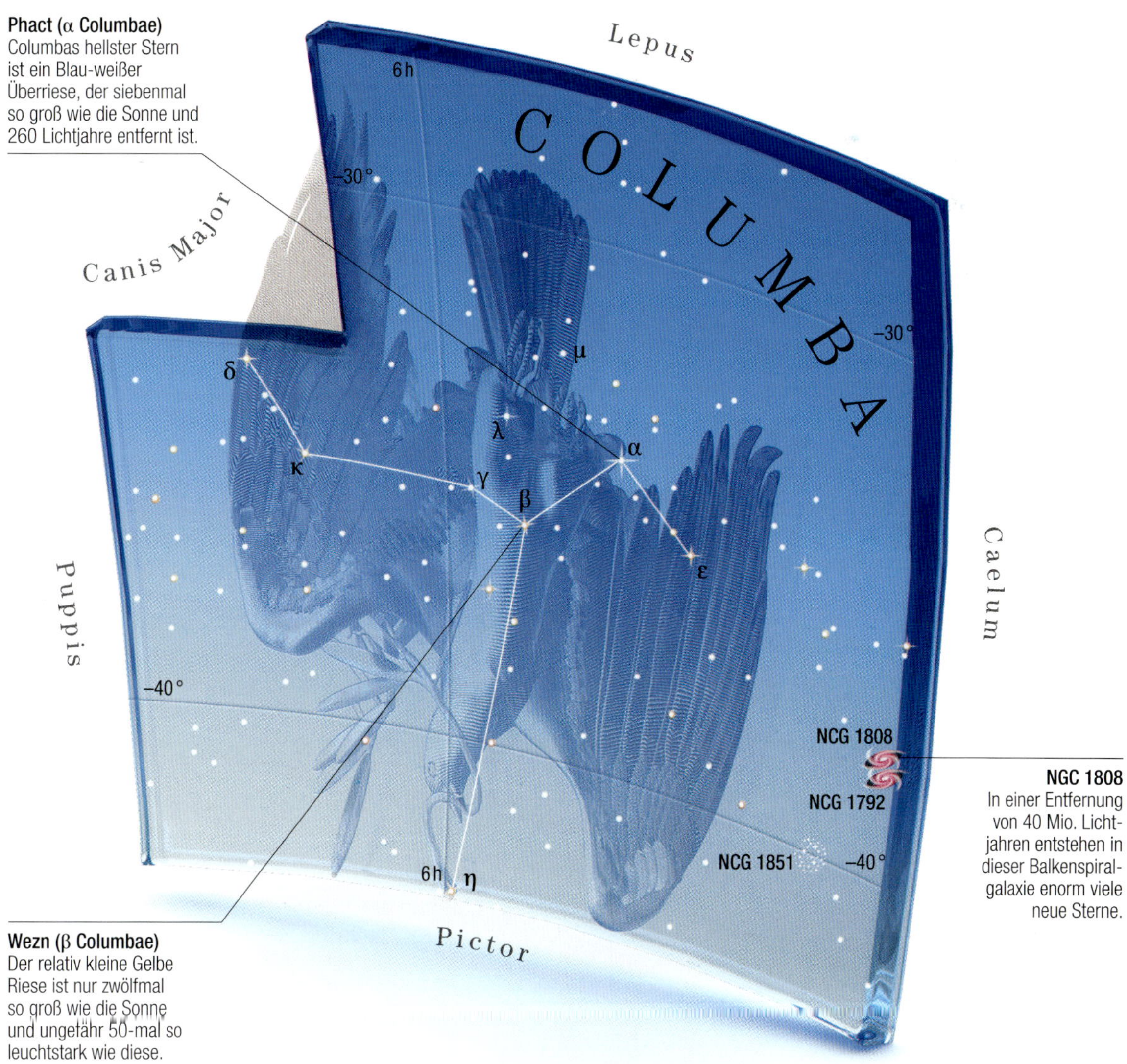

DATEN

Größenrangliste 54

Hellste Sterne Phact (α) 2,7, Wazn (β) 3,1

Genitiv Columbae

Abkürzung Col

Höchststand um 22 Uhr Januar

Sichtbarkeit 46 °N – 90 °S

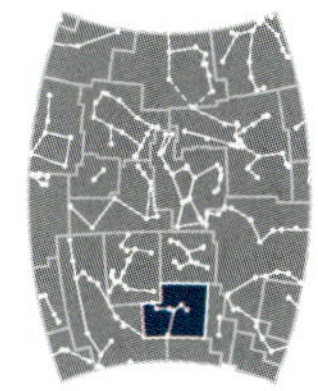

KARTE 6

HAUPTSTERNE

Phact Alpha (α) Columbae
Blau-weißer Überriese
2,7 — 261 Lichtjahre

Wezn Beta (β) Columbae
Gelber Riese
3,1 — 87 Lichtjahre

HIMMELSOBJEKTE

NGC 1792
Spiralgalaxie

NGC 1808
Balkenspiralgalaxie, auch eine Seyfert-Galaxie

NGC 1851
Kugelsternhaufen

LEUCHTKRAFT

Rho Puppis
24 Sonnen

Tau Puppis
181 Sonnen

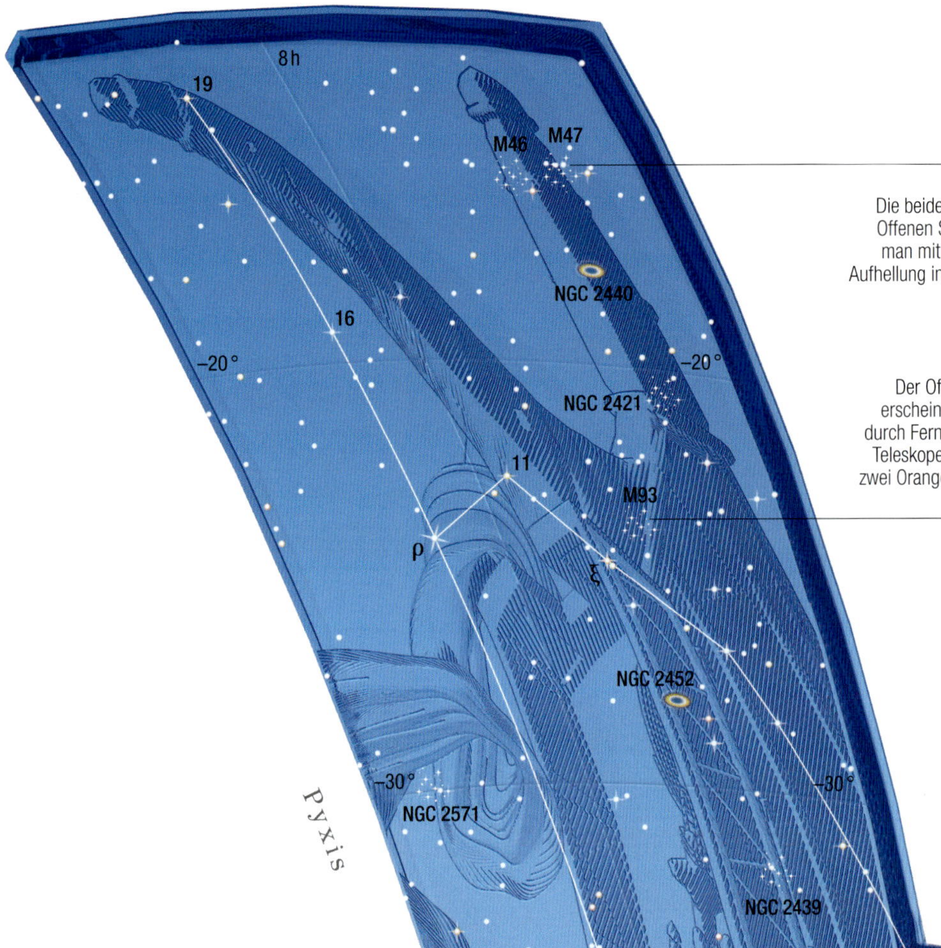
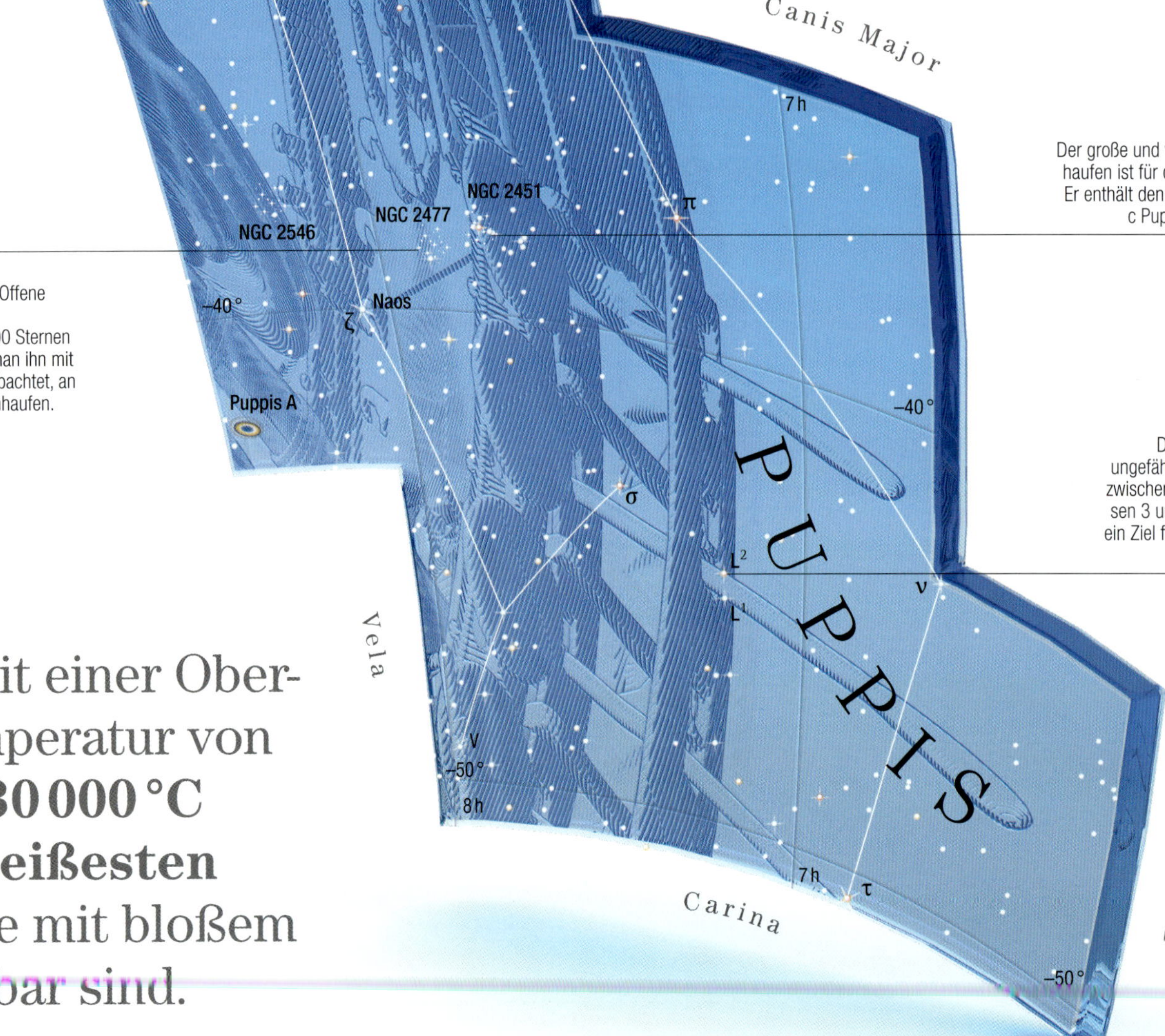

M46 und M47
Die beiden ungebundenen Offenen Sternhaufen sieht man mit bloßem Auge als Aufhellung in der Milchstraße.

M93
Der Offene Sternhaufen erscheint bei Betrachtung durch Ferngläser und kleine Teleskopen dreieckig – mit zwei Orangefarbenen Riesen an seiner Spitze.

NGC 2451
Der große und verstreute Offene Sternhaufen ist für das bloße Auge sichtbar. Er enthält den Orangefarbenen Riesen c Puppis der Größenklasse 4.

NGC 2477
Der reichhaltige Offene Sternhaufen mit geschätzten 2000 Sternen erinnert, wenn man ihn mit Ferngläsern beobachtet, an einen Kugelsternhaufen.

L² Puppis
Der Rote Riese, der ungefähr alle fünf Monate zwischen den Größenklassen 3 und 6 schwankt, ist ein Ziel für das bloße Auge oder Ferngläser.

△ **NGC 2440**
Der Zentralstern des planetarischen Nebels gehört mit einer Temperatur von etwa 200 000 °C zu den heißesten Sternen überhaupt. Gas, das der Stern früher abstieß, hat flügelartige Anhänge erzeugt, die der Stern mit ultraviolettem Licht erleuchtet. In dieser Falschfarbendarstellung des Hubble-Weltraumteleskops ist Helium in der Gashülle blau dargestellt, Sauerstoff blau-grün – Wasserstoff und Stickstoff erscheinen rot.

Naos ist mit einer Oberflächentemperatur von **mehr als 30 000 °C** einer der **heißesten Sterne,** die mit bloßem Auge sichtbar sind.

Pi Puppis
4395 Sonnen

Naos
12 555 Sonnen

PUPPIS ACHTERSCHIFF

Das große südliche Sternbild, das neben Canis Major liegt, war ursprünglich Teil eines viel größeren Sternbilds der alten Griechen, von Argo Navis (Schiff der Argonauten). Puppis enthält mehrere Sternhaufen, die mit Ferngläsern und kleinen Teleskopen zu sehen sind.

Für die alten Griechen stellte Puppis das Achterschiff des legendären Schiffs *Argo* dar, mit dem Jason und die Argonauten auf der Suche nach dem goldenen Vlies waren.

Frühe griechische Astronomen sahen Argo als ein einziges, großes Sternbild, aber in den 1750er-Jahren wurde es von dem französischen Astronomen Nicholas Louis de Lacaille in drei Teile geteilt. Die beiden anderen Teile des Schiffs sind die Sternbilder Carina (Schiffskiel) und Vela (Segel). Puppis ist das größte der drei Sternbilder. Die hellsten Sterne von Argo liegen jedoch in Carina und Vela, und Puppis enthält als hellstes Mitglied nur den Stern Naos, der die Größenklasse 2 hat und nach dem griechischen Wort für Schiff benannt wurde.

Zwei große Sternhaufen im Norden des Sternbilds erzeugen in der Milchstraße, die hier verläuft, einen hellen Bereich. M47 ist der nähere und größere der beiden Haufen und liegt etwa 1500 Lichtjahre entfernt. In der Nähe liegt M46, der dreimal so weit entfernt ist und dessen Einzelsterne deshalb schwieriger aufzulösen sind. Weit im Süden des Sternbilds liegt NGC 2477, ein noch reichhaltigerer und hellerer Haufen.

DATEN

Größenrangliste 20

Hellste Sterne Naos (ζ) 2,2, Pi (π) 2,7

Genitiv Puppis

Abkürzung Pup

Höchststand um 22 Uhr Januar–Februar

Sichtbarkeit 39 °N – 90 °S

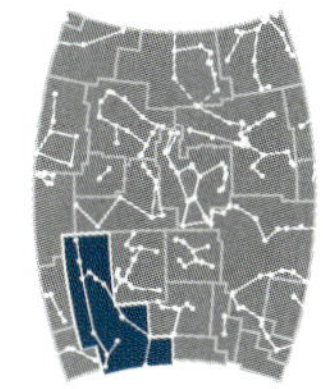

KARTE 6

HAUPTSTERNE

Naos Zeta (ζ) Puppis
Blau-weißer Überriese
2,2 ⟷ 1080 Lichtjahre

Pi (π) Puppis
Orangefarbener Überriese
2,7 ⟷ 800 Lichtjahre

Rho (ρ) Puppis
Weißer Riese
2,8 ⟷ 64 Lichtjahre

Tau (τ) Puppis
Gelb-orangefarbener Riese
2,9 ⟷ 182 Lichtjahre

HIMMELSOBJEKTE

M46
Offener Sternhaufen

M47
Offener Sternhaufen

M93
Offener Sternhaufen

NGC 2440
Planetarischer Nebel

NGC 2451
Offener Sternhaufen

NGC 2452
Planetarischer Nebel

NGC 2477
Offener Sternhaufen

Puppis A
Supernovaüberrest

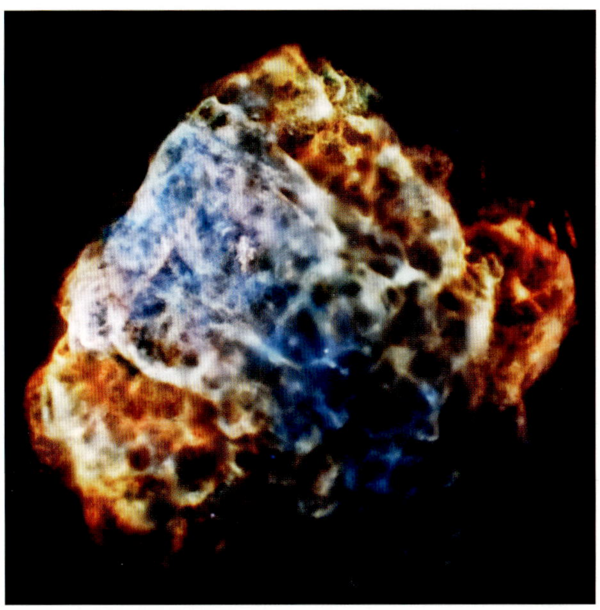

◁ **NGC 2452**
Der blaue Dunst in dieser Aufnahme des Hubble-Weltraumteleskops umfasst Reste der äußeren Hüllen eines Sterns, der am Ende seines Lebens in den Raum trieb und zu einem planetarischen Nebel wurde. Im Zentrum der Wolke liegt der Kern des Vorläufers des Nebels.

◁ **Puppis A**
Die Röntgenaufnahme zeigt Puppis A, den Überrest einer Supernova vor ungefähr 3700 Jahren. Er ist etwa 7000 Lichtjahre entfernt und damit achtmal so weit wie der viel größere Supernovaüberrest im benachbarten Sternbild Vela (Segel).

▷ **Abstände zur Erde**
Der erdnächste Stern des Musters ist Rho (ρ) Puppis, der 64 Lichtjahre entfernt ist. Ungefähr 30-mal so weit entfernt liegt – mit einem Abstand von 2000 Lichtjahren zur Erde – der entfernteste Stern Xi (ξ) Puppis. Auch Naos (ζ Puppis), der hellste Stern des Musters, ist mit 1080 Lichtjahren Abstand zur Erde ein weit entfernter Stern.

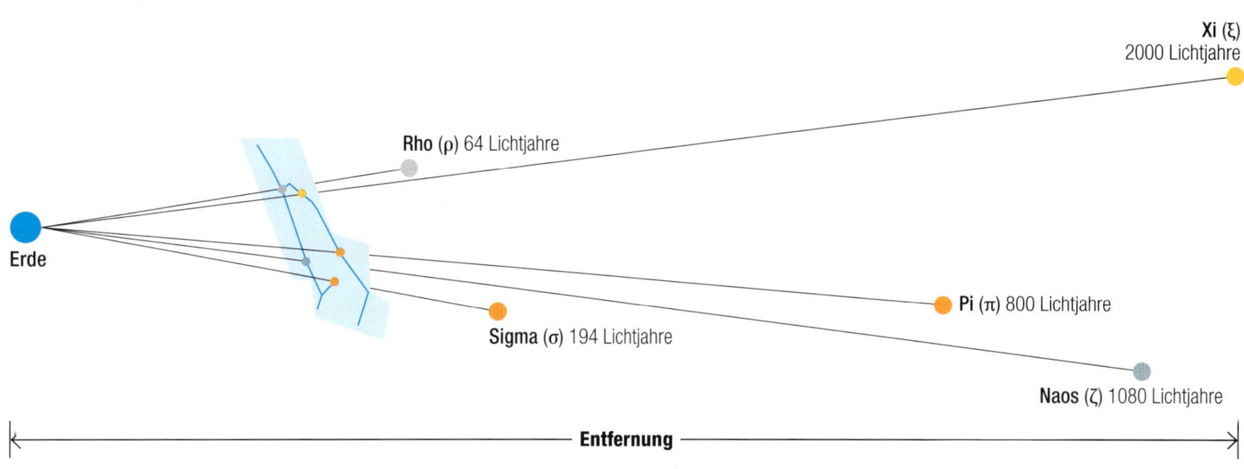

DATEN

Größenrangliste 65

Hellste Sterne Alpha (α) 3,7, Beta (β) 4,0

Genitiv Pyxidis

Abkürzung Pyx

Höchststand um 22 Uhr Februar–März

Sichtbarkeit 52 °N – 90 °S

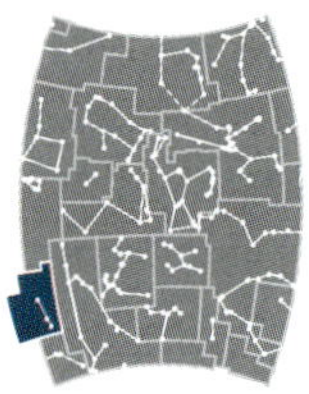

KARTE 6

HAUPTSTERNE

Alpha (α) Pyxidis
Blau-weißer Riese
3,7 — 879 Lichtjahre

Beta (β) Pyxidis
Gelber Riese
4,0 — 416 Lichtjahre

Gamma (γ) Pyxidis.
Orangefarbener Riese
4,0 — 207 Lichtjahre

HIMMELSOBJEKTE

NGC 2818
Planetarischer Nebel

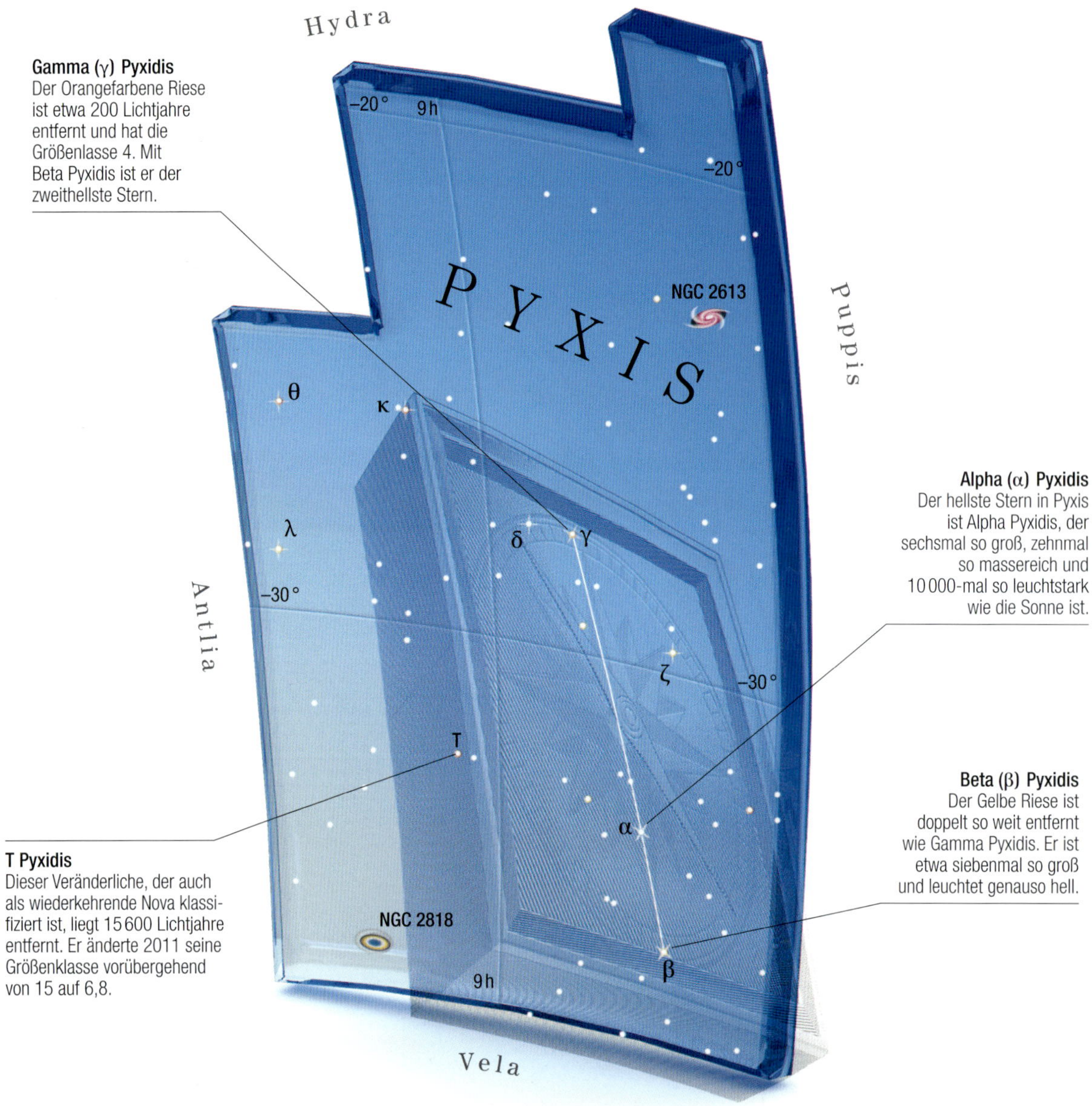

PYXIS
KOMPASS

Pyxis – eine Reihe aus drei Sternen – ist ein kleines Sternbild am Rand der Milchstraße und stellt einen Magnetkompass dar. Es wurde in den 1750er-Jahren am südlichen Himmel eingeführt.

Pyxis wurde von dem französischen Astronomen Nicholas Louis de Lacaille eingeführt. Nachdem er 1750 nach Süden gefahren war und ein Observatorium in Kapstadt eingerichtet hatte, katalogisierte er die Sterne des südlichen Himmels und setzte aus einigen von ihnen 14 neue Sternbilder zusammen. Der Kompass, den damalige Seefahrer nutzten, grenzt an Puppis (Achterschiff).

Himmelsobjekte wie die Balkenspiralgalaxie NGC 2613 sind nur mit großen Teleskopen zu sehen und bieten sich daher nicht zur Beobachtung an. Dafür sind die Sterne des Sternbilds lohnenswerte Objekte. Der Veränderliche T Pyxidis besteht aus einem Weißen Zwerg, der Material von einem größeren Begleiter anzieht. Dadurch bricht der Zwerg unvorhersehbar aus und wird dramatisch heller. Sein letzter Ausbruch nach 1966 fand 2011 statt.

△ **NGC 2818**
In mehr als 10 000 Lichtjahren Entfernung geht in diesem planetarischen Nebel ein Stern unter. Die äußeren Hüllen des einst sonnenähnlichen Sterns wurden in den Raum abgestoßen. Im Zentrum des Nebels ist ein Weißer Zwerg, der Überrest des ursprünglichen Sterns. Rot zeigt Stickstoff, Grün Wasserstoff und Blau Sauerstoff an.

ANTLIA
LUFTPUMPE

Das dunkle Sternbild enthält einen interessanten Galaxienhaufen. Für Beobachter, denen kein großes Teleskop zur Verfügung steht, ist Antlia jedoch nicht lohnenswert.

Antlia wurde ebenfalls von dem französischen Astronom Nicholas Louis de Lacaille eingeführt. Er bildete das Sternbild aus Sternen, die er von seinem Observatorium in der Nähe des Tafelbergs (Südafrika) beobachtete. Nach seiner Rückkehr veröffentlichte er in Frankreich einen Sternkatalog und eine Karte des südlichen Himmels, in die er Antlia und 13 weitere neue Sternbilder einzeichnete. Er benannte das Sternbild in seiner Karte Antlia Pneumatica, eine Vakuumpumpe.

Das unauffällige Sternbild besitzt keine benannten Sterne, helle Haufen oder Nebel, umfasst aber den Antlia-Galaxienhaufen. Die beiden Sterne der Größenklasse 6, die als Zeta bezeichnet werden, bilden einen optischen Doppelstern, den Ferngläser auflösen.

△ **IC 2560**
Diese Aufnahme des Hubble-Weltraumteleskops zeigt den extrem hellen Kern der Spiralgalaxie IC 2560. Er entstand durch gewaltige Mengen heißer Gase, die aus einem Gebiet um das zentrale Schwarze Loch herausgeschleudert wurden. IC 2560 gehört zum Antlia-Galaxienhaufen, der ungefähr 250 Galaxien umfasst.

DATEN

Größenrangliste 62

Hellste Sterne Alpha (α) 4,3, Epsilon (ε) 4,5

Genitiv Antliae

Abkürzung Ant

Höchststand um 22 Uhr März–April

Sichtbarkeit 49 °N – 90 °S

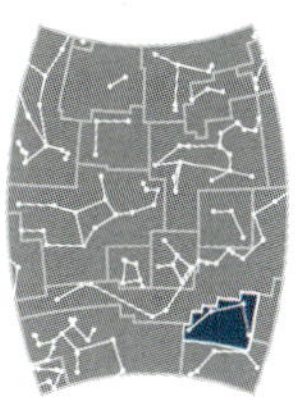

KARTE 5

HAUPTSTERNE

Alpha (α) Antliae
Orangefarbener Riese
4,3 ⟷ 366 Lichtjahre

Epsilon (ε) Antliae
Orangefarbener Riese
4,5 ⟷ 700 Lichtjahre

Iota (ι) Antliae
Orangefarbener Riese
4,6 ⟷ 199 Lichtjahre

Theta (θ) Antliae
Doppelstern, weißer Hauptreihenstern und Gelber Riese
4,8 ⟷ 384 Lichtjahre

HIMMELSOBJEKTE

NGC 2997
Spiralgalaxie

IC 2560
Spiralgalaxie, auch als Seyfert-Galaxie klassifiziert

LEUCHTKRAFT

Psi Velorum *11 Sonnen*

Delta Velorum *90 Sonnen*

Kappa Velorum *2760 Sonnen*

VELA SEGEL

Vela ist ein großes südliches Sternbild, das früher Teil des noch größeren, alten griechischen Sternbilds Argo Navis (Schiff der Argonauten) war. Es liegt in einem reichhaltigen Gebiet der Milchstraße. Vela enthält den Überrest eines Sterns, der vor ungefähr 11 000 Jahren als Supernova explodierte.

Vela präsentiert die Segel des mythischen Schiffs *Argo* von Jason und den Argonauten. Die alten Griechen kannten das Schiff als einziges, riesiges Sternbild, aber der französische Astronom Nicolas Louis de Lacaille teilte es in den 1750er-Jahren in drei kleinere Teile. Die beiden anderen Teile sind Carina (Schiffskiel) und Puppis (Achterschiff). Vela enthält mehrere bekannte Sternhaufen wie IC 2391, eine Gruppe aus etwa 50 Sternen, die mit bloßem Auge zu sehen ist. Delta und Kappa Velorum sowie Epsilon und Iota Carinae bilden ein Muster, das Falsche Kreuz. Es wird manchmal mit dem Kreuz des Südens verwechselt. Velas interessantestes Objekt ist der Vela-Supernovaüberrest. Er ist etwa 800 Lichtjahre entfernt und einer der erdnächsten Supernovaüberreste. Nahe seinem Zentrum liegt der schnell rotierende Vela-Pulsar, der Kern eines Sterns. Dieser explodierte in frühgeschichtlichen Zeiten als Supernova.

DATEN

Größenrangliste 32

Hellste Sterne Gamma (γ) 1,8, Delta (δ) 2,0 – 2,4

Genitiv Velorum

Abkürzung Vel

Höchststand um 22 Uhr Februar–April

Sichtbarkeit 32 °N – 90 °S

KARTE 2

HAUPTSTERNE

Gamma (γ) Velorum
Hellster Wolf-Rayet-Stern (von der Erde aus gesehen)
1,8 — 1100 Lichtjahre

Delta (δ) Velorum
Bedeckungsveränderlicher
2,0–2,4 — 80 Lichtjahre

Kappa (κ) Velorum
Blau-weißer Unterriese oder Hauptreihenstern
2,5 — 570 Lichtjahre

Lambda (λ) Velorum
Orangefarbener Überriese
2,2 — 545 Lichtjahre

HIMMELSOBJEKTE

IC 2391
Offener Sternhaufen

NGC 2736 (Pencil-Nebel)
Teil des Vela-Supernovaüberrests

NGC 3132 (Eight-Burst-Nebel)
Planetarischer Nebel, auch Südlicher Ringnebel

NGC 3228
Offener Sternhaufen

Vela-Supernovaüberrest
Supernovaüberrest mit zentralem Pulsar

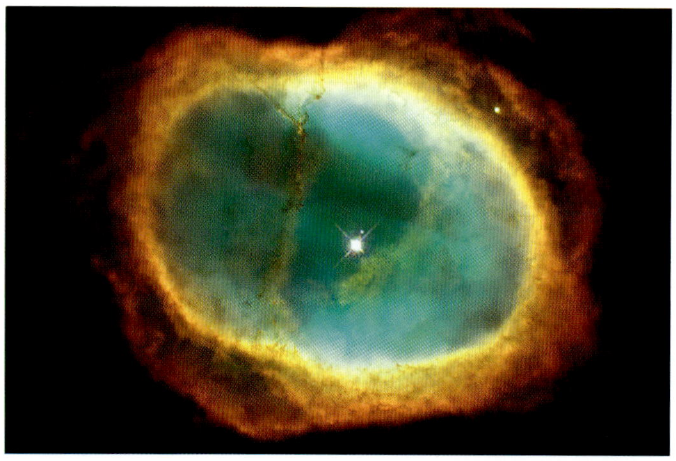

△ **Eight-Burst-Nebel**
Dieser planetarische Nebel (NGC 3132) ist wie zwei sich überlappende Achten geformt – daher sein Name (engl.: geplatze Acht). Ultraviolettes Licht seines Zentralsterns hat das Gas (blau) der Umgebung aufgeheizt.

▷ **Pencil-Nebel**
Der Pencil-Nebel liegt in einer Region, in der die Druckwelle der Supernova auf dichteres interstellares Gas stieß. Dies wurde zu dem glühenden Streifen komprimiert, den man in der Aufnahme des Hubble-Weltraumteleskops sieht.

△ **Vela-Supernovaüberrest**
Diese Weitwinkelaufnahme zeigt dunkle Gasbänder. Sie sind die Überreste eines Sterns, der vor ungefähr 11 000 Jahren als Supernova explodierte. Er liegt zwischen den Sternen Gamma (γ) und Lambda (λ) Velorum und erstreckt sich über ein Gebiet, das so groß wie 16 Vollmonde ist.

Der **Vela-Pulsar rotiert** mit mehr als elf Umdrehungen pro Sekunde, **schneller als ein sich drehender Hubschrauberrotor.**

NGC 3132
In kleinen Teleskopen erscheint der planetarische Nebel wie ein unscharfer Stern, der so groß wie Jupiter ist.

Lambda (λ) Velorum
Der drithellste Stern in Vela hat eine Größenklasse von 2,2. Der Vela-Supernovaüberrest erstreckt sich zwischen ihm und Gamma (γ) Velorum.

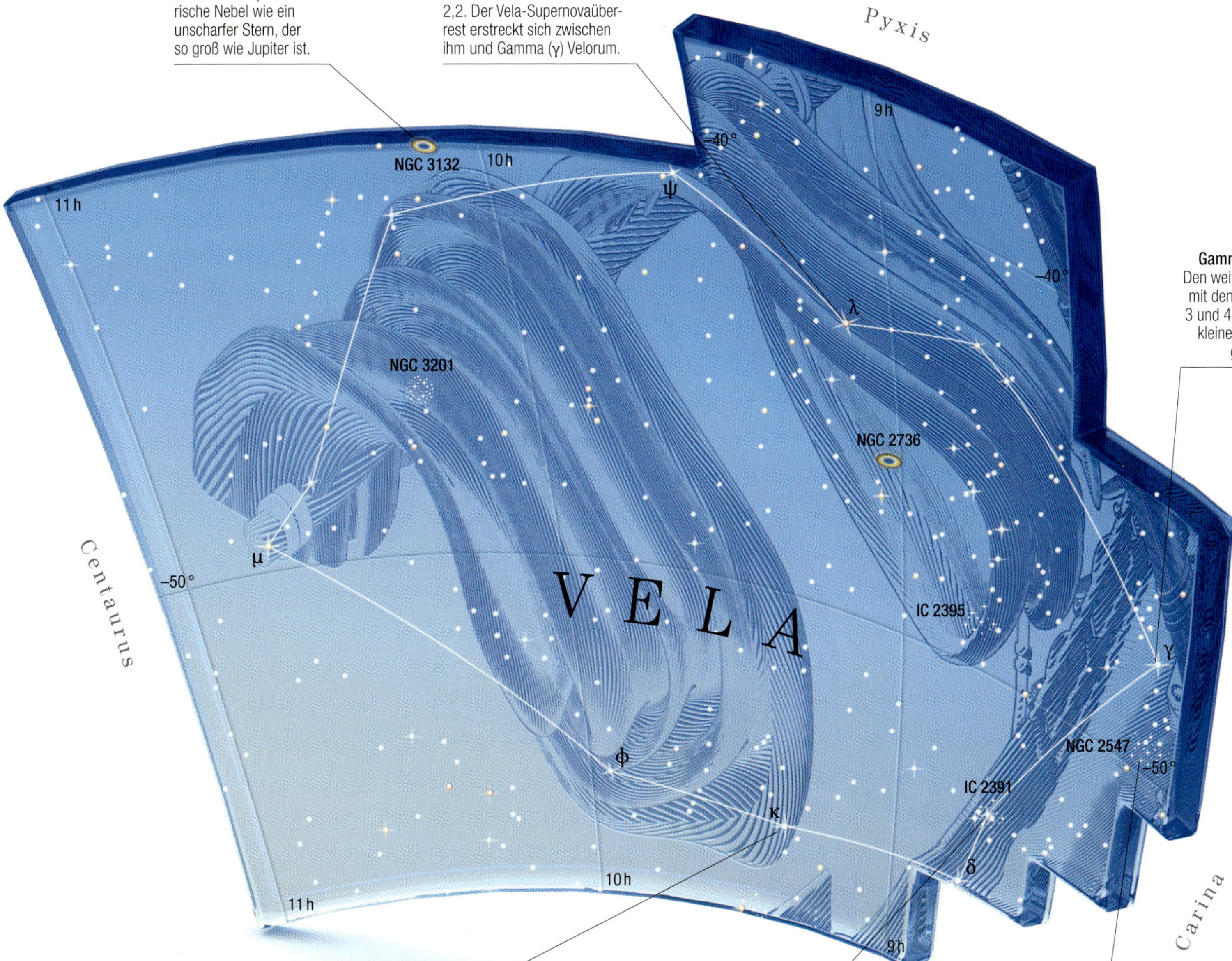

Gamma (γ) Velorum
Den weiten Doppelstern mit den Größenklassen 3 und 4 trennen bereits kleine Teleskope oder gute Ferngläser.

Kappa (κ) Velorum
Dieser Stern bildet zusammen mit Delta (δ) Velorum und den in Carina liegenden Sternen Iota (ι) und Epsilon (ε) Carinae den Asterismus Falsches Kreuz.

IC 2391
Der große Offene Sternhaufen ist ein Ziel für das bloße Auge. Sein hellster Stern mit Größenklasse 4 ist Omicron (ο) Velorum.

NGC 2547
Der Offene Sternhaufen ist halb so groß wie der Vollmond und mit Ferngläsern und kleinen Teleskopen zu sehen

▷ Abstände zur Erde
Der erdnächste Stern des Musters ist Psi (ψ) Velorum, der nur 61 Lichtjahre entfernt ist. Mit etwa 1590 Lichtjahren Abstand ist Phi (φ) Velorum am weitesten entfernt. Obwohl Gamma (γ) Velorum ungefähr 100 Lichtjahre weit weg liegt, ist er der hellste Stern des Musters. Er ist auch der leuchtstärkste Stern, der eine Energiemenge emittiert, die der von mehr als 20 300 Sonnen entspricht.

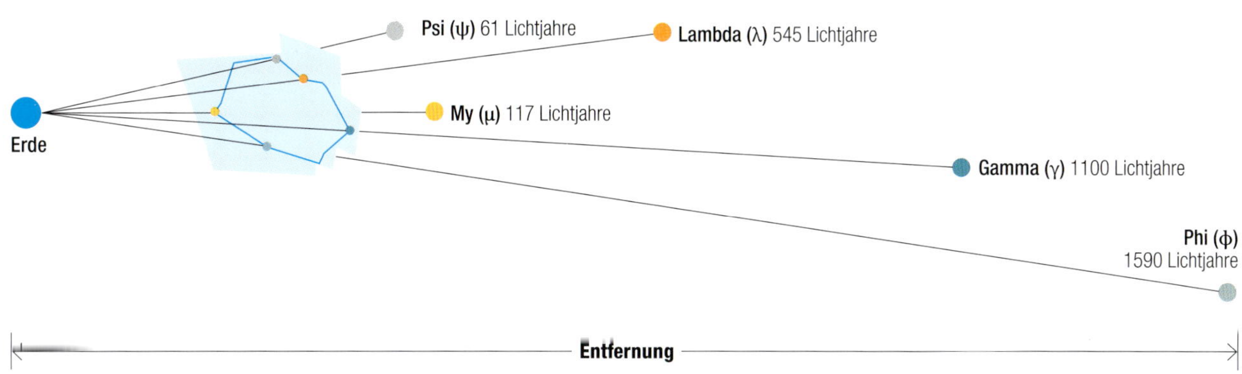

LEUCHTKRAFT

Miaplacidus *225 Sonnen*

Theta Carinae *1360 Sonnen*

Epsilon Carinae *5405 Sonnen*

NGC 3114
Der große Offene Sternhaufen ist ähnlich groß wie NGC 2516. Er ist aber dunkler, weil er mit ungefähr 3000 Lichtjahren doppelt so weit entfernt ist.

NGC 2516
Den Offenen Sternhaufen sieht man bereits mit bloßem Auge – er erscheint so groß wie der Vollmond. Ferngläser lösen einzelne Sterne auf.

NGC 3372
Der große diffuse Nebel oder Carinanebel erscheint viermal so groß wie der Vollmond. Er enthält den unregelmäßig Veränderlichen Eta Carinae.

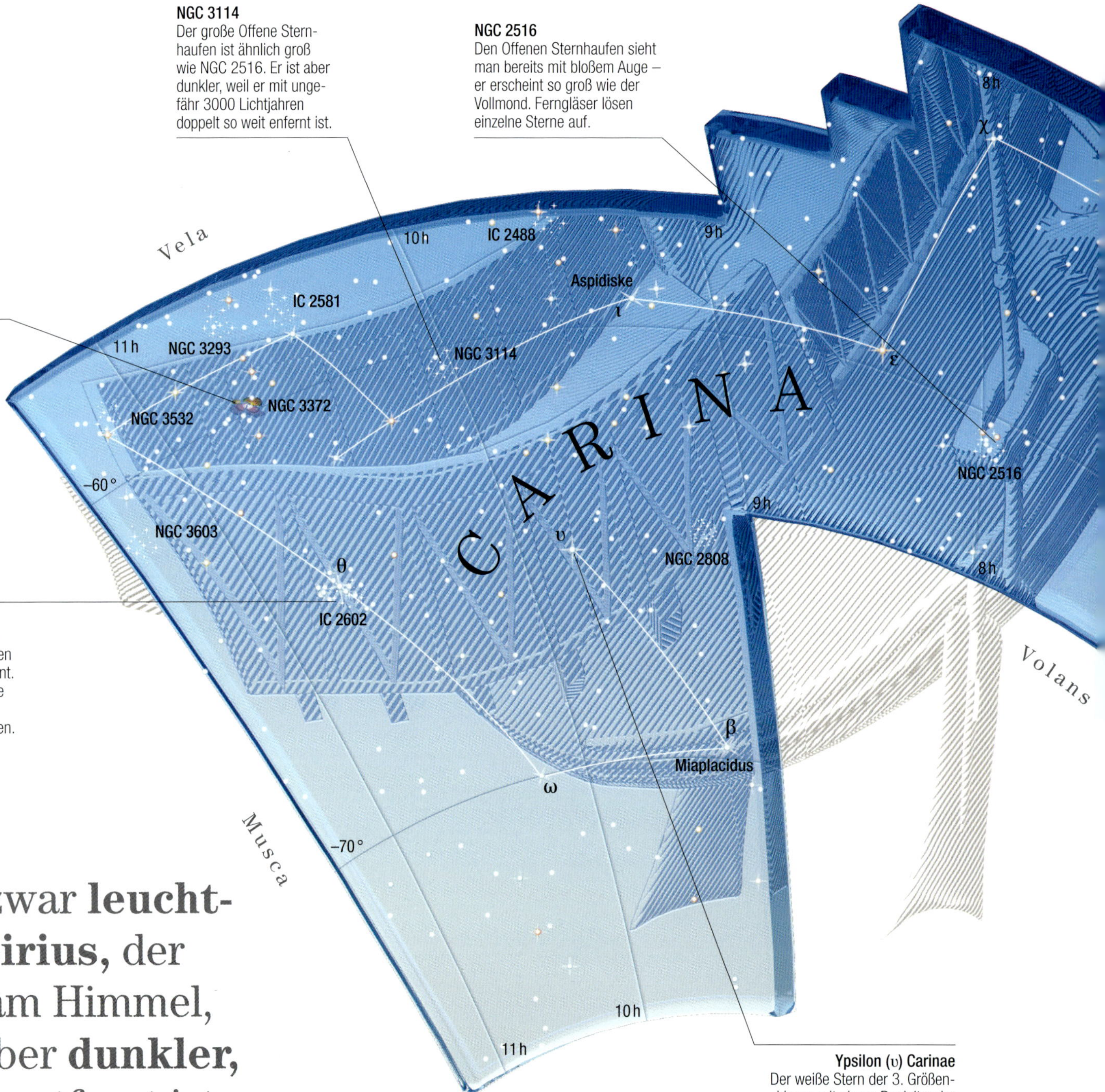

IC 2602
Der Offene Sternhaufen ist auch unter dem Namen Südliche Plejaden bekannt. Er ist doppelt so groß wie der Vollmond und leicht mit bloßem Auge zu sehen. Sein vhellster Stern ist Theta (θ) Carinae.

Canopus ist zwar **leuchtstärker als Sirius,** der hellste Stern am Himmel, er erscheint aber **dunkler,** weil er weiter entfernt ist.

Ypsilon (υ) Carinae
Der weiße Stern der 3. Größenklasse mit einem Begleiter der 6. Größenklasse ist mit kleinen Teleskopen sichtbar.

▷ Entfernungen der Sterne
Die Sterne des Musters liegen zwischen 113 und ungefähr 1400 Lichtjahren von der Erde entfernt. Die beiden hellsten Sterne des Sternbilds, Canopus (α) und Miaplacidus (β), sind gleichzeitig die beiden erdnächsten. Der entfernteste Stern, Ypsilon (υ) Carinae, ist ein Sonderfall und etwa doppelt so weit von der Erde entfernt wie Iota (ι) Carinae, der nach Ypsilon (υ) Carinae der entfernteste ist.

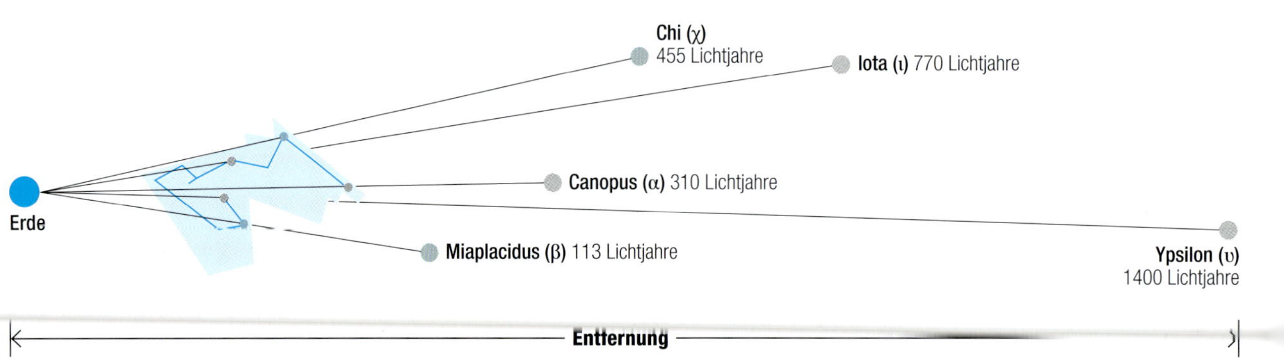

Aspidiske
6270 Sonnen

Canopus
13 855 Sonnen

Eta Carinae
Mehr als 5 Mio. Sonnen

CARINA
SCHIFFSKIEL

Das bekannte südliche Sternbild Carina liegt vor den reichhaltigen Sternfeldern der Milchstraße und enthält den zweithellsten Stern am Himmel, Canopus.

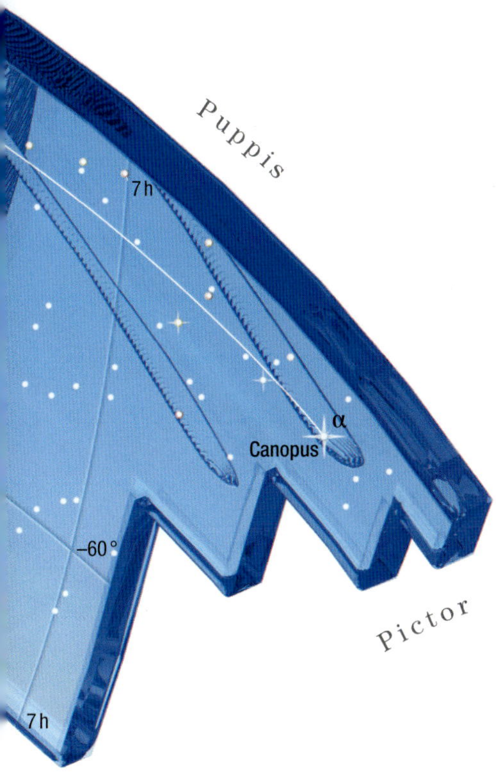

Carina stellt das Segel des mythischen Schiffs *Argo* dar, das die alten Griechen als einziges großes Sternbild einführten. Es wurde im 18. Jh. von dem französischen Astronomen Nicolas Louis de Lacaille in drei Teile (Carina, Vela und Puppis) geteilt. Die beiden hellsten Sterne von Argo, Canopus und Miaplacidus, wurden Carina zugeteilt.

Carina enthält einen der außergewöhnlichsten Sterne, Eta Carinae. Derzeit ist er gerade noch mit bloßem Auge zu sehen, aber früher, beispielsweise 1843, leuchtete er zeitweise heller als Canopus. Vermutlich ist er ein massiver Doppelstern, der von Trümmern der gewaltigen Eruption verdunkelt wurde. Er liegt im Carinanebel (s. S. 204/205), einer Gaswolke, die größer und heller als der Orionnebel ist. Die Sterne Epsilon und Iota Carinae bilden zusammen mit Delta und Kappa Velorum den Asterismus Falsches Kreuz, der oft mit dem Kreuz des Südens verwechselt wird.

DATEN

Größenrangliste 34

Hellste Sterne Canopus (α) –0,7, Miaplacidus (β) 1,7

Genitiv Carinae

Abkürzung Car

Höchststand um 22 Uhr Januar–April

Sichtbarkeit 14 °N – 90 °S

KARTE 2

HAUPTSTERNE

Canopus Alpha (α) Carinae
Weißer Riese
–0,7 ⟷ 310 Lichtjahre

Miaplacidus Beta (β) Carinae
Blau-weißer Riese
1,7 ⟷ 113 Lichtjahre

Epsilon (ε) Carinae
Orangefarbener Riese
2,0 ⟷ 600 Lichtjahre

Theta (θ) Carinae
Blau-weißer Hauptreihenstern
2,8 ⟷ 455 Lichtjahre

Aspidiske Iota (ι) Carinae
Weißer Überriese
2,3 ⟷ 770 Lichtjahre

Ypsilon (υ) Carinae
Weißer Überriese
3,0 ⟷ 1400 Lichtjahre

HIMMELSOBJEKTE

NGC 2516
Offener Sternhaufen

NGC 3114
Offener Sternhaufen

NGC 3372 (Carinanebel)
Heller, diffuser Nebel

NGC 3532
Offener Sternhaufen

IC 2602 (Südliche Plejaden)
Offener Sternhaufen

△ **NGC 3603**
Die Aufnahme im sichtbaren Licht und Infrarot zeigt eine enorme Höhle im Gas, das den massiven Sternhaufen NGC 3603 umgibt. Sie entstand durch ultraviolette Strahlung und stellare Winde von jungen, heißen Sternen im Haufen.

◁ **Eta Carinae und der Schlüssellochnebel**
Der Doppelstern Eta Carinae (Mitte links) ist von einem hellen Gebiet aus glühendem Gas umgeben, das bei der Eruption 1843 abgestoßen wurde. Eta Carinae liegt im Carinanebel, zu dem das Gebiet des Schlüssellochs (die langgestreckte, dunkle Fläche rechts neben Eta Carinae) gehört.

STAUBWOLKEN IN CARINA

Im Carinanebel finden sich fantastische Strukturen wie etwa ein 300 Lichtjahre großes Sternentstehungsgebiet. Diese Falschfarbendarstellung zeigt nur einen kleinen, ungefähr 15 Lichtjahre großen Ausschnitt davon. Die viefältigen, wie Skulpturen wirkenden Formen in den kalten Wolken wurden durch stellare Winde und ultraviolette Strahlung von massiven Sternen geformt. Dunkle Knoten aus Gas und Staub sind so dick, dass sie undurchsichtig sind, obwohl die Dichte der Wolke normalerweise geringer ist als die der Erdatmosphäre. Die dunkle Säule aus kaltem Wasserstoff und Staub (rechts) ist mehr als zwei Lichtjahre lang und wurde bislang nicht erodiert. In ihr entstehen neue Sterne. Die Aufnahme des Hubble-Weltraumteleskops kombiniert zwei Beobachtungen. Die erste aus dem Jahr 2005 nahm emittiertes Licht von Wasserstoffatomen auf, die zweite aus dem Jahr 2010 Licht von Sauerstoffatomen.

MUSCA

FLIEGE

Das kleine Sternbild liegt unmittelbar südlich von Crux (Kreuz des Südens). Muscas Sterne sind relativ hell, sie werden aber vor dem Hintergrund der Milchstraße leicht übersehen.

Musca findet man am besten mithilfe der hellen Sterne von Crux. Die Fliege ist das einzige Insekt am Himmel. Die niederländischen Seefahrer Pieter Dirkszoon Keyser und Frederick de Houtman führten sie Ende des 16. Jh. als Apis (Biene) ein. Nicolas Louis de Lacaille benannte es 1752 in Musca um.

◁ **NGC 5189**
Der planetarische Nebel NGC 5189 besteht aus Material, das ein untergehender Weißer Zwerg abgestoßen hat. Ungewöhnlicherweise besitzt der Nebel zwei Zentralsterne, den Weißen Zwerg und einen Wolf-Rayet-Stern. Die Anwesenheit dieser beiden Sterne erklärt die komplexe Struktur des Gases in der Umgebung.

NGC 4833
Der Kugelsternhaufen ist 21 500 Lichtjahre entfernt. Er hat eine Größenklasse von 7,8 und erscheint in Ferngläsern als dunstige Kugel.

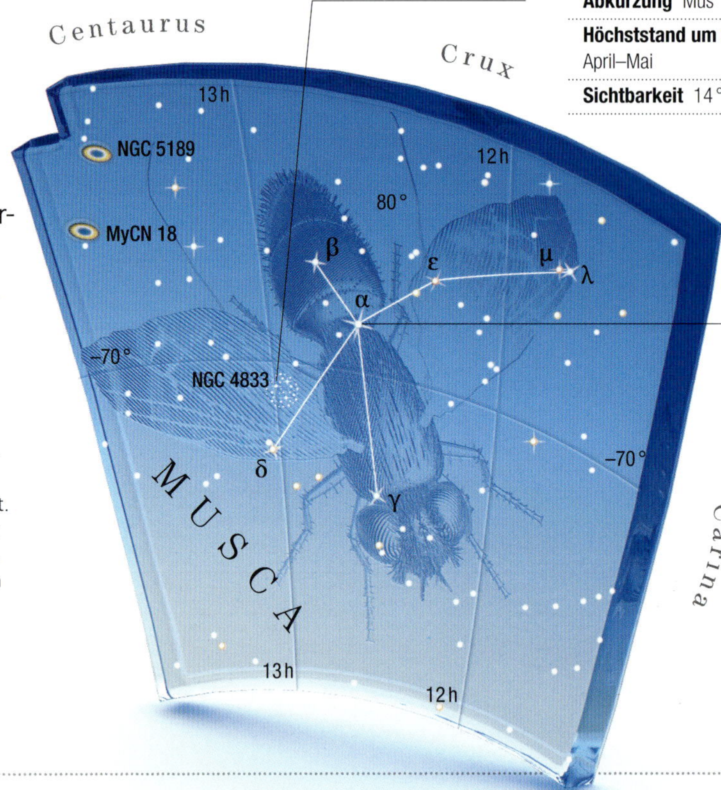

Alpha (α) Muscae
Der Blau-weiße Unterriese entwickelt sich zu einem Riesen und ist 315 Lichtjahre entfernt. Der Cepheiden-Veränderliche pulsiert alle 2,2 Stunden.

DATEN

Größenrangliste	77
Hellste Sterne	Alpha (α) 2,7, Beta (β) 3,1
Genitiv	Muscae
Abkürzung	Mus
Höchststand um 22 Uhr	April–Mai
Sichtbarkeit	14 °N – 90 °S

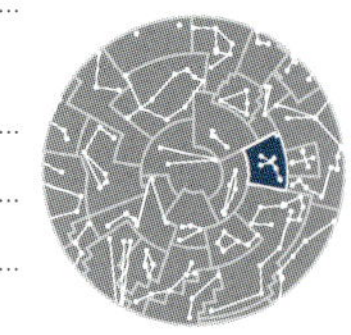

KARTE 2

CIRCINUS

ZIRKEL

Als eines der kleinsten Sternbilder wurde Circinus in eine Lücke zwischen Centaurus (Zentaur) und Triangulum (Südliches Dreieck) Australe gesetzt. Mithilfe des hellen Sterns Alpha Centauri kann man das Sternbild auffinden.

Circinus wurde gegen Ende des 18. Jh. von dem Franzosen Nicolas Louis de Lacaille eingeführt. Ein dunkles Dreieck aus Sternen stellt den Zirkel dar, den Seefahrer zur Navigation benutzten. Das Sternbild enthält die Circinus-Galaxie, eine der erdnächsten Seyfert-Galaxien. Lohnenswert ist auch RCW 86, ein Supernovaüberrest, den chinesische Astronomen im Jahr 185 beobachtet hatten.

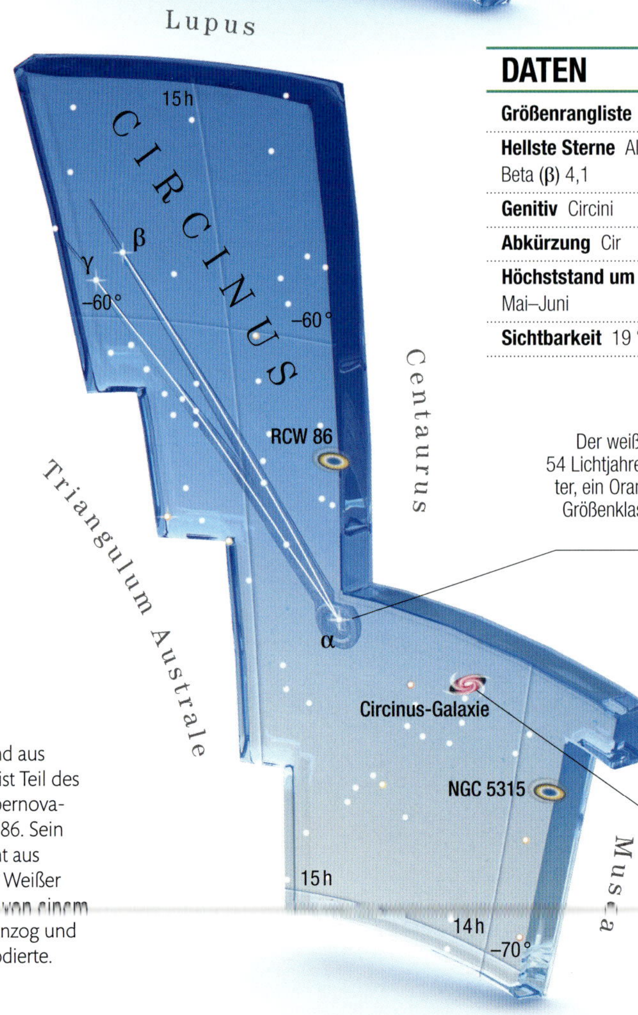

DATEN

Größenrangliste	85
Hellste Sterne	Alpha (α) 3,2, Beta (β) 4,1
Genitiv	Circini
Abkürzung	Cir
Höchststand um 22 Uhr	Mai–Juni
Sichtbarkeit	19 °N – 90 °S

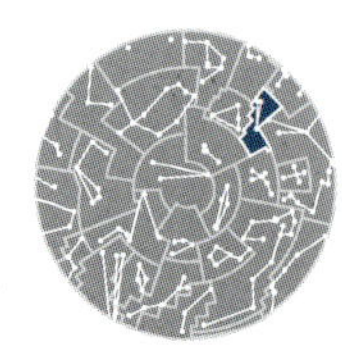

KARTE 2

Alpha (α) Circini
Der weiße Hauptreihenstern ist 54 Lichtjahre entfernt. Sein Begleiter, ein Orangefarbener Zwerg mit Größenklasse 8,6, ist mit kleinen Teleskopen sichtbar.

◁ **RCW 86**
Das farbige Band aus Gas und Staub ist Teil des fast runden Supernovaüberrests RCW 86. Sein Material stammt aus der Zeit, als ein Weißer Zwerg Material von einem Nachbarstern anzog und daraufhin explodierte.

Circinus-Galaxie
Die kleine Spiralgalaxie ist 13 Mio. Lichtjahre entfernt und hat in ihrem Zentrum ein supermassives Schwarzes Loch.

TRIANGULUM AUSTRALE

SÜDLICHES DREIECK

Das kleine Sternbild aus drei hellen Sternen ist ein sehr auffälliges Dreiecksmuster, das auch vor der sternenreichen Region der Milchstraße gut zu finden ist.

Das helle Dreieck ist südöstlich von Centaurus aufzufinden. Es ist nicht sicher, wer das Sternbild einführte. Es erschien 1603 zuerst in dem Sternatlas *Uranometria* von Johann Bayer. Obwohl Triangulum Australe die Milchstraße kreuzt, bietet es außer dem Sternhaufen NGC 6025 für Hobbyastronomen kaum interessante Ziele.

◁ **ESO 69-6**
Bei diesem wechselwirkenden Paar strahlen von beiden Galaxien lange Schweife ab. Die Schweife bestehen aus Gas und Sternen aus den äußeren Gebieten der Galaxien. Die Galaxien liegen ungefähr 650 Mio. Lichtjahre von der Erde entfernt.

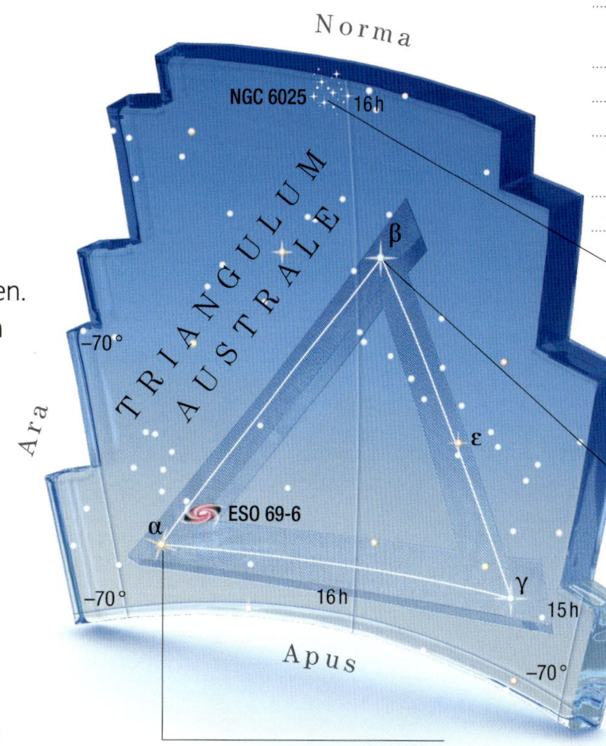

NGC 6025
Den Offenen Sternhaufen mit Größenklasse 5,1 kann man zwar mit bloßem Auge sehen, aber Ferngläser bieten eine detailliertere Sicht.

Beta (β) Trianguli Australis
Der weiße Hauptreihenstern ist doppelt so groß wie die Sonne und 40 Lichtjahre entfernt. Ihn umgibt eine Scheibe aus Staubpartikeln.

Atria (α Trianguli Australis)
Der Orangefarbene Riese ist 390 Lichtjahre entfernt und etwa 5000-mal so leuchtstark wie die Sonne.

DATEN

Größenrangliste 83
Hellste Sterne Alpha (α) 1,9, Beta (β) 2,8
Genitiv Trianguli Australis
Abkürzung TrA
Höchststand um 22 Uhr Juni–Juli
Sichtbarkeit 19 °N – 90 °S

KARTE 2

TELESCOPIUM

TELESKOP

Das dunkle Sternbild wurde in den 1750er-Jahren eingeführt. Telescopium liegt südlich des auffälligen Sternbilds Sagittarius (Schütze) und von Corona Australis (Südliche Krone).

Das kaum erkennbare Muster des Sternbilds Telescopium bildet einen rechten Winkel, der in eine Ecke des Sternbilds platziert wurde. Der französische Astronom Nicolas Louis de Lacaille führte es ein und nutzte zusätzliche Sterne benacharter Sternbilder. Diese wurden jedoch später wieder den anderen Sternbildern zugeteilt.

▷ **NGC 6861**
Die Scheibe dieser Spindelgalaxie ist gegenüber unserer Sichtachse geneigt. Dunkle Bänder in der Scheibe sind große Staubwolken, die das Licht der Sterne im Hintergrund blockieren.

NGC 6861
Die Spindelgalaxie mit der Größenklasse 11,1 ist Mitglied einer Gruppe aus etwa einem Dutzend Galaxien, der Telescopium-Gruppe.

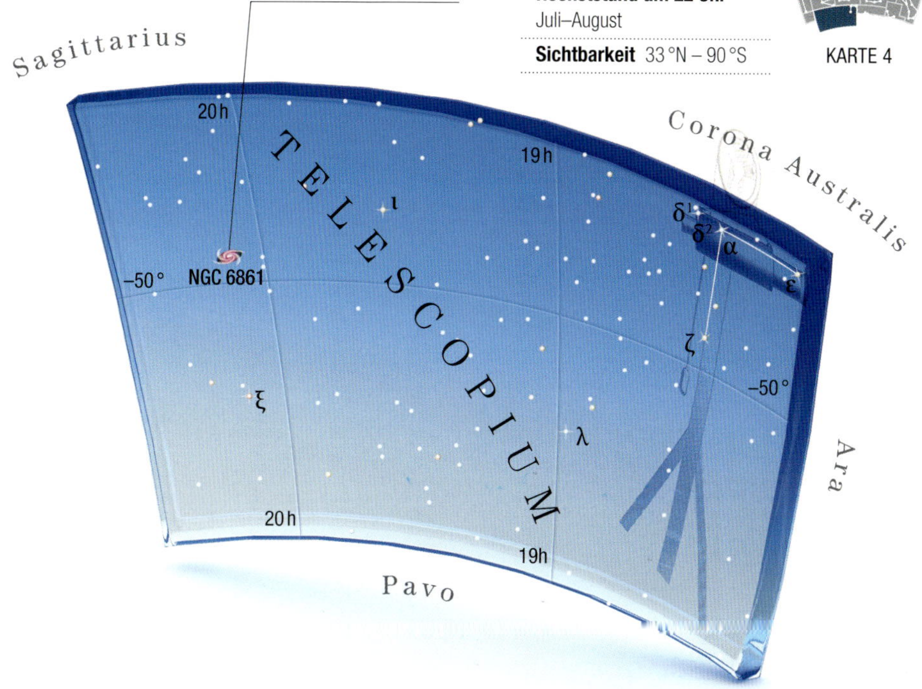

DATEN

Größenrangliste 57
Hellste Sterne Alpha (α) 3,5, Zeta (ζ) 4,1
Genitiv Telescopii
Abkürzung Tel
Höchststand um 22 Uhr Juli–August
Sichtbarkeit 33 °N – 90 °S

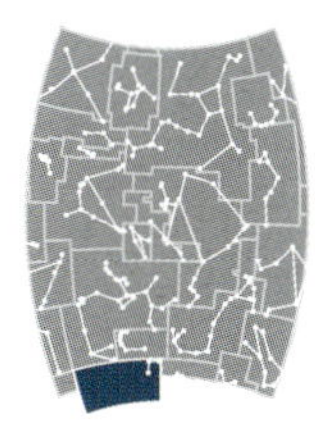

KARTE 4

INDUS

INDER

Dieses Sternbild, das im 16. Jahrhundert eingeführt wurde, stellt einen Menschen da, wobei unklar ist, ob es einen Inder oder einen Eingeborenen Amerikas, einen Indianer, repräsentiert.

Indus gehört zu den zwölf Sternbildern, die die niederländischen Seefahrer Pieter Dirkszoon Keyser und Frederick de Houtman in den 1590er-Jahren einführten. Der Inder oder Indianer trägt einen Speer und Pfeile und ist um drei Sterne gezeichnet, die im nördlichen Abschnitt des Sternbilds einen rechten Winkel bilden. Seine hellsten Sterne haben nur die Größenklasse 3, und es enthält keine Sternhaufen oder Nebel. Ein bemerkenswerter Stern ist Epsilon Indi. Der gelbe Hauptreihenstern hat eine Größenklasse von –4,7 und liegt nur 11,2 Lichtjahre entfernt, sodass er zu den erdnächsten Sternen zählt.

▷ **ESO 77-14**
Die früher flachen Scheiben zweier nahezu gleich großen Galaxien wurden zerstört, und das Paar ist nun über Material verbunden, das aus dem Inneren der Galaxien stammt. Ein kurzer, roter Arm aus Gas und Staub erstreckt sich aus der oberen Galaxie, während die untere einen längeren, bläulichen Arm hat.

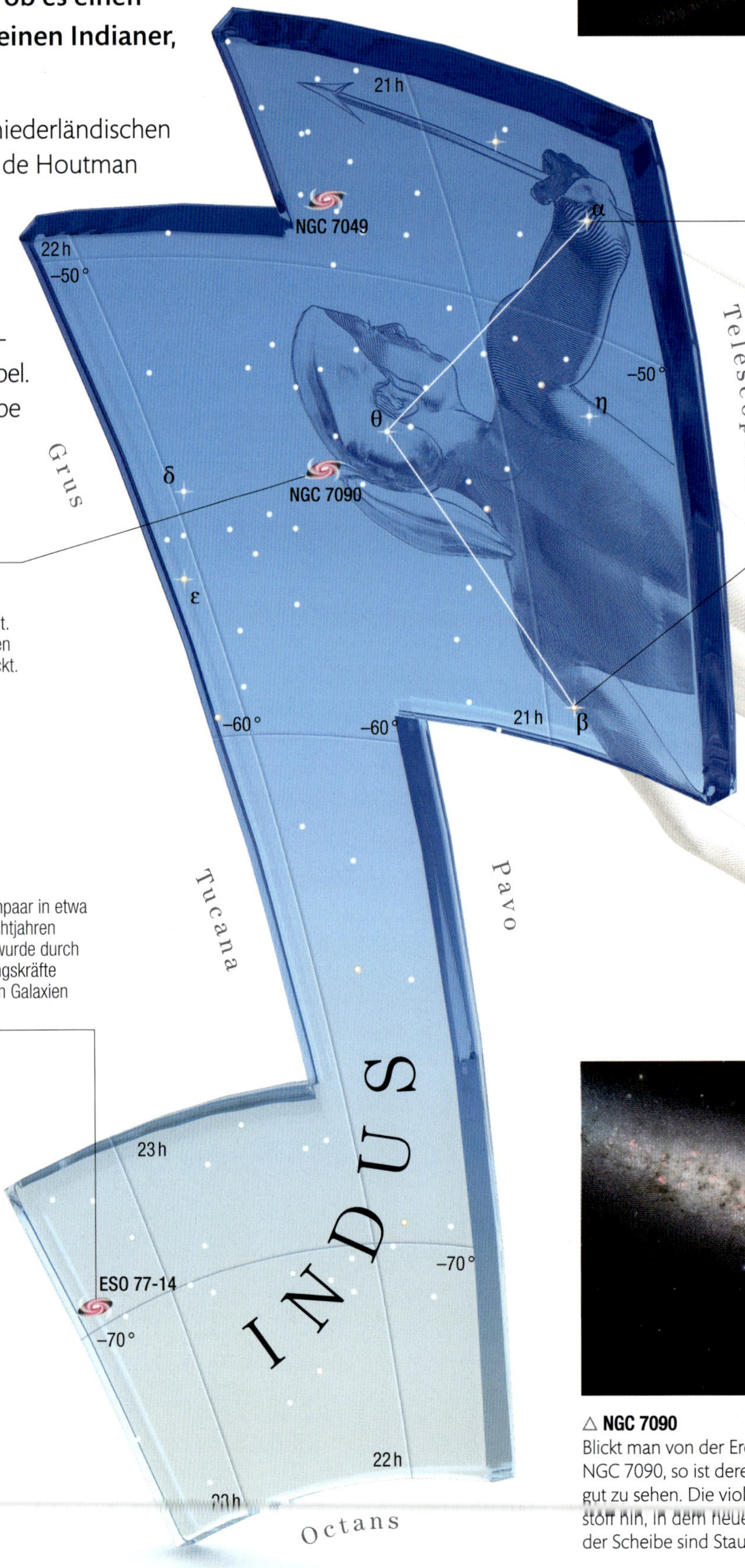

Alpha (α) Indi
Der Orangefarbene Riese ist zwölfmal so groß und 100-mal so leuchtstark wie die Sonne. Seine zwei Begleiter löst ein mittelgroßes Teleskop auf.

Beta (β) Indi
Der zweithellste Stern Beta ist ein Orangefarbener Riese mit Größenklasse 3,7. Er ist 600 Lichtjahre entfernt.

NGC 7090
Die Spiralgalaxie in Kantenansicht ist etwa 30 Mio. Lichtjahre entfernt. Sie wurde 1834 von dem britischen Astronomen John Herschel entdeckt.

ESO 77-14
Das Galaxienpaar in etwa 550 Mio. Lichtjahren Entfernung wurde durch die Anziehungskräfte der einzelnen Galaxien zerstört.

DATEN

Größenrangliste 49

Hellste Sterne Alpha (α) 3,1, Beta (β) 3,7

Genitiv Indi

Abkürzung Ind

Höchststand um 22 Uhr August–Oktober

Sichtbarkeit 15 °N – 90 °S

KARTE 2

HAUPTSTERNE

Alpha (α) Indi
Orangefarbener Riese
3,1 ⟷ 98 Lichtjahre

Beta (β) Indi
Orangefarbener Riese
3,7 ⟷ 610 Lichtjahre

HIMMELSOBJEKTE

NGC 7049
Linsenförmige Galaxie

NGC 7090
Spiralgalaxie

ESO 77-14
Wechselwirkende Galaxien

△ **NGC 7090**
Blickt man von der Erde aus auf die Spiralgalaxie NGC 7090, so ist deren Scheibe und die zentrale Wölbung gut zu sehen. Die violett-roten Gebiete weisen auf Wasserstoff hin, in dem neue Sterne entstehen. Dunkle Gebiete in der Scheibe sind Staubfahnen.

PHOENIX

PHÖNIX

Das unauffällige Sternbild zeigt den mythischen Vogel Phönix und wurde im 16. Jahrhundert eingeführt. Phoenix grenzt im Norden an Sculptor (Bildhauer) und im Süden an Tucana (Tukan).

Der Sage nach starb Phönix in Flammen, und aus seiner Asche stieg ein junger Phönix hervor. Das Sternbild führten die niederländischen Seefahrer Pieter Dirkszoon Keyser und Frederick de Houtman ein. Ankaa markiert den Schnabel am nördlichen Ende eines Fünfecks, das den Vogelkörper darstellt, der an beiden Seiten geöffnete Flügel besitzt. Phoenix hat interessante Doppelsterne und zwei massive Galaxienhaufen, den Phoenix- und den El-Gordo-Haufen.

△ **Roberts Quartett**
Diese Gruppe aus vier wechselwirkenden Galaxien ist etwa 160 Mio. Lichtjahre entfernt. Sie besteht aus einer irregulären Galaxie (rechts) und drei Spiralgalaxien. Ein Arm der größten Spiralgalaxie (oben links) wurde zerstört, sodass sie mindestens 200 Sternentstehungsgebiete hat. Die zentrale Galaxie umgibt diffuses Material, und die untere besitzt zwei Spiralarme.

DATEN

Größenrangliste 37

Hellste Sterne Alpha (α) 2,4, Beta (β) 3,3

Genitiv Phoenicis

Abkürzung Phe

Höchststand um 22 Uhr Oktober–November

Sichtbarkeit 32 °N – 90 °S

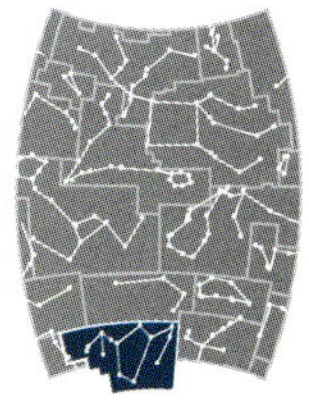

KARTE 3

HAUPTSTERNE

Ankaa Alpha (α) Phoenicis
Orangefarbener Riese
2,4 ⟷ 85 Lichtjahre

Beta (β) Phoenicis
Gelber Riese
3,3 ⟷ 225 Lichtjahre

HIMMELSOBJEKTE

Roberts Quartett
Gruppe wechselwirkender Galaxien

El Gordo-Galaxienhaufen
Größter Galaxienhaufen

Phoenix-Haufen
Massiver Galaxienhaufen

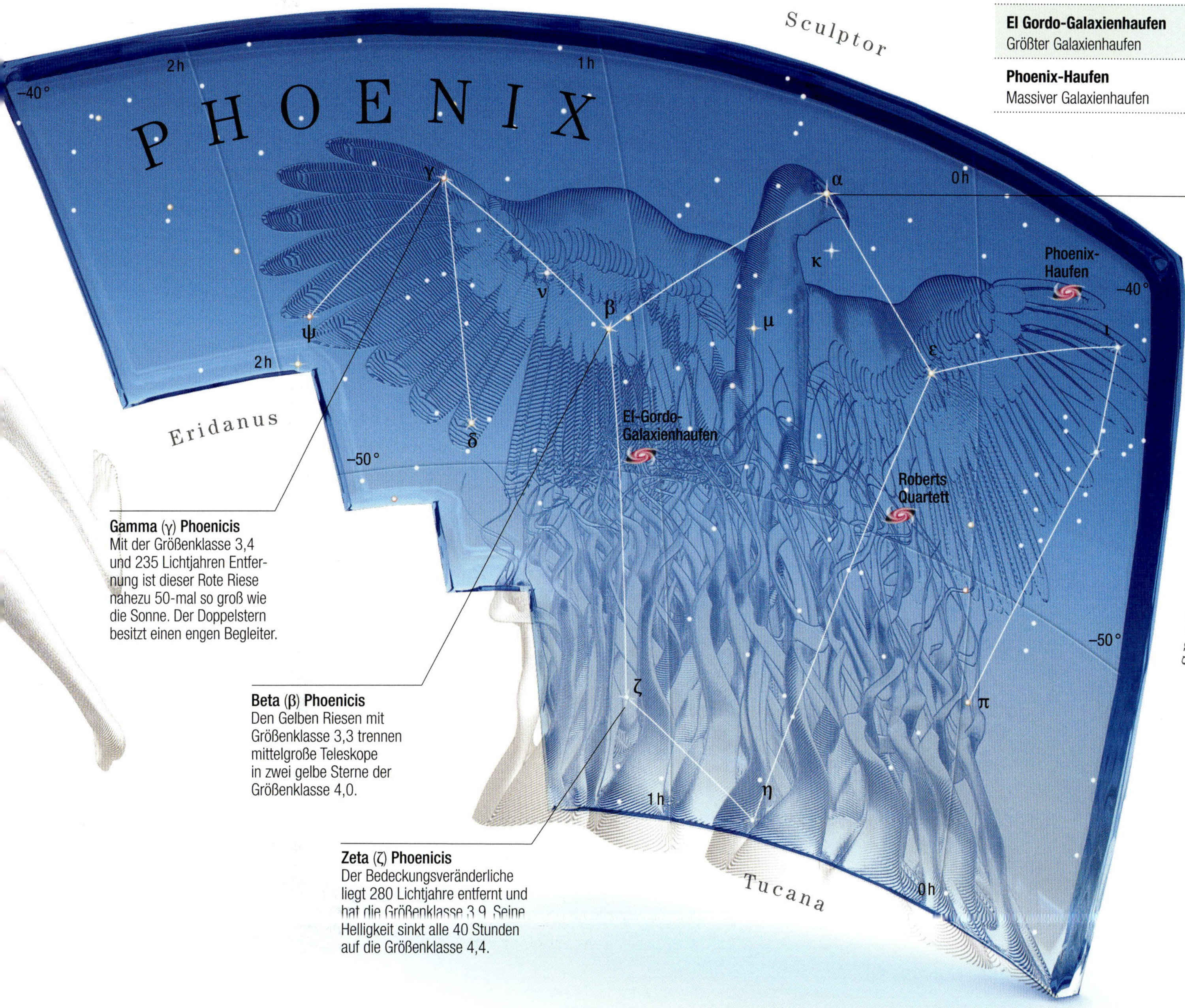

Ankaa (α Phoenicis)
Der Orangefarbene Riese ist etwa 15-mal so groß wie die Sonne. Er ist mit Größenklasse 2,4 der hellste Stern des Sternbilds.

Gamma (γ) Phoenicis
Mit der Größenklasse 3,4 und 235 Lichtjahren Entfernung ist dieser Rote Riese nahezu 50-mal so groß wie die Sonne. Der Doppelstern besitzt einen engen Begleiter.

Beta (β) Phoenicis
Den Gelben Riesen mit Größenklasse 3,3 trennen mittelgroße Teleskope in zwei gelbe Sterne der Größenklasse 4,0.

Zeta (ζ) Phoenicis
Der Bedeckungsveränderliche liegt 280 Lichtjahre entfernt und hat die Größenklasse 3,9. Seine Helligkeit sinkt alle 40 Stunden auf die Größenklasse 4,4.

LEUCHTKRAFT

Zeta Doradus
2 Sonnen

Gamma Doradus
7 Sonnen

DORADO
GOLDFISCH

Eine Reihe von Sternen in der Nähe des hellen Sterns Canopus in Carina bildet das Sternbild Dorado, das die beeindruckende Große Magellansche Wolke enthält, eine Nachbargalaxie der Milchstraße.

Dorado wird zwar allgemein als Goldfisch und manchmal auch als Schwertfisch beschrieben, stellt letztlich aber einen Delfin der tropischen Meere dar. Seine Figur wird um eine dunkle Kette aus Sternen gezeichnet, die in Richtung des himmlischen Südpols schwimmt. Das Sternbild am südlichen Himmel führten in den 1590er-Jahren die niederländischen Seefahrer Pieter Dirkszoon Keyser und Frederick de Houtman ein. Es besitzt keine sehr hellen Sterne, und seine Sterne tragen keine Namen. Sein beeindruckendstes Merkmal ist die Große Magellansche Wolke (GMW), die mit bloßem Auge zu sehen ist. Ferngläser zeigen ihre zahllosen Sternhaufen und Nebel detaillierter. Die GMW ist nach dem portugiesischen Seefahrer Ferdinand Magellan benannt, der sie in den frühen 1520er-Jahren entdeckte. Der Tarantelnebel, an dessen Rand 1987 die Supernova 1987A beobachtet wurde, ist ein Teil der GMW.

Der **Tarantelnebel,** der nach seiner spinnenartigen Form benannt wurde, ist der einzige Nebel **außerhalb der Milchstraße,** der mit **bloßem Auge** sichtbar ist.

Gamma (γ) Doradus
Die Helligkeit des Pulsationsveränderlichen wechselt alle 18 Stunden zwischen einer Größenklasse von weniger als 0,1 und seiner mittleren Größenklasse 4,25.

Alpha (α) Doradus
Dorados hellster Stern ist ein Weißer Riese und etwa dreimal so groß wie die Sonne. Ihn begleitet ein Blau-weißer Unterriese.

Beta (β) Doradus
Der Gelbe Überriese ist auch einer der hellsten Cepheiden-Veränderlichen. Seine Größenklasse schwankt alle 9,8 Tage zwischen 3,5 und 4,1.

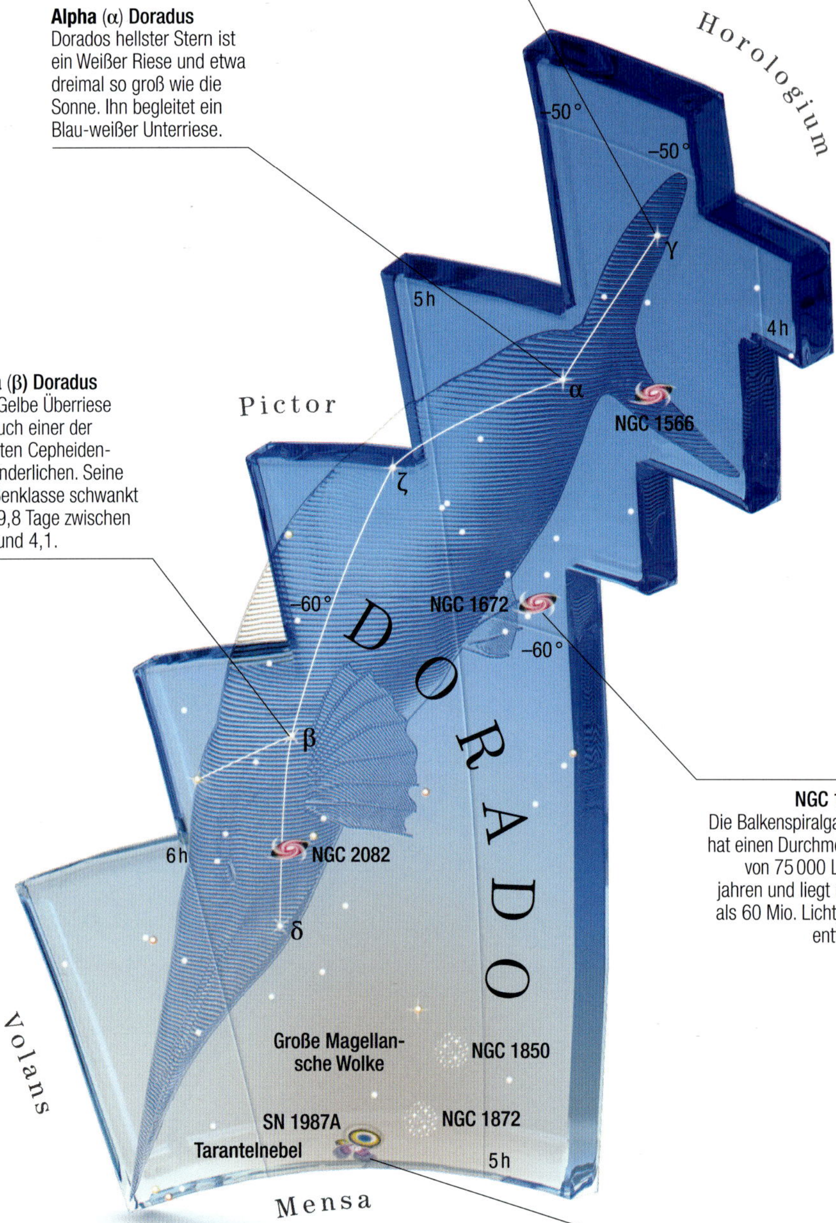

NGC 1672
Die Balkenspiralgalaxie hat einen Durchmesser von 75 000 Lichtjahren und liegt mehr als 60 Mio. Lichtjahre entfernt.

Tarantelnebel
Der auch 30 Doradus genannte Nebel ist ein massives Sternentstehungsgebiet, das etwa 800 Lichtjahre groß ist. Mit dem bloßen Auge erscheint es wie ein dunstiger Stern.

▷ **Abstände zur Erde**
Der erdnächste Stern des Musters und mit nur 38 Lichtjahren ein relativ naher Stern ist Zeta (ζ) Doradus, ein weißer Hauptreihenstern. Der entfernteste Stern ist der Gelbe Überriese Beta (β) Doradus, der mit 1005 Lichtjahren mehr als 26-mal so weit entfernt ist.

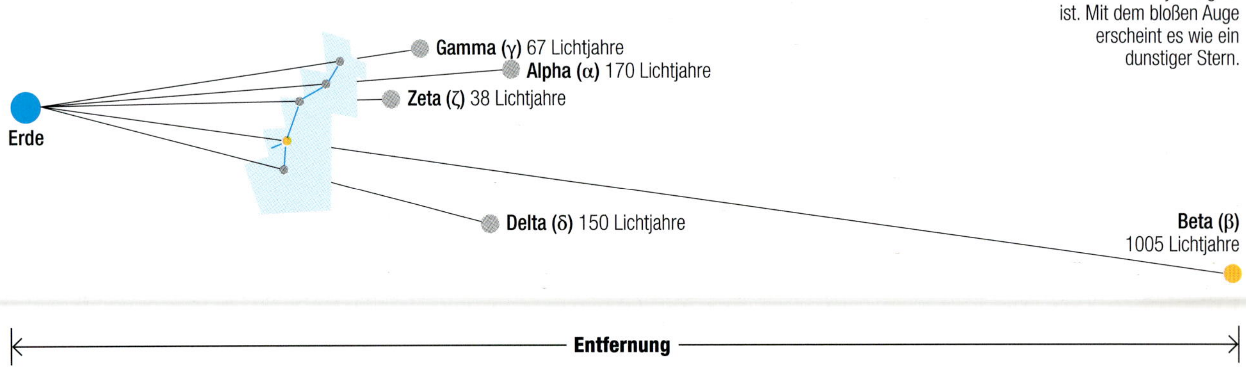

Delta Doradus
34 Sonnen

Alpha Doradus
110 Sonnen

Beta Doradus
2600 Sonnen

DATEN

Größenrangliste 72

Hellste Sterne Alpha (α) 3,3, Beta (β) 3,8

Genitiv Doradus

Abkürzung Dor

Höchststand um 22 Uhr Dezember–Januar

Sichtbarkeit 20 °N – 90 °S

KARTE 2

HAUPTSTERNE

Alpha (α) Doradus
Weißer Riese und Doppelstern
3,3 ⟷ 170 Lichtjahre

Beta (β) Doradus
Gelber Überriese und Cepheiden-Veränderlicher
3,5 – 4,1 ⟷ 1005 Lichtjahre

HIMMELSOBJEKTE

NGC 1566
Spiralgalaxie, zudem eine Seyfert-Galaxie

NGC 1672
Balkenspiralgalaxie, zudem eine Seyfert-Galaxie

NGC 1850
Kompakter Sternhaufen in der GMW

NGC 1929
Sternhaufen in der GMW

NGC 2080 (Geisterkopfnebel)
Sternentstehungsgebiet in der GMW

NGC 2082
Balkenspiralgalaxie

Große Magellansche Wolke (GMW)
Zerstörte Balkenspiralgalaxie

Tarantelnebel (30 Doradus)
Sternentstehungsgebiet in der GMW

Supernova 1987A
Supernova in der GMW

△ **Tarantelnebel**
Das riesige Gebiet aus Sternhaufen, glühendem Gas und dunklem Staub ist einer der größten Sternentstehungsnebel. Es scheint ihn ein heller Stern (Mitte links) zu erleuchten, doch tatsächlich ist es ein Sternhaufen. Die Energiefreisetzung seiner Sterne macht den Nebel erst sichtbar.

◁ **NGC 1929**
Massive Sterne in dem Sternhaufen NGC 1929 stoßen Materie mit hoher Geschwindigkeit ab und explodieren als Supernovae. Ihre Druckwellen und Winde schaffen große Höhlen, die Superblasen (blaue Flächen) in dem umgebenden Gas des Nebels N44.

▷ **Große Magellansche Wolke**
Die Satellitengalaxie der Milchstraße ist etwa 180 000 Lichtjahre entfernt. Sie wurde früher als irreguläre Galaxie eingestuft, ist aber vermutlich eine zerstörte Balkenspiralgalaxie. Der rote Fleck (Mitte links) ist der Tarantelnebel.

PICTOR

MALER

Das Sternbild enthält nur dunkle Sterne und wurde in den 1750er-Jahren eingeführt. Man findet es zwischen dem Stern Canopus in Carina und der Großen Magellanschen Wolke in Dorado (Goldfisch).

Pictor stellt eine Malerstaffelei dar, obwohl sein Sternmuster nur wenig Ähnlichkeit damit aufweist. Es zählt zu den 14 Sternbildern, die der französische Astronom Nicolas Louis de Lacaille nach seinen Beobachtungen des südlichen Himmels in den 1750er-Jahren einführte. Das ansonsten unauffällige Sternbild besitzt dennoch einige interessante Sterne. Nahaufnahmen von Beta Pictoris zeigen, dass ihn eine planetarische Scheibe umgibt. Ihr äußerer Rand liegt mehr als 1000-mal so weit entfernt, wie der Abstand zwischen der Erde und der Sonne misst. In der inneren Scheibe wurde ein Planet entdeckt, Beta Pictoris b. Er besitzt die Masse von neun Jupitern und kreist in einem ähnlichen Abstand um seinen Stern wie Saturn um die Sonne. Der Rote Zwerg Kapteyns Stern ist der Stern, der sich (nach Barnards Stern in Ophiuchus) am zweitschnellsten am Himmel bewegt.

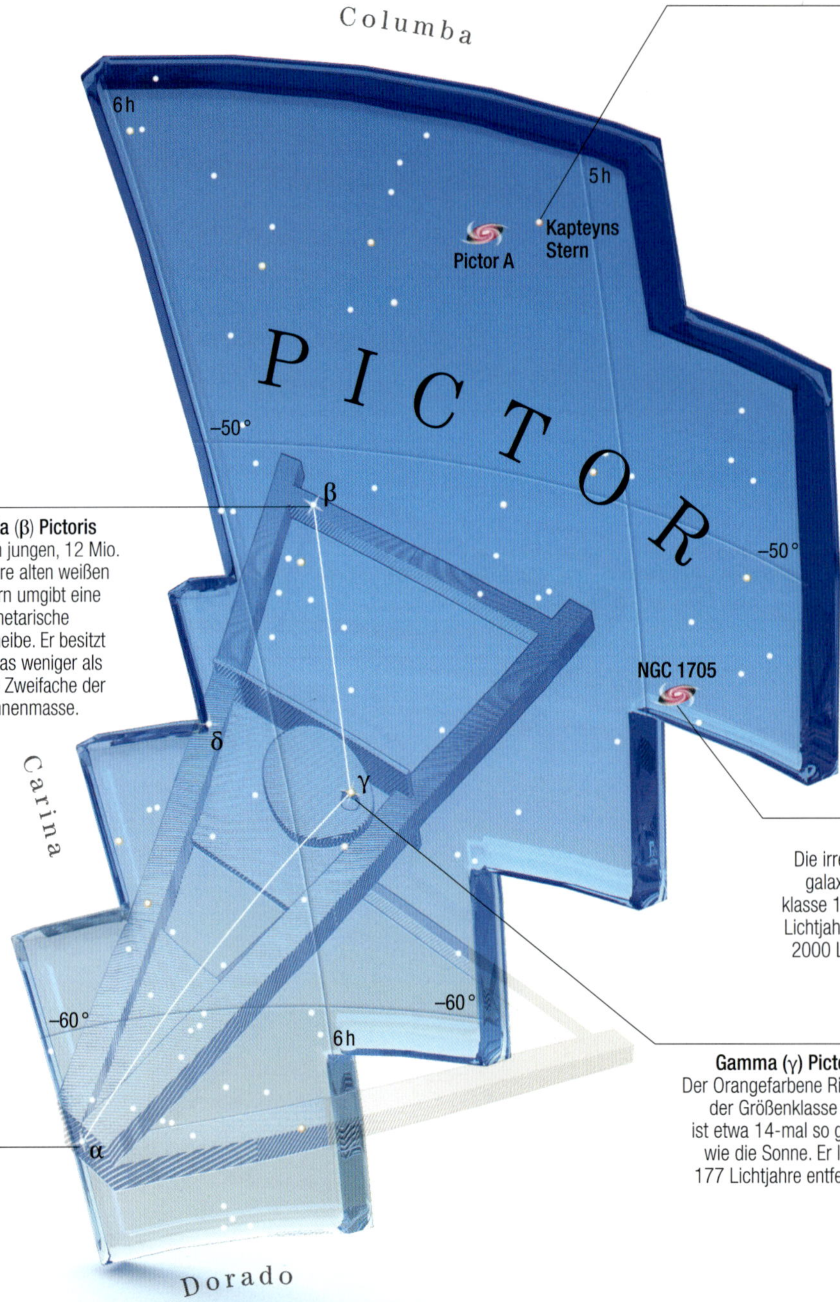

DATEN

Größenrangliste 59

Hellste Sterne Alpha (α) 3,3, Beta (β) 3,9

Genitiv Pictoris

Abkürzung Pic

Höchststand um 22 Uhr Dezember–Februar

Sichtbarkeit 23 °N – 90 °S

KARTE 2

HAUPTSTERNE

Alpha Alpha (α) Pictoris
Weißer Hauptreihenstern
3,3 ⟷ 97 Lichtjahre

Beta Beta (β) Pictoris
Weißer Hauptreihenstern
3,9 ⟷ 63 Lichtjahre

Gamma (γ) Pictoris
Orangefarbener Riese
4,5 ⟷ 177 Lichtjahre

HIMMELSOBJEKTE

NGC 1705
Irreguläre Zwerggalaxie, auch Sternentstehungsgalaxie

Pictor A
Radiogalaxie, auch eine Seyfert-Galaxie

▷ **Pictor A**
Im hellen Zentrum dieser doppellappigen Radiogalaxie sitzt ein supermassives Schwarzes Loch. Während Material um das Schwarze Loch kreist, wird Energie als gewaltiger 300 000 Lichtjahre langer Teilchenstrom freigesetzt.

RETICULUM

NETZ

Das dunkle, diamantförmige Sternbild am südlichen Himmel liegt nordwestlich der Großen Magellanschen Wolke in Dorado (Goldfisch).

Die Sterne in diesem Gebiet wurden 1621 von dem deutschen Astronomen Isaac Habrecht zu dem Sternbild Rhombus zusammengefasst, dem Diamanten. Seine moderne Beschreibung gab ihm der französische Astronom Nicolas Louise de Lacaille in den 1750er-Jahren. Der Name beschreibt das Fadenkreuz im Okular eines Teleskops, mit dem man die Positionen der Sterne bestimmt. Es ist eines der kleinsten Sternbilder und enthält als Attraktionen den Doppelstern Zeta Reticuli und einige dunkle Galaxien wie NGC 1313, in der eine ungewöhnlich hohe Anzahl junger, heißer Sterne entstehen, und NGC 1559, eine Spiralgalaxie in 50 Mio. Lichtjahren Entfernung.

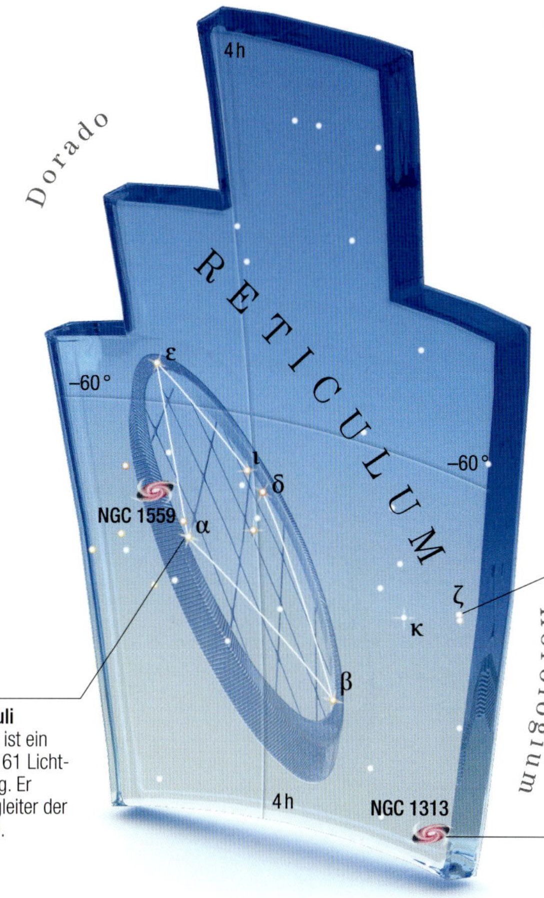

Alpha (α) Reticuli
Der hellste Stern ist ein Gelber Riese in 161 Lichtjahren Entfernung. Er besitzt einen Begleiter der Größenklasse 12.

Zeta (ζ) Reticuli
Der Doppelstern in 39 Lichtjahren Entfernung ist ein Ziel für das bloße Auge. Ferngläser lösen ihn zu einem Paar aus gelben Sternen mit den Größenklassen 5,2 und 5,9 auf.

NGC 1313
Die Balkenspiralgalaxie ist ungefähr ein Drittel so groß wie die Milchstraße und etwa 15 Mio. Lichtjahre entfernt.

DATEN

Größenrangliste 82

Hellste Sterne Alpha (α) 3,4 Beta (β) 3,8

Genitiv Reticuli

Abkürzung Ret

Höchststand um 22 Uhr Dezember

Sichtbarkeit 23 °N – 90 °S

KARTE 2

VOLANS

FLIEGENDER FISCH

Dieses unauffällige Sternbild liegt zwischen den hellen Sternen des Sternbilds Carina (Schiffskiel) und dem Himmelssüdpol.

Volans beschrieben die niederländischen Seefahrer Peter Dirkszoon Keyser und Frederick de Houtman in den 1590er-Jahren. Seine interessantesten Objekte sind Doppelsterne wie Gamma Volantis, den man mit kleinen Teleskopen sieht, und seine Galaxien, die nur in großen Teleskopen sichtbar sind. Von NGC 2442 strahlt an jedem Balkenende ein Arm ab, sodass die Galaxie einem »S« gleicht. Sie erhielt deshalb auch den Namen Fleischerhaken-Galaxie. Ihre zerstörte Form entstand durch eine Beinahe-Kollision mit einer kleineren Galaxie. AM 0644-741 war früher eine Spiralgalaxie, ist aber nach einer Kollision mit einer anderen Galaxie jetzt eine Ringgalaxie.

Epsilon (ε) Volantis
Der Blau-weiße Unterriese mit Größenklasse 4,4 hat einen Begleiter der Größenklasse 8,1, den kleine Teleskope trennen.

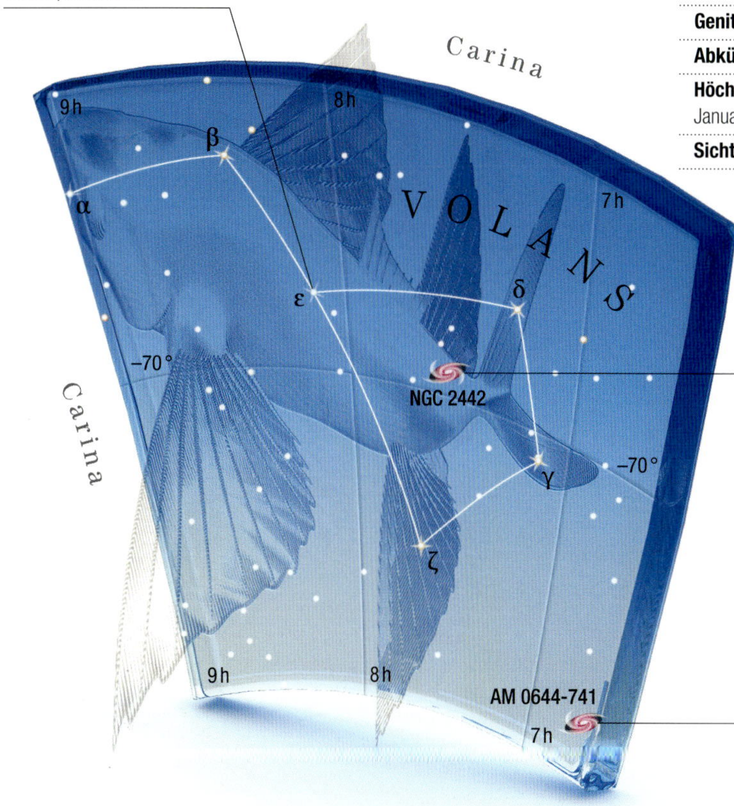

NGC 2442
Die Balkenspiralgalaxie in Scheibenansicht ist 50 Mio. Lichtjahre entfernt und nur mit großen Teleskopen sichtbar. Sie ist 75 000 Lichtjahre groß.

AM 0644-741
Die 150 000 Lichtjahre große Ringgalaxie gleicht einem diamant- und saphirbesetzten Armband, das sich um den gelben Kern legt.

DATEN

Größenrangliste 76

Hellste Sterne Beta (β) 3,8, Gamma (α) 3,8

Genitiv Volantis

Abkürzung Vol

Höchststand um 22 Uhr Januar–März

Sichtbarkeit 14 °N – 90 °S

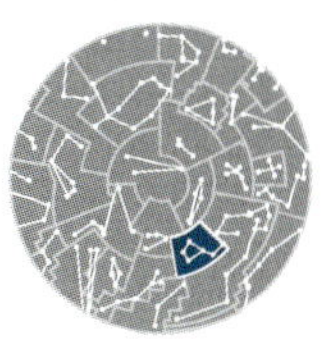

KARTE 2

CHAMAELEON

CHAMÄLEON

Das kleine und unbedeutende Sternbild, das in der Nähe des Himmelssüdpols liegt, gehört zu den Sternbildern, die Petrus Plancius in den 1590er-Jahren einführte.

Chamaeleons dunkles Muster liegt zwischen den Sternfeldern von Carina und dem südlichen Himmelspol in Octans. Keiner seiner Sterne ist hell, und mit dem Sternbild ist keine Legende verbunden. Eta Chamaeleontis ist der hellste Stern in einem Offenen Sternhaufen, Delta Chamaeleontis ist ein optischer Doppelstern. Die Chamaeleon-I-Wolke ist ein Nebel in etwa 500 Lichtjahren Entfernung.

▷ **Die Chamaeleon-I-Wolke**
Die Aufnahme zeigt, wie ein Stern in der Chamaeleon-I-Wolke entsteht. Gasströme aus seinen Polen kollidieren mit dem Gas der Umgebung und erleuchten das Gebiet.

DATEN

Größenrangliste	79
Hellste Sterne	Alpha (α) 4,1, Gamma (γ) 4,1
Genitiv	Chamaeleontis
Abkürzung	Cha
Höchststand um 22 Uhr	Februar–Mai
Sichtbarkeit	7 °N – 90 °S

KARTE 2

APUS

PARADIESVOGEL

Apus gehört zu den zwölf Sternbildern, die gegen Ende des 16. Jahrhunderts eingeführt wurden. Der Paradiesvogel wurde um eine Reihe aus vier unauffälligen Sternen gezeichnet.

Apus liegt südlich des auffälligen Sterndreiecks Triangulum Australe in einem ansonsten leeren Gebiet in der Nähe des Himmelssüdpols. Die niederländischen Seefahrer Pieter Dirkszoon Keyser und Frederick de Houtman führten es ein, nachdem sie auf ihrer Forschungsreise nach Neuguinea einen Paradiesvogel gesehen hatten. Mit sehr guten Augen oder Ferngläsern ist der interessanteste Stern Delta Apodis zu sehen. Der Doppelstern besteht aus einem weiten Paar ungebundener Roter Riesen mit den Größenklassen 4,7 und 5,3 und ist 310 Lichtjahre entfernt. Lohnende Objekte sind auch Theta Apodis, ein Roter Riese, dessen Größenklasse ungefähr alle vier Monate zwischen 6,4 und 8,0 wechselt, sowie die Kugelsternhaufen IC 4499 und NGC 6101.

DATEN

Größenrangliste	67
Hellste Sterne	Alpha (α) 3,8, Gamma (γ) 3,9
Genitiv	Apodis
Abkürzung	Aps
Höchststand um 22 Uhr	Mai–Juli
Sichtbarkeit	7 °N – 90 °S

KARTE 2

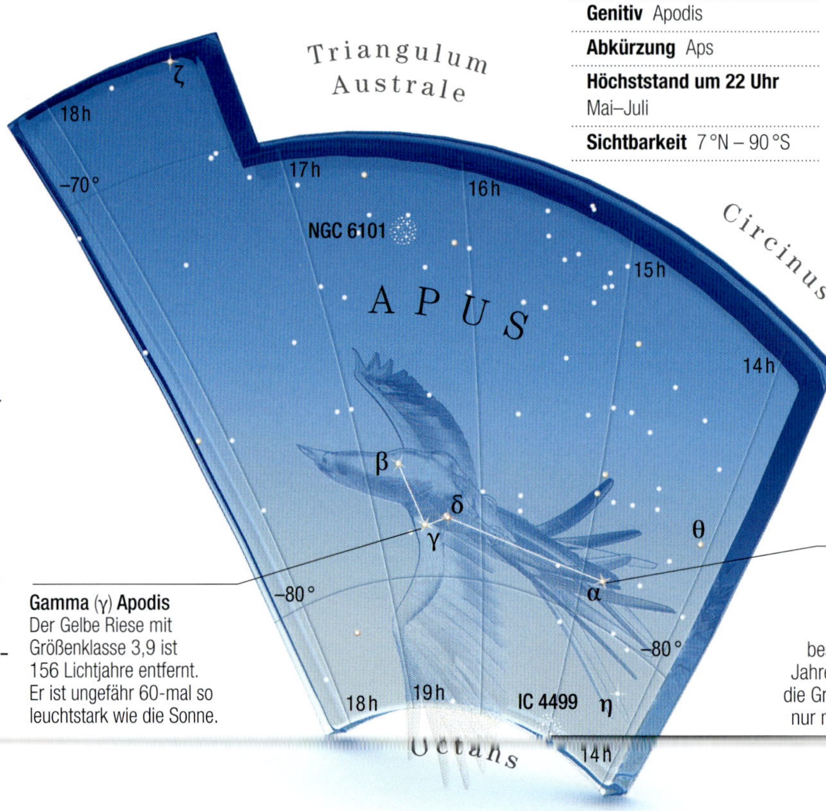

TUCANA

TUKAN

Das Sternbild zeigt einen Tukan, einen tropischen Vogel mit einem großen Schnabel. Es wurde im späten 16. Jahrhundert am südlichen Himmel eingeführt. Tucana hat ein unauffälliges Muster, enthält aber einige bedeutende Himmelsobjekte.

Das Sternbild liegt südlich von Phoenix und Grus, westlich von Hydrus und südwestlich des hellen Sterns Achernar in Eridanus. Es ist eines der zwölf Sternbilder der niederländischen Seefahrer Pieter Dirkszoon Keyser und Frederick de Houtman. Der niederländische Kartograf Petrus Plancius bildete es 1598 erstmals auf einem Globus ab. Keiner seiner Sterne trägt einen Namen, und es ist keine Legende mit ihm verbunden. Tucana enthält zwei bedeutende Objekte, die Kleine Magellansche Wolke (KMW) und 47 Tucanae. Die KMW ist die kleinere der beiden Satellitengalaxien der Milchstraße (die andere ist die Große Magellansche Wolke). Der Kugelsternhaufen 47 Tucanae (auch NGC 104) umfasst mehrere Millionen Sterne und ist der zweithellste Kugelsternhaufen am Himmel.

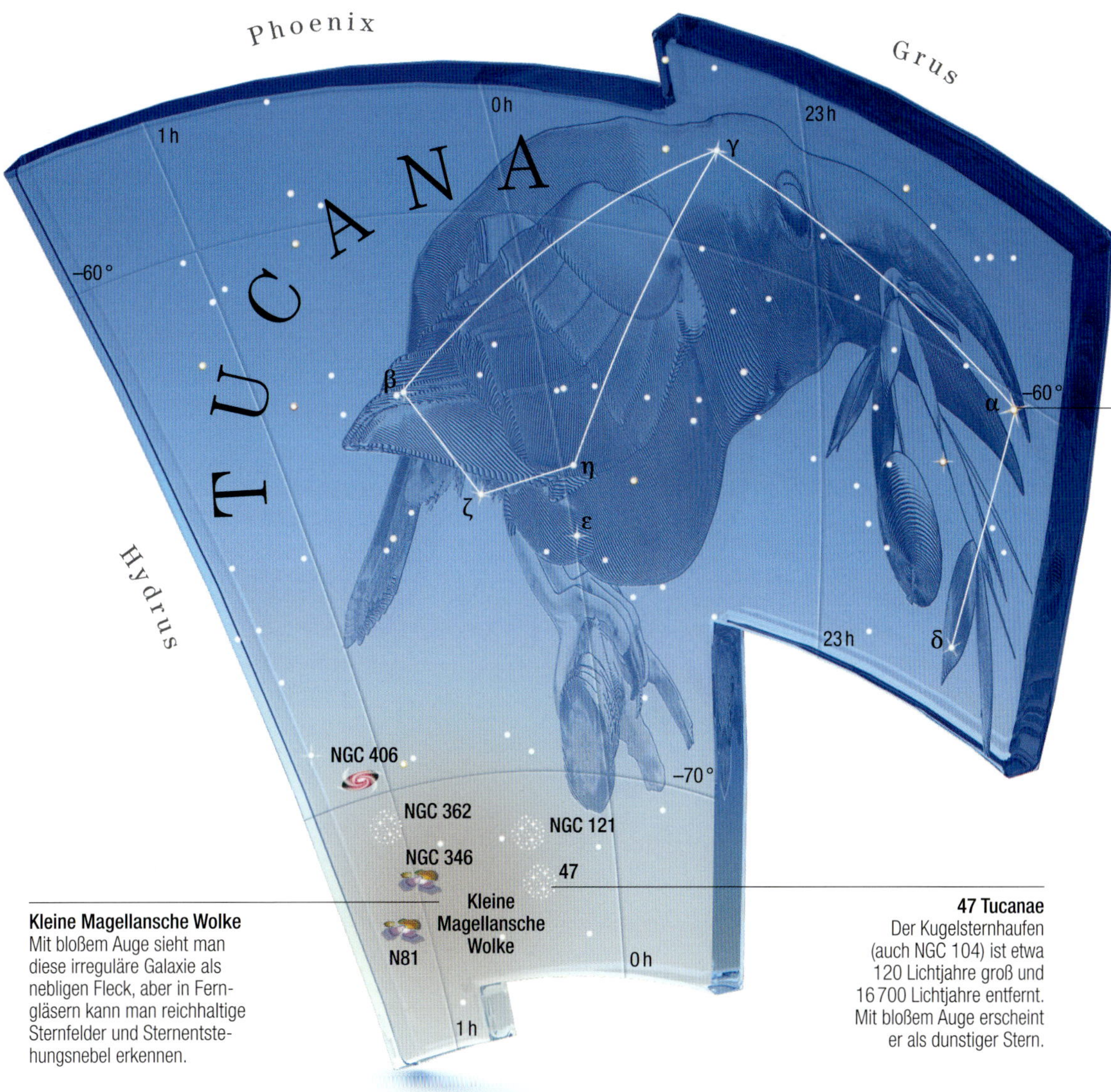

Kleine Magellansche Wolke
Mit bloßem Auge sieht man diese irreguläre Galaxie als nebligen Fleck, aber in Ferngläsern kann man reichhaltige Sternfelder und Sternentstehungsnebel erkennen.

47 Tucanae
Der Kugelsternhaufen (auch NGC 104) ist etwa 120 Lichtjahre groß und 16 700 Lichtjahre entfernt. Mit bloßem Auge erscheint er als dunstiger Stern.

Alpha (α) Tucanae
Dieser Orangefarbene Riese ist der hellste Stern und markiert die Schnabelspitze. Er ist etwa 37-mal so groß und 424-mal so leuchtstark wie die Sonne.

DATEN

Größenrangliste 48

Hellste Sterne Alpha (α) 2,9, Gamma (γ) 4,0

Genitiv Tucanae

Abkürzung Tuc

Höchststand um 22 Uhr September–November

Sichtbarkeit 14 °N – 90 °S

KARTE 2

HAUPTSTERNE

Alpha (α) Tucanae
Orangefarbener Riese
2,9 — 200 Lichtjahre

HIMMELSOBJEKTE

47 Tucanae
Kugelsternhaufen, auch als NGC 104 katalogisiert

NGC 121
Kugelsternhaufen in der KMW

NGC 346
Sternhaufen und Nebel in der KMW

NGC 362
Kugelsternhaufen

NGC 406
Spiralgalaxie

NGC 292 (Kleine Magellansche Wolke, KMW)
Irreguläre Galaxie, umkreist die Milchstraße

N81
Sternentstehungsnebel in der KMW

▽ **NGC 346**
Das Sternentstehungsgebiet liegt in der Kleinen Magellanschen Wolke und enthält mehr als 2500 junge Sterne. In seinem Zentrum befindet sich ein Haufen aus Dutzenden heißer, blauer Sterne. Energie dieser Sterne höhlen den Nebel aus. Andere neue Sterne, bei denen die Kernfusion noch nicht eingesetzt hat, sind ebenfalls im Nebel.

PAVO

PFAU

Das Sternbild zeigt den beeindruckenden indischen Vogel, der 1598 erstmals auf einem Himmelsglobus erschien. Pavo findet man am Rand der Milchstraße, südlich von Telescopium (Teleskop) zwischen Ara (Altar) und Indus (Inder).

Pavo gehört zu den zwölf Sternbildern, die die niederländischen Seefahrer Pieter Dirkszoon Keyser und Frederick de Houtman festlegten, als sie im späten 16. Jh. bei ihrer Seereise in den Süden die Sterne katalogisierten. Pavo liegt in einem nahezu leeren Gebiet und ist an seinem hellsten Stern Alpha Pavonis leicht zu finden. Dieser trägt seit den späten 1930er-Jahren den Namen Pfau und markiert den Vogelkopf. Um seine imposanten Schwanzfedern ist ein Vieleck gezeichnet. In dessen Mitte ist Kappa Pavonis, ein Gelber Überriese und einer der hellsten Cepheiden-Veränderlichen. Er ist mit bloßem Auge zu sehen und ändert – während er expandiert und kontrahiert – seine Helligkeit alle 9,1 Tage zwischen den Größenklassen 3,9 und 4,8. In Pavo liegt der beeindruckende helle Kugelsternhaufen NGC 6752.

DATEN

Größenrangliste 44

Hellste Sterne Alpha (α) 1,9, Beta (β) 3,4

Genitiv Pavonis

Abkürzung Pav

Höchststand um 22 Uhr Juli–September

Sichtbarkeit 15 °S – 90 °S

KARTE 2

HAUPTSTERNE

Peacock Alpha (α) Pavonis
Blau-weißer Riese
1,9 | 179 Lichtjahre

HIMMELSOBJEKTE

NGC 6744
Balkenspiralgalaxie

NGC 6752
Kugelsternhaufen

NGC 6782
Balkenspiralgalaxie

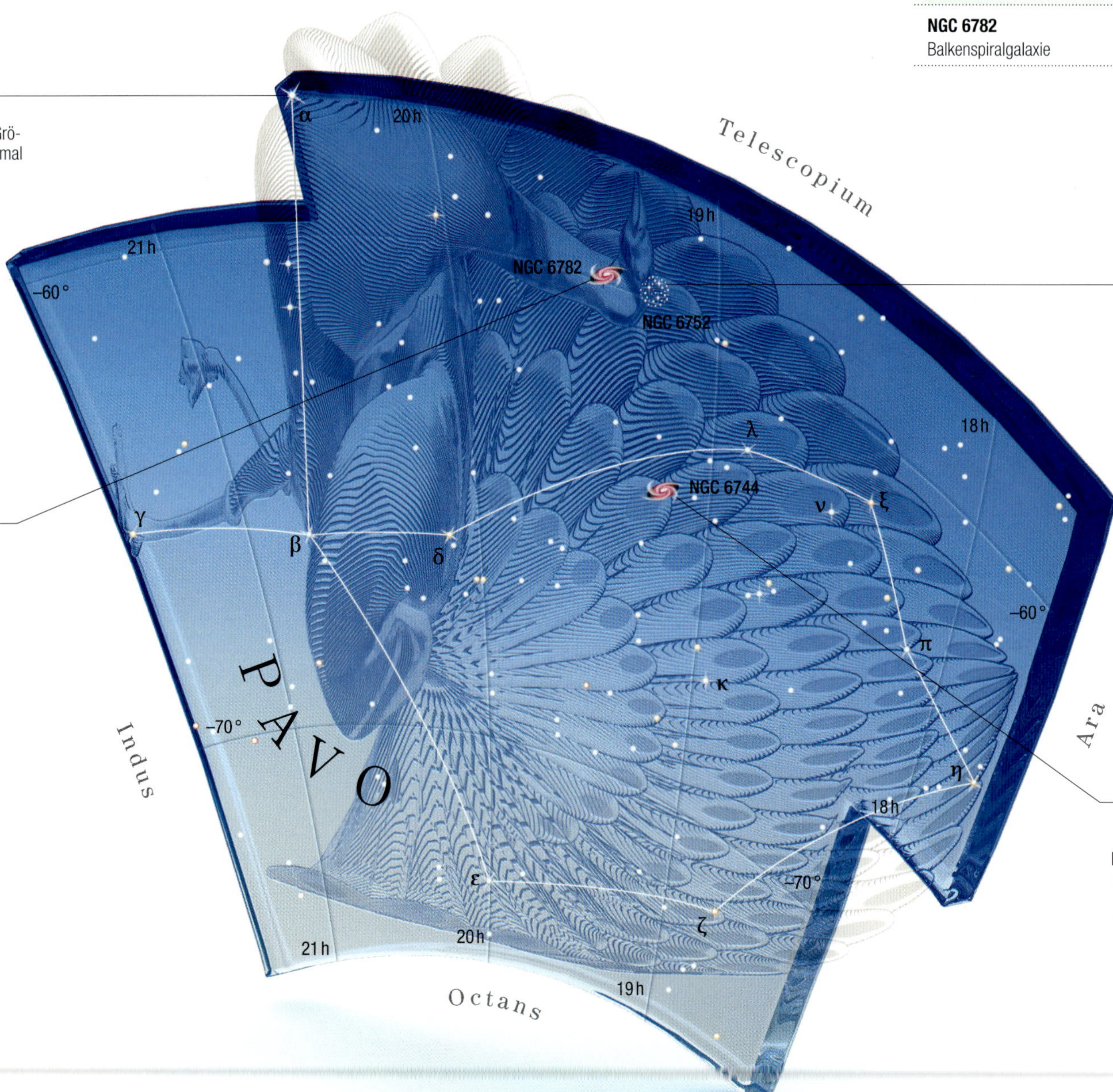

Pfau (α Pavonis)
Der Blau-weiße Riese mit Größenklasse 1,9 ist etwa fünfmal so groß und 2200-mal so leuchtstark wie die Sonne.

NGC 6752
Einer der größten und hellsten Kugelsternhaufen hat die Größenklasse 5,4 und ist gerade noch mit bloßem Auge sichtbar.

NGC 6782
Die Balkenspiralgalaxie besitzt eng gewundene Arme. Sie ist 180 Mio. Lichtjahre entfernt und hat die Größenklasse 11,8.

NGC 6744
Die Balkenspiralgalaxie liegt etwa 30 Mio. Lichtjahre entfernt. Sie weist mit der Scheibe zur Erde und ist mit kleinen Teleskopen sichtbar.

HYDRUS MÄNNLICHE WASSERSCHLANGE

Hydrus bildet südlich des hellen Sterns Achernar im benachbarten Eridanus eine Zickzacklinie. Das Sternbild wird manchmal mit Hydra (Weibliche Wasserschlange) verwechselt, die aber sehr viel größer ist und viel weiter nördlich liegt.

Hydrus liegt zwischen der Großen Magellanschen Wolke in Dorado, der Kleinen Magellanschen Wolke in Tucana und dem Stern Achernar im Norden. Es zählt zu den zwölf Sternbildern der niederländischen Seefahrer Pieter Dirkszoon Keyser und Frederick de Houtman aus dem 16. Jh. Das Muster des Sternbilds ist unauffällig, und seine hellsten Sterne kann man sich eher als Dreieck vorstellen, dessen Ecken Alpha, Beta und Gamma Hydri bilden. Nördlich von Gamma liegt VW Hydri, eine Nova, die ungefähr jeden Monat einmal explodiert und ein leichtes Ziel für kleine Teleskope ist. Ein äußerer Teil der Kleinen Magellanschen Wolke liegt in Hydrus.

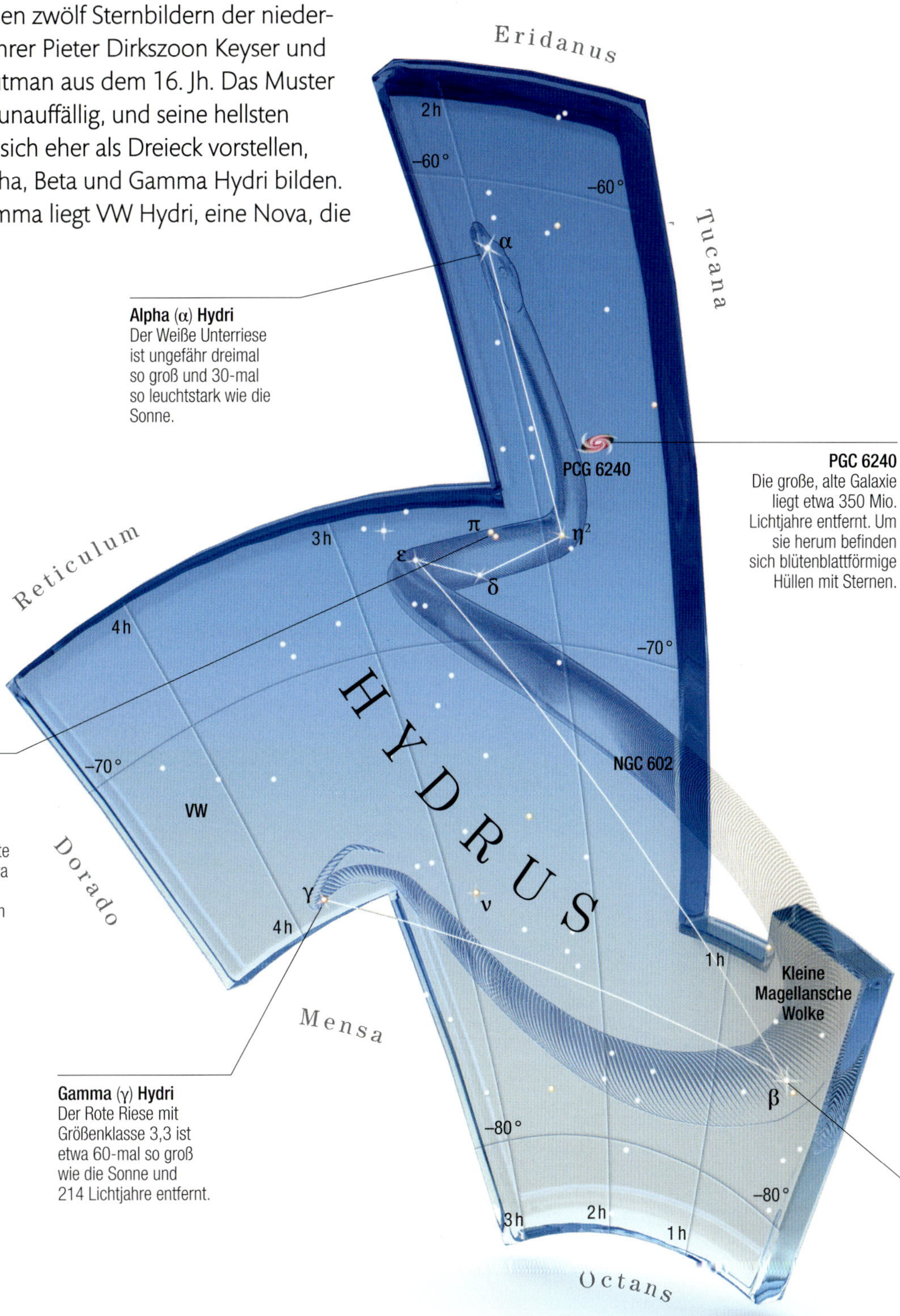

Alpha (α) Hydri
Der Weiße Unterriese ist ungefähr dreimal so groß und 30-mal so leuchtstark wie die Sonne.

PGC 6240
Die große, alte Galaxie liegt etwa 350 Mio. Lichtjahre entfernt. Um sie herum befinden sich blütenblattförmige Hüllen mit Sternen.

Pi (π) Hydri
Durch ein Fernglas betrachtet, entpuppt sich dieser optische Doppelstern als zwei Rote Riesen. Ein Riese ist etwa 470 Lichtjahre entfernt, der Abstand des anderen ist nur halb so groß.

Gamma (γ) Hydri
Der Rote Riese mit Größenklasse 3,3 ist etwa 60-mal so groß wie die Sonne und 214 Lichtjahre entfernt.

Beta (β) Hydri
Der Gelbe Unterriese ist nur 24 Lichtjahre entfernt. Er hat etwa die gleiche Masse wie die Sonne, ist aber älter und etwas weiter entwickelt.

DATEN

Größenrangliste 61
Hellste Sterne Beta (β) 2,8, Alpha (α) 2,8
Genitiv Hydri
Abkürzung Hyi
Höchststand um 22 Uhr Oktober–Dezember
Sichtbarkeit 8°N – 90°S

KARTE 2

HAUPTSTERNE

Alpha (α) Hydri
Weißer Unterriese
2,8 ⟷ 72 Lichtjahre

Beta (β) Hydri
Gelber Unterriese
2,8 ⟷ 24 Lichtjahre

HIMMELSOBJEKTE

PGC 6240 (White-Rose-Galaxie)
Elliptische Galaxie

NGC 602
Haufen aus jungen Sternen

△ **NGC 602**
Der Sternhaufen liegt im Herzen des gewaltigen Sternentstehungsnebels N90. Zunächst entstanden Sterne im Zentrum von NGC 602 und wanderten dann nach außen. Die Strahlung der hellen, blauen, jungen Sterne höhlt die inneren Ränder des Nebels aus – und entlang der langen Staubfahnen des Nebels entwickeln sich weiterhin neue Sterne.

HOROLOGIUM

PENDELUHR

Das dunkle und unscheinbare südliche Sternbild Horologium beherbergt einen entfernten Kugelsternhaufen, aber keine hellen Sterne.

Horologium belegt eine Region des Himmels, die nur wenige Sterne enthält. Von ihnen ist keiner heller als Größenklasse 3,9. Es gehört zu den 14 Sternbildern, die der französische Astronom Nicolas Louis de Lacaille in den 1750er-Jahren einführte. Damals diente bei astronomischen Beobachtungen eine Pendeluhr als Messgerät. Die Mitte des Ziffernblatts markiert der Stern Alpha Horologii, während das Pendel zwischen Beta und Lambda »schwingt«. Das Bild lässt sich auch umdrehen, sodass Alpha das untere Ende des Pendels markiert. Zu Horologiums Himmelsobjekten zählt auch Arp-Madore 1, der um die Milchstraße kreist und der entfernteste bekannte Kugelsternhaufen ist.

DATEN

Größenrangliste 58

Hellste Sterne Alpha (α) 3,9, R Horologii 4,7

Genitiv Horologii

Abkürzung Hor

Höchststand um 22 Uhr Oktober–Dezember

Sichtbarkeit 8 °N – 90 °S

KARTE 2

HAUPTSTERNE

Alpha (α) Horologii
Orangefarbener Riese
3,9 — 115 Lichtjahre

HIMMELSOBJEKTE

NGC 1261
Kugelsternhaufen

NGC 1512
Balkenspiralgalaxie

Arp-Madore 1 (AM1)
Kugelsternhaufen

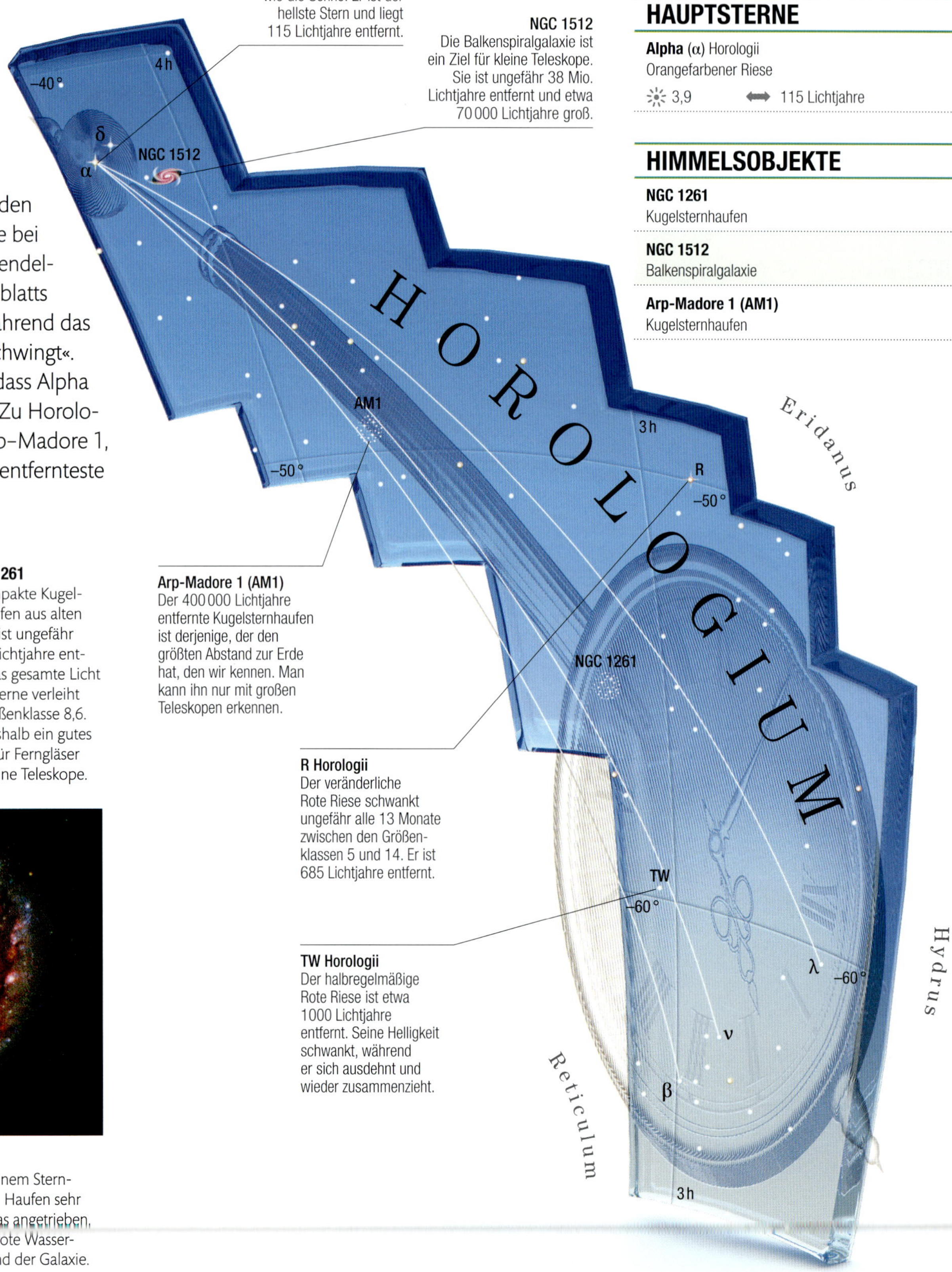

Alpha (α) Horologii
Der Orangefarbene Riese ist etwa elfmal so groß wie die Sonne. Er ist der hellste Stern und liegt 115 Lichtjahre entfernt.

NGC 1512
Die Balkenspiralgalaxie ist ein Ziel für kleine Teleskope. Sie ist ungefähr 38 Mio. Lichtjahre entfernt und etwa 70 000 Lichtjahre groß.

Arp-Madore 1 (AM1)
Der 400 000 Lichtjahre entfernte Kugelsternhaufen ist derjenige, der den größten Abstand zur Erde hat, den wir kennen. Man kann ihn nur mit großen Teleskopen erkennen.

R Horologii
Der veränderliche Rote Riese schwankt ungefähr alle 13 Monate zwischen den Größenklassen 5 und 14. Er ist 685 Lichtjahre entfernt.

TW Horologii
Der halbregelmäßige Rote Riese ist etwa 1000 Lichtjahre entfernt. Seine Helligkeit schwankt, während er sich ausdehnt und wieder zusammenzieht.

◁ **NGC 1261**
Der kompakte Kugelsternhaufen aus alten Sternen ist ungefähr 50 000 Lichtjahre entfernt. Das gesamte Licht seiner Sterne verleiht ihm Größenklasse 8,6. Er ist deshalb ein gutes Objekt für Ferngläser oder kleine Teleskope.

△ **NGC 1512**
Das helle Zentrum der Balkenspiralgalaxie wird von einem Sternentstehungsgebiet und einem 2400 Lichtjahre großen Haufen sehr junger Sterne beherrscht. Die Sterngeburt wird von Gas angetrieben, das in das Herz der Galaxie strömt. Blaue Sterne und rote Wasserstoffwolken umgeben die Spiralarme am äußeren Rand der Galaxie.

MENSA
TAFELBERG

Das dunkelste aller Sternbilder liegt in der Nähe des Himmelssüdpols. Die Große Magellansche Wolke liegt auf seiner Grenze zu Dorado (Goldfisch).

Mensa ist klein und dunkel und wurde von dem französischen Astronomen Nicolas Louis de Lacaille eingeführt. Er benannte es Mons Mensae nach dem Tafelberg in der Nähe von Kapstadt (Südafrika), wo er in den 1750er-Jahren den südlichen Himmel beobachtete. Es ist das einzige seiner 14 Sternbilder, das er nicht nach einem wissenschaftlichen oder künstlerischen Instrument benannt hatte.

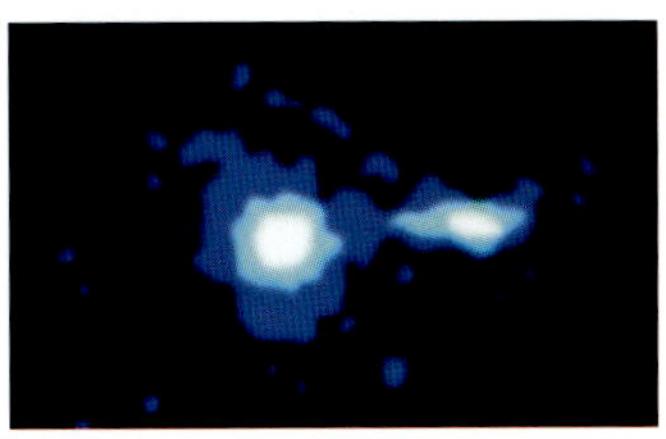

▷ Quasar PKS 0637-752
Der leuchtstarke Quasar ist 6 Mrd. Lichtjahre entfernt und kann nur mit Weltraumteleskopen erforscht werden. Er strahlt mit der Kraft von zehn Billlionen Sonnen aus einem Gebiet, das kleiner als das Sonnensystem ist. Seine Energiequelle ist ein supermassives Schwarzes Loch in seinem Zentrum.

Große Magellansche Wolke
Die zerstörte Balkenspiralgalaxie sieht man mit bloßem Auge. Sie ist 180 000 Lichtjahre entfernt und kreist um die Milchstraße.

Alpha (α) Mensae
In 33 Lichtjahren Entfernung ist der gelbe Hauptreihenstern einer der wenigen sonnenähnlichen Sterne für das bloße Auge.

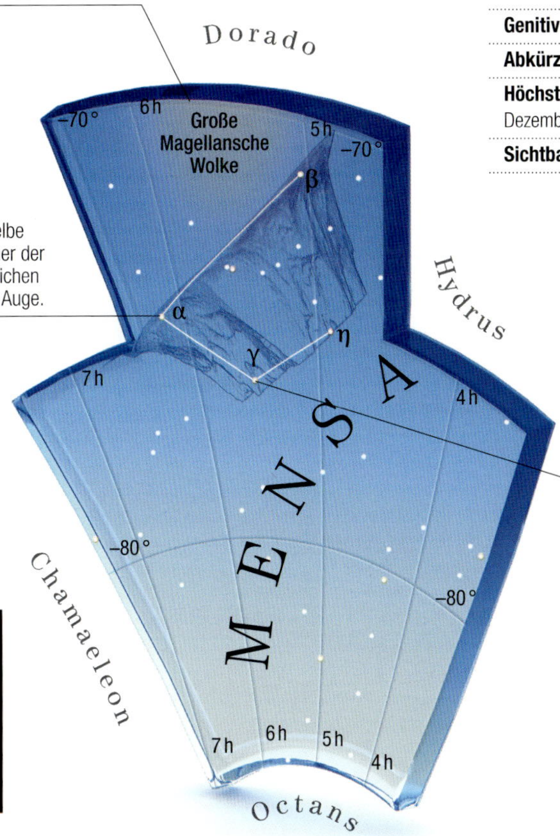

Gamma (γ) Mensae
Zusammen mit Eta (η) bildet der Orangefarbene Riese die flache Oberfläche des Tafelbergs. Er hat die Größenklasse 5,2 und ist 102 Lichtjahre entfernt.

DATEN

Größenrangliste 75

Hellste Sterne Alpha (α) 5,1, Gamma (γ) 5,2

Genitiv Mensae

Abkürzung Men

Höchststand um 22 Uhr Dezember–Februar

Sichtbarkeit 5 °N – 90 °S

KARTE 2

OCTANS
OKTANT

Das Sternbild umschließt in einem nahezu leeren Gebiet den Himmelssüdpol. Octans enthält nur wenige bedeutende Himmelsobjekte.

Der französische Astronom Nicolas Louis de Lacaille führte das Sternbild in den 1750er-Jahren ein und widmete es dem erst kürzlich erfundenen Navigationsinstrument Oktant, dem Vorgänger des bekannteren Sextanten. Sein bemerkenswertestes Merkmal ist Sigma Octantis, der erdnächste Stern am himmlischen Südpol, den man mit bloßem Auge sehen kann. Gamma Octantis bildet eine Reihe aus drei ungebundenen Sternen. Sie besteht aus zwei Gelben und einem Orangefarbenen Riesen, die sich normalerweise einzeln mit bloßem Auge erkennen lassen.

Ny (ν) Octantis
Der Orangefarbene Riese und hellste Stern hat die Größenklasse 3,8 und ist 72 Lichtjahre entfernt.

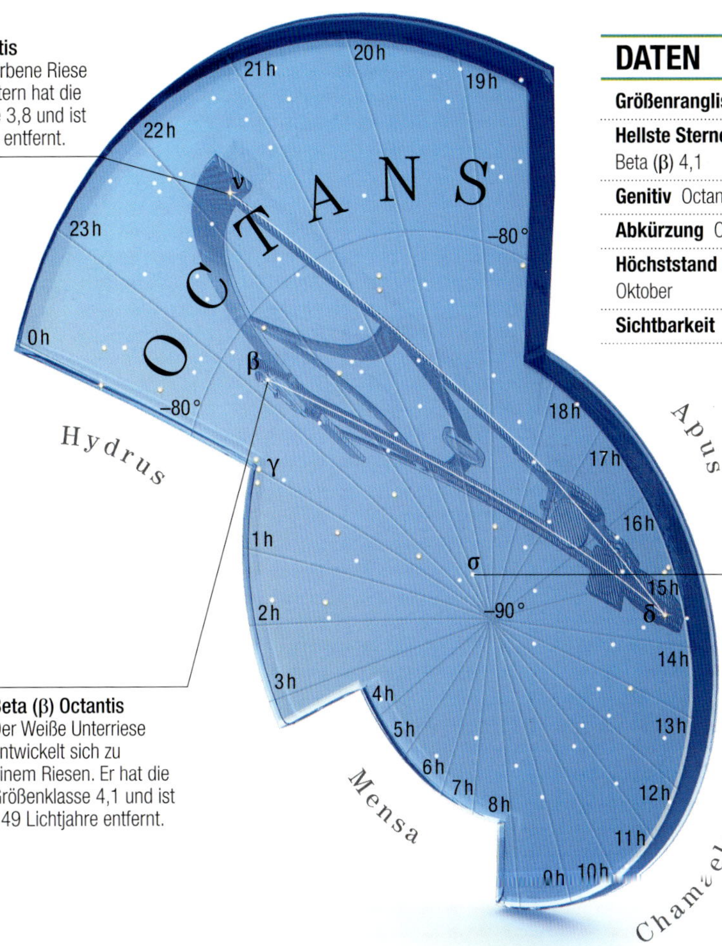

Beta (β) Octantis
Der Weiße Unterriese entwickelt sich zu einem Riesen. Er hat die Größenklasse 4,1 und ist 149 Lichtjahre entfernt.

Sigma (σ) Octantis
Dieser Gelb-weiße Unterriese liegt 1 ° vom Himmelssüdpol entfernt. Er leuchtet mit Größenklasse 5,4 und ist 280 Lichtjahre von der Erde entfernt.

DATEN

Größenrangliste 50

Hellste Sterne Ny (ν) 3,8, Beta (β) 4,1

Genitiv Octantis

Abkürzung Oct

Höchststand um 22 Uhr Oktober

Sichtbarkeit 0 °N – 90 °S

KARTE 2

DAS SONNENSYSTEM

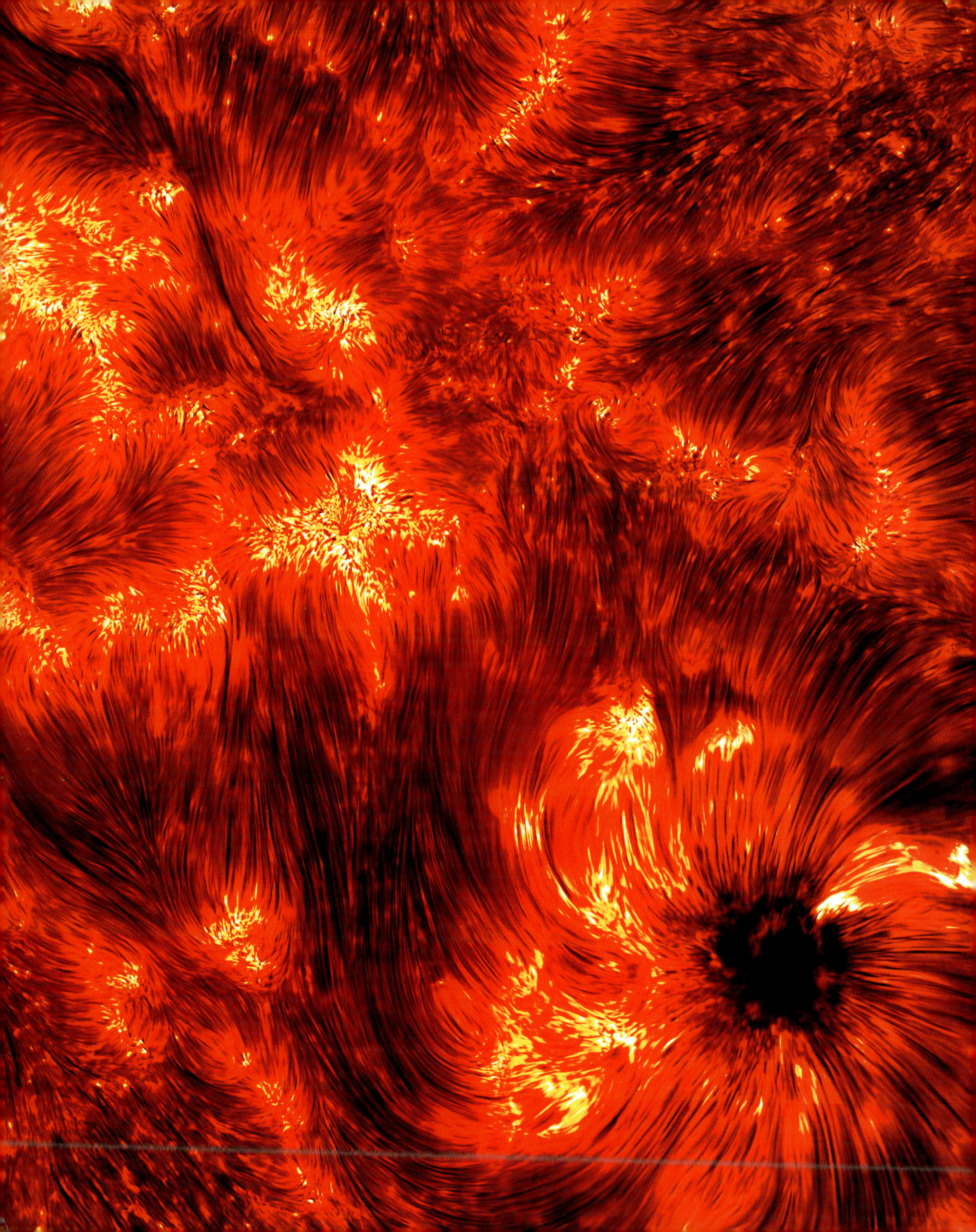

Von den geschätzten 200 Milliarden Sternen der Milchstraße oder Galaxis ist nur einer für die Menschen lebenswichtig: ein unscheinbarer Hauptreihenstern, die Sonne. Wie die meisten anderen Sterne der Milchstraße entstand die Sonne nicht isoliert, sondern bindet dank ihrer starken Schwerkraft eine Familie von Körpern an sich, die zusammen mit ihr entstanden sind. Die größten Familiemitglieder sind

RUND UM DIE **SONNE**

die Planeten. Fünf davon sind aufgrund ihrer Wanderungen am Nachthimmel seit langer Zeit bekannt. Mithilfe von Teleskopen auf der Erde und im Weltraum wurden nach und nach drei weitere Planeten, Hunderte von Monden und mehr als eine Million kleinerer Objekte wie Kometen und Planetoiden entdeckt, die aus der Zeit der Entstehung des Sonnensystems stammen. Die Planeten kreisen in einer Ebene um die Sonne, während die Bahnen der Kleinkörper mit größerem Abstand von der Sonne unregelmäßiger verlaufen. Die inneren Planeten – Merkur, Venus, Erde und Mars – sind kleine, feste Kugeln aus Gestein und Metall. Im Gegensatz dazu sind die äußeren Welten – Jupiter, Saturn, Uranus und Neptun – Riesen aus Gas und Flüssigkeit, die jeweils von vielen Monden begleitet werden. Doch trotz des großen Wissens über die Nachbarschaft lässt sich das Ausmaß des planetarischen Systems nicht richtig einschätzen – es könnten noch immer uns unbekannte Himmelskörper in den äußeren Bereichen des Sonnensystems liegen.

◁ **Oberfläche der Sonne**
Durch die hohen Temperaturen der Sonne liegen nahezu alle Gasmoleküle als geladene Teilchen – als Plasma – vor, durch das sich ein Durcheinander von Magnetfeldern zieht. Das komplexe Muster der aufgewühlten Sonnenoberfläche verdeckt die Hauptquelle von Wärme und Licht des Sonnensystems: die Kernfusionen im Zentrum der Sonne.

DAS SONNENSYSTEM

Das Sonnensystem entstand vor 4,6 Milliarden Jahren aus einem sich langsam drehenden Nebel aus Gas und Staub. Die Planeten und zahllosen Kleinkörper, die um die Sonne kreisen, bildeten sich durch Verklumpungen von Gas und Staub.

Der Abstand zur Sonne, in dem die Planeten entstanden, bestimmt deren Zusammensetzung. Dabei herrschte in den äußeren Bereichen Eis aus Wasser, Methan und anderen Molekülen vor, die sich in den Planeten finden, die weit von der Sonne und ihrer Wärme entfernt sind. Das Sonnensystem erstreckt sich jedoch bis weit hinter die Planetenumlaufbahnen. Hinter Neptun, dem achten Planeten, liegen in einer Scheibe verstreut eisige Welten, von denen einige viele Hundert Kilometer groß sind. Noch weiter außen befindet sich vermutlich eine kugelige Wolke mit kleinen eisigen Objekten, die Oortsche Wolke.

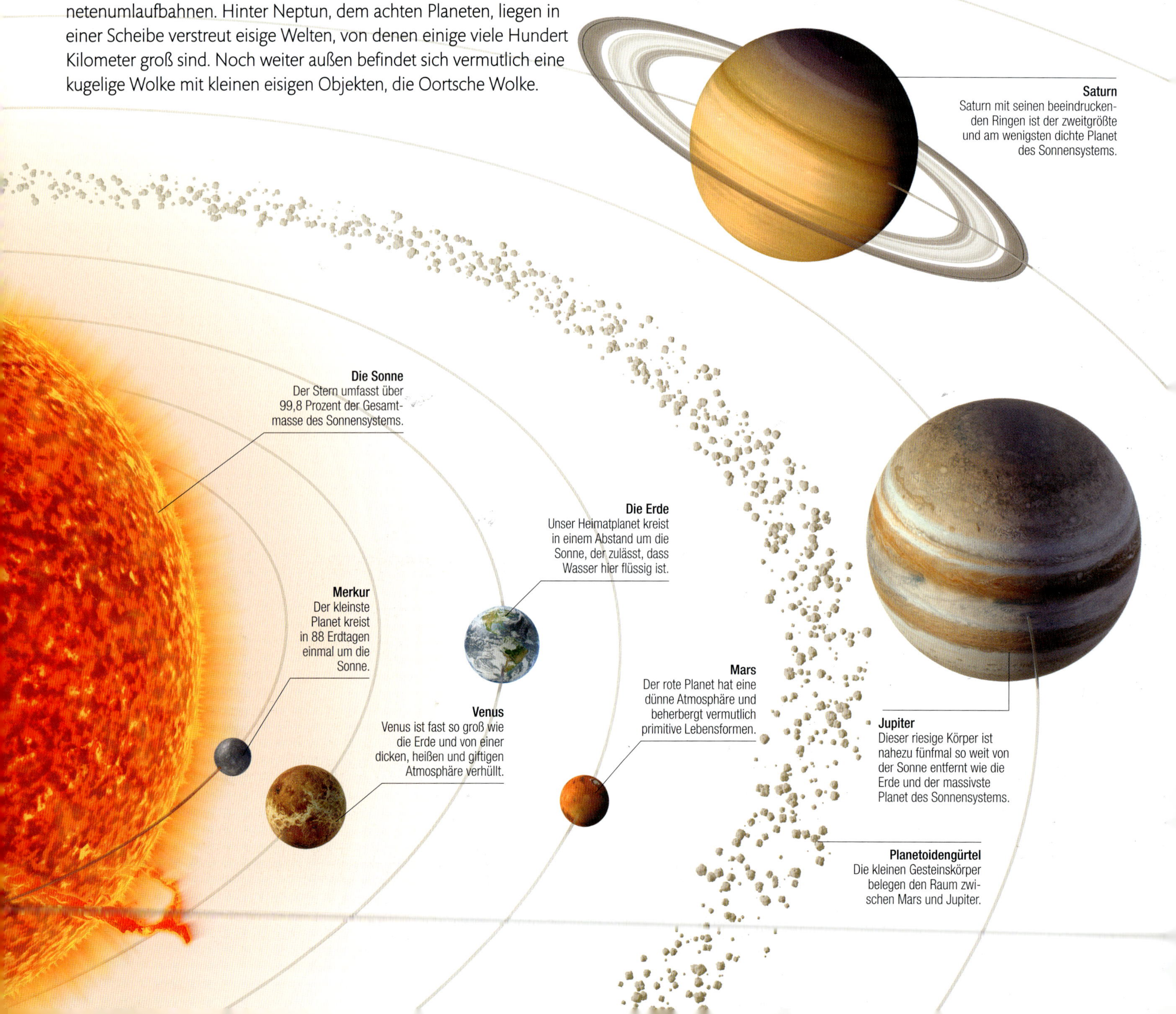

▽ **Umlaufbahnen der Planeten**
Alle acht Planeten des Sonnensystems kreisen auf stabilen Bahnen um die Sonne, die nahezu kreisförmig sind und in einer beinahe flachen Ebene liegen. Die Geschwindigkeiten der Planeten hängen von deren Abständen von der Sonne ab, sodass Merkur wesentlich schneller wandert als Neptun. Kometen, transneptunische Objekte und viele Planetoiden folgen mehr elliptischen Bahnen, sodass ihr Abstand zur Sonne beträchtlich schwankt. Einige langperiodische Kometen haben extrem gestreckte Bahnen, die sie über Perioden von Jahrtausenden sehr nahe an die Sonne und sehr weit von ihr entfernt bringen.

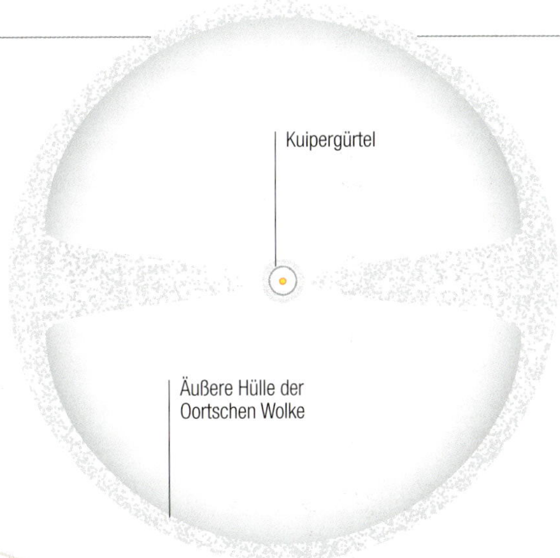

◁ **Die Oortsche Wolke**
Durch die Schwerkraft der neu entstandenen Planeten wurden Milliarden Kleinplaneten aus dem Sonnensystem geworfen. Sie bilden diese riesige Kometenwolke, die sich vermutlich so weit nach außen erstreckt, dass sich die Kleinkörper bis zu einem Viertel des Abstands zum nächsten Stern finden.

Erdartige Planeten

Die sonnennächsten Planeten – Merkur, Venus, Erde und Mars – besitzen mehr Gestein und Metall als Gas. Jede Planetenoberfläche wurde durch Vulkane geformt, nachdem heißes, geschmolzenes Material durch die junge feste Kruste brach. Außer Merkur besitzen diese Planeten eine beträchtliche Atmosphäre, die ihre Oberfläche vor schwankenden Temperaturen und Einschlägen schützen. Diese Atmosphären stammen vorwiegend von Planetoiden- und Kometeneinschlägen, wobei Letztere möglicherweise auch Wasser auf die Planeten brachten. Nur die Erde und der Mars haben Monde. Die beiden Marsmonde Phobos und Deimos sind vermutlich eingefangene Planetoiden.

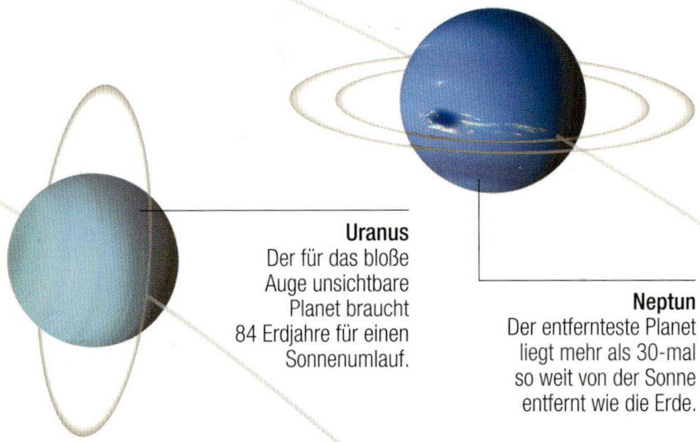

Uranus
Der für das bloße Auge unsichtbare Planet braucht 84 Erdjahre für einen Sonnenumlauf.

Neptun
Der entfernteste Planet liegt mehr als 30-mal so weit von der Sonne entfernt wie die Erde.

Gasriesen

Die vier äußeren Welten – Jupiter, Saturn, Uranus und Neptun, die alle von großen Mondfamilien begleitet werden – sind aufgeblähte Riesen aus Gas um einen dichten Kern. Als junge Planeten wurden sie groß genug, um Gas aus dem umgebenden Nebel anzuziehen. Die Bewegungen ihrer aufgewühlten Atmosphären werden von innerer Wärme und auch vom Sonnenlicht angetrieben. Aufgrund ihrer kalten Umgebung besitzen viele ihrer Monde Krusten aus Wassereis, und manche werden innen durch Gezeitenkräfte erwärmt. Einige dieser Satelliten haben Atmosphären, während andere aktive Vulkane besitzen.

Kleinkörper

Im jungen Sonnensystem bildeten Staub- und Eiskörnchen die ersten Kleinkörper, die später zu den Planeten verklumpten. Milliarden Kleinkörper wurden jedoch kein Teil der Planeten und blieben bis heute erhalten. Dazu zählen Planetoiden und Kometen, deren Zusammensetzung Auskunft über die Bedingungen im frühen Sonnensystem gibt. Die kleinsten Körper – einige sind bloß Staubkörner – dringen in die Erdatmosphäre ein und verglühen in ihr als Meteore. Viele größere Kleinkörper könnten für die Erde eine Bedrohung darstellen, wenn nämlich einer ihrer seltenen Einschläge zur globalen Zerstörung führen würde – wie vermutlich vor 65 Mio. Jahren, als die Dinosaurier ausstarben.

Das Wort **Planet** stammt von dem alten griechischen Begriff für **wandernder Stern** oder **Wandelstern** ab.

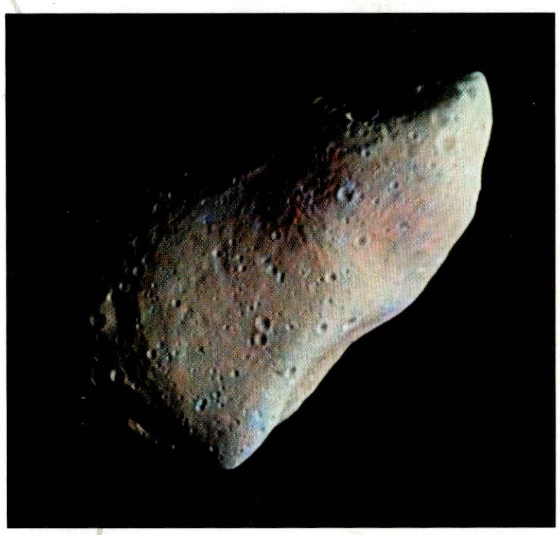

△ **Planetoiden**
Viele dieser Körper – wie 951 Gaspra (oben) – sind zu klein, um eine Kugel zu bilden. Obwohl die meisten Körper aus Gestein bestehen, besitzen mehrere unter ihrer Oberfläche Wassereis.

△ **Zwergplaneten und transneptunische Objekte**
Zahlreiche Eiskörper kreisen hinter Neptun in einer flachen Scheibe, dem Kuipergürtel. Einige von ihnen sind groß genug, um wie Pluto (oben) als Zwergplanet eingestuft zu werden.

△ **Kometen**
Kometen wie 67P/Tschurjumow-Gerasimenko (oben) sind kleine, eisige Körper. Wenn sie sich der Sonne nähern, verdampfen Eis und Staub zu Schweifen von Millionen Kilometern Länge.

DIE **SONNE**

Für uns Menschen auf der Erde sind Wärme und Licht der Sonne lebensnotwendig, weshalb wir sie als etwas Besonderes erachten – doch letztlich ist sie ein normaler Stern. Weil sie der Erde relativ nahe ist, konnte sie bereits detailliert erforscht werden.

Die Sonne hat einen Durchmesser von 1,39 Mio. km und rotiert alle 24,5 Tage einmal um ihre Achse. Ihr Kern ist ein gewaltiger Kernfusionsreaktor, in dem Atome zusammengepresst und riesige Mengen Wärme und Licht freigesetzt werden. Ihre sichtbare Oberfläche ist 6000 °C heiß und Teil eines komplexen, brodelnden Magnetfelds und geladener Teilchen. Nahezu die gesamte sichtbare Materie ist in einem Aggregatzustand, in dem Gas in negativ geladene Elektronen und positiv geladene Ionen (Atome oder Moleküle, die Elektronen verloren haben) zerfallen ist und den man Plasma nennt. Die Sonne weist einen Aktivitätszyklus von elf Jahren auf, in dem Sonnenflecken, Fackeln und Eruptionen zunehmen.

Der Sonnenwind

Von der Sonne gelangt kontinuierlich ein Strom geladener Teilchen, der Sonnenwind, mit Hunderten Kilometern pro Sekunde in den Weltraum. Dieser Wind erzeugt eine blasenförmige Hülle, die Heliosphäre, die die Erde und die anderen Planeten, die in ihr kreisen, gegen den interstellaren Raum abschirmt. Wie das Wetter auf der Erde ändert sich auch der Sonnenwind. Er kann sehr stürmisch sein, und sein Effekt auf Planeten und Kometen kann sich abrupt ändern.

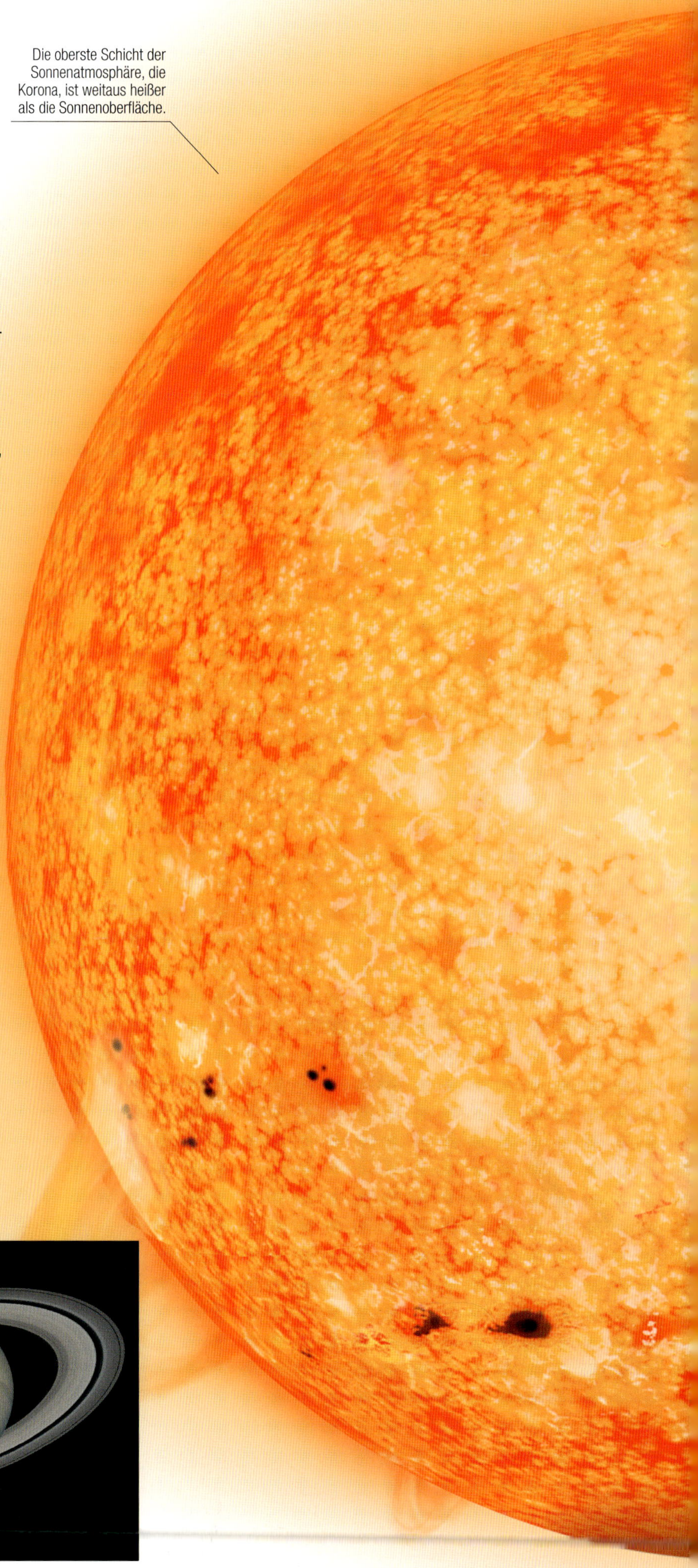

Die oberste Schicht der Sonnenatmosphäre, die Korona, ist weitaus heißer als die Sonnenoberfläche.

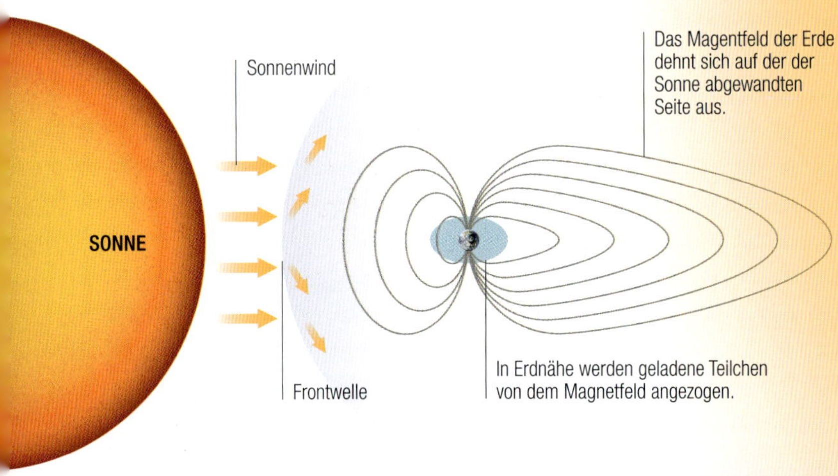

△ Magnetosphäre der Erde
Die Erde ist durch ihr eigenes Magnetfeld vor dem Sonnenwind geschützt. Aufgrund dieser magnetischen Hülle, der Magnetosphäre, kann der Sonnenwind die Erde nur am Nord- und Südpol erreichen. Dadurch flackern in den Polargebieten die Polarlichter – oder Aurorae – auf.

▷ Saturns Polarlichter
Wie die Erde und die meisten anderen Planeten hat auch Saturn eine Magnetosphäre. Die Wechselwirkung zwischen dem Sonnenwind und dem Magnetfeld erzeugt wie auf der Erde Polarlichter. Hier im Bild leuchtet in der Nähe des Südpols ultraviolettes Licht auf.

△ **Die Sonne im ultravioleten Licht**
Beobachtungen der Sonne mit verschiedenen Wellenlängen offenbaren einzelne Komponenten mit verschiedenen Temperaturen. Diese Aufnahme im ultravioletten Licht zeigt Material, das ungefähr 60 000 °C oder zehnmal so heiß ist wie die sichtbare Oberfläche. Das Bild ist besser strukturiert als die Aufnahme im sichtbaren Licht und zeigt helle Gebiete aus dichtem, heißem Plasma und kühlere, dunklere Gebiete, die Filamente, die durch Magnetfelder zur Oberfläche verschoben wurden.

Oberflächenmerkmale

Nahezu alle sichtbaren Merkmale der Sonne werden durch ihr Magnetfeld verursacht. Große, dunkle Flecken im heißen Plasma weisen auf Koronaltiefen hin, die Quelle des größten Teils des Sonnenwinds. Das Magnetfeld an diesen Tiefen entweicht mit dem Wind in den Weltraum. Helle Flecken deuten auf eng gebündelte, verdrehte Magnetfeldlinien hin, die Plasma einfangen und aktive Regionen genannt werden. Sie überlagern oft die Sonnenflecken. Bricht eine solche aktive Region aus, wird sie zu einer sehr hellen, minutenlangen Fackel.

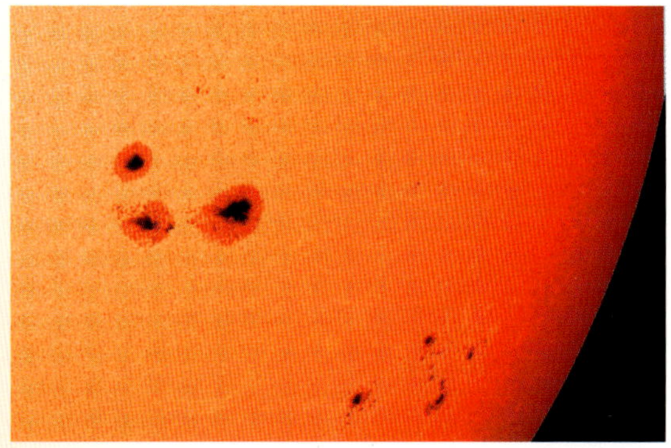

△ **Sonnenflecken**
Diese dunklen Gebiete sind kühler als ihre Umgebung, aber immer noch extrem heiß. Sie zeigen an, wo verwirbelte Magnetfeldlinien die Sonnenoberfläche durchbrochen haben.

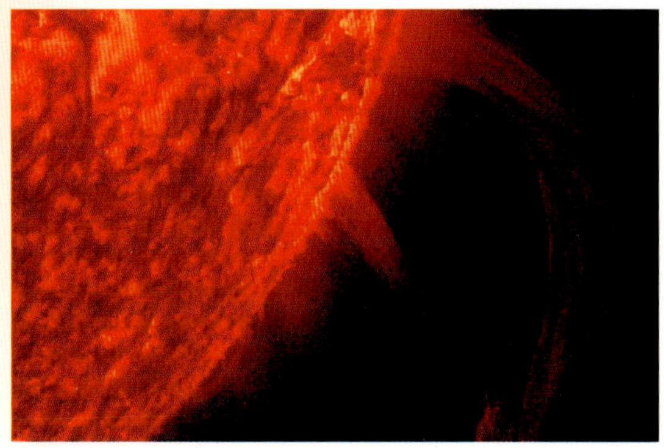

△ **Protuberanz**
Gewaltige Bögen aus kühlerem, dichterem Plasma, das sich von der sichtbaren Sonnenoberfläche (Fotosphäre) Millionen Kilometer in den Raum erstreckt, nennt man Protuberanz.

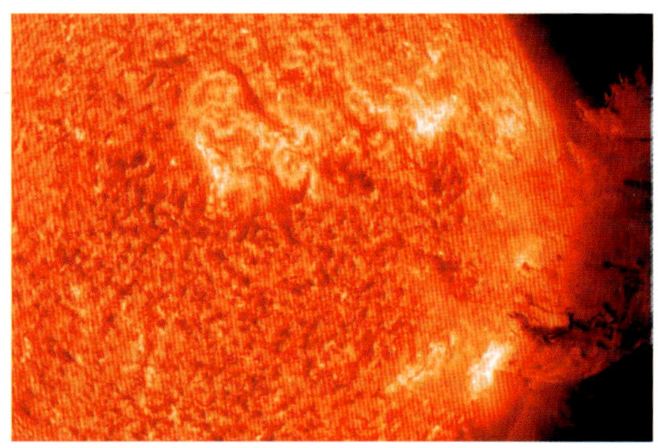

△ **Koronale Massenauswürfe**
Sie sind Ausbrüche von Plasma in den Weltraum, die unterschiedlich groß und auch schnell sind. Einige können dramatische Auswirkungen auf die Magnetosphäre der Erde haben.

DIE INNEREN PLANETEN

Die inneren Planeten inklusive der Erde sind Gesteinskörper. Aufgrund der Wärme von der relativ nahen Sonne besitzen diese vier Körper feste Gesteinskrusten, sind aber ansonsten äußerst unterschiedliche Welten.

Die Ausmaße der Planetenatmosphären werden durch ihre Anziehungskräfte bestimmt. Merkur ist zu klein, um eine bedeutende Atmosphäre an sich zu binden. Die Luft auf dem Mars wird mit der Zeit dünner und war früher sehr viel dichter. Venus und Erde besitzen mächtige Atmosphären.

Venus

Obwohl sie mit einem Durchmesser von 12 104 km so groß ist wie die Erde, unterscheiden sich die beiden Planeten deutlich. Venus rotiert mit 243 Erdtagen sehr langsam und ist mit Lavaströmen ihrer vielen Vulkane bedeckt. Durch ihre extrem dicke Atmosphäre ist der Oberflächendruck 90-mal so hoch wie der auf der Erde. Auf Venus herrschen sengende Temperaturen von ungefähr 460 °C.

Dichte Wolken filtern das Sonnenlicht, sodass die graue Venusoberfläche orangefarben erscheint.

Merkur

Mit einem Durchmesser von 4879 km ist Merkur der kleinste erdartige Planet. Dennoch ist er sehr dicht und besitzt einen riesigen Eisenkern, der wie der der Erde ein Magnetfeld erzeugt. Der Planet hat eine extrem dünne Atmosphäre, die sich kaum von einem Vakuum unterscheidet. Ihr größter Anteil entsteht durch Teilchen von der Sonne, die auf Merkurs Oberfläche einschlagen und Staub aufwirbeln. Diese Welt erfährt extreme Temperaturunterschiede zwischen −170 und 420 °C.

Die Merkuroberfläche gleicht der des Monds und ist von zahllosen Einschlagkratern, aber auch glatten Gebieten durch geschmolzene Lava geprägt.

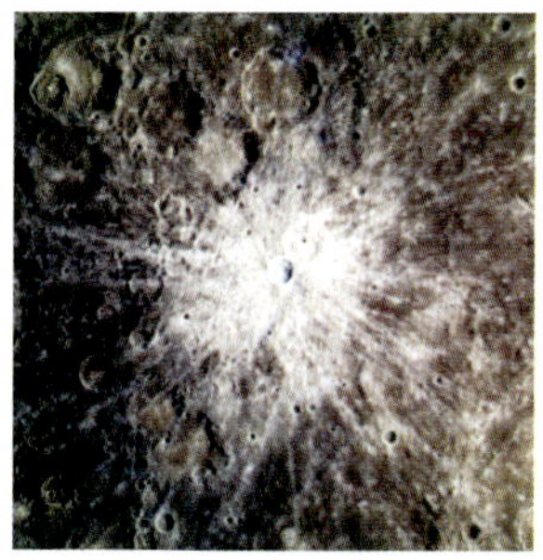

◁ **Merkurkrater**
Frische Einschlagkrater wie dieser zeigen, dass Boden und Gestein unterschiedlich zusammengesetzt sind. Dieser Aufprall eines kleinen Planetoiden hat helles Material aufgeworfen, das unter der Planetenoberfläche lagerte.

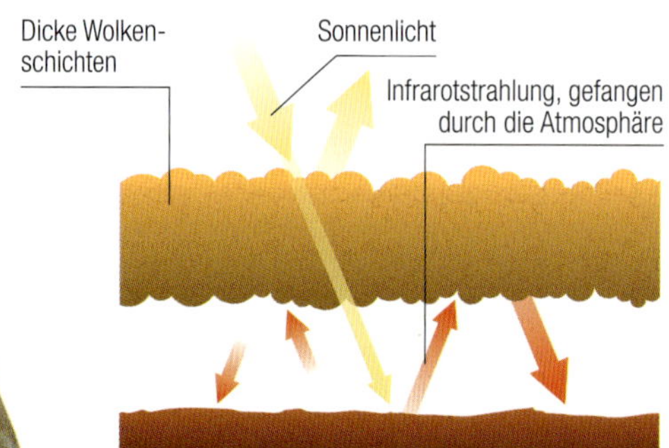

◁ **Der Treibhauseffekt**
Die extrem hohe Oberflächentemperatur verdankt Venus ihrer dicken Atmosphäre und ihren Wolken. Die Gase um den Planeten lassen Sonnenlicht passieren, das die Oberfläche erwärmt. Der warme Boden gibt Infrarotstrahlen ab, doch die Atmosphäre verhindert, dass sie in den Weltraum entweichen.

△ **Venusoberfläche**
Durch Radarstrahlung, die durch die dicken Wolken der Venus dringt, zeigt sich hier eine mit Kratern und Lavaströmen von Vulkanen übersäte Oberfläche. Im Gegensatz zu Merkur gibt es auf Venus nur wenige Einschlagkrater.

Erde

Der größte innere Planet hat einen Durchmesser von 12756 km. Die Erdoberfläche weist nur wenige sichtbare Einschlagkrater auf – ältere wurden durch Wasser und Luft erodiert. Die Ozeane verstecken ein einzigartiges Merkmal. Der Meeresboden wird nach und nach durch frisches Gestein aus langen Ketten von untermeerischen Vulkanen aufgefüllt. Der Ozeanboden bewegt sich langsam wie ein riesiges Förderband und sinkt unter die Kontinente.

△ **Wasser und Leben**
Der Abstand der Erde zur Sonne und die Dicke ihrer Atmosphäre ermöglichen, dass Wasser flüssig, fest und gasförmig vorkommt. Die Existenz von flüssigem Wasser ist wahrscheinlich unerlässlich dafür, dass sich Leben entwickeln konnte. Warum es so viel Wasser auf der Erde gibt, ist noch unbekannt.

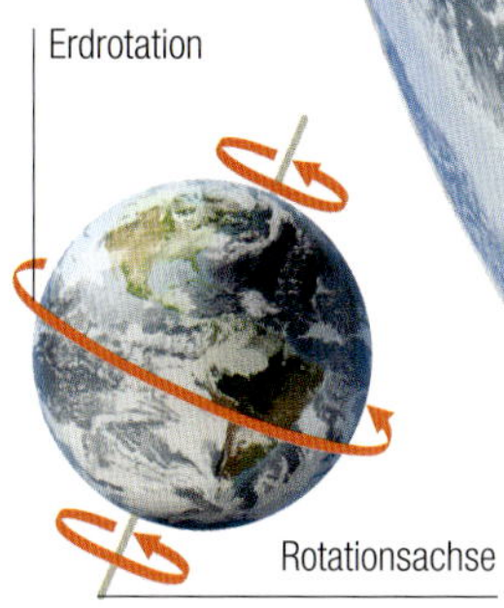

△ **Neigung der Erdachse und Rotation**
Die Ratotionsachse der Erde ist um 23,5° geneigt, sodass immer ein anderes Gebiet der Erde zur Sonne weist. Daraus ergeben sich die Jahreszeiten. In einem Halbjahr empfängt die Nordhälfte das meiste Sonnenlicht, in der zweiten Jahreshälfte dann die südliche Hemisphäre.

Mars

Die Marsoberfläche ist fast genauso groß wie die der Kontinente auf der Erde. Der rote Planet hat einen Durchmesser von 6792 km und gleicht der Erdoberfläche. Diese Welt zählt zu den wenigen Orten im Sonnensystem, an denen Leben entstanden ist und vielleicht heute noch existiert (s. S. 82). Die Luft auf dem Planeten ist heute zu dünn, um flüssiges Wasser über längere Zeit zu erhalten, auch wenn die Temperaturen über 0 °C steigen. Es existieren aber viele Hinweise, dass vor Milliarden Jahren die Luft dicker und die Bedingungen für Lebewesen wesentlich besser waren.

△ **Marsoberfläche**
Nur wenige Welten haben so unterschiedliche Landschaften wie der Mars – von seinen mit Kratern übersäten alten Gebieten bis zu glatten Ebenen und tiefen Gräben. Sein höchster Vulkan, Olympus Mons, erhebt sich 25 km über der Oberfläche, während das gewaltige Grabensystem Valles Marineris 7 km tief ist.

△ **Hinweise auf Wasser**
Kanäle und Gräben auf dem Mars zeigen deutlich, dass auf seiner Oberfläche früher Wasser floss. Dieser Kraterrand besitzt deutliche Anzeichen, dass erst vor Kurzem Wasser herunterströmte. Vermutlich ist durch das Sonnenlicht unterirdisches Wassereis geschmolzen, das kurz floss, bevor es in der dünnen Luft verdunstete.

DIE ÄUSSEREN PLANETEN

Im Gegensatz zu den erdartigen, inneren Planeten bestehen die vier äußeren Planeten vorwiegend aus Gasen. Diese massereichen Körper besitzen Dutzende Monde, die jeweils ein planetarisches Miniatursystem bilden.

Alle vier äußeren Planeten sind deutlich größer als die Erde, doch trotz ihrer Größe sind ihre Tage kürzer als die der Erde. Aufgrund dieser schnellen Rotation bilden sich in ihren Atmosphären Wolkenbänder. Raumsonden haben nachgewiesen, dass alle äußeren Planeten Magnetfelder besitzen und in ihren Atmosphären Polarlichter vorkommen. Zudem haben alle Ringsysteme, wobei das von Saturn das weitaus beeindruckendste ist.

In den helleren Bändern steigt Luft auf, während sie in den dunkleren absinkt.

Saturn

Mit einem Durchmesser von 120 536 km ist Saturn der zweitgrößte Planet. Seine gebänderte Atmosphäre gleicht der von Jupiter, aber seine Wolkenstrukturen sind weniger ausgeprägt. Den Planeten umgibt ein ausgedehntes Ringsystem, das vermutlich aus Trümmern eines zerstörten Monds besteht. Sein größter Mond Titan hat eine dicke Atmosphäre mit einem Oberflächendruck, der höher als der der Erde ist.

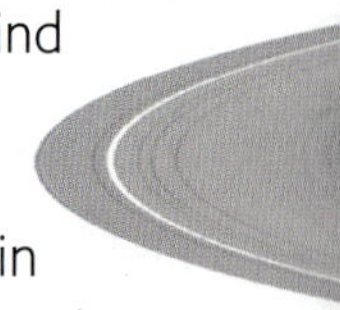

△ **Saturnringe**
Die Saturnringe bestehen aus Brocken nahezu reinen Wassereises sowie einem geringen Staubanteil. Einer der größten Ringe, der E-Ring, erhält immer noch Eiskörner von Eruptionen auf dem Saturnmond Enceladus.

Jupiter

Der Durchmesser von 142 984 km am Äquator ist zehnmal so groß wie der der Erde. Die riesige Masse dieses größten Planeten beeinflusst die Umlaufbahnen vieler Himmelskörper und zahlreicher Kometen. Zudem hat dieser Gasriese ein extrem starkes Magnetfeld, von dem energiereiche Teilchen angezogen werden, sodass seine Erforschung nicht ungefährlich ist.

◁ **Großer Roter Fleck**
Dieser beeindruckende Sturm in der Jupiteratmosphäre wütet bereits seit mindestens 300 Jahren. Er ist ungefähr 30 000 km groß und damit mehr als zweimal so groß wie die Erde. Seine Form und Helligkeit ändern sich, und seine rote Farbe stammt wahrscheinlich von Substanzen aus tieferen Wolkenschichten.

▷ **Europa**
Dieser große Jupitermond ist eine eisige Welt. Europas rissige Oberfläche verdeckt einen Ozean aus Wasser, das durch Gezeitenkräfte erwärmt wird. Durch die Kombination aus Wasser und Wärme zählt er zu den wenigen Orten, an denen Leben entstanden sein könnte.

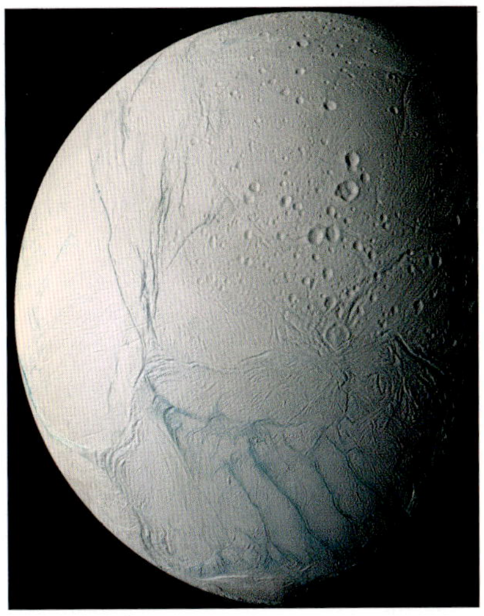

◁ **Enceladus**
Dieser Mond mit einem Durchmesser von 504 km reflektiert das meiste Licht im Sonnensystem. Seine helle Oberfläche aus Wassereis bedeckt einen flüssigen Ozean, in dem Leben vorhanden sein könnte. Eiskörner und Wasserdampf werden von Vulkanen in der Nähe des Südpols in den Weltraum geschleudert.

Uranus

Diese bizarre Welt war der erste Planet, der mit einem Teleskop entdeckt wurde. Er hat einen Durchmesser von 51 118 km, und seine Achse liegt fast senkrecht zur Bahnebene, sodass er extreme Jahreszeiten erlebt. Die Atmosphäre ist Mitte des Winters sehr ruhig, aber äußerst aktiv, wenn die Sonne den Äquator erwärmt. Seine dünnen Ringe wurden erst 1977 entdeckt, als sie kurze Zeit das Licht eines Sterns blockierten.

▷ **Aufbau von Uranus**
Der Planet hat einen beträchtlichen festen Kern. Dieser entstand vermutlich aus einem großen Eiskörper im jungen Planeten, der weitere Gase anzog.

Neptun

Seine Existenz und sein ungefährer Ort wurden aufgrund seiner Einflüsse auf andere Planeten vorhergesagt. Neptuns Durchmesser beträgt 49 775 km, und er hat mit seinen gewaltigen Stürmen eine aktivere Atmosphäre als Uranus. Die Umlaufbahn in entgegengesetzter Richtung zu seinem großen Mond Triton zeigt, dass dieser von Neptun eingefangen wurde. Neptuns Ringe sind uneinheitlich und bestehen aus Bögen eingefangenen Materials.

△ **Neptuns Wolken**
Die Raumsonde Voyager 2 entdeckte 1982 bei ihrer Reise zum äußeren Rand des Sonnensystems auf Neptun weiße Wolken wie auf der Erde. Allerdings bestehen sie vermutlich aus gefrorenem Methan.

DER MOND

Die Erde besitzt im Gegensatz zu den Gasriesen und dem Zwergplaneten Pluto nur einen Mond. Dieser natürliche Satellit der Erde ist eine vollständig trockene Welt ohne Atmosphäre.

Entstehung und Aufbau

Es ist so gut wie sicher, dass der Mond entstand, nachdem ein marsgroßer Körper die junge Erde traf und Trümmer in den Weltraum geschleudert wurden. Diese verklumpten schließlich zum Mond. Seine Umlaufbahn hat sich nach und nach verlängert, sodass er heute alle 27,3 Tage die Erde umkreist. Das Mondinnere war früher so warm, dass es zu Vulkanausbrüchen kam – doch diese Aktivitäten ruhen heute.

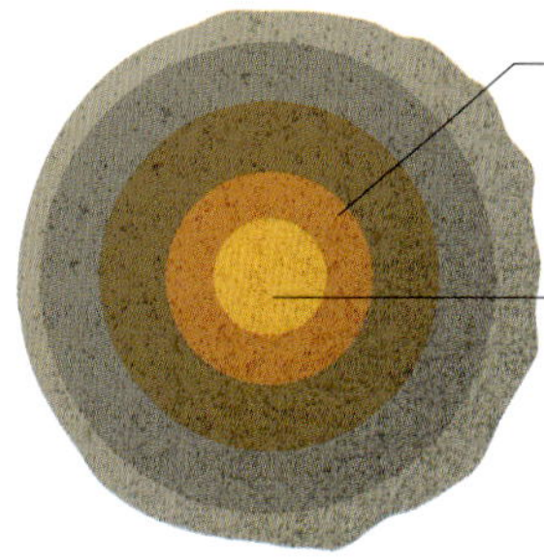

△ **Verschiebung**
Gezeitenkräfte, die durch die Anziehungskraft der Erde entstanden sind, haben die Symmetrie des jungen Monds gestört.

Oberflächenmerkmale

Die Mondoberfläche war Milliarden Jahre zahlreichen Einschlägen ausgesetzt. Ein Großteil seines Bodens ist mit Kratern aller Größen übersät. Die offensichtlichsten Merkmale des Monds, wenn man ihn mit bloßem Auge sieht, sind dunkle Flecken. Diese Meere oder Maria (lat.) sind mit Lava geflutete Einschlagbecken. Große Eruptionen endeten erst vor einer Milliarde Jahren.

◁ **Hayn-Krater**
Dieser typische Einschlagkrater entstand durch einen Planetoiden oder Kometen. Er hat einen flachen Boden und zentrale Spitzen, an denen sich die Oberfläche nach dem Aufprall anhob.

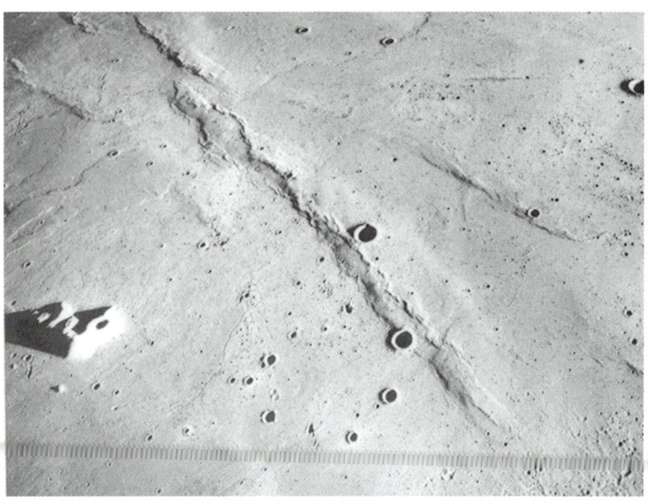

◁ **Lavaebene**
Die Maria (Einzahl: Mare) sind weite Flächen aus erstarrter Lava, die mehrere große Gebiete bedecken. Sie sind nicht ganz glatt, sondern weisen knittrige Grate auf, die zeigen, wo die Lava abgekühlt und geschrumpft ist.

◁ **Erdfall**
Diese Vertiefung, die kleiner als 100 m ist, entstand, nachdem ein unterirdischer Lavakanal zusammengebrochen war. Ähnliche Merkmale sieht man auch in vulkanischen Gebieten auf der Erde.

◁ **Zugewandte Seite des Monds**
Der Mond dreht sich in der gleichen Zeit um seine eigene Achse, wie er für einen Erdumlauf braucht. Aufgrund dieser gebundenen Rotation weist immer dieselbe Seite, die zugewandte, zur Erde.

Erdsatellit

Der Mond ist für die Gezeiten der irdischen Meere verantwortlich. Er zieht Meerwasser an und erzeugt auf einer Erdseite eine Wölbung, eine zweite entsteht auf der anderen Erdseite, an der seine Schwerkraft am schwächsten wirkt. Vermutlich stabilisierte der Mond die Erdachse und trug dazu bei, dass Leben entstand.

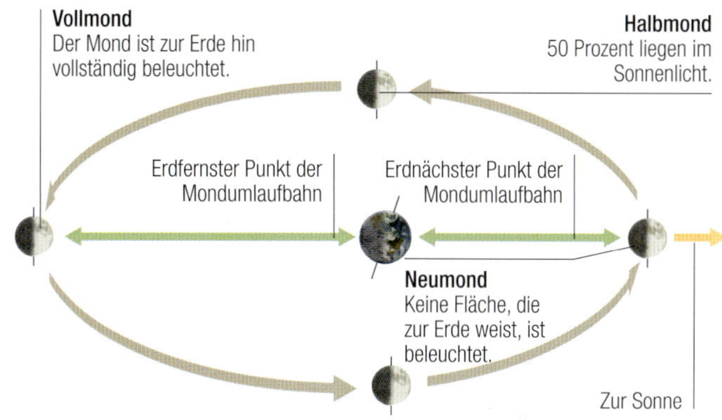

△ **Mondphasen**
Der Mond zeigt während eines Erdumlaufs Phasen, weil von ihm – von der Erde aus gesehen – unterschiedlich große Anteile im Sonnenlicht liegen. Seine Umlaufbahn ist nicht kreisförmig, sondern sein Abstand zur Erde schwankt zwischen 362 600 und 405 400 km.

△ **Astronauten auf dem Mond**
Von 1969 bis 1972 haben zwölf Astronauten von sechs Apollo-Missionen den Mond betreten und Gesteins- und Bodenproben zur Erde gebracht. Die Analsyen von diesen haben das Wissen über den Mond enorm erweitert.

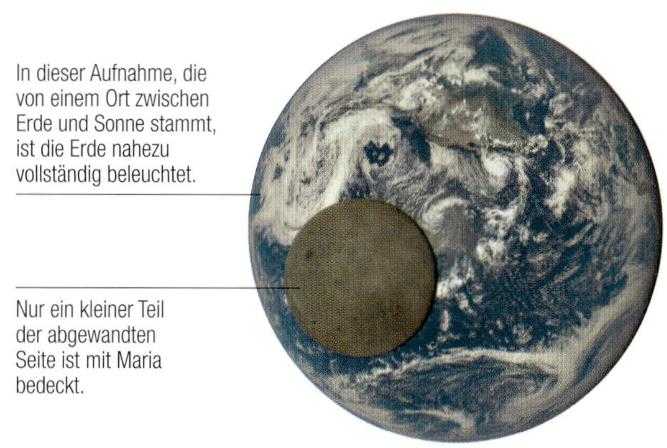

△ **Erde und Mond**
Diese Aufnahme offenbart die unterschiedlichen Oberflächen der Erde und ihres Satelliten. Die gräuliche Mondoberfläche reflektiert nur zwölf Prozent des einfallenden Lichts, während die farbenfrohe Erde ungefähr 30 Prozent reflektiert. Die Aufnahme zeigt die abgewandte Mondseite.

ANHANG

STERNE UND STERNGRUPPEN

Helle Sterne

Sterne leuchten unterschiedlich hell. Sirius, der hellste Stern, erscheint uns etwa 1000-mal so hell wie der dunkelste, den man mit bloßem Auge sehen kann. Der altgriechische Astronom Hipparchos teilte die Sterne nach ihrer sog. Wichtigkeit ein: Kategorie 1 umfasst die hellsten Sterne, Kategorie 6 die dunkelsten. Heute bezeichnet man diese Kategorien als scheinbare Helligkeit, von der jede Einheit 2,51-mal so dunkel ist wie die vorherige. Die absolute Helligkeit entspricht der scheinbaren, wenn der Stern in einer Standardentfernung von 32,6 Lichtjahren läge.

HELLSTE STERNE

Name	Sternbild	Scheinbare Helligkeit	Absolute Helligkeit	Entfernung zur Erde (in Lichtjahren)	Art
Sirius	Canis Major	–1,47	1,42	8,6	Blau-weißer Hauptreihenstern
Canopus	Carina	–0,72	–5,53	310	Weißer Riese
Rigel Kentaurus	Centaurus	–0,28	4,07	4,4	Gelber Hauptreihenstern
Arktur	Bootes	–0,10	–0,31	37	Orangefarbener Riese
Wega	Lyra	0,03 (Veränderlicher)	0,58	25	Blau-weißer Hauptreihenstern
Capella	Auriga	0,08	–0,48	43	Gelber Riese
Rigel	Orion	0,13 (Veränderlicher)	–7,92	860	Blauer Überriese
Procyon	Canis Minor	0,40	2,68	11	Weißer Hauptreihenstern
Achernar	Eridanus	0,50	–2,77	144	Blau-weißer Hauptreihenstern
Beteigeuze	Orion	0,45 (Veränderlicher)	–5,14	498	Roter Überriese
Hadar	Centaurus	0,61 (Veränderlicher)	–5,23	390	Blau-weißer Riese
Altair	Aquila	0,76 (Veränderlicher)	2,20	17	Weißer Hauptreihenstern
Acrux	Crux	0,77	–4,19	322	Blau-weißer Überriese
Aldebaran	Taurus	0,87	–0,63	67	Roter Riese
Spica	Virgo	0,98 (Veränderlicher)	–,55	250	Blau-weißer Riese
Antares	Scorpius	0,90 (Veränderlicher)	–5,28	550	Orangefarbener Riese
Pollux	Gemini	1,16	1,09	34	Orangefarbener Riese
Fomalhaut	Piscis Austrinus	1,16	1,73	25	Blau-weißer Hauptreihenstern
Mimosa	Crux	1,25 (Veränderlicher)	–3,92	278	Blau-weißer Riese
Deneb	Cygnus	1,25	8,38	1400	Blau-weißer Überriese

Stellare Riesen

Die übergroße Mehrheit der Sterne ist zu weit entfernt, als dass man ihren Radius direkt bestimmen könnte. Ihre Größe wird gewöhnlich anhand eines physikalischen Gesetzes geschätzt, das Energieabgabe und Oberflächentemperatur in Beziehung zum Radius setzt. Weil viele der größten Sterne pulsieren, hat das Ergebnis der Schätzung eine Genauigkeit von nur etwa zehn Prozent. Es wurde – theoretisch – geschätzt, dass Riesen instabil werden, wenn sie 1500-mal so groß sind wie die Sonne. Die Umlaufbahnen der Erde und des Jupiters entsprechen dem 215- bzw. 1120-Fachen des Sonnenradius, sodass alle Sterne dieser Liste (rechts) größer als die Jupiterbahn sind.

GRÖSSTE BEKANNTE STERNE (RADIUS)

Name	Geschätzter Radius (1 = Radius der Sonne)	Art
UY Scuti	1700	Roter Überriese
NML Cygni	1640	Roter Hyperriese
WOH G64	1540	Roter Hyperriese
RW Cephei	1535	Orangefarbener Hyperriese
Westerlund 1-26	1530	Roter Überriese
V354 Cephei	1520	Roter Überriese
VX Sagittarii	1520	Roter Hyperriese
VY Canis Majoris	1420	Roter Hyperriese
KY Cygni	1420	Roter Hyperriese
AH Scorpii	1410	Roter Überriese

Nachbarsterne und Sterngruppen

Über 90 Prozent der Sonnennachbarn sind Hauptreihensterne, wovon 50 Prozent Doppel- oder Dreifachsterne sind. Normalerweise beträgt der mittlere Sternenabstand sieben Lichtjahre. Raumsonden wie Voyager 1 brauchen etwa 100 000 Jahre, um einen Nachbarn zu erreichen. Proxima Centauri wird in den kommenden 25 000 Jahren der sonnennächste Stern bleiben, dann wird er von Alpha Centauri abgelöst. Diese Liste wird sich also allmählich ändern, während die Sonne einmal in 225 000 000 Jahren ihren Umlauf um das galaktische Zentrum absolviert.

ERDNÄCHSTE STERNE UND STERNGRUPPEN

Name	Gruppe	Mehrfachsterne	Scheinbare Helligkeit	Absolute Helligkeit	Entfernung zur Erde (in Lichtjahren)	Art
Sonne	Einzelstern		–26,78	4,82	0,000016	Gelber Hauptreihenstern
Alpha Centauri	Dreifachstern	Proxima	11,09	15,53	4,2	Roter Hauptreihenstern
		Alpha Centauri A	0,01	4,38	4,4	Gelber Hauptreihenstern
		Alpha Centauri B	1,34	5,71	4,4	Orangefrb. Hauptreihenstern
Barnards Stern	Einzelstern		9,53	13,22	5,9	Roter Hauptreihenstern
Wolf 359	Einzelstern		13,44	16,55	7,8	Roter Hauptreihenstern
Lalande 21185	Einzelstern		7,47	10,44	8,3	Roter Hauptreihenstern
Sirius	Doppelstern	Alpha Canis Majoris A	–1,43	1,47	8,6	Blau-weißer Hauptreihenstern
		Alpha Canis Majoris B	8,44	11,34	8,6	Weißer Zwerg
Luyten 726-8	Doppelstern	BL Ceti	12,54	15,40	8,7	Roter Hauptreihenstern
		UV Ceti	12,99	15.85	8,7	Roter Hauptreihenstern
Ross 154	Einzelstern		10,43	13,07	9,7	Roter Hauptreihenstern
Ross 248	Einzelstern		12,29	14,79	10,3	Roter Hauptreihenstern
Epsilon Eridani	Einzelstern		3,73	6,19	10,5	Orangefrb. Hauptreihenstern
Lacaille 9352	Einzelstern		7,34	9,75	10,7	Roter Hauptreihenstern
Ross 128	Einzelstern		11,13	13,51	10,9	Roter Hauptreihenstern
EZ Aquarii	Dreifachstern	EZ Aquarii A	13,33	15,64	11,3	Roter Hauptreihenstern
		EZ Aquarii B	13,27	15,58	11,3	Roter Hauptreihenstern
		EZ Aquarii C	14,03	16,34	11,3	Roter Hauptreihenstern
Procyon	Doppelstern	Alpha Canis Minoris A	2,66	2,66	11,4	Weißer Hauptreihenstern
		Alpha Canis Minoris B	12,98	12,98	11,4	Weißer Zwerg
61 Cygni	Doppelstern	61 Cygni A	7,49	7,49	11,4	Orangefrb. Hauptreihenstern
		61 Cygni B	8,31	8,31	11,4	Orangefrb. Hauptreihenstern

STERNBILDER

Muster am Himmel

Der Himmel ist in 88 Abschnitte unterteilt, von denen die meisten ein erkennbares Sternmuster aufweisen. Diese Sternbilder helfen Astronomen, Sterne zu benennen, die Positionen von Planeten und Kometen zu beschreiben und um sich zu orientieren. Die Benennung von Himmelsgebieten begann vor etwa 4000 Jahren. Um 150 n. Chr. listete Ptolemäus die 48 Sternbilder, die man im Mittelmeerraum sehen kann. Nach 1590 erweiterten niederländische Forscher die Liste, als sie den Äquator nach Süden überquerten. Weitere Sternbilder wurden im 17. Jh. ergänzt.

DIE STERNBILDER (NACH GRÖSSE IHRER FLÄCHE)

Rang	Name	Abkürzung	Benannt von	Rang	Name	Abkürzung	Benannt von
1	Hydra	Hya	Ptolemäus	45	Grus	Gru	Keyser / De Houtman
2	Virgo	Vir	Ptolemäus	46	Lupus	Lup	Ptolemäus
3	Ursa Major	UMa	Ptolemäus	47	Sextans	Sex	Johannes Hevelius
4	Cetus	Cet	Ptolemäus	48	Tucana	Tuc	Keyser / De Houtman
5	Hercules	Her	Ptolemäus	49	Indus	Ind	Keyser / De Houtman
6	Eridanus	Eri	Ptolemäus	50	Octans	Oct	Nicholas de Lacaille
7	Pegasus	Peg	Ptolemäus	51	Lepus	Lep	Ptolemäus
8	Draco	Dra	Ptolemäus	52	Lyra	Lyr	Ptolemäus
9	Centaurus	Cen	Ptolemäus	53	Crater	Crt	Ptolemäus
10	Aquarius	Aqr	Ptolemäus	54	Columba	Col	Petrus Plancius
11	Ophiuchus	Oph	Ptolemäus	55	Vulpecula	Vul	Johannes Hevelius
12	Leo	Leo	babylonischen Ursprungs	56	Ursa Minor	UMi	Ptolemäus
13	Bootes	Boo	Ptolemäus	57	Telescopium	Tel	Nicholas de Lacaille
14	Pisces	Psc	Ptolemäus	58	Horologium	Hor	Nicholas de Lacaille
15	Sagittarius	Sgr	Ptolemäus	59	Pictor	Pic	Nicholas de Lacaille
16	Cygnus	Cyg	Ptolemäus	60	Piscis Austrinus	PsA	Ptolemäus
17	Taurus	Tau	babylonischen Ursprungs	61	Hydrus	Hyi	Keyser / De Houtman
18	Camelopardalis	Cam	Petrus Plancius	62	Antlia	Ant	Nicholas de Lacaille
19	Andromeda	And	Ptolemäus	63	Ara	Ara	Ptolemäus
20	Puppis	Pup	Nicholas de Lacaille	64	Leo Minor	LMi	Johannes Hevelius
21	Auriga	Aur	Ptolemäus	65	Pyxis	Pyx	Nicholas de Lacaille
22	Aquila	Aqi	Ptolemäus	66	Microscopium	Mic	Nicholas de Lacaille
23	Serpens	Ser	Ptolemäus	67	Apus	Aps	Keyser / De Houtman
24	Perseus	Per	Ptolemäus	68	Lacerta	Lac	Johannes Hevelius
25	Cassiopeia	Cas	Ptolemäus	69	Delphinus	Del	Ptolemäus
26	Orion	Ori	Ptolemäus	70	Corvus	Crv	Ptolemäus
27	Cepheus	Cep	Ptolemäus	71	Canis Minor	CMi	Ptolemäus
28	Lynx	Lyn	Johannes Hevelius	72	Dorado	Dor	Keyser / De Houtman
29	Libra	Lib	Ptolemäus	73	Corona Borealis	CrB	Ptolemäus
30	Gemini	Gem	Ptolemäus	74	Norma	Nor	Nicholas de Lacaille
31	Cancer	Cnc	Ptolemäus	75	Mensa	Men	Nicholas de Lacaille
32	Vela	Vel	Nicholas de Lacaille	76	Volans	Vol	Keyser / De Houtman
33	Scorpius	Sco	babylonischen Ursprungs	77	Musca	Mus	Keyser / De Houtman
34	Carina	Car	Nicholas de Lacaille	78	Triangulum	Tri	Ptolemäus
35	Monoceros	Mon	Petrus Plancius	79	Chamaeleon	Cha	Keyser / De Houtman
36	Sculptor	Scl	Nicholas de Lacaille	80	Corona Australis	Cra	Ptolemäus
37	Phoenix	Phe	Keyser / De Houtman	81	Caelum	Cae	Nicholas de Lacaille
38	Canes Venatici	CVn	Johannes Hevelius	82	Reticulum	Ret	Nicholas de Lacaille
39	Aries	Ari	Ptolemäus	83	Triangulum Australe	TrA	Keyser / De Houtman
40	Capricornus	Cap	babylonischen Ursprungs	84	Scutum	Sct	Johannes Hevelius
41	Fornax	For	Nicholas de Lacaille	85	Circinus	Cir	Nicholas de Lacaille
42	Coma Berenices	Com	Gerardus Mercator	86	Sagitta	Sge	Ptolemäus
43	Canis Major	CMa	Ptolemäus	87	Equuleus	Equ	Ptolemäus
44	Pavo	Pav	Keyser / De Houtman	88	Crux	Cru	[illegible]

MILCHSTRASSE UND GALAXIEN

Die Lokale Gruppe

In der etwa 10 Mio. Lichtjahre großen Lokalen Gruppe sind über 54 Galaxien, vorwiegend Zwerggalaxien, durch Schwerkraft gebunden. Die Gruppe wird von den drei großen Galaxien Milchstraße, Andromeda- und Triangulum-Galaxie beherrscht. Um jede kreist ein Schwarm kleinerer Satellitengalaxien. Die Lokale Gruppe wurde 1936 von dem amerikanischen Astronomen Edwin Hubble erkannt. Ob Ausreißer wie Sextans A, die Antlia-Zwerggalaxie und NGC 3109 dazugehören, ist unklar. Zudem können hinter den großen Galaxien noch weitere Mitglieder versteckt sein.

DIE LOKALE GRUPPE DER GALAXIEN

Name	Art	Entfernung zum Sonnensystem (in Lichtjahren)	Durchmesser	Name	Art	Entfernung zum Sonnensystem (in Lichtjahren)	Durchmesser
Milchstraße, Galaxis	Balkenspiralgalaxie	0	100 000	IC 1613	Irreguläre Galaxie	2 365 000	10 000
Sagittarius-Zwerggalaxie	Elliptische Zwerggalaxie	78 000	20 000	NGC 147	Elliptische Zwerggalaxie	2 370 000	10 000
Ursa Major II	Elliptische Zwerggalaxie	100 000	1000	Andromeda III	Elliptische Zwerggalaxie	2 450 000	3000
Große Magellansche Wolke	Zerstörte Balkenspiralgalaxie	165 000	25 000	Cetus Zwerggalaxie	Elliptische Zwerggalaxie	2 485 000	3000
Kleine Magellansche Wolke	Irreguläre Galaxie	195 000	15 000	Andromeda I	Elliptische Zwerggalaxie	2 520 000	2000
Bootes-Zwerggalaxie	Elliptische Zwerggalaxie	197 000	2000	LGS 3	Irreguläre Galaxie	2 520 000	2000
Ursa-Minor-Zwerggalaxie	Elliptische Zwerggalaxie	215 000	2000	Andromeda-Galaxie (M31)	Balkenspiralgalaxie	2 560 000	140 000
Sculptor-Zwerggalaxie	Elliptische Zwerggalaxie	258 000	3000	M32	Elliptische Zwerggalaxie	2 625 000	8000
Draco-Zwerggalaxie	Elliptische Zwerggalaxie	267 000	2000	M110	Elliptische Zwerggalaxie	2 960 000	15 000
Sextans-Zwerggalaxie	Elliptische Zwerggalaxie	280 000	3000	IC 10	Irreguläre Galaxie	2 960 000	8000
Ursa Major I	Elliptische Zwerggalaxie	325 000	3000	Triangulum-Galaxie (M33)	Spiralgalaxie	2 735 000	55 000
Carina-Zwerggalaxie	Elliptische Zwerggalaxie	329 000	2000	Tucana-Zwerggalaxie	Elliptische Zwerggalaxie	2 870 000	2000
Fornax-Zwerggalaxie	Elliptische Zwerggalaxie	450 000	5000	Pegasus-Zwerggalaxie	Irreguläre Galaxie	3 000 000	6000
Leo II	Elliptische Zwerggalaxie	669 000	3000	WLM	Irreguläre Galaxie	3 020 000	10 000
Leo I	Elliptische Zwerggalaxie	815 000	3000	Aquarius-Zwerggalaxie	Irreguläre Galaxie	3 345 000	3000
Phoenix-Zwerggalaxie	Irreguläre Galaxie	1 450 000	2000	SAGDIG	Irreguläre Galaxie	3 460 000	3000
NGC 6822	Irreguläre Galaxie	1 520 000	8000	Antlia-Zwerggalaxie	Elliptische Zwerggalaxie	4 030 000	3000
NGC 185	Elliptische Zwerggalaxie	2 010 000	8000	NCG 3109	Irreguläre Galaxie	4 075 000	25 000
Andromeda II	Elliptische Zwerggalaxie	2 165 000	3000	Sextans A	Irreguläre Galaxie	4 350 000	10 000
Leo A	Irreguläre Galaxie	2 250 000	4000	Sextans B	Irreguläre Galaxie	4 385 000	8000

Galaxienhaufen und -gruppen

Galaxien sind im Universum nicht zufällig verteilt. Sie bilden Gruppen von zehn bis zu Tausenden Einzelgalaxien, die durch Schwerkraft aneinander gebunden sind. Das Gebiet um die Milchstraße beherrscht der Große Attraktor (seine Hauptkomponente ist der Norma-Haufen). Er ist so massereich, dass er die normale Expansion des Universums beeinflusst, die Edwin Hubble entdeckt hatte. Haufen lagern sich zu Superhaufen zusammen. Sie sind 6–30 Mio. Lichtjahre groß.

Galaxienhaufen MACS J0416.1–2403 im Sternbild Eridanus

GALAXIENHAUFEN UND -GRUPPEN

Name	Entfernung (in Mio. Lichtjahren)	Rezessionsgeschwindigkeit (in km pro Sekunde)
Lokale Gruppe	0	
M81-Gruppe	11	334
Centaurus-Gruppe	12	299
Sculptor-Gruppe	12,7	292
Canes-Venatici-I-Gruppe	13	483
Canes-Venatici-II-Gruppe	26	703
M51-Gruppe	31	555
Leo-Triplett (M66)	35	662
Leo-I-Gruppe	38	680
Draco-Gruppe	40	704
Ursa-Major-Gruppe	55	1016
Virgo-Haufen	59	1139

MESSIER-OBJEKTE

Katalog der Himmelsobjekte

Der französische Astronom Charles Messier (1730–1817) erstellte einen Katalog über Nebel und Sternhaufen, die mit kleinen Teleskopen erkennbar waren. Seine Bezeichnungen (M31 für die Andromeda-Galaxie) werden noch immer benutzt. Messier war ein Kometenjäger (er entdeckte 13) und wollte vorüberziehende Kometen nicht mit anderen Himmelsobjekten verwechseln. Er benutzte ein 10-cm-Linsenteleskop in Paris, sodass Objekte südlich von –35,7° Deklination nicht enthalten waren. Sein Katalog, den er 1760 aufstellte, enthält 110 Objekte.

MESSIER-KATALOG

Messier-Nummer	Sternbild	Allgemeiner Name	Objektart
M1	Taurus	Krebsnebel	Supernovaüberrest
M2	Aquarius		Kugelsternhaufen
M3	Canes Venatici		Kugelsternhaufen
M4	Scorpius		Kugelsternhaufen
M5	Serpens (Kopf)		Kugelsternhaufen
M6	Scorpius	Schmetterlingshaufen	Offener Sternhaufen
M7	Scorpius	Ptolemäus-Haufen	Offener Sternhaufen
M8	Sagittarius	Lagunennebel	Emissionsnebel
M9	Ophiuchus		Kugelsternhaufen
M10	Ophiuchus		Kugelsternhaufen
M11	Scutum	Wildenten-Sternhaufen	Offener Sternhaufen
M12	Ophiuchus		Kugelsternhaufen
M13	Hercules		Kugelsternhaufen
M14	Ophiuchus		Kugelsternhaufen
M15	Pegasus		Kugelsternhaufen
M16	Serpens (Schwanz)	Adlernebel	Offener Sternhaufen / Emissionsnebel
M17	Sagittarius	Omeganebel/Schwanennebel	Emissionsnebel
M18	Sagittarius		Offener Sternhaufen
M19	Ophiuchus		Kugelsternhaufen
M20	Sagittarius	Trifidnebel	Emissions-/Reflexionsdunkelnebel
M21	Sagittarius		Offener Sternhaufen
M22	Sagittarius		Kugelsternhaufen
M23	Sagittarius		Offener Sternhaufen
M24	Sagittarius	Sagittarius-Sternwolke	Sternfeld in der Milchstraße
M25	Sagittarius		Offener Sternhaufen
M26	Scutum		Offener Sternhaufen
M27	Vulpecula	Hantelnebel	Planetarischer Nebel
M28	Sagittarius		Kugelsternhaufen
M29	Cygnus		Offener Sternhaufen
M30	Capricornus		Kugelsternhaufen
M31	Andromeda	Andromeda-Galaxie	Spiralgalaxie
M32	Andromeda		Elliptische Zwerggalaxie
M33	Triangulum	Triangulum-Galaxie	Spiralgalaxie
M34	Perseus		Offener Sternhaufen
M35	Gemini		Offener Sternhaufen
M36	Auriga		Offener Sternhaufen
M37	Auriga		Offener Sternhaufen
M38	Auriga		Offener Sternhaufen
M39	Cygnus		Offener Sternhaufen
M40	Ursa Major	Winnecke 4	Doppelstern
M41	Canis Major		Offener Sternhaufen
M42	Orion	Orionnebel	Emissions-/Reflexionsnebel
M43	Orion	De-Mairans-Nebel	Emissions-/Reflexionsnebel
M44	Cancer	Praesepe	Offener Sternhaufen
M45	Taurus	Plejaden/Siebengestirn	Offener Sternhaufen
M46	Puppis		Offener Sternhaufen
M47	Puppis		Offener Sternhaufen
M48	Hydra		Offener Sternhaufen
M49	Virgo		Elliptische Galaxie
M50	Monoceros		Offener Sternhaufen
M51	Canes Venatici	Whirlpool-Galaxie	Spiralgalaxie
M52	Cassiopeia		Offener Sternhaufen
M53	Coma Berenices		Kugelsternhaufen
M54	Sagittarius		Kugelsternhaufen
M55	Sagittarius		Kugelsternhaufen
M56	Lyra		Kugelsternhaufen
M57	Lyra	Ringnebel	Planetarischer Nebel
M58	Virgo		Balkenspiralgalaxie
M59	Virgo		Elliptische Galaxie
M60	Virgo		Elliptische Galaxie

MESSIER-KATALOG FORTSETZUNG

Messier-Nummer	Sternbild	Allgemeiner Name	Objektart
M61	Virgo		Spiralgalaxie
M62	Ophiuchus		Kugelsternhaufen
M63	Canes Venatici	Sunflower-Galaxie	Spiralgalaxie
M64	Coma Berenices	Black-Eye-Galaxie	Spiralgalaxie
M65	Leo		Spiralgalaxie
M66	Leo		Spiralgalaxie
M67	Cancer		Offener Sternhaufen
M68	Hydra		Kugelsternhaufen
M69	Sagittarius		Kugelsternhaufen
M70	Sagittarius		Kugelsternhaufen
M71	Sagitta		Kugelsternhaufen
M72	Aquarius		Kugelsternhaufen
M73	Aquarius		Asterismus
M74	Pisces		Spiralgalaxie
M75	Sagittarius		Kugelsternhaufen
M76	Perseus	Kleiner Hantelnebel	Planetarischer Nebel
M77	Cetus		Balkenspiralgalaxie
M78	Orion		Reflexionsnebel
M79	Lepus		Kugelsternhaufen
M80	Scorpius		Kugelsternhaufen
M81	Ursa Major	Bodes Galaxie	Spiralgalaxie
M82	Ursa Major	Cigar-Galaxie	Spiralgalaxie
M83	Hydra	Südliche Pinwheel-Galaxie	Balkenspiralgalaxie
M84	Virgo		Elliptische oder Linsenförmige Galaxie
M85	Coma Berenices		Linsenförmige Galaxie
M86	Virgo		Linsenförmige Galaxie
M87	Virgo	Virgo A	Elliptische Galaxie
M88	Coma Berenices		Spiralgalaxie
M89	Virgo		Elliptische Galaxie
M90	Virgo		Spiralgalaxie
M91	Coma Berenices		Balkenspiralgalaxie
M92	Hercules		Kugelsternhaufen
M93	Puppis		Offener Sternhaufen
M94	Canes Venatici		Spiralgalaxie
M95	Leo		Balkenspiralgalaxie
M96	Leo		Spiralgalaxie
M97	Ursa Major	Eulennebel	Planetarischer Nebel

Messier number	Sternbild	Allgemeiner Name	Objektart
M98	Coma Berenices		Spiralgalaxie
M99	Coma Berenices		Spiralgalaxie
M100	Coma Berenices		Spiralgalaxie
M101	Ursa Major	Pinwheel-Galaxie	Spiralgalaxie
M102		Identifikation unbekannt	Mögliche Spindelgalaxie NGC 5866 in Virgo
M103	Cassiopeia		Offener Sternhaufen
M104	Virgo	Sombrero-Galaxie	Spiralgalaxie
M105	Leo		Elliptische Galaxie
M106	Canes Venatici		Spiralgalaxie
M107	Ophiuchus		Kugelsternhaufen
M108	Ursa Major		Balkenspiralgalaxie
M109	Ursa Major		Balkenspiralgalaxie
M110	Andromeda		Elliptische Zwerggalaxie

Sternentstehungswolke im Lagunennebel (M8)

GLOSSAR

A

absolute Helligkeit
Ein Maß der wahren Helligkeit eines Sterns oder anderen Himmelskörpers. Sie entspricht der scheinbaren Helligkeit in einer Entfernung von 10 Parsec (32,6 Lichtjahre) von der Erde. Siehe auch *scheinbare Helligkeit, Größenklasse, Leuchtkraft.*

Achse
Eine virtuelle Linie, um die sich ein Körper dreht.

Akkretion (lat.: Zuwachs)
(1) Kollision und Zusammenhalten kleiner astronomischer Körper zu größeren.
(2) Die Zunahme eines Körpers, der aus seiner Umgebung Materie anzieht.

aktive Galaxie
Eine Galaxie, die außergewöhnlich viel elektromagnetische Strahlung über einen weiten Bereich der Wellenlängen freisetzt. Die Strahlung entspringt einem zentralen aktiven Galaxienkern und wird vermutlich durch Akkretion von Gas zu einem supermassiven Schwarzen Loch angetrieben. Es gibt unterschiedlich benannte Arten, obwohl die scheinbaren Unterschiede zwischen ihnen wahrscheinlich durch den Betrachtungswinkel von der Erde aus verursacht werden. Siehe auch *Blazar, Quasar, Seyfert-Galaxie.*

Asterismus
Ein Sternmuster, das normalerweise Teil eines Sternbilds ist. Der Große Wagen ist ein Asterismus im Sternbild Ursa Major. Siehe auch *Sternbild.*

Asteroide
Siehe *Planetoiden.*

astronomische Einheit (AE)
Eine Längeneinheit für die Entfernungen im Sonnensystem. Sie entspricht der durchschnittlichen Entfernung zwischen der Erde und der Sonne und beträgt ungefähr 150 Mio. km.

Atmosphäre
Die Gashülle um einen Planeten oder ein weniger dichtes Plasma um einen Stern.

Atom
Ein Baustein der Materie. Atome bestehen aus einem Kern aus Protonen (positiv geladene Teilchen, wobei jedes Element eine andere Anzahl besitzt) und neutralen Neutronen, um den Elektronen kreisen (negativ geladene Teilchen in der gleichen Anzahl wie Protonen). Siehe auch *Elektron, Ion.*

Aurora (Polarlicht)
Eine Lichterscheinung am Himmel, die normalerweise über den Polargebieten auftritt. Sie wird durch energiereiche Teilchen von der Sonne verursacht, die vom Magnetfeld der Erde abgelenkt werden und mit Molekülen in der Erdatmosphäre zusammenstoßen.

B

Balkenspiralgalaxie
Eine Spiralgalaxie, deren Arme von einer verlängerten, balkenartigen Zentralregion abstrahlen. Siehe auch *Spiralgalaxie.*

Bedeckungsveränderlicher
Ein Doppelsternsystem, bei dem von der Erde aus gesehen ein Stern vor dem anderen kreist und diesen bedeckt. Dadurch sinkt die Helligkeit des hinteren Sterns vorübergehend.

beobachtbares Universum
Der Bereich des Universums, aus dem das Licht seit dem Urknall ausreichend Zeit hatte, die Erde zu erreichen.

Blauverschiebung
Das Gegenteil der Rotverschiebung. Die Verschiebung von Spektrallinien der elektromagnetischen Strahlung von Lichtquellen, die sich auf einen Beobachter zubewegen, hin zu kürzeren Wellenlängen. Siehe auch *Rotverschiebung.*

Blazar
Leuchtstarke, aktive Galaxien mit schnellen Helligkeitsänderungen. Siehe auch *aktive Galaxie.*

Bok-Globulen
Ein dichter Dunkelnebel, in dem wahrscheinlich Vorläufer von Protosternen entstehen. Siehe auch *Protostern.*

Brauner Zwerg
Ein Körper, der wie ein Stern aus einer sich zusammenziehenden Gaswolke entsteht, aber zu wenig Masse besitzt und nicht ausreichend heiß wird, um Kernfusionen auszulösen.

C

Cepheiden-Veränderlicher
Ein veränderlicher Stern, dessen Leuchtkraft sich regelmäßig ändert. Die Helligkeit der Cepheiden-Veränderlichen wechselt, weil sie sich ausdehnen und zusammenziehen. Bei Cepheiden mit stärkerer Leuchtkraft dauert die Periode des Wechsels länger. Siehe auch *Leuchtkraft, Veränderlicher.*

Chromosphäre
Die relativ dünne Schicht der Sonnenatmosphäre, die zwischen der Fotosphäre und der Korona liegt. Siehe auch *Korona, Fotosphäre.*

D

Deklination
Das Äquivalent auf der Himmelskugel zum Breitengrad auf der Erde. Die Deklination eines Sterns entspricht dem Winkelabstand nördlich oder südlich des Himmelsäquators. Siehe auch *Rektaszension.*

diffuser Nebel
Ein Nebel, der keine scharfe Abgrenzung und keine eindeutigen inneren Merkmale aufweist. Siehe auch *Nebel.*

Doppelstern
Zwei Sterne, die am Nachthimmel extrem nah beieinanderstehen. Physische Doppelsterne umkreisen einen gemeinsamen Schwerpunkt und sich gegenseitig. Optische Doppelsterne hingegen liegen nur zufällig von der Erde aus betrachtet auf einer Sichtachse und besitzen keinen gemeinsamen Schwerpunkt. Siehe auch *Schwerezentrum.*

Dunkle Energie
Eine wenig verstandene Energieform, die vermutlich 70 Prozent der gesamten Masse und Energie des Universums umfasst. Sie ist wahrscheinlich für die beschleunigte Ausdehnung des Universums verantwortlich.

Dunkle Materie
Eine geheimnisvolle Materie, die mit ihrer immensen Schwerkraft auf ihre Umgebung wirkt, aber im Gegensatz zu normaler Materie, die aus Atomen aufgebaut ist, keine elektromagnetische Strahlung emittiert. Vermutlich existiert sie im Universum in sehr großen Mengen, denn ohne sie würden Galaxien zerrissen, während sie rotieren.

E

Ekliptik
Der Kreis an der Himmelskugel, an dem die Ebene der Erdumlaufbahn die Himmelskugel schneidet. Auf diesem Kreis wandert die Sonne im Lauf eines Jahres scheinbar an der Himmelskugel entlang. Siehe auch *Himmelskugel, Tierkreis.*

elektromagnetische Strahlung
Strahlung, die Energie im Universum als Wellen elektrischer und magnetischer Felder überträgt und sich mit Lichtgeschwindigkeit ausbreitet. Siehe auch *elektromagnetisches Spektrum.*

elektromagnetisches Spektrum
Das elektromagnetische Spektrum umfasst den gesamten Bereich der elektromagnetischen Strahlung: von Radiowellen (die die niedrigste Frequenz und die längsten Wellenlängen haben) über Mikrowellen, Infrarotstrahlung, sichtbares Licht, ultraviolette Strahlung und Röntgenstrahlen bis hin zu Gammastrahlen (mit der höchsten Frequenz und Energie und den kürzesten Wellenlängen).

Elektron
Ein subatomares Teilchen mit einer negativen elektrischen Ladung, das alle Atome besitzen. Elektronen sind viel leichter als Protonen und Neutronen, die den Atomkern bilden. Siehe auch *Atom.*

elliptische Galaxie
Eine Galaxie mit einer elliptischen oder runden Form. Elliptische Galaxien enthalten normalerweise ältere Sterne. In ihnen entstehen kaum neue Sterne.

erdartiger Planet
Ein Planet, der vorwiegend aus Gestein besteht. Die vier erdartigen Planeten im Sonnensystem sind Merkur, Venus, Erde und Mars. Siehe auch *Gasriese.*

ESA
Abkürzung für die Europäische Raumfahrtagentur (engl.: European Space Agency). Sie hat 22 Mitgliedsstaaten, und ihre Hauptverwaltung befindet sich in Paris.

Exoplanet
Siehe *extrasolarer Planet.*

extrasolarer Planet (Exoplanet)
Ein Planet, der um einen anderen Stern als die Sonne kreist.

Extremophile
Jede Lebensform, die unter extremen Bedingungen wie etwa extrem hohem Druck, sehr hohen oder tiefen Temperaturen oder unter höchst ungewöhnlichen chemischen Umweltbedingungen gedeiht.

F

Fotosphäre
Die Schicht der Sonne oder eines anderen Sterns, aus der das meiste Licht emittiert wird und die auch die sichtbare Oberfläche des jeweiligen Sterns bildet. Siehe auch *Chromosphäre, Korona.*

G

galaktische Ebene
Die Ebene der flachen Scheibe einer Galaxie wie etwa der Milchstraße, in der sich die meisten Sterne befinden.

Galaxie
Eine gewaltige Ansammlung von Sternen, Gasen, Staub und Dunkler Materie, die durch die eigene Schwerkraft und ihre Nachbargalaxien aneinader gebunden sind. Galaxien enthalten Millionen bis zu Milliarden Sterne. Die Milchstraße wird auch Galaxis (gala, griech.: Milch) genannt. Siehe auch *aktive Galaxie, elliptische Galaxie, irreguläre Galaxie, linsenförmige Galaxie, Spiralgalaxie.*

Galaxienhaufen
Eine Ansammlung von 50–1000 Galaxien, die durch Schwerkraft zusammengehalten werden.

Gammastrahlung
Elektromagnetische Strahlung mit extrem kurzen Wellenlängen und hohen Frequenzen und Energien. Siehe auch *elektromagnetische Strahlung, elektromagnetisches Spektrum.*

Gasriese
Ein großer Planet, der vorwiegend aus Wasserstoff und Helium besteht. Die Planeten Jupiter und Saturn im Sonnensystem zählen dazu. Siehe auch *erdartige Planeten.*

Gravitation
Siehe *Schwerkraft.*

gravitationsgebunden
Jedes astronomische System, das durch die Schwerkraft zwischen seinen Teilen zusammenhält, wie etwa das Sonnensystem und die Milchstraße.

Größenklasse (Magnitude)
Ein Maß für die Helligkeit eines Sterns oder eines anderen astronomischen Objekts. Siehe auch *absolute Helligkeit, scheinbare Helligkeit.*

H

Hauptreihenstern
Jeder Stern, der auf dem diagonalen Band im Hertzsprung-Russell-Diagramm liegt, in dem die Leuchtkraft der Sterne gegenüber ihrer Obeflächentemperatur/Spektralklasse aufgetragen ist. Hauptreihensterne verbrennen Wasserstoff in ihren Kernen zu Helium und können ihre Position als Hauptreihenstern über viele Milliarden Jahre einnehmen. Ihre genaue Position hängt vorwiegend von der Masse des Sterns ab. Die Sonne ist beispielsweise solch ein Hauptreihenstern. Siehe auch *Hertzsprung-Russell-Diagramm.*

Heißer Jupiter
Ein extrasolarer Planet, der Jupiter in Größe und Zusammensetzung gleicht, aber näher um seinen Stern kreist und daher heißer ist. Siehe auch *extrasolarer Planet.*

Hertzsprung-Russell-Diagramm (HR)
Ein Diagramm, in dem Sterne nach ihrer Leuchtkraft und Oberflächentemperatur/Spektralklasse klassifiziert werden. Siehe auch *Leuchtkraft, Hauptreihenstern.*

Himmelsäquator
Ein virtueller Kreis an der Himmelskugel, der direkt über dem Erdäquator liegt. Siehe auch *Himmelskugel.*

Himmelskugel
Eine virtuelle Kugel, die die Erde umgibt. Während sich die Erde von West nach Ost dreht, dreht sich die Himmelskugel scheinbar von Ost nach West. Um die Positionen von Sternen und anderen Himmelskörpern zu bestimmen, sind sie in der Vorstellung der Menschen an der Innenseite der Himmelskugel angebracht.

Himmelspole
Die beiden Punkte am Himmel, die direkt über dem Nord- und Südpol der Erde liegen. Die Himmelskugel dreht sich scheinbar um eine Achse, die durch die Himmelspole verläuft.

Hintergrundstrahlung
Siehe *kosmische Hintergrundstrahlung.*

Hubble-Konstante
Eine mathematische Konstante, die die Entfernung einer Galaxie zu der Geschwindigkeit, mit der diese sich von der Milchstraße entfernt, in Beziehung setzt. Sie gibt eine Schätzung der Ausdehnungsrate des Universums wieder.

Hyperriese
Ein Stern mit außergewöhnlicher Masse, die größer als die eines Überriesen ist. Hyperriesen können das 100-Fache oder mehr der Sonnenmasse besitzen, sind jedoch kurzlebig und brennen schnell aus.

I

Infrarotstrahlung
Elektromagnetische Strahlung mit längeren Wellenlängen als die von sichtbarem Licht, aber kürzeren als die von Mikrowellen. Infrarotstrahlung wird als Wärmestrahlung empfunden. Siehe auch *elektromagnetische Strahlung, elektromagnetisches Spektrum.*

Interferometrie
Eine Technik zur Messung von sich überlappenden elektromagnetischen Wellen einer entfernten Quelle, die man nutzt, um ein schärferes Bild eines Objekts zu erhalten. Messdaten von Teleskopanordnungen (Arrays) oder Radioteleskopen, die viele Kilometer weit auseinanderliegen, kann man zu Aufnahmen zusammensetzen, wie sie ein virtuelles Teleskop aufgenommen hätte, das der Größe dieser Anordnung entspricht.

Ion
Ein Atom, das ein oder mehr Elektronen aufgenommen oder abgegeben hat und deshalb eine positive oder negative Ladung besitzt. Den dazugehörigen Vorgang nennt man Ionisierung. Siehe auch *Elektron.*

irreguläre Galaxie
Eine Galaxie, die keine Form oder Struktur besitzt.

K

Kernfusion
Der Prozess, bei dem Atomkerne bei sehr hohen Temperaturen zu schwereren Atomkernen verschmelzen. Sterne gewinnen durch solche Fusionsreaktionen in ihrem Innersten ihre Energie und setzen diese frei.

Komet (Schweifstern)
Ein Kleinkörper, der vorwiegend aus Eis und Staub besteht und um die Sonne kreist. Nähert sich ein Komet dem inneren Sonnensystem, verdampft ein Teil seines Materials und bildet häufig lange Schweife aus Gas und Staub.

Korona
Der äußere Teil der Sonnenatmosphäre oder eines anderen Sterns, der sich viele Tausend Kilometer in den Weltraum erstreckt. Die Korona weist eine sehr hohe Temperatur, aber eine relativ geringe Dichte auf.

kosmische Hintergrundstrahlung
Die restliche Strahlung des Urknalls, die im gesamten Universum als Mikrowellenstrahlung existiert.

Kugelsternhaufen
Ein nahezu kugelförmiger Haufen aus 10 000 bis mehr als einer Million Sternen. Kugelsternhaufen enthalten viele sehr alte Sterne und befinden sich häufig in den kugelförmigen Halos um Galaxien.

Kuipergürtel
Ein Gebiet im äußeren Sonnensystem hinter der Neptunbahn, in dem Körper aus Eis und Gestein kreisen. Siehe auch *Oortsche Wolke.*

L

Laufzeitentfernung
Die Strecke, die Licht von einem entfernten Objekt zur Erde zurückgelegt hat. Die Strecke ist größer als die ursprüngliche (weil sich das Universum in dieser Zeit ausgedehnt hat), aber geringer als die aktuelle Entfernung (weil das Objekt jetzt weiter entfernt ist als zu dem Zeitpunkt, als es das Licht freisetzte).

Leuchtkraft
Die Gesamtmenge der Energie, die eine Strahlungsquelle wie die Sonne oder ein Stern in einer Sekunde abgibt. Siehe auch *absolute Helligkeit.*

Lichtjahr
Eine Längeneinheit, die der Strecke entspricht, die Licht im Vakuum in einem Jahr zurücklegt. Ein Lichtjahr entspricht 9460 Mrd. km.

linsenförmige Galaxie
Eine Galaxie, die wie eine konvexe Linse geformt ist. Sie besitzt einen Zentralkörper, der in eine flache Scheibe ausläuft, und hat keine Spiralarme.

Lokale Gruppe
Ein kleiner Haufen aus mehr als 50 Galaxien, zu dem auch unsere Galaxie, die Milchstraße, gehört. Die Gruppe enthält zwei große Spiralgalaxien, darunter die bekannte Andromeda-Galaxie, doch ihre meisten Mitglieder sind kleine elliptische oder irreguläre Galaxien. Siehe auch *Galaxienhaufen.*

M

Magnetfeld
Der Raum um einen Magneten oder magnetisierten Körper, in dem magnetische Kräfte auf elektrische geladene Teilchen wirken.

Mehrfachsterne
Ein System aus drei oder mehr Sternen, die durch Schwerkraft aneinander gebunden sind und sich gegenseitig umkreisen. Siehe auch *Doppelstern.*

Messier-Katalog
Ein Katalog über Nebel (zu denen einige Objekte gehören, die man heute als Galaxien kennt), den der französische Astronom Charles Messier und sein Assistent Pierre Méchain zusammenstellten und 1781 veröffentlichten. Objekte in diesem Katalog sind mit einer Zahl und dem Buchstaben M klassifiziert. Die Andromeda-Galaxie ist als M31 aufgeführt. Siehe auch *New General Catalogue.*

Meteor
Ein kurzlebiger Lichtstreifen am Nachthimmel (man nennt ihn auch Sternschnuppe), den man sieht, wenn ein kleiner Körper aus dem Sonnensystem in der Erdatmosphäre verglüht. Erreicht der Körper den Erdboden, nennt man ihn Meteorit.

Meteorit
Ein kleiner, fester Körper aus dem Sonnensystem, der nicht in der Atmosphäre der Erde oder eines anderen Planeten verglüht ist, sondern den Boden erreicht.

Mikrowellenstrahlung
Elektromagnetische Strahlung mit kürzeren Wellenlängen als den von Radiowellen, aber längeren als den von Infrarotstrahlen und sichtbarem Licht. Siehe auch *elektromagnetische Strahlung, elektromagnetisches Spektrum.*

Milchstraße
(1) Ursprünglich das milchige Band, das sich über den Nachthimmel spannt, von dem man heute weiß, dass es sich aus Milliarden Sternen und Nebeln zusammensetzt. (2) Heute der Name einer (unserer) Galaxie.

Mira-Sterne
Eine Klasse riesiger Veränderlicher, deren Helligkeit sich über einen Zeitraum von ungefähr 100–500 Tagen verändert. Siehe auch *Veränderlicher.*

Mond
Ein natürlicher Satellit, der um einen Planeten kreist. Um ihn von anderen Monden zu unterscheiden, wird der Erdmond »der Mond« genannt.

N

NASA
Abkürzung für National Aeronautics and Space Administration (engl.: Nationale Luft- und Raumfahrt-Administration), der Raumfahrtagentur der Vereinigten Staaten von Amerika.

Nebel
Eine Wolke aus Gas und Staub im interstellaren Raum. In einigen Nebeln entstehen neue Sterne, während andere durch den Untergang eines Sterns entstanden sind. Siehe auch *planetarischer Nebel.*

Neutrino
Ein Teilchen mit extrem niedriger Masse und ohne elektrische Ladung, das sich mit nahezu Lichtgeschwindigkeit ausbreitet und nicht mit anderer Materie interagiert.

Neutronenstern
Ein extrem dichter, kompakter Stern aus engst gepackten Neutronen (neutrale subatomare Teilchen). Neutronensterne entstehen durch eine Supernova, die nicht massiv genug ist, um zu einem Schwarzen Loch zu werden. Siehe auch *Pulsar.*

New General Catalogue (NGC)
(engl.: Neuer Generalkatalog)
Ein Katalog mit Sternhaufen und Nebeln (zu denen einige Objekte gehören, die man heute als Galaxien kennt), den J. L. E. Dreyer 1888 zusammenstellte. Objekte erhalten dort eine Zahl und den Vorsatz NGC. Mit Ergänzungen wird dieses System auch heute noch benutzt. Siehe auch *Messier-Katalog.*

Nova
Ein Stern, der sich plötzlich aufhellt und anschließend über Wochen oder Monaten auf seine ursprüngliche Helligkeit zurückfällt. Das Aufhellen wird durch eine Fusionsreaktion auf der Oberfläche eines Weißen Zwergs ausgelöst, zu dem Gas von einem anderen Stern strömt. Siehe auch *Kernfusion, Supernova.*

O

Offener Sternhaufen
Ein relativ weit verteilter Sternhaufen, dessen Sterne alle zur selben Zeit entstanden sind. Siehe auch *Kugelsternhaufen.*

Oortsche Wolke
Eine kugelförmige Ansammlung von Billionen eisiger Körper wie Kometenkernen, die vermutlich das Sonnensystem umgeben und die mehr als ein Lichtjahr von der Sonne entfernt ist.

optischer Doppelstern
Siehe *Doppelstern.*

P

physischer Doppelstern
Siehe *Doppelstern.*

Planet
Ein großer Körper, der um einen Stern kreist. Ein Planet ist ausreichend massiv, sodass seine Schwerkraft ihn in eine kugelartige Form gezogen und seine Umlaufbahn von anderen Objekten bereinigt hat. Siehe auch *Zwergplanet.*

planetarischer Nebel
Eine glühende Gashülle, die ein Stern mit ähnlicher Masse wie die Sonne am Ende seines Lebens abstößt. Den Begriff führte William Herschel für kreisrunde Nebel ein, die wie ein Planet aussahen.

Planetoid (griech.: planetenartig)
Ein kleiner, irregulär geformter Körper im Sonnensystem, der aus Gestein oder Metall besteht und dessen Durchmesser kleiner als 1000 km ist. Viele Planetoiden (auch Asteroiden; griech.: sternartig) kreisen im Planetoidengürtel zwischen Mars und Jupiter.

Plasma
Eine Mischung aus Elektronen und positiven Ionen, die sich wie ein Gas verhalten, aber Elektrizität leiten und von Magnetfeldern beeinflusst werden. Die Sonne und andere Sterne bestehen aus heißem Plasma. Siehe auch *Ion.*

Präzession
Eine langsame, zyklische Verlagerung der Erdachse, die für einen vollständigen Umlauf 25 800 Jahre benötigt. Eine ähnliche Bewegung zeigen auch sich drehende Kreisel. Der Begriff wird auch für andere astronomische Zyklen verwendet, wie etwa für die langsame Verlagerung des entferntesten Punkts auf der Umlaufbahn eines Planeten.

Protoplanet
Der Vorläufer eines Planeten, der sich durch schrittweise Anziehung kleinerer Körper in die protoplanetarische Scheibe entwickelt, die sich um neue Sterne bildet. Planeten entstanden vermutlich durch Kollisionen von Protoplaneten.

Protostern
Ein Stern in einem sehr frühen Stadium seiner Entstehung, bevor die Wasserstofffusion einsetzt.

Protuberanz
Eine gewaltige Eruption aus Plasma in der Sonnenkorona, die häufig riesige Bögen bildet. Siehe auch *Korona, Plasma.*

Pulsar
Ein sich schnell drehender Neutronenstern, der von seinen Magnetpolen starke Strahlen freisetzt. Die Pulse werden nur dann entdeckt, wenn die Strahlen zur Erde weisen, während der Neutronenstern sich dreht. Siehe auch *Neutronenstern.*

Pulsationsveränderlicher
Siehe *Veränderlicher.*

Q

Quasar
Eine kompakte, aber extrem starke Strahlungsquelle, von der man heute annimmt, dass sie eine leuchtstarke aktive Galaxie ist. Die meisten Quasare sind extrem weit von der Milchstraße entfernt, und ihre Beobachtung bedeutet, dass man sehr tief in die Frühgeschichte des Universums zurückblickt. Siehe auch *aktive Galaxie.*

R

Radioteleskop
Ein Instrument, das Radiowellen von astronomischen Quellen aufnimmt. Die bekanntesten Teleskope besitzen eine konkave Schüssel, die Radiowellen sammelt, bündelt und zu einem Detektor leitet.

Raumzeit
Die Kombination der drei Dimensionen des Raums (Länge, Breite, Höhe) mit der Dimension Zeit. Siehe auch *Relativität.*

Reflektor
Ein Teleskop, das Licht mit einem gewölbten Spiegel sammelt. Siehe auch *Refraktor.*

Refraktor
Ein Teleskop, das Licht mit einer Linse sammelt. Siehe auch *Reflektor.*

Rektaszension
Das Äquivalent an der Himmelskugel zum Längengrad auf der Erde. Die Rektaszension eines Sterns ist der Winkelabstand nach Osten zwischen ihm und dem Widderpunkt. Sie wird in Stunden, Minuten und Sekunden ausgedrückt, wobei eine Stunde 15 Grad entspricht. Siehe auch *Deklination.*

Relativität
Albert Einstein entwickelte zur Relativität im frühen 20. Jh. zwei Theorien. Die Spezielle Relativitätstheorie beschreibt, wie die relative Bewegung eines Beobachters Messungen von Masse, Länge und Zeit beeinflusst. Eine Konsequenz daraus ist, dass Masse und Energie äquivalent sind. Die Allgemeine Relativitätstheorie behandelt die Schwerkraft als eine Störung der Raumzeit. Siehe auch *Raumzeit.*

Röntgenstrahlung
Elektromagnetische Strahlung mit kürzeren Wellenlängen als von ultravioletter Strahlung, aber längeren als von Gammastrahlen. Siehe auch *elektromagnetische Strahlung, elektromagnetisches Spektrum.*

Roter Überriese
Ein ausgedehnter, rötlicher Stern mit einer niedrigen Oberflächentemperatur, der am Lebensende eines sonnenartigen Sterns entsteht. Nach seiner Größe und Leuchtkraft ist er ein Riese, aber nicht nach seiner Masse. Siehe auch *Überriese.*

Roter Zwerg
Ein kühler, roter Stern mit geringer Leuchtkraft. Rote Zwerge sind im Universum weitverbreitet und sehr langlebig.

Rotverschiebung
Die Verschiebung von Spektrallinien der elektromagnetischen Strahlung von Lichtquellen, die sich von einem Beobachter entfernen, hin zu längeren Wellenlängen. Siehe auch *Blauverschiebung.*

S

Satellit
Ein natürlicher Satellit ist ein astronomischer Körper, der um einen Planeten kreist. Man nennt ihn auch Mond.
Ein künstlicher Satellit ist ein Objekt, der auf einer Umlaufbahn um die Erde oder einen anderen Planeten kreist.

scheinbare Helligkeit
Ein Maß für die Helligkeit eines Sterns oder anderen Himmelskörpers, wie sie auf der Erde empfangen wird. Die scheinbare Helligkeit hängt von der Entfernung und wahren Leuchtkraft des Sterns ab.

Ihre Einheit ist die Größenklasse oder Magnitude, wobei hellere Körper einen kleineren Wert besitzen. Siehe auch *absolute Helligkeit, Leuchtkraft*.

Schwarzer Zwerg
Ein Weißer Zwerg, der so weit abgekühlt ist, dass er kein Licht mehr abgibt. Das Universum ist noch nicht alt genug, damit Schwarze Zwerge entstanden sind. Siehe auch *Brauner Zwerg, Weißer Zwerg*.

Schwarzes Loch
Ein dichtes Gebiet, das so viel Materie angezogen hat und eine so starke Schwerkraft besitzt, dass keine Materie, noch nicht einmal Licht, entweicht. Supermassive Schwarze Löcher bilden sich in den Galaxienzentren und können mehrere Milliarden Sonnenmassen schwer sein.

Schwerezentrum, Baryzentrum
Der Punkt, um den sich zwei oder mehr Körper drehen, wie etwa bei physikalischen Doppelsternen. Besitzt ein Körper mehr Masse als der andere, liegt das Schwerezentrum näher bei dem massiveren Körper.

Schwerkraft
Anziehungskraft zwischen allen Objekten, die Masse besitzen. Die Schwerkraft der Sonne hält die Planeten auf ihren Bahnen um die Sonne.

Seyfert-Galaxie
Eine Spiralgalaxie mit einem außergewöhnlich hellen Zentrum. Seyfert-Galaxien gleichen wahrscheinlich den Quasaren, obwohl sie weniger stark strahlen und näher an der Milchstraße liegen. Siehe auch *aktive Galaxie*.

Singularität
Ein Punkt unendlicher Dichte, an dem Materie durch Schwerkraft komprimiert wurde und die bekannten Gesetze der Physik nicht gelten. Nach der Theorie existiert im Zentrum eines Schwarzen Lochs eine Singularität. Siehe auch *Schwarzes Loch*.

Sonneneruption
Eine gefährliche Freisetzung riesiger Energiemengen von einem Gebiet auf der Sonnenoberfläche.

Sonnenfleck
Ein Gebiet intensiver magnetischer Aktivität in der Fotosphäre der Sonne. Sonnenflecken erscheinen auf Aufnahmen dunkel, weil ihre Temperatur niedriger ist als die ihrer Umgebung. Siehe auch *Fotosphäre*.

Sonnensystem
Das Sonnensystem wird von der Sonne und den um sie kreisenden acht Planeten, Kleinkörpern (Zwergplaneten, Monde, Planetoiden, Kometen, Trans-Neptun-Objekten) sowie Staub und Gas gebildet.

Sonnenwind
Ein konstanter Strom von schnellen Teilchen, die von der Sonne durch das Sonnensystem abstrahlen.

Spiralgalaxie
Eine Galaxie mit einem Zentralkörper aus Sternen, der von einer flachen Scheibe aus Sternen, Gas und Staub umgeben ist. In dieser Scheibe lagern sich die sichtbaren Merkmale zu Spiralarmen zusammen. Siehe auch *Balkenspiralgalaxie*.

Stern
Eine riesige Kugel aus glühendem Plasma, die Energie durch Kernreaktionen erzeugt. Siehe auch *Kernfusion, Plasma*.

Sternbild
Eines von 88 Gebieten der Himmelskugel. Sie enthalten häufig Sternmuster, die durch gedachte Linien verbunden sind und ein Bild darstellen. Alle Sternbilder besitzen einen offiziellen lateinischen Namen und sind häufig nach mythologischen Figuren benannt.

Sternhaufen
Ein Gruppe Sterne, die durch Schwerkraft aneinander gebunden sind. Siehe auch *Kugelsternhaufen, Offener Sternhaufen*.

Supererde
Ein extrasolarer Planet, der mehr Masse als die Erde besitzt, aber weniger als Planeten wie Uranus und Neptun. Siehe auch *extrasolarer Planet*.

Supergalaxienhaufen
Eine Ansammlung aus Galaxienhaufen. Ein Superhaufen kann 10 000 oder mehr Galaxien enthalten, die sich über einen Raum von 200 Millionen Lichtjahren Durchmesser verteilen.

Supernova
Eine gefährliche Explosion eines massiven Sterns, der dabei den größten Teil seiner Materie abstößt und für kurze Zeit um vieles heller scheint als sonst. Bei einer anderen Art einer Supernova explodiert ein Weißer Zwerg, nachdem er Material von einem Nachbarstern angezogen hat.

T

Tierkreis
Ein gedachtes Band um die Himmelskugel, durch das scheinbar die Sonne, der Mond und die Planeten kreisen. Von der Erde aus gesehen entspricht er der Ebene des Sonnensystems. Siehe auch *Ekliptik*.

Teilchen
Im astronomischen Kontext ist gewöhnlich ein subatomares Teilchen wie ein Proton oder Neutron oder ein noch exotischeres Teilchen mit ähnlich geringer Größe gemeint.

transneptunische Objekte (TNO)
Ein Körper des Sonnensystems, der die Sonne hinter der Umlaufbahn von Neptun umkreist.

U

Überriese
Ein außergewöhnlich leuchtstarker Stern mit einem sehr großen Durchmesser.

ultraviolette Strahlung
Elektromagnetische Strahlung mit kürzeren Wellenlängen als die von sichtbarem Licht, aber längeren als die von Röntgenstrahlen. Siehe auch *elektromagnetische Strahlung, elektromagnetisches Spektrum*.

Umlaufbahn
Die Bahn eines astronomischen Körpers, der unter dem Einfluss der Schwerkraft eines anderen Körpers um eben diesen kreist.

Universum
Die Gesamtheit an Materie, Energie und Raum, die nach dem Urknall entstanden ist.

Unterriese
Ein Stern, der bedeutend leuchtkräftiger ist als ein Hauptreihenstern mit derselben Oberflächentemperatur und Spektralklasse.

Urknall
Das Ereignis, in dem das Universum entstand. Nach der Urknalltheorie entwickelte sich das Universum vor ungefähr 13,8 Mrd. Jahren aus einem extrem heißen und dichten Zustand und dehnt sich seitdem aus.

V

Veränderlicher
Ein Stern, dessen Helligkeit sich ändert. Ein Pulsationsveränderlicher expandiert und kontrahiert physisch in regelmäßigen Abständen und verändert dabei auch seine Helligkeit. Ein eruptiver Veränderlicher hellt plötzlich auf und wird wieder dunkler. Siehe auch *Cepheiden-Veränderlicher, Mira-Sterne, Bedeckungsveränderlicher*.

W

Weißer Zwerg
Ein kleiner, aber sehr heißer und dichter glühender Körper, der nach dem Untergang eines sonnenähnlichen Sterns übrig bleibt und seine äußeren Schichten in den Raum abstößt.

Wellenlänge
Der Abstand zwischen zwei aufeinanderfolgenden Spitzen einer Wellenbewegung.

Wolf-Rayet-Stern
Ein massiver, sehr heißer Stern, dessen Gase mit einer außergewöhnlich hohen Rate entweichen.

Z

Zenit
Der Punkt am Himmel, der sich direkt über dem Beobachter befindet.

Zwergplanet
Ein runder, kreisender Körper ähnlich einem Planeten, der aber nicht massiv genug ist, um seine Umlaufbahn von Trümmern zu klären. Pluto gehört zu den Zwergplaneten. Siehe auch *Planet*.

REGISTER

Seitenzahlen in **fett** verweisen auf Haupteinträge.

1,2,3

A

B

C

D

E

N

DANK

Der Verlag dankt Peter Frances für anfängliche redaktionelle Unterstützung; Shahid Mahmood und Charlotte Johnson für das Design; Constance Novis für Korrekturen; Helen Peters für das Register. Besonderer Dank gilt Adam Block (http://adamblockphotos.com) für seine Unterstützung mit Bildern.

Der Verlag dankt folgenden Personen und Institutionen für die freundliche Genehmigung zum Abdruck von Fotos:

(**Abkürzungen:** o = oben; u = unten; m = Mitte; g = ganz; l = links; r = rechts; HG = Hintergrund)

4–5 NASA: ESA
6–7 NASA: ESA, N. Smith (University of California, Berkeley), and The Hubble Heritage Team (STScI/AURA)
10 NASA: ESA, the Hubble Heritage Team (STScI/AURA), A. Nota (ESA/STScI), and the Westerlund 2 Science Team
12 Science Photo Library: Mark Garlick (tr)
14 © CERN : Mona Schweizer (ur)
15 Carnegie Mellon University and NASA: ESA / S. Beckwith (STScI) and the HUDF Team (ul)
16 Alamy Stock Photo: Keystone Pictures USA (mr). **Corbis:** Bettmann (ml); Roger Ressmeyer (um). **Exotic India:** (gom)
17 Corbis: Stefano Bianchetti (gom). **From Nichol 1846 plate VI:** (m). **NASA:** (ul); C. Henze (ur). **Thinkstock:** Photos.com (gol)
18 Professor Justin R. Crepp: (m). **ESA:** Hubble & NASA (ul). **ESO:** B. Tafreshi (twanight.org) (ml); TRAPPIST/E. Jehin (gor). **NASA:** The Hubble Heritage Team (AURA/STScI) (um)
18–19 NOAO / AURA / NSF: N. Smith (u)
19 ESO: (gor). **NASA:** ESA und J. Lotz, M. Mountain, A. Koekemoer and the HFF Team (STScI) (ur); The Hubble Heritage Team (AURA/STScI)/J. Bell (Cornell University) und M. Wolff (Space Science Institute, Boulder) (gol); JPL/Space Science Institute (gom)
22 ESA: Hubble & NASA (ur). **ESO:** John Colosimo (gor)
25 SOHO (ESA & NASA): (mr)
29 Alamy Stock Photo: Stocktrek Images, Inc. (gor)
31 NOAO/AURA/NSF: T. A. Rector (NRAO/AUI/NSF und NOAO/AURA/NSF) und B. A. Wolpa (NOAO/AURA/NSF)
32 NASA: The Hubble Heritage Team (AURA/STScI) (gor)
33 ESO: H. Boffin (mr). **NASA:** ESA and The Hubble Heritage Team (STScI/AURA) (gol)
35 Corbis: Ikon Images/Oliver Burston (u)
37 NASA: CXC/SAO (gor, gol)
38–39 NASA: Röntgen: NASA/CXC/Caltech/P.Ogle et al.; optisch: NASA/STScI; Infrarotaufnahme: NASA/JPL-Caltech; Radiowellen: NSF/NRAO/VLA
41 John Chumack www.galacticimages.com: (ul). **ESA:** Hubble & NASA (ur). **NASA:** CXC/SAO/M. Karovska et al. (mro); JPL-Caltech/UCLA (m)
42 NASA: ESA, and the Hubble Heritage Team (STScI/AURA) - Hubble/Europe Collaboration (gor); STScI (um); ESA and The Hubble Heritage Team (STScI/AURA) (ur)
44 ESO: (ur). **NASA: ESA**/A. Feild (STScI) (mr)
45 ESO: M.-R. Cioni/VISTA Magellanic Cloud survey
46 NASA: ESA, and P. Kalas (University of California, Berkeley) (ml, ul)
48 ESA: CNES/D. Ducros (gol). **NASA:** (ul)
50 NASA: ESA, and the Hubble Heritage Team (STScI/AURA) - ESA/Hubble Collaboration (gor); ESA, P. Goudfrooij (STScI) (mru); ESA (mlu); ESA, Digitized Sky Survey 2 (mu)
51 Adam Block: Pat Balfour/NOAO/AURA/NSF (ul); Mount Lemmon SkyCenter/University of Arizona (adamblockphotos.com) (ml, m, mr, um, ur). **NASA:** ESA and The Hubble Heritage Team (STScI/AURA) (gor)
52 Corbis: Science Faction/Tony Hallas
53 ESA: Hubble & NASA/Judy Schmidt and J. Blakeslee (Dominion Astrophysical Observatory) (gor). **NASA:** and The Hubble Heritage Team (STScI/AURA) (mr); ESA and The Hubble Heritage Team (STScI/AURA) (gom); ESA, and the Hubble Heritage (STScI/AURA)-ESA/Hubble Collaboration (mu)
54–55 NASA: JPL-Caltech/ESA/CXC/STScI
56–57 ESO: A. Duro
58–59 NASA: JPL-Caltech
58 ESA: and the Planck Collaboration (ul)
60–61 ESA: NASA, the AVO project and Paolo Padovani
61 NASA: CXC/Caltech/M. Muno et al. (ur)
62–63 NASA: ESA, Z. Levay und R. van der Marel (STScI), T. Hallas und A. Mellinger
64 ESA: P. Jonsson (Harvard-Smithsonian Center for Astrophysics, USA), G. Novak (Princeton University, USA), und T. J. Cox (Carnegie Observatories, Pasadena, Calif., USA) (von oben rechts nach unten)
65 NASA: ESA and The Hubble Heritage Team (STScI/AURA)
66 NASA: ESA, J. Rigby (NASA Goddard Space Flight Center), K. Sharon (Kavli Institute for Cosmological Physics, University of Chicago) und M. Gladders und E. Wuyts (University of Chicago) (ul); JPL-Caltech/L. Jenkins (GSFC) (ml)
67 NASA: ESA und M. Brodwin (University of Missouri)
68 Rogelio Bernal Andreo, www.deepskycolors.com: (go)
69 NASA: ESA, C. McCully (Rutgers University), A. Koekemoer (STScI), M. Postman (STScI), A. Riess (STScI/JHU), S. Perlmutter (UC Berkeley, LBNL), J. Nordin (NBNL, UC Berkeley), und D. Rubin (Florida State University) (gor); ESA, J. Jee (Univ. of California, Davis), J. Hughes (Rutgers Univ.), F. Menanteau (Rutgers Univ. & Univ. of Illinois, Urbana-Champaign), C. Sifon (Leiden Obs.), R. Mandelbum (Carnegie Mellon Univ.), L. Barrientos (Univ. Catolica de Chile) und K. Ng (Univ. of California, Davis) (ur); ESA and the Hubble SM4 ERO Team (ml); JPL-Caltech/Gemini/CARMA (mr)
71 The 2dFGRS Team: (mru)
72 ESA: and the Planck Collaboration (br). **NASA:** WMAP Science Team (ul)
73 Science Photo Library: Mark Garlick (ur)
74 NASA: ESA, M. J. Jee und H. Ford (Johns Hopkins University)
75 NASA: CXC/CfA/M. Markevitch et al.; optisch: NASA/STScI; Magellan/U. Arizona/D. Clowe et al.; Lensing Map: NASA/STScI; ESO WFI; Magellan/U. Arizona/D. Clowe et al. (gor)
76 Barnaby Norris: (ul)
77 ESO: L. Calçada (go). **NRAO:** AUI and NRAO (u)
78 123RF.com: Chris Hill (gom). **Dorling Kindersley:** Andy Crawford (um). **NRAO:** AUI and NRAO/AUI Fotograf: Bob Tetro www.photojourneysabroad.com (ml). **Wikipedia:** Abbildung aus *Machinae coelestis*, 1673, von Johannes Hevelius (1611–1687). Typ 620.73.451, Houghton Library, Harvard University (gor)
79 Corbis: Dennis di Cicco (mr). **Dorling Kindersley:** Dave King, mit freundlicher Genehmigung von The Science Museum, London (gol). **ESO:** L. Calçada (um). **NASA:** Northrop Grumman (ur); US Army (ml). **Wikipedia:** (gor)
80 NASA: JPL-Caltech/UCLA (ul)
82 NASA: ESA/Giotto Project (gor). **Science Photo Library:** Steve Gschmeissner (u)
83 NASA
86 ESO: B. Tafreshi (twanight.org)
88 123RF.com: perseomedusa (gor). **akg-images:** Serge Rabatti/Domingie (gom). **Alamy Stock Photo:** Pictorial Press Ltd (ml). **Mit freundlicher Genehmigung von Barry Lawrence Ruderman Antique Maps - www.RareMaps.com:** (m). **University of Cambridge, Institute of Astronomy Library:** (ur)
89 Alamy Stock Photo: The Art Archive/Gianni Dagli Orti (ml). **Corbis:** Heritage Images (mr). **Mit freundlicher Genehmigung von Barry Lawrence Ruderman Antique Maps - www.RareMaps.com. Eon Images:** (gol). **ESA:** D. Ducros (ur). **Science Photo Library:** British Library (gor). **Wikipedia:** National Gallery of Art (m)
102 NOAO/AURA/NSF: WIYN/T. A. Rector/University of Alaska Anchorage (ur)
103 ESA: Hubble & NASA (gor)
105 NASA: ESA, HEIC, and The Hubble Heritage Team (STScI/AURA) (m); H. Ford (JHU), G. Illingworth (UCSC/LO), M. Clampin (STScI), G. Hartig (STScI), the ACS Science Team und ESA (gom)
106 NASA: Röntgen: NASA/CXC/SAO; optisch: NASA/STScI; Infrarotaufnahme: NASA/JPL-Caltech/Steward/O. Krause et al. (mlu)
108 ESA: NASA und Robert A.E. Fosbury (European Space Agency/Space Telescope-European Coordinating Facility, Germany) (gom)
110 NASA: ESA and The Hubble Heritage Team (STScI / AURA) (ml, mu)
112 NASA: ESA, A. Aloisi (STScI/ESA) und The Hubble Heritage (STScI/AURA)-ESA/Hubble Collaboration (ur); STScI/R. Gendler (ul)
114 NASA: ESA, S. Beckwith (STScI) und The Hubble Heritage Team

(STScI/AURA) (go)
115 NASA: CXC/UMd./A. Wilson et al. (gom); H. Ford (JHU/STScI), the Faint Object Spectrograph IDT und NASA (m); ESA, M. Regan und B. Whitmore (STScI) und R. Chandar (University of Toledo) (u); CXC/Wesleyan Univ./R. Kilgard et al.; optisch: NASA/STScI (gor)
116 ESA: Hubble & NASA (ul)
118 Adam Block: Mount Lemmon SkyCenter/University of Arizona (adamblockphotos.com) (gor). **NASA:** ESA, S. Baum und C. O'Dea (RIT), R. Perley und W. Cotton (NRAO/AUI/NSF) and the Hubble Heritage Team (STScI / AURA) (mlu)
120 Adam Block: Jim Rada/NOAO/AURA/NSF (ur). **NASA:** and The Hubble Heritage Team (STScI/AURA) (um)
122 NASA: ESA, C.R. O'Dell (Vanderbilt University) und D. Thompson (Large Binocular Telescope Observatory) (mu); The Hubble Heritage Team (AURA/STScI) (gol); JPL-Caltech/J. Hora (Harvard-Smithsonian CfA) (ul). **NOAO/AURA/NSF:** C. F. Claver/WIYN/NOAO/NSF (m); Bill Schoening/NOAO/AURA/NSF (gom)
123 Science Photo Library: Robert Gendler
125 NASA: The Hubble Heritage Team (AURA/STScI) (ul); Röntgen: NASA/CXC/SAO; optisch: NASA/STScI; Radiowellen: NSF/NRAO/AUI/VLA (m)
126 Adam Block: Mount Lemmon SkyCenter/University of Arizona (adamblockphotos.com) (ul). **Philip Perkins:** (mu)
128 Adam Block: Mount Lemmon SkyCenter/University of Arizona (mr). **ESA:** Hubble & NASA (gor)
129 Jim Thommes www.jthommes.com: (ur)
130 Adam Block: Fred Calvert/NOAO/AURA/NSF (mlu); Mount Lemmon SkyCenter/University of Arizona (adamblockphotos.com) (ul). **NASA:** Röntgen: NASA/CXC/RIKEN/D. Takei et al.; optisch: NASA/STScI; Radiowellen: NRAO/VLA (um)
132 NASA: ESA, W. Keel (University of Alabama) und das Galaxy Zoo Team (um)
133 Adam Block: Mount Lemmon SkyCenter/University of Arizona (adamblockphotos.com) (um)
134 ESO: O. Maliy (mu). NASA: ESA and The Hubble Heritage Team (STScI/AURA) (ul)
136 NASA: The Hubble Heritage Team (AURA/STScI) (gol)
138 NASA: and The Hubble Heritage Team (STScI/AURA) (gom)
139 Daniel Verschatse - Observatorio Antilhue - Chile: (gol)
141 NASA: ESA, and the Hubble SM4 ERO Team (ml); The Hubble Heritage Team (AURA/STScI) (m)
142 NASA: and The Hubble Heritage Team (STScI/AURA) (um, ul); J. English (U. Manitoba), S. Hunsberger, S. Zonak, J. Charlton, S. Gallagher (PSU) und L. Frattare (STScI) (gom)
144 ESA: Hubble & NASA (mu). **NASA:** and The Hubble Heritage Team (STScI/AURA) (mo)
145 ESO: Y. Beletsky (ul)
146 NASA: and The Hubble Heritage Team (STScI/AURA) (um)
147 ESO: (mr)
148 ESO
149 ESA: Hubble & NASA (gom)
151 Adam Block: Mount Lemmon SkyCenter/University of Arizona (adamblockphotos.com) (gom)
152 NASA: Bruce Balick (University of Washington), Jason Alexander (University of Washington), Arsen Hajian (U.S. Naval Observatory), Yervant Terzian (Cornell University), Mario Perinotto (Universität von Florenz, Italien), Patrizio Patriarchi (Arcetri Observatorium, Italien) (ml)
153 NASA: NOAO, ESA, the Hubble Helix Nebula Team, M. Meixner (STScI), und T. A. Rector (NRAO) (ur)
155 NASA: ESA, the Hubble Heritage (STScI/AURA)-ESA/Hubble Collaboration und B. Whitmore (STScI) (go); ESA (mo)
157 ESO. NASA: ESA, the Hubble Heritage (STScI/AURA)-ESA/Hubble Collaboration und A. Evans (University of Virginia, Charlottesville/NRAO/Stony Brook University) (m)
158 NASA: ESA, the Hubble Heritage (STScI/AURA)-ESA/Hubble Collaboration und A. Evans (University of Virginia, Charlottesville/NRAO/Stony Brook University) (gol)
159 ESO
160 NASA: ESA, The Hubble Heritage Team, (STScI/AURA) und A. Riess (STScI) (ml); JPL-Caltech (m)
162 Roberto Colombari and Federico Pelliccia: (r). ESO: IDA/Danish 1,5 m/R. Gendler, J.-E. Ovaldsen und A. Hornstrup (m)
164 ESO: J. Emerson/VISTA.
165 ESA: NASA/JPL-Caltech/N. Billot (IRAM) (gor); XMM-Newton und NASAs Spitzer-Weltraumteleskop/AAAS/Science (u). **NASA:** JPL-Caltech/T. Megeath (University of Toledo, Ohio) (gol)
166 NASA: Andrew Fruchter and the ERO Team [Sylvia Baggett (STScI), Richard Hook (ST-ECF),y (STScI) (m). **NOAO/AURA/NSF:** N. A. Sharp/NOAO/AURA/NSF (mlu)
168 Adam Block: Mount Lemmon SkyCenter/University of Arizona (adamblockphotos.com) (mlu)
169 ESO: Akira Fujii (mlu, mr)
171 Adam Block: Mount Lemmon SkyCenter/University of Arizona (adamblockphotos.com) (go). **NASA:** ESA, Hans Van Winckel (Katholische Universität von Leuven, Belgien) und Martin Cohen (University of California, Berkeley) (m)
172 ESO
173 Corbis: (gom)
174 Adam Block: Mount Lemmon SkyCenter/University of Arizona (adamblockphotos.com) (mru). ESO: VLT (mro)
175 NASA: Röntgen: NASA/CXC/Univ. of Michigan/R. C. Reis et al.; optisch: NASA/STScI (mru)
176 NASA: ESA, and the Hubble Heritage Team (STScI/AURA) (mlu)
178 ESO: Y. Beletsky (mr)
179 ESO
180 NASA: and The Hubble Heritage Team (STScI/AURA) (ml); CXC/Middlebury College/F. Winkler (ul)
181 ESO. NASA: Röntgen: NASA/CXC/UVa/M. Sun et al.; H-Alpha/optisch: SOAR (UVa/NOAO/UNC/CNPq-Brazil)/M. Sun et al. (go)
182 ESA: Hubble & NASA (gom, gor)
183 ESO: Sergey Stepanenko (m). **NASA:** CXC/J. Forbrich (Harvard-Smithsonian CfA), NASA/JPL-Caltech L. Allen (Harvard-Smithsonian CfA) and the IRAC GTO Team (mro)
184 ESA: and Garrelt Mellema (Universität Leiden, Niederlande) (ml)
186 NASA: The Hubble Heritage Team (AURA/STScI) (mru)
187 NASA: ESA, and R. Sharples (University of Durham) (gor)
188 ESO
189 ESO
190 ESO
191 ESA: Hubble & NASA (gol). **ESO**
192 ESO
194 ESO: B. Bailleul (ul)
195 NASA: STScI (ul)
196 NASA: ESA, and K. Noll (STScI) (gor)
197 ESA: Hubble & NASA (c). **NASA:** Röntgen: NASA/CXC/IAFE/G. Dubner et al. & ESA/XMM-Newton (mlu)
198 NASA: ESA and The Hubble Heritage Team (STScI/AURA) (ur)
199 ESA: Hubble & NASA (gor)
200 ESO. NASA: The Hubble Heritage Team (AURA/STScI) (m, mu)
202 ESO. NASA: ESA, R. O'Connell (University of Virginia), F. Paresce (Nationales Institut für Astrophysik, Bologna, Italien), E. Young (Universities Space Research Association/Ames Research Center), the WFC3 Science Oversight Committee and the Hubble Heritage Team (STScI/AURA) (um)
204–205 NASA: ESA, and the Hubble Heritage Project (STScI/AURA)
206 ESO: E. Helder & NASA/Chandra (ul). **NASA:** ESA and The Hubble Heritage Team (STScI/AURA) (mlo)
207 ESA: Hubble & NASA (ul). **NASA:** ESA, the Hubble Heritage (STScI/AURA)-ESA/Hubble Collaboration und A. Evans (University of Virginia, Charlottesville/NRAO/Stony Brook University) (ml)
208 ESA: Hubble & NASA (ur). **NASA:** ESA, the Hubble Heritage (STScI/AURA)-ESA/Hubble Collaboration und A. Evans (University of Virginia, Charlottesville/NRAO/Stony Brook University) (gom)
209 ESO
211 NASA: ESA, E. Sabbi (STScI) (gol); Röntgen: NASA/CXC/U.Mich./S. Oey, Infrarotaufnahme: NASA/JPL, optisch: ESO/WFI/2,2-m (ul). **Eckhard Slawik (e.slawik@gmx.net).** : www.spacetelescope.org/images/heic0411d (ur)
212 NASA: Röntgen: NASA/CXC/Univ. of Hertfordshire/M. Hardcastle et al., Radiowellen: CSIRO/ATNF/ATCA (ur)
214 NASA: ESA (ml)
215 NASA: ESA und A. Nota (STScI/ESA) (ur)
217 NASA: ESA, and the Hubble Heritage (STScI/AURA)-ESA/Hubble Collaboration (mr)
218 NASA: ESA und D. Maoz (Tel-Aviv University and Columbia University) (ul). **Daniel Verschatse - Observatorio Antilhue - Chile**
219 NASA: CXC/SAO (m)
222 Kevin Reardon: INAF/Arcetri; AURA/National Solar Observatory
225 ESA: Rosetta/NavCam - CC BY-SA IGO 3.0 (ur). **NASA:** Johns Hopkins University Applied Physics Laboratory/Southwest Research Institute (um); JPL/USGS (ul)
226 NASA: ESA, J. Clarke (Boston University, USA) und Z. Levay (STScI) (um)
227 NASA: SDO (gor, mro, mr)
228 NASA: Johns Hopkins University Applied Physics Laboratory/Carnegie Institution of Washington (m); JPL (ur)
229 NASA: Caltech/MSSS (um); JPL-Caltech/University of Arizona (ur)
230 NASA: JPL (mr, mu); JPL/DLR (ur)
231 NASA: JPL/Space Science Institute (cmo); JPL (mr)
232 NASA
233 NASA
239 ESA: Hubble, NASA, HST Frontier Fields (ul)
241 NASA: ESA

Vorsatzblätter: *vorne und hinten* **NASA:** ESA und J. Maíz Apellániz (Institut der Astrophysik von Andalusien, Spanien)

Alle anderen Abbildungen

Weitere Information unter:
www.dkimages.com